普通高等教育“十一五”国家级规划教材
普通高等专科教育机电类规划教材
机械工业出版社精品教材

机 械 制 图

第 3 版

主　编　刘小年　陈　婷
副主编　杨月英　王　燕
参　编　贺建明　李义祥　范冬英
王　瑛　毛彩霞　康　奇
陈昭莲　闵　杰
主　审　卿　钧

机 械 工 业 出 版 社

本书是根据教育部最新修订的普通高等院校工程制图课程教学基本要求，认真总结各院校近年来教学改革与研究经验，在本书第2版的基础上修订编写而成的，同时还修订编写了《机械制图习题集》与本教材配套使用。

全书共十五章，另加附录，主要内容有：制图的基本知识与技能、正投影的基本原理、立体的投影、轴测图、组合体、机件常用表达方法、标准件与常用件、零件图、装配图、其他工程图样简介、AutoCAD绘图基础、AutoCAD绘制平面图形、AutoCAD绘制视图及剖视图、AutoCAD绘制零件图和装配图以及AutoCAD三维绘图简介等。

本书全部采用了技术制图与机械制图最新国家标准及与制图有关的其他标准，计算机绘图采用AutoCAD2005软件。

本书主要作为高等工科院校、高职高专机械类、近机类各专业机械制图课程的教材，也可作为其他相关专业的教学用书，亦可供有关工程技术人员参考。

本书配有电子课件，凡使用本书作为教材的教师或学校可向出版社索取。您可以发送电子邮件至 cmpgaozhi@sina.com，或拨电话 010-88379375。

图书在版编目（CIP）数据

机械制图/刘小年主编. —3版. —北京：机械工业出版社，2005.8（2013.9重印）

普通高等专科教育机电类规划教材

ISBN 978-7-111-17375-5

Ⅰ.机… Ⅱ.刘… Ⅲ.机械制图-高等学校-教材 Ⅳ.TH126

中国版本图书馆CIP数据核字（2005）第104253号

机械工业出版社（北京市百万庄大街22号 邮政编码100037）

策划编辑：王世刚 王海峰 责任编辑：王海峰

版式设计：霍永明 责任校对：程俊巧

封面设计：饶 薇 责任印制：李 洋

三河市宏达印刷有限公司印刷

2013年9月第3版·第13次印刷

184mm×260mm·24印张·593千字

49001—52000册

标准书号：ISBN 978-7-111-17375-5

定价：43.00元

凡购本书，如有缺页、倒页、脱页，由本社发行部调换

电话服务	网络服务
社服务中心：(010) 88361066	教材网：http://www.cmpedu.com
销售一部：(010) 68326294	机工官网：http://www.cmpbook.com
销售二部：(010) 88379649	机工官博：http://weibo.com/cmp1952
读者购书热线：(010) 88379203	**封面无防伪标均为盗版**

第3版前言

随着计算机技术的普及与发展和我国高等教育教学改革的不断深入，高等院校机械制图的教学，无论是课程体系、教学内容，还是教学手段与方法都发生了深刻的变化。为此，我们根据教育部工程图学教学指导委员会最新修订的“普通高等院校工程图学课程教学基本要求”，认真总结各校近年来教学改革与研究的经验，在本书第2版的基础上，修订编写了本教材，同时还修订编写了《机械制图习题集》与本书配套使用。

本书除保留了第2版主要特色之外，主要有以下特点：

1. 本书体系结构较新颖，内容实用精练，较好地处理了传统内容与新技术知识，理论教学与能力培养的关系，将传统内容与计算机绘图及集中测绘指导等内容完全融为一书，无论计算机绘图是否单独开课，均不必要另选其他计算机绘图教材。

2. 根据计算机绘图的优势与特点，适当降低了点、线、面、切剖体、相贯体、轴测图及装配图的难度，加强了组合体、实物测绘和计算机绘图等实践性教学环节内容。

3. 注重学生手工仪器绘图、计算机绘图和徒手绘图等综合绘图能力培养，有利于学生分析和解决工程实际绘图问题的能力。

4. 标准资料新，本书全部采用了技术制图与机械制图的最新国家标准及与制图有关的其他标准，计算机绘图采用了 Auto CAD 2005 软件。

本书主要作为高等工科院校、高职高专机械类和近机类各专业制图课程的教材，也可作为其他相关专业的教学用书，亦可供有关工程技术人员参考。

全书由刘小年、陈婷主编，杨月英、王燕、为副主编。参加编写的人员还有：贺建明、李义祥、范冬英、王瑛、毛彩霞、康奇、陈昭莲、闵杰等。

全书由湖南省工程图学学会原理事长、湖南大学卿钧教授主审。

由于编者水平有限，书中缺点错误在所难免，恳请使用本书的广大师生及读者批评指正。

编　者

第2版前言

本教材是根据原国家教委颁发的《高等学校工程专科机械制图课程教学基本要求》（机械类专业适用，1996年修订版），按高等工程专科学校机械工程类专业教学指导委员会审定的《机械制图教学大纲》，由全国高工专机械工程类专业协会工程制图课程组组织编写的。同时还编写了《机械制图习题集》与本教材配套使用。

本书是普通高等专科教育机电类“九五”规划教材。本书在编写过程中，除认真总结和充分吸取各校近年来的教改经验与成果外，还力求反映现代科学技术的新知识、新内容。

本书主要有以下特点：

（1）贯彻“基础理论教育以应用为目的，以必需、够用为度，以掌握概念、强化应用为教学重点”的原则，教材内容的选择及体系结构，完全适应工程专科的教学需要，力求体现专科特色。

（2）随着计算机技术的发展与普及，计算机绘图将逐步取代传统的用仪器手工绘图的方法。因此，为加强计算机绘图能力的培养，教材中以较大篇幅介绍了计算机绘图的内容，以适应机械工业CAD/CAM对本课程的要求。本书是目前国内首版将传统制图内容与计算机绘图内容完全合二为一的高等专科层次规划教材。

（3）适当降低了立体表面交线的难度。截交线、相贯线的求解及画法以工程应用实例为主，以定形分析、特殊情况、简化画法为主；针对性、实用性强。

（4）为加强实践性教学，培养学生分析和解决实际工程绘图问题的能力。教材中增加了实物测绘及徒手绘制草图方法等方面的内容。

（5）全书文字精炼，语言通俗。图例丰富，插图清晰，所选图例紧密结合专业需要，并力求结合生产实际。

（6）标准资料新。本书全部采用技术制图与机械制图最新国家标准及与制图有关的其他标准。

本书由刘小年主编，陈婷、崔建军为副主编。参加编写的人员有：洛阳工业高等专科学校邹家红（第一章），湘潭机电高等专科学校范冬英（第二、三章）、刘小年（第四、九章），邯郸大学崔建军（第五章），长沙工业高等专科学校胡宁（第六、十章）、湘潭机电高等专科学校唐开明（第七章）、湖南纺织高等专科学校汤芸（第八章），长春汽车工业高等专科学校陈婷（第十一、十二、十五章）、王燕（第十三、十四章）。

全书由湘潭机电高等专科学校丁树模教授主审。

本书主要作为高等工程专科学校机械类、近机械类各专业机械制图课程的教材，也可作为高等职业学校、电大等相近专业的教学用书，亦可供有关工程技术人员参考。

由于我们水平有限，书中缺点、错误在所难免，恳请使用本书的广大师生及读者批评指正。

编　者

第1版前言

本教材是根据1991年国家教育委员会颁发试行的高等学校工程专科“机械制图课程教学基本要求（机械类108~135学时）”，由全国高等工程专科学校机械制造专业协会工程制图课程组组织编写的。同时还编写了与教材配套使用的《机械制图习题集》。

本书主要有以下特点：

1. 教材内容及体系结构完全适合专科的教学特点。注意基础理论以应用为目的，以必须够用为度。适当精简了画法几何的内容，加强了基本理论的应用与绘图方法、技能的有关内容。注重解决工程实际问题的能力培养。

2. 全书图例丰富，插图清晰。所选图例尽量结合生产实际和专业需要，并注意尽量与国内现已出版的几套教学挂图配套，方便教学。

3. 标准资料新，全部采用最新国家标准。

本书主要作为高等工程专科学校机械类及近机械类专业的教材。也可作为职业大学、函授大学、夜大学等相近专业的教学用书。亦可供有关工程技术人员参考。

本书由刘小年主编，贺安群为副主编。参加编写的人员有：哈尔滨工业高等专科学校吴天生（第一章），湖南邵阳工业高等专科学校莫清廉（第二章），长沙工业高等专科学校彭海波（第三、八章），湘潭机电专科学校范冬英（第四、五章），刘小年（第九、十一章），陈铁朝（第十三章），湖南纺织高等专科学校汤芸（第六章），贺安群（第十章），肖治清（第十二章），邯郸大学崔建军（第七章），长春汽车工业高等专科学校陈婷（第十四章）。

全书由机械工业部教材编审委员会委员，湘潭机电专科学校丁树模教授主审。全国高等学校工程专科工程制图课程教材编审组组长周鹏翔和成员王玉秀、吴孝先、裘文言等为本书的编写提出过许多宝贵意见，在此表示衷心的感谢。

由于我们水平有限，书中缺点和错误在所难免，恳请使用本书的教师和广大读者批评指正。

编　者

1994年3月

目　录

绪 论

一、本课程的研究对象和任务

在现代工业生产中，无论是设计或制造各种机器设备，还是建筑房屋或进行水利工程施工等，都离不开图样。所以，图样是表达设计意图、交流技术思想与指导生产的重要工具，是生产中重要的技术文件。因此图样常被喻为“工程界共同的技术语言”，作为一个工程技术人员不懂得和掌握这种语言，就无法从事工程技术工作。

机械制图就是研究如何运用正投影基本原理，绘制和阅读机械工程图样的课程。本课程是工科院校学生一门十分重要的、必修的主干技术基础课。其主要任务是：

1）学习正投影的基本理论及其应用，具有图解空间几何问题的初步能力。

2）培养手工仪器绘图、计算机绘图及徒手草图等综合绘图能力，掌握较强的绘图方法和技能、技巧。

3）学习、贯彻《技术制图与机械制图》国家标准及其他有关规定，具有查阅有关标准及手册的能力。

4）培养绘制和阅读零、部件等机械图样的能力。

5）培养学生认真负责的工作态度和严谨细致的工作作风。

二、本课程的特点和学习方法

本课程是一门实践性很强的技术基础课。因此，学习本课程应坚持理论联系实际，既注重学习基本理论、基本知识和基本方法，又注意练好基本功。在弄懂和掌握书本知识的前提下，通过大量的作业练习和绘图、读图及上机实践，加深理解和巩固理论知识。并注意深入生产实际，不断丰富自己的感性认识和实践知识，加快树立空间概念、培养空间想象能力和空间构思能力。

此外，由于图样是指导生产的依据，绘图和读图中的任何一点疏忽，都会给生产造成严重的损失。所以，在学习中应注意养成认真负责、耐心细致、一丝不苟的优良作风。

三、我国工程图学的发展概况

我国是世界文明古国之一，在工程图学方面也有着悠久的历史。

从出土文物考证和史料记载，很早以前我国就能绘制花纹和简单几何图形。在公元一千多年前，我国就出现了用以营造城邑用的建筑区域平面图。宋代李诫著《营造法式》中，就有运用了正投影、轴测投影和透视投影的平面图、立面图和断面图等图样。这些都充分证明了我国工程图学技术很早以前就已经达到了较高水平。但由于长期的封建统治和列强侵略，致使我国工程图学的发展停滞不前。

改革开放以来，随着工业生产和科学技术突飞猛进的发展，工程图学也随之日益发展完善。特别是随着计算机技术的发展与普及，为古老的工程图学增添了新的篇章。计算机绘图将逐步取代传统的手工仪器绘图，随着科学技术的进步，工程图学在图学理论、图学应用、图学教育、计算机图形学、制图技术与制图标准等方面必将得到更大的发展。

第一章　制图的基本知识与技能

技术图样是产品设计、制造、安装、检测等过程中的重要技术资料，是科学技术交流的重要工具。为便于生产、管理和交流，必须对图样的画法、尺寸注法等方面作出统一的规定。《技术制图》和《机械制图》国家标准是工程界重要的技术基础标准，是绘制和阅读机械图样的准则和依据。需要注意的是，《机械制图》标准主要适用于机械图样，《技术制图》标准则普遍适用于工程界的各种专业技术图样。

本章摘要介绍国家标准对图纸幅面和格式、比例、字体、图线、尺寸注法和机械工程CAD制图的有关规定，并介绍常见的绘图方式和几何作图方法。

第一节　机械制图国家标准的一般规定

一、图纸幅面和标题栏

为了便于图样的绘制、使用和保管，图样均应画在规定幅面和格式的图纸上。

1. 图纸幅面（GB/T 14689—1993）⊖

绘制图样时，应优先采用表1-1所规定的幅面尺寸，必要时也允许选用表1-2和表1-3所规定的加长幅面，这些幅面的尺寸是由基本幅面的短边成整数倍增加得出的，见图1-1。

表1-1　图纸的基本幅面尺寸　（mm）

幅面代号	A0	A1	A2	A3	A4
$B \times L$	841×1189	594×841	420×594	297×420	210×297
e	20		10		
c	10			5	
a	25				

表1-2　图纸的加长幅面尺寸一　（mm）

幅面代号	A3×3	A3×4	A4×3	A4×4	A4×5
$B \times L$	420×891	420×1189	297×630	297×841	297×1051

表1-3　图纸的加长幅面尺寸二　（mm）

幅面代号	A0×2	A0×3	A1×3	A1×4	A2×3	A2×4	A2×5
$B \times L$	1189×1682	1189×2523	841×1783	841×2378	594×1261	594×1682	594×2102
幅面代号	A3×5	A3×6	A3×7	A4×6	A4×7	A4×8	A4×9
$B \times L$	420×1486	420×1783	420×2080	297×1261	297×1471	297×1682	297×1892

⊖ GB——国家标准的拼音缩写；/T——推荐；14689——标准的编号；1993——表示该标准1993年发布。

图 1-1 中粗实线所示为基本幅面（第一选择），细实线所示为表 1-2 所规定的加长幅面（第二选择），虚线所示为表 1-3 所规定的加长幅面（第三选择）。

2. 图框格式

图纸可以横放或竖放。

图样中图框由内、外两框组成。外框用细实线绘制，大小为幅面尺寸；内框用粗实线绘制，内外框周边的间距尺寸与格式有关。

图框格式分为留有装订边（图 1-2a、b）和不留装订边（图 1-2c、d）两种。两种格式图框周边尺寸 *a*、*c*、*e* 如表 1-1 所示，但要注意：同一产品的图样只能采用一种格式。

加长幅面的图框尺寸，按所选用的基本幅面大一号的图框尺寸确定。

为了复制或缩微摄影时定位方便，可采用对中符号。对中符号是从周边画入图框内的 5mm 的一段粗实线，如图 1-2d 所示。

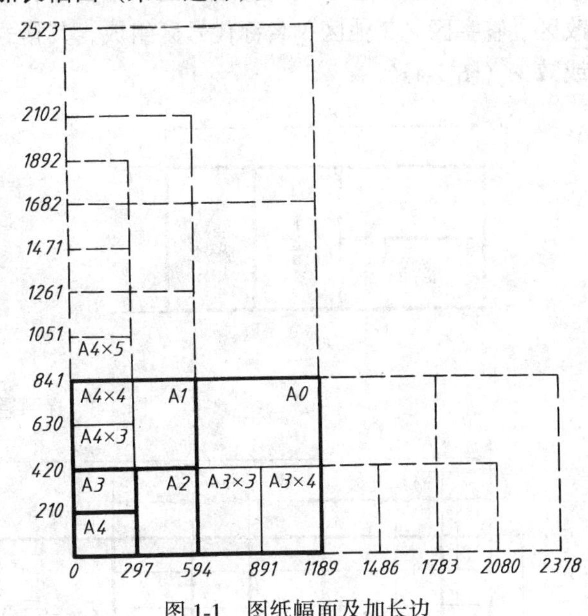

图 1-1　图纸幅面及加长边

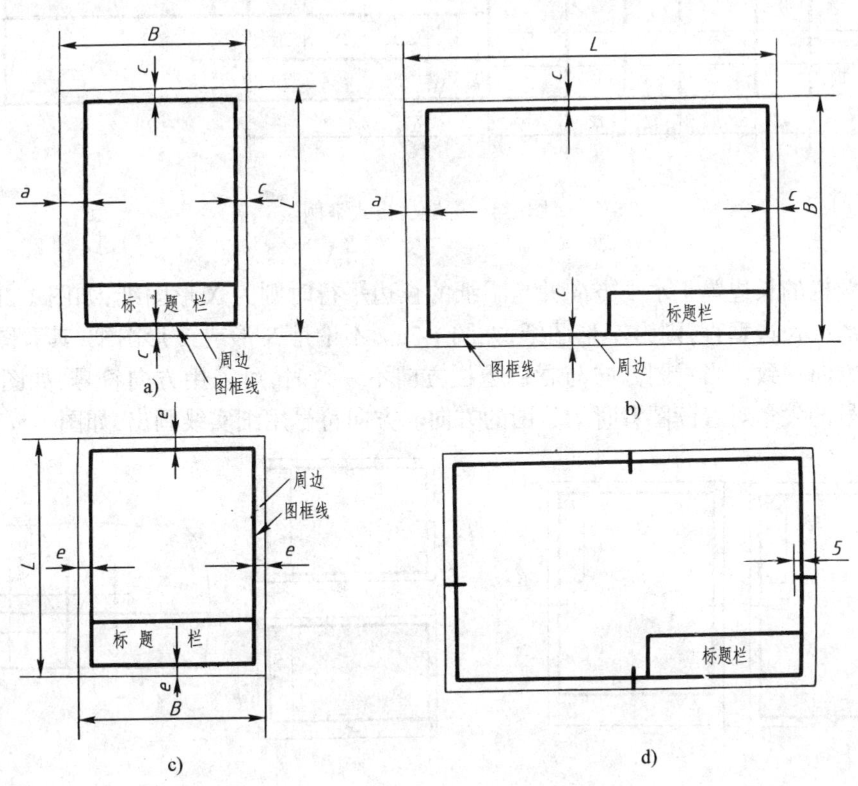

图 1-2　图框的格式

3. 标题栏格式（GB/T 10609.1—1998）

标题栏一般画在图框内的右下角，如图 1-2 所示。技术制图标准规定，标题栏一般由更改区、签字区、其他区、名称代号区组成，其格式如图 1-3a、b 所示。也可按实际需要增加或减少（图 1-4）。

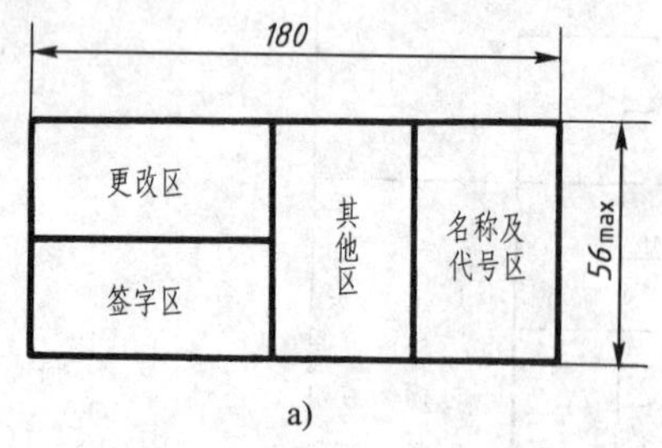

a)

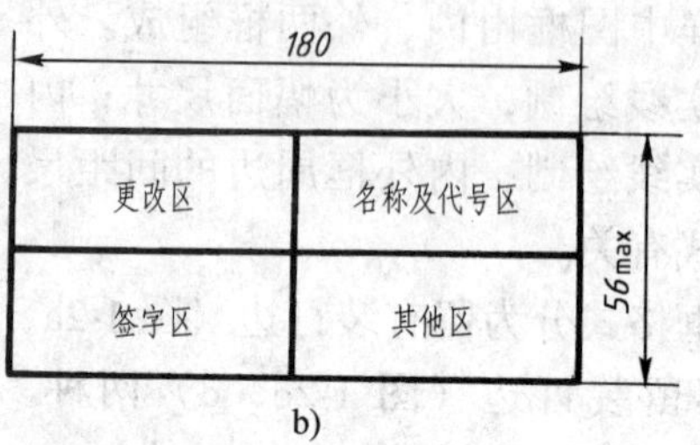

b)

图 1-3　标题栏格式

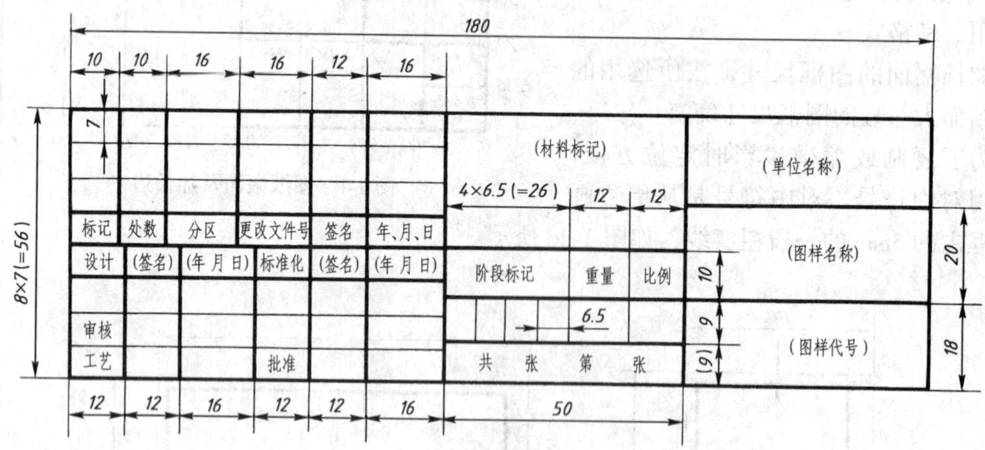

图 1-4　标题栏格式举例

当标题栏的长边置于水平方向并与图纸的长边平行时则为 X 形图纸，如图 1-2b。若标题栏长边与图纸长边垂直，则为 Y 形图纸，如图 1-2a。不论是 X 形或 Y 形图纸，其看图方向与看标题栏的方向一致。当看图方向与看栏题栏方向不一致时，可采用方向符号，如图 1-5 所示，即方向符号的尖角对着读图者时为看图的方向。方向符号用细实线画出，如图 1-5c 所示。

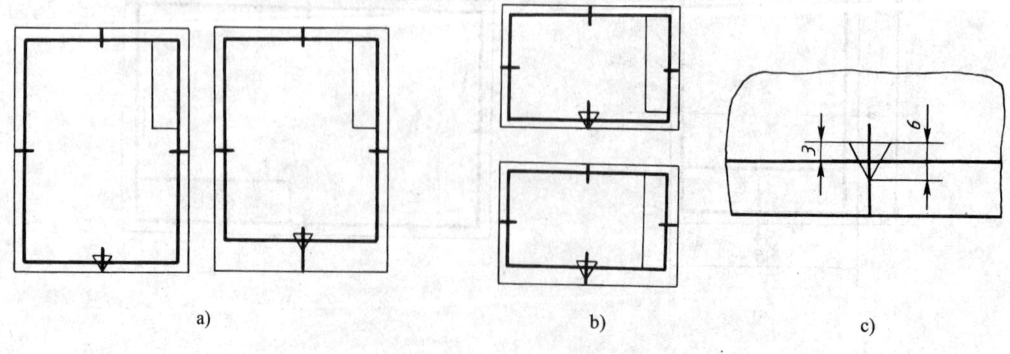

a)　　b)　　c)

图 1-5　方向符号的画法

二、比例（GB/T 14690—1993）

图中图形与其实物相应要素的线性尺寸之比称为比例。绘制图样时，应尽可能按机件的实际大小采用1:1的比例画出，但由于机件的大小及结构复杂程度不同，有时需要放大或缩小。当需要按比例绘制图样时，应由表1-4规定的系列中选取适当的比例。必要时也可选用表1-5所示的比例。

表1-4　比例系列（一）

种　类	比　例		
原值比例	1:1		
放大比例	5:1 $5\times10^n:1$	2:1 $2\times10^n:1$	$1\times10^n:1$
缩小比例	1:2 $1:2\times10^n$	1:5 $1:5\times10^n$	1:10 $1:1\times10^n$

注：n 为正整数。

表1-5　比例系列（二）

种　类	比　例				
放大比例	4:1 $4\times10^n:1$	2.5:1 $2.5\times10^n:1$			
缩小比例	1:1.5 $1:1.5\times10^n$	1:2.5 $1:2.5\times10^n$	1:3 $1:3\times10^n$	1:4 $1:4\times10^n$	1:6 $1:6\times10^n$

注：n 为正整数。

在图样上标注比例应采用比例符号“:”表示，如1:1、1:500等。而该比例一般应标注在标题栏中的比例栏内。必要时，可在视图名称的下方或右侧标注比例。如

$$\frac{\mathrm{I}}{2:1}\quad \frac{A}{1:100}\quad \frac{B—B}{2.5:1}\quad \frac{\text{墙板位置图}}{1:200}\quad \frac{\text{平面图}}{1:100}$$

不论放大还是缩小比例，图样上的尺寸数字都应按机件的基本尺寸标注，如图1-6所示。

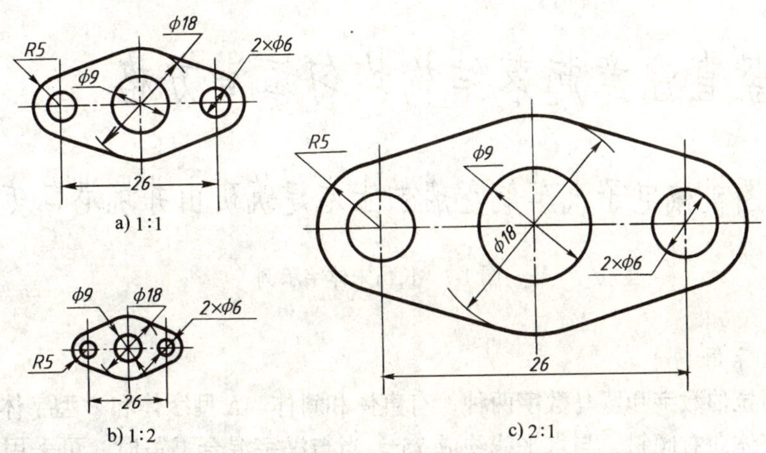

图1-6　用不同比例画出的同一机件的图形

三、字体（GB/T 14691—1993）

图样上除了表达机件形状的图形外，还要用文字和数字说明机件的大小、技术要求和其他内容。

在图样中书写字体必须做到：字体工整、笔画清楚、间隔均匀、排列整齐。如果在图样上的文字和数字写得很潦草，不仅会影响图样的清晰和美观，而且还会造成差错，给生产带来麻烦和损失。

1. 字号

字体的字号，即字体高度 h（单位为 mm），分为 1.8、2.5、3.5、5、7、10、14、20 八种。

用作指数、分数、极限偏差、注脚等的数字及字母，一般应采用小一号的字体。

2. 汉字

图样上的汉字应写成长仿宋体，并采用国家正式公布推行的简化字。长仿宋体字的基本笔画见表 1-6。汉字的高度不应小于 3.5mm，其宽度一般为 $h/\sqrt{2}$。图 1-7 所示为长仿宋体字示例。

表 1-6 长仿宋字的基本笔画

	名称	点	横	竖	撇	捺	提	折	勾
笔画分析	运笔要领	起笔后顿	横平 起落顿笔	竖直 起落顿笔	起笔顿 由重而轻 提笔快捷	起笔轻 逐渐用力 提笔快捷	起笔顿 由重而轻 提笔快捷	重笔转折 顿笔刚劲	折勾顿笔 提笔快捷
	书法示例							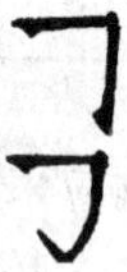	

10 号字

字体工整笔画清楚间隔均匀排列整齐

7 号字

横平竖直注意起落结构均匀填满方格

5 号字

技术制图机械电子汽车航空船舶土木建筑矿山井坑港口纺织服装

图 1-7 长仿宋体字示例

3. 数字和字母

数字分阿拉伯数字和罗马数字两种，有直体和斜体、A 型字体和 B 型字体之分。一般采用斜体。其字体向右倾斜，与水平线约成 75°。当与汉字混合书写时，可采用直体，如图 1-8、图 1-9 所示。

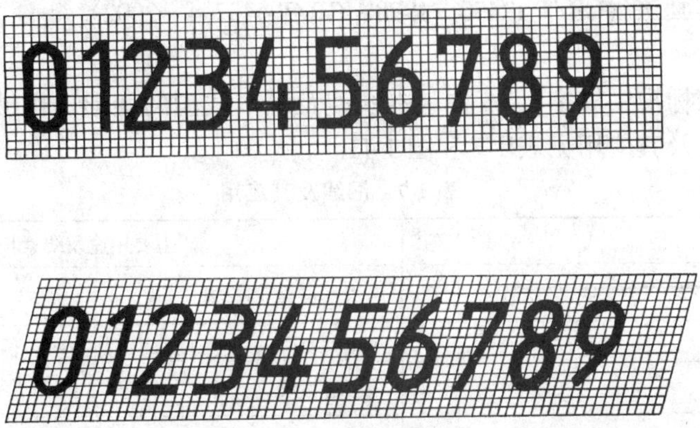

0123456789

0123456789

图 1-8　阿拉伯数字（A 型）

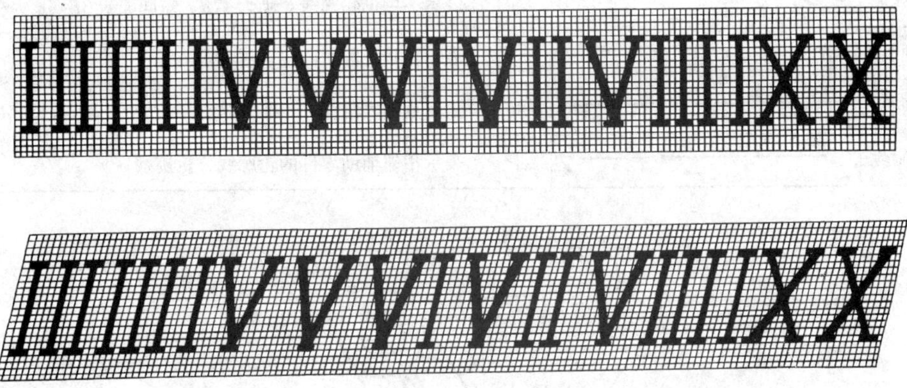

图 1-9　罗马数字（A 型）

拉丁字母有大写、小写和直体、斜体之分。图 1-10 所示为斜体大写和小写字母示例。

图 1-10　拉丁字母

四、图线及其画法（GB/T 17450—1998、GB/T 4457.4—2002）

1. 线型

技术制图国家标准中规定了15种基本线型及基本线型的变形。机械图样中常用的图线名称、型式、宽度及其应用见表1-7和图1-11。

表1-7　图线及其应用

名称	型　式	宽度	主要用途及线素长度	
粗实线		粗	表示可见轮廓线	
细实线		细	表示尺寸线、尺寸界线、剖面线、指引线、重合断面的轮廓线、过渡线	
波浪线		细	表示断裂处的边界线、视图与剖视图的分界线	
双折线		细	表示断裂处的边界线	
细虚线		细	表示不可见轮廓线。画长12d、短间隔长3d（d为粗线宽度）	
细点画线		细	表示轴线、圆中心线、对称中心线	长画长24d、短间隔长3d、短画长6d
粗点画线		粗	限定范围表示线	
细双点画线		细	表示相邻辅助零件的轮廓线、轨迹线	

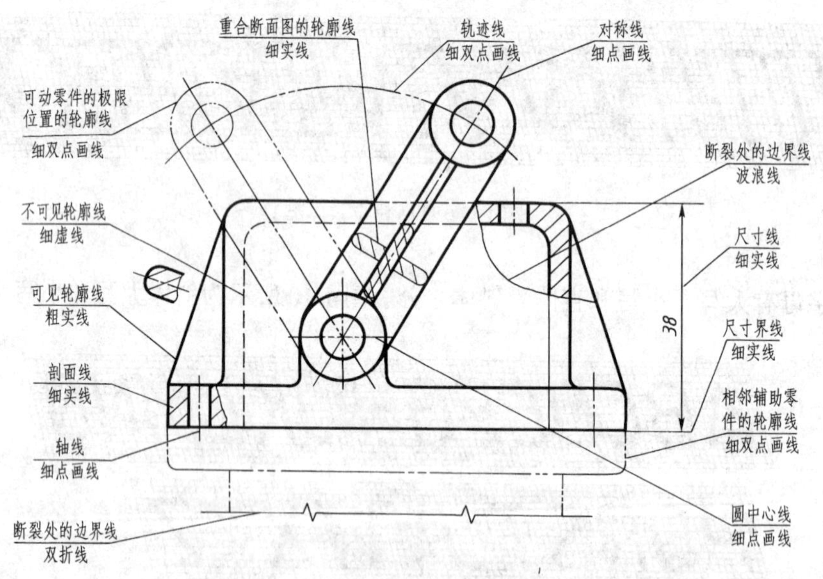

图1-11　图线及其应用

2. 线宽

机械图样中的图线分粗线和细线两种。粗线宽度d应根据图形的大小和复杂程度在0.5～2mm之间选择，细线的宽度约为d/2。图线宽度的推荐系列为：0.13mm、0.18mm、0.25mm、0.35mm、0.5mm、0.7mm、1mm、1.4mm、2mm。制图中一般常用的粗实线宽度为0.7～1mm（由于图样复制中所存在的困难，应避免采用0.18mm）。

3. 图线画法

画图线时，应注意以下几个问题：

1）同一张图样中，同类图线（图 1-12）应基本一致。细虚线、细点画线和细双点画线的线段长短和间隔应各自大致相等。

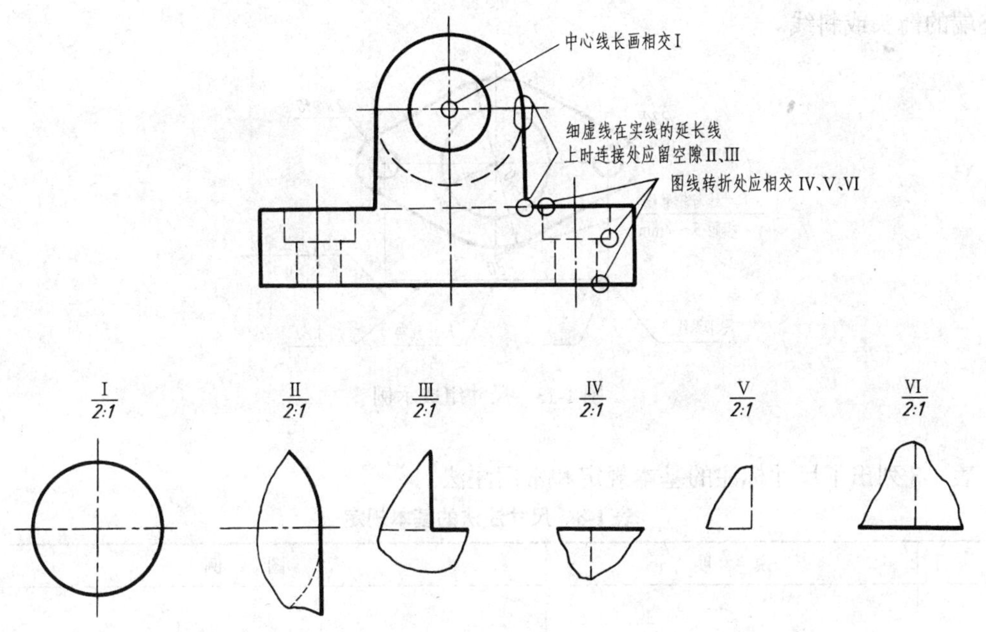

图 1-12　图线画法注意点

2）绘制圆的对称中心线时，圆心应为线段的交点，首末两端应是线段而不是短画或点，且超出图形外 2～5mm。

3）在较小的图形上绘制细点画线或细双点画线有困难时，可用细实线代替。

4）细虚线、细点画线或双点画线与实线或它们自己相交时应线段相交，而不应空隙相交。

5）当细虚线、细点画线或细双点画线是实线的延长线时，连接处应为空隙，如图 1-12 所示。

五、尺寸注法（GB/T 4458.4—2003、GB/T 16675.2—1996）

机件的大小由标注的尺寸确定。标注尺寸时，应严格遵守国家标准有关尺寸注法的规定，做到正确、完整、清晰、合理。

1. 基本规则

1）机件的真实大小应以图样上所注的尺寸数值为依据，与图形的大小及绘图的准确度无关。

2）图样中（包括技术要求和其他说明）的尺寸，以 mm 为单位时，不需注明计量单位的代号和名称，如采用其他单位，则必须注明相应的计量单位的代号或名称（如 30°25′，21μm）。

3）机件的每一尺寸，在图样中一般只标注一次，并应标注在反映该结构最清晰的图形上。

4）图样中所注尺寸是该机件的最后完工尺寸，否则应另加说明。

2. 尺寸组成

如图 1-13 所示，一个完整的尺寸一般应包括尺寸数字、尺寸线、尺寸界线和表示尺寸线终端的箭头或斜线。

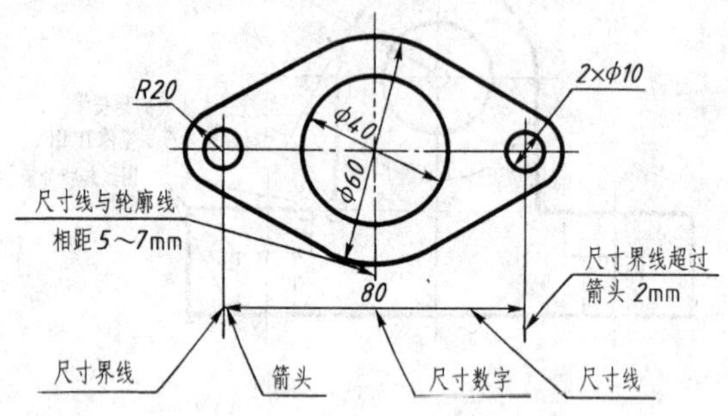

图 1-13　尺寸组成示例

表 1-8 列出了尺寸标注的基本规定和常用注法。

表 1-8　尺寸注法的基本规定

项　目	说　明	图　例
尺寸线	1. 尺寸线用细实线单独画出，不能用其他图线代替，也不得与其他图线重合或画在其他线的延长线上 2. 尺寸线与所标注的线段平行，尺寸线与轮廓线的间距、相同方向上尺寸线之间的间距应大于 5mm	
尺寸界线	1. 尺寸界线用细实线绘制，由图形的轮廓线、轴线或对称中心线处引出。也可直接利用它们作尺寸界线 2. 尺寸界线一般应与尺寸线垂直，当尺寸界线贴近轮廓线时，允许与尺寸线倾斜 3. 在光滑过渡处标注尺寸时，必须用细实线将轮廓线延长，从它们的交点处引出尺寸界线	

（续）

项　目	说　明	图　例
尺寸数字	1. 尺寸数字一般应标注在尺寸线的上方，也允许标注在尺寸线的中断处 2. 线性尺寸数字的方向一般应采用以下所述的第 1 种方法标注。在不至于引起误解时，也允许采用第 2 种方法。在一张图样中，应尽可能采用同一种方法 方法 1：数字应按图 a 所示方向标注，并尽可能避免在图示 30°范围内标注，若无法避免时，可按图 b 的形式标注 方法 2：非水平方向上的尺寸，其数字可水平标注在尺寸线的中断处 3. 尺寸数字不可被任何图线所通过，否则必须将该图线断开	方法1: a)　b) 方法2:
尺寸终端	1. 机械图样中尺寸线终端画箭头，土建图样中尺寸线终端画斜线 2. 箭头尖端与尺寸界线接触，不得超出也不得分开。尺寸线终端采用斜线形式时，尺寸线与尺寸界线必须垂直	

（续）

项　目	说　明	图　例
直径与半径	1. 标注直径时，应在尺寸数字前加注符号“ϕ”；标注半径时，应在尺寸数字前加注符号“*R*” 2. 当圆弧的半径过大或在图纸范围内无法注出其圆心位置时，可按图 a 的形式标注；若不需要标出其圆心位置时，可按图 b 的形式标注，但尺寸线应指向圆心	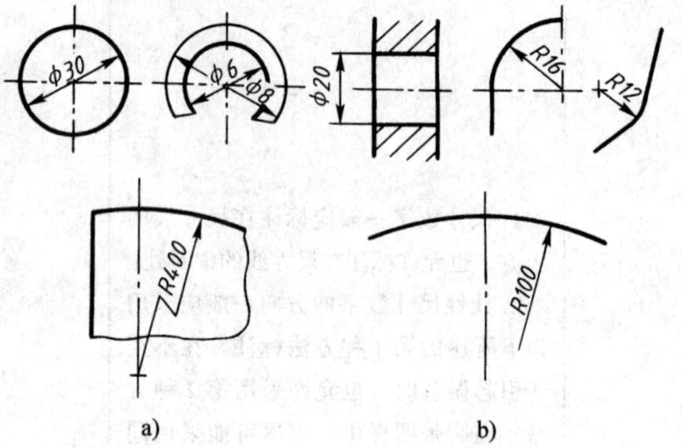 $\phi 30$　$\phi 6$　$\phi 8$　$\phi 20$　R16　R12 R400　R100 a)　b)
球面直径与半径	标注球面直径或半径时，应在符号 ϕ 或 *R* 前加注符号“*S*”，如图 a 所示。对于螺钉、铆钉的头部、轴和手柄的端部等，在不致引起误解的情况下，可省略符号 *S*，如图 b 所示	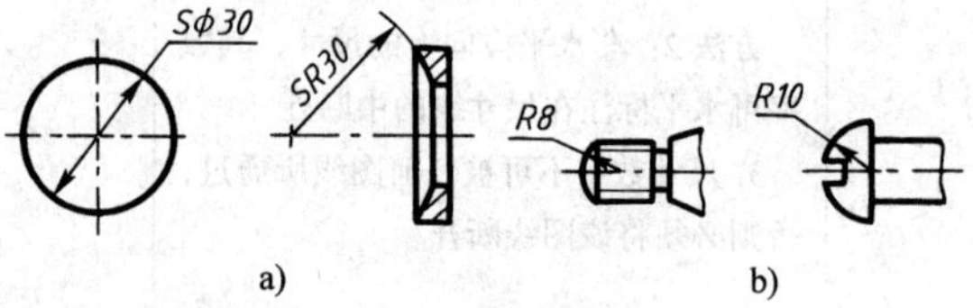 Sϕ30　SR30　R8　R10 a)　b)
角度	尺寸界线应沿径向引出，尺寸线画成圆弧，圆心是角的顶点，尺寸数字应一律水平书写（图 a），一般注在尺寸线的中断处，必要时也可按图 b 的形式标注	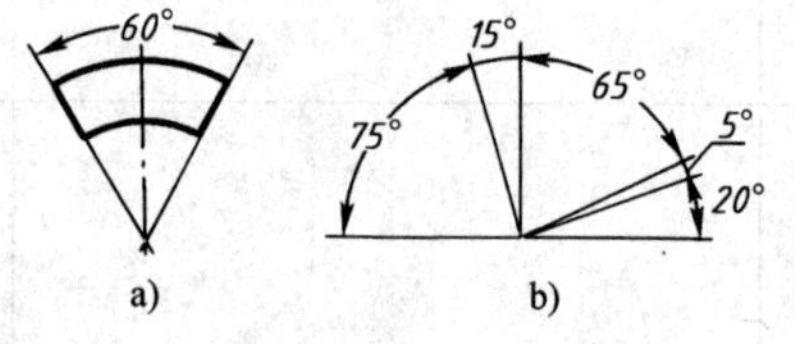 60°　15°　65°　75°　5°　20° a)　b)
弦长与弧长	标注弦长和弧长时，尺寸界线应平行于弦的垂直平分线；标注弧长尺寸时，尺寸线用圆弧，并应在尺寸数字前方加注符号“⌒”	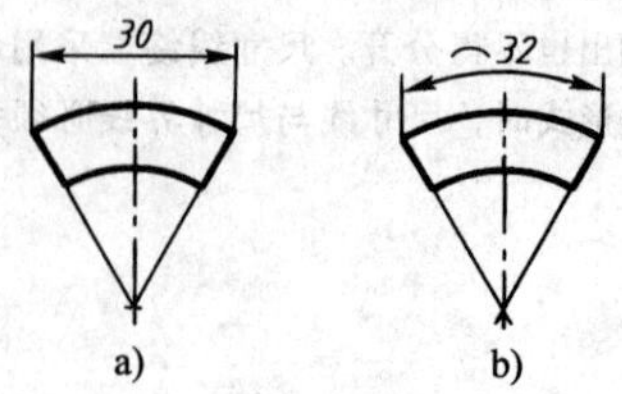 30　⌒32 a)　b)

（续）

项　目	说　明	图　例
狭小部位	1. 在没有足够的位置画箭头或标注数字时，可将箭头布置在外面，也可将箭头和数字都布置在外面 2. 几个小尺寸连续标注时，中间的箭头可用斜线或圆点代替	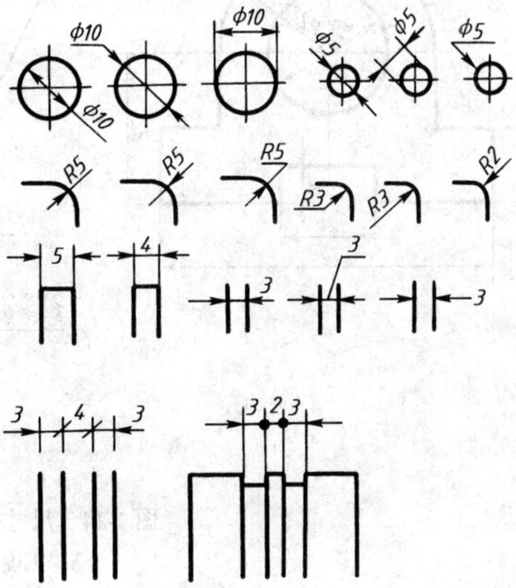 φ10 φ10 φ10 φ5 φ5 φ5 R5 R5 R5 R3 R3 R2 5 4 3 3 3 3 4 3 3 2 3
对称机件	当对称机件的图形只画出一半或略大于一半时，尺寸线应略超过对称中心线或断裂处的边界线，并在尺寸线一端画出箭头	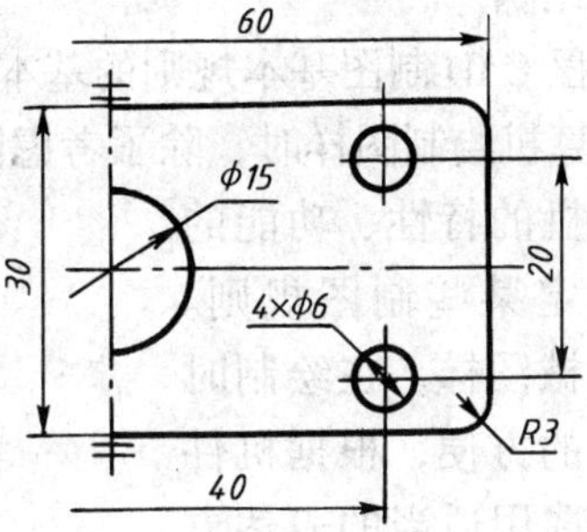 60 φ15 30 20 4×φ6 R3 40
方头结构	表示断面为正方形结构尺寸时，可在正方形边长尺寸数字前加注符号“□”，如□14，或用14×14代替□14	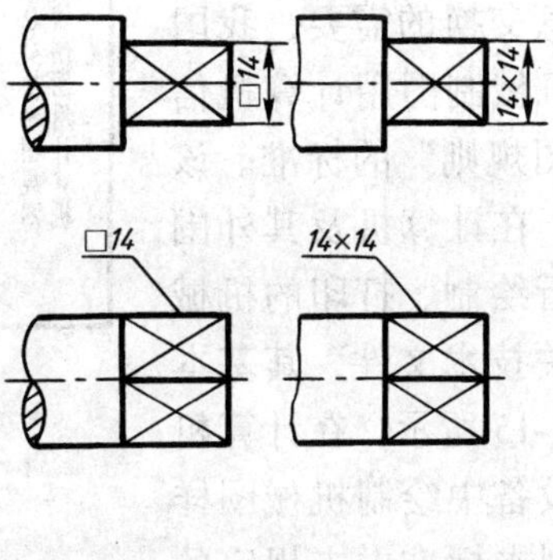 □14 14×14 □14 14×14

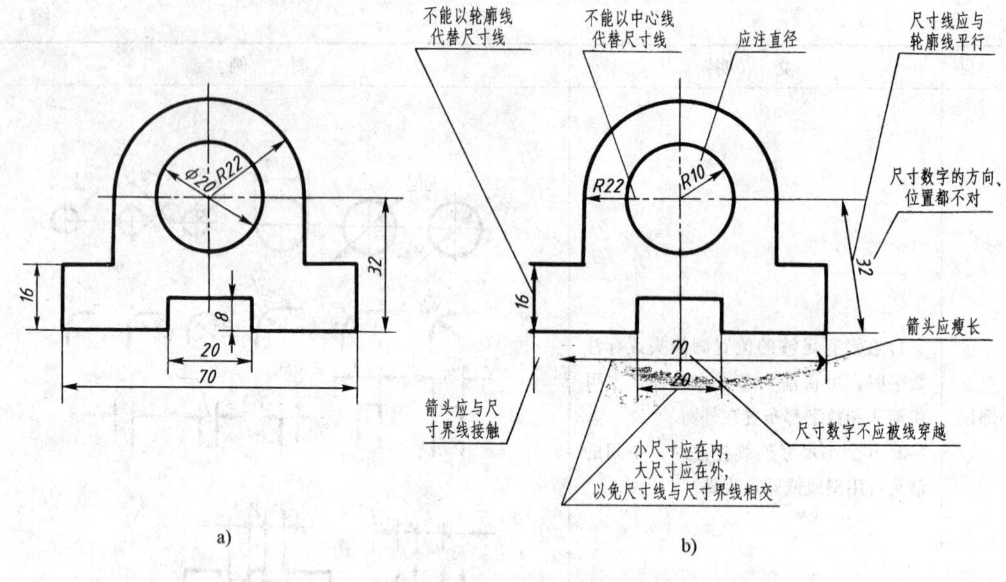

图 1-14 尺寸标注的正误对比

a）正确 b）错误

图 1-14 用正误对比的方法，列举了标注尺寸时的一些常见错误。

六、机械工程 CAD 制图基本规则（GB/T14665—1998）

1. 基本结构

机械工程 CAD 制图基本规则的基本结构如图 1-15 所示。

利用计算机绘制图样时，除了考虑图样的特性之外，尚需考虑到计算机的显示设备、绘图仪、打印机的特性、功能的情况，以制定某些制图规则。例如绘制机械图样，在绘制时应考虑看图的方便，根据机件的结构特点选用适当的表达方法。在完整、清晰地表达机件各部分形状的前提下，力求制图简便。为了便于机械制图与计算机信息交换的需要，我国制订了“机械制图用计算机信息交换制图规则”的标准。该标准适用于在计算机及其外围设备中进行绘制、打印的机械图样及有关技术文件，其基本结构如图 1-15 所示。在计算机及其外围设备中绘制机械图样时，若用到本标准中未规定的

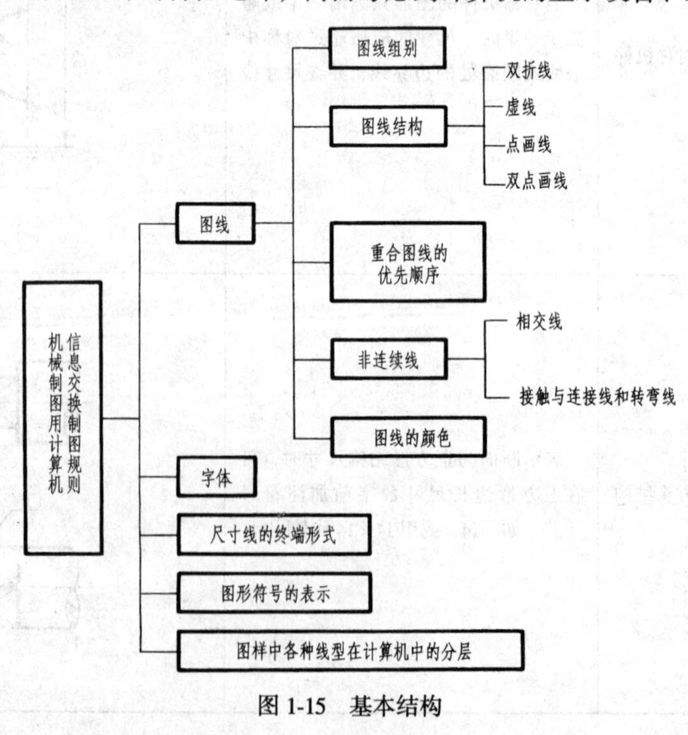

图 1-15 基本结构

内容，则应遵守有关技术制图与机械制图国家标准的规定。

2. 图线组别

图线组别见表 1-9。当两个以上不同类型的图线重合时，应遵守以下的优先顺序：

1）可见轮廓线和棱线（粗实线）。

2）不可见轮廓线和棱线（虚线）。

3）剖切线（细点画线）。

4）轴线和对称中心线（细点画线）。

5）假想轮廓线（双点画线）。

6）尺寸界线和分界线（细实线）。

表 1-9 图线组别

组别	1	2	3*	4*	5	一般用途
线宽/mm	2.0	1.4	1.0	0.7	0.5	粗实线、粗点画线
	0.7	0.5	0.35	0.25	0.18	细实线、波浪线、双折线、虚线、细点画线、双点画线

注：1. 带“*”号的两组为优先使用。

2. 一般 A0、A1 幅面采用 3 组，A2、A3、A4 幅面采用 4 组。

3. 必要时，允许在同一张图样中采用一种线型。

3. 图线的分层标识与颜色

图样中的各种线型在计算机中的分层标识与颜色可参照表 1-10 的要求。

表 1-10 线型在计算机中的分层标识与颜色

图层标识号	描述	图例	线型及在屏幕上的颜色
01	粗实线、剖切面的粗剖切线		A 绿色
02	细实线 细波浪线 细折断线		B C 白色 D
03	粗虚线		E 自定
04	细虚线		F 黄色
05	细点画线 剖切面的剖切线		G 红色
06	粗点画线		J 棕色
07	细双点画线		K 粉色
08	尺寸线、投影连线、尺寸终端与符号细实线		
09	参考圆，包括引出线和终端（如箭头）		
10	剖面符号		
11	文本（细实线）	ABCD	
12	尺寸值和公差	423 ± 1	
13	文本（粗实线）	KLMN	
14、15、16	用户选用		

第二节　手工绘图工具及使用方法

正确地使用绘图工具，既能提高绘图的准确度和保证图面的质量，又能提高绘图的速度，因此必须养成正确使用、维护绘图仪器工具的良好习惯。常用的手工绘图仪器工具及其使用方法如表 1-11 所示。

表 1-11　常用绘图仪器工具的名称、图例和说明

名称	图例和说明
图板、丁字尺、三角板	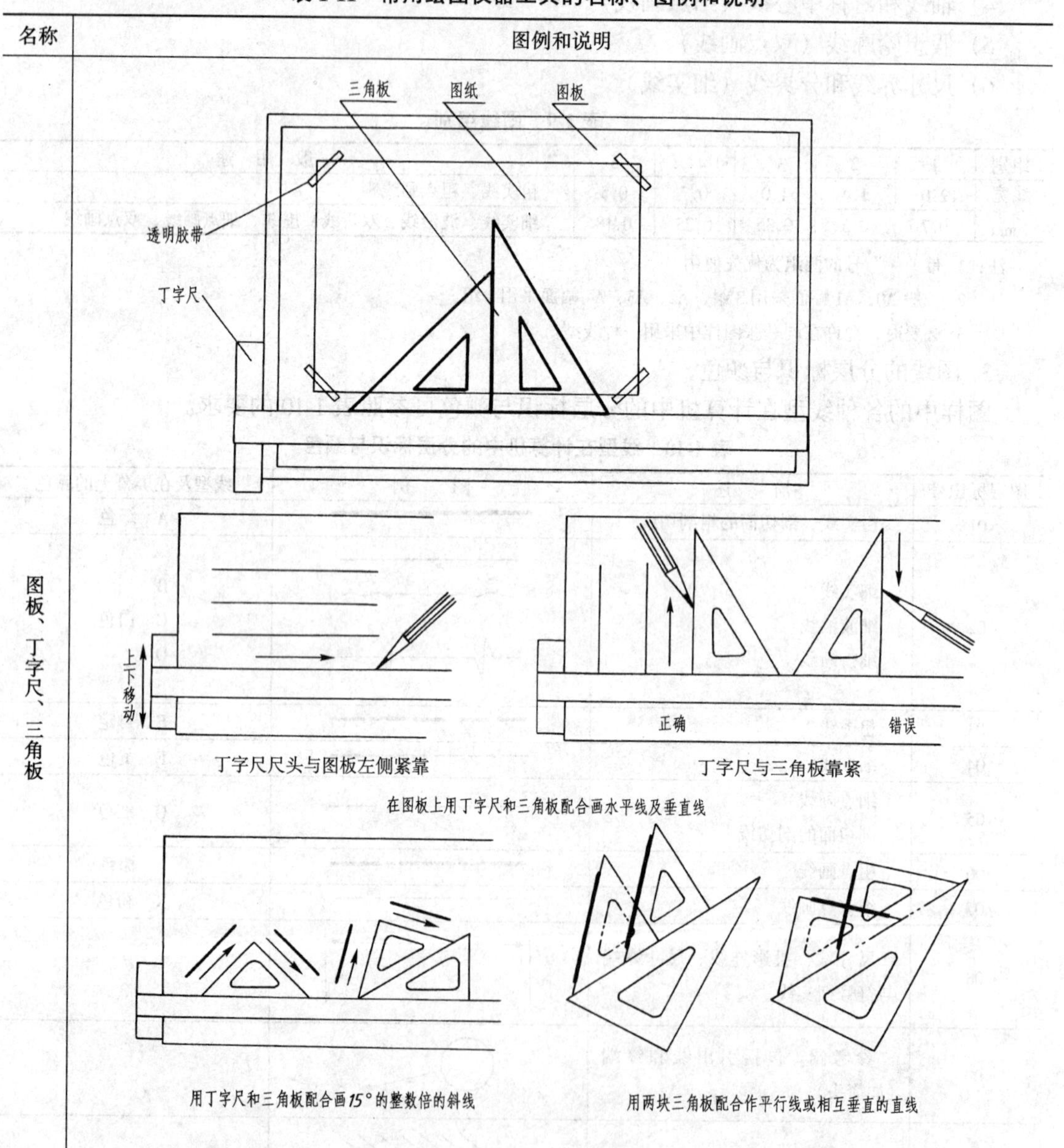 图板用于铺贴图纸，要求表面平坦光洁；图板的左边用作丁字尺的导边，所以必须平直。图纸用胶带纸固定在图板上。丁字尺由尺头和尺身组成，可沿图板上下移动画出水平线 三角板两块为一副，除直接用来画直线外，也可配合丁字尺画铅垂线和与水平线成 30°、45°、60°的倾斜线。两块三角板相互配合还可画出与水平线成 15°、75°的倾斜线

（续）

<table>
<tr><th>名称</th><th>图例和说明</th></tr>
<tr><td rowspan="2">圆规、分规</td><td>圆规用法
针脚应比铅芯稍长
画较大圆时，应使圆规两脚垂直纸面
分规用法
A 1 2 3 4 5 B b</td></tr>
<tr><td>圆规用来画圆和圆弧。大圆规可接换不同的插脚、加长杆，以满足不同的作图要求
分规主要用来量取线段长度或等分已知线段。分规的两个针尖应调整平齐。分规等分线段时通常用试分法</td></tr>
<tr><td rowspan="2">铅笔</td><td>6~8 25~30
锥状
0.6~0.8 1~1.5 6~8 25~30
铲状</td></tr>
<tr><td>绘图铅笔按笔芯的软硬有 B、HB、H 等多种型号，B 前面的数字越大，表示铅芯越软，H 前面的数值越大，表示铅芯越硬，HB 表示软硬适中。B 型铅笔画粗实线、画箭头，H 型铅笔画细线和打底稿。铅笔尖端根据作图线型不同可削成锥状和铲状</td></tr>
<tr><td rowspan="2">比例尺</td><td>1:100 0 1 m 2 3 4 5 130 140 150</td></tr>
<tr><td>比例尺是刻有不同比例的直尺，分别刻在三个侧面上，可放大或缩小尺寸</td></tr>
</table>

（续）

名称	图例和说明
曲线板	曲线板用于绘制非圆曲线。绘图时应先求出非圆曲线上的一系列点，然后用曲线板光滑连接
擦图片	利用擦图片上各种形式的镂孔，可擦去多余的线条，以保持图面清洁
其他工具	除上述工具外，绘图时还需要用胶带纸、砂纸（磨铅芯）、毛刷、橡皮、小刀以及各种模板等工具

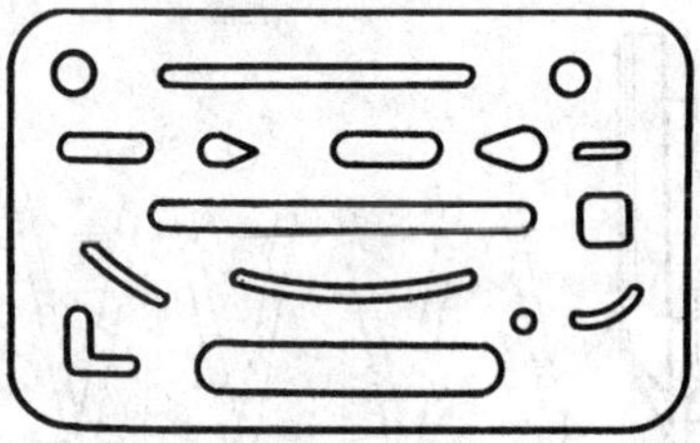

第三节　常用几何作图方法

机件的形状虽然多种多样，但都是由各种几何形体组合而成的，它们的图形也是由一些基本的几何图形组成。因此，熟练地掌握基本几何图形的画法，是绘制机械图样的基础。常用的几何作图方法有等分线段、等分圆周、斜度与锥度作法、线段连接和平面曲线作法等，如表 1-12 所示。

表 1-12　常用几何作图方法

	图　例
等分直线段	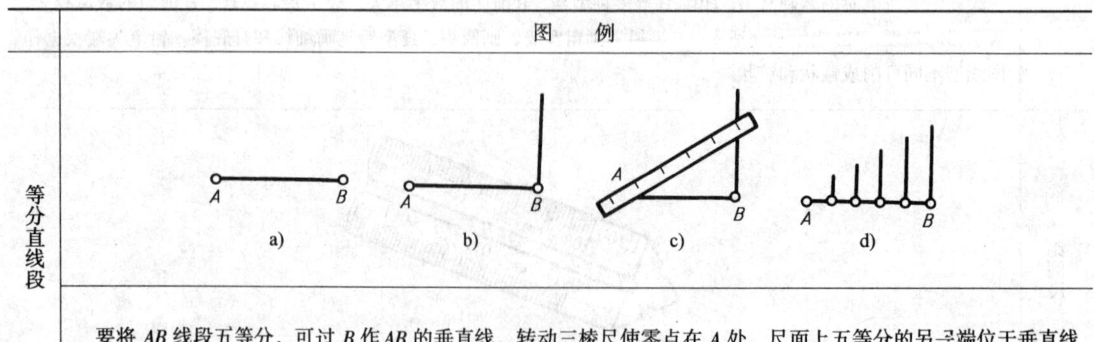a)　b)　c)　d) 要将 *AB* 线段五等分，可过 *B* 作 *AB* 的垂直线，转动三棱尺使零点在 *A* 处，尺面上五等分的另一端位于垂直线上，用铅笔点下各等分点，再过各点作 *AB* 的垂直线即可

（续）

	图　例
圆的内接正六边形	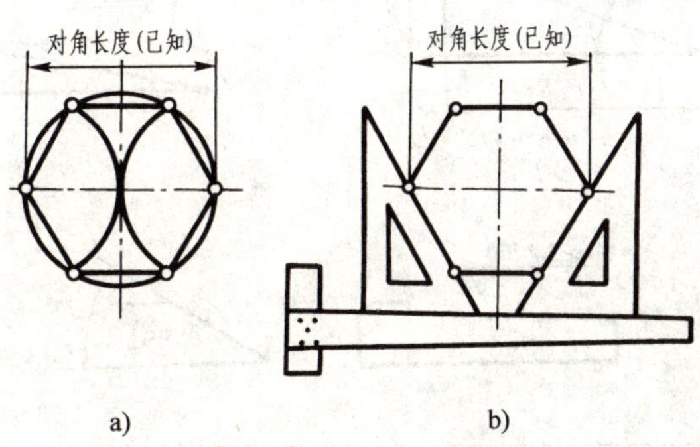 a)　　b)
	先以对角距离为直径作圆，再以半径为弦长等分圆周六份，连接各端点即成正六边形，如图 a 所示；也可用丁字尺和 30°、60°三角板画正六边形，如图 b 所示
圆的内接正五边形	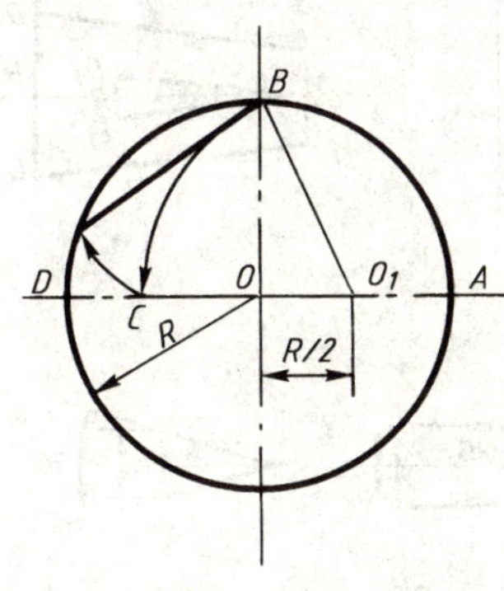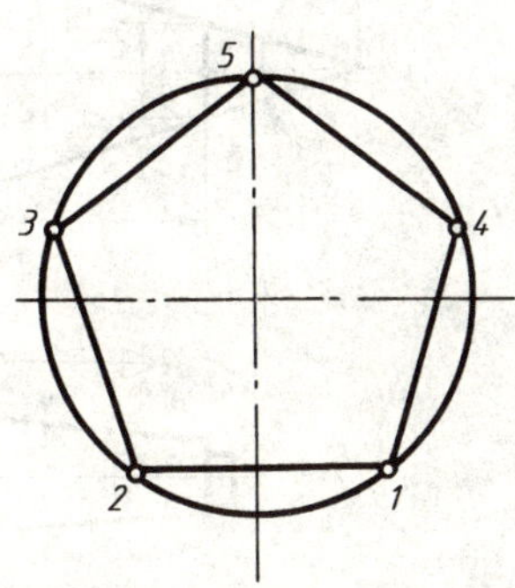
	先在半径 *OA* 上作出中点 O_1，以 O_1 为圆心，O_1B 为半径作弧交 *OD* 于 *C*，以 *BC* 为弦长将圆周分成五份，连接圆周上所得的五等分点，即成正五边形
圆的内接正 *n* 边形	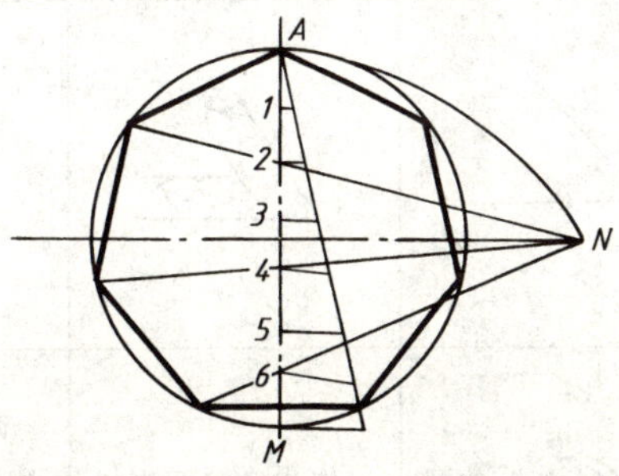
	将铅垂直径 *AM* 进行 *n* 等分（图中 $n=7$），以 *M* 为圆心，以 *MA* 为半径作圆弧交水平中心线于点 *N*，连接 *N* 和偶数点，延长与外接圆相交，并求出其交点的对称点，即为正 *n* 边形之顶点

（续）

<table>
<tr><td></td><td colspan="4">图　例</td></tr>
<tr><td rowspan="2">斜度的作法</td><td colspan="4">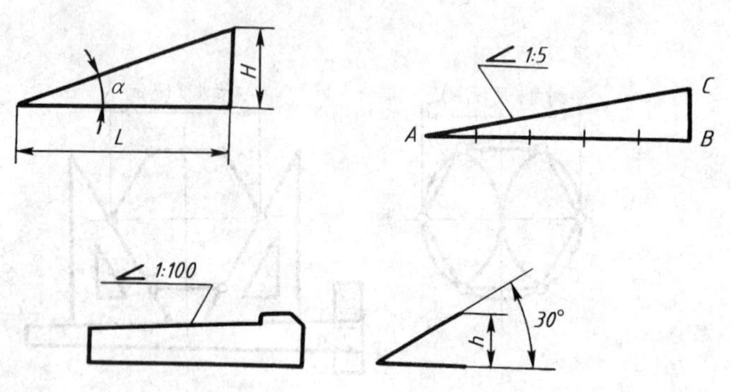
</td></tr>
<tr><td colspan="4">斜度是指一直线对另一直线或一平面对另一平面的倾斜程度，其大小用该两直线（或平面）间夹角的正切来表示，并把比值化简成 1∶n 的形式</td></tr>
<tr><td rowspan="2">锥度的作法</td><td colspan="4">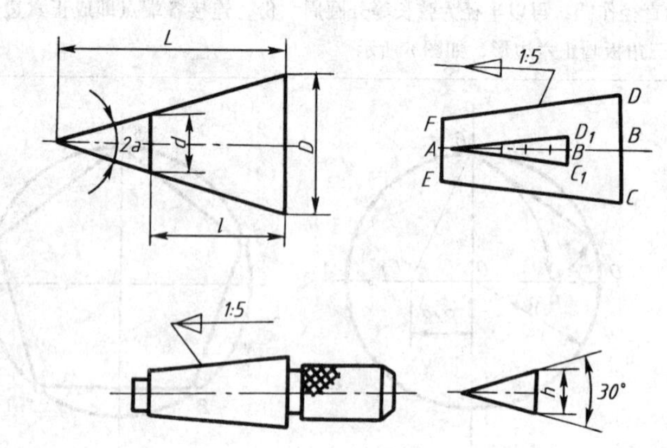
</td></tr>
<tr><td colspan="4">锥度是指正圆锥体的底圆直径与其高度的比值，如果是锥台，则为上、下两底的直径差与锥台高度的比值，一般也以 1∶n 的形式表示</td></tr>
<tr><td rowspan="2">圆弧连接两直线</td><td rowspan="2"></td><td></td><td>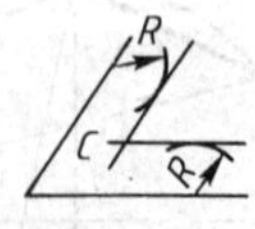
</td><td>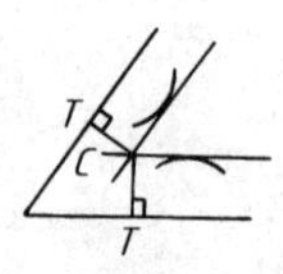
</td></tr>
<tr><td>用半径为 R 的圆弧连接已知两直线</td><td>作与已知两直线相距为 R 的平行线</td><td>两平行线相交于 C 点，过 C 点作两直线的垂线，T 即为切点</td></tr>
<tr><td></td><td></td><td></td><td></td><td>以 C 点为圆心，R 为半径作圆弧连接两直线交于 T 点</td></tr>
</table>

（续）

	图例			
圆弧连接垂直线	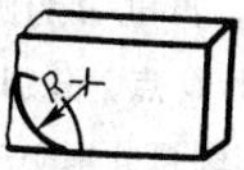 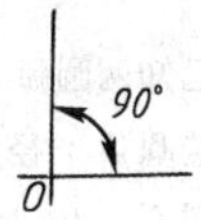 用半径为 R 的圆弧连接垂直相交的两直线	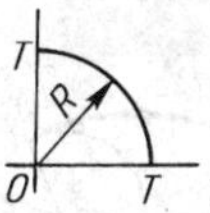 以 O 为圆心，R 为半径，作圆弧得切点 T	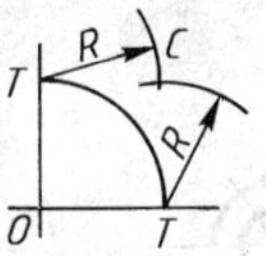 分别以两切点 T 为圆心，以 R 为半径画圆弧，两圆弧交于 C 点	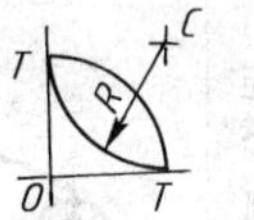 以 C 点为圆心，R 为半径作圆弧交于两 T 点
圆弧连接直线与圆弧	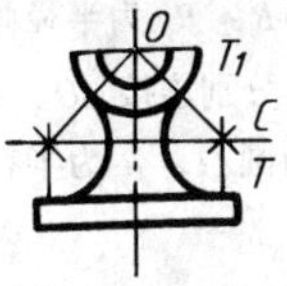 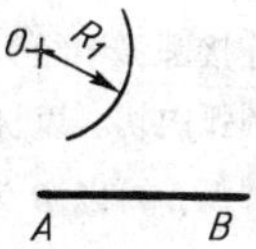 用半径为 R 的圆弧连接直线和 R_1 圆弧，并与圆弧外切	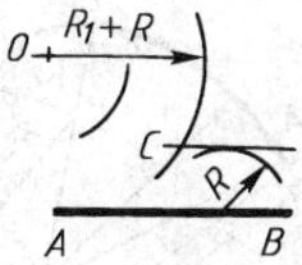 以 O 为圆心，R_1+R 为半径（外切）作圆弧，与距直线 AB 为 R 的平行线交于 C 点	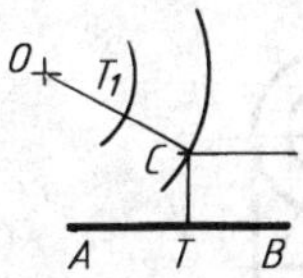 由 C 点向直线作垂线交于 T 点，连接 OC 与 R_1 圆弧交于 T_1 点	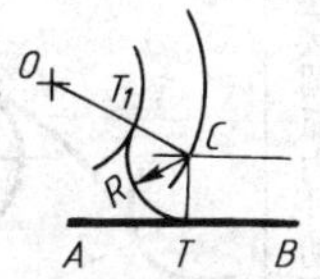 以 C 为圆心，R 为半径，作连接弧 $\frown TT_1$
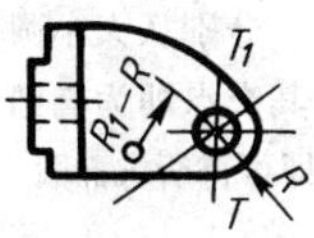	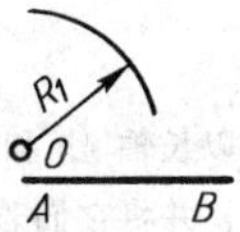 用半径为 R 的圆弧连接直线和 R_1 圆弧，并与圆弧内切	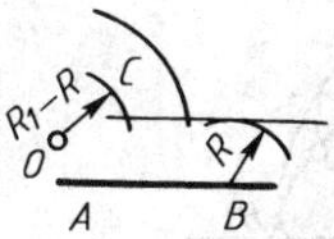 以 O 为圆心，R_1-R 为半径作圆弧，与距直线 AB 为 R 的平行线交于 C 点	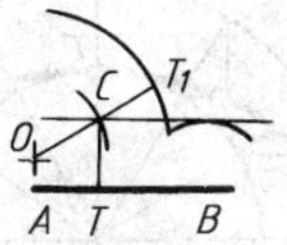 由 C 点向直线作垂线交于 T 点，连接 OC 并延长与 R_1 圆弧交于 T_1 点	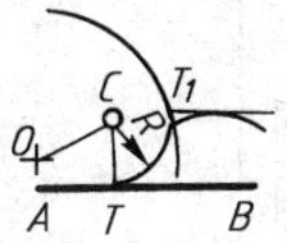 以 C 点为圆心，R 为半径作圆弧 $\frown TT_1$
连接圆弧外切两已知圆弧	 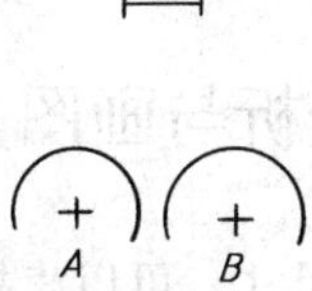 已知两圆弧 A、B 及连接圆弧半径 R	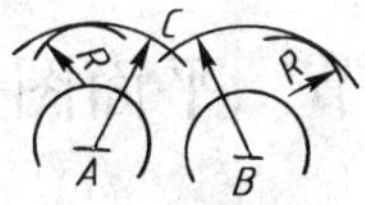 分别以 A、B 为圆心，R_1+R 及 R_2+R 为半径，各作同心圆弧交于 C 点	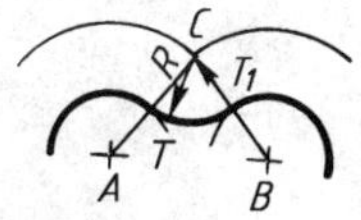 分别连接 AC、BC 与已知圆弧相交得 T、T_1 点，T、T_1 为切点，以 C 为圆心，R 为半径作圆弧 $\frown TT_1$	

（续）

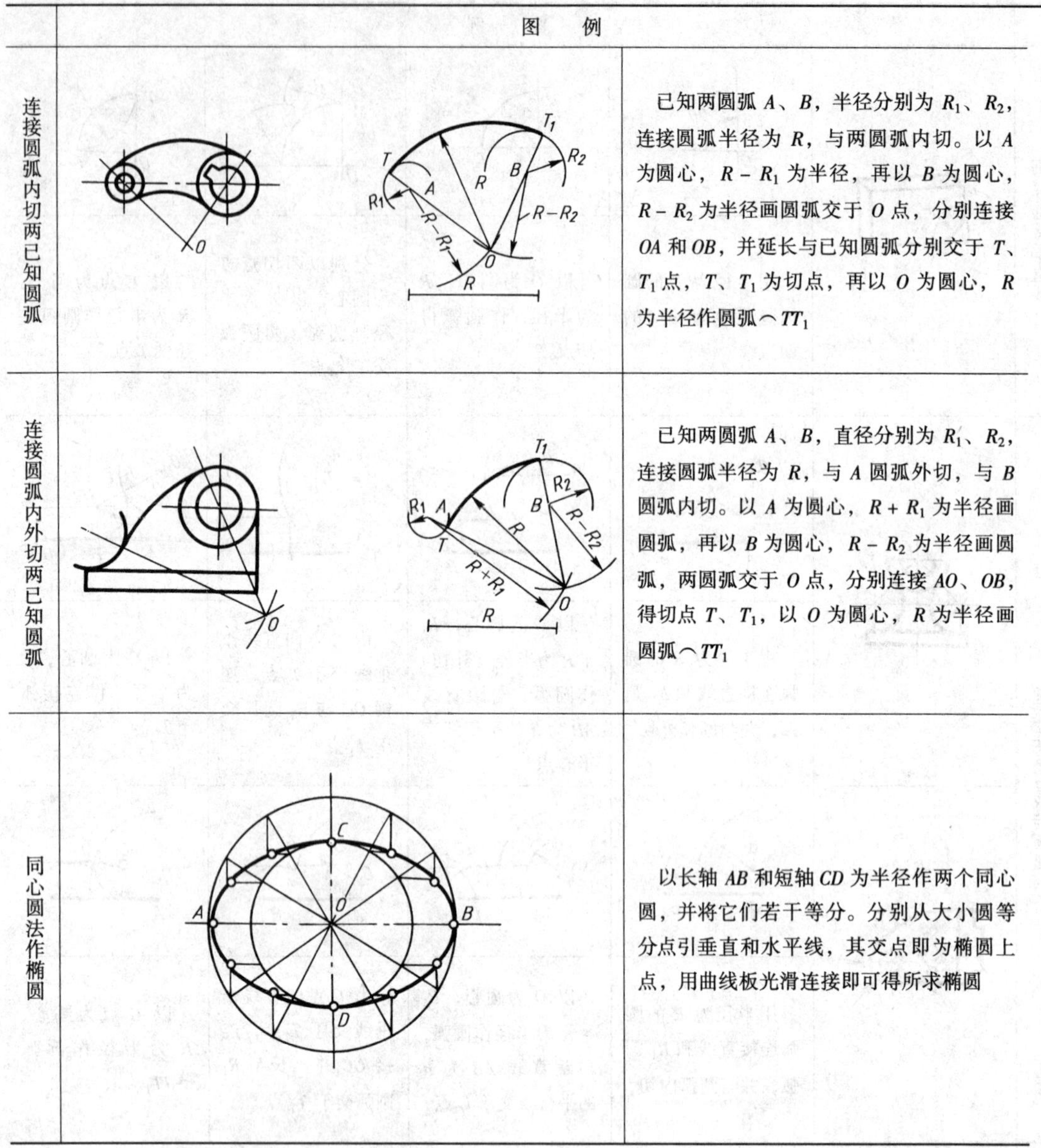

	图例	
连接圆弧内切两已知圆弧		已知两圆弧 A、B，半径分别为 R_1、R_2，连接圆弧半径为 R，与两圆弧内切。以 A 为圆心，$R-R_1$ 为半径，再以 B 为圆心，$R-R_2$ 为半径画圆弧交于 O 点，分别连接 OA 和 OB，并延长与已知圆弧分别交于 T、T_1 点，T、T_1 为切点，再以 O 为圆心，R 为半径作圆弧 $\frown TT_1$
连接圆弧内外切两已知圆弧		已知两圆弧 A、B，直径分别为 R_1、R_2，连接圆弧半径为 R，与 A 圆弧外切，与 B 圆弧内切。以 A 为圆心，$R+R_1$ 为半径画圆弧，再以 B 为圆心，$R-R_2$ 为半径画圆弧，两圆弧交于 O 点，分别连接 AO、OB，得切点 T、T_1，以 O 为圆心，R 为半径画圆弧 $\frown TT_1$
同心圆法作椭圆		以长轴 AB 和短轴 CD 为半径作两个同心圆，并将它们若干等分。分别从大小圆等分点引垂直和水平线，其交点即为椭圆上点，用曲线板光滑连接即可得所求椭圆

第四节　平面图形的分析与画图方法

绘制平面图形时，有些线段由于给出了足够的尺寸，可以直接画出；有些线段则要根据两线段相切的几何条件作图。因此，学习工程制图时，需要掌握几何图形的分析方法，才能正确地画出平面图形。为此，在绘制平面图形之前，需要对平面图形的尺寸及线段进行分析，才能确定正确的作图方法和步骤，提高绘图的质量与速度。

一、平面图形的分析

1. 平面图形的尺寸分析

平面图形的尺寸分析，就是分析平面图形中每个尺寸的作用以及图形和尺寸间的关系。平面图形中的尺寸按其所起的作用分为定形尺寸和定位尺寸两类。

要想理解定形、定位尺寸的意义，就要了解“基准”的概念。所谓“基准”，就是标注尺寸的起点。对平面图形来说，有左、右和上、下两个方向的基准，可画出左、右和上、下两条基准线，相当于两个坐标轴。平面图形中很多尺寸线都是以基准为出发点的。基准线一般采用对称图形的对称线、较大圆的中心线、主要轮廓线等。

下面以图 1-16 吊钩为例分析如下：

(1) 定形尺寸　确定平面图形中各部分形状和大小的尺寸。如线段的长度、圆弧的半径(或直径) 及角度大小等尺寸。图 1-16 中不带“▲”的尺寸均为定形尺寸。

(2) 定位尺寸　确定平面图形中各部分之间相对位置的尺寸。图 1-16 中带“▲”的尺寸均为定位尺寸。

在图 1-16 中，一对相互垂直的中心线便是该图形的尺寸基准。

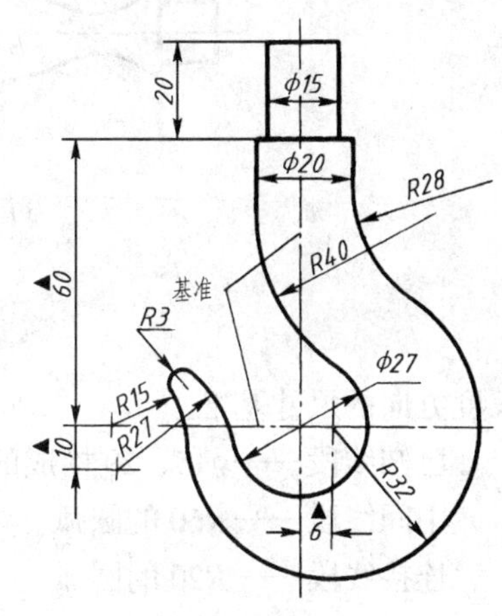

图 1-16　吊钩

2. 平面图形的线段分析

平面图形是根据给定的尺寸绘制的。图形中的线段与给定的尺寸有密切关系，按它们之间的关系，平面图形中的线段可分为三类：已知线段、中间线段和连接线段。下面以圆弧的尺寸为例进行分析。

(1) 已知线段　具有全部定形尺寸和定位尺寸，可直接画出的线段，称为已知线段。如图 1-16 中 ϕ27 的圆，其圆心位置与坐标原点重合，可以直接画出；*R*32 的圆弧，由定位尺寸 6 确定出其圆心位置后也可直接画出。因此，这些线段都为已知线段（已知圆弧）。

(2) 中间线段　只有定形尺寸，而定位尺寸不全，但可根据与其他线段的连接关系画出的线段，称为中间线段。如图 1-16 中的 *R*27 圆弧和 *R*15 圆弧，这两个圆弧均给出了定形尺寸和圆心的一个定位尺寸，具体定位时要分别根据与已知线段 ϕ27、*R*32 相切的几何条件求出 *R*27 和 *R*15 两个圆心后才能作图，故这两个圆弧均为中间线段（中间圆弧)。

(3) 连接线段　只有定形尺寸而没有定位尺寸，只能在其他线段画出后，根据两线相切的几何条件才能画出的线段，称为连接线段。如图 1-16 中的 *R*28、*R*40、*R*3 的圆弧，它们各自圆心的两个定位尺寸均没有给出，必须根据与其他线段的连接关系才能画出，故称为连接线段（连接圆弧)。

综上所述，可知平面图形线段分析的目的是：

1) 分析图形中的尺寸有无多余或遗漏，以便确定图形是否可以画出。

2) 分析图形中各线段的性质，以便确定画图步骤，即先画已知线段（已知弧)，再画中间线段（中间弧)，最后画连接线段（连接弧)。

二、平面图形的绘图方法与步骤

下面以图 1-17 所示的手柄为例，说明平面图形的绘图方法与步骤。

1. 分析

手柄上下对称，其水平对称中心线是宽度方向的尺寸基准，通过 *R*15 圆心的竖直线为

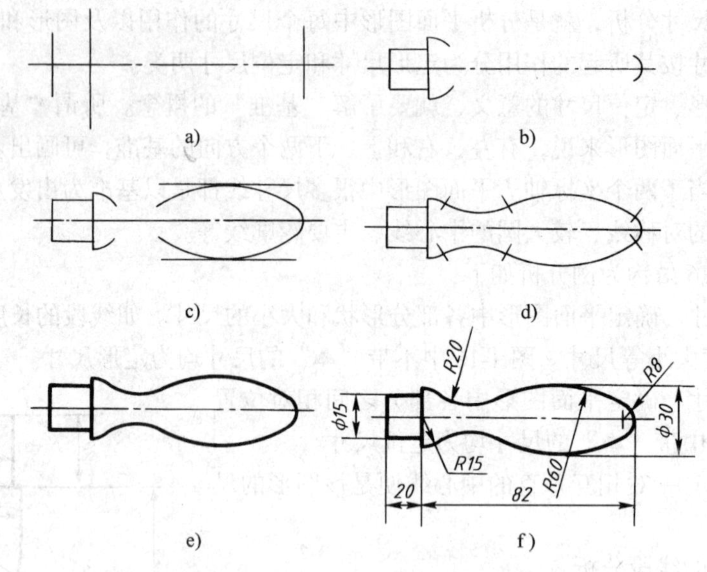

图 1-17　平面图形的画图步骤

长度方向的尺寸基准。

已知线段——ϕ15、20 构成的方框，R15、R8 的圆弧。

中间线段——R60 的圆弧。

连接线段——R20 的圆弧。

2. 绘图步骤

1）根据图形大小选择比例及图纸幅面。

2）固定好图纸后，画出图形的基准线，并根据各个封闭图形的定位尺寸确定其位置，如图 1-17a 所示。

3）画出已知线段，如图 1-17b 所示。

4）画出中间线段，如图 1-17e 所示。

5）画出连接线段，如图 1-17d 所示。

6）将图线加粗加深，如图 1-17e 所示。

7）标注尺寸，完成全图，如图 1-17f 所示。

图 1-17 所示画图步骤中的图 a ~ d 是画底稿图的步骤，画完后要进行检查和擦去多余的图线，然后将图线加深。加深的顺序是：先加深所有的粗实线圆和圆弧，再加深粗实线直线，先从上到下加深所有水平的粗实线，再从左到右加深所有垂直的粗实线，即先曲后直；其次按线型要求与加深粗实线的同样顺序加深所有的虚线、点画线、细实线，即先粗后细。标注尺寸应在底稿图完成后即画出尺寸界线、尺寸线、尺寸箭头，图形加深完后再注写尺寸数字，这样可以保证图面的质量。

三、平面图形的尺寸标注

图形与尺寸的关系极其密切，同一图形如果标注的尺寸不同，则画图的步骤也就不同。但能不能正确地画出图形，主要是根据所给的尺寸是否齐全。标注平面图形的尺寸时，应对组成图形的各线段进行必要的分析，选定尺寸基准，再根据各图线不同的尺寸要求，注出平面图形必要的定位尺寸和全部的定形尺寸。表 1-13 为几种平面图形的尺寸标注示例，供分析参考。

表 1-13　平面图形的尺寸标注示例

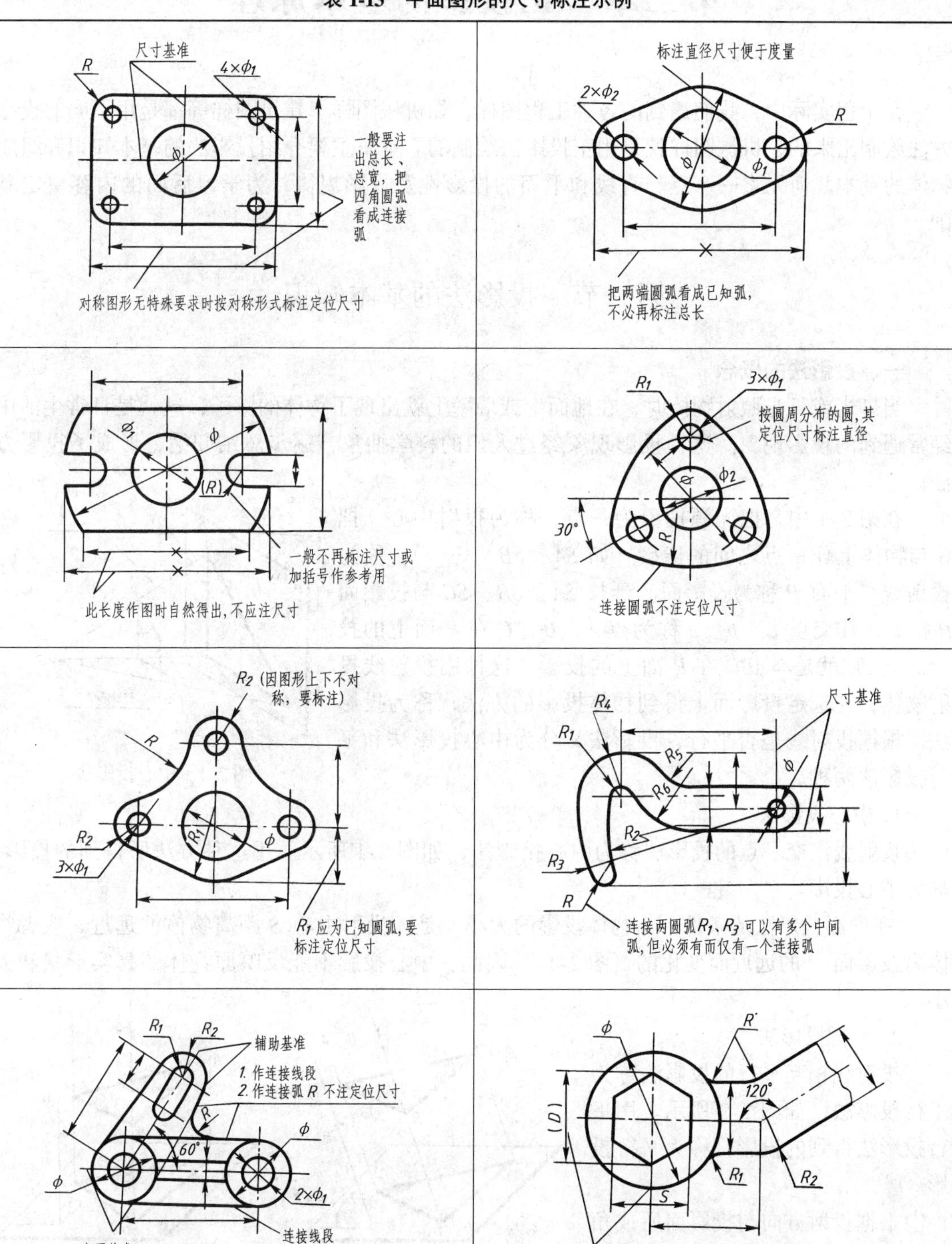

第二章　正投影的基本原理

在工程实际中，我们遇到的各种工程图样，如机械图样、建筑图样等都是用不同的投影方法绘制出来的，机械图样就是用正投影法绘制的。本章主要介绍投影法的基本知识和组成物体的基本几何元素——点、直线和平面的投影性及投影规律，为学习后面的内容奠定基础。

第一节　投影法的基本知识

一、投影法的概念

当灯光或日光照射物体时，在地面上或墙壁上就出现了物体的影子，这就是日常生活中经常遇到的投影现象。这种投影现象经过人们的科学抽象，逐步总结归纳，形成了投影方法。

在图 2-1 中，把光源抽象为一点，称为投射中心。把 S 与物体上任一点之间的连接（如 SA、SB、……），称为投射线。平面 P 称为投影面。延长 SA、SB、SC 与投影面 P 相交，其交点 a、b、c 称为点 A、B、C 在 P 面上的投影。$\triangle abc$ 就是$\triangle ABC$ 在 P 面上的投影。这种用投射线投射物体，在选定投影面上得到物体投影的方法，称为投影法。根据投射线是否平行，投影法又分为中心投影法和平行投影法两种。

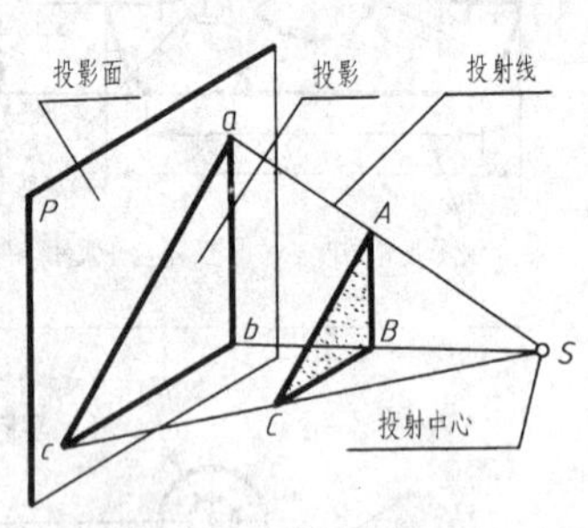

图 2-1　中心投影法

1. 中心投影法

投射线汇交一点的投影法称为中心投影法，如图 2-1 所示。用这种方法所得到的投影，称为中心投影。

在中心投影法的条件下，物体投影的大小，是随投射中心 S 距离物体的远近，或者物体离投影面 P 的远近而变化的（图 2-1）。因此，中心投影不能反映原物体的真实形状和大小。

2. 平行投影法

投射线相互平行的投影法称为平行投影法，如图 2-2 所示。用平行投影法得到的投影，称为平行投影。

根据投射方向与投影面所成角度不同，平行投影法又分为斜投影法和正投影法两种：

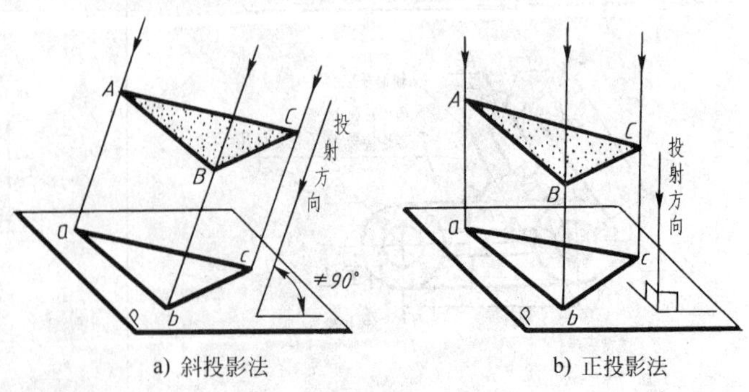

a) 斜投影法　　b) 正投影法

图 2-2　平行投影法

斜投影法——投射线与投影面

倾斜的平行投影法（图 2-2a）。

正投影法——投射线与投影面垂直的平行投影法（图 2-2b）。

在平行投影中，物体投影的大小，与物体离投影面的远近无关。

二、正投影法的基本性质

（1）当直线或平面与投影面平行时，则直线的投影反映实长，平面的投影反映实形。这种投影性质叫真实性，如图 2-3 所示。

（2）当直线或平面与投影面垂直时，则直线的投影积聚为一点，平面的投影积聚成一条直线。这种投影性质叫积聚性，如图 2-4 所示。

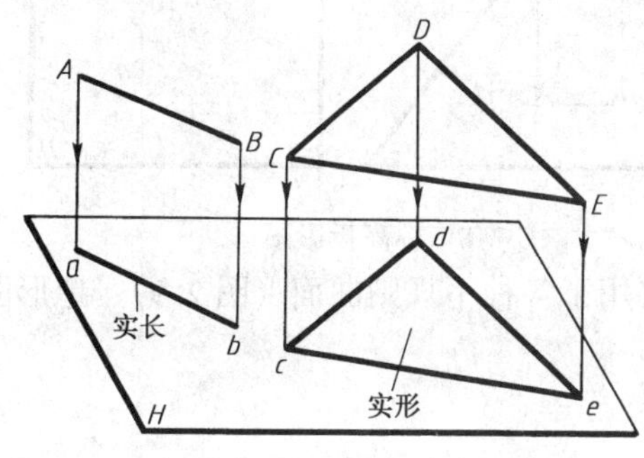

图 2-3　投影的真实性

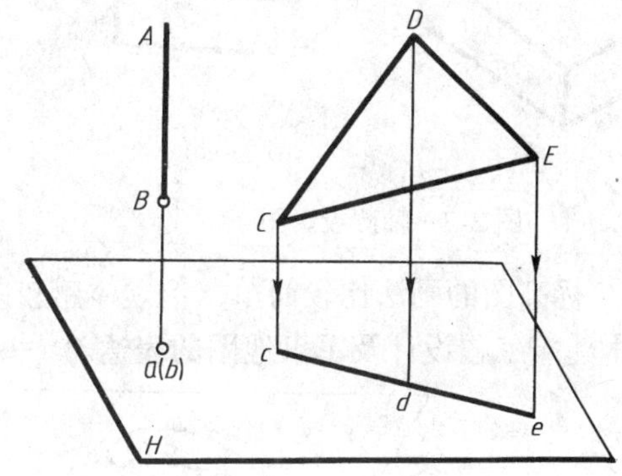

图 2-4　投影的积聚性

（3）当直线或平面与投影面倾斜时，则直线的投影为小于直线段实长的直线，平面的投影是小于平面实形的类似形。这种投影性质叫做类似性，如图 2-5 所示。

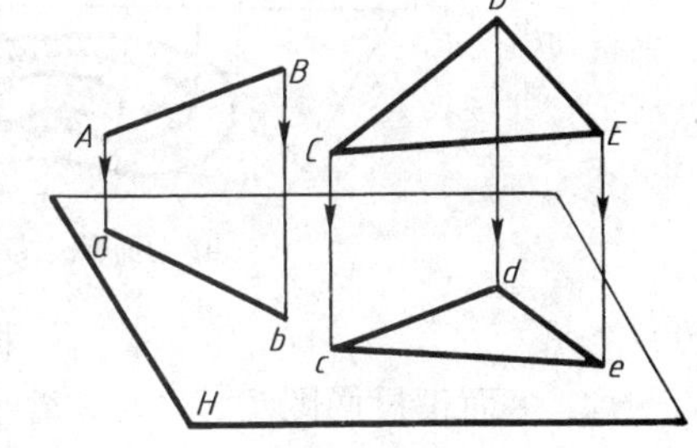

图 2-5　投影的类似性

三、工程上常用的几种图样简介

工程上是用图样来表达各种物体的形状和大小的。通常要求图样具有良好的度量性，即根据图样就能准确、清晰地判断出物体的形状和大小；有时也要求图样具有较强的直观性，即图样富于立体感，使人易于看懂。为满足工程上对图样的各种不同要求，通常是用不同的图示方法来解决的。常用的图样有下列四种：

1. 透视图

透视图是用中心投影法画出的单面投影，如图 2-6 所示。透视图立体感强，且非常接近于人们观察物体时视觉所得到的形象。但它的作图复杂，并且难以真实地表达物体的形状和大小。这种图主要用于建筑图样上表示建筑物的外貌。

2. 轴测图

轴测图是用平行投影法画出的单面投影图，如图 2-7 所示。它能同时反映空间物体的长、宽、高三个方向的形状，这种图的优点是立体感强，物体形象表达得较清楚。缺点是度量性较差，作图较麻烦。因此，通常只是适用于表达物体的立体形象，

图 2-6　建筑物的透视图

作为工程上的辅助图样。

3. 标高图

标高图是用正投影法画出的单面投影，它是一种在物体的水平投影上，加注某些特征面、线以及控制点的高程数值的正投影，如图 2-8 中的 a_{10}，即表示空间点 A 距离水平面的高度为 10 个长度单位。

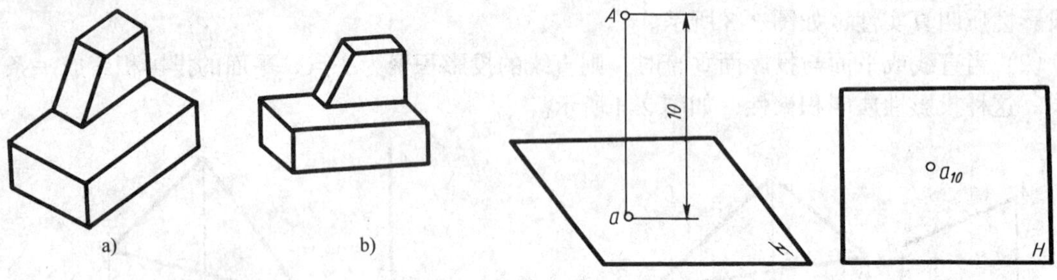

图 2-7　轴测投影图

图 2-8　标高投影图

标高图的画法比较简单，但立体感较差，主要用于各种不规则曲面（图 2-9）、地形图、土木建筑工程设计及军事地图的表达。

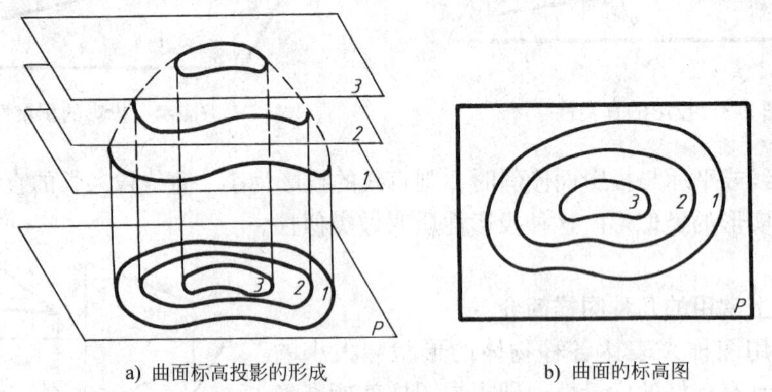

a) 曲面标高投影的形成　　b) 曲面的标高图

图 2-9　曲面的标高的投影

4. 多面正投影图

用正投影法，把物体分别投射到两个以上相互垂直的投影面上，然后把几个投影面展平到一个平面上，用这种方法所得到的一组图形，称为多面正投影图，如图 2-10 所示。

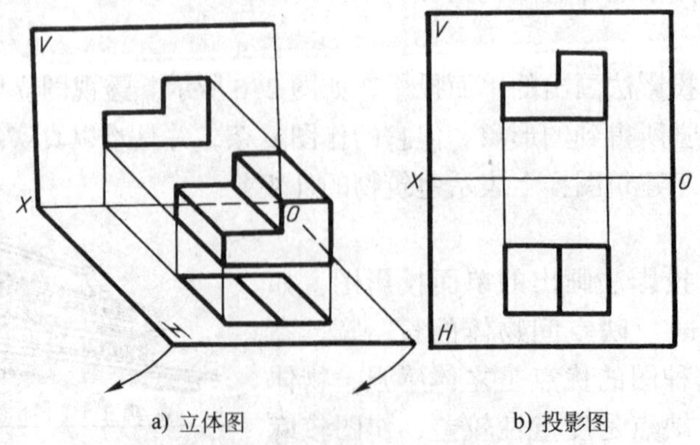

a) 立体图　　b) 投影图

图 2-10　多面正投影图

多面正投影图可以真实准确地反映物体的形状大小，便于度量且作图简便，所以在工程上应用最广。它的缺点是立体感不强。机械图样主要是用正投影法画出的多面正投影图，今后就将“正投影”简称“投影”。这是学习的重点内容，必须很好地掌握。

第二节　物体的三视图

一、视图的概念

用正投影法，将物体向投影面投射所得图形，就称为视图，如图 2-11 所示。

二、三视图的形成

从图 2-11 可能看出，两个不同的物体在同一投影面上的视图相同，这说明仅有一个视图是不能准确地表达物体结构形状的。因此，通常将物体正放在三个互相垂直的投影面体系中，然后分别从前向后投射，在正面（V 面）上得到的视图，叫主视图；从上向下投射在水平面（H 面）上得到的视图，叫俯视图；从左向右投射在侧面（W 面）上得到的视图，叫左视图。这样就得到了物体的三个视图，如图 2-12 所示。

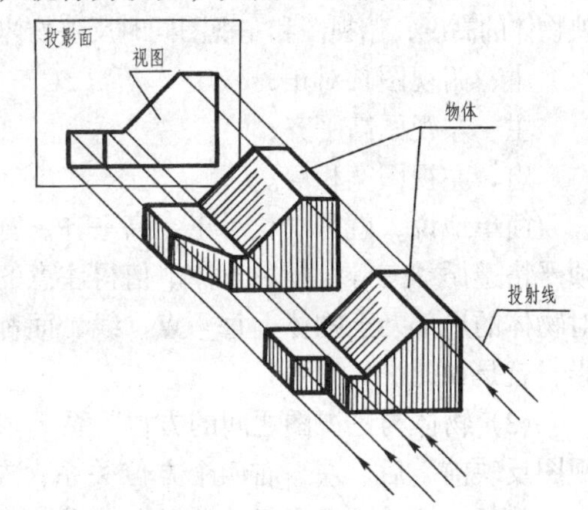

图 2-11　视图的概念

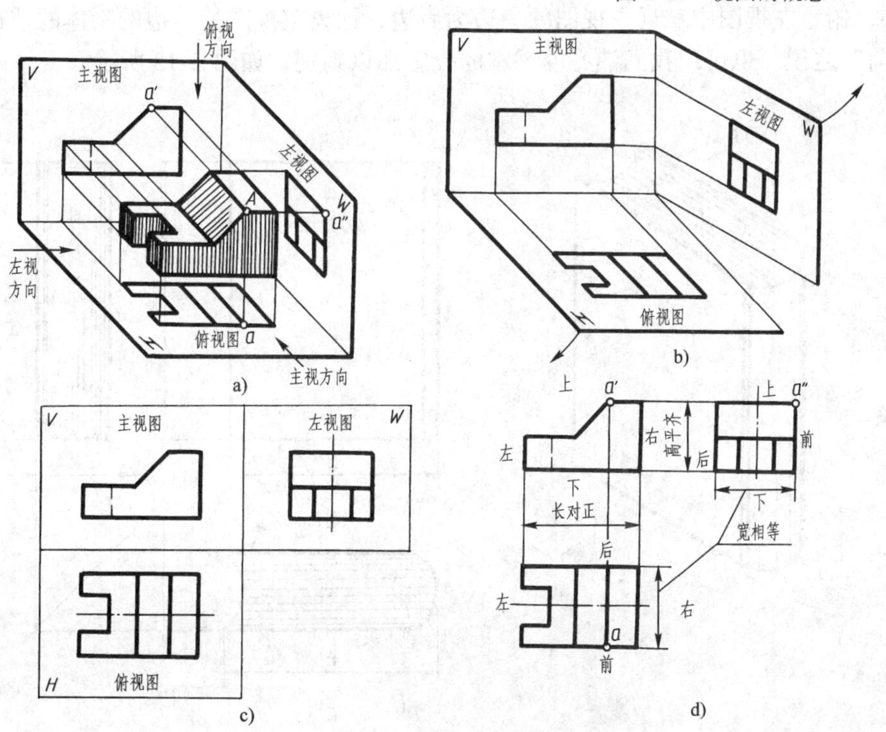

图 2-12　三视图的形成和投影规律

a）物体在三投影面体系中的投影　b）三投影面的展开方法

c）展开后的三视图　d）三视图之间的投影规律

为了使三个视图能画在同一图纸上，要将三个投影面展开成同一平面，国家标准规定正面（V）保持不动，水平面（H）向下旋转90°，侧面（W）向右旋转90°，如图2-12所示。

三、三视图投影关系

根据三个投影面展开的规定和正投影法的原理形成的三视图，有下列投影关系（图2-12）：

（1）三视图的位置关系　以主视图为准，俯视图在主视图正下方，左视图在主视图的正右方。画图时，三个视图必须按上述位置关系配置。

（2）三视图的“三等”关系　主视图和俯视图同时反映物体的长度，主视图和左视图同时反映物体的高度，俯视图和左视图同时反映物体的宽度。因而，三视图之间存在下述投影关系：

主、俯视图长对正；

主、左视图高平齐；

府、左视图宽相等。

简单地说，就是“长对正、高平齐、宽相等”的“三等”投影规律。在画图或看图时必须严格遵循“三等”投影规律。值得注意的是，不仅物体的总体要符合“三等”关系，而且对物体的局部乃至物体上每一点、线、面都应符合“三等”关系，如图2-12中的点A的投影，就是如此。

（3）物体与三视图之间的方位关系　主视图反映物体上、下、左、右四个方位关系；俯视图反映前、后、左、右四个方位关系；左视图反映上、下、前、后四个方位关系，如图2-12所示。六个方位关系中，比较容易混淆的是俯、左视图中的前、后关系，可以以主视图为中心，俯、左视图中靠近主视图的一边为后边，远离主视图的一边的物体的前边，即有“里后外前”之说。也可用我们熟悉的书本的投影加以判别，如图2-13所示。

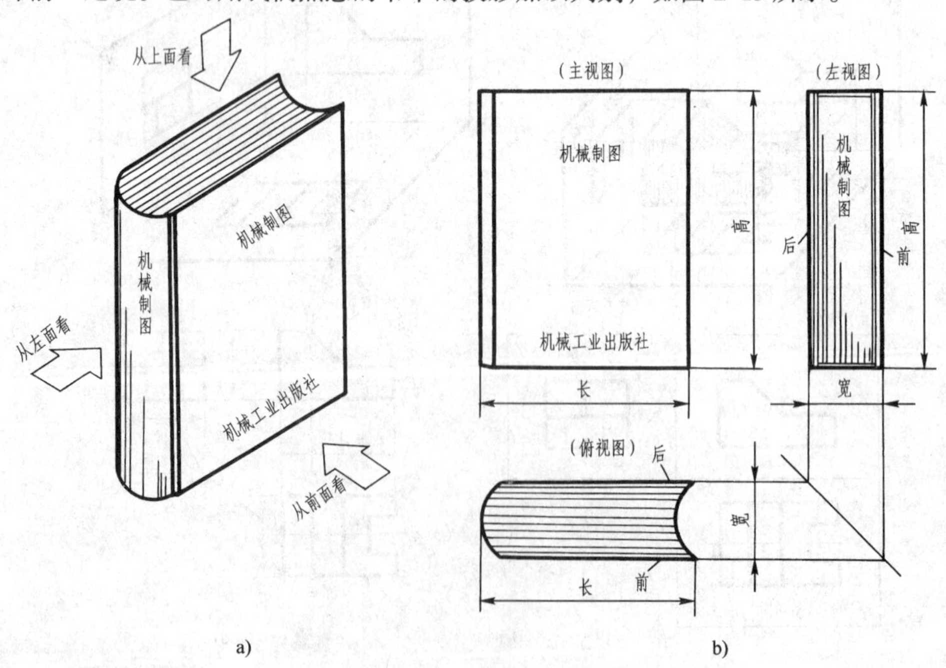

图2-13　书本的立体图与三视图

a）书的立体图　b）书的三视图

第三节 点的投影

任何形体都是由点、线、面等几何元素构成的，如图 2-14 中的三棱锥体，即可看成是由 A、B、C、D 四点构成，又可看成是由 AB、AC、AD、BC、CD、DB 六条线构成，还可看成是由 $\triangle ABC$、$\triangle ACD$、$\triangle ABD$ 和 $\triangle BCD$ 四个面构成。可见，要正确地绘制和阅读形体的投影，必须首先掌握点、线、面等几何元素的投影特性。

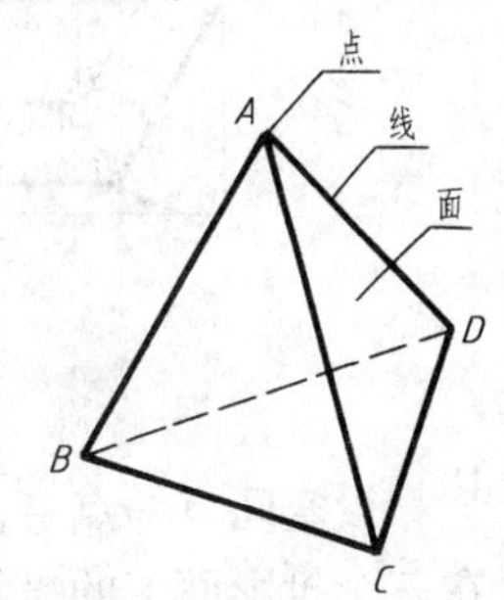

图 2-14 三棱锥体的构成

一、点在两投影面体系中的投影

设有两个相互垂直的投影面 V 和 H，这两个投影面的交线 OX，称为投影轴（图 2-15）。假设空间有一点 A，过点 A 分别向 V 和 H 面作垂线，得垂足 a' 和 a，则 a' 称为空间点 A 的正面投影，a 称为点 A 的水平投影。在这里规定用大写字母（如 A）表示空间点，它的正面投影和水平投影分别用相应的小写字母（如 a' 和 a）表示。

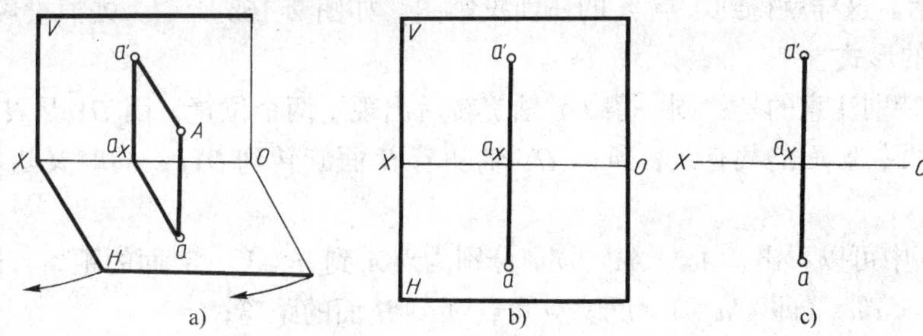

图 2-15 点的两面投影

在实际作图中，需要把空间关系在一个平面（纸面）上表示出来，为此，使 V 面不动，H 面绕 OX 轴向下旋转 90°与 V 面重合，如图 2-15b 所示，即得点 A 的两面投影。为了作图简便，投影图中不必画出投影面的边框，如图 2-15c 所示。

由图 2-15 中可以看出：图为 $Aa \perp H$ 面，$Aa' \perp V$ 面，所以由 Aa 和 Aa' 所决定的平面 Aa_xa' 既垂直于 H 面又垂直于 V 面，从而也就垂直于它们的交线 OX 轴。因此，该平面 H 面的交线 aa_x 及与 V 面的交线 $a'a_x$ 都分别垂直于 OX 轴，点 a_x 是这两条交线和 OX 轴的交点。所以，在展开后的投影图上，a、a_x、a' 三点必在同一直线上，且 $aa' \perp OX$ 轴。又点 A 到 V 面的距离为 Aa'，到 H 面的距离为 Aa，而 Aa_xa' 是个矩形，所以 $aa_x = Aa'$，$a'a_x = Aa$。由此可以得出点在两投影面体系中的投影规律。

（1）点的正面投影和水平投影的连线垂直于 OX 轴，即 $a'a \perp OX$ 轴。

（2）点的正面投影到 OX 轴的距离，反映空间点到 H 面的距离；点的水平投影到 OX 轴的距离，反映空间点到 V 面的距离。即 $a'a_x = Aa$，$aa_x = Aa'$。

二、点在三投影面体系中的投影

在上述两投影面体系的基础上，再加一个同时垂直 H 和 V 面的侧立投影面 W（简称侧面），便形成了三投影面体系，如图 2-16 所示。三个投影面两两垂直并相交，得三个投影轴 OX、OY、OZ，三个投影轴垂直相交的交点 O，称为原点。

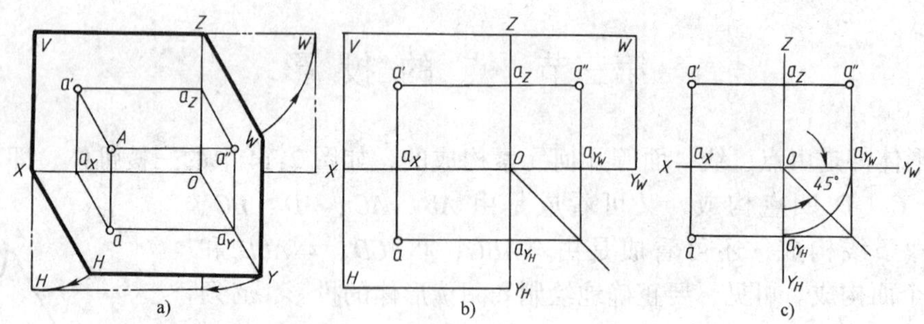

图 2-16　点的三面投影

设空间有一点 A，过 A 分别各 H、V、W 面作垂线得三个垂足 a、a'、a''，便得到点 A 在三个投影面上的投影（规定点 A 的侧面投影，用小写字母 a''表示。）

画投影图时需要把三个投影面展平到同一个平面上。展开的方法与前述的一样：V 面不动，将水平面 H 和侧面 W 分别绕 OX 轴和 OZ 轴向下和向右旋转 90°并与 V 面重合，如图 2-16a 的箭头所示。这样就得到了点 A 的三面投影图，如图 2-16b 所示。去掉投影面边框，便成为图 2-16c 的形式。

在这里应特别注意的是：同一条 OY 轴旋转后出现了两个位置，因 OY 是 H 面和 W 面的交线，也就是两投影面的共有线，所以 OY 轴随着 H 面旋转到 OY_H，同时又随着 W 面旋转到 OY_W 的位置。

从图 2-16 中可以看出，Aa、Aa'、Aa''分别为点 A 到 H、V、W 面的距离，即

$Aa = a'a_x = a''a_Y$（即 $a''a_{YW}$），反映空间点 A 到 H 面的距离；

$Aa' = aa_x = a''a_Z$，反映空间点 A 到 V 面的距离；

Aa''、$a'a_Z = aa_Y$（aa_{YH}），反映空间点 A 到 W 面的距离。

上述即是点的投影与点的空间位置的关系，根据这个关系，若已知点的空间位置，就可画出点的投影。反之，若已知点的投影，就可完全确定点在空间的位置。由图 2-16 中还可看出：

$aa_{YH} = a'a_z$ 即 $a'a \perp OX$

$a'a_X = a''a_{YW}$ 即 $a'a'' \perp OZ$

$aa_X = a''a_Z$

这说明点的三个投影不是孤立的，而是彼此之间有一定的位置关系。而且这个关系不因空间点的位置改变而改变，因此可以把它概括为普遍性的投影规律：

(1) 点的正面投影和水平投影的连线垂直 OX 轴，即 $a'a \perp OX$；

(2) 点的正面投影和侧面投影的连线垂直 OZ 轴，即 $a'a'' \perp OZ$；

(3) 点的水平投影 a 到 OX 轴的距离等于侧面投影 a'' 到 OZ 轴的距离，即 $aa_X = a''a_Z$。

根据上述投影规律，若已知点的任何两个投影，就可求出它的第三个投影。

【例 2-1】　已知点 A 的正面投影 a' 和侧面投影 a''（图 2-17），求作其水平投影 a。

如图 2-17 所示，由于 a 与 a' 的连线垂直于 OX 轴，所以 a 一定在过 a' 而垂直于 OX 轴的直线上。又由于 a 到 OX 轴的距离必等于 a'' 到 OZ 轴的距离，因此截取 $aa_X = a''a_Z$，便求得了 a 点。

为了作图简便，可自点 O 作 45°辅助线或作圆弧，以表明 $aa_X = a''a_Z$，的关系。

三、点的三面投影与直角坐标

三投影面体系可以看成是一个空间直角坐标系，因此可用直角坐标确定点的空间位置。投影面 H、V、W 作为坐标面，三条投影轴 OX、OY、OZ 作为坐标轴，三轴的交点 O 作为坐标原点。

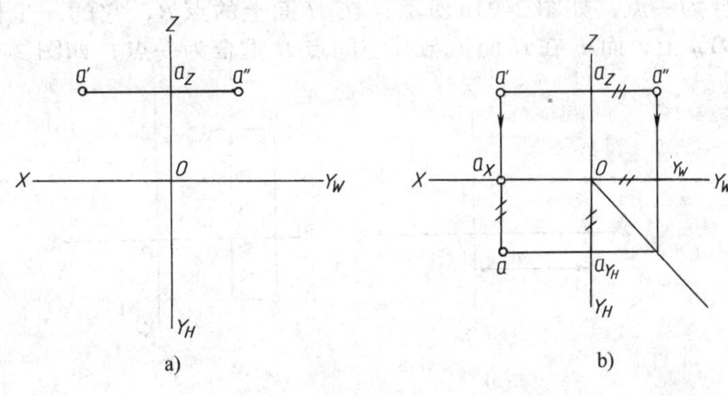

图 2-17　已知点的两投影求第三投影

由图 2-18 可以看出点 A 的直角坐标 x、y、z 与其三个投影的关系：

点 A 到 W 面的距离 $= Oa_X = a'a_Z = aa_{YH} = x$ 坐标；

点 A 到 V 面的距离 $= Oa_{YH} = aa_X = a''a_Z = y$ 坐标；

点 A 到 H 面的距离 $= Oa_Z = a'a_X = a''a_{YW} = z$ 坐标。

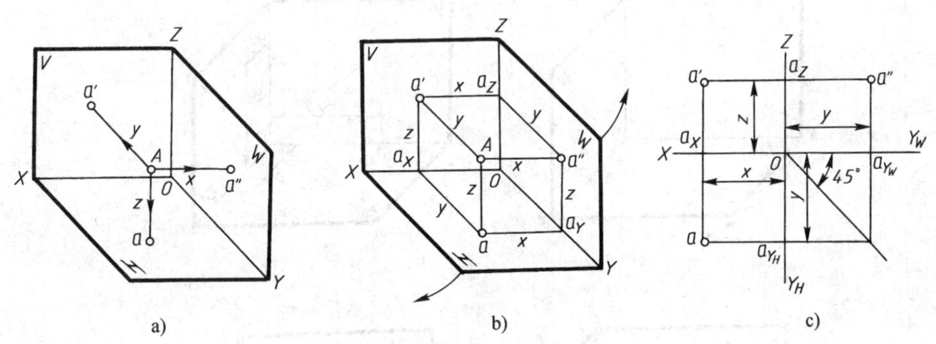

图 2-18　点的三角投影与直角坐标

用坐标来表明空间点位置比较简单，可以写成 A（x_A、y_A、z_A）的形式。

由图 2-18 可知，坐标 x 和 z 决定点的正面投影 a'，坐标 x 和 y 决定点的水平投影 a，坐标 y 和 z 决定点的侧面投影 a''，若用坐标表示，则为 a（x、y、0），a'（x、o、z），a''（o、y、z）。

因此，已知一点的三面投影，就可以量出该点的三个坐标；相反地，已知一点的三个坐标，就可以作出该点的三面投影。

【例 2-2】　已知点 A 的坐标（20、10、18），作出点 A 的三面投影，并画出其立体图。

其作图方法步骤如图 2-19 所示。

立体图的作图步骤如图 2-20 所示。

四、投影面上点的投影

在投影面上的点，由于它有一个坐标为 O，因此，它在三面投影中，必定有两个投影在投影轴上，另一个投影和其空间点本身相重合。例如在 V 面上的点 A，它的 y 坐标为 0，所以，它的水平投影 a 在 OX 轴上，侧面投影 a'' 在 OZ 轴上，而 a' 在 V 面上与其空间点 A 重合为一点，如图 2-21a 所示；在 H 面上的点 B，它的 z 坐标为 0，所以 b' 在 OX 轴上，b'' 在 OY_H 上，而 b 在 H 面上与其空间点 B 重合为一点，如图 2-21 所示。

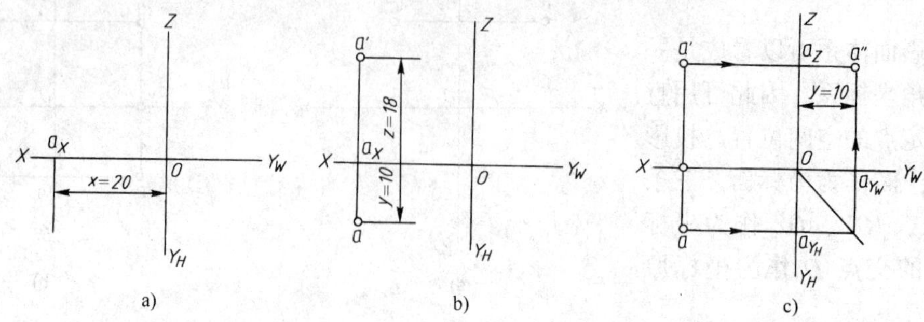

图 2-19　由点的坐标作点的三面投影

a）画坐标轴，在 OX 轴上自 O 向左量取 20，定出 a_X　b）过 a_X 作 OX 轴的垂直线，并从 a_X 向下量取 $aa_X=10$ 得 a 点，从 a_X 向上取 $a'a_X=18$，得 a' 点

c）自 a' 点作 OZ 轴的垂直线，得交点 a_Z，从 a_Z 向右量取 $a''a_Z=10$，得 a''

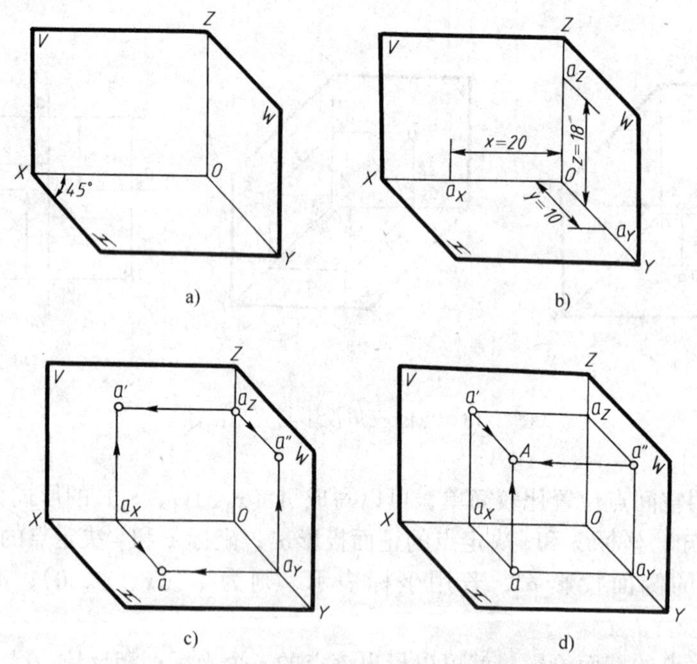

图 2-20　由点的坐标作立体图

a）坐标面画法，先画一矩形为 V 面，H、W 面画成 45°的平行四边形

b）根据投影图的坐标值，按 1:1 的比例沿各轴量取 x、x、z 尺寸得 a_X、a_Y、a_Z

c）过 a_X、a_Y、a_Z 在各坐标面上分别引各轴的平行线，得点 A 的三个投影 a、a'、a''

d）过 a 作 $aA//OZ$，过 a' 作 $a'A//OY$，过 a'' 作 $a''A//OX$，所作三直线的交点即为空间点 A

反过来说，空间点只要有一个投影在投影轴上，则该点必定位于投影面上。但究竟在哪个投影面上？则要看哪个坐标值为 0 而定。

五、两点的相对位置

空间两点的相对位置，在投影图中，是用它们的坐标差来确定的。两点的正面投影反映出它们的上下、左右关系，两点的水平投影反映出它们的左右、前后关系，两点的侧面投影反映出它们的上下、前后关系。

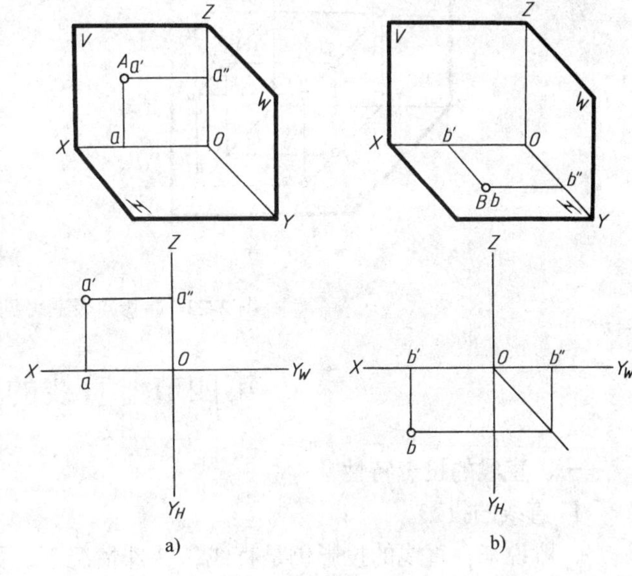

图 2-21　投影面上点的投影

例如，若已知空间两点 A（x_A、y_A、z_A）和 B（x_B、y_B、z_B）的投影，如图 2-22 所示。我们从投影中根据其坐标，即能判断两点在空间的相对位置。由于 A、B 两点的左右位置是由 x 坐标差（$x_A - x_B$）所确定，而从正面投影和水平投影可以看出 $x_A > x_B$，所以点 A 在左，点 B 在右。A、B 两点的前后位置是由 y 坐标差（$y_B - y_A$）所确定，而从水平投影和侧面投影可以看出 $y_A < y_B$，所以点 B 在前，点 A 在后。同理，A、B 两点的上下位置是由 z 坐标所确定，由于 $z_B > z_A$，所以点 B 在上，点 A 在下。其空间情况如图 2-22 所示。

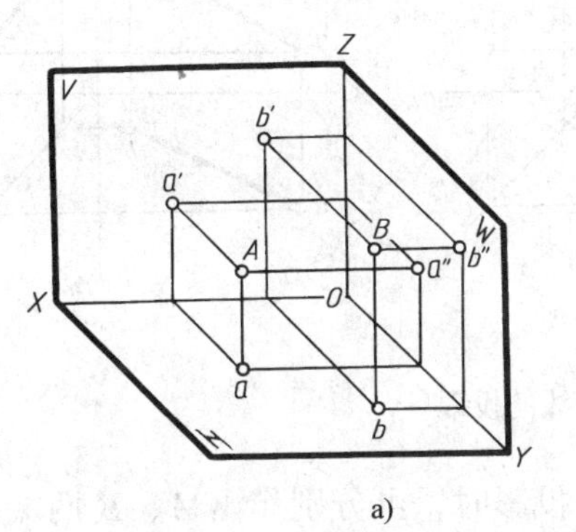

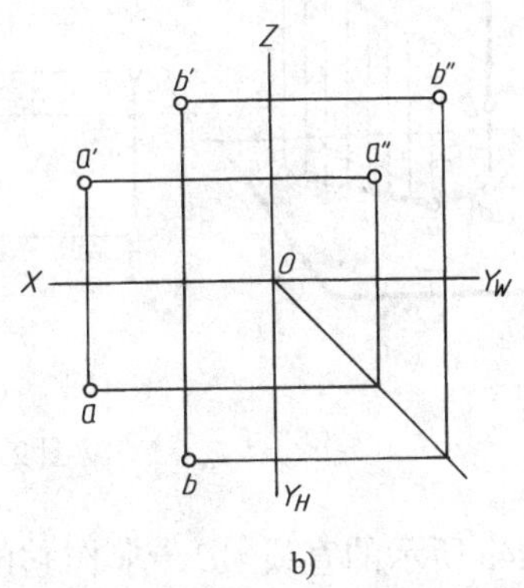

图 2-22　两点的相对位置

当空间两点有一个投影重合时，我们称这两个点是对某投影面的重合点，简称重影点，其重合的投影称为重影。这表明两点的某两个坐标相同，而处于同一投射线上。有重影点，就需要判别其可见性，即判断两个点中哪个为可见，哪个为不可见。

如图 4-23 所示，C、D 两点的 x、z 坐标相同，处于 Y 轴方向的同一投射线上，其下面投影 c'、d' 重合。由于 $y_C > y_D$，所以从前向后看时，点 C 可见，D 被 C 遮住为不可见。为了在图上表示可见性，对不可见点的投影，另加括弧表示，故写成 c'（d'）。

总之，当空间两点的连线垂直于某个投影面时，它们在该投影面上的投影必然相重合，这时就需要判别其可见性。判别的方法是，从另外的投影上根据其坐标去判断，实际上就是判断该两点的空间位置的高低、左右、前后的关系。而未重合的投影，则不存在可见性的问题。

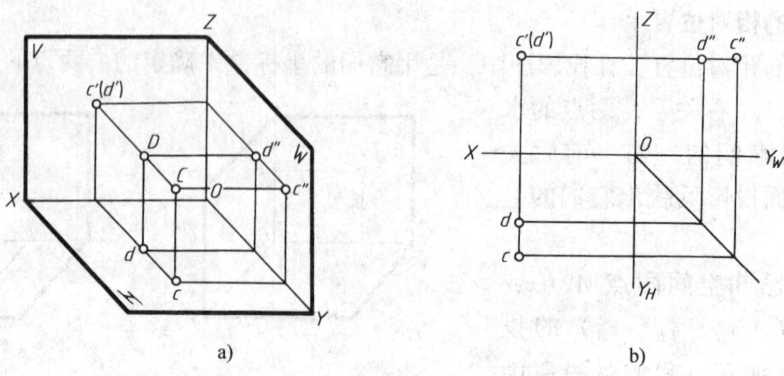

图 2-23　重影点及其可见性判别

第四节　直线的投影

一、直线的投影特性

1. 直线的投影

一般说来，直线的投影仍是直线，特殊情况下，如图 2-24a 中的直线 *CD*，因其垂直于投影面，所以它在该投影面上的投影积聚为一点。

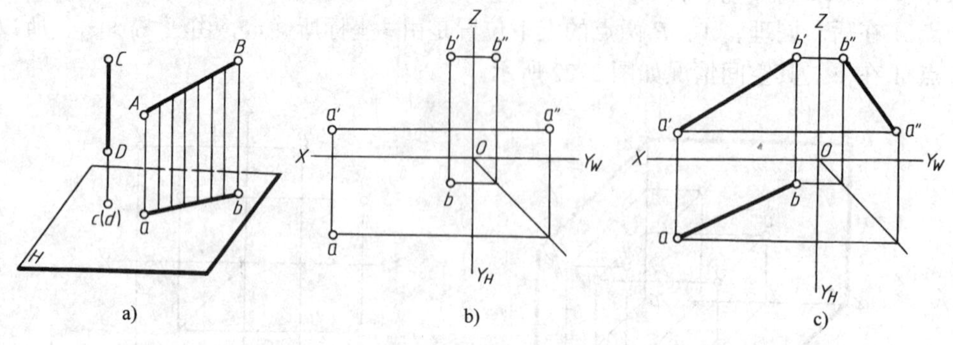

图 2-24　直线的投影

如图 2-24a 所示的直线 *AB*，求作它的三面投影时，可分别作出 *A*、*B* 两端点的三面投影，然后将同一投影面上的投影（简称同面投影）用直线连接起来，即得直线 *AB* 的三面投影，如图 2-24b、c 所示。

2. 直线上的点

直线上点的投影有下列从属关系：

如果点在直线上，则此点的各个投影必在该直线的同面投影上。反之，如果点的各个投影都在直线的同面投影上，则该点一定在该直线上。

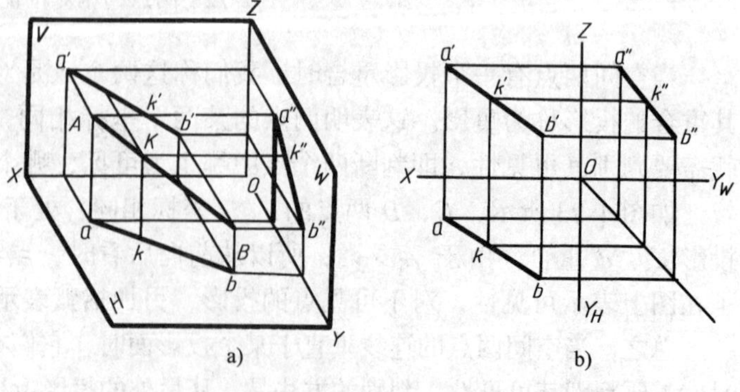

图 2-25　直线上的点

如图 2-25 所示，若点 *K* 在

直线 AB 上，则 k 在 ab 上，k' 在 $a'b'$ 上，k'' 在 $a''b''$ 上。

如果线段 AB 上有一个点 K，把线段分为 AK 和 KB 两部分，则线段及其投影之间有下列定比关系：

$$AK:KB = a'k':k'b' = ak:kb = a''k'':k''b''$$

利用定比关系，即可按直线上的点将线段分割成定比的原理作出点的投影。例如图 2-26a 所示线段 AB 上的一点 K 把 AB 分成 $AK:KB = 1:2$，求作点 K 的投影图时，可过 a 作直线 ab_1，并取 $ak_1:k_1b_1 = 1:2$，然后连 bb_1，过 k_1 作 bb_1 的平行线与 ab 相交，即得点 K 的水平投影 k，如图 2-26b 所示。k' 可用同样的方法求出，也可由作侧面投影的方法求出，如图 2-26c 所示。

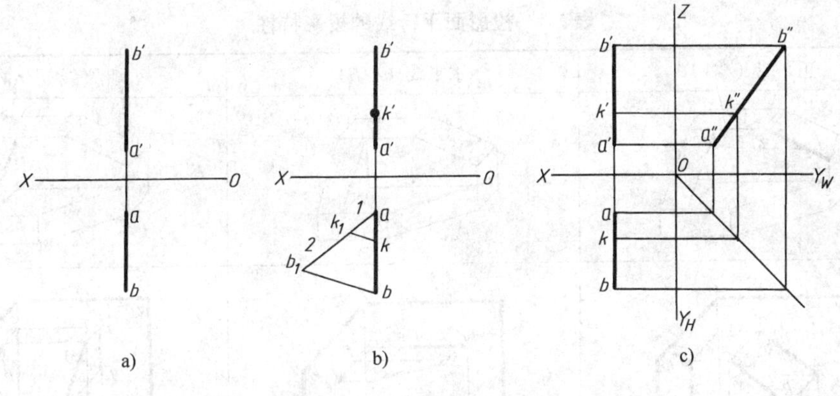

图 2-26　求直线上点的投影

二、各种位置直线的投影特性

在三投影面体系中，直线按其与投影面的相对位置，可以分为三种：投影面平行线、投影面垂直线和一般位置直线。其中投影面平行线和投影面垂直线又称为特殊位置直线。

1. 投影面平行线

平行于一个投影面，而与另外两个投影面倾斜的直线，称为投影面平行线。平行于 V 面的称为正平线；平行于 H 面的称为水平线；平行于 W 面的称为侧平线。

图 2-27a 所示的物体的棱边 AB，即为（图 2-27b）正平线，它平行于正立投影面，而与另外两个投影面成倾斜位置，它的投影图如图 2-27c 所示。

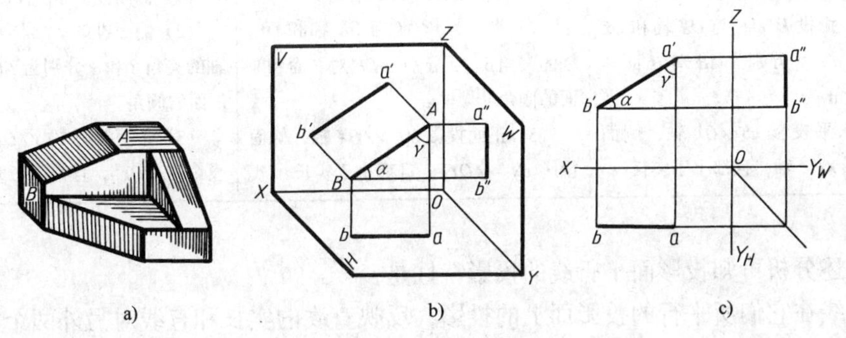

图 2-27　正平线的投影

直线与其三个投影的夹角，即为直线对相应投影的倾角。我们规定，直线对 H 面、V 面、W 面的倾角分别用 α、β、γ 表示。

正平线的投影特性为：

①正面投影 $a'b'$ 反映直线 AB 的实长，即 $a'b'=AB$，$a'b'$ 与 OX 轴的夹角反映直线对 H 面的倾角 α；$a'b'$ 与 OZ 轴的夹角反映直线对 W 面的夹角 γ。

②水平投影 $ab//OX$；侧面投影 $a''b''//OZ$，它们的投影长度均小于 AB 的实长，即 $ab=Ab\cos\alpha$；$a''b''=AB\cos\gamma$。

在表 2-1 中，分别列出了正平线、水平线和侧平线的投影及其特性。

表 2-1 投影面平行线的投影特性

名称	正平线（$//V$）	水平线（$//H$）	侧平线（$//W$）
实例	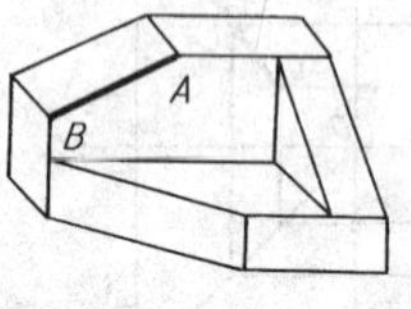	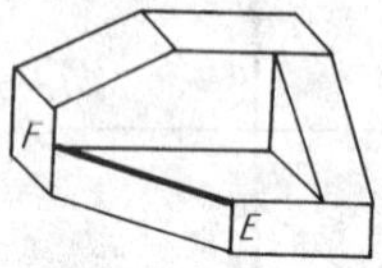	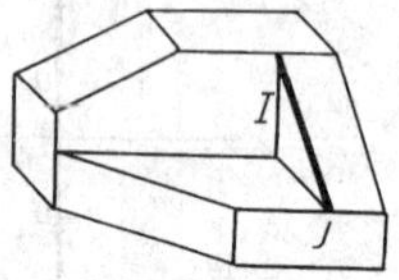
立体图	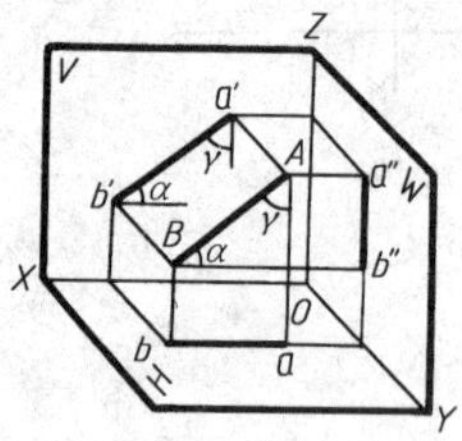	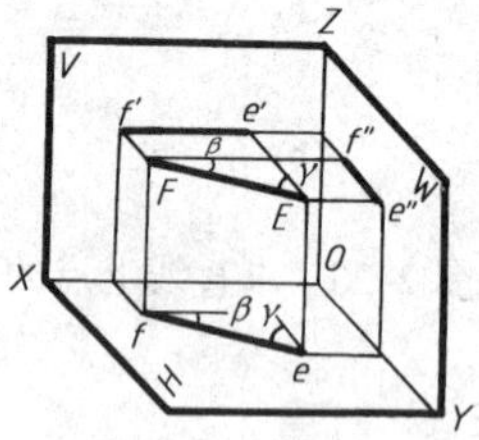	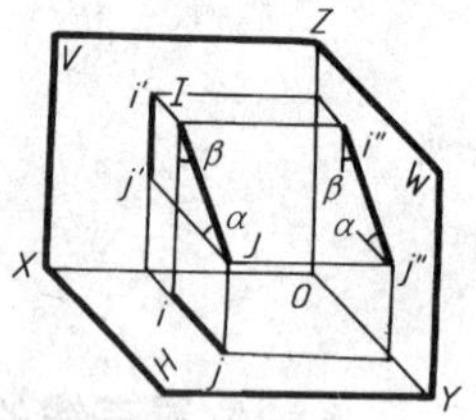
投影图	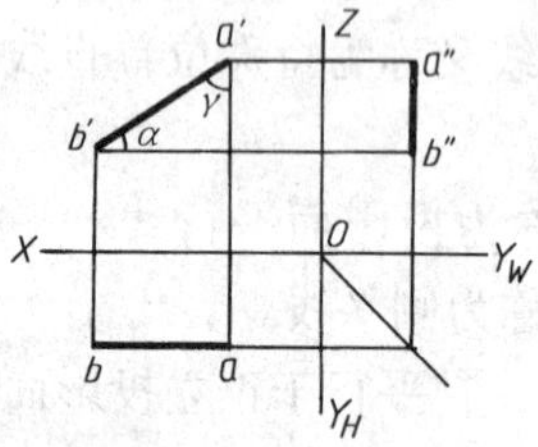	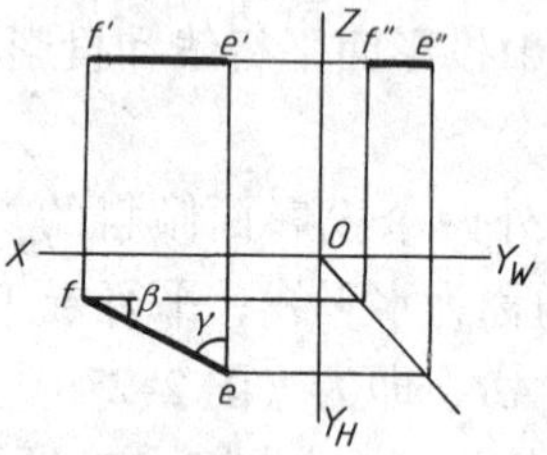	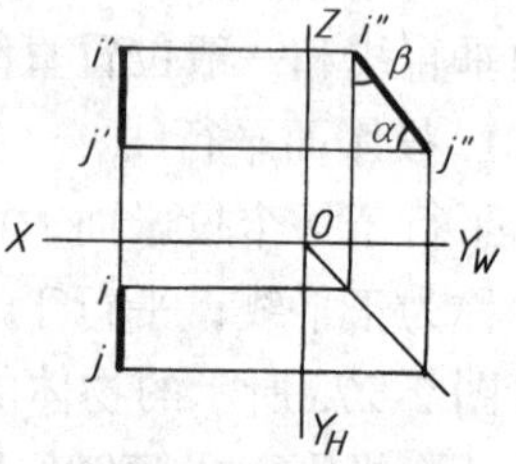
投影特性	(1) 正面投影 $a'b'$ 反映实长 (2) 正面投影 $a'b'$ 与 OX 轴和 OZ 轴的夹角 α、γ 分别为 AB 对 H 面和 W 面的倾角 (3) 水平投影 $ab//OX$ 轴，侧面投影 $a''b''//OZ$ 轴，且都小于实长	(1) 水平投影 ef 反映实长 (2) 水平投影 ef 与 OX 轴和 OY_H 轴的夹角 β、γ 分别为 EF 对 V 面和 W 面的倾角 (3) 正面投影 $e'f'//OX$ 轴，侧面投影 $e''f''//OY_W$，且都小于实长	(1) 侧面投影 $i''j''$ 反映实长 (2) 侧面投影 $i''j''$ 与 OZ 轴和 OY 轴的夹角 β 和 α 分别为 EF 对 V 面和 H 面的倾角 (3) 正面投影 $i'j'//OZ$ 轴，水平投影 $ij//OY_H$，且都小于实长

根据上述分析可知投影面平行线的投影特性是：

空间直线在它们所平行的投影面上的投影，反映直线的实长和直线对另外两个投影面的夹角；直线的另外两个投影分别平行于相应的投影轴且都小于实长。

因此，当我们从投影图上判断直线的空间位置时，若三投影中，有两个投影平行相应的投影轴，另一投影成倾斜位置，则它一定是投影面的平行线。

【例 2-3】 过已知点 A 作线段 $AB=20mm$，使其平行于 W 面，而与 H 面的倾角 $\alpha=45°$（图 2-28a）。

过点 A 作平行于 W 面的直线 AB 为侧平线，根据侧平线的投影特性和已知条件（$a''b''=AB$，$a''b''$ 与 OY_W 成 45°，$ab//OY_H$，$a'b'//OZ$），即可作出直线 AB 的投影图。其作图步骤（图 2-28b）如下：

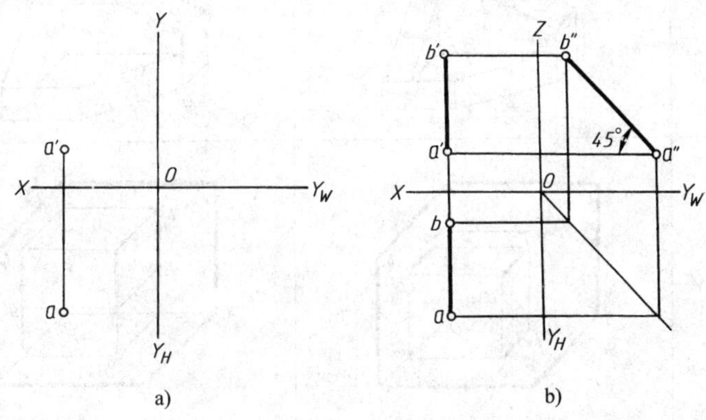

a)　　b)

图 2-28　过点 A 作侧平线

①先作出点 A 的侧面投影 a''，再过 a'' 作一条与 OY_W 轴夹角成 45° 的直线，并在该直线上截取 $a''b''=20mm$，$a''b''$ 即为直线 AB 的侧面投影。

②作另外两个投影，按投影规律分别过 a 作 $ab//OYH$、$a'b'//OZ$，即得直线 AB 的水平投影 ab 和正面投影 $a'b'$（此题有两解，另一解请读者自行分析）。

2. 投影面垂直线

垂直于一个投影面而与另外两个投影面平行时的直线，称为投影面垂直线。垂直于 H 面的称为铅垂线；垂直于 V 面的称为正垂线；垂直于 W 面的称为侧垂线。

图 2-29a 所示的直线 BC 为一正垂线，因为它垂直于正投影面，故必与另外两个投影面平行。其投影图如图 2-29b、c 所示。

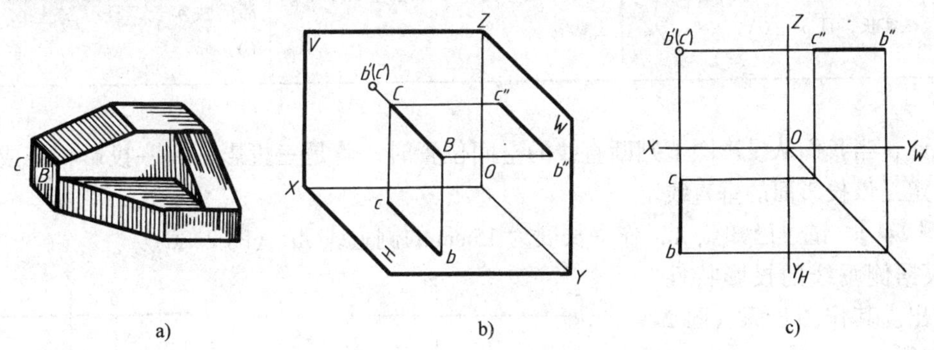

a)　　b)　　c)

图 2-29　正垂线的投影

其投影特性为：

①正面投影积聚成一点，即 b'（c'）为一点；

②水平投影 $bc\perp OX$ 轴；侧面投影 $b''c''\perp OZ$ 轴，且 bc 和 $b''c''$ 均反映实长。

在表 2-2 中，分别列出了正垂线、铅垂线和侧垂线的投影及其特性。

根据上述分析可知，投影面垂直线的投影特性是：

空间直线在它们所垂直的投影面上的投影积聚成一点，另外两投影反映直线的实长，并且分别垂直于相应的投影轴。

表 2-2　投影面垂直线的投影特性

名称	正垂线（⊥*V*）	铅垂线（⊥*H*）	侧垂线（⊥*W*）
实例	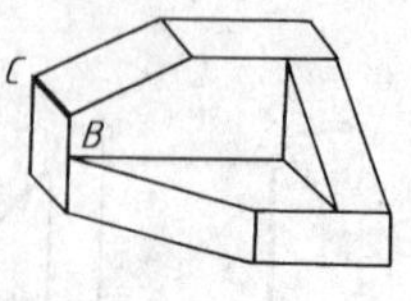	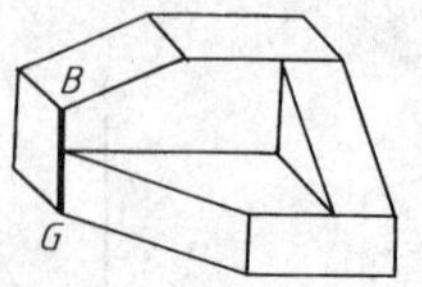	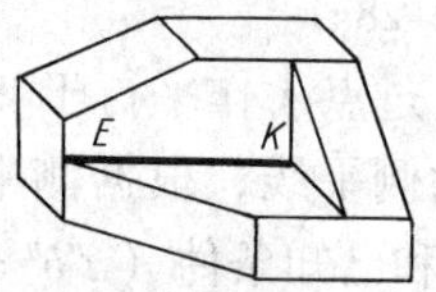
立体图	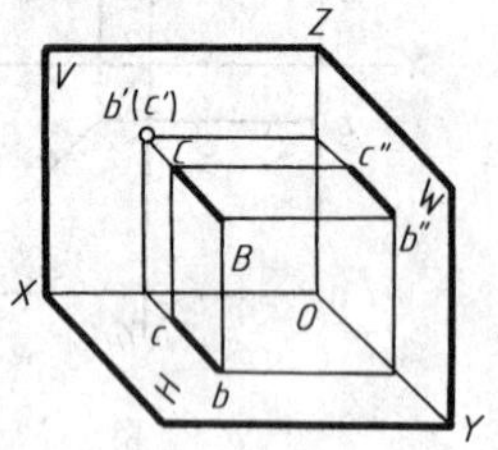	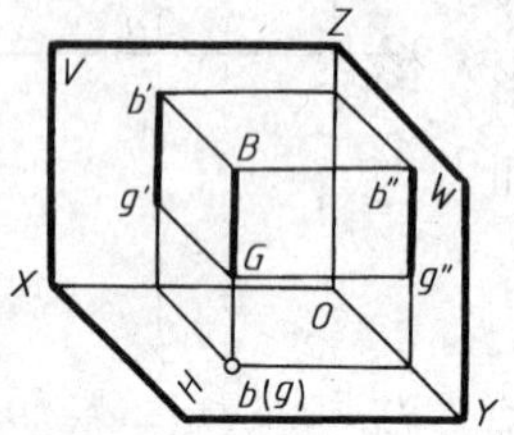	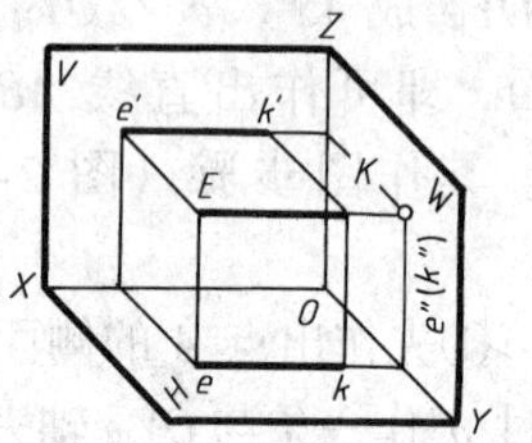
投影图	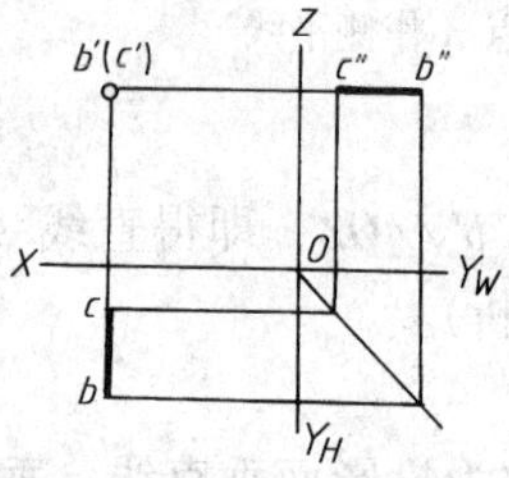	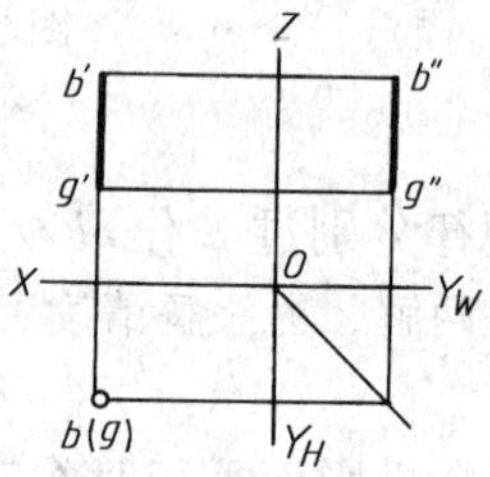	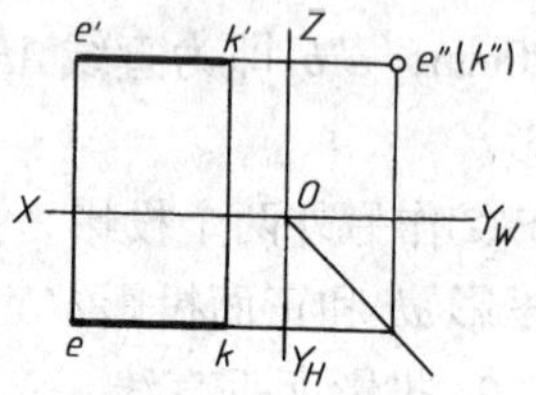
投影特性	（1）正面投影 b'（c'）积聚成一点 （2）水平投影 bc、侧面投影 $b''c''$ 都反映实长，且 $bc \perp OX$，$b''c'' \perp OZ$	（1）水平投影 b（g）积聚成一点 （2）正面投影 $b'g'$、侧面投影 $b''g''$ 都反映实长，且 $b'g' \perp OX$，$b''g'' \perp OY_W$	（1）侧面投影 e''（k）$''$ 积聚成一点 （2）正面投影 $e'k'$、水平投影 ek 都反映实长，且 $e'k' \perp OZ$，$ek \perp OY_H$

因此，当我们从投影图上判断直线的空间位置时，若是三投影中有一投影积聚成一点，则它一定是该投影面的垂直线。

【例 2-4】 试过已知点 *A*，作一长度为 15mm 的侧垂线 *AB*（图 2-30）。

根据侧垂线的投影特性，即可作出。其作图步骤（图 2-30b）如下：

①先作出积聚成一点的侧面投影 a''（b''）；

②过 a、a' 分别作平行于 *OX* 轴的直线 ab、$a'b'$，其长度均取为 15mm，即得侧垂线 *AB* 水平投影 ab 和正面投影 $a'b'$。

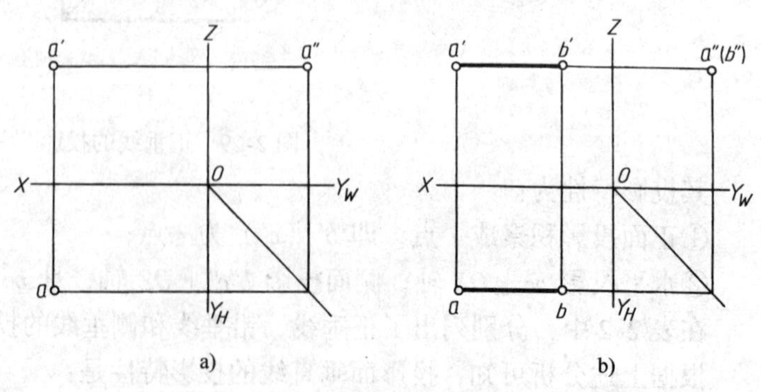

图 2-30　过点 *A* 作侧垂线

3. 一般位置直线

与三个投影面都处于倾斜位置的直线，称为一般位置直线。

一般位置直线的投影特性为（见图 2-31）：

①ab、$a'b'$、$a''b''$都与投影轴倾斜，且都小于实长；

②各个投影与投影轴的夹角都不反映该直线对各投影面的倾角。

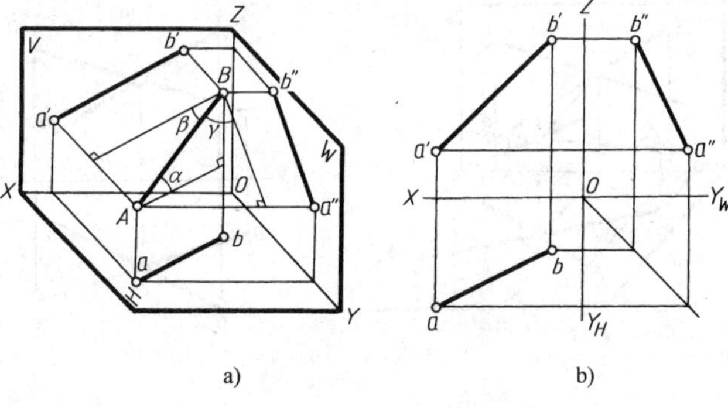

图 2-31　一般位置直线的投影

三、两直线的相对位置

两直线的相对位置可以分为三种情况：两直线平行、两直线相交和两直线交叉。前两种又称为同面直线；后一种又称为异面直线。下面分别说明其投影特点。

1. 两直线平行

若空间两直线相互平行，则其同面投影必然相互平行。反之，如果两直线的各个同面投影相互平行，则此两直线在空间也一定相互平行。

如图 2-32 所示，设 $AB//CD$，则由其投影线形成的平面 $ABba//CDdc$，所以它们与 H 面的交线 $ab//cd$，同理 $a'b'//c'd'$、$a''b''//c''d''$。

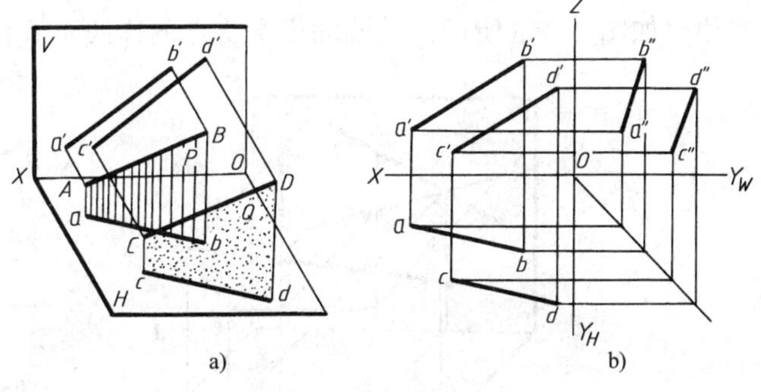

图 2-32　两直线平行

如果要从投影图上判断一般位置两直线是否平行，只要从它们的正面投影和水平投影就能确定了，如图 2-32b 所示，因 $ab//cd$、$a'b'//c'd'$，所以 $AB//CD$。但遇到两侧平线时，则还应看它们的侧面投影是否平行才能判断。图 2-33 中，两直线 AB 和 CD 的投影 $ab//cd$、$a'b'//c'd'$，但 $a''b''$不平行 $c''d''$，所以 AB 和 CD 不平行。

2. 两直线相交

当两直线相交时，它们在各投影面上的投影也必然相交，且其交点符合点的投影规律。反之，若两直线的各个同面投影都相交，且交点符合点的投影规律，则此两直线在空间必相交。

如图 2-34 所示，AB、CD 两直线相交于点 k，此点为两直线所公有，它们的投影 $a'b'$ 与 $c'd'$、ab 与 cd 与必然相交，并且它们的交点 k' 与 k 的连线必然垂直于 OX 轴。

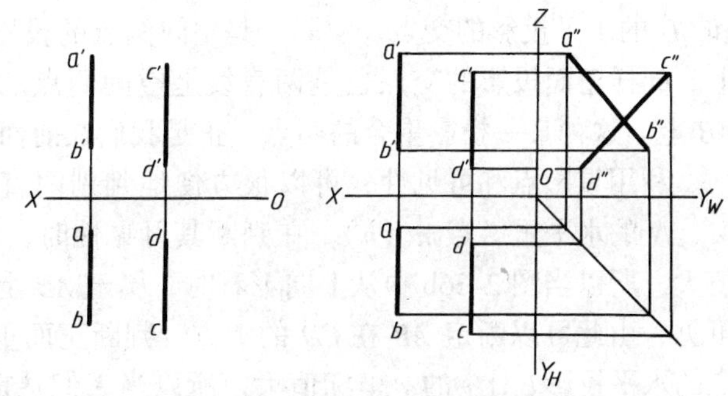

图 2-33　判断两直线是否平行

当相交的两直线中有一条为侧平线时，通常需要画出侧面投影，才能判断它们是否相交。如图 2-35 所示的两直线 AB 和 CD 不相交。

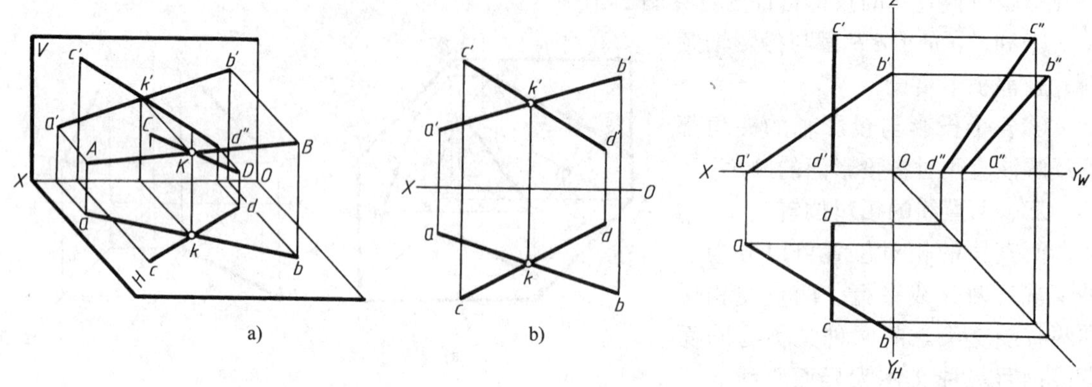

图 2-34　两直线相交　　　　图 2-35　两直线不相交

3. 两直线交叉

当空间两直线既不平行又不相交时，称为两直线交叉（图 2-36a）。一般情况下，在两面投影中，它们的同面投影可能相交或不相交，如果同面投影相交，其交点也不符合点的投影规律，如图 2-36b 所示，其同面投影交点的连线不垂直于 OX 轴。

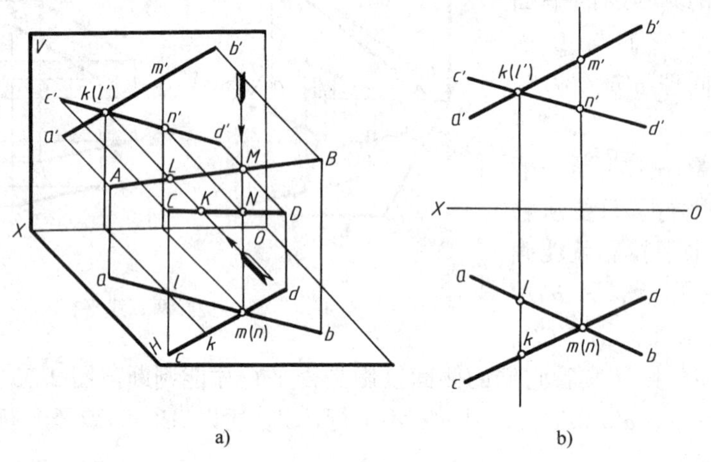

图 2-36　两直线交叉

现在来研究交叉两直线同面投影相交点的几何意义。由图 2-36b 可以看出，两直线 AB 和 CD 的水平投影的交点，实际上是空间两点的投影重合，其中点 M 在 AB 上，点 N 在 CD 上。同样正面投影的交点也是两直线上空间两点的投影重合，其中点 k 在 CD 上，点 1 在 AB 上。这种某一投影重合的两点，正是我们在前面所叙述的重影点。

利用重影点和可见性，可以很方便地判别两直线在空间的相对位置。例如图 2-36b 中 M、N 的水平重影点 m（n），在判断其可见性时，M、N 两点的正面投影 m' 比 n' 的 z 坐标值大，所以当图 2-36b 中从上向下看时，属于 AB 上的点 M 为可见，属于 CD 上的点 N 为不可见，由此可以断定 AB 在 CD 的上方。判断正面重影点 k'（$1'$）的可见性时，因 K、L 两点的水平投影 k 比 l 的 y 坐标值大，所以当人们从前向后看时，点 K 为可见，点 L 为不可见，由此可以断定 CD 在 AB 的前方。

第五节　平面的投影

一、平面的表示法

下面任一形式的几何元素都能够确定一个平面，因此它们的投影就是表示一个平面的投影：

①不在同一直线上的三点（图 2-37a）；

②一直线和直线外一点（图 2-37b）；

③相交两直线（图 2-37c）；

④平行两直线（图 2-37d）；

⑤任意平面图形（如三角形、四边形、圆等）（图 2-37e）。

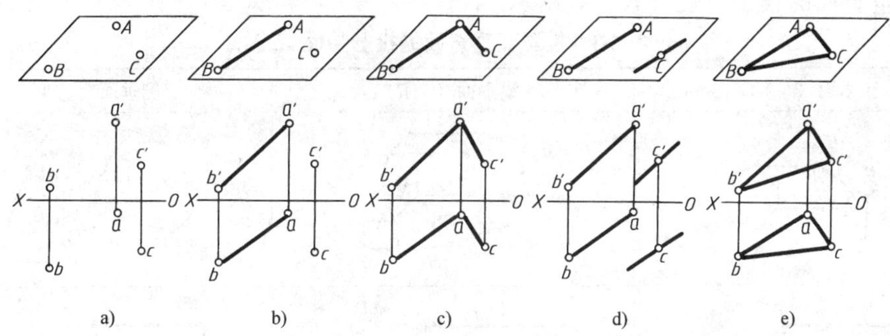

图 2-37　用几何元素确定平面

图 2-37 是用各组几何元素表示的同一平面及其投影，实际上各组几何元素之间是可以互相转化的。例如图 2-37a 中的 A、B、C 三点，连接其中 A、B 两点，即可转变成图 2-37b 中的一直线及直线外一点，连接 AB、AC 又可转变成图 2-37c 中的相交两直线等等。从图中的转换关系可以看出，不在一直线上的三点，是决定平面位置的最基本的几何元素。但在实际作图中，则以平面图形表示平面最为常见。

二、各种位置平面的投影特性

根据平面与投影面的相对位置，可以分为三种：

投影面垂直面、投影面平行面和一般位置平面。

其中投影面垂直面和投影面平行面称为特殊位置平面。

1. 投影面垂直面

它是指垂直于一个投影面，而与其余两个投影面都处于倾斜位置的平面。

投影面垂直面又有三种：垂直于 H 面的平面称为铅垂面；垂直于 V 面的平面称为正垂面；垂直于 W 面的平面称为侧垂面。

图 2-38 所示为一正垂面 $ABCD$ 的投影。它垂直于 V 面，同时对 H 面和 W 面处于倾斜位置。我们规定，平面与投影面 H、V、W 的倾角分别用 α、β、γ 表示。

从图 2-38 可以看出正垂面的投影特性为：

①平面 $ABCD$ 的正面投影积聚成为倾斜直线 $a'b'$（c'）（d'），它与 OX 轴的夹角反映该平面与 H 面的倾角 α；与 OZ 轴的夹角反映该平面与 W 面的倾角 γ。

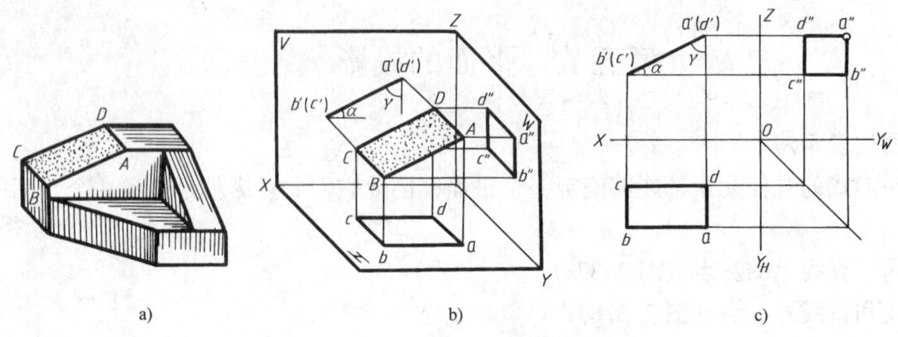

图 2-38 正垂面的投影

②水平投影 *abcd* 和侧面投影 $a''b''c''d''$ 都是类似实形而又小于实形的四边形线框。

投影面垂直面的投影特性如表 2-3 所示。

表 2-3 投影面垂直面的投影特性

名称	正垂面（⊥V）	铅垂面（⊥H）	侧垂面（⊥W）
实例			
立体图			
投影图			
投影特性	（1）正面投影积聚成一直线，它与 OX 轴和 OZ 轴的夹角分别为平面与 H 面和 W 面的真实倾角 α 及 γ （2）水平投影和侧面投影都是类似形	（1）水平投影积聚成一直线，它与 OX 轴和 OY_H 轴的夹角分别为平面与 V 面和 W 面的真实倾角 β 及 γ （2）正面投影和侧面投影都是类似形	（1）侧面投影积聚成一直线，它与 OZ 轴和 OY_H 轴的夹角为来面与 V 面和 H 面的真实倾角 β 及 α （2）正面投影和水平投影都是类似形

由上述分析可知投影面垂直面的投影特性是：

在所垂直的投影面上的投影，是一条有积聚性的倾斜直线；此直线与两投影轴的夹角等于空间平面与另外两个投影面的倾角，另外两个投影是与空间平面图形相类似的平面图形。

因此，当我们从投影图上判断平面的空间位置时，只要三投影中，有一个投影是一倾斜直线，则它一定是该投影面的垂直面。

【例 2-5】 四边形 *ABCD* 垂直于 *V* 面，已知其 *H* 面的投影 *abcd* 及 *B* 点的 *V* 面投影 *b′*，且与 *H* 面的倾角 $\alpha = 45°$，求作该平面的 *V* 面和 *W* 面投影（图 2-39a）。

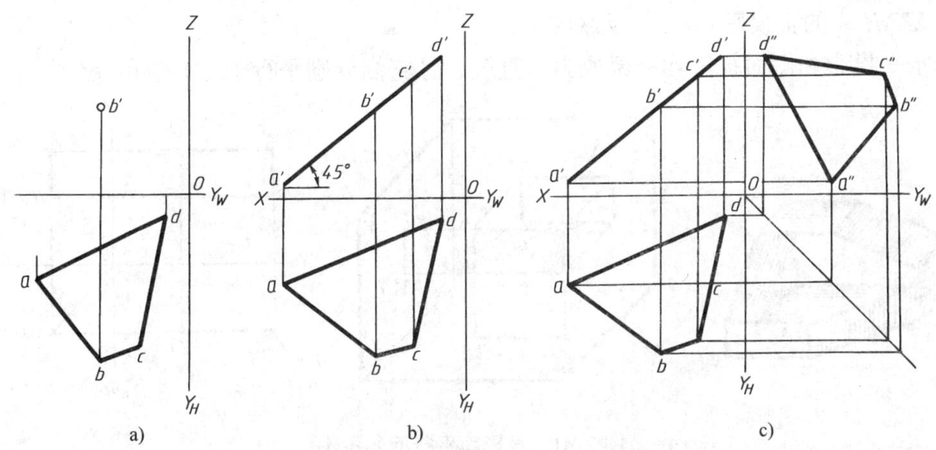

图 2-39　作正垂面 *ABCD* 的投影

a）已知　b）过 *b′* 作与 *OX* 轴成 45°的线，使其与自 *a*、*c*、*d* 各点所做的 *OX* 轴垂线分别交于 *a′*、*c′*、*d′*
c）由四边形的正面投影 *a′b′c′d′* 和水平投影 *abcd* 求侧投影，得 *a″b″c″d″*

因四边形 *ABCD* 是正垂面，其正面投影积聚成一倾斜直线，作此倾斜直线与 *OX* 轴的夹角 $\alpha = 45°$，再根据其水平投影求得正面投影 *a′b′c′d′*，然后根据两投影可求得侧面投影。其作图步骤如图 2-39b、c 所示。

【例 2-6】 如图 2-40a 所示，平行四边形 *ABCD* 垂直于 *H* 面，已知其两边的正面投影 *a′b′*、*a′d′*，点 *D* 水平投影 *d*，与 *V* 面的倾角 $\beta = 30°$，试作该平面的三面投影。

因 *ABCD* 是一平行四边形，可根据其对边相互平行的关系完成它的正面投影 *a′b′c′d′*，又知▱*ABCD* 是一铅垂面，其水平投影积聚成一倾斜直线，作此倾斜直线与 *OX* 轴的夹角 $\beta = 30°$，再根据其正面投影得水平投影 *abcd*。然后再根据两个投影求得侧面投影 *a″b″c″d″*。其具体作图步骤如图 2-40b、c、d 所示。

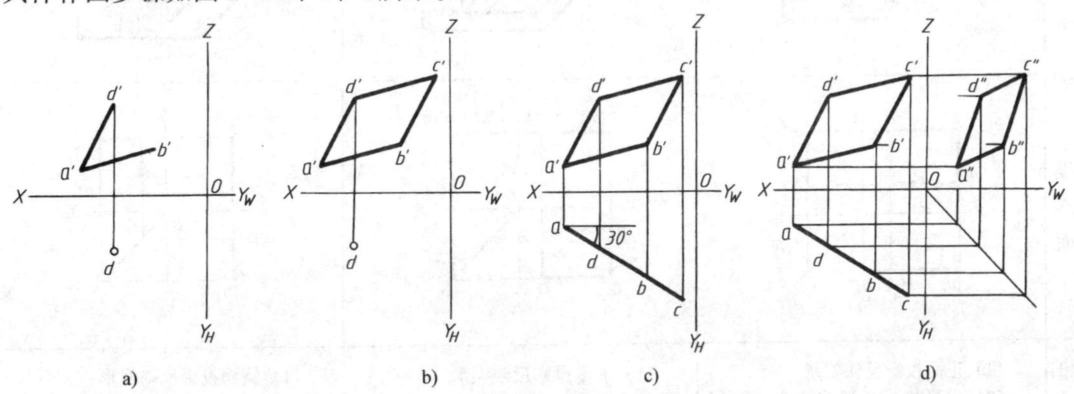

图 2-40　作铅垂面 *ABCD* 的投影

a）已知条件　b）完成平行四边形 *ABCD* 的正面投影。分别自 *b′*、*d′* 作 *a′d′* 和 *a′b′* 的平行线相交于 *c′*
c）过 *d* 作与 *OX* 成 30°的斜线使其与自 *a′*、*b′*、*c′* 各点所做的 *OX* 轴垂线，分别交于 *a*、*b*、*c*，得四边形各聚为一直线的水平投影 *abcd*　d）由平行四边形的正面投影 *a′b′c′d′* 和水平投影 *abcd*，求侧面投影得 *a″b″c″d*

2. 投影面平行面

它是指平行于一个投影面，而与其余两个投影面都处于垂直位置的平面。

投影面平行面也有三种：平行于 H 面的称为水平面；平行于 V 面的称为正平面；平行于 W 面的称为侧平面。图 2-41 所示为正平面 $EKNH$ 的投影，由图可以看出其投影特性为：

①$EKNH$ 面的正投影 $e'k'n'h'$ 反映实形；

②水平投影和侧面投影均积聚成为一直线，且它们分别平行于 OX 轴和 OZ 轴。

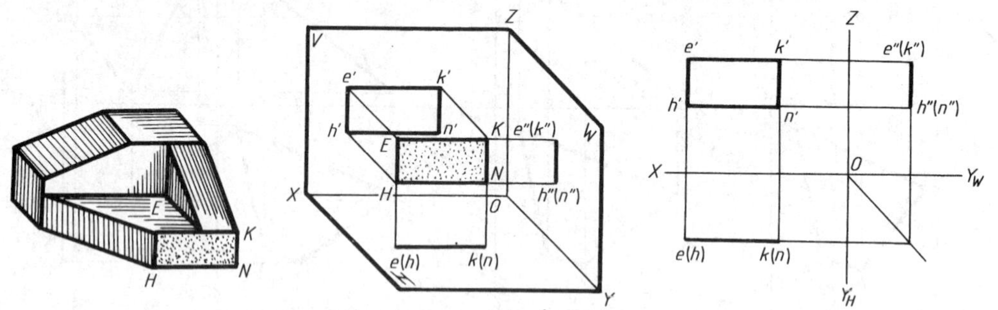

图 2-41 投影面平行面的投影

投影面平行面的投影特性如表 2-4 所示。

表 2-4 投影面平行面的投影特性

名称	正平面（//V）	水平面（//H）	侧平面（//W）
实例	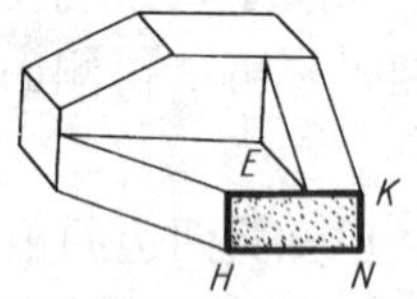	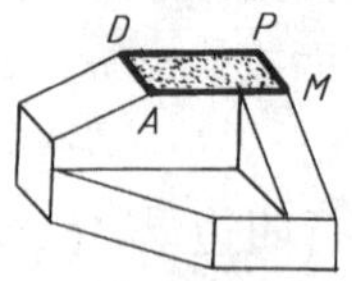	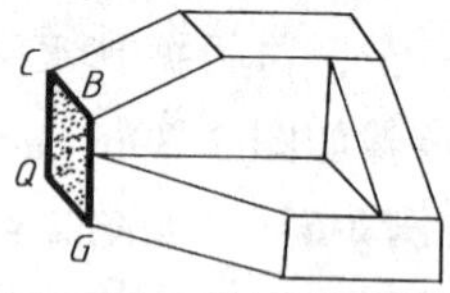
立体图	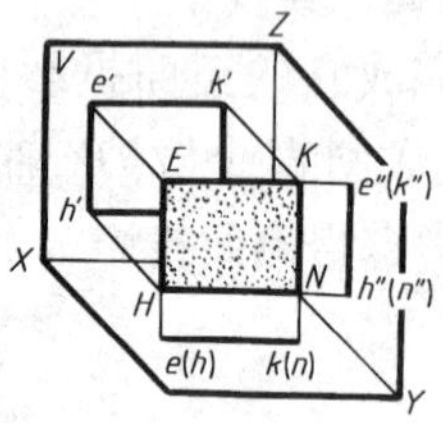	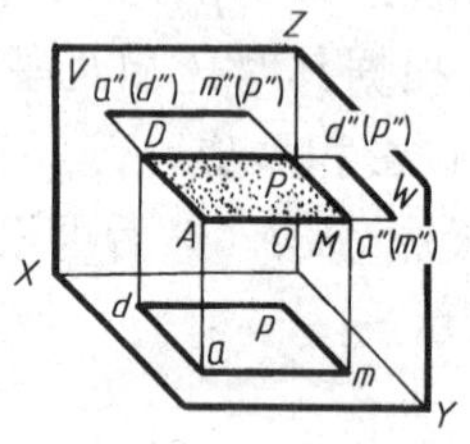	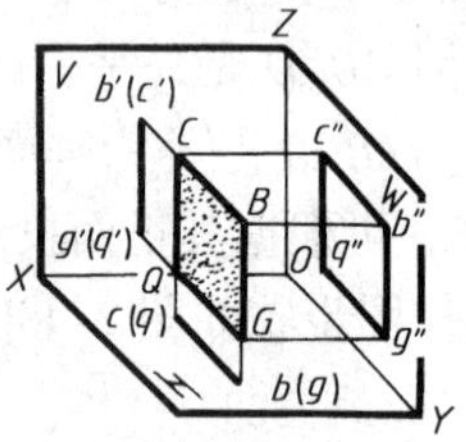
投影面	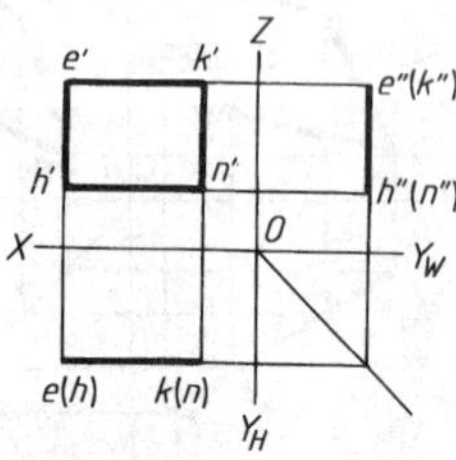	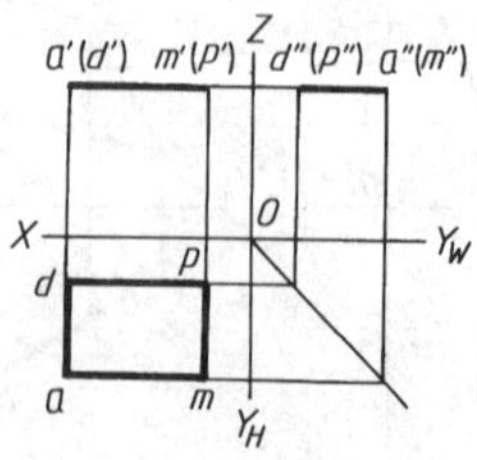	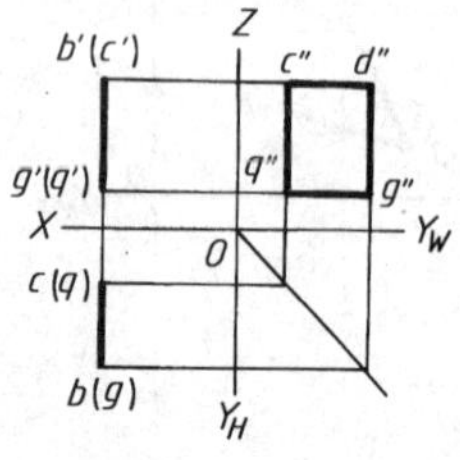
投影特性	（1）正面投影反映实形 （2）水平投影积聚成直线且平行 OX 轴 （3）侧面投影积聚成直线且平行 OZ 轴	（1）水平投影反映实形 （2）正面投影积聚成直线且平行 OX 轴 （3）侧面投影积聚成直线且平行 OZ 轴	（1）侧面投影反映实形 （2）正投影积聚成直线且平行 OZ 轴 （3）水平投影积聚成直线且平行 OY_H 轴

由上述分析可知投影面平行面的投影特性是：

投影面平行面在它所平行的投影面上的投影反映空间平面图形的实形，另外两个投影都是有积聚性的线段，并且均与相应的投影轴平行。

3. 一般位置平面

对三个投影面都处于倾斜位置的平面，称为一般位置平面。

图 2-42a 为一正三棱锥的投影图，其中三角形棱面 *SAB* 对于三个投影面都处于倾斜位置，是一个一般位置平面。如图 2-42b、c 所示，它在三个投影面上的投影都不反映实形，是形状相类似的三个三角形线框，也不反映该平面 *SAB* 对投影面的倾角 α、β、γ。

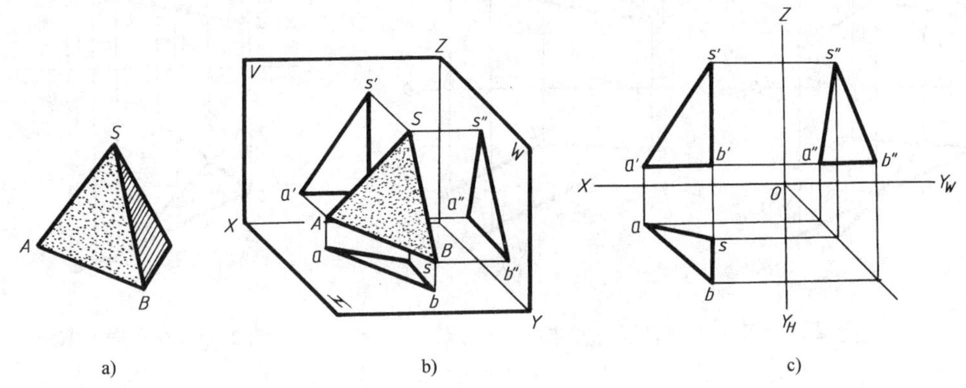

图 2-42　一般位置平面的投影

三、平面上的直线和点

1. 平面上的直线

直线在平面上的几何条件是：

①一直线若通过平面上的两点，则此直线必在该平面上。

图 2-43a 所示，由两相交直线 *AB* 和 *BC* 决定一平面 *P*。在 *AB* 和 *BC* 上各取点 *D* 和 *E*，则过 *D*、*E* 两点的直线一定在平面 *P* 上。

②一直线若通过平面上的一点，又平行该平面上的一直线，则此直线必在该平面上。

图 2-43b 所示，由直线 *AB* 和点 *C* 决定一平面 *Q*，过点 *C* 作直线 *CD* 平行于 *AB*，则 *CD* 一定在平面 *Q* 上。

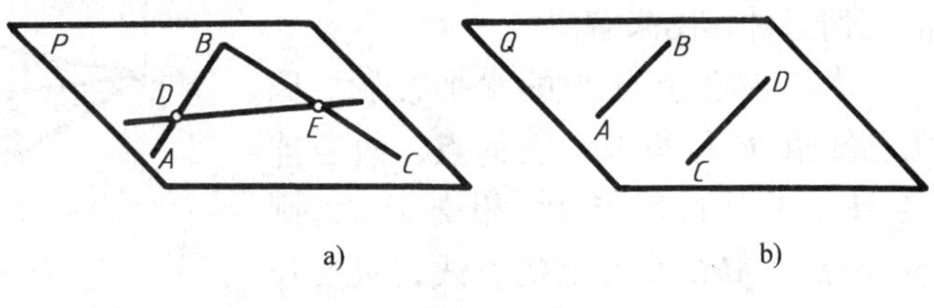

图 2-43　直线在平面上的条件

在投影图中，根据这两个条件之一，就可以在平面上取直线。

如图 2-44a 所示，在两相交直线 *AB* 和 *AC* 所确定的平面上作任意一直线时，根据上述原理可有两个方法：第一个方法按上述第一个条件，在 $a'b'$ 上任取 d'，并在 ab 上得 d，在 $a'c'$ 上任取 e'，在 ac 上得 e，连接 de 和 $d'e'$，则由此两投影所表示的直线 *DE*，即为所求；第二个方法按上述第二个条件，过 b 作 bd 平行于 ac，过 b' 作 $b'd'$ 平行于 $a'c'$，则由此两投影 bd 和 $b'd'$ 所表示的直线 *BD* 也为所求。

2. 平面上的点

由初等几何可知：如果点位于平面内的任一直线上，则此点位于该平面内。因此，若在平面上取点，必须先在平面内取一直线，然后再在此直线上取点。

如图 2-45 所示，在由两相交直线 *AB*、*AC* 所确定的平面上，取一直线 *MN*（*m′n′*、*mn*），再在 *MN* 上取一点 *E*（*e′*、*e*），则点 *E* 必在此平面上。

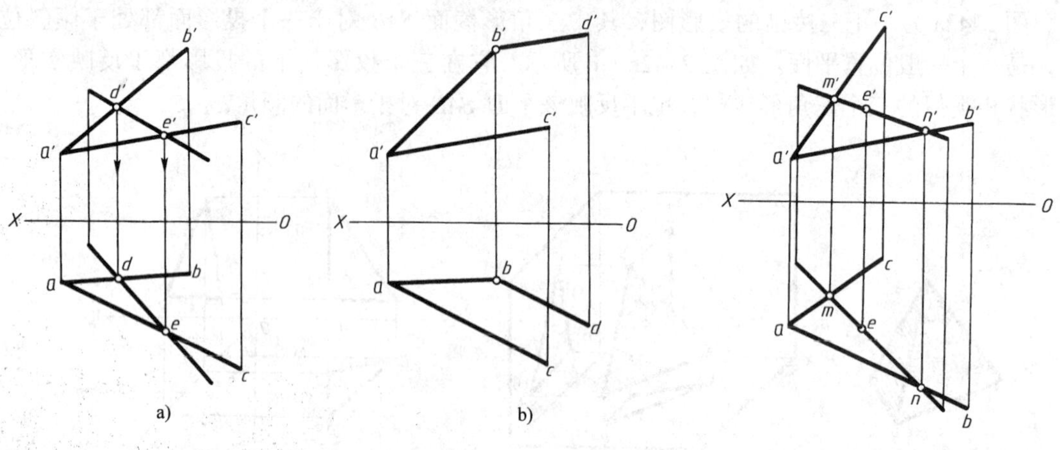

图 2-44　在平面上取直线的方法

图 2-45　在平面上取点

总之，在平面上取直线时，要利用平面上的点，在平面上取点时，又要利用平面上的直线，它们之间是有密切联系的。

【例 2-7】 已知△*ABC* 上一点 *E* 的正面投影 *e′*，求其水平投影 *e*（图 2-46a），同时判断点 *D* 是否在△*ABC* 平面上（图 2-46b）。

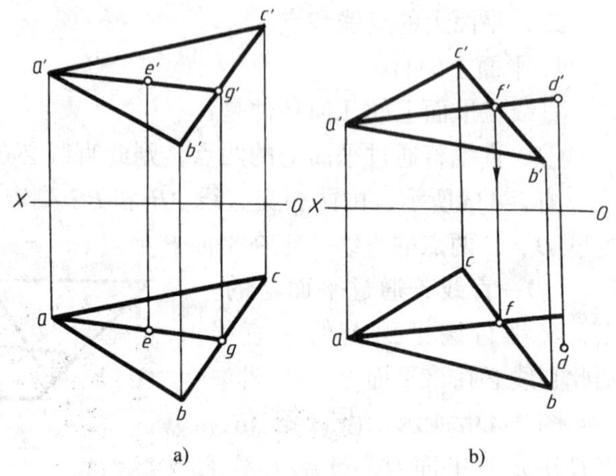

图 2-46　在平面上取点并判断点是否在平面上
a）在平面上取点　b）判断点是否在平面上

求平面上点的投影，或者判断一个点是否在平面上，均可利用点在平面上的几何条件作图来解决。

求△*ABC* 上点 *E* 的水平投影。因为已知点 *E* 是△*ABC* 上的点，故若连接 *AE*，并延长使与 *BC* 相交于 *G*，则 *AG* 必是△*ABC* 平面上的直线，只要作出直线 *AG* 的投影，即可根据点、线从属性求出点 *E* 的水平投影。故在投影图上连接 *a′e′*，并延长使与 *b′c′* 交于 *g′*，求出其水平投影 *ag*，过 *e′* 作投影连线与 *ag* 的交点 *e*，即为所求，如图 2-46a 所示。

判断点 *D* 是否在△*ABC* 上，若点 *D* 是△*ABC* 的点，则点 *D* 必在△*ABC* 上的任一条直线上，现连接 *a′d′*，设它与 *b′c′* 的交点为 *f′*，由 *f′* 可求得 *f*，则 *af*、*a′f* 为△*ABC* 上的直线 *AF* 的投影，若 *AF* 通过 *D*，则 *af* 应通过 *d*，而作图结果 *d* 不在 *af* 上，即点 *D* 不在 *AF* 线上，故可断定点 *D* 不在△*ABC* 平面内，如图 2-46b 所示。

【例 2-8】 四边形 *ABCD* 为一平面，已知其水平投影 *abcd* 和正面投影 *a'b'c'*，试完成此四边形的正面投影（图 2-47a）。

只要求出点 *D* 的正面投影 *d'* 即可作出四边形的正面投影，因为 *A*、*B*、*C* 三个点已决定了一个平面，*D* 点是四边形 *ABCD* 的一个顶点，所以它一定在△*ABC* 所决定的平面内。因此，已知 *d*，应能作出 *d'*。

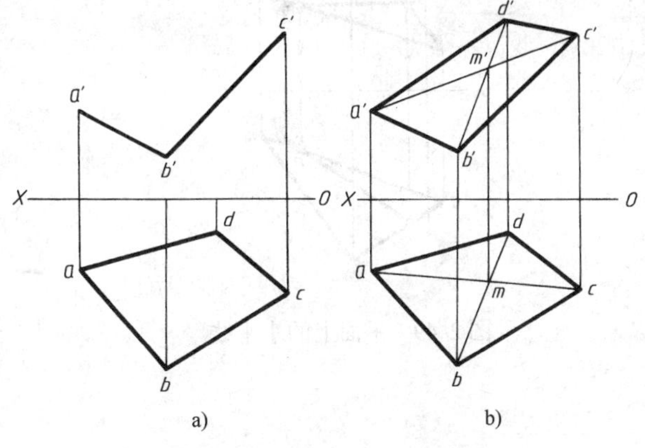

图 2-47　完成四边形的投影

具体作图步骤如下（图 2-47b）：

①连接 *ac* 及 *bd*，得交点 *m*；

②连接 *a'c'*。由 *m* 可在 *a'c'* 上定出 *m'*；

③连接 *b'm'* 并延长；

④由 *d* 作 *OX* 轴垂直线与 *b'm'* 的延长线交于 *d'*，*d'* 即为点 *D* 的正面投影；

⑤连接 *a'd'* 和 *c'd'*，即得四边形的正面投影。

【例 2-9】 已知三棱锥面上点 *D* 的正面投影 *d'* 及点 *E* 的水平投影 *e*，试求 *d* 和 *e'*（图 2-48a）。

由于 *d'* 是可见的，因此点 *D* 有 *SAB* 棱面上。同理，点 *E* 在 *SAC* 棱面上。根据平面上取点的作图方法即可求出 *d* 及 *e'*。

具体作图步骤如下（图 2-48b）：

①过 *d'* 在△*SAB* 棱面上作 *a'b'* 的平行线交 *s'b'* 于 *f'*，由 *f'* 在 *sb* 上求得 *f*，然后过 *f* 作 *ab* 的平行线与由 *d'* 向下所作的 *OX* 轴垂线相交，即得点 *d*。

②过 *e* 作直线平行于 *sc* 且交 *ac* 于 *g*，在 *a'c'* 上求得 *g'*，由 *g'* 作 *s'c'* 的平行线，然后在此直线上定出 *e'*。

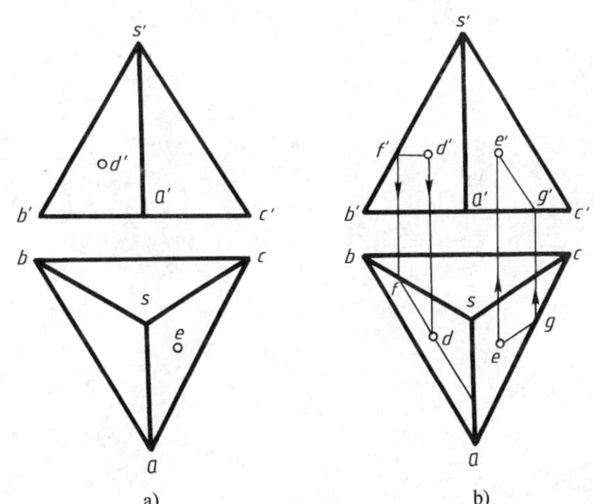

图 2-48　在三棱锥表面上取点

3. 平面上的投影面平行线

在平面上可以取任意直线，但在实际应用中为作图方便起见，常常是取平面上的投影面平行线。平面上的投影面平行线有三种：即平面上的水平线、正平线和侧平线。这些平行线既要符合投影面平行线的投影特性，又要符合从属于平面的特性，因此它的投影特点具有双重性。

例如若要在△*ABC* 平面上（图 2-49）作水平线 *MN* 时，应根据水平线的正面投影平行 *OX* 轴的投影特点，又要使其通过△*ABC* 上的两个点，所以作图时先在△*a'b'c'* 上作直线 *m'n'* // *OX* 轴，然后由 *m'*、*n'* 求出水平投影 *m*、*n*，连接 *m*、*n* 即为所求。

同理，根据正平线的水平投影平行 *OX* 轴的投影特点，即可在△*ABC* 上作出正平线。具体作图方法如图 2-50 所示。

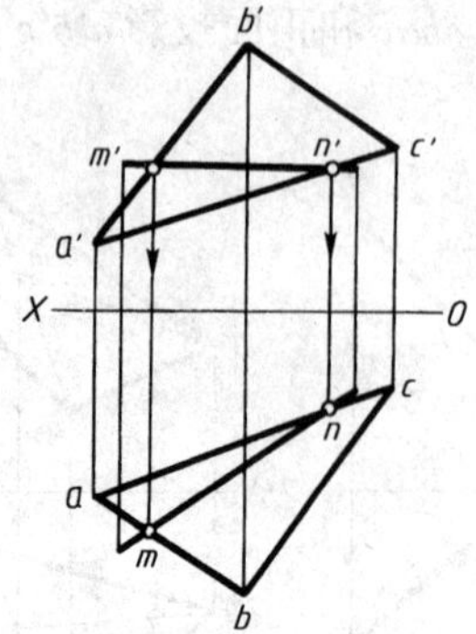

图 2-49　平面上的水平线

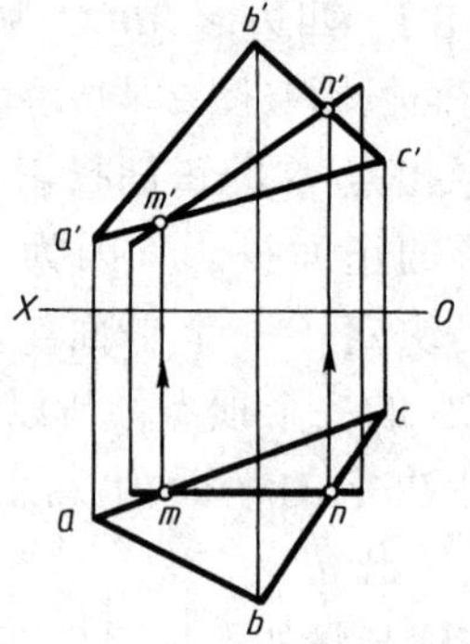

图 2-50　平面上的正平线

第三章　立体的投影

实际生产中，种类繁多、形状各异的零件，都是由一些基本几何形体经过切割、相交和组合而形成的，如图 3-1 所示。本章将在读者掌握了点、线、面投影知识的基础上，进一步讨论基本几何体的投影以及立体表面的交线问题。

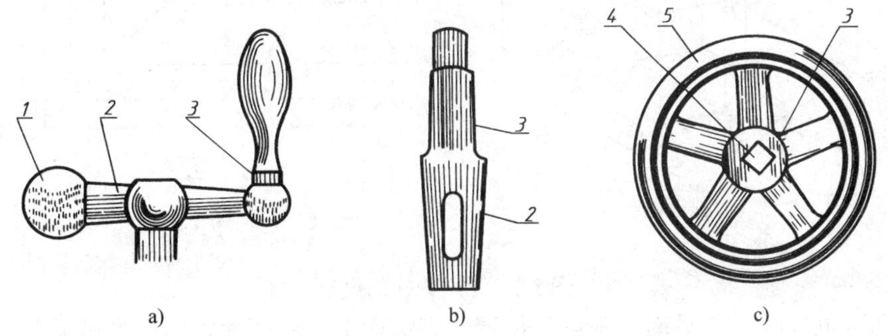

图 3-1　由基本体构成的零件示例

1—球　2—圆锥　3—圆柱　4—棱柱　5—圆环

第一节　平面立体的投影

表面由平面所围成的实体，称为平面立体。平面立体上两相邻平面的交线称为棱线。平面立体分棱柱和棱锥两种。

由于平面立体表面是平面,画平面立体的三视图,可归结为画出各平面间的交线(棱线)和各顶点的投影。然后判别可见性,将可见的棱线的投影画成粗实线,不可见的投影画成虚线。

为了便于画图和看图，在绘制平面立体三视图时，应尽可能地将它的一些棱面或棱线放置于与投影面平行或垂直的位置。

一、棱柱

常见的棱柱为直棱柱，它的顶面和底面是两个全等且互相平行的多边形，称为特征面，各侧面为矩形，侧棱垂直于底面。顶面和底面为正多边形的直棱柱，称为正棱柱。

1. 棱柱的投影

如图 3-2a 所示，正六棱柱的顶面和底面为正六边形的水平面，前后两个矩形侧面为正平面，其他侧面为矩形的铅垂面。

如图 3-2b 所示，水平投影的正六边形线框是六棱柱顶面和底面的重合投影，反映实形，为六棱柱的特征面，称特征视图。六边形的边和顶点是六个侧面和六条侧棱的积聚投影。

正面投影的三个矩形线框是六棱柱六个侧面的投影，中间的矩形线框为前、后侧面的重合投影，反映真实性。左、右两矩形线框为其余四个侧面的重合投影，是类似形。而正面投影中上下两条图线是顶面和底面的积聚投影，另外四条图线是六条侧棱的投影。

2. 棱柱表面上点的投影

由于直棱柱的表面都处于特殊位置，所以棱柱表面上点的投影均可利用平面投影的积聚性来作图。

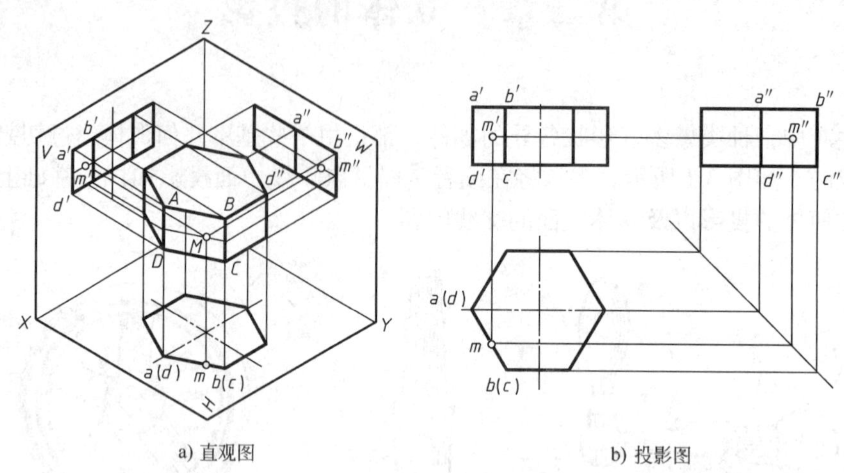

a) 直观图　　b) 投影图

图 3-2　正六棱柱的投影

在判别可见性时，若平面处于可见位置，则该面上点的同面投影也是可见的，反之，为不可见。在平面积聚投影上的点的投影，可以不必判别其可见性。

如图 3-2b 所示，已知六棱柱 *ABCD* 侧面上点 *M* 的 *V* 面投影 *m*′，求该点的 *H* 面投影 *m* 和 *W* 面投影 *m*″。

由于点 *M* 所属棱柱面 *ABCD* 为铅垂面，因此点 *M* 的 *H* 面投影 *m*，必在该侧面在 *H* 面上的积聚性投影 *abcd* 上，再根据 *m*′ 和 *m* 求出 *W* 面投影。由于 *ABCD* 面的 *W* 面投影为可见，故 *m*″也为可见。

二、棱锥

棱锥的底面为多边形，各侧面为若干具有公共顶点的三角形。从棱锥顶点到底面的距离叫做锥高。当棱锥底面为正多边形，各侧面是全等的等腰三角形时，称为正棱锥。

1. 棱锥的投影

图 3-3a 所示为一个正三棱锥三面投影的直观图。该三棱锥的底面为等边三角形，三个侧面为全等的等腰三角形，图中将其放置成底面平行于 *H* 面，并有一个侧面垂直于 *W* 面。

图 3-3b 为该三棱锥的投影图。由于锥的底面△*ABC* 为水平面，所以，它的 *H* 面投影△*abc* 反映了底面的实形，*V* 面和 *W* 面分别积聚成平行 *X* 轴和 *Y* 轴的直线段 *a*′*b*′*c*′ 和 *a*″（*c*″）*b*″。锥体的后侧面△*SAC* 为侧垂面，它的 *W* 面投影积聚为一段斜线 *s*″*a*″（*c*″），它的 *V* 面和 *H* 面投影为类似形△*s*′*a*′*c*′ 和△*sac*，前者为不可见，后者为可见。左、右两个侧面为一般位置平面，它在三个投影面上的投影均是类似形。

画棱锥投影时，一般先画底面的各个投影，然后定锥顶 *S* 的各个投影，同时将它与底面各顶点的同名投影连接起来，即可完成。

2. 棱锥表面上点的投影

凡属于特殊位置表面上的点，可利用投影的积聚性直接求得其投影；而属于一般位置表面上的点可通过在该面上作辅助线的方法求得其投影。

如图 3-3b 所示，已知棱面△*SAB* 上点 *M* 的 *V* 面投影 *m*′ 和棱面△*SAC* 上点 *N* 的 *H* 面投影

n，求作 M、N 两点的其余投影。

由于点 N 所在棱面$\triangle SAC$ 为侧垂面，可借助该平面在 W 面上的积聚投影求得 n''，再由 n 和 n''求得（n'）。由于点 N 所属棱面$\triangle SAC$ 的 V 面投影看不见，所以（n'）为不可见。

点 M 所在平面$\triangle SAB$ 为一般位置平面，如图 3-3a 所示，过锥顶 S 和点 M 引一直线 SI，作出 SI 的有关投影，根据点在直线上的从属性质求得点的相应投影。具体作图时，过 m' 引 $s'1'$，由 $s'1'$求作 H 面投影 $s1$，再由 m' 引投影连线交于 $s1$ 上点 m，最后由 m 和 m' 求得 m''。

另一种作法是过点 M 引 MⅡ线平行于 AB，也可求得点 M 的 m 和 m''，具体作法如图 3-3 所示。由于点 M 所属棱面$\triangle SAB$ 在 H 面和 W 面上的投影是可见的，所以点 m 和 m''也是可见的。

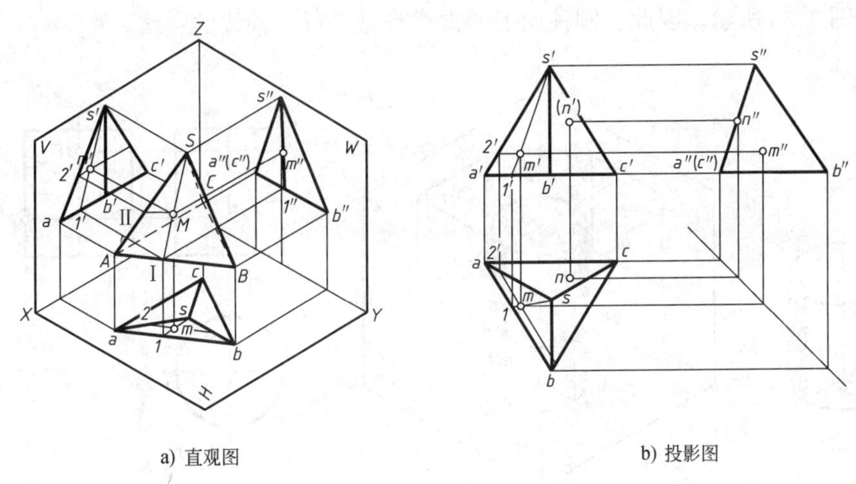

图 3-3　正三棱锥的投影

3. 棱锥台

棱锥台可看成由平行于棱底面的平面截去锥顶一部分而形成的，由正棱锥截得的棱台叫正棱台。其顶面与底面为互相平行的相似多边形，侧平面为等腰梯形。

图 3-4b 为四棱锥台投影图。四棱台的顶面和底面为水平面，H 面投影为两矩形线框，反映实形。V 面 W 面投影分别积聚为横向直线段。左右侧面为正垂面，V 面投影积聚成两条斜线，H 面和 W 面的投影为等腰梯形，是类似形。前后侧面及四条侧棱的投影，分析方法相同。

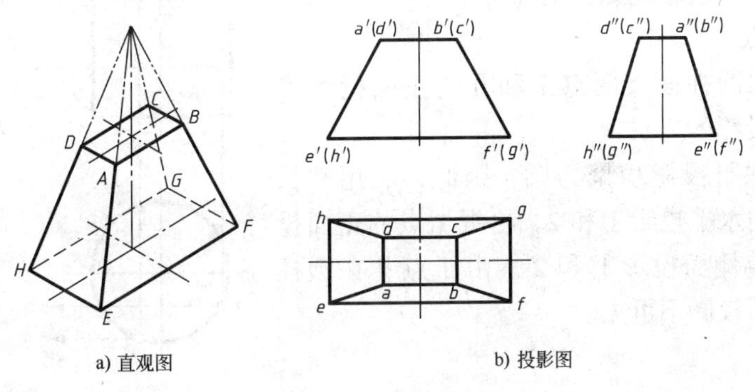

图 3-4　四棱台的投影

第二节　回转体的投影

回转体的曲表面是由一母线绕定轴旋转而成的回转面。常见的回转体有圆柱、圆锥、圆环和圆球等。由于回转体的侧面是光滑曲面，因此，画投影图时，仅画曲面上可见面和不可见面的分界线的投影，这种分界线称为转向轮廓线。

一、圆柱体

1. 形成和投影分析

圆柱体的表面是圆柱面和上、下底面。圆柱面可以看成是由一直线绕与它平行的轴线回转而成，如图 3-5a 所示。因此，圆柱面上的素线都是平行于轴线的直线。

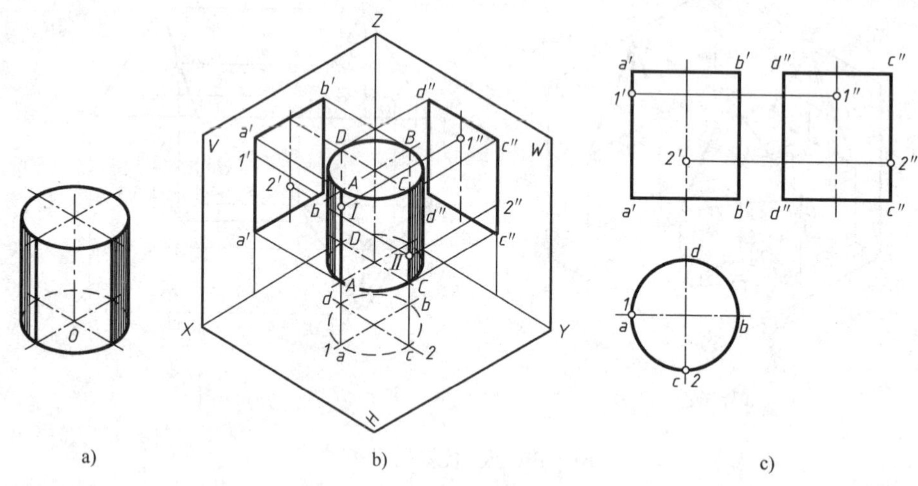

图 3-5　圆柱的形成和投影

从图 3-5b 可以看出，圆柱的水平投影是圆，是上、下底圆面的水平投影，也是圆柱面积聚性投影；正面投影和侧面投影这两个矩形的四条直线，分别是圆柱的上、下底面和圆柱面对正面和对侧面的转向轮廓线的投影。图 3-5c 中的点Ⅰ、Ⅱ，分别位于对正面和对侧面的一条转向轮廓线上。要注意的是，任何回转体的投影中，必须用细点画线画出轴线和圆的对称中心线。

2. 圆柱面上取点

图 3-6 表示已知圆柱面上两点Ⅰ和Ⅱ的正面投影 1′ 和 2′，求作其余两投影的方法。

由于圆柱面的水平投影积聚为圆，因此，利用“长对正”即可求出点的水平投影 1 和 2。再根据点的正面投影和水平投影，求得侧面投影 1″和 2″。由于点Ⅱ在圆柱面的右半部，其侧面投影不可见。

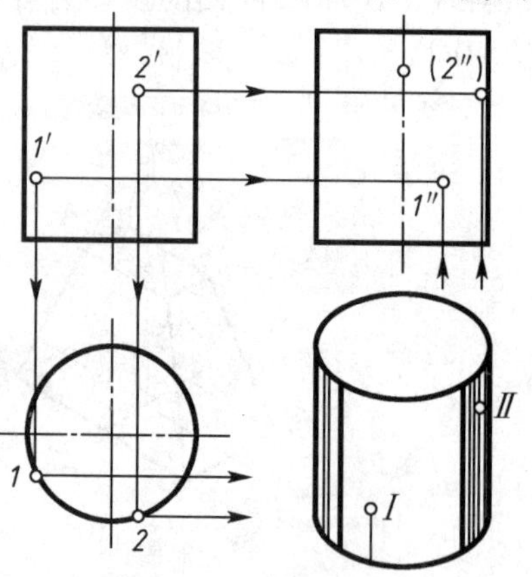

图 3-6　圆柱面上取点的作图方法

二、圆锥体

1. 形成和投影分析

圆锥体的表面是圆锥面和底面。圆锥面是由直线绕与它相交的轴线回转一周而成的，如图 3-7a 所示。因此，圆锥面的素线都是通过锥顶的直线。

图 3-7c 所示是轴线垂直于水平面的圆锥体的三面投影，其正面投影和侧面投影是相同的等腰三角形，水平投影为圆。

从图 3-7b 可知，在正面投影中，等腰三角形的两腰是圆锥面上最左和最右两条素线 *SA* 和 *SB* 的投影，通过这两条线上所有点的投射线都与圆锥面相切，称为转向轮廓线，回转面的转向轮廓线的性质和投影特点如下：

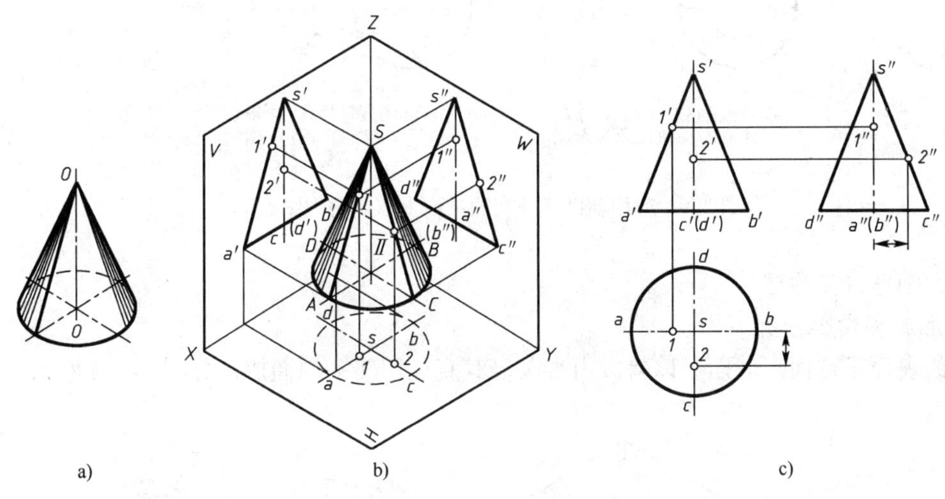

图 3-7　圆锥的形成和投影

(1) 转向轮廓线在回转面上的位置取决于投射线的方向，因而是对某一投影面而言的。素线 *SA* 和 *SB* 是对正面的转向轮廓线，而最前和最后两条素线 *SC* 和 *SD* 则是对侧面的转向轮廓线。

(2) 转向轮廓线是回转面上可见部分和不可见部分的分界线。当轴线平行于投影面时，转向轮廓线所决定的平面与相应投影面平行，并且是回转面的对称面。例如素线 *SA* 和 *SB* 与正面平行，它们所决定的平面将圆锥分成前后两半。因此，对于母线与轴线处于同一平面内形成的回转面，转向轮廓线的投影反映母线的实形及母线与轴线的相对位置。

(3) 转向轮廓线的三面投影应符合投影面平行线（或面）的投影特性，其余两投影与轴线或圆的对称中心线重合。

初学者在掌握转向轮廓线空间概念的基础上，必须熟悉它们的投影关系，为以后的学习打下基础。图 3-7c 所示的点Ⅰ和点Ⅱ的三个投影，主要目的是表明圆锥面上转向轮廓 *SA* 和 *SC* 的投影关系。

2. 圆锥面上取点

图 3-8 表示圆锥面上取点的作图原理。由于圆锥面的各个投影都不具有积聚性，因此，取点时必须先作辅助线，再在辅助线上取点，这与在平面内取点的作图方法类似。对于轴线垂直于投影面的回转面，通用的辅助线是纬圆。圆锥面还可以采用素线作为辅助线。

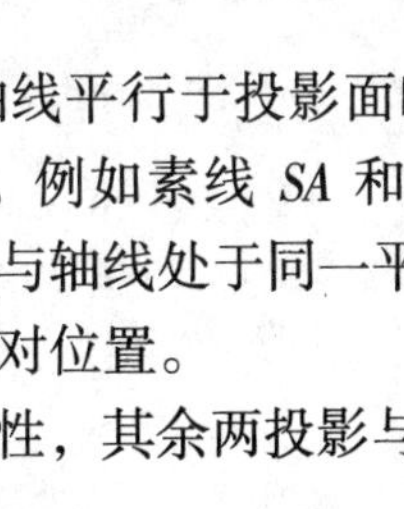

辅助素线
辅助纬圆

图 3-8　圆锥面上取点作图原理

如图 3-9 所示，已知圆锥面上点Ⅰ的正面投影 1′，应用辅助纬圆求其余两投影的作图步骤。

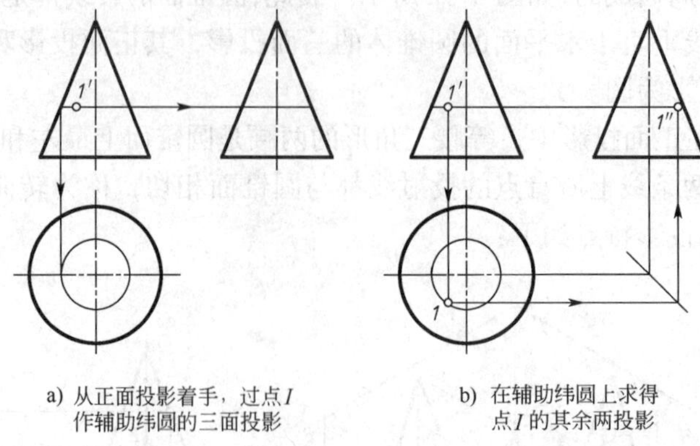

图 3-9　应用辅助纬圆在圆锥面上取点的作图方法

三、圆球（简称球）

1. 形成和投影分析

球的表面是球面。球面可以看成由半圆绕其直径回转一周而成，如图 3-10a 所示。

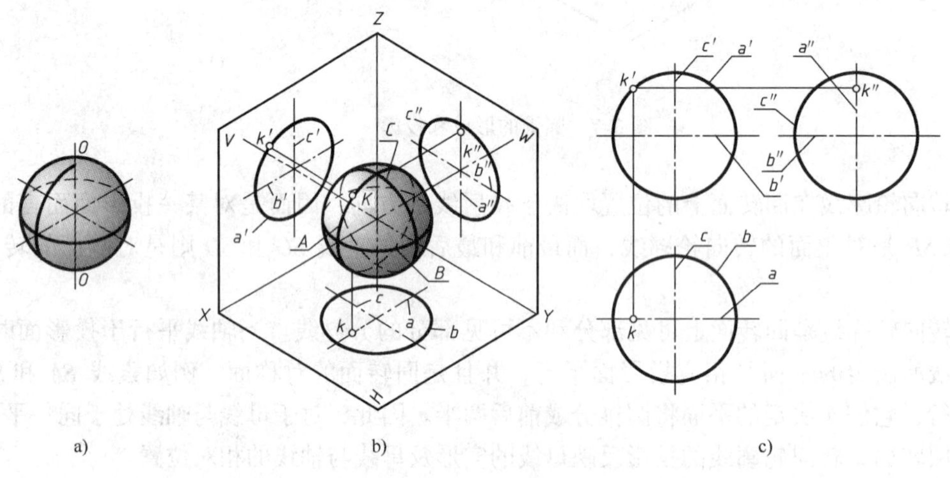

图 3-10　圆球的形成和投影

图 3-10c 是球的三面投影，它们都是大小相同的圆，圆的直径都等于球的直径。从图 3-10b 可以看出，球面对三个投影面的转向轮廓线都是平行于相应投影面的最大的圆，它们的圆心就是球心。例如，球对正面的转向轮廓线就是平行于正面的最大圆 A，其正面投影 a' 确定了球的正面投影范围，水平投影 a 与相应圆的水平中心线重合，侧面投影 a'' 与相应圆的铅垂中心线重合。球对水平投影面和侧面投影面的转向轮廓线也可作类似分析。图 3-10c 中画出了对正面转向轮廓线上点 K 的三个投影。

2. 球面上取点

图 3-11 表示已知球面上点Ⅰ的正面投影 1′，求作其水平投影 1 和侧面投影 1″的方法。由于通过球心的直线都可以看作球的轴线，在这个图中，此图把球的轴线视为投影面垂直

线，辅助纬圆平行于水平面。作图方法和步骤与图 3-9 的作图方法与步骤完全相同。

图 3-12 则是把球的轴线看成正垂线，利用平行于正面的辅助纬圆来作图的（可和图 3-11 进行比较）。

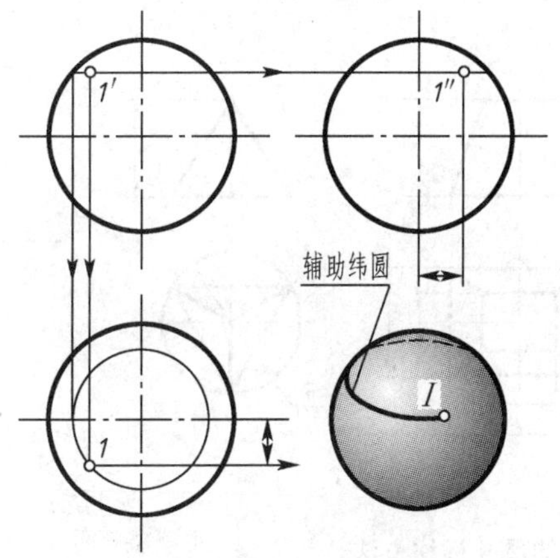

图 3-11　利用平行于水平面的辅助纬圆取点的作图方法

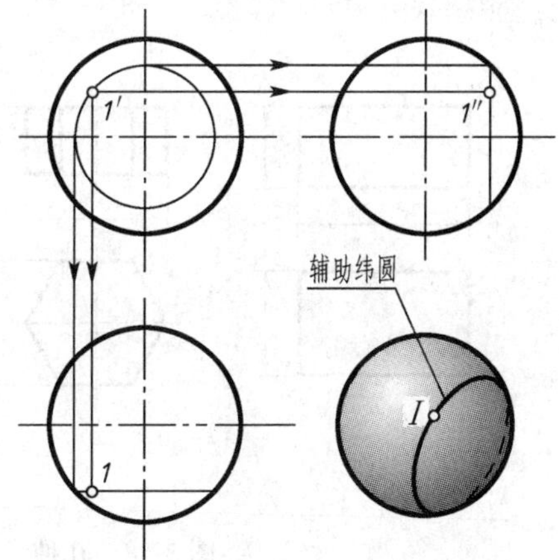

图 3-12　利用平行于正面的辅助纬圆取点的作图方法

四、不完整曲面立体的投影

图 3-13 所示是工程上常见的几种不完整的曲面体的投影。

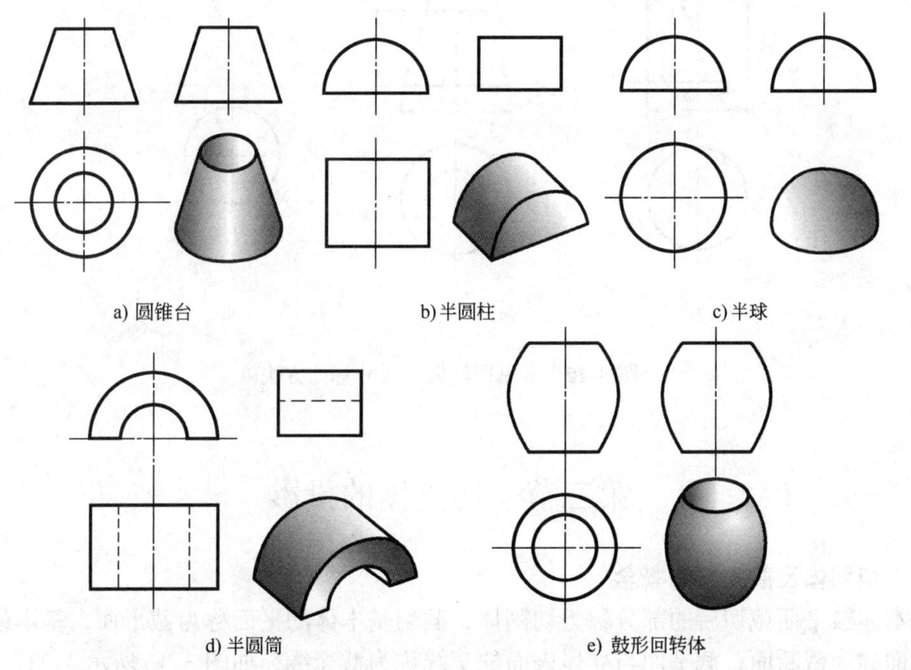

图 3-13　不完整曲面体的投影

五、基本体的尺寸标注

任何立体都有长、宽、高三个方向的尺寸。在视图上标注立体的尺寸时，应将其三个方向的尺寸标注齐全，但每一尺寸在图上只能注一次。

1. 平面立体的尺寸注法

平面立体一般应标注其长、宽、高三个方向的尺寸，常见平面立体的尺寸标注方法如图3-14所示。

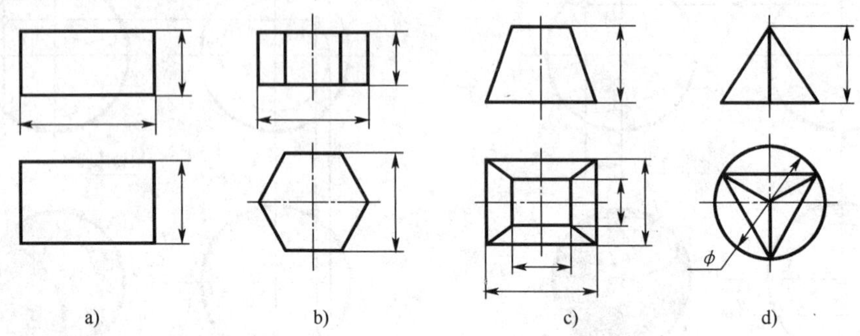

图 3-14　几种常见平面立体的尺寸标注方法

2. 回转体的尺寸注法

回转体的直径一般应注在投影为非圆的视图上，并在尺寸数字前加注直径符号“ϕ”，球面直径应加注“Sϕ”。常见的几种回转体的尺寸标注方法如图3-15所示。

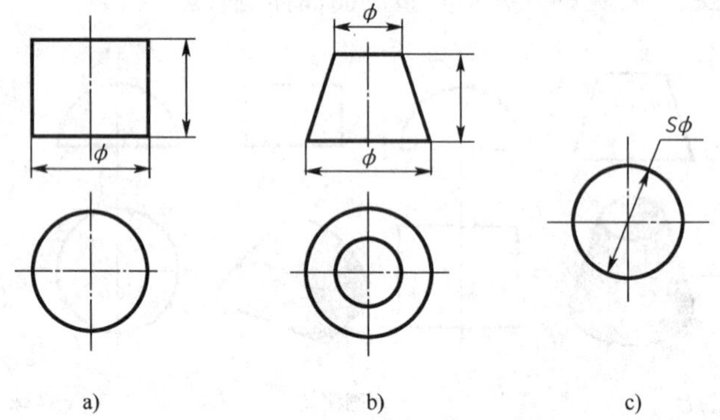

图 3-15　常见回转体的尺寸标注方法

第三节　切割体的投影

一、切割体及截交线的概念

基本体被平面截切后的部分称为切割体，截切基本体的平面称为截平面，基本体被截切后的断面称为截断面，截平面与立体表面的交线称为截交线，如图3-16所示。

截交线的形状与基本体表面性质及截平面的位置有关，但任何截交线都具有下列两个基本性质：

(1) 任何基本体的截交线都是一个封闭的平面图形（平面折线、平面曲线或两者的组合）；

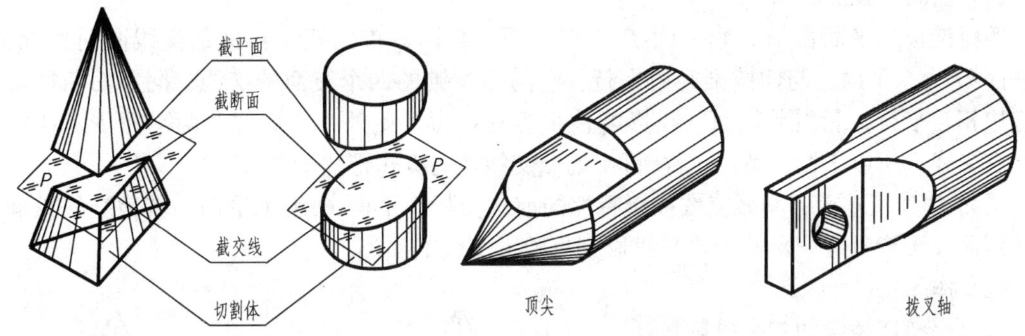

图 3-16　截交线的基本概念及零件示例

(2) 截交线是截平面与立体表面的共有线。

由以上性质可以看出，求画截交线的实质就是要求出截平面与基本体表面的一系列共有点，然后依次连接各点即可。

二、平面切割体的投影

由于平面立体的表面都是由平面所组成的，所以它的截交线是由直线围成的封闭的平面多边形。多边形的各个顶点是截平面与平面立体的棱线或底边的交点，多边形的每一条边是平面立体表面与截平面的交线。因此，求平面立体切割后的投影，首先要求出平面立体的截交线的投影，就是求出截平面与平面立体上被截各棱线或底边的交点的投影，然后依次相连。

【例 3-1】　试求正四棱锥被一正垂面 *P* 截切后的投影（图 3-17）。

(1) 空间及投影分析

因截平面 *P* 与四棱锥四个棱面相交，所以截交线为四边形，它的四个顶点即为四棱锥的四条棱线与截平面 *P* 的交点。

截平面垂直于正投影面，而倾斜于侧投影面和水平投影面。所以，截交线的正面投影积聚在 *P*′ 上，而侧面投影和水平投影则具有类似形。

(2) 作图

先画出完整正四棱锥的三个投影。

因截平面 *P* 的正面投影具有积聚性，所以截交线四边形的四个顶点 Ⅰ、Ⅱ、Ⅲ、Ⅳ 的正面投影 1′，2′、3′、4′ 可直接得出，据此即可在水平投影上和侧面投影上分别求出 1、2、3、4 和 1″、2″、3″、4″。将顶点的同面投影依次连接起来，即得截交线的投影。在三个投影图上擦去被截平面 *P* 截去的投影，即完成作图，注意侧面投影上的虚线不要遗漏。具体作图如图 3-17 所示。

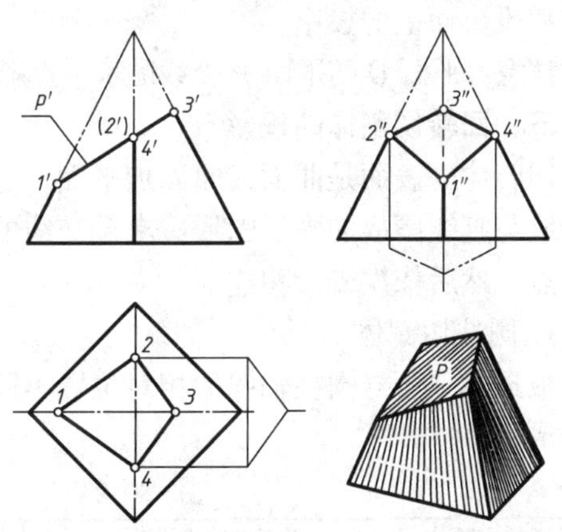

图 3-17　四棱锥被一正垂面截切

【例 3-2】　试求四棱锥被二平面截切后的投影（图 3-18）。

（1）空间及投影分析

四棱锥被二平面截切。截平面 *P* 为正垂面，与四棱锥的四个棱面的交线同前例相似。截平面 *Q* 为水平面，与四棱锥底面平行，它与四棱锥的四个棱面的交线，同底面四边形的对应边相互平行，利用平行面的投影特性很容易求得。此外，还应注意两平面 *P*、*Q* 相交亦会有交线，所以平面 *P* 和平面 *Q* 截出的截交线均为五边形。

平面 *P* 为正垂面，其截交线投影特性同前例分析：平面 *Q* 为水平面，其截交线正面投影和侧面投影皆具有积聚性，水平投影则反映截交线的实形。

（2）作图

画出完整四棱锥的三个投影。

先求平面 *Q* 截四棱锥后的截交线。可由正投影 1′，在俯视图上求 1，由 1 作四边形与底面四边形对应边平行可得点 1、2、5，平面 *Q* 与平面 *P* 的交线Ⅲ、Ⅳ可由正投影 3′、4′在俯视图上求得 3、4。所求 1、2、3、4、5 即为截交线在水平投影面上的投影。其正面投影和侧面投影分别为 1′、2′、3′、4′、5′和 1″、2″、3″、4″、5″。再求平面 *P* 截四棱锥后的截交线，可按前例方法求出 6′、7′、8′和 6″、7″、8″及 6、7、8。将各点Ⅲ、Ⅳ、Ⅵ、Ⅶ、Ⅷ同面投影连接起来，即得截交线在三投影面上的投影。

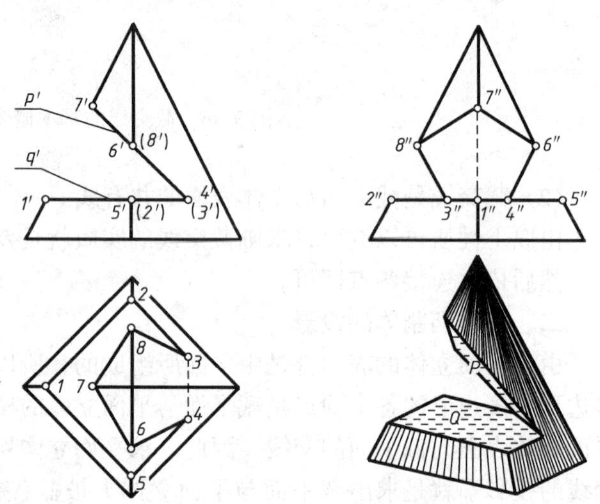

图 3-18　四棱锥被二平面截切

注意：平面 *Q* 与平面 *P* 交线的水平投影 34 应为虚线。在侧面投影上的虚线也不要遗漏。

三、回转切割体的投影

回转体的表面是曲面或曲面加平面，它们切割后的截交线，一般是封闭的平面曲线或平面曲线与直线围成的平面图形。求截交线的实质，就是要求出截平面与回转体上各被截素线的交点，然后依次光滑相连。

1. 圆柱切割体

根据截平面与圆柱轴线的相对位置不同，圆柱切割后其截交线有三种不同的形状，如表 3-1 所示。

表 3-1　平面与圆柱的交线

截平面的位置	平行于轴线	垂直于轴线	倾斜于轴线
截交线的形状	矩　形	圆	椭　圆
立体图			

（续）

截平面的位置	平行于轴线	垂直于轴线	倾斜于轴线
截交线的形状	矩　形	圆	椭　圆
投影图			

当截平面与圆柱轴线垂直相交时，其截交线为圆；当截平面与圆柱轴线倾斜相交时，其截交线为椭圆；当截平面与圆柱轴线平行时，其截交线为矩形（其中两对边为圆柱面的素线）。

【例 3-3】　求一斜切圆柱的截交线的投影（图 3-19）。

圆柱被正垂面 P 截断，由于截平面 P 与圆柱轴线倾斜，故所得的截交线是一椭圆，它既位于截平面 P 上，又位于圆柱面上。因截平面 P 在 V 面上的投影有积聚性，故截交线的 V 面投影应与 P_V 重合。圆柱面的 H 面投影有积聚性，截交线的 H 面投影与圆柱面的 H 面投影重合。所以，只需求出截交线的 W 面投影。其作图过程（图 3-19）如下：

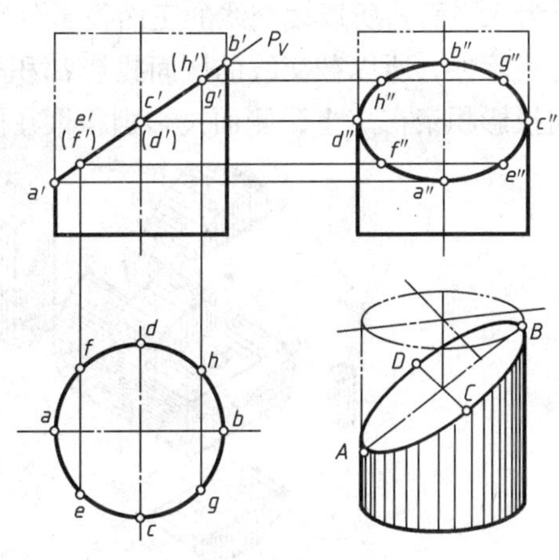

图 3-19　斜切圆柱的投影

（1）作截交线的特殊点　特殊点通常指截交线上一些能确定截交线形状和范围的特殊位置点，如最高、最低、最前、最后、最左和最右点，以及轮廓线上的点。对于椭圆首先应求出长短轴的四个端点。因长轴的端点 A、B 是椭圆的最低点最高点，位于圆柱的最左、最右两素线上；短轴两端点 C、D 是椭圆最前点和最后点，位于圆柱的最前、最后两素线上。这四点在 H 面上的投影分别是 a、b、c、d，在 V 面上的投影分别是 a'、b'、c'、d'。根据对应关系，可求出在 W 面上的投影 a''、b''、c''、d''。求出了这些特殊点，就确定了椭圆的大致范围。

（2）求一般点　为了准确地作出截交线，在特殊点之间还需求出适当数量的一般点。如图 3-19 所示，在截交线的水平投影上，取对称于中心线的四点 e、f、g、h，按投影关系可找到其正面投影 e'、f'、g'、h'，再求出侧面投影 e''、f''、g''、h''。

（3）依次光滑连接各点，即可得截交线的侧面投影。

【例 3-4】　在圆柱体上开出一方形槽，已知其正面投影和侧面投影，求作水平投影（图 3-20）。

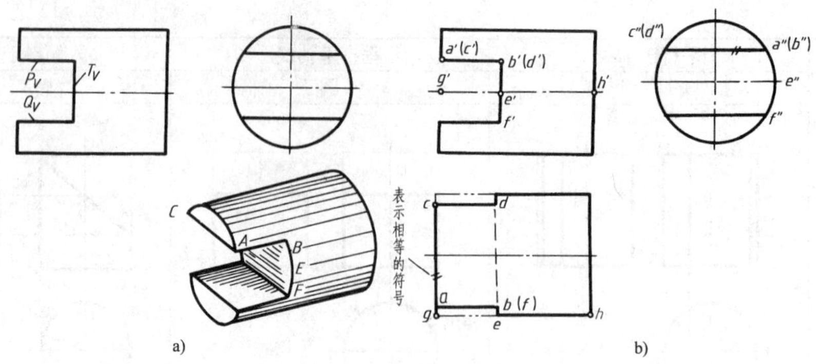

图 3-20 求圆柱上开一方形槽的投影

(1) 空间及投影分析

由图中可以看出方形槽是由两个与轴线平行的平面 P、Q 和一个与轴线垂直的平面 T 切出的。前者与圆柱面的交线是两条平行直线，后者与圆柱面的交线是圆弧。截平面 P 和 Q 为水平面，所以截交线的正面投影分别积聚在 p' 和 q' 上。同时，由于圆柱面的侧面投影具有积聚性，所以截交线的侧面投影都积聚在圆上。截平面 T 是一侧平面，所以截交线的正面投影积聚在 t' 上，侧面投影则积聚在圆上。

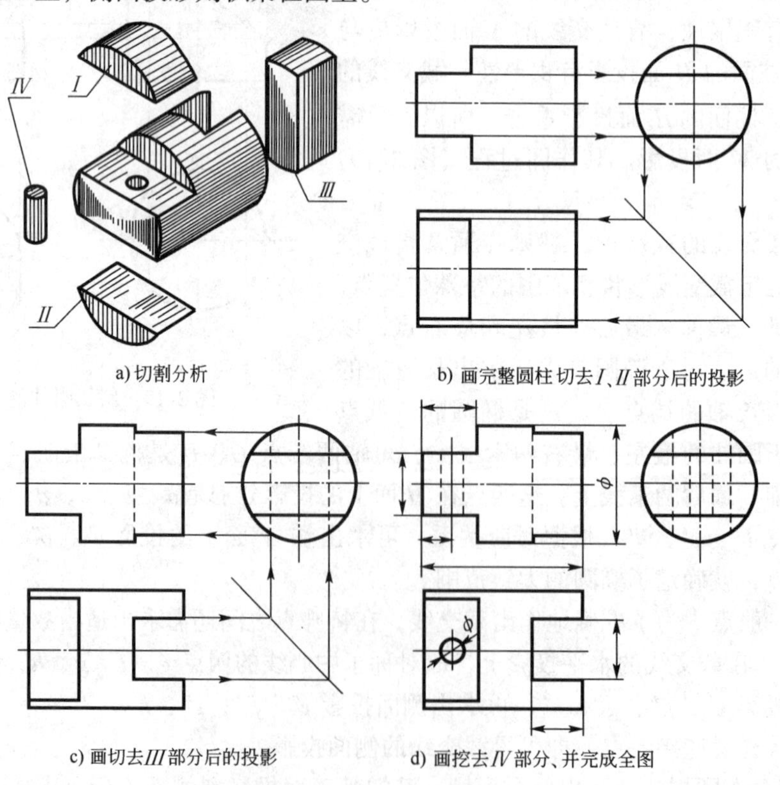

a) 切割分析　　b) 画完整圆柱切去Ⅰ、Ⅱ部分后的投影

c) 画切去Ⅲ部分后的投影　　d) 画挖去Ⅳ部分、并完成全图

图 3-21 求圆柱切割后的投影

(2) 作图

先画出完整的圆柱体的水平投影，再画出截交线的水平投影。根据 $a'b'$、a''、b''和$c'd'$、c''、d''画出a、b和c、d。再根据$b'e'f'$和$b''e''f''$画出bef。

作图时应注意圆柱体的轮廓 GE 一段被截去（与之对称的一段轮廓未画，其情况相同），所以在 $g'e'$ 和 ge 一段没有轮廓线的投影。具体作图可见图 3-20。

【例 3-5】 求作圆柱切割后的投影（图 3-21）。

如图 3-21 所示，该圆柱被切去了Ⅰ、Ⅱ、Ⅲ、Ⅳ等四部分形体。Ⅰ、Ⅱ部分为由两平行于圆柱轴线的平面和一垂直于圆柱轴线的平面切割圆柱而成，切口为矩形。

Ⅲ部分也为由两平行于轴线的平面和一垂直于轴线的平面切割圆柱而成，即在圆柱右端开一个槽，切口亦为矩形。Ⅳ部分是在切割Ⅰ、Ⅱ部分的基础上再挖去的一个小圆柱。其作图过程如下（图 3-21）：

(1) 画出整个圆柱的三个投影，并切去Ⅰ、Ⅱ部分（图 3-21b）；

(2) 画切去Ⅲ部分后的投影（图 3-21e）；

(3) 画挖去Ⅳ部分，并完成全图（图 3-21d）。

2. 圆锥切割体

截平面切割圆锥时，根据截平面与圆锥轴线位置的不同，与圆锥面的交线有五种情形，如表 3-2 所示。

表 3-2 平面与圆锥的交线

截平面的位置	过锥顶	不过锥顶			
		$\theta = 90°$	$\theta > \alpha$	$\theta = \alpha$	$\theta < \alpha$
截交线的形状	相交两直线	圆	椭 圆	抛物线	双曲线
立体图	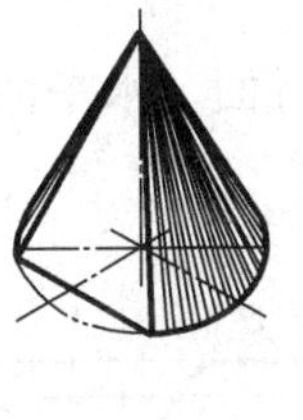	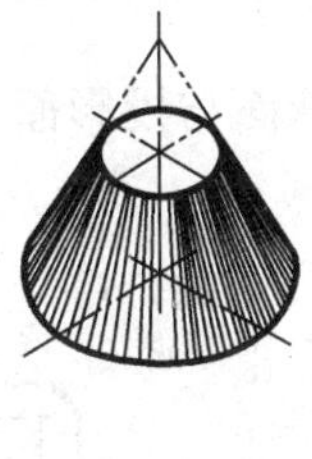	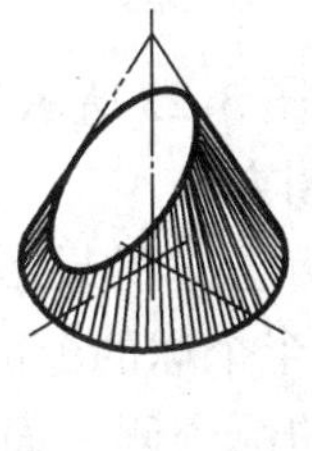	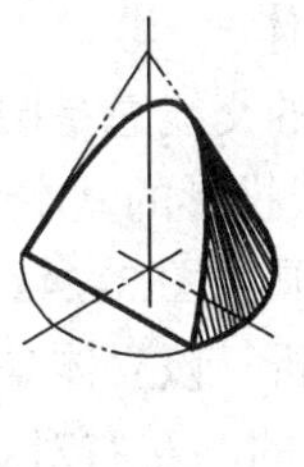	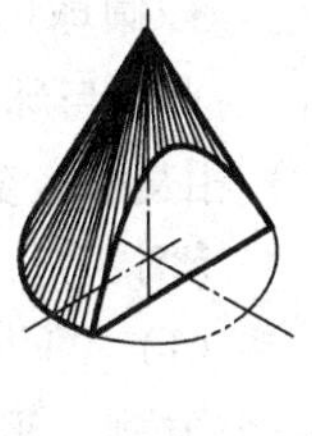
投影图	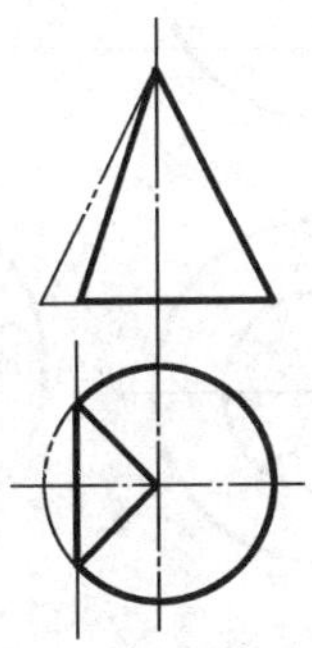	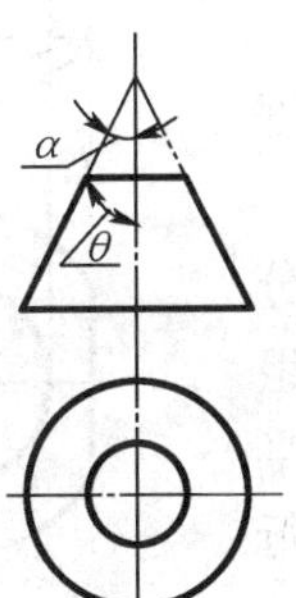	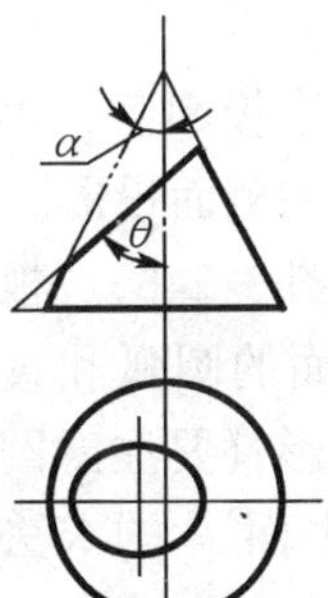	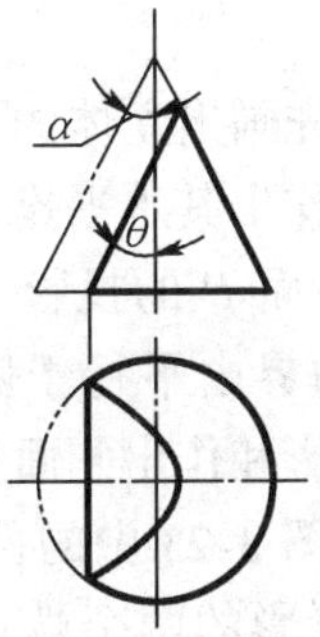	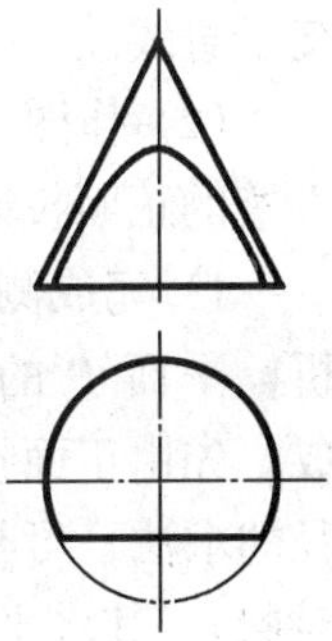

下面举例说明平面与圆锥面的交线投影的作图方法。

【例 3-6】 求作圆锥切割后的投影（图 3-22）。

（1）空间及投影分析

从侧面投影可以看出，平面 P 是平行于轴线的正平面，它与圆锥面的交线为双曲线，与圆锥底面的交线为直线段，如图 3-22b 所示。

（2）作图（参看图 3-22c）

1）作特殊点　特殊点为 A、B、C 三点。点 C 是双曲线的顶点，在圆锥对水平面的转向轮廓线上；两点 A、B 为双曲线的端点，在圆锥底圆上，这三点也是极限点。a'、b' 可直接由 a''、b'' 求得。由于未画水平投影，c' 必须通过辅助纬圆求得，这个纬圆的侧面投影应通过 c''，并与直线 $a''b''$ 相切。

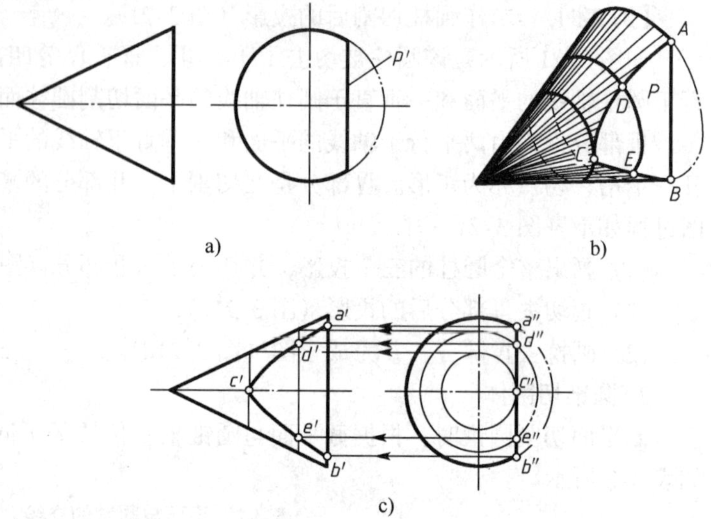

图 3-22　平面与圆锥轴线平行时交线的画法

2）求一般点　从双曲线的侧面投影入手，用圆锥面上取点法。图中示出了在侧面投影上任取一点 d''，利用辅助纬圆求得 d' 的方法，同时还得到了与 d' 对称的另一点 e'。

3）依次光滑连接各共有点的正面投影，完成作图。

3．圆球切割体

平面与球面的交线总是圆。图 3-23 所示是球面与投影面平行面（水平面 Q 和侧面平面 P）相交时，交线投影的基本作图方法。

【例 3-7】 画出图 3-24a 所示立体的投影。

（1）空间分析　该立体是在半个球的上部开出一个方槽后形成的。左右对称的两个侧平面 P 和水平面 Q 与球面的交线都是圆弧，P 和 Q 彼此相交于直线段。

（2）作图　先画出立体的三个投影后，再根据方槽的正面投影作出其水平投影和侧面投影。

1）完成侧平面 P 的投影（图 3-24b）。根据分析，平面 P 的边界由平行于侧面的圆弧和直线组成。先由正面投影和作出侧面投影（要注意圆弧半径的求法，可与图 3-23 中的截平面 P 的求法进行对照），其水平投影的两个端点，应由其余两个投影来确定。

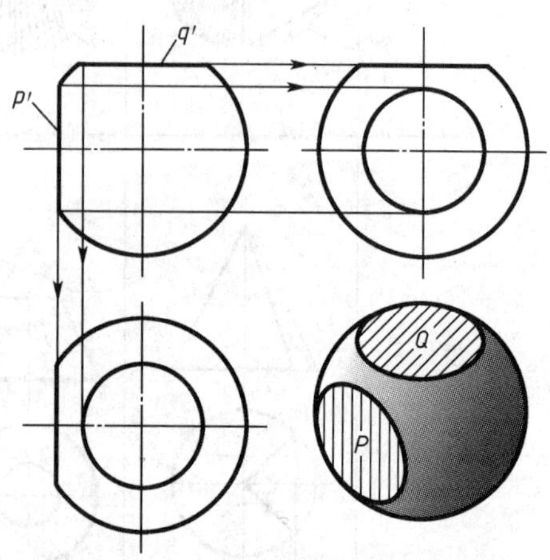

图 3-23　平面与球面交线的基本作图

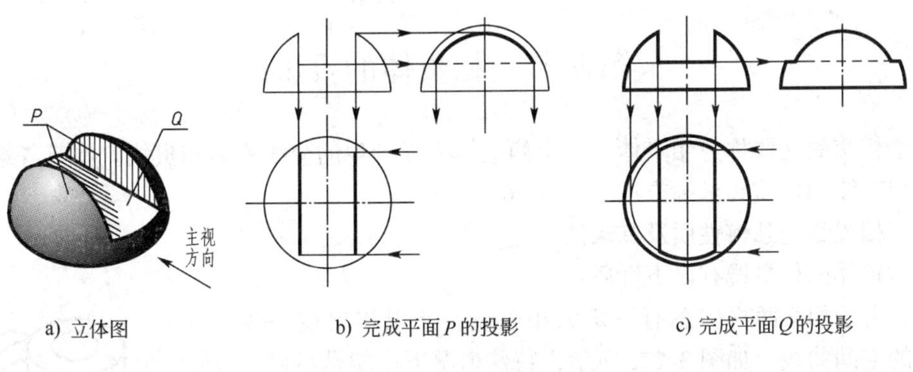

a) 立体图　　b) 完成平面 P 的投影　　c) 完成平面 Q 的投影

图 3-24　球上开槽的画法

2）完成水平面 Q 的投影（图 3-24c）。由分析可知，平面 Q 的边界是由相同的两段水平圆弧和两段直线组成的对称形。作水平投影时，也要注意圆弧半径的求法（可与图 3-23 中的截平面 Q 的求法进行对照）。

还应注意，球面对侧面的转向轮廓线，在开槽范围内已不存在。

四、切割体的尺寸标注

切割体除了要标注基本体的尺寸外，还要标注切口（截切）位置尺寸。因为截平面与立体的相对位置确定后，截交线已完全确定，所以不能标注截交线形状大小的尺寸。常见切割体的尺寸注法如图 3-25 所示。

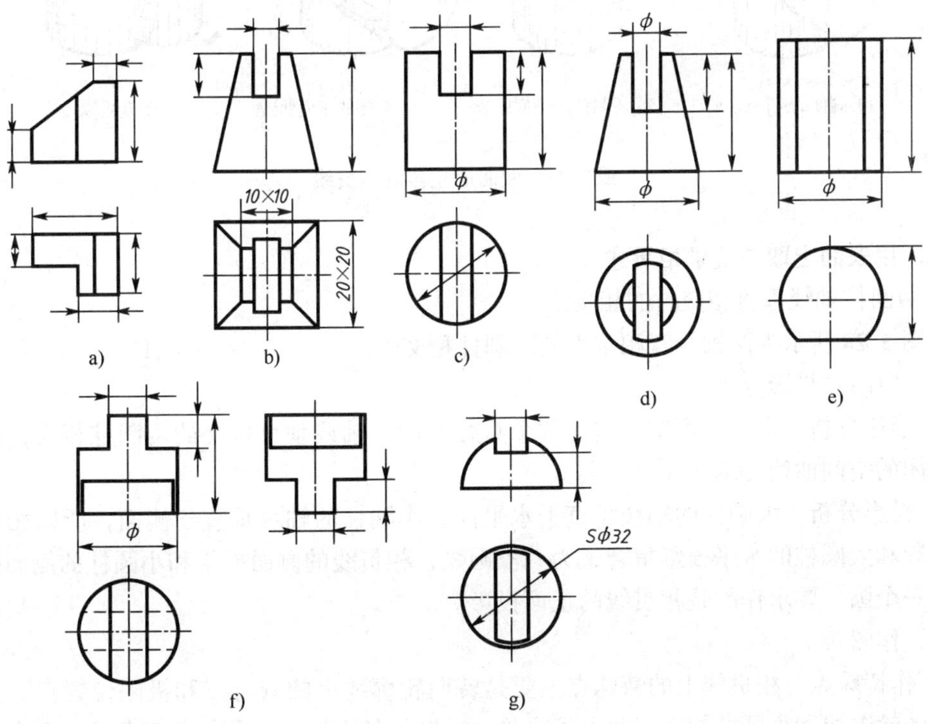

a)　b)　c)　d)　e)　f)　g)

图 3-25　切割体的尺寸标注

第四节　相贯体的投影

两个相交的立体称为相贯体，相交两立体表面产生的交线称为相贯线。本节着重介绍两回转体相贯线的性质和求画方法（图 3-26）。

一、相贯线的几何性质及其求法

两回转体的相贯线有以下性质：

（1）由于相交两立体总有一定大小限制，所以相贯线一般为封闭的空间曲线，如图 3-27a 所示，特殊情况下可能是不封闭的，如图 3-27b 所示，也可能是平面曲线或直线，如图 3-27c、d 所示。

（2）由于相贯线是两立体表面的交线，故相贯线是两立体表面的共有线，相贯线上的点是立体表面上的共有点。求画相贯线的实质，就是要求出两立体表面一系列的共有点。常采用以下方法：立体表面取点法、辅助平面法和辅助球面法，这里只介绍前两种方法。

图 3-26　相贯线及零件示例

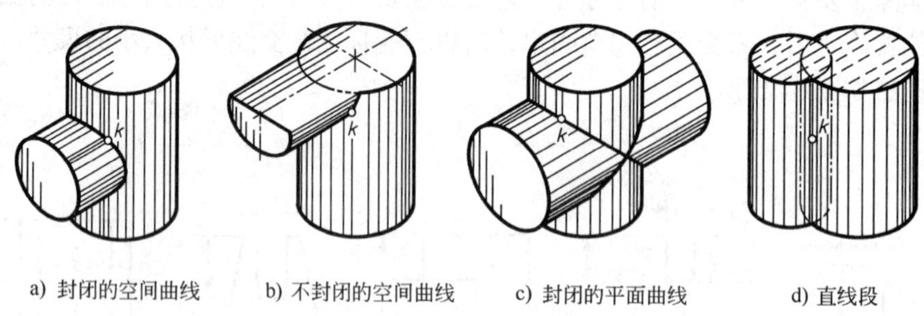

a) 封闭的空间曲线　b) 不封闭的空间曲线　c) 封闭的平面曲线　d) 直线段

图 3-27　两曲面立体的相贯线

二、用表面上取点法求相贯线

1. 两圆柱轴线垂直相交时的相贯线

如图 3-28 所示为两轴线互相垂直的两圆柱相交。

（1）空间及投影分析

1）形体分析。由图示可知，这是两个直径不同，轴线垂直相交的两圆柱相交，相贯线为一封闭的空间曲线。

2）投影分析。大圆柱的轴线垂直于水平面，小圆柱的轴线垂直于侧面，所以相贯线的水平投影和大圆柱的水平投影重合，为一段圆弧；相贯线的侧面投影和小圆柱的侧面投影重合，为一个圆。要求作的是相贯线的正面投影。

（2）作图

1）作特殊点。相贯线上的特殊点主要是转向轮廓线上的共有点和极限位置点。大圆柱的左边的轮廓线和小圆柱相交于两点Ⅰ、Ⅲ，小圆柱的上、下、前、后四条轮廓和大圆柱交于四点Ⅰ、Ⅲ、Ⅱ、Ⅳ，因此，相贯线在轮廓线上的共有点有Ⅰ、Ⅲ、Ⅱ、Ⅳ四个，也是极限位置点，其水平投影和侧面投影都是已知的，利用面上取点的方法，由已知投影 1、2、3、4 和 1″、2″、3″、4″，求得 1′、2′、3′、4′，如图 3-28a 所示。

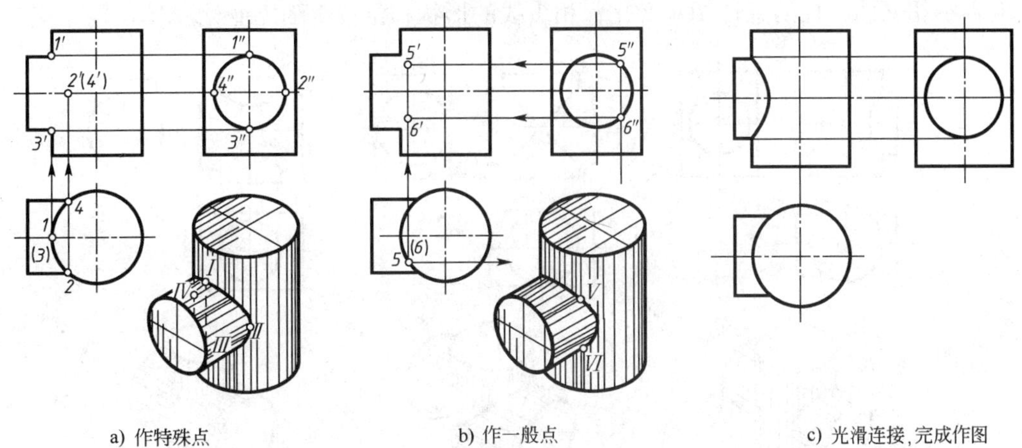

a) 作特殊点　　b) 作一般点　　c) 光滑连接，完成作图

图 3-28　两圆柱轴线垂直相交时的相贯线

2）作一般点。根据需要作出适当数量的一般点，图 3-28b 中表示了作一般点Ⅴ、Ⅵ的方法，即先在相贯线的已知投影如水平投影中取重影点 5（6），根据“宽相等”求出侧面投影 5″、6″然后作出 5′、6′。

3）顺次光滑连接，判别可见性。根据具有积聚性投影的顺序，依次光滑连接各点的正面投影，即完成作图，由于相贯线前后对称，因而其正面投影虚实线重合，如图 3-28c 所示。

（3）两圆柱正交时相贯线的近似画法如图 3-29 所示。

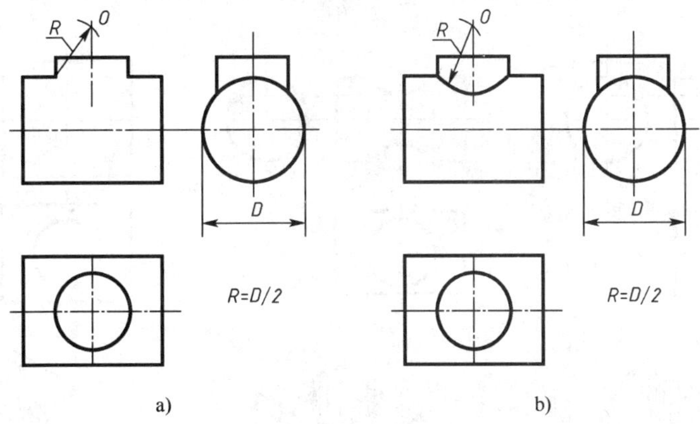

a)　　b)

图 3-29　相贯线的近似画法

当两圆柱的直径差别较大，并对相贯线形状的准确度要求不高时，允许采用近似画法。即用圆心位于小圆柱的轴线上，半径等于大圆柱的半径的圆弧代替相贯线的投影。画图过程如图 3-29 所示。

2. 两圆柱垂直相交，当其直径大小变化时，对相贯线的影响

两圆柱垂直相交时，相贯线的形状取决于它们直径的相对大小和轴线的相对位置。图3-30表示相交两圆柱的直径相对变化，相贯线的形状和位置也随之变化。

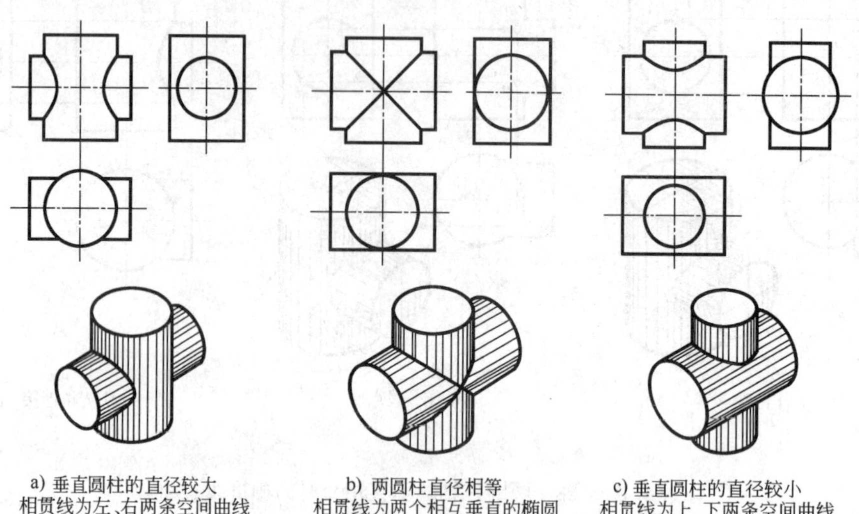

a) 垂直圆柱的直径较大 相贯线为左、右两条空间曲线　b) 两圆柱直径相等 相贯线为两个相互垂直的椭圆　c) 垂直圆柱的直径较小 相贯线为上、下两条空间曲线

图3-30　两圆柱垂直相交，直径变化时对相贯线的影响

3. 两圆柱相交三种形式

两立体相交可能是它们的外表面，也可能是内表面，图3-31所示为两圆柱相交的三种情况。图3-31a为两圆柱体外表面相交；图3-31b为外圆柱面与内圆柱面相交；图3-31c为两圆柱孔相交，即两内圆柱面相交，它们虽有内、外表面的不同，但由于两圆柱面的直径大小和轴线相对位置不变，因此它们交线的形状和特殊点是完全相同的。

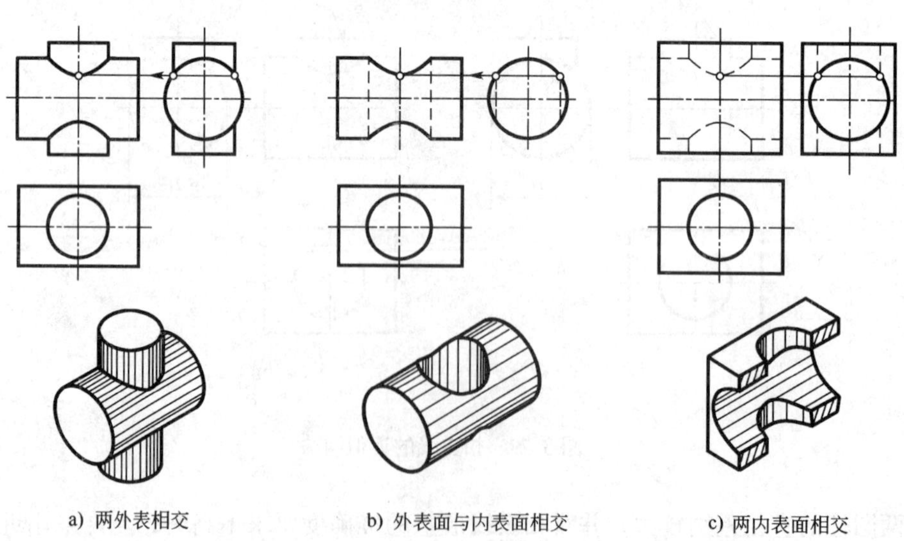

a) 两外表相交　b) 外表面与内表面相交　c) 两内表面相交

图3-31　两圆柱相交的三种形式

三、用辅助平面法求相贯线

所谓辅助平面法就是根据三面共点的原理，利用辅助平面求出两曲面体表面上若干共有点，从而画出相贯线的投影的方法。

辅助平面法的作图步骤：

(1) 作辅助平面与两相贯的立体相交。

为了作图简便，一般取特殊位置平面为辅助平面（通常为投影面平行面），并使辅助平面与相贯的立体表面的交线的投影简单易画（圆或直线）。

(2) 分别求出辅助平面与相贯的两个立体表面的交线。

(3) 求出交线的交点即得相贯线上的点。

【例 3-8】 已知圆柱与圆锥的轴线垂直相交，试完成相贯线的投影（图 3-32a）。

(1) 空间及投影分析

相贯线为一封闭的空间曲线。由于圆柱面的轴线垂直于 *W* 面，它的侧面投影积聚成圆，因此，相贯线的侧面投影也积聚在该圆上，为两立体共有部分的一段圆弧。相贯线的正面投影和水平投影没有积聚性，应分别求出。

(2) 求特殊点　如图 3-32b 所示两点Ⅰ、Ⅱ为相贯线上的最高点、也是最左、最右点。两点Ⅲ、Ⅳ为最低点、也是最前、最后点。根据点的投影规律可直接求出它们的投影。

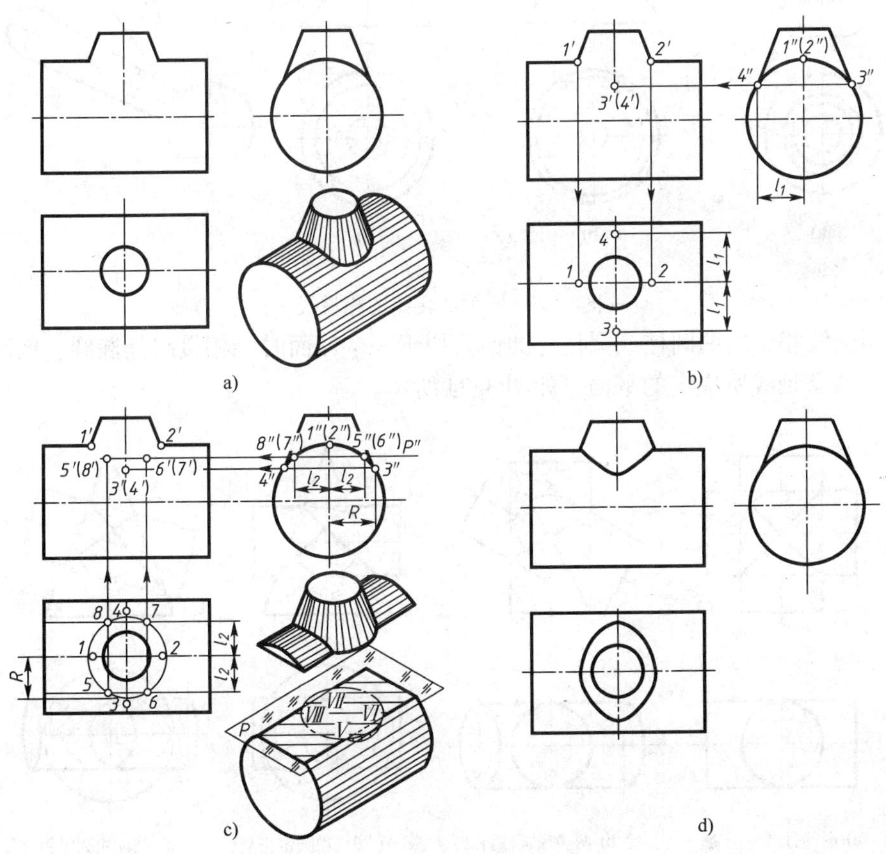

图 3-32　求圆柱与圆锥正交的相贯线

（3）求一般点　采用辅助平面法。如图 3-32c 所示，用水平面 P 作为辅助平面，它与圆锥面的交线为圆，与圆柱的交线为两平行直线。两直线与圆交于四个点Ⅴ、Ⅵ、Ⅶ、Ⅷ，先求出它们的水平投影，然后再求其正面投影。

（4）将这些特殊点和一般点光滑地连接起来，即得相贯线的投影，其结果如图 3-32d 所示。

四、回转体相交的特殊情况

两回转体相交时，在特殊情况下，相贯线可能是平面曲线或直线段。它们常常可根据两相交回转体的性质、大小和相对位置直接判断，可以简化作图。

两曲面立体的相贯线为平面曲线的常见情况有以下两种：

（1）两相交回转体同轴时，它们的相贯线一定是和轴线垂直的圆，而且当回转体的轴线平行于投影面时，这些圆在该投影面上的投影为垂直于轴线的直线段，相贯线就可直接求得。

图 3-33 所示为轴线都平行于正面的同轴回转体相交的例子。

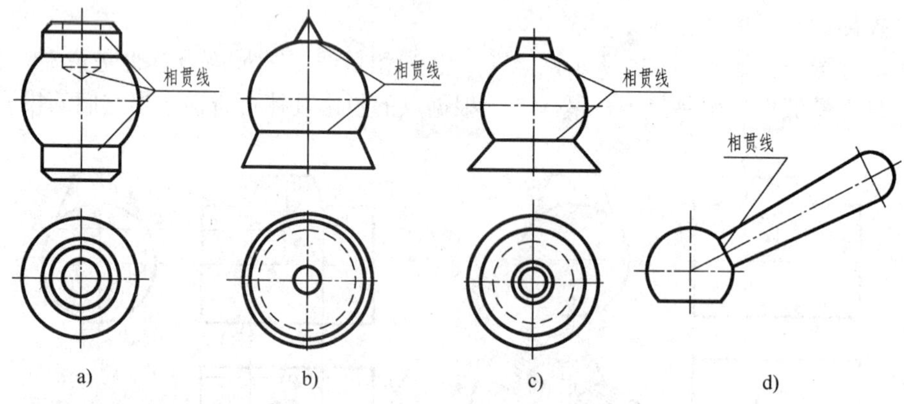

图 3-33　同轴回转体的相贯线

（2）当轴线相交的两圆柱或圆柱与圆锥公切于一个球面时，相贯线是椭圆。椭圆所在的平面垂直于两条轴线所决定的平面，如图 3-34 所示。

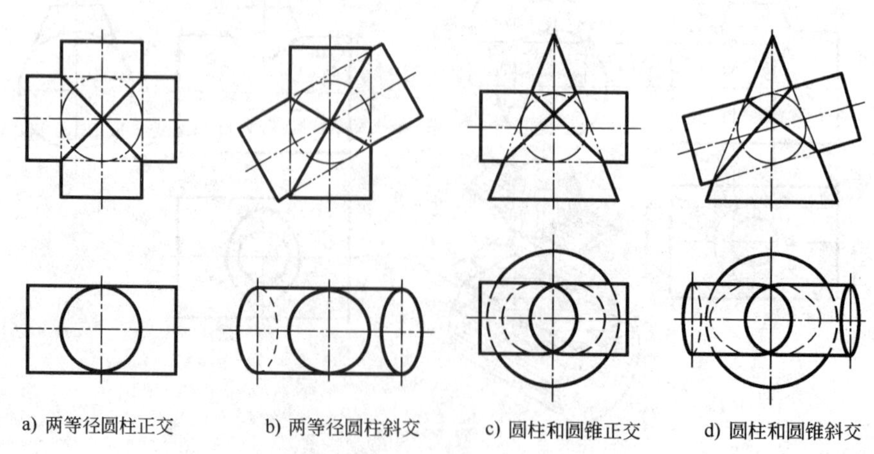

图 3-34　公切于一球的圆柱和圆柱、圆锥和圆柱的相贯线

五、相交回转体的尺寸注法

两立体相交产生相贯线，由于相贯线的形状取决于相交两立体的几何性质、相对大小和相对位置，所以相贯部分的尺寸注法，只需注出参与相贯的各立体的定形尺寸及其相互间的定位尺寸，而不注相贯线本身的定形尺寸，如图 3-35 所示。图中尺寸线上有小圆的是定位尺寸。

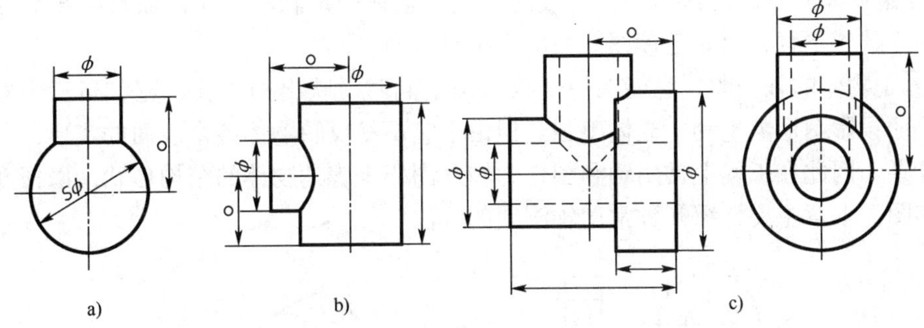

图 3-35　相交回转体的尺寸注法

第四章 轴 测 图

图 4-1a 是物体的三面投影图，它不仅能够确定物体的形状和大小，而且画图简便。但由于这种图立体感不强，故缺乏读图能力的人很难看懂。

图 4-1b 是物体的轴测图，它能在一个投影面上同时反映出物体长、宽、高三个方向的尺度，比三面投影图形象生动，立体感强。但由于它不易反映物体各个表面的实形，作图比正投影图复杂。因此在工程上常用轴测图作为辅助图样来表达物体的结构形状，以帮助人们看懂正投影图。本章主要介绍几种常用轴测图的画法。

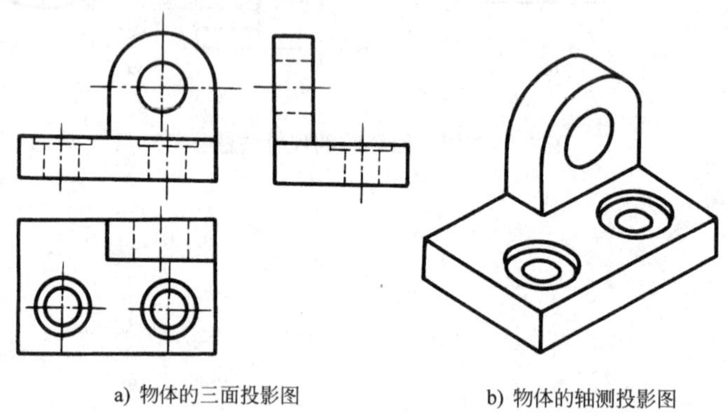

a) 物体的三面投影图　　b) 物体的轴测投影图

图 4-1　三面投影图与轴测投影图的对比

第一节　轴测图的基本知识

一、轴测图的形成

在图 4-2 中，将长方体上彼此垂直的棱线分别与直角坐标系的三根坐标轴重合，该直角坐标系称为长方体的参考坐标系。在适当位置设置一个投影面 P，并选取不平行于任一坐标面的投射方向，在 P 面上作出长方体以及参考坐标系的平行投影，就得到一个能同时反映长方体长、宽、高三个方向尺度的投影图，该图称为轴测图。平面 P 称为轴测投影面。

由此可知：轴测图就是将物体连同其参考直角坐标系一起，沿不平行于任一坐标面的方向，用平行投影法将其平行投射在单一投影面上所得到的图形。

二、轴间角和轴向伸缩系数

在图 4-2 中，坐标轴 OX、OY、OZ 的轴测投影 O_1X_1、O_1Y_1、O_1Z_1[⊖] 称为轴测轴。相邻两轴测轴的夹角 $\angle X_1O_1Y_1$、$\angle X_1O_1Z_1$、$\angle Y_1O_1Z_1$ 称为轴间角。

⊖ 为了区别空间直角坐标系中的坐标轴和轴测投影体系中的轴测轴，本书中把轴测轴加下脚标 1，即 O_1X_1、O_1Y_1、O_1Z_1。

轴测轴上的线段与坐标轴上对应的线段的长度比，称为轴向伸缩系数。各轴的轴向伸缩系数分别是：

$p_1 = \frac{O_1A_1}{OA}$ 称 OX 轴向伸缩系数；

$q_1 = \frac{O_1B_1}{OB}$ 称 OY 轴向伸缩系数；

$r_1 = \frac{O_1C_1}{OC}$ 称 OZ 轴向伸缩系数。

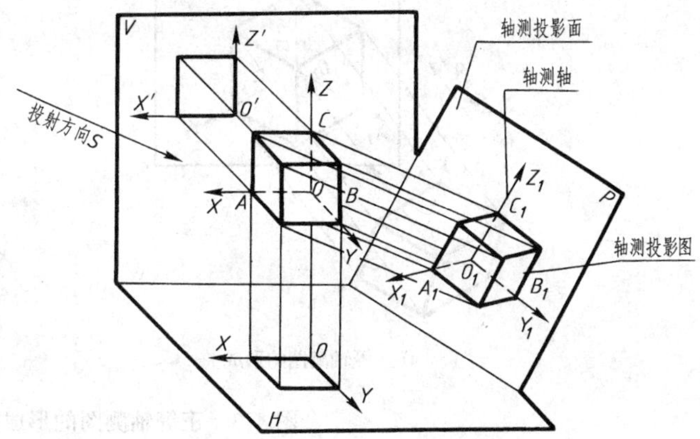

图 4-2 轴测投影的形成

轴间角和轴向伸缩系数决定轴测图的形状和大小，是画轴测图的基本参数。

三、轴测图的分类

根据投射方向对轴测投影面的相对位置不同，轴测图可分为两大类：

正轴测图 投射方向垂直于轴测投影面的轴测投影（既由正投影法得到的轴测投影）；

斜轴测图 投射方向倾斜于轴测投影面的轴测投影（既由斜投影法得到的轴测投影）。

根据三个轴的轴向伸缩系数是否相同，而将两类轴测图又分为三种：

(1) 正（或斜）等轴测图（$p_1 = q_1 = r_1$）；

(2) 正（或斜）二轴测图（$p_1 = q_1 \neq r_1$ 或 $q_1 = r_1 \neq p_1$ 或 $r_1 = p_1 \neq q_1$）

(3) 正（或斜）三轴测图（$p_1 \neq q_1 \neq r_1$）。

国家标准《机械制图》推荐使用正等轴测图、正二轴测图和斜二轴测图。这里只介绍工程上用的较多的正等轴测图和斜二轴测图的画法。

四、轴测图的基本性质

由立体几何可知，与投射方向不平行的两平行线段，它们的平行投影仍然平行；且各线段的平行投影与原线段的长度比相等。由此可得出，在轴测图中，空间几何形体上的平行于坐标轴的线段；在轴测图中仍与相应的轴测轴平行；且该线段的轴测图中长度与原线段的长度比相等。

第二节 正等轴测图

一、正等轴测图的形成

如图 4-3a 所示，投射方向垂直于轴测投影面，而且参考坐标系的三根坐标轴对投影面的倾角都相等，在这种情况下画出的轴测图称为正等轴测图，简称正等测。

二、正等轴测图的画图参数

可以证明，正等轴测图的轴间角都相等，如图 4-3b 所示，即

$$\angle X_1O_1Y_1 = \angle X_1O_1Z_1 = \angle Y_1O_1Z_1 = 120^\circ$$

各轴向的伸缩系数都相等，即 $p_1 = q_1 = r_1 \approx 0.82$。在实际作图中，为了作图简便，避免计算，常采用简化伸缩系数，即

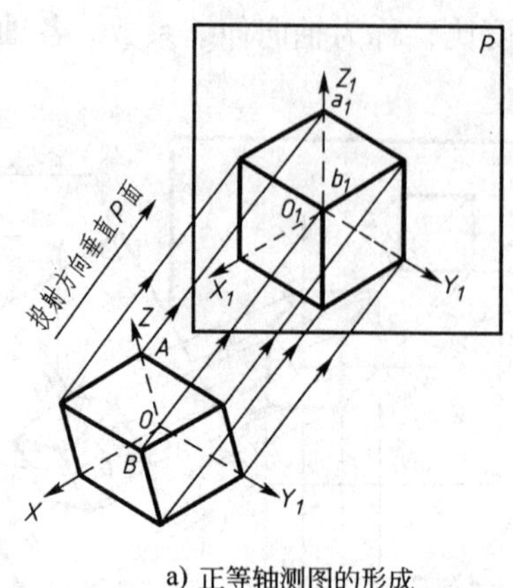

a) 正等轴测图的形成

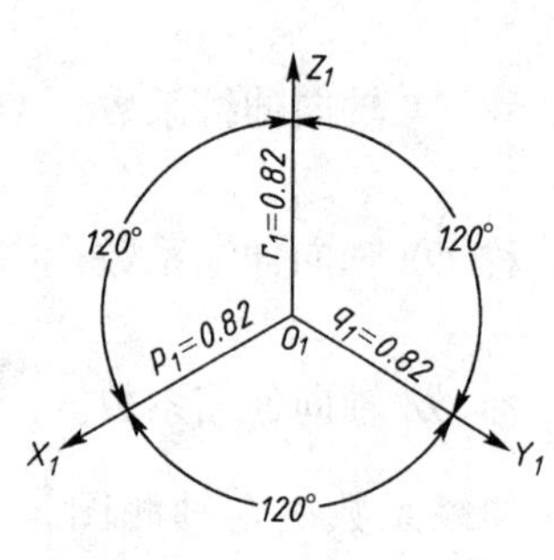

b) 轴间角和轴向伸缩系数

图 4-3 正等轴测图的形成及参数

$$p = q = r = 1$$

采用简化伸缩系数作图时，沿各轴向的所有尺寸都用实长量度，比较简便。用简化伸缩系数画出的图形比按真实投影（伸缩系数约为 0.82）画出的图形沿各轴向的长度都放大了约 1.22 倍（1/0.82≈1.22）。

三、正等轴测图的画法

1. 平行于坐标面的圆的正等轴测图画法

图 4-4 为平行于各坐标面圆的正等测图。因为三个坐标面或其平行面都不平行于其轴测投影面，所以三个坐标面内或平行于坐标面的圆的正等轴测图均为椭圆。

（1）椭圆长、短轴的方向及大小　可以证明，在坐标面 XOY 上的圆或与坐标面 XOY 平行的圆，其轴测投影椭圆的长轴垂直于 O_1Z_1 轴；在坐标面 XOZ 上的圆或与坐标面 XOZ 平行的圆，其轴测投影椭圆的长轴垂直于 O_1Y_1 轴；在坐标面，YOZ 上的圆或与坐标面 YOZ 平行的圆，其轴测投影椭圆的长轴垂直于 O_1X_1 轴；而各椭圆的短轴均与其长轴垂直。用简化伸缩系数作图时，长轴约等于 $1.22d$（d 为圆的直径）、短轴约等于 $0.7d$。

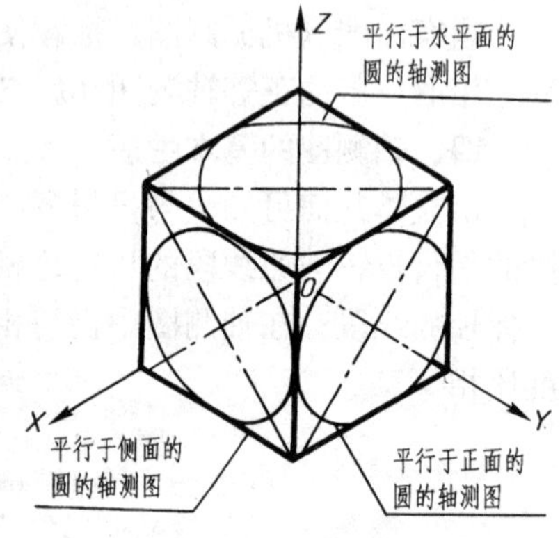

图 4-4 平行于各坐标面的圆的正等轴测图

（2）椭圆的近似画法　为了简化作图，通常采用四段圆弧组成的扁圆代替椭圆。图 4-5 为 $X_1O_1Y_1$ 面上椭圆的近似画法。而 $X_1O_1Z_1$ 和 $Y_1O_1Z_1$ 面上的椭圆，只是长、短轴的位置不同，其画法与 $X_1O_1Y_1$ 面上的椭圆相同。

作图步骤：

（1）过圆心 O 作坐标轴 OX、OY 和外切正方形，如图 4-5a 所示。

（2）作轴测轴 O_1X_1、O_1Y_1 和切点的轴测投影 1_1、2_1、3_1、4_1，过这些点作外切正方形轴侧投影菱形，并作对角线，如图 4-5b 所示。

（3）过 1_1、2_1、3_1、4_1 作各边的垂线，交得圆心 A_1、B_1、C_1、D_1 而 A_1、B_1 即为短对

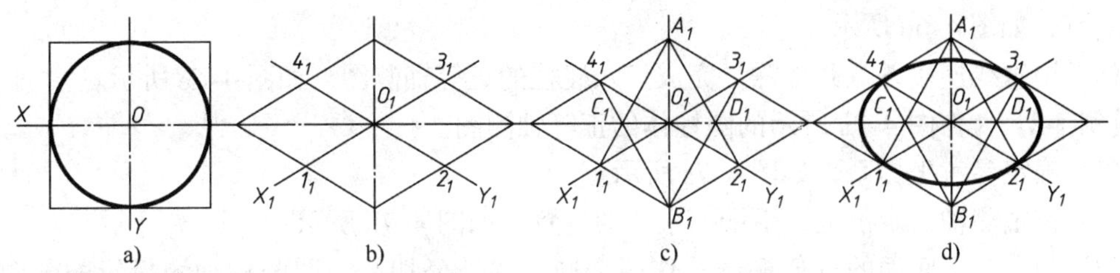

图 4-5　近似椭圆的作法

角线的端点，C_1、D_1 在长对角线上，如图 4-5c 所示。

(4) 以 A_1、B_1 为圆心，以 A_11_1 为半径作弧 1_12_1、弧 3_14_1，以 C_1、D_1 为圆心，以 C_11_1 为半径，作弧 1_14_1、弧 2_13_1，得近似椭圆，如图 4-5d 所示。

2. 画图举例

因为采用简化伸缩系数作正等轴测图比较方便，所以常用正等轴测图来绘制物体的轴测图。特别是当物体上具有平行于两个或三个坐标面的圆时，由于平行于坐标面的圆的正等轴测椭圆的作图方法相同，而且比较简便，所以选用正等测就更为合适。

【例 4-1】　作出图 4-6a 所示的正六棱柱的正等轴测图。

(1) 在视图上确定坐标轴，如图 4-6a 所示，因为正六棱柱顶面和底面都是处于水平位置的正六边形，取顶面六边形的中心为坐标原点 O，通过顶面中心 O 的轴线为坐标轴 X、Y，高度方向的坐标轴取为 Z。

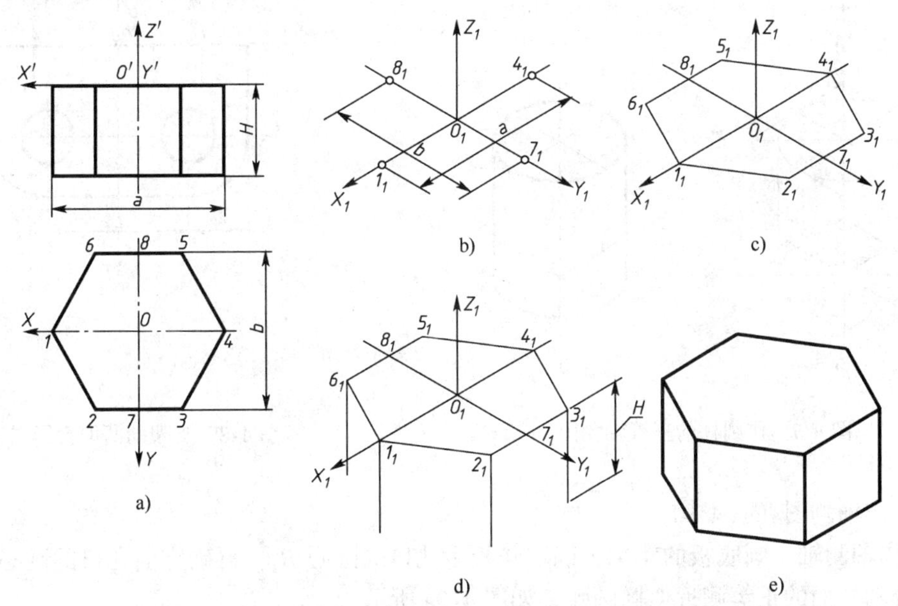

图 4-6　画正六棱柱的正等轴测图

(2) 作轴测轴 O_1-$X_1Y_1Z_1$ 在 X_1 轴上沿原点 O_1 的两侧分别取 $a/2$ 得到 1_1 和 4_1 两点。在 Y_1 轴上 O_1 点两侧分别取 $b/2$ 得到 7_1 和 8_1 两点，如图 4-6b 所示。

(3) 过 7_1 和 8_1 作 X_1 轴的平行线，并在其上定出 2_1、3_1、5_1、6_1 各点，最后连成顶面六边形，如图 4-6c 所示。

(4) 由 6_1、1_1、2_1、3_1 各点向下作 O_1Z_1 轴的平行线段，使其长度为 H，得六棱柱可见的各端点，如图 4-6d 所示。

(5) 用直线连接各点并描深，完成正六棱柱的正等轴测图，如图 4-6e 所示。

【例 4-2】 作图 4-7a 所示的圆柱体的正等轴测图。

(1) 确定参考坐标系，如图 4-7a 所示。

(2) 作轴测轴、定出上、下端面中心的位置，如图 4-7b 所示。

(3) 画上、下底面的近似椭圆，作两个椭圆的外公切线，即圆柱轴测投影的转向轮廓线，如图 4-7c 所示。

(4) 整理并描深，得圆柱的正等轴测图，如图 4-7d 所示。

【例 4-3】 作出图 4-8 所示支架的正等轴测图。

(1) 确定参考坐标系，如图 4-8 所示。

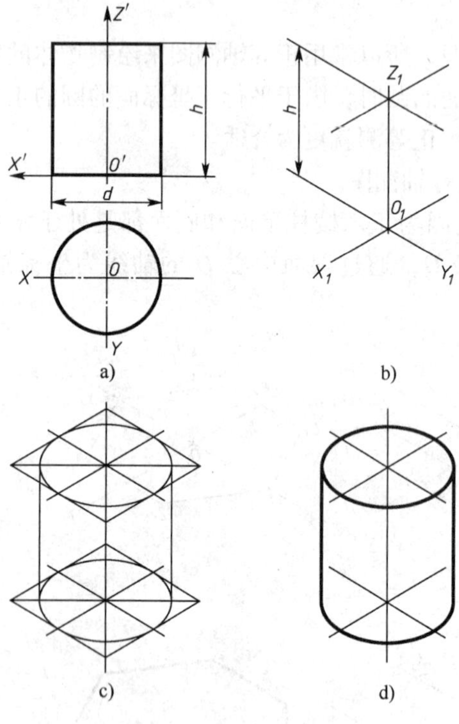

图 4-7 作圆柱的正等轴测图

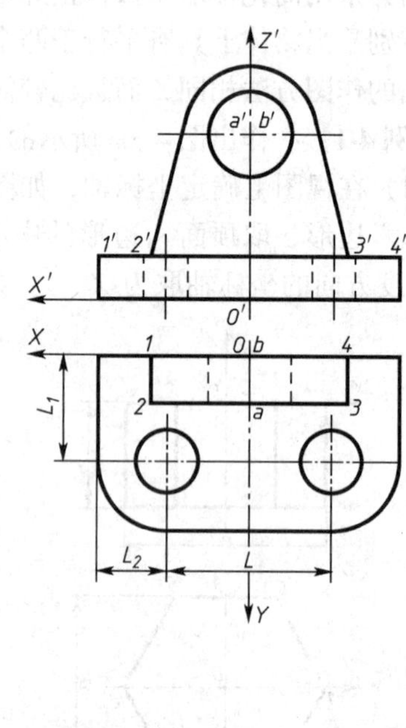

图 4-8 支架的两面投影图

(2) 作轴测图（图 4-9）

1) 作轴测轴，画底板的轮廓，确定竖板后孔口的圆心 B_1，再确定前孔口的圆心 A_1，画竖板顶部圆柱面的正等测近似椭圆弧，如图 4-9a 所示。

2) 在底板上作出各点 1_1、2_1、3_1，再由各点作近似椭圆弧的切线；作二近似椭圆弧的公切线 5_16_1；连接 2_13_1；作竖板上的圆柱孔的轴测图，完成竖板的正等轴测图，如图 4-9b 所示。

3) 画底板圆角，先从底板顶面上圆角的切点作切线的垂线，得交点 C_1 和 D_1 为圆心，再分别在切点间作圆弧，得顶面圆角的正等轴测图；再作底面圆角的正等轴测图；最后作右边两圆弧的公切线，如图 4-9c 所示。

4) 整理并描深，完成支架的正等轴测图，如图 4-9d 所示。

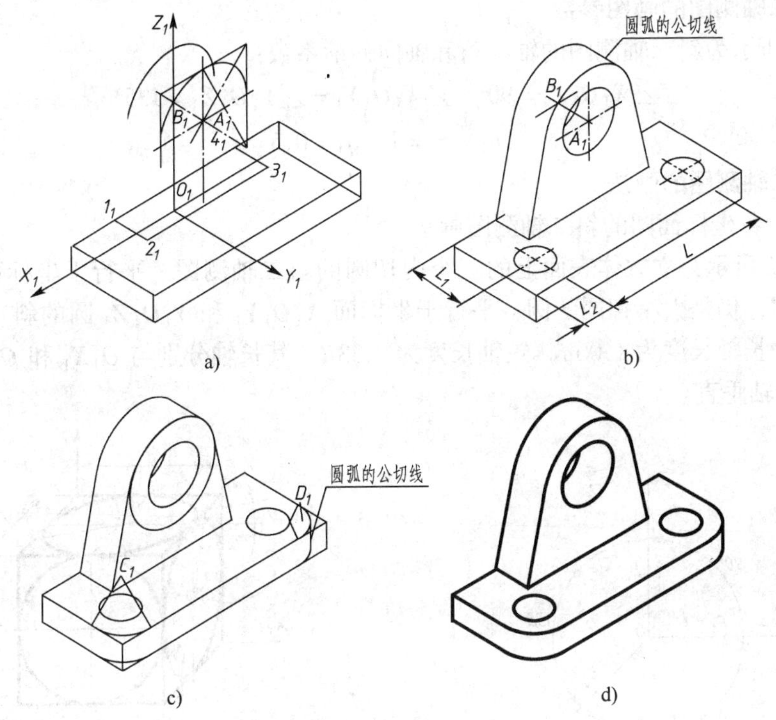

图 4-9　支架的正等轴测图画法

第三节　斜二轴测图

一、斜二轴测图的形成

如图 4-10 所示，将物体上参考坐标系的 OZ 轴铅垂放置，并使坐标面 XOZ 平行于轴测投影面，当投射方向与三个坐标面都不平行时，形成正面斜轴测投影。在这种情况下，轴间角$\angle X_1O_1Z_1=90°$；X、Z 轴向的伸缩系数 $p_1=r_1=1$。而轴测轴 O_1Y_1 的方向和轴向伸缩系数 q_1，可随着投影方向的改变而变化。这里取 $q_1=0.5$，$\angle Y_1O_1Z_1=135°$就得到常用的正面斜二等轴测投影，又称斜二轴测图。

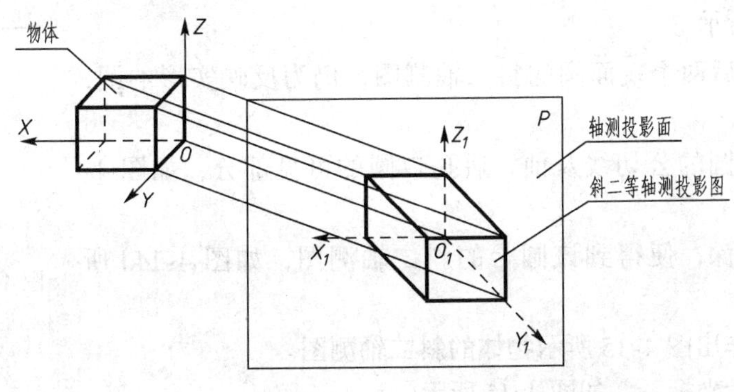

图 4-10　斜二轴测图的形成

二、斜二轴测图的画图参数

图 4-11 所示为斜二轴测图的轴间角和轴向伸缩系数：

$$\angle X_1O_1Z_1 = 90° \quad \angle X_1O_1Y_1 = \angle Y_1O_1Z_1 = 135°$$

$$p_1 = r_1 = 1 \quad q_1 = 0.5$$

三、斜二轴测图的画法

1. 平行于各坐标面圆的斜二轴测图画法

如图 4-12 所示为立方体表面上的三个内切圆的斜二轴测图。平行于坐标面 $X_1O_1Z_1$ 圆的斜二轴测图，仍是大小相同的圆；平行于坐标面 $X_1O_1Y_1$ 和 $Y_1O_1Z_1$ 圆的斜二轴测图是椭圆。各椭圆的长轴长度为 $1.06d$，短轴长度为 $0.33d$。其长轴分别与 O_1X_1 和 O_1Z_1 轴倾斜约 7°，短轴与长轴垂直。

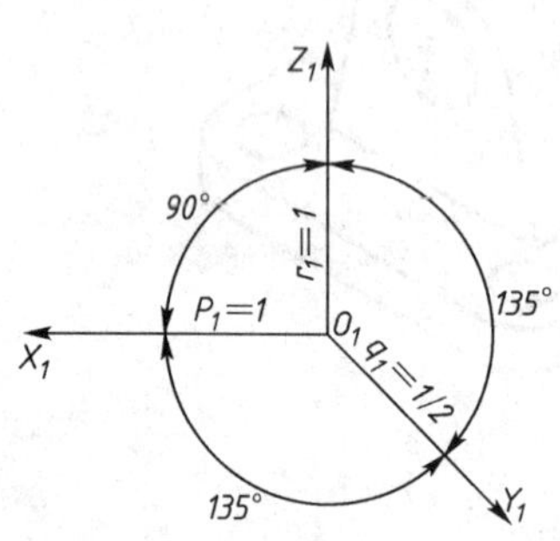

图 4-11　斜二轴测图的画图参数

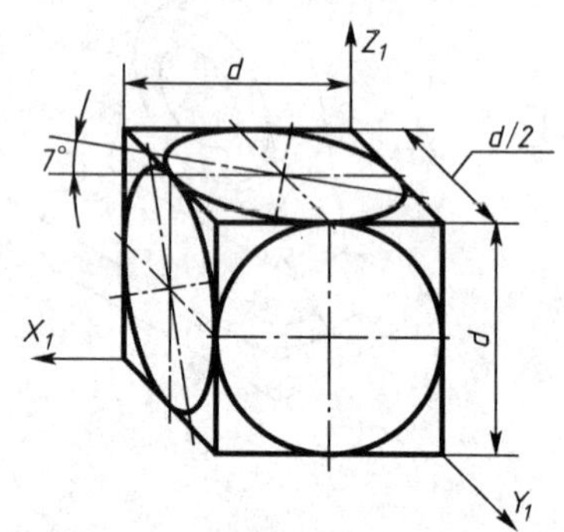

图 4-12　平行于坐标面的圆的斜二轴测图

2. 画法举例

因为物体上平行于坐标面 XOZ 的直线、曲线和平面图形在正面斜轴测中都反映实长和实形；所以在作轴测投影时；当物体上有比较多的平行于坐标面 XOZ 的圆或曲线时，选用斜二轴测图作图比较方便。

【例 4-4】　作出图 4-13 所示带孔圆台的斜二轴测图。

（1）确定参考坐标系，如图 4-13 所示。

（2）作斜二轴测图（图 4-14）：

1）作轴测轴，并在 O_1Y_1 轴上量取 $L/2$，定出前端面圆的圆心 A_1，如图 4-14a 所示 。

2）画出前、后两个端面圆的斜二轴测图，仍为反映实形的圆，如图 4-14b 所示。

3）作两端面圆的公切线及前、后孔口圆的可见部分，如图 4-14c 所示。

4）整理并描深，便得到该圆台的斜二轴测图，如图 4-14d 所示。

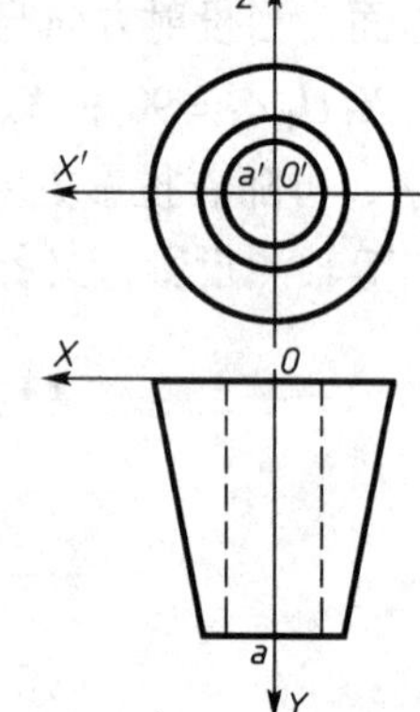

图 4-13　带孔圆台的两面投影

【例 4-5】　作出图 4-15 所示物体的斜二轴测图。

（1）确定参考坐标系，如图 4-15 所示。

（2）作斜二轴测图（图 4-16）：

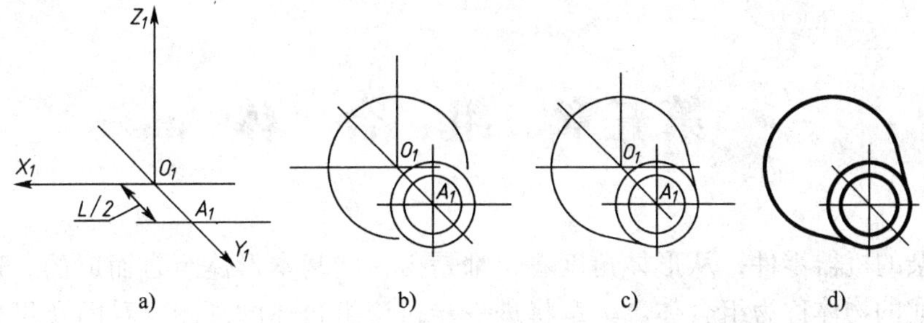

图 4-14　作带孔圆锥台的斜二轴测图

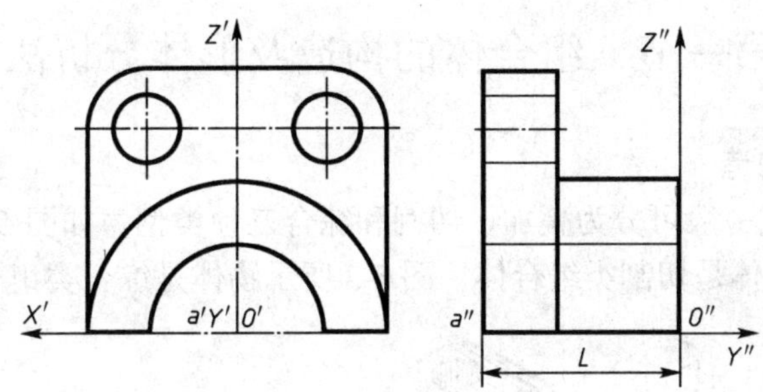

图 4-15　物体的两面投影

1）画轴测图及实心半圆柱，如图 4-16a 所示；

2）画竖板外形长方体，并画半圆柱槽（该槽深为 *L*/2），如图 4-16b 所示；

3）画竖板的圆角和小孔，如图 4-16c 所示；

4）整理并描深，完成零件的斜二轴测图，如图 4-16d 所示。

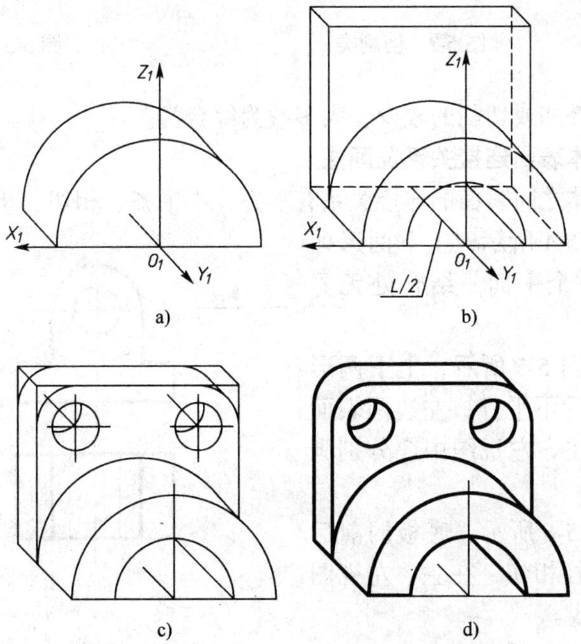

图 4-16　画物体的斜二轴测图

第五章　组　合　体

任何复杂的机器零件，从形体角度看，都是由一些基本形体组合而成的。这种由基本形体组合而成的物体称为组合体。本章将进一步讨论组合体的画图、看图及尺寸标注等问题。

第一节　组合体的构造及形体分析法

一、组合体及其构造

组合体的组合形式一般可分为叠加、切割和综合三种类型。如图 5-1 所示物体是叠加类组合体，图 5-2 所示物体是切割类组合体，图 5-3 所示物体是综合类组合体。

图 5-1　叠加类　　图 5-2　切割类　　图 5-3　综合类

实际形体中单纯叠加或切割的较少，大多数为综合类。

二、组合体各形体表面连接关系及画法

组合体的各基本体之间表面的连接关系有平齐、不平齐、相切、相交四种情况。

(1) 平齐　如图 5-4 所示，上下两形体的前表面平齐连成一个平面，结合处无界线。

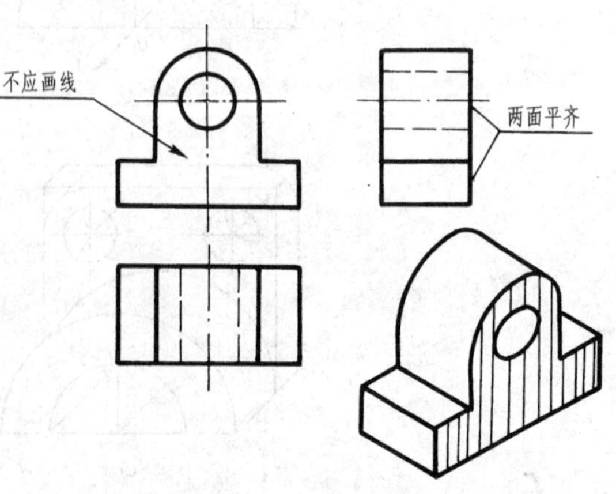

图 5-4　两形体表面平齐

(2) 不平齐　如图 5-5 所示，上下两形体的前边两表面前、后不平齐，左边两表面左、右不平齐，则在主、左视图中应分别画出两表面的界线。

(3) 相切　如图 5-6 所示，底板的前后平面分别与左、右圆柱相切，在主、左视图中箭头所指处不应画线。

(4) 相交　如图 5-7 所示，底板的前后平面分别与右边的圆柱面相交，在主视图中

应画出交线的投影。

在两圆柱面相切处，一般情况下不必画出切线，如图 5-8a 所示。如果它们的公切面垂直于某一投影面，则应在该面上画出转向轮廓线的投影，如图 5-8b 所示。

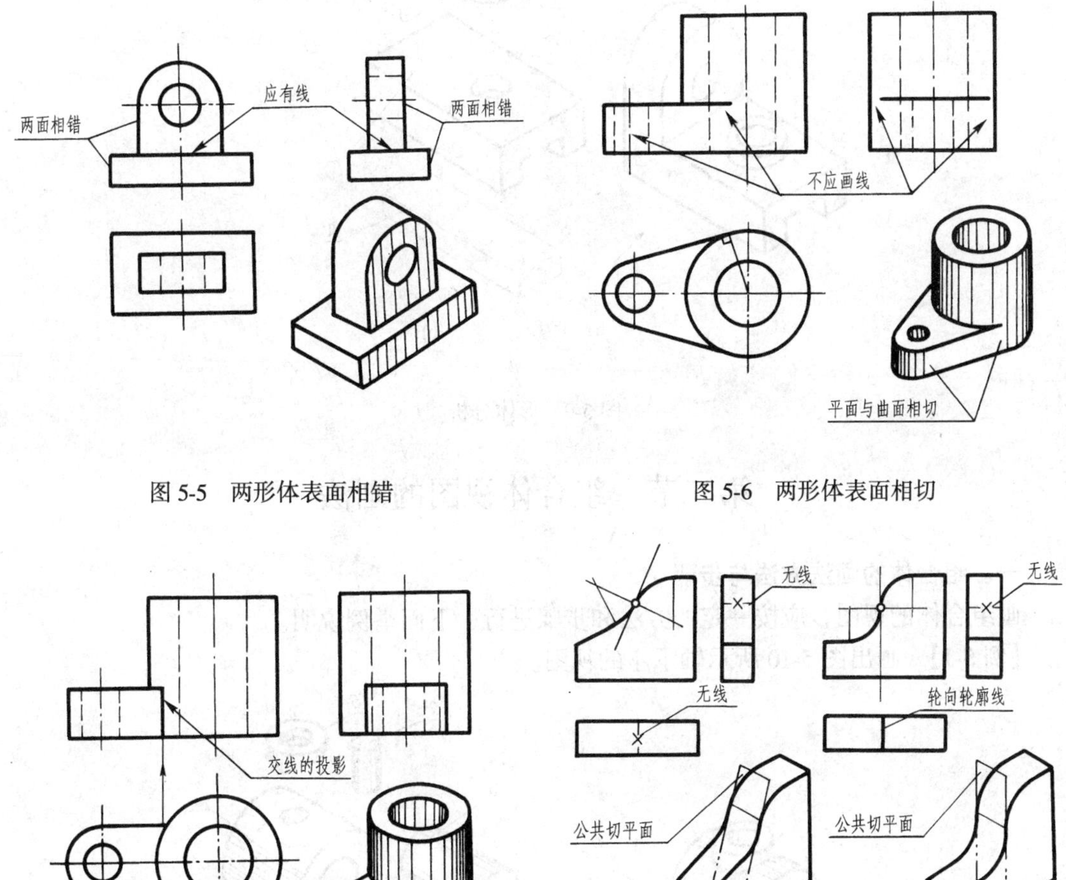

图 5-5　两形体表面相错　　图 5-6　两形体表面相切

图 5-7　两形体表面相交　　图 5-8　相切时的规定画法

三、组合体的形体分析法

在对组合体进行画图、读图和标注尺寸时，通常假想把组合体分解成若干个基本体，并弄清各个基本体的形状、相对位置、组合方式及其表面连接关系，从而达到了解整体的目的。这种分析方法称为形体分析法。

如图 5-9 所示的组合体，可看成由底板Ⅰ、立板Ⅱ、圆柱体Ⅲ、棱柱体Ⅳ和圆柱体Ⅴ、Ⅵ组成。它们之间的组合形式及相对位置为：形体Ⅰ、Ⅱ和Ⅲ叠加，其中Ⅰ、Ⅱ前后及右均平齐，并且形体Ⅱ、Ⅲ与Ⅰ的前后对称面都重合；形体Ⅳ、Ⅴ、Ⅵ分别是形体Ⅰ、Ⅱ及Ⅰ、Ⅲ组合的形体上切割掉的部分。

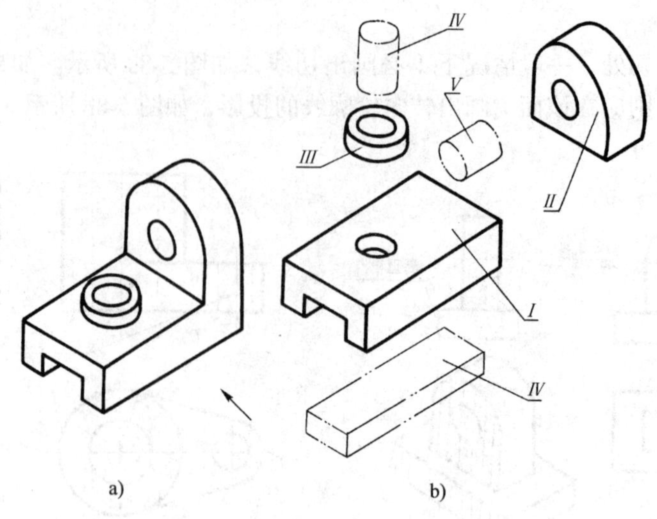

图 5-9　形体分析

第二节　组合体视图的画法

一、组合体的画法方法与步骤

画组合体的视图，应按一定的方法和步骤进行，下面举例说明。

【例 5-1】　画出图 5-10 所示轴承座的视图。

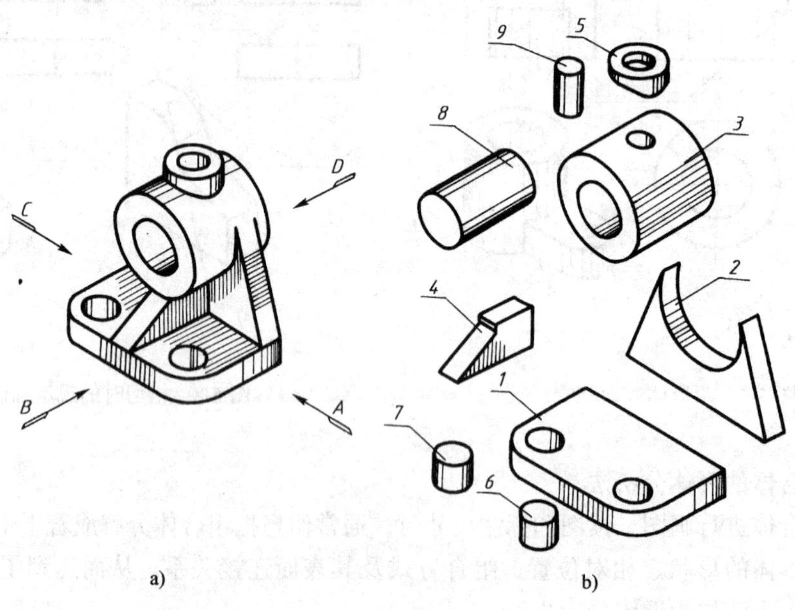

图 5-10　轴承座的形体分析

1. 形体分析

画视图之前，应对组合体进行形体分析，了解该组合体由哪些基本体组成，它们的相对位置、组合形式及表面间的连接关系等，为画好视图作准备。如图 5-10a 所示的轴承座，可假想分解成九个部分，即五个实体（底板 1、竖板 2、圆筒 3、肋板 4、凸台 5）和四个虚体（即 6、7、8、9 四个圆柱体）。其中底板 1 与竖板 2 的后表面平齐；竖板与圆筒 3 的左右方向相切；肋板 4 与底板 1、圆筒 3 为相交；凸台 5 与圆筒 3 相贯；圆柱体 9 与圆柱体 8 相贯，如图 5-10b 所示。

2. 视图选择

（1）选择主视图　主视图一般应能明显反映出组合体形状的主要特征，即把能较多反映组合体形状和位置特征的某一面作为主视图的投射方向，并尽可能使形体上的主要面平行于投影面，以便使投影能得到实形。同时考虑组合体的摆放位置符合自然安放位置。如图 5-10a 所示的 *A*、*B*、*C*、*D* 四个方向中 *B* 向作为主视图的投射方向最好。

（2）确定视图的数量　要完整地表达组合体各部分的结构形状和相对位置，除主视图外，还需画出俯视图和左视图，即用主、俯、左三个视图表达该组合体。

3. 确定比例，选定图幅

视图确定后，要根据实物大小，按标准规定选择适当的比例和图幅。一般尽可能采用 1∶1的原值比例，图幅则根据所绘制视图的面积大小来确定，并留足标柱尺寸和画标题栏的位置。

4. 布图打底稿

布置视图时，先以组合体的对称中心线、轴线和较大的平面作为基准线，确定好各视图的位置，如图 5-11a 所示。

视图位置确定后，将各基本体用细实线逐个画出。画图顺序一般为：先画较大形体，后画较小形体；先画主要轮廓，后画细节部分；先画实线，后画虚线。可从主视图着手，各基本体的三个视图联系起来画，这样有利于保证投影关系的正确和图形的完整性。如图 5-11b、c、d、e 所示。

5. 检查、描深

底稿画完后，按形体逐个检查，改正错误，尤其注意用形体分析法检查画图过程中多画和漏画的图线。检查完后按照标准线型描深所有图线，如图 5-11f 所示。

描深图线时，一般先描深曲线粗实线，后描深直线粗实线，然后再描深其他图线。图形中当几种图线重合时，一般按“粗实线、虚线、细点画线、细实线”的顺序取舍。

【例 5-2】　画出如图 5-12a 所示组合体的三视图。

（1）形体分析　该组合体为一切割型组合体，它可以看作是从一个四棱柱上切割去四个基本体而形成的，如图 5-21a 所示。

（2）选择主视图　以图 5-12a 中箭头所指方向作为主视图的投影方向。

（3）选择比例、确定图幅。

（4）布置视图打底稿　先确定三个视图的位置，接下来用细实线打底稿，打底稿时可从组合体的轮廓画起，即先画四棱柱的三个视图，再依次画出四个被切部分形体。如图 5-12b、c、d、e 所示。

（5）检查后描深　图 5-12f 为描深后的该组合体的三视图。

二、组合体草图的画法

组合体草图的画法和前面介绍的组合体视图的画法基本相同，只是草图是用简单的绘图工具，用较快的速度，徒手凭目测比例画出组合体的视图。

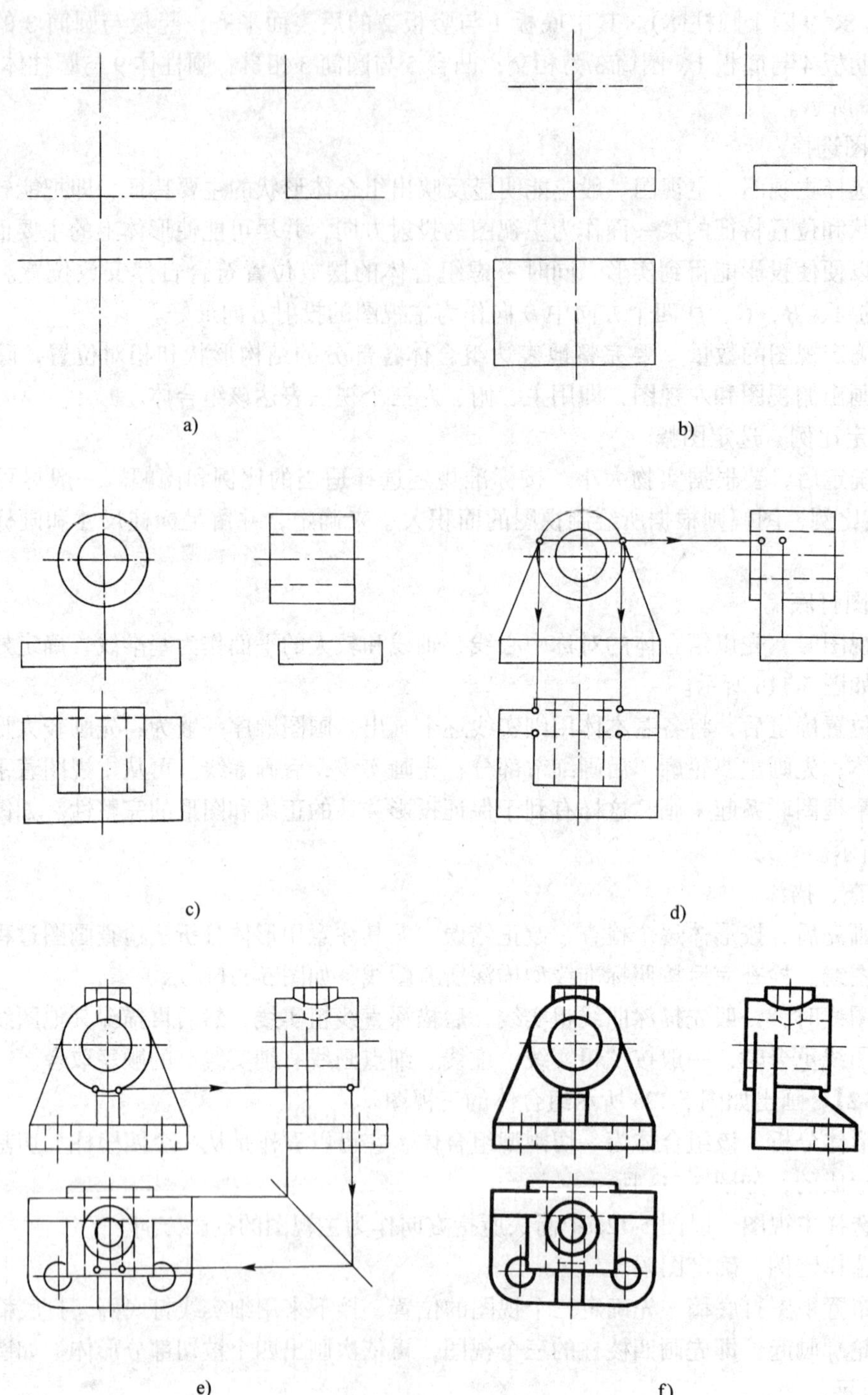

图 5-11　组合体画图步骤

a）画基准线　b）画底板　c）画圆筒　d）画支承板　e）画凸台加强肋等

f）检查加深完成全图

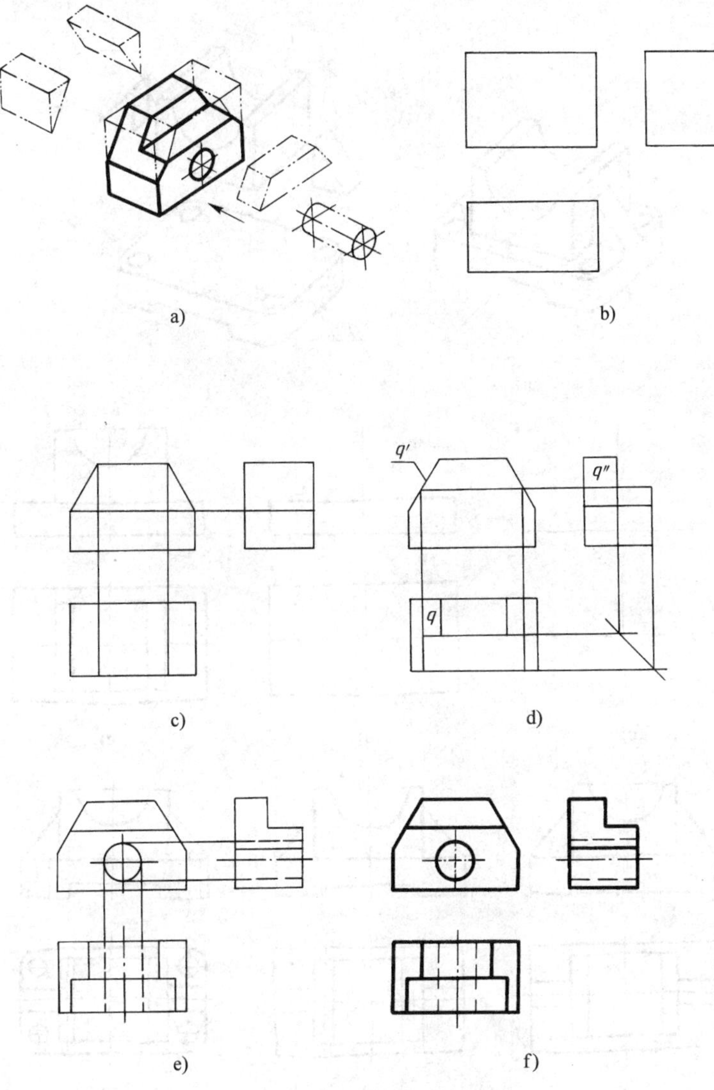

a) b) c) d) e) f)

图 5-12 组合体三视图的画法

a）作形体分析 b）画四棱柱 c）左右各切去一三棱柱体 d）画切割前面部分 e）画挖切圆孔 f）检查描深

草图虽然是徒手绘制，但其内容要求必须完整、正确、线型清晰、图形比例匀称、字体工整。

【例 5-3】 画出如图 5-13a 所示组合体的草图。

(1) 形体分析 该组合体由四个实体（Ⅰ、Ⅱ、Ⅲ、Ⅳ）和 6 个被切部分形体（底板Ⅰ切去四个圆柱、一个四棱柱和竖板Ⅱ切去半个圆柱体）构成（图 5-13b）。

(2) 选择视图 以图 5-14a 中箭头所指方向作为主视图的投影方向。要准确表达该组合体除主视图外，还需一个俯视图。

(3) 画图 先画好基准线，然后画出各形体的三视图，其画图方法与步骤如图 5-13c ~ h 所示。

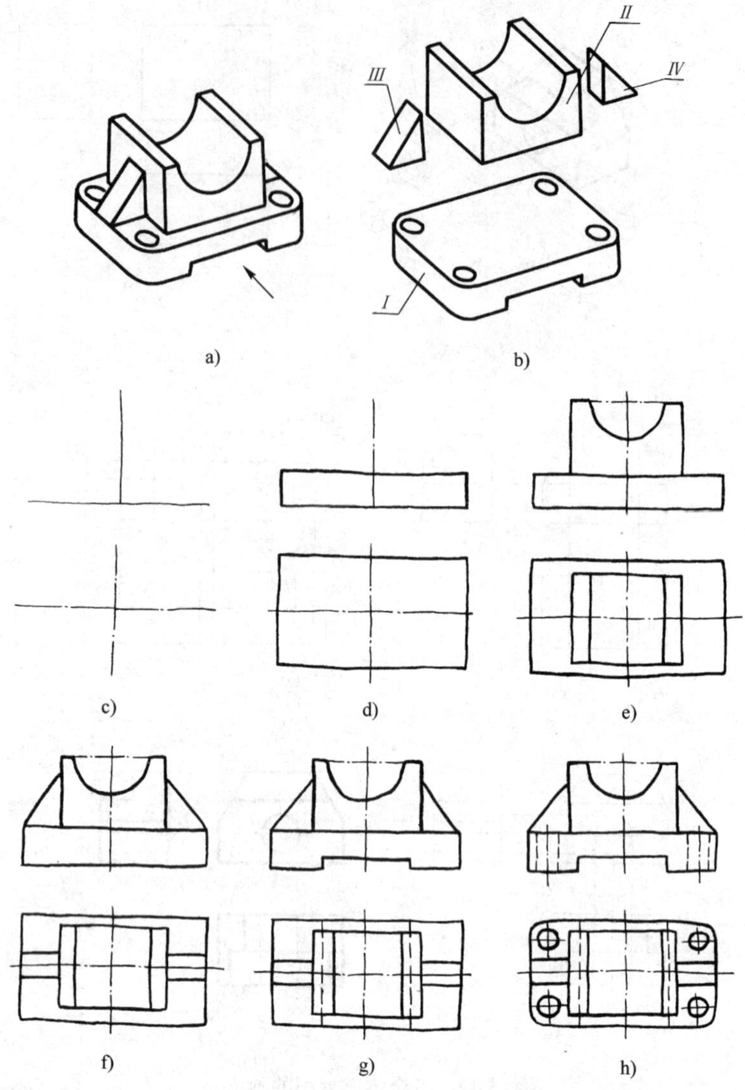

图 5-13　组合体草图的画法
a）已知条件　b）形体分析　c）画基准线　d）画形体Ⅰ主要形状　e）画形体Ⅱ
f）画形体Ⅲ、Ⅳ　g）画长方形槽　h）画圆孔和圆角并检查完成

第三节　组合体的尺寸标注

组合体的三视图表达了组合体的形状，要表达它的大小则需要在视图上标注出其尺寸。

本节在前面所介绍的尺寸标注有关标准及平面图形、基本体尺寸、相贯体尺寸标注的基础上，介绍组合体尺寸标注的基本要求和基本方法。

一、标注组合体尺寸的要求

(1) 正确　尺寸标注应符合国家标准的有关规定。

(2) 完整　尺寸必须标注齐全，既不遗漏也不重复。

(3) 清晰　尺寸配置要整齐、清晰，便于查看。

(4) 合理　尺寸标注要保证设计要求，便于加工和测量。

这里主要介绍如何使组合体的尺寸标注完整、清晰。

二、尺寸基准及其选择

标注和测量尺寸的起点，称为尺寸基准。组合体有长、宽、高三个方向的尺寸，每个方向至少应该有一个主要尺寸基准，用来确定基本体在该方向的相对位置。

选作基准的位置可以是一个点、一条线或某个面。一般情况下，以组合体的对称面、回转体的轴线或较大的平面等作为尺寸基准。如图 5-14a 所示的组合体中，以前后对称面作为宽度方向的主要尺寸基准；底面作为高度方向的主要尺寸基准；底板的右面作为长度方向的主要尺寸基准。

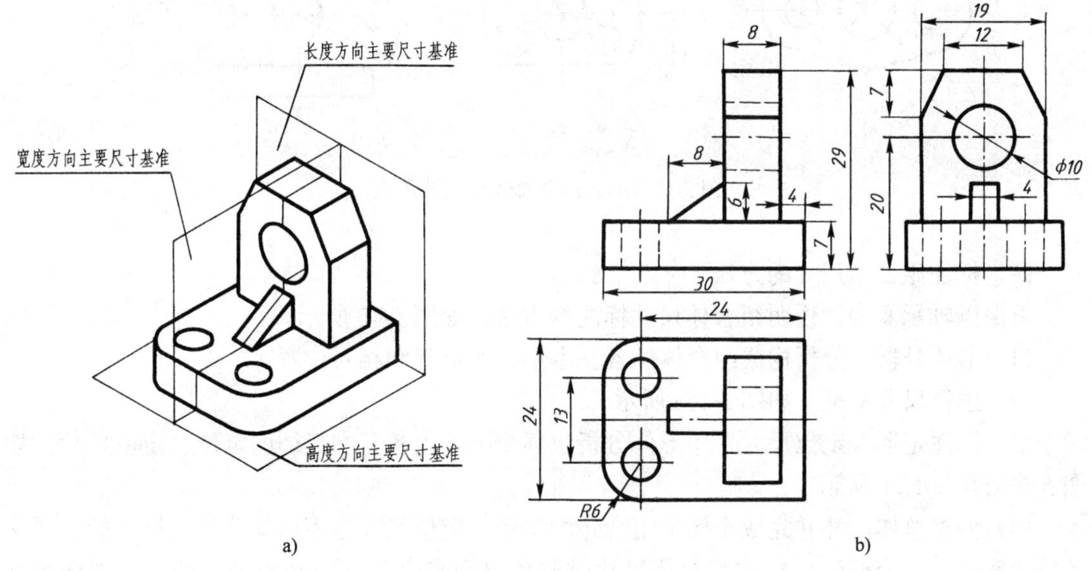

图 5-14　组合体尺寸分析

三、组合体尺寸标注的种类

(1) 定形尺寸　用来确定组合体上各基本形体的形状和大小的尺寸。如图 5-14b 中的 30、7、8、24、*R*6、19 等均为定形尺寸。在标注定形尺寸时，应按形体分析法，将组合体分解成若干个简单形体，并逐个注出各简单形体的定形尺寸。注意，两个以上具有相同结构的形体或两个以上有规律分布的相同结构只标注一次定形尺寸，如底板上的圆柱孔和圆角的定形尺寸。

(2) 定位尺寸　确定组合体各基本形体之间（包括孔、槽等）相对位置的尺寸，即每一基本形体在三个方向上相对于基准的距离，如图 5-14b 中的 4、24、13、20 等。

每一形体都有长、宽、高三个方向，则要有三个方向的定位尺寸。但有时由于在视图中已经确定了某方向的相对位置，也可省略其定位尺寸，如竖板和底板的前后对称面重合且又位于宽度基准上，故不要注竖板的宽度定位尺寸。

(3) 总体尺寸　用来确定组合体的总长、总宽、总高的尺寸。如图 5-14b 中的 30、24、

29分别为总长、总宽、总高尺寸。注意：当标注总体尺寸时，可能与定形、定位尺寸相重复或冲突，则要对已注尺寸作调整。如图 5-14b 中的 29 为总高，则不要注竖板高 22 这个定形尺寸。

当组合体的某一方向为回转面时，该方向一般不标注总体尺寸，而是标注回转面轴线的定位尺寸和回转面的定形尺寸（半径或直径），如图 5-15 所示为不必标注总体尺寸的图例。

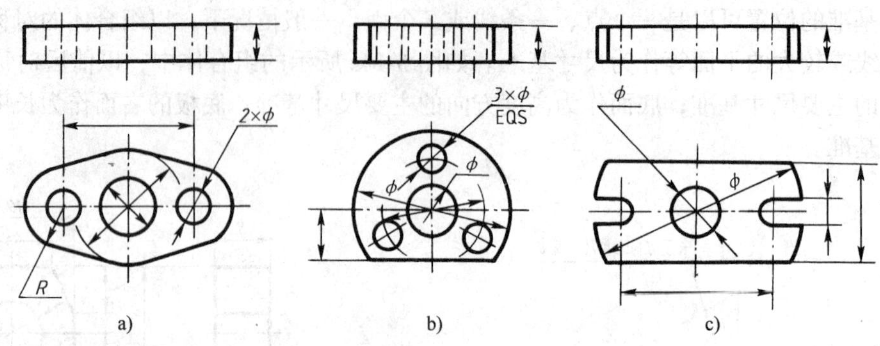

图 5-15　不必标全总体尺寸的图例

四、标注组合体尺寸的方法

下面以轴承座为例说明组合体尺寸标注的方法，如图 5-16 所示。

（1）形体分析　分析构成组合体的各基本形体的形状和相对位置。

（2）选择尺寸基准　如图 5-16a 所示。

（3）标注定形、定位尺寸　用形体分析法逐个标注出各基本形体的定形、定位尺寸，如图 5-16b、c、d、e 所示。

（4）调整总体尺寸并完成全图　组合体的定形、定位尺寸是用形体分析法标注的，要注意轴承座仍是一个整体，标注其总体尺寸时避免出现多余尺寸，必须进行调整。如图 5-16 中，总长 260 与底板长度相同，已注出；总宽 155，但该向已注出了底板宽 140 和定位尺寸 15，且这两个尺寸不可缺少，故总宽尺寸不必再注；高度方向可加注总高尺寸 240。

五、组合体尺寸标注应注意的问题

为了便于看图，标注尺寸除了要求正确、齐全以外，还要求清晰。

1）尺寸应尽量标注在表示形体特征最明显的视图上。圆柱的尺寸最好标注在非圆视图上。如图 5-17 所示。

2）同一形体的尺寸尽量集中标注，对两个视图都有作用的尺寸，尽量标注在两视图之间，如图 5-18 所示。

3）串列尺寸的箭头尽量对齐，如图 5-19 所示。并列尺寸，小尺寸在内，大尺寸在外，避免出现多个尺寸的尺寸线、尺寸界线相交，如图 5-20 所示。

4）截交线和相贯线不注定形尺寸，如图 5-21 所示。

5）尽量不在虚线上标注尺寸。

在标注尺寸时，以上几点不一定能同时兼顾，但应注意根据具体情况合理布置、统筹兼顾、灵活运用。

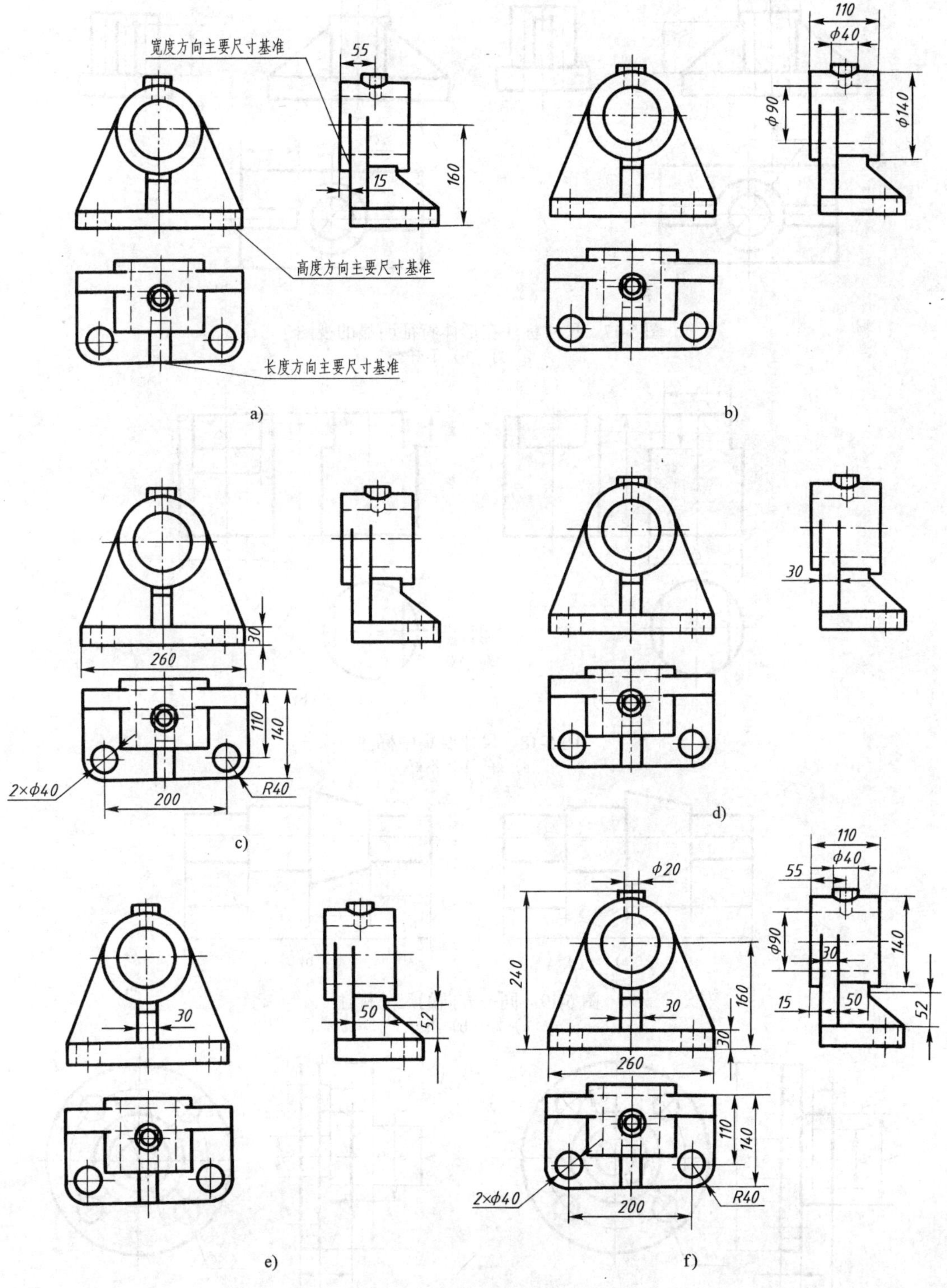

图 5-16　轴承座的尺寸标注

a）选择尺寸基准，标注各简单形体的定位尺寸　b）标注圆筒的尺寸　c）标注底板的尺寸　d）标注支撑板的尺寸　e）标注肋的尺寸　f）校核后的标注结果

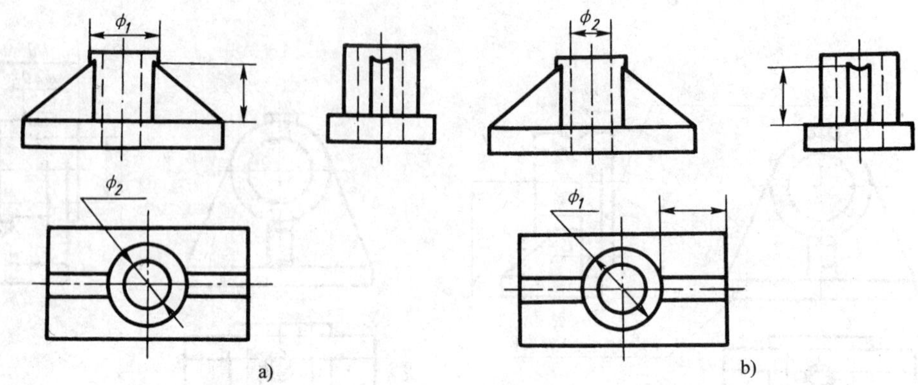

图 5-17　尺寸标注在形体特征明显的视图上
a）好　b）不好

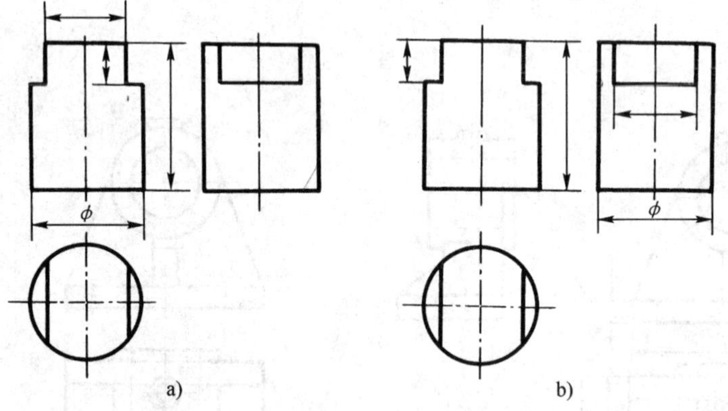

图 5-18　尺寸要集中标注
a）好　b）不好

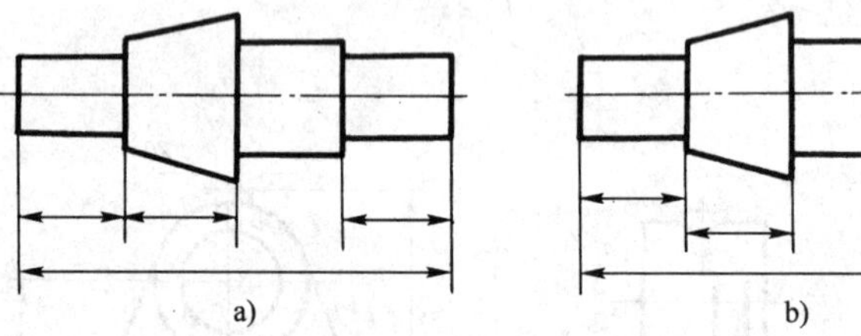

图 5-19　同一方向的尺寸标注
a）好　b）不好

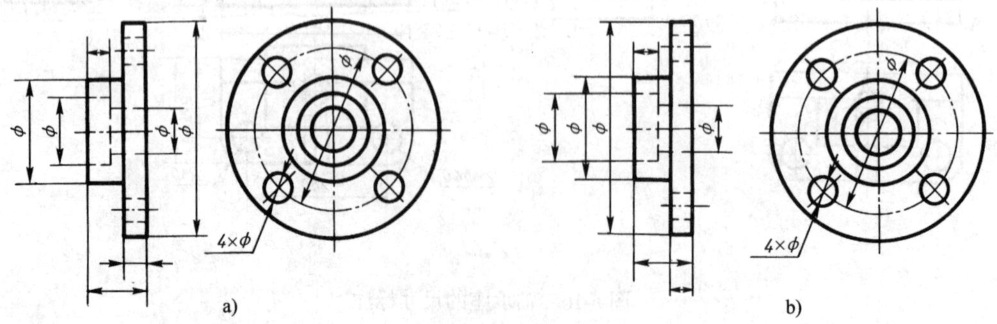

图 5-20　尺寸排列要清晰
a）好　b）不好

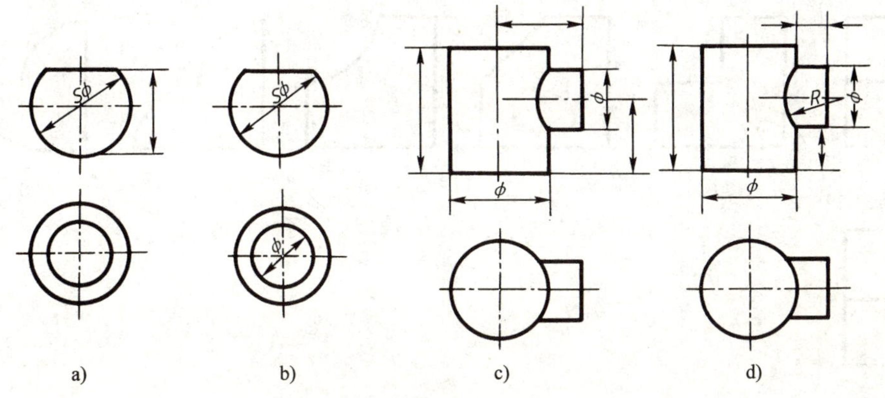

图 5-21　交线上不应标注尺寸

a）正确　b）错误　c）正确　d）错误

第四节　看组合体的视图

看组合体的视图，是根据已知的视图，运用投影规律，想象出空间形体的结构形状的过程。

一、看图的基本要领

1. 几个视图联系起来看

一般情况下，一个视图不能确定物体的形状。如图 5-22 所示的四组图形的俯视图均相同，但主视图不同，它们所表示的物体形状就不同。有时，两个视图也不能惟一确定物体的形状，如图 5-23 中主、俯视图相同，但与这两个视图相符的立体有很多，如以图 5-23 中的 a、b、c、d、e 的任一种作左视图均可构成一形体。

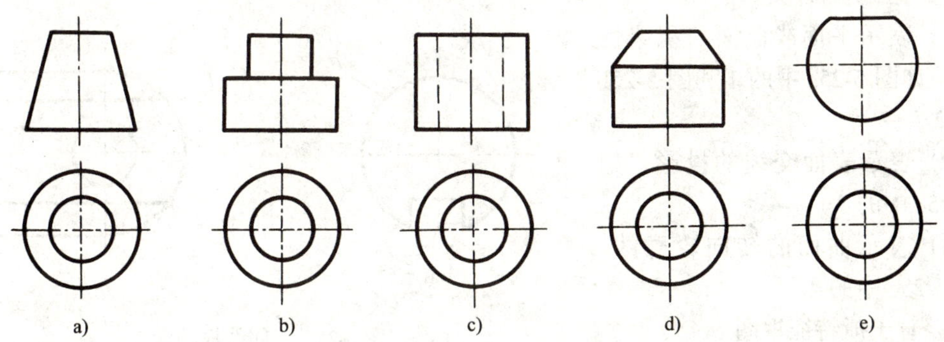

图 5-22　俯视图相同的不同物体

因此，看图时，不能单看一个或两个视图，必须把所有已知的视图联系起来看，才能想象出物体的准确形状。

2. 明确视图中线框和图线的含义

线框是指图上由图线围成的封闭图形，明确线框和线的含义，对读图十分重要。

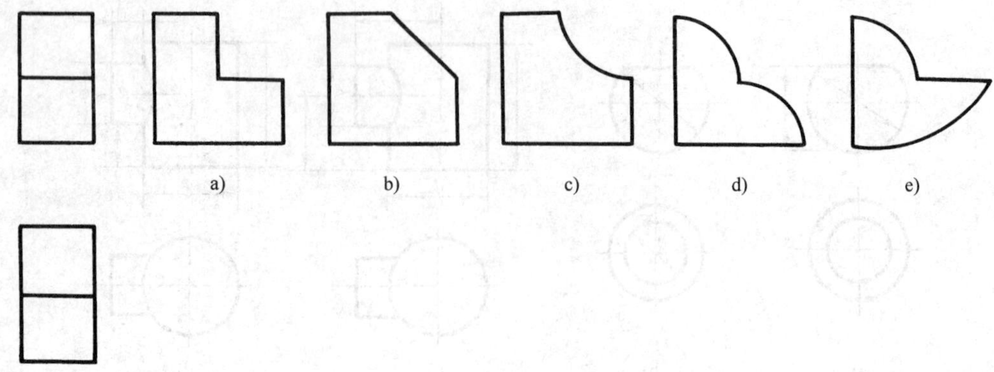

图 5-23　两个视图相同的不同物体

（1）线框的含义

1）图形中一个封闭的线框必表示形体上的一个表面（平面、曲面或平面与曲面的结合面）的投影。如图 5-24a 中的 P、图 5-24b 中的 N 均为平面的投影；图 5-24a 中的 G、Q 为曲面的投影；图 5-24b 中的 T 亦为曲面的投影；图 5-24b 中的 M 为平面与曲面的组合面的投影。

2）相邻的两个封闭线框代表物体上两个不同的表面，表示形体表面发生了变化，如图 5-24a 中的 Q 与 P 以及图 5-24b 中的 N 与 M 均为这种情况。

3）在同一个大封闭线框内所包含的小线框，表示大平面或曲面上凸出或凹下的小平面或曲面，如图 5-24b 中的 T 为凹下的圆孔。

（2）图线的含义

1）表示平面或曲面的积聚性投影，如图 5-25a 中的 1 和图 5-25b 中的 2。

2）表示表面交线的投影，如图 5-25c 中的 3。

3）表示曲面的转向轮廓线，如图 5-25c 中的 4。

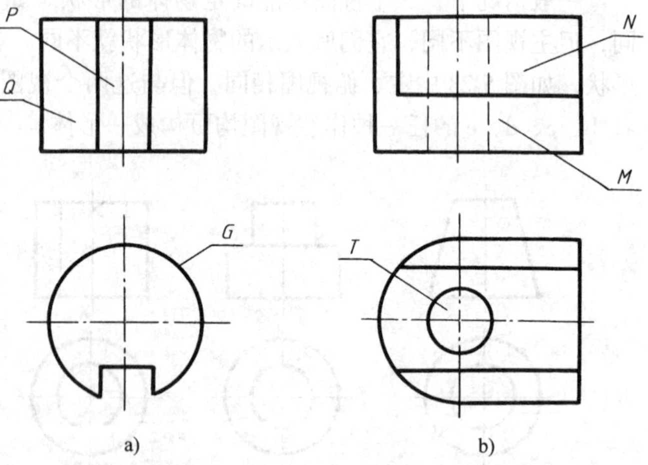

图 5-24　封闭线框的含义

3. 善于抓特征视图

特征视图是指反映物体的“形状特征”或“位置特征”的视图。“形状特征”视图是指最能反映形体形状特征的视图，如图 5-26 所示这一组视图中的左视图为形状特征视图。“位置特征”视图是指最能反映物体相互位置关系的视图，如图 5-27 所示这组图中形状特征已在主视图中表达出来了，但这组图的关键在于表示位置特征的左视图。

形状特征和位置特征视图在许多组合体视图中为同一图，但在有些视图中不统一，若为后者，则需仔细分析后找出其最具有特征的特征视图。

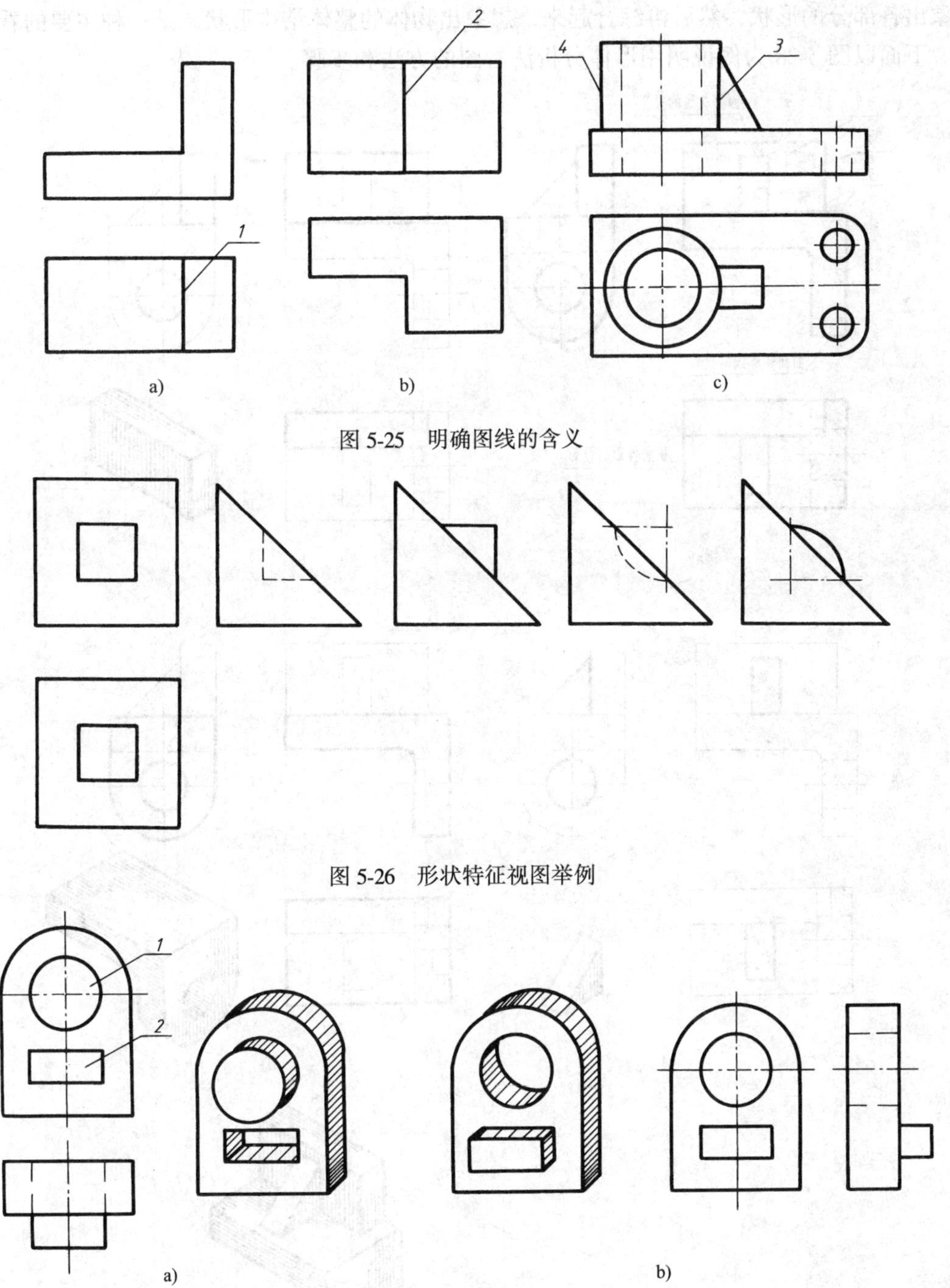

图 5-25　明确图线的含义

图 5-26　形状特征视图举例

图 5-27　位置特征视图举例

二、看图的方法和步骤

1. 形体分析法

形体分析法看图，是指在看图时，根据形体视图的特点，把表达形状特征最明显的视图（一般为主视图）划分为若干封闭线框，利用投影规律逐个将每一部分的几个投影进行分析，想象出各部分的形状，然后再综合起来，想象出物体的整体结构形状，是一种主要的看图方法。下面以图 5-28 为例说明用形体分析法看图的方法和步骤。

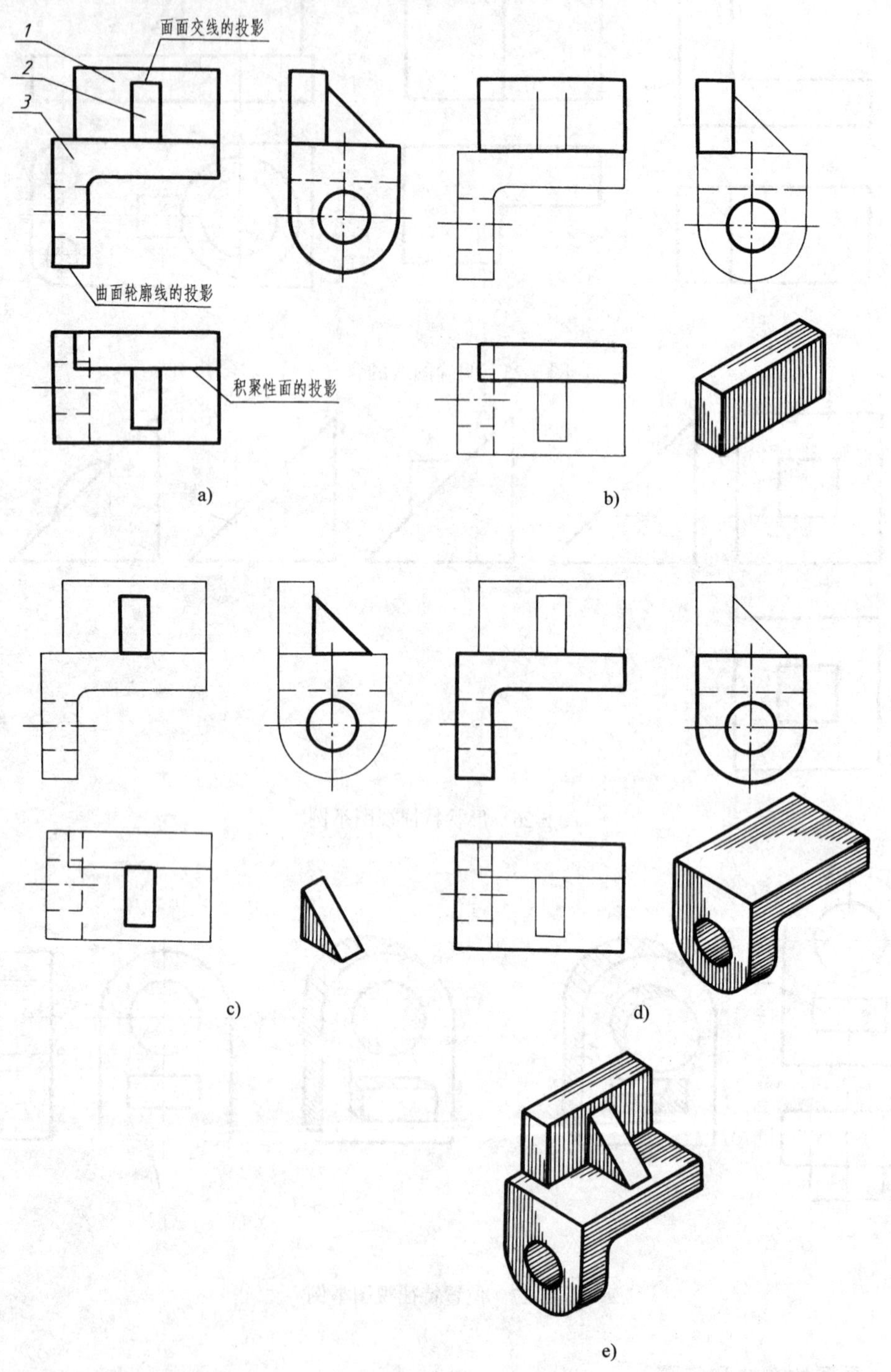

图 5-28　支架的看图方法

a）支架三视图分线框　b）线框 1：对投影，定形体　c）线框 2：对投影，定形体　d）线框 3：对投影，定形体　e）支架的实际形状

(1) 分线框、找投影关系　图 5-28 中主视图为特征视图，将主视图划分为三个封闭的实线线框 1、2、3，并分别找出这些线框在另外两视图中的相应位置，如图 5-28b、c、d 所示。

(2) 根据投影关系想形状　根据各种基本体的投影特点，确定各线框表示的是什么形状的物体。

从图 5-28b 中可以看出，线框 1 的三个投影均为矩形，故为一长方体。

从图 5-28c 中可以看出，线框 2 的三个投影所表示的是一个三棱柱。

从图 5-28d 中可以看出，线框 3 为一个由几部分组合成的形体：左下方为半圆柱体，中间为带圆柱形通孔的直角弯板。

(3) 综合起来想整体　弄清了各部分形状后，再分析它们之间的相对位置和表面间的连接关系，最后综合起来可想象出组合体的整体形状，如图 5-28e 所示。

2. 线面分析法

在看比较复杂的组合体视图时，对一些难以看懂的局部，尤其是切割类组合体的某些结构，应根据视图中的线框和图线的含义，分析它们所表达的结构形状，从而想象出整体，这种方法称为线面分析法。它是一种辅助的看图方法。

下面以图 5-29 为例，说明这种方法的具体运用。

(1) 形体分析　图 5-29a 给出了定位支架的三视图，分析其轮廓投影，可以看出该组合体是由 5-29b 所示基本形体切割而成。主视图上有三个切口，可以看作是圆柱体的正中间切出一个矩形槽（图 5-29c），两边又各切去一块（图 5-29d）。主视图中的虚线框，分别为两个光孔和两个阶梯孔，左视图中还可以看到切出的圆弧形表面（图 5-29e）。由以上分析，可想象出该组合体的形状如图 5-29f 所示。

(2) 线面分析　线面分析时，一般先从封闭线框开始，如图 5-29a 中主视图上的外形轮廓线框Ⅰ，表示一个面的投影，它在俯视图上的投影是一条圆弧线，左视图上的对应投影是一个多边形，如图 5-29g 所示。因此，线框Ⅰ表示垂直于 H 面的部分圆柱面。进一步分析图中线段，直线段 1″2″为左右转向轮廓线的侧面投影，直线段 3′5′ 和 3′4′ 为截交线的投影，根据其投影关系，可分别找到它们的另两投影，从而可更清楚地理解定位支架的结构形状。

三、补视图、补漏线

由已知的两视图补画第三视图或由不完整的三视图补画视图中所缺的图线，是对看图和画图的一种综合训练。它能加深对投影概念的理解以及培养看图、绘图的能力。

如图 5-30a 所示，已知组合体的主、俯视图，补画左视图。

(1) 分析形体的已知视图，想象其形状　将主视图分为Ⅰ、Ⅱ、Ⅲ、Ⅳ四个封闭的实线线框，其中Ⅲ、Ⅳ对称。利用投影关系将每一线框的主、俯视图联系起来分析，逐一想象出各板的形状和位置。可以看出，形体Ⅰ是一端为圆柱面的长方体板，上面有一圆孔；形体Ⅱ是一个半圆筒，上面开了一凹槽（底面为水平面），并且还带一圆柱孔，从而产生了截交线和相贯线；形体Ⅲ、Ⅳ都是长方体，上面带圆孔。形体Ⅰ与形体Ⅱ相交，Ⅲ、Ⅳ与Ⅱ也相交，四个部分的后表面平齐。综合起来，可想象出立体形状如图 5-30b 所示。

(2) 补画左视图　想象出物体形状后，用形体分析法依次作出各部分的左视图（注意与已知视图间的投影关系），最后进行整理、检查得到如图 5-30c 所示的图形。

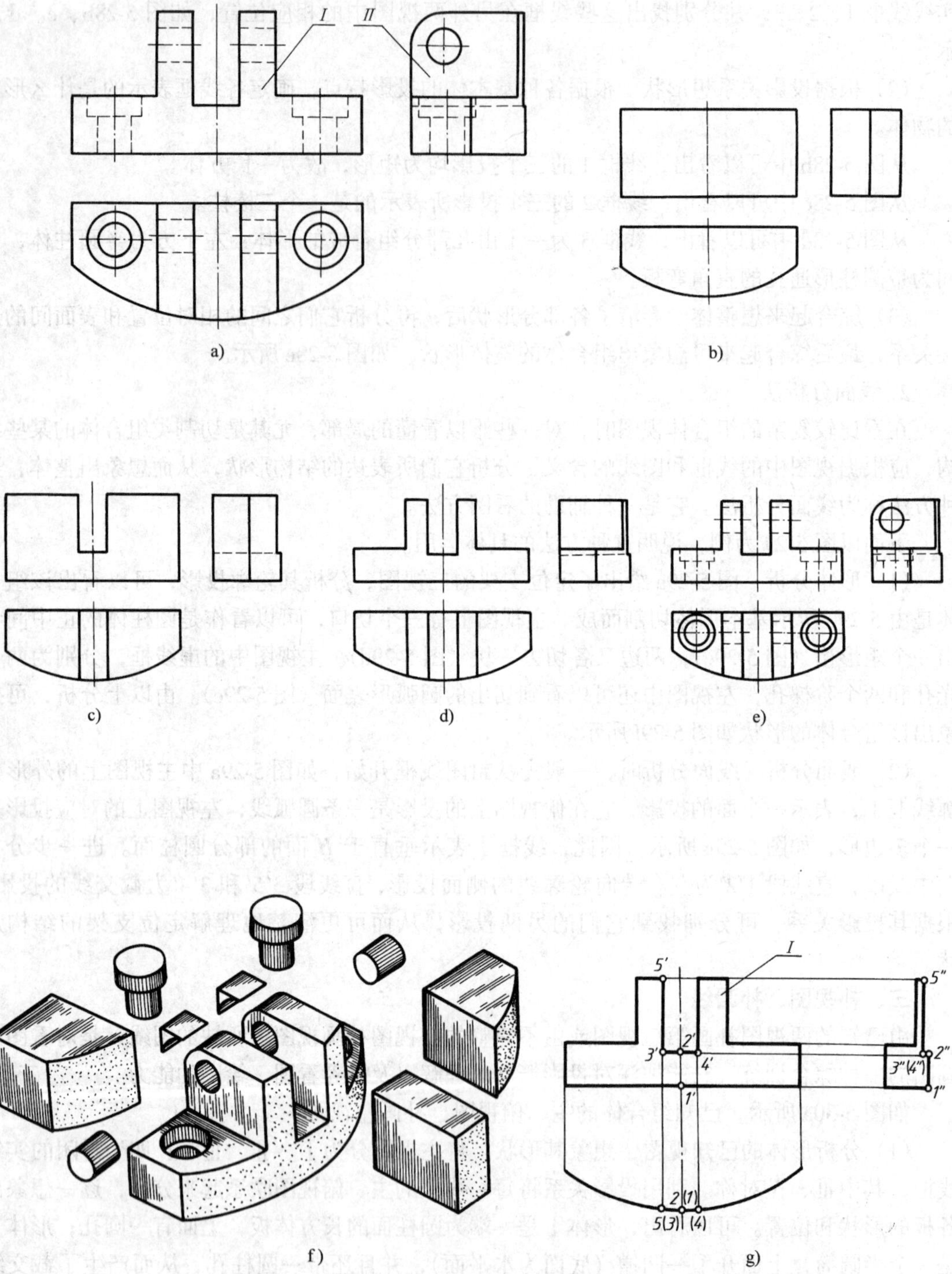

I II

a) b)

c) d) e)

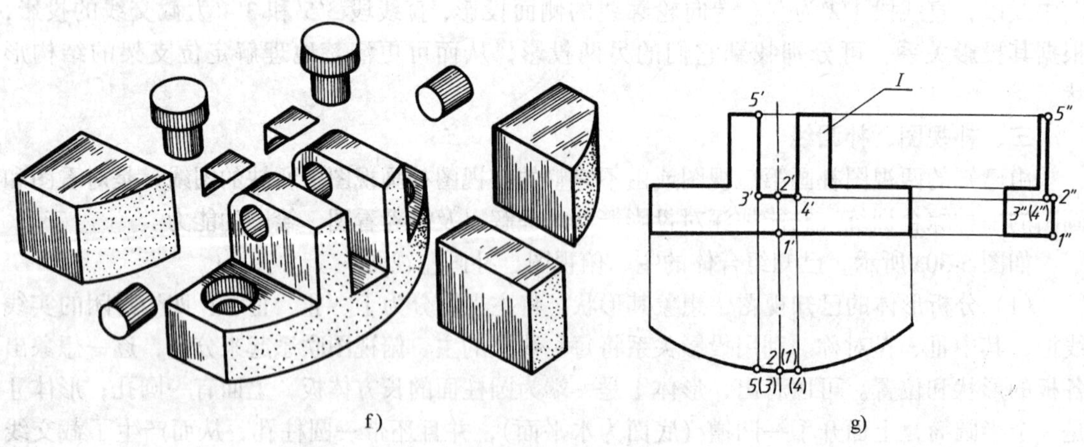

f) g)

图 5-29 定位支架的看图方法

a）定位支架的三视图 b）定位支架的基本形体 c）中间切出矩形槽 d）两边各切去一块 e）车出各圆孔、圆角 f）定位支架的空间形状 g）组合体的线面分析

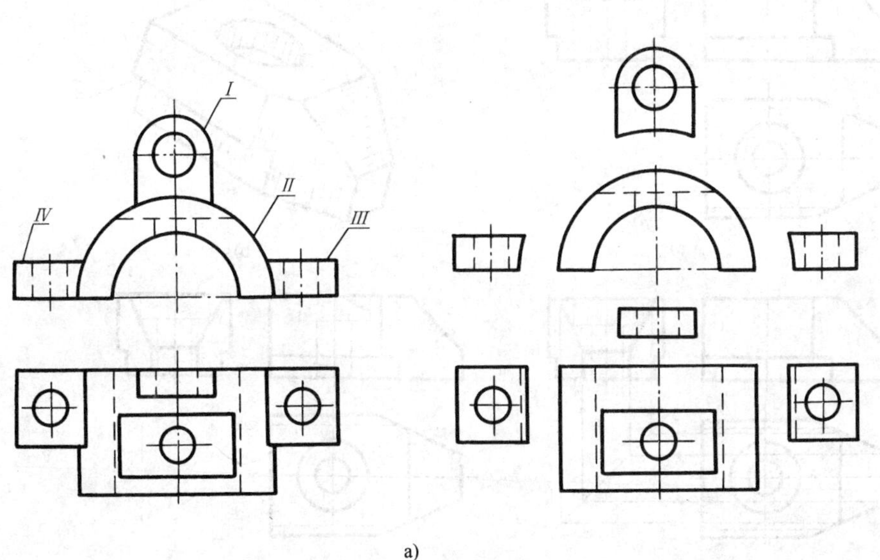

a)

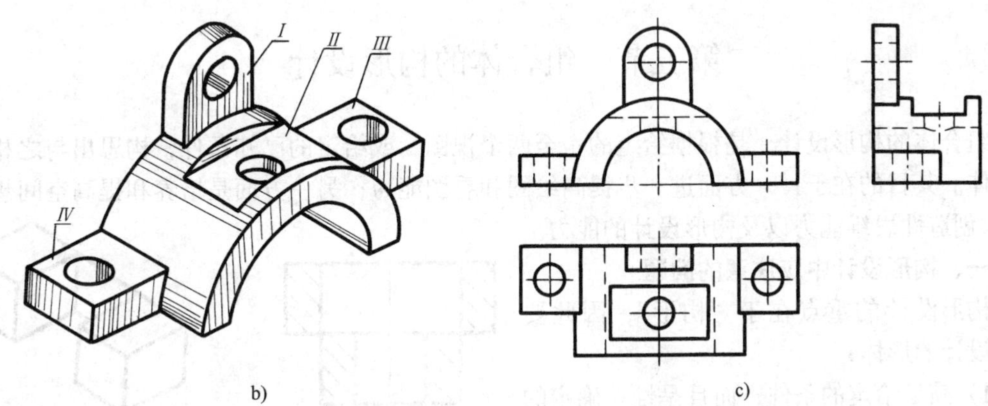

b) c)

图 5-30 由主、俯视图补画左视图

【例 5-4】 试补全压块主、左视图中所缺的图线，如图 5-31a 所示。

1）首先看懂三个投影的已知图线，想象整体形状。该立体可看作由一长方体切割而成，用来切割的面分别是正垂面 *P*、铅垂面 *Q*（前后各一个）、由水平面 *S* 和正平面 *R* 组合的面（前后对称）以及圆柱形沉孔。然后用线面分析法分析每一截平面与立体表面产生交线的投影情况，查找有无漏线。经查找发现：*P*、*Q* 与立体产生的截交线缺侧面投影；圆柱形沉孔缺正面投影。把漏线考虑进去，综合起来可想象出压块的形状为图 5-31b 所示。

2）根据所想象出的立体形状，结合投影关系补全图形中所缺图线。作图过程如图 5-31c、d 所示。

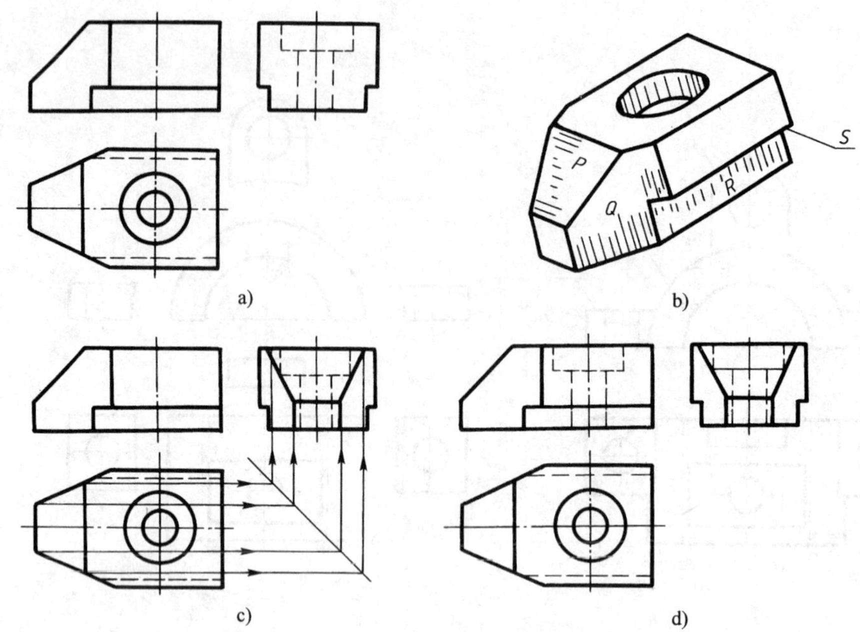

图 5-31　补画视图中漏线的方法
a）已知条件　b）根据已知条件想象出压块形状　c）补画左视图上的漏线
d）补画主视图上的漏线

第五节　组合体的构形设计

组合体的构形设计，是根据给定的一至两个视图，或给定的已知条件，构思出与之相符的形体。其目的在于：一方面进一步提高绘图和看图能力；另一方面是培养和提高空间想象能力、创造性思维能力以及构形设计的能力。

一、构形设计中应注意的问题

构形设计的重点在于“构形”，因此要求所设计的形体：

1）满足给定的条件，而且是惟一确定的组合体。

2）组合体各组成部分应连接牢固，避免出现线接触或面接触的情况，因为这样不能构成一个牢固的整体，如图 5-32 所示。

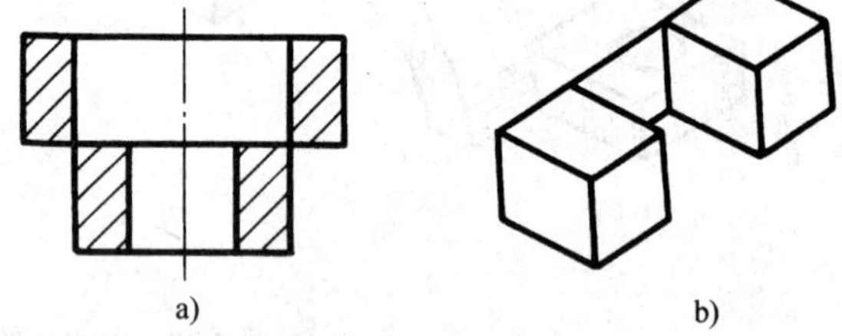

图 5-32　构形设计中应避免线接触和面接触
a）线接触　b）面接触

3）在满足构形条件的前提下，尽量用平面或回转面构形，避免使用其他曲面，这样有利于绘图和标注尺寸。

4）要避免出现封闭内腔的造型，如图 5-33 所示。

二、构形设计的一般方法

组合体构形设计的基本方法是堆积法和切割法。

1. 堆积法

若给出数个基本立体，可以变换其相对位置，堆积出多种组合体。如图 5-34a 所示给出一个四棱柱和一个三棱柱，三棱柱的任一表面可和四棱柱的任一表面相叠加，同时两表面间还可通过移动改变其相对位置，这样可以得到多种组合体，图中仅列出其中几种。

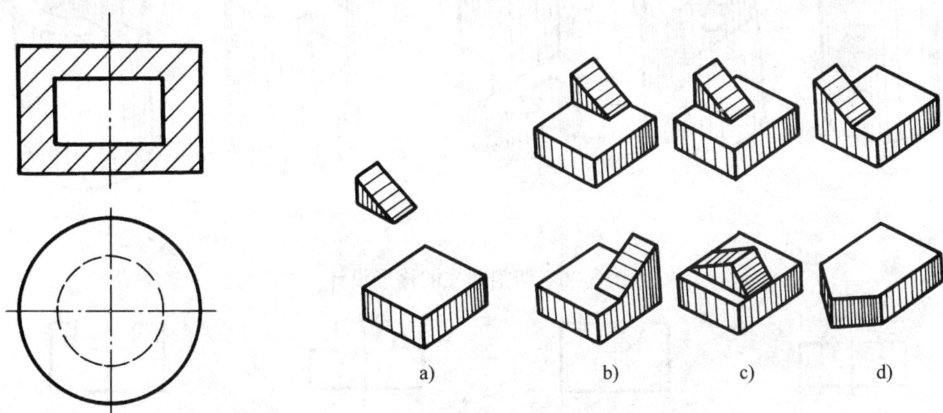

图 5-33　不要出现封闭内腔

图 5-34　用堆积法构形

2. 切割法

一个基本体经切割后，可以构成一个组合体。如图 5-35 所示主、俯视图，可以看成是由一个四棱柱经不同的切割获得，分别用四个左视图及其立体图表示。

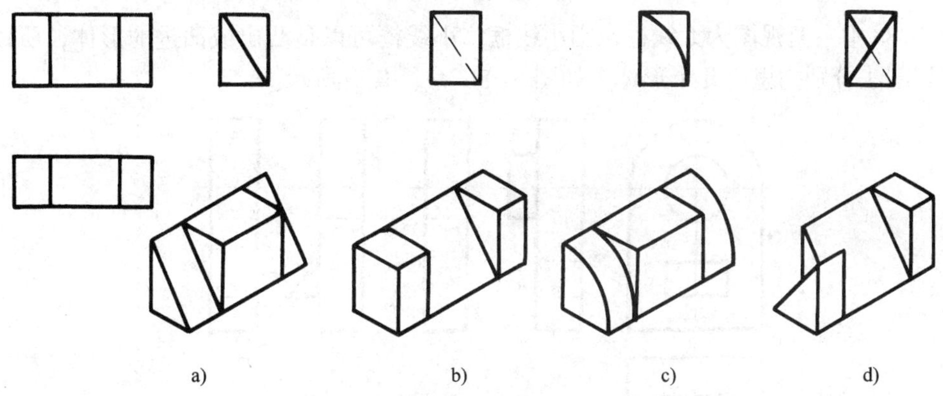

图 5-35　用切割法构形

若给出一个圆柱体，经过不同的切割，可以得到多种不同的切割体，如图 5-36 所示为其中的几种。

三、构形设计实例

1. 已知形体的一个视图，构思新形体

根据给出的俯视图，构思出若干个新形体，如图 5-37 所示。

从俯视图的形状看，为一个线框内包含一个小线框，小线框有可能是从大线框所表示的形体上切去的，也可能是叠加在大线框所表示的形体上，因此用切割法和堆积法分别构思出一系列形体，如图 5-37 所示。

2. 已知形体的两个视图，构思新形体

如图 5-38a 所示，已知主、俯两视图，构思新形体。

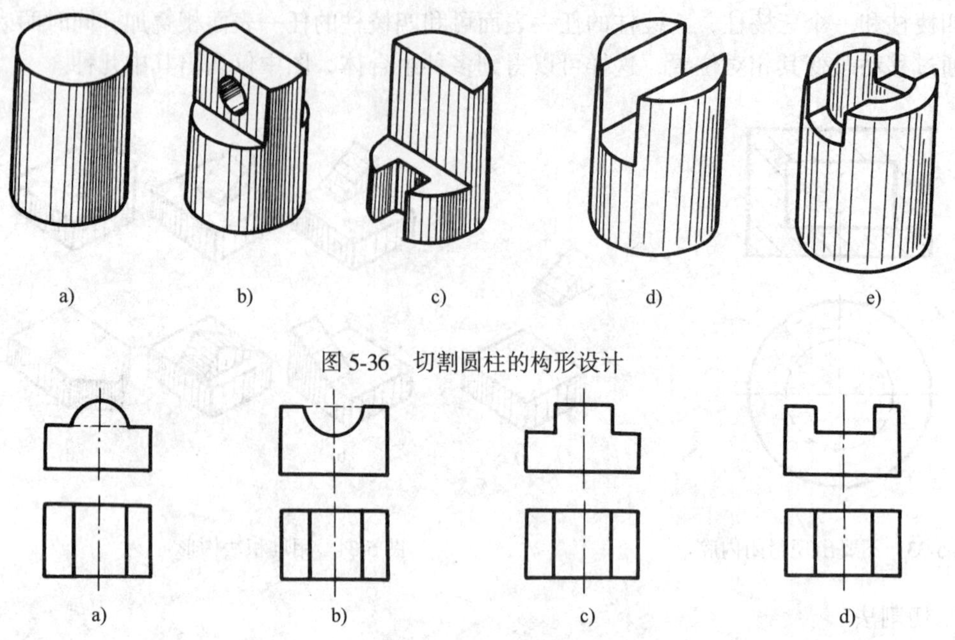

图 5-36　切割圆柱的构形设计

图 5-37　由一个视图构思不同形体

图 5-38a 中主俯视图为大线框包围小线框，小线框可以是凸出或凹进的形体，所以用堆积法和切割法分别构思出几个形体，如图 5-38b、c、d、e 所示。

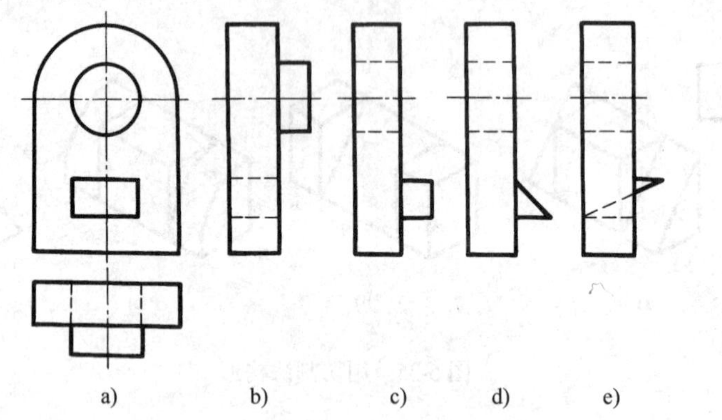

图 5-38　由两个视图构思不同的形体

第六章　机件常用的表达方法

在生产实际中，机件的结构形状往往是多种多样的，为将机件的内、外形状和结构表达清楚，国家标准《技术制图》和《机械制图》还规定了表达机件的各种方法。本章主要介绍视图、剖视图和断面图等常用表达方法。

第一节　视　图

视图是机件在多面投影体系中向投影面投射所得到的图形。视图一般只画出表达机件的可见部分，必要时才画出其不可见部分。

视图通常有基本视图、向视图、局部视图和斜视图。

一、基本视图

机件向基本投影面投射所得的视图称为基本视图。

国家标准规定采用正六面体的六个面作为基本投影面，将机件放置在正六面体中（图 6-1a)，分别从前、后、左、右、上、下六个方向向六个基本投影面投射，所得到的图形即为六个基本视图（图 6-1b)。六个基本视图的名称和投射方向为：

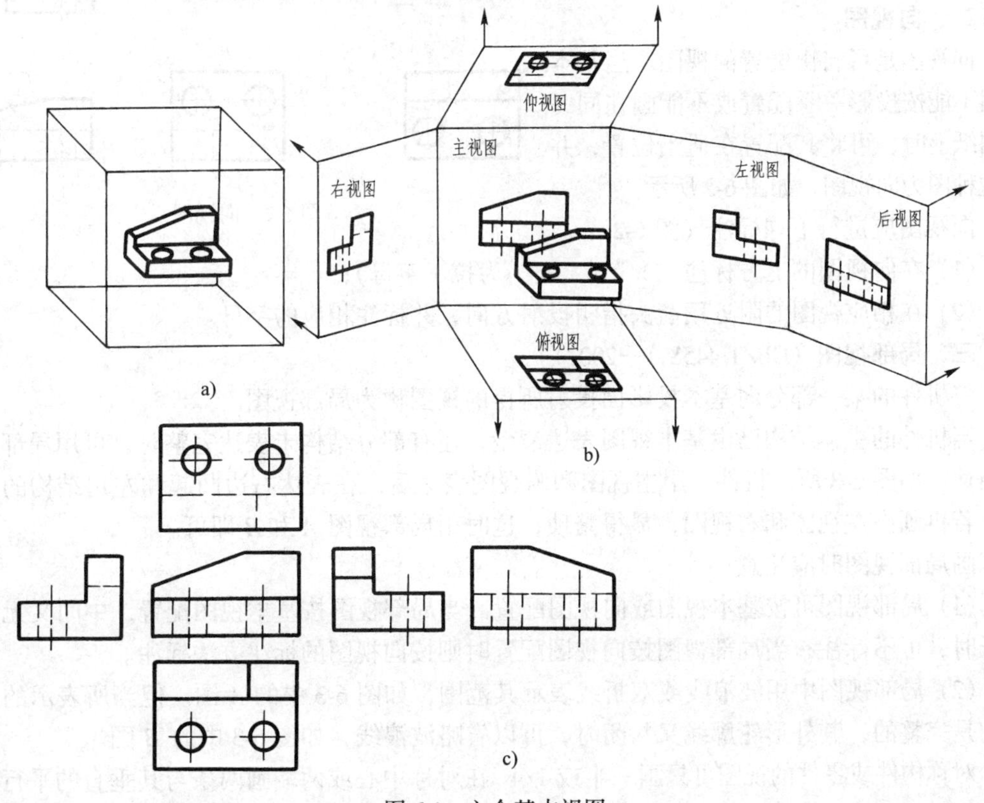

图 6-1　六个基本视图

主视图　由前向后投射所得的视图；

俯视图　由上向下投射所得的视图；

左视图　由左向右投射所得的视图；

右视图　由右向左投射所得的视图；

仰视图　由下向上投射所得的视图；

后视图　由后向前投射所得的视图。

为使六个基本视图处于同一平面上，将六个基本投影面连同其投影按图 6-1b 所示形式展开，即规定 *V* 面不动，其余各面按箭头所指方向展开至与 *V* 面在同一平面上。

若六个基本视图在同一图纸上且按图 6-1c 配置，可不标注视图的名称；若不属于上述情况，可按向视图标注的方法进行标注。

六个基本视图之间仍保持“长对正、高平齐、宽相等”的“三等”投影关系，即

主、俯、仰、后，长相等；

主、左、右、后，高平齐；

俯、左、仰、右，宽相等。

六个基本视图也反映了机件的上下、左右和前后的位置关系。应注意的是，左、右、俯、仰四个视图靠近主视图的一侧反映机件的后面，远离主视图的一侧反映机件的前面。

实际绘图时，不是任何机件都要选用六个基本视图，除主视图外，其他视图的选取由机件的结构特点和复杂程度而定，通常优先采用主、俯、左三个视图。

二、向视图

向视图是可自由配置的视图。当基本视图不能按投影关系配置或不能画在同一张图纸上时，可将其配置在适当位置，并称这种图为向视图，如图 6-2 所示。

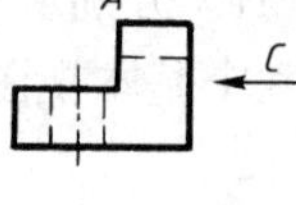

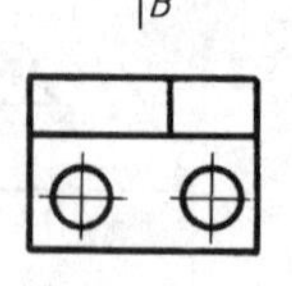

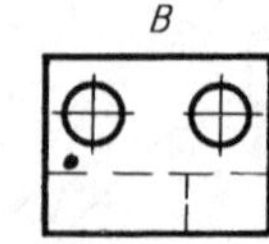

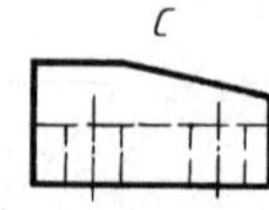

图 6-2　向视图

向视图应进行下列标注（图 6-2）：

（1）在向视图的上方标注“×”（“×”为拉丁字母）；

（2）在相应视图的附近用箭头指明投射方向，并标注相应的字母。

三、局部视图（GB/T 4458.1—2002）

将机件的某一部分向基本投影面投射所得的视图称为局部视图。

当机件的主体结构已由基本视图表达清楚，还有部分结构未表达完整时，可用局部视图来表达。如图 6-3 所示机件，用主视图和俯视图表达后，在表达右边凸起和左边结构的形状时，若再画出左视图和右视图，显得繁琐，这时用局部视图 *A* 和 *B* 即可。

画局部视图时应注意：

（1）局部视图可按基本视图或向视图配置。当局部视图按基本视图配置，中间又无图形隔开时，可不标注；当局部视图按向视图配置时则按向视图的标注方法标注。

（2）局部视图中用波浪线或双折线表示其范围，如图 6-3 中的 *A* 图。但当所表示的局部结构是完整的，其外形轮廓线又封闭时，可以省略波浪线，如图 6-3 中的 *B* 图。

对称构件或零件的视图可只画一半或 1/4，在对称中心或两端画两条与其垂直的平行细实线。

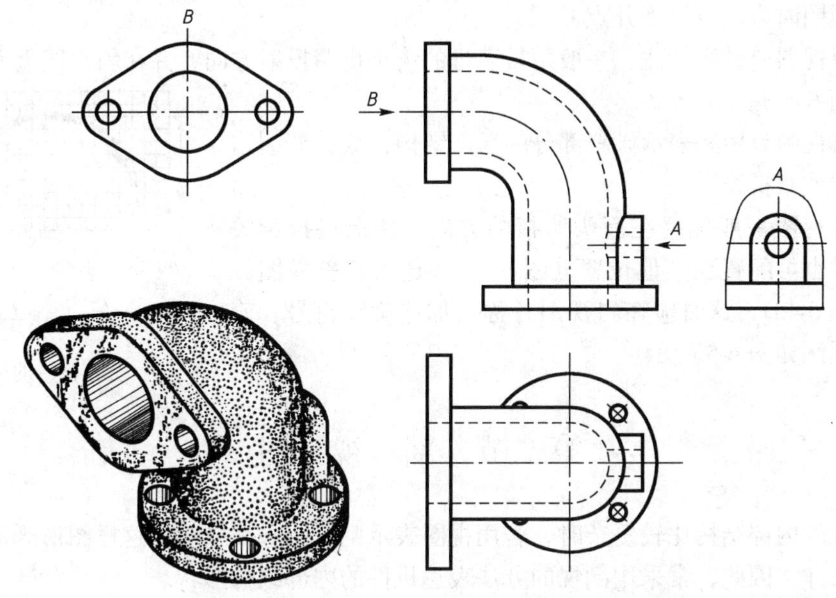

图 6-3　局部视图

四、斜视图

斜视图是机件向不平行于基本投影面的平面投射所得的视图。

当机件的某部分与基本投影面处于倾斜位置时（图 6-4a），在基本视图上不能够反映其真实形状。这时，可设立一个与倾斜部分平行且垂直于某一基本投影面（如 V 面）的新投影面，将倾斜部分向该面进行正投射，即得斜视图。再将新投影面连同投影展开至与主视图在同一平面上（图 6-4b）。

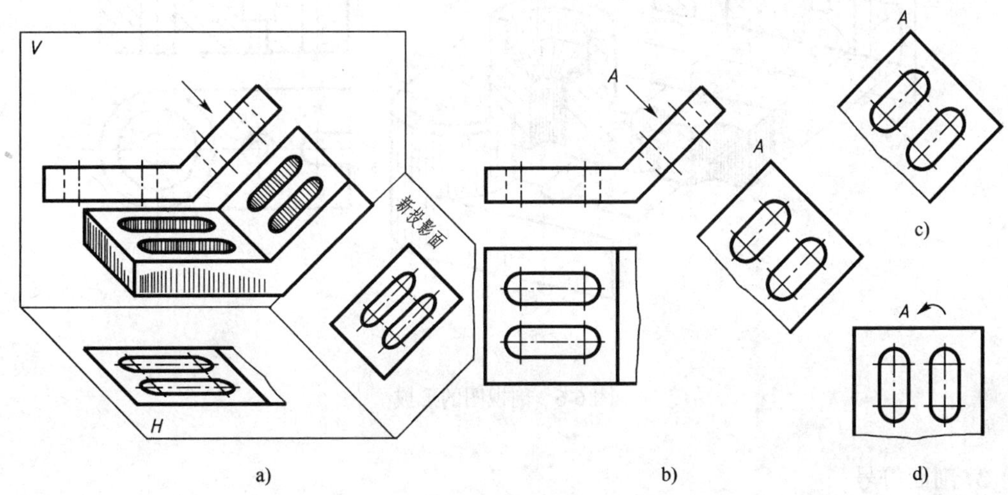

图 6-4　斜视图

画斜视图时应注意以下几点：

(1) 斜视图应进行标注　一般用带字母的箭头指明投射方向，并在斜视图上方标注相应的字母（图 6-4b）。

(2) 斜视图只用来表示倾斜部分的局部结构，故其断裂边界画波浪线或双折线。

(3) 斜视图一般配置在箭头所指的方向，并保持投影关系。必要时也可配置在其他位置（图 6-4c），还可将斜视图旋转配置（图 6-4d），这时应在斜视图各称后加注旋转符号，旋转符号的画法如图 6-5 所示。

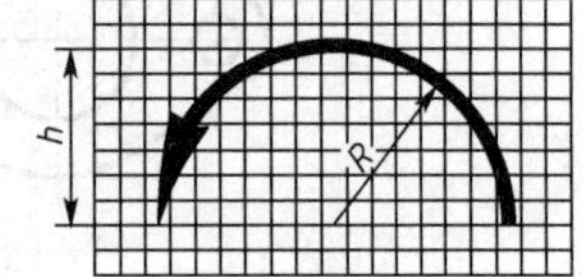

图 6-5　旋转符号的尺寸和比例

第二节　剖　视　图

当机件的内部结构比较复杂时，若用视图表示则图中虚线较多，这样图形既不清晰也不便于标注尺寸。因此，常采用剖视的方法表达机件的内部结构形状。

一、剖视图的基本概念（GB/T 4458.6—2002）

1. 剖视图的形成

假想用剖切面剖开机件，将处在观察者和剖切面之间的部分移去，而将其余部分向投影面投射所得的图形称为剖视图，简称剖视。

如图 6-6a 所示机件，假想用剖切面将其沿前后对称面剖开，将观察者和剖切面之间的部分移去，并沿箭头所指的方向向投影面投射，即得到一个剖视的主视图，如图 6-6b 所示。

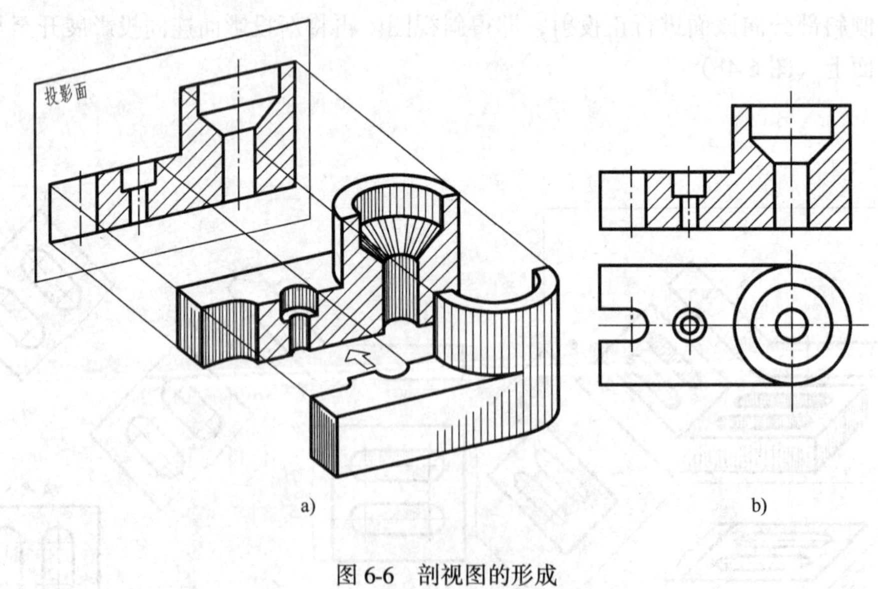

图 6-6　剖视图的形成

2. 剖面符号

剖切平面与机件接触的部分（实心部分）称为剖面区域。为了区分机件的实心和空心部分，国家标准规定在剖面区域上应画上规定的剖面符号，不同材料的剖面符号不同，表 6-1

列出了各种材料的剖面符号。其中金属材料的剖面符号为与机件主要轮廓线成45°（左右倾斜均可）互相平行且间距相等的细实线，也称剖面线，如图6-6所示。同一机件各个视图中的剖面线方向相同、间隔相等。

表6-1 各种材料的剖面符合

<table>
<tr><th colspan="2">材料名称</th><th>剖面符号</th><th>材料名称</th><th>剖面符号</th></tr>
<tr><td colspan="2">金属材料、通用剖面线(已有规定剖面符号者除外)</td><td></td><td>木质胶合板(不分层数)</td><td> 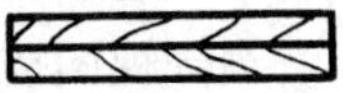</td></tr>
<tr><td colspan="2">线圈绕组元件</td><td></td><td>基础周围的泥土</td><td> 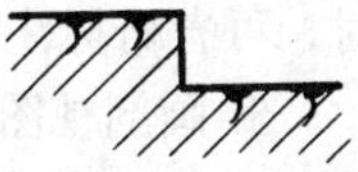</td></tr>
<tr><td colspan="2">转子、电枢、变压器和电抗器等的迭钢片</td><td></td><td>混凝土</td><td> 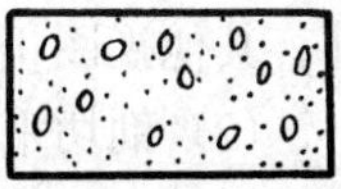</td></tr>
<tr><td colspan="2">非金属材料(已有规定剖面符号者除外)</td><td></td><td>钢筋混凝土</td><td> 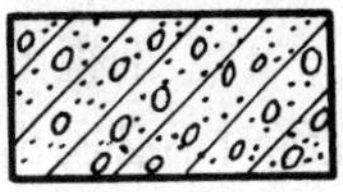</td></tr>
<tr><td colspan="2">型砂、填砂、粉末冶金砂轮、陶瓷、刀片、硬质合金刀片等</td><td></td><td>砖</td><td> 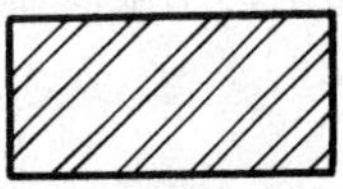</td></tr>
<tr><td colspan="2">玻璃及供观察的其他透明材料</td><td></td><td>格网(筛网、过滤网等)</td><td> </td></tr>
<tr><td rowspan="2">木材</td><td>纵剖面</td><td> </td><td rowspan="2">液体</td><td rowspan="2"></td></tr>
<tr><td>横剖面</td><td></td></tr>
</table>

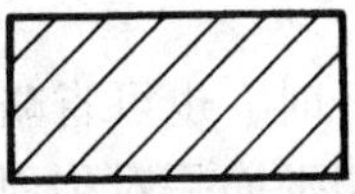

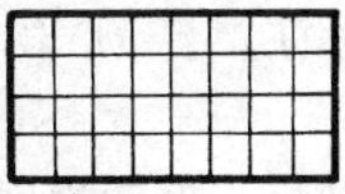

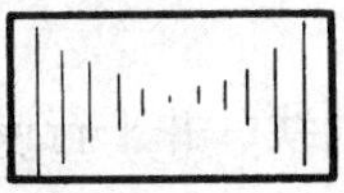

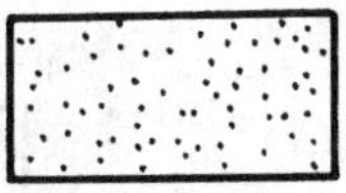

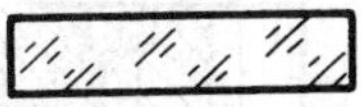

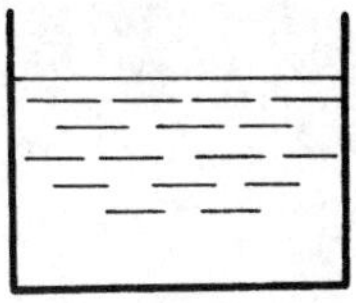

当剖视图中的主要轮廓线与水平方向成45°或接近45°时，剖面线应与水平方向成30°或60°，如图6-7所示。

3. 剖视图的画法

(1) 确定剖切平面的位置。一般用平行或垂直于某一投影面的平面沿机件内部孔、槽的对称面剖开机件（图6-6a），将观察者与剖切面之间的部分移去，用粗实线画出剖切面与机件相接触的断面图形，并在实体部分画上剖面线，同时作出其他必要的图形（图6-8a）。

(2) 画出剖切平面后的可见和必要的不可见轮廓线（图6-8b）。

(3) 按照规定的方法进行标注。

4. 剖视图的标注

为了便于找出剖切位置和判断投影关系，剖视图应进行标注：

(1) 剖视图的上方注出“×—×”（×为大写拉丁字母)，表示剖视图的名称，如图6-8b所示；

（2）剖切符号用断开的粗短线，线宽为 1～1.5d（d 为粗实线的宽度），长约为 5mm，表示剖切面起、讫和转折位置，尽量不要与图形的轮廓线相交。

起讫处的粗短线外端，用细实线箭头表示投射方向，再注上相应的字母（×）；若同一张图纸上有几个剖视图，应用不同的字母表示。

当剖视图按投影关系配置，中间无图形隔开时，也可省略前头。在这种情况下，若为单一剖切面，且剖切平面是对称面时，可省略标注，如图 6-8b 中的剖视图也可不标注。

5. 画剖视图应注意的问题

（1）剖视图是假想将机件剖开后画出的。因此，除剖视图外，其他视图仍须按完整的机件画出。

（2）剖切平面一般应通过机件的对称面或轴线，并平行或垂直于某一投影面。

（3）剖视图中已表达清楚的内部结构，若在其他视图上为虚线时不必画出；没有表达清楚的结构，可在剖视图或其他视图中仍用虚线画出，如图 6-9 所示。

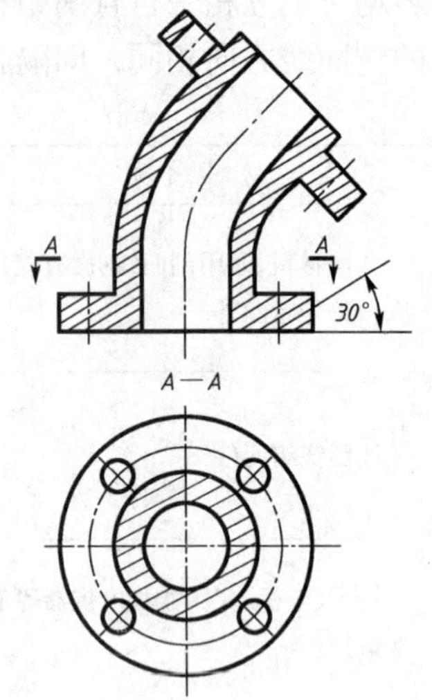

图 6-7　特殊情况下剖面线的画法

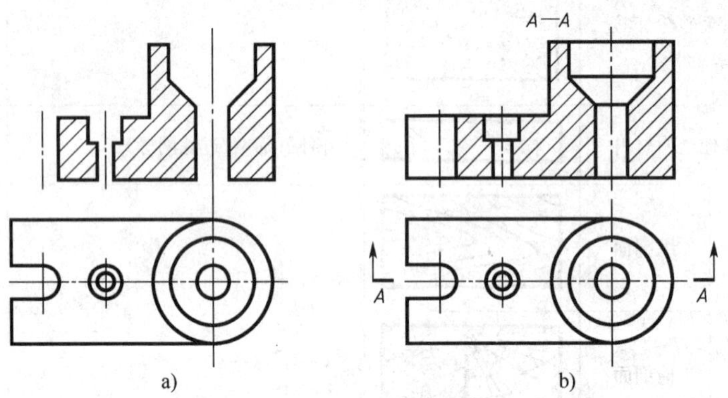

图 6-8　剖视图的画法

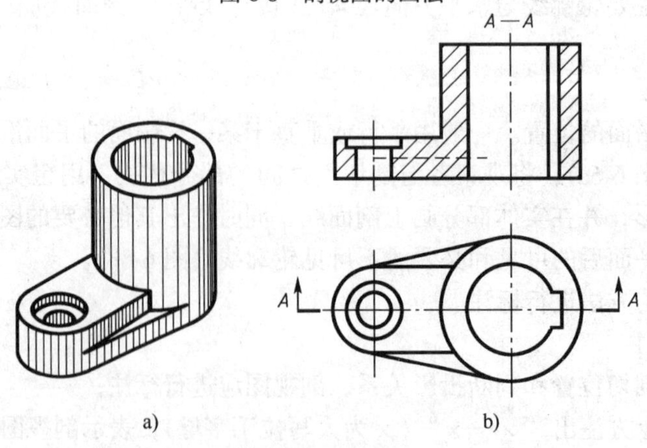

图 6-9　用虚线表示的结构

(4) 应仔细分析不同结构剖切后的投影特点，避免漏画或多画轮廓线，如图 6-10 所示。

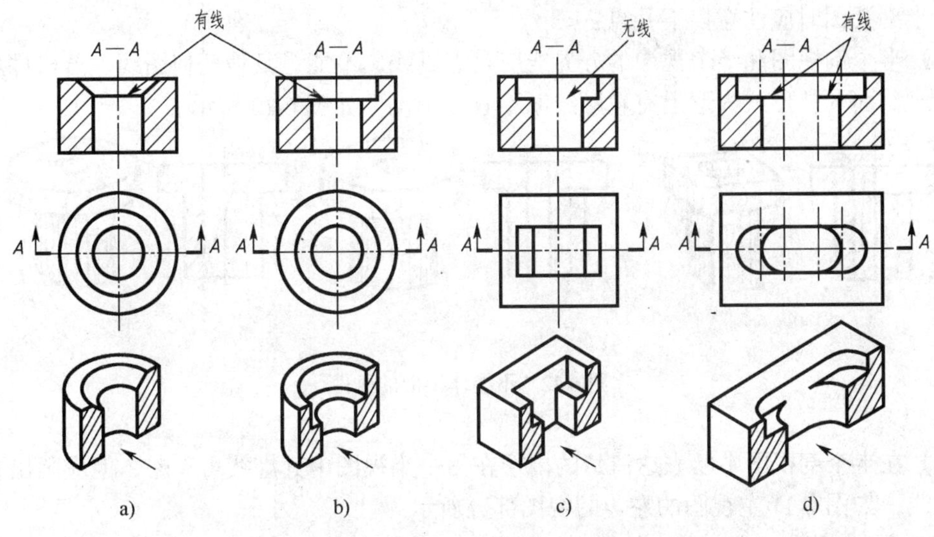

图 6-10　画剖视图的注意点

二、剖视图的种类

按剖切范围的大小，可将剖视图分为全剖视图、半剖视图和局部剖视图。

1. 全剖视图

用剖切面完全地剖开机件所得的剖视图称为全剖视图。图 6-6 ~ 图 6-9 为全剖视图的例子。

全剖视图常用于表达外形简单、内形复杂且沿剖切方向不对称的机件。

2. 半剖视图

当机件具有对称平面时，向垂直于对称平面的投影面上投射所得到的图形，可以以对称中心线为界，一半画成剖视图，另一半画成视图，这种由半个视图和半个剖视图组成的图形称为半剖视图，如图 6-11b 所示。

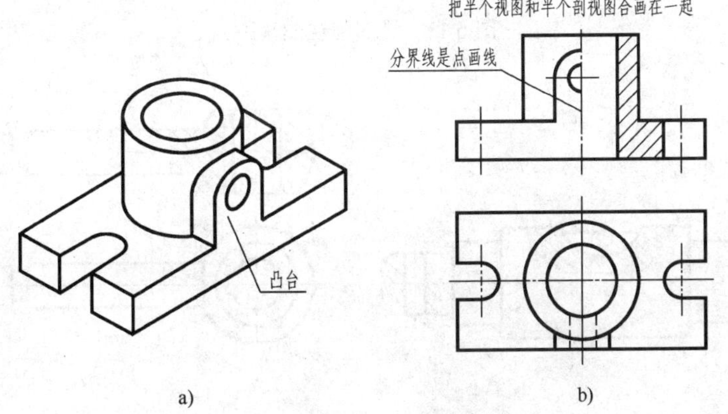

图 6-11　半剖视图

半剖视图常用于表达内外形状均复杂的对称机件，也用于表达接近对称且不对称的结构已在其他图形中，表达清楚的机件。

画半剖视图时应注意以下几点：

（1）半个剖视图和半个视图的分界线应是点画线，不能是其他任何图线。若机件虽然对称，但对称面的外形或内形上有轮廓线时不宜作半剖，如图 6-12 所示。

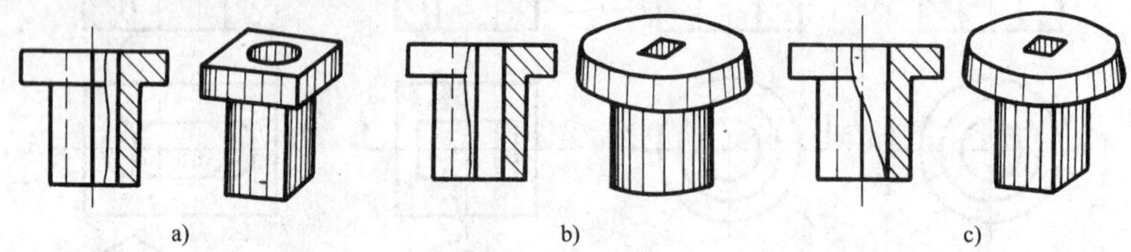

图 6-12　不能作半剖的机件

（2）在半个剖视图中已表达清楚的内形在另一半视图中其虚线可省略，但应画出孔或槽的中心线，如图 6-11 主视图的左边的视图部分所示。

3. 局部剖视图

用剖切面局部地剖开机件所得的剖视图称局部剖视图。

局部剖视图常用于内、外形状均需要表达，但又不宜作全剖或半剖视时的机件（图 6-13），也可用于表达实心机件上的孔、槽等局部的内部结构（图 6-14）。

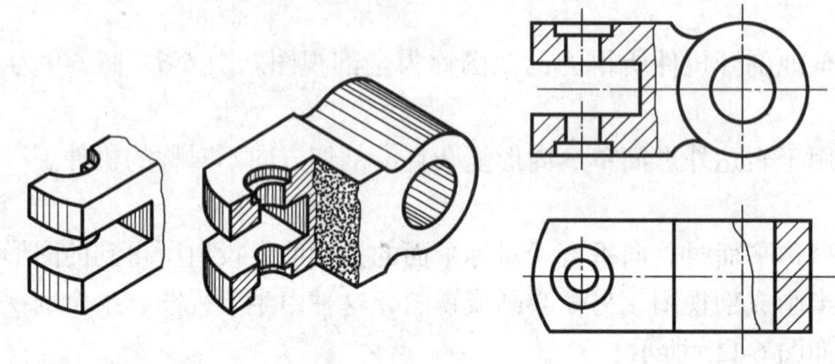

图 6-13　局部剖视图（一）

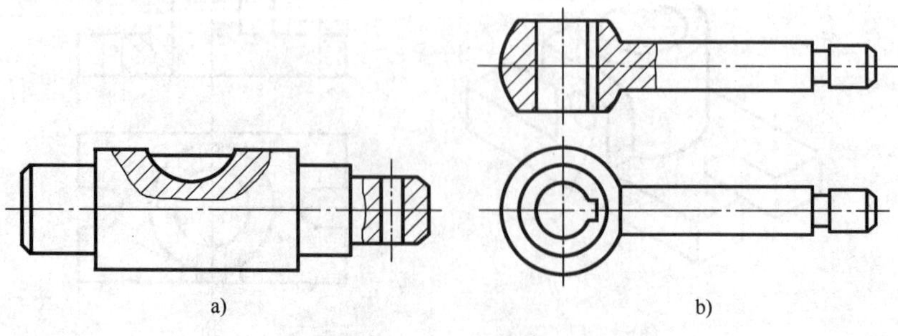

图 6-14　局部剖视图（二）

作局部剖视图时，部分剖视图与部分视图之间用波浪线表示机件的断裂边界。画波浪线时应注意以下几点：

(1) 波浪线不能与视图中的轮廓线重合，也不能画在其延长线上，如图 6-15a、b 所示。

(2) 波浪线只能画在机件的实体部分，如遇孔、槽等中空结构应自动断开，也不能超出视图中被剖切部分的轮廓线，如图 6-15c、d 所示。

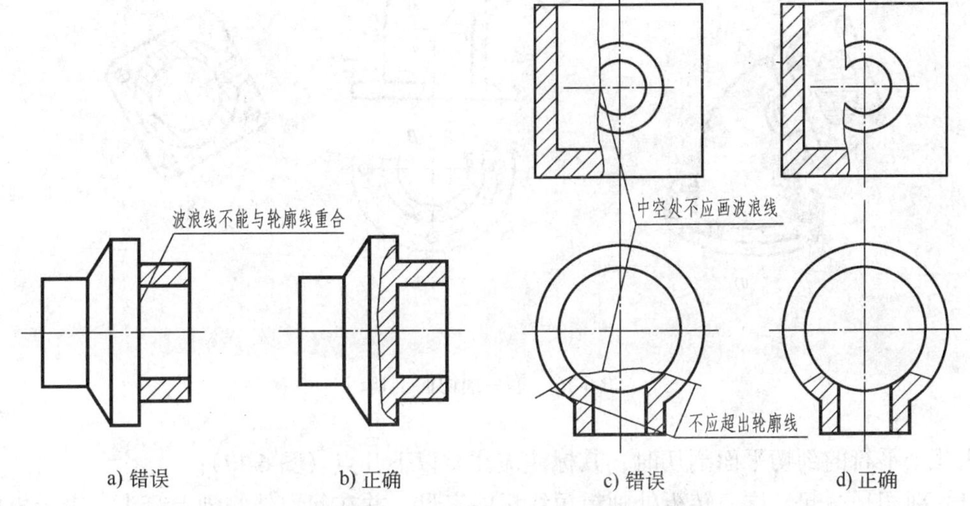

图 6-15　局部剖视图中波浪线的画法

局部剖视图是一种比较灵活的表达方法，如运用得当，可使图形重点突出、简明清晰。但在同一视图中局部剖的数量不宜过多，否则会使图形表达显得零乱。

局部剖视图一般可以省略标注，但当剖切位置不明显或局部剖视图未按投影关系配置时，则按剖视图的标注方法进行标注。

三、剖切面的种类

因为机件的内部结构形状不同，所采用的剖切方法也不一样。按照国家标准的规定，可选择以下三种剖切面剖开机件。

(一) 单一剖切面剖切

1. 用平行于某一基本投影面的平面剖切

前面介绍的全剖视图、半剖视图和局部剖视图均为单一剖切面剖切的图例。

2. 用不平行于任何基本投影面的平面剖切

用不平行于任何基本投影面的平面剖切机件的方法，如图 6-16 所示的 A—A。

这种剖切主要用于表达机件上倾斜部分的内部结构，除应画出剖面线外，其画法、图形的配置及标注与斜视图相同，如图 6-16 所示。

(二) 用几个平行的剖切平面剖切

如图 6-17 所示的机件，用了两个互相平行的剖切面剖切。

这种剖切方法主要适应机件上有较多的内部结构，并分布在几个互相平行的平面上的情况。

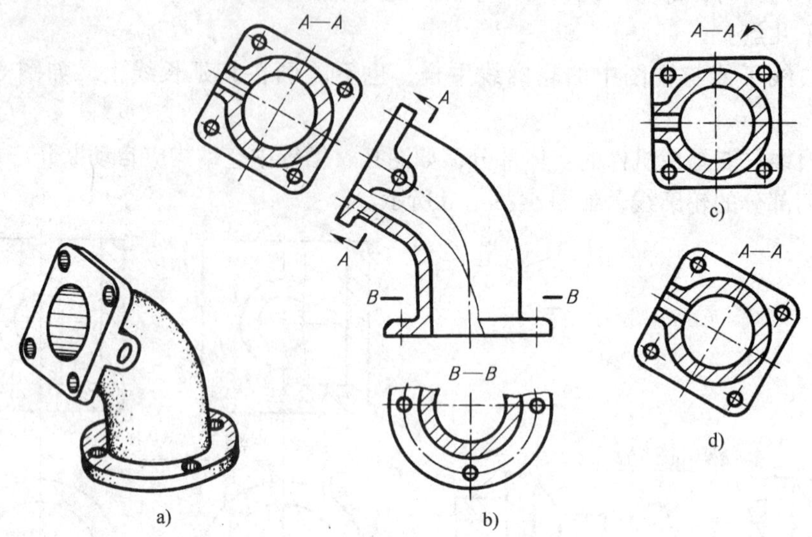

图 6-16　单一剖切面剖切

用几个平行的剖切平面剖切时，其标注应注意以下几点（图 6-17）：

（1）剖切平面起、讫、转折处画粗短线标注字母，并在起讫外侧画上箭头，表示投射方向。

（2）在相应的剖视图上方以相同的字母“×—×”标注剖视图的名称。

当剖视图按投影关系配置，中间又无图形隔开时，也可省略箭头。

采用几个平行的剖切平面剖切画图时应注意以下几点：

（1）两个剖切平面的转折处不应画出轮廓线，如图 6-18a 所示。

（2）剖切平面的转折处不应与图形中的轮廓线重合，如图 6-18c 所示。

（3）要恰当地选择剖切位置，避免在剖视图上出现不完整的要素，如图 6-18b 所示。

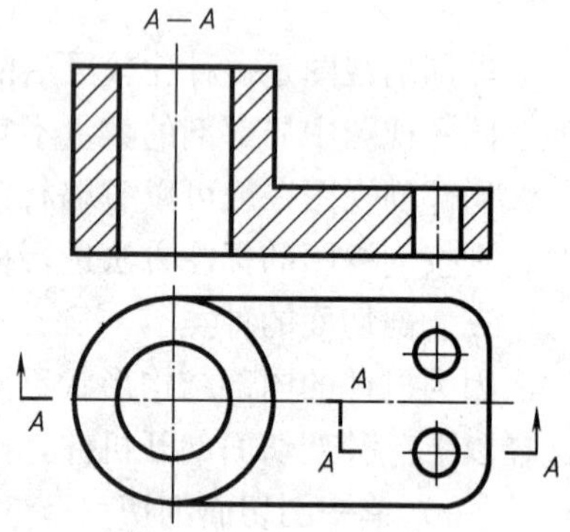

图 6-17　几个平行的剖切面剖切的画法与标注

（4）当两个要素在图形上具有公共对称中心线或轴线时，可以以对称中心线为界，各画一半，如图 6-19 所示。

（三）用几个相交的剖切面剖切

1. 用两个相交的剖切平面剖切

用两相交的剖切平面（交线垂直于某一基本投影面）剖开机件的方法，如图 6-20 所示。这种方法主要用于表达具有公共回转轴线的机件，如轮、盘、盖等机件上的孔、槽等内部结构。

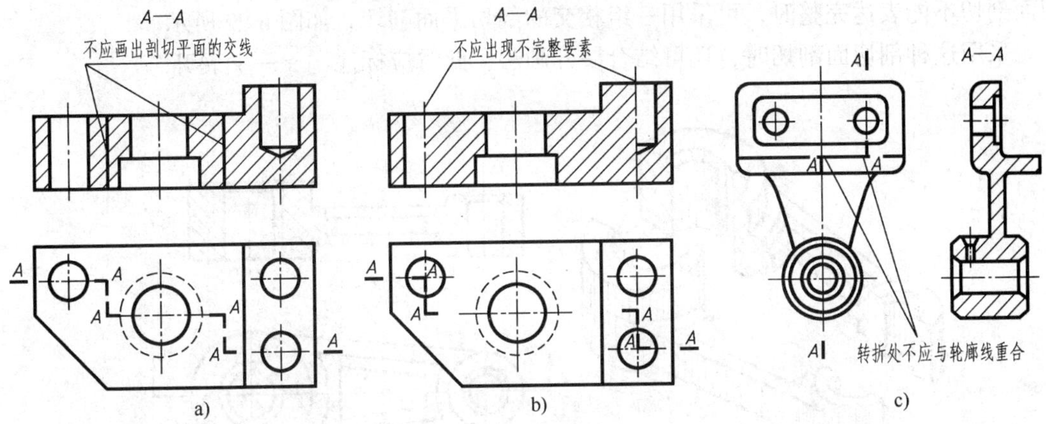

图 6-18 平行剖切平面剖切时的注意点

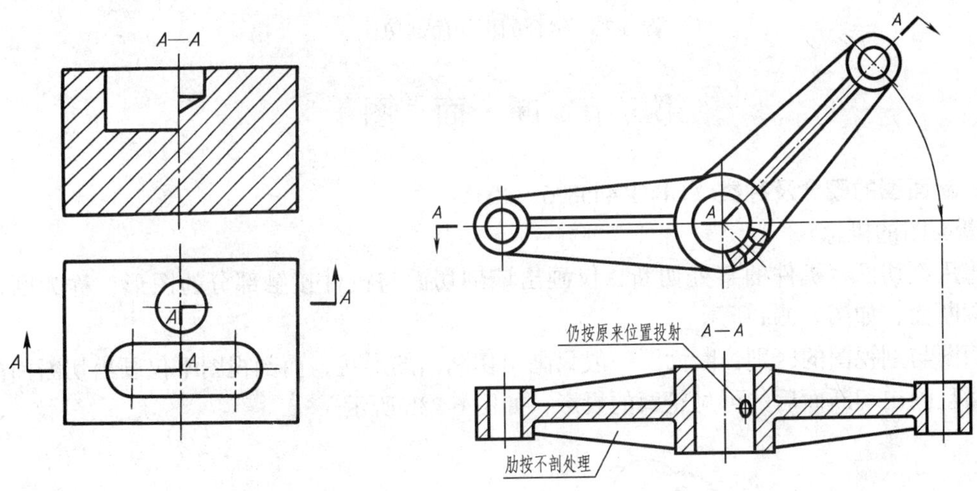

图 6-19 采用平行的剖切平面剖切的特殊情况

图 6-20 相交剖切平面剖切示例

采用这种剖切方法时，先假想按剖切位置剖开机件，然后将被剖切平面剖开的结构旋转到与选定的投影面平行后再进行投射。剖切平面后的其他结构一般仍按原来的位置投影，如图 6-20 中的小油孔。当剖切后会产生不完整要素时，则将此部分按不剖绘制，如图 6-21 所示机件右边中间部分的形体在主视图中按不剖处理。

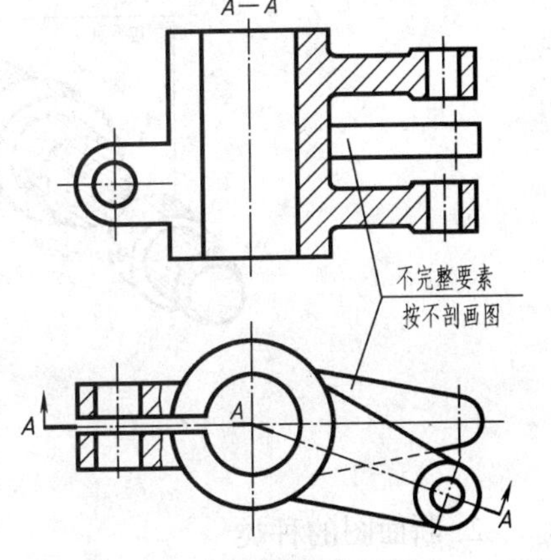

图 6-21 不完整要素的处理

采用相交的剖切面剖切时的标注方法为(图 6-20)：

(1) 在剖切的起讫和转折处画粗短线并标注字母“×”，在起讫外侧画上箭头；

(2) 在剖视图上方注明剖视图的名称“×—×”。

2. 用组合的剖切平面剖切

当机件的内部结构形状较复杂，用前面的几种剖切面剖切不能表达完整时，可采用一组相交的剖切平面剖切，如图 6-22 所示。

采用这种剖切面剖切时，还可结合展开画法，此时应标注“×—×展开”。

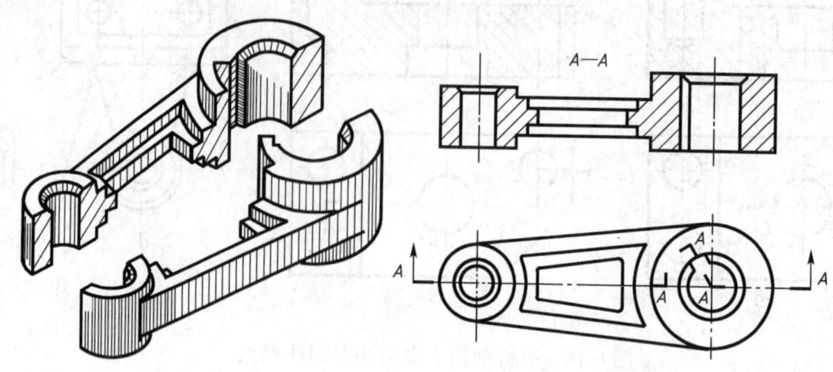

图 6-22　组合的剖切面剖切

第三节　断　面　图

一、断面图的概念及种类（GB/T 4458.6—2002）

1. 断面图的概念

假想用剖切面将机件的某处切断，仅画出该剖切面与机件接触部分的图形，称为断面图，简称断面，如图 6-23a 所示。

断面图与剖视图的区别：断面图一般只画出切断面的形状，而剖视图不仅画出切断面的形状，而且画出切断面后的可见轮廓的投影，如图 6-23b 所示。

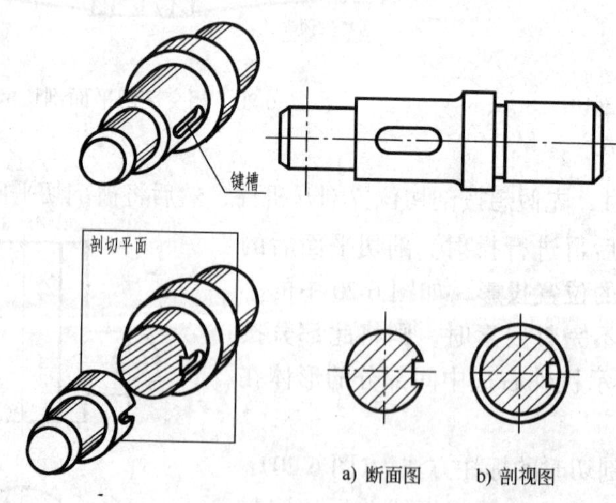

a) 断面图　　b) 剖视图

图 6-23　断面图的概念

2. 断面图的种类

断面图可分为移出断面图和重合断面图。

（1）移出断面　画在视图轮廓线之外的断面图，称为移出断面，如图 6-24 所示。

（2）重合断面　画在视图轮廓线之内的断面图，称为重合断面，如图 6-25 所示。

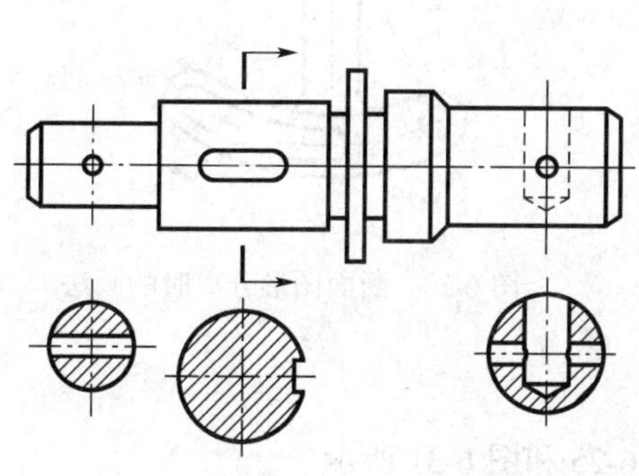

图 6-24　移出断面

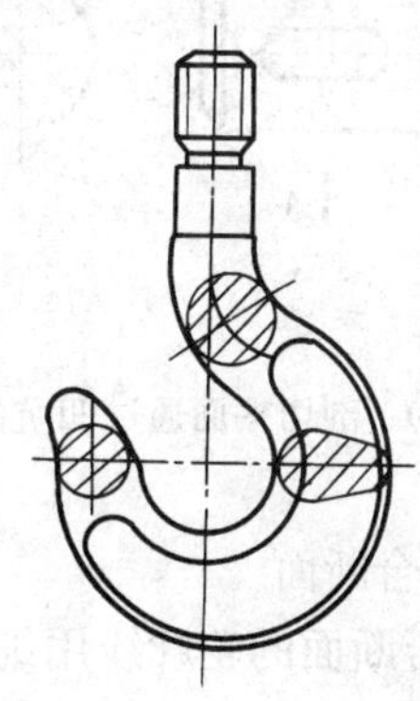

图 6-25　重合断面

二、断面图的画法

（一）移出断面图的画法

（1）移出断面的轮廓线用粗实线绘制。

（2）移出断面应尽量配置在剖切符号或剖切平面迹线的延长线上。剖切平面迹线是剖切平面与投影面的交线，用细点画线表示，如图 6-24 所示。为了合理布置图面，也可将移出断面图配置在其他适当的位置，如图 6-26 中的“*A*—*A*”、“*B*—*B*”所示。当断面图形对称时，可以将移出断面画在视图的中断处，如图 6-27 所示。

（3）由两个或多个相交的平面剖切得出的移出断面，中间应断开，如图 6-28 所示。

（4）当剖切平面通过回转面表面形的孔或凹坑的轴线时，这些结构按剖视绘制，如图 6-26 中的“*B*—*B*”及 6-29 中的“*A*—*A*”。当剖切平面通过非圆孔，会导致出现完全分离的两个断面时，这些结构应按剖视绘制，如图 6-30 所示。

（5）在不致引起误解时，允许将移出断面旋转，但应注出旋转符号，如图 6-30 所示。

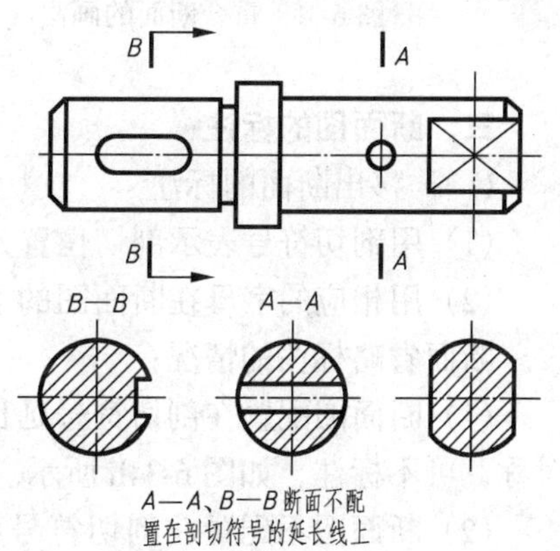

图 6-26　移出断面的画法

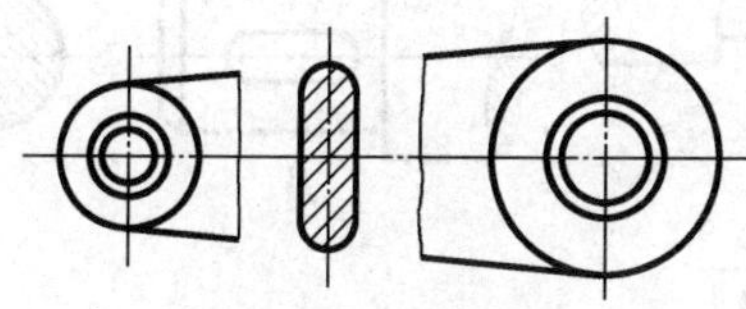

图 6-27　移出断面画在视图中断处

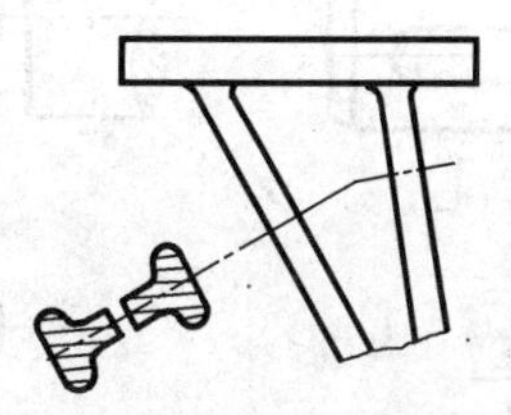

图 6-28　相交两剖切平面剖得的机件断面的画法

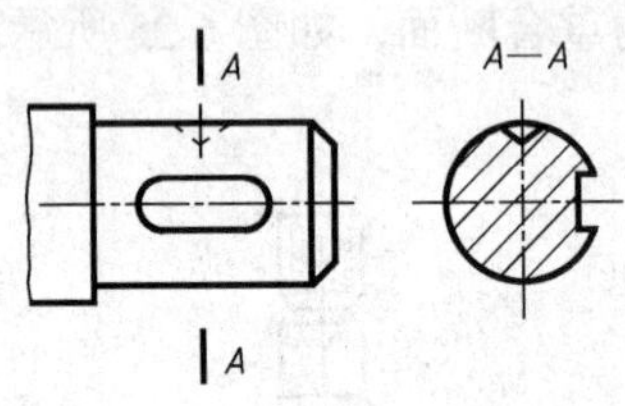

图 6-29　剖切平面通过凹坑的画法

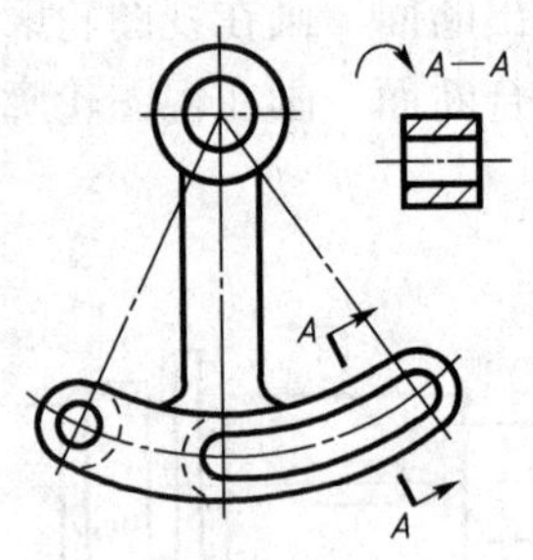

图 6-30　断面图形分离时的画法

（二）重合断面

（1）重合断面的轮廓线用细实线绘制，如图 6-25 和图 6-31 所示。

（2）当视图中的轮廓线与重合断面图形重叠时，视图中的轮廓线仍应连续画出，不可间断，如图 6-32 所示。

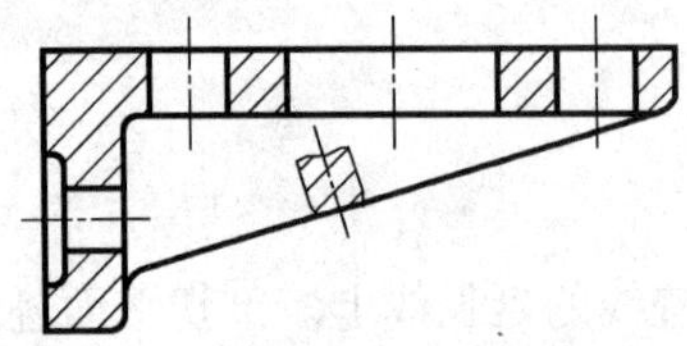

图 6-31　重合断面的画法（一）

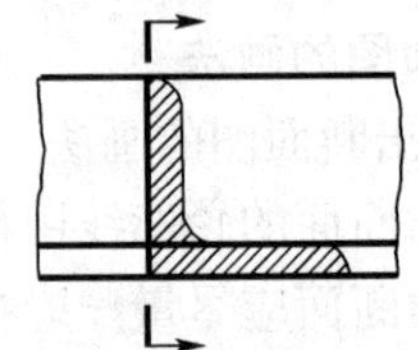

图 6-32　重合断面的画法（二）

三、断面图的标注

（一）移出断面的标注

（1）用剖切符号表示剖切位置，指明投射方向，并标注字母“×”，如图 6-34c 所示。

（2）用相应的字母在断面图的上方标出断面图的名称“×—×”。

断面省略标注的情况：

（1）断面图配置在剖切符号延长线上时，若不对称，可省略字母，如图 6-34a 所示；若对称，可不标注，如图 6-34b 所示。

（2）断面图不配置在剖切符号延长线上时，若按投影关系配置，可省略箭头，如图 6-34c 所示。

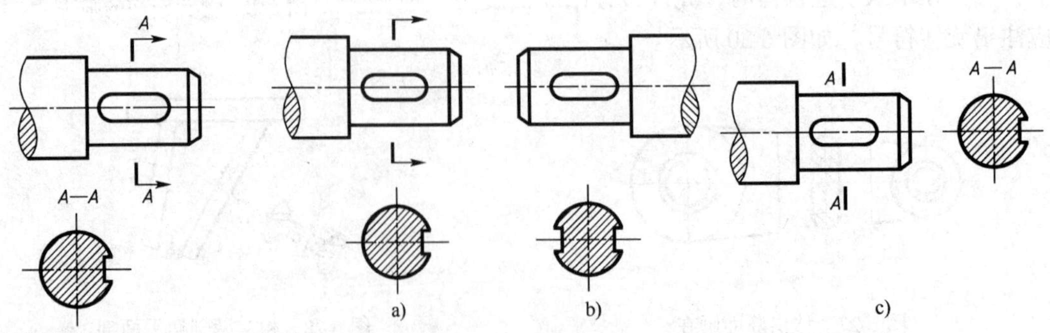

图 6-33　移出断面的标注　　　图 6-34　断面省略标注的情况

（二）重合断面图的标注

当重合断面图形对称时，可省略标注，如图 6-25 和图 6-31 所示；当重合断面图形不对称时，要标注剖切符号和箭头，如图 6-32 所示。

第四节　局部放大图及其他规定与简化画法

为了使画图简便、看图清晰，除了前面所介绍的表达方法外，还可采用局部放大图、规定画法和简化画法表示机件。

一、局部放大图

当机件上某些细小结构在原图上表达不清楚或不便于标注尺寸时，可将这些结构用大于原图形所采用的比例单独画出。这种用大于原图比例画出的图形称为局部放大图，如图 6-35 所示。

局部放大图可以画成视图、剖视图或断面图。它所采用的表达方法与被放大部位的表达方法无关。局部放大图应尽量配置在被放大的部位附近。

局部放大图的断裂边界用波浪线围起来，若局部放大图为剖视图或断面图时，其剖面符号应与被放大部位的剖面符号一致。

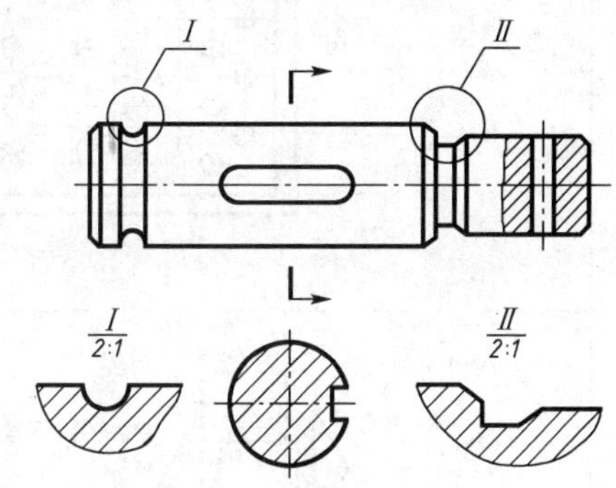

图 6-35　局部放大图

画局部放大图时，要用细实线圈出被放大的部位，并在图形上方注明比例大小。若机件上有几处需放大时，必须用罗马数字依次标明被放大部位，并在局部放大图上方用分数的形式标出相应的罗马数字和比例，如图 6-35 所示。

二、规定及简化画法

常用的规定及简化画法如表 6-2 所示。

表 6-2　常用的规定及简化画法

内容	图　例	说　明
断开画法	标注实长 a) b)	较长的机件沿长度方向形状一致(图 a)或按一定规律变化时(图 b)，可将机件断开后缩短绘制，但仍按实际长度标注尺寸

（续）

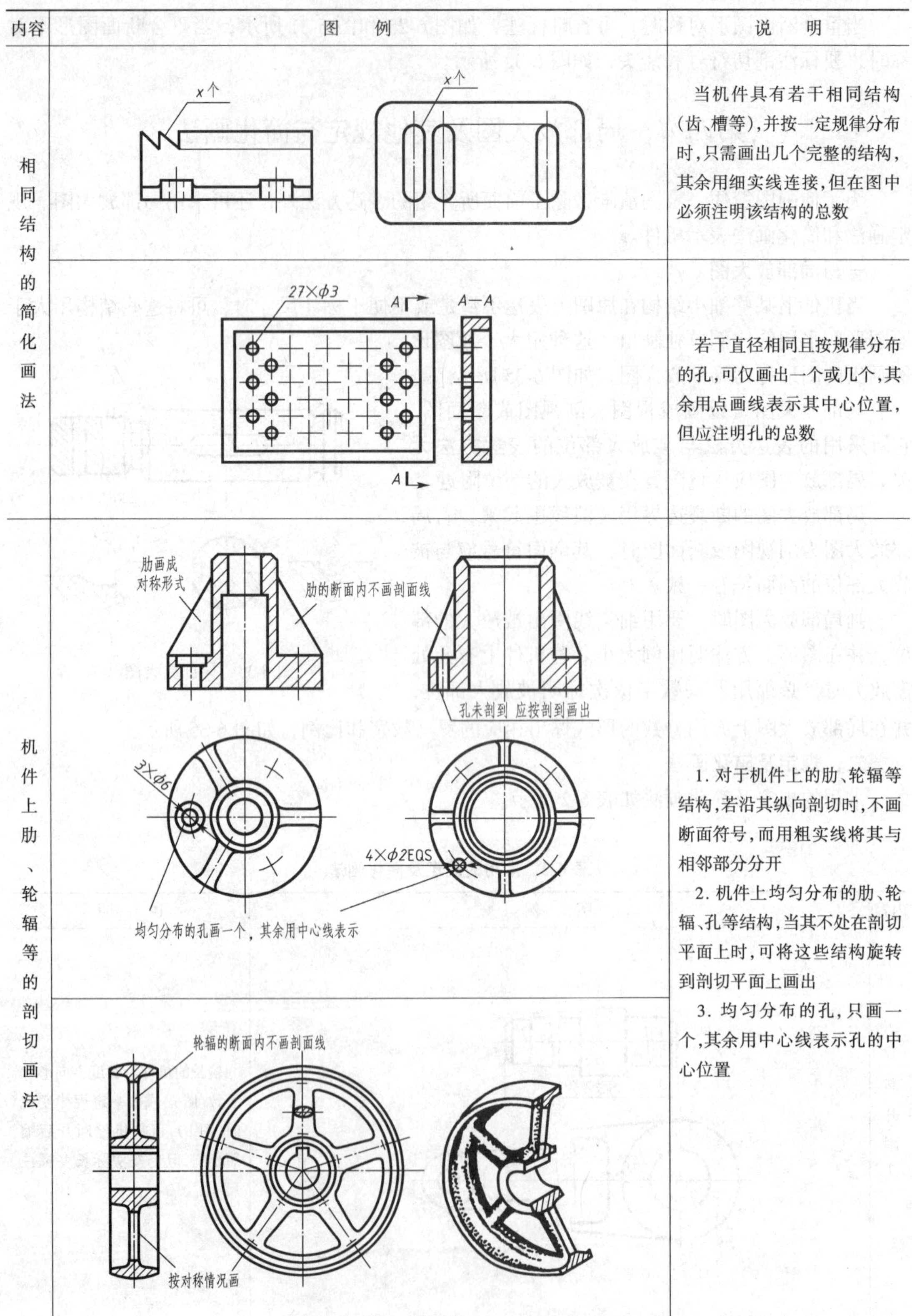

内容	图例	说明
相同结构的简化画法		当机件具有若干相同结构(齿、槽等),并按一定规律分布时,只需画出几个完整的结构,其余用细实线连接,但在图中必须注明该结构的总数
		若干直径相同且按规律分布的孔,可仅画出一个或几个,其余用点画线表示其中心位置,但应注明孔的总数
机件上肋、轮辐等的剖切画法		1. 对于机件上的肋、轮辐等结构,若沿其纵向剖切时,不画断面符号,而用粗实线将其与相邻部分分开 2. 机件上均匀分布的肋、轮辐、孔等结构,当其不处在剖切平面上时,可将这些结构旋转到剖切平面上画出 3. 均匀分布的孔,只画一个,其余用中心线表示孔的中心位置

（续）

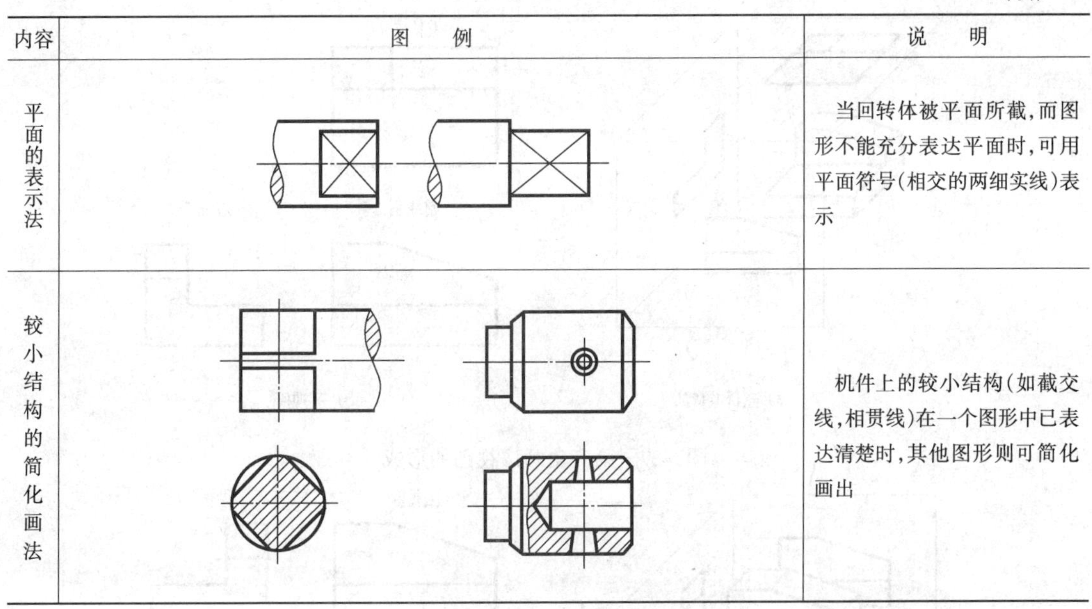

内容	图　例	说　明
平面的表示法		当回转体被平面所截，而图形不能充分表达平面时，可用平面符号（相交的两细实线）表示
较小结构的简化画法		机件上的较小结构（如截交线，相贯线）在一个图形中已表达清楚时，其他图形则可简化画出

第五节　第三角画法简介

根据国家标准规定，我国的技术图样主要是采用第一角画法绘制的，而美国、日本等有些国家采用的是第三角画法。随着技术交流的需要，我们要了解一些第三角画法的知识。

一、第三角画法视图的形成

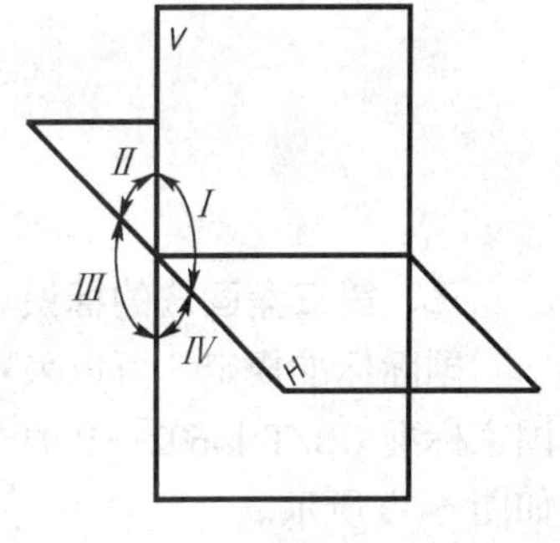

图 6-36　四个分角

如图 6-36 所示两个互相垂直相交的投影面，将空间分成Ⅰ、Ⅱ、Ⅲ、Ⅳ四个分角。采用第三角画法时，如图 6-37 所示，将物体置于第三分角内，这时投影面处于观察者与物体之间，以人→图→物的关系进行投射，在 *V* 面上形成的由前向后投射所得的图形称为前视图；在 *H* 面上形成的由上向下投射所得的图形称为顶视图；在 *W* 面上形成的由右向左投射所得的视图称为右视图。然后将其展开：*V* 面不动，将 *H* 面与 *W* 面沿交线拆开且分别绕它们与 *V* 面的交线向上、向右旋转 90°，这样三个面处于同一平面上，即得到物体的三视图。从图中可总结出三视图的投影规律：前、顶视图长对正；前、右视图高平齐；顶、右视图宽相等。

二、第三角画法与第一角画法的比较

第一角画法与第三角画法的主要区别在于：

第一角画法，是把物体放在观察者与投影面之间，投射方向是人→物→图（投影面）的关系，如图 6-38 所示。

第三角画法，是把物体放在投影面的另一边，投射方向是人→图（投影面）→物的关系，即将投影面视为透明的（像玻璃一样），投射时就像隔着“玻璃”看物体，将物体的轮廓形状印在物体前面的“玻璃”（投影面）上，如图 6-37 所示。

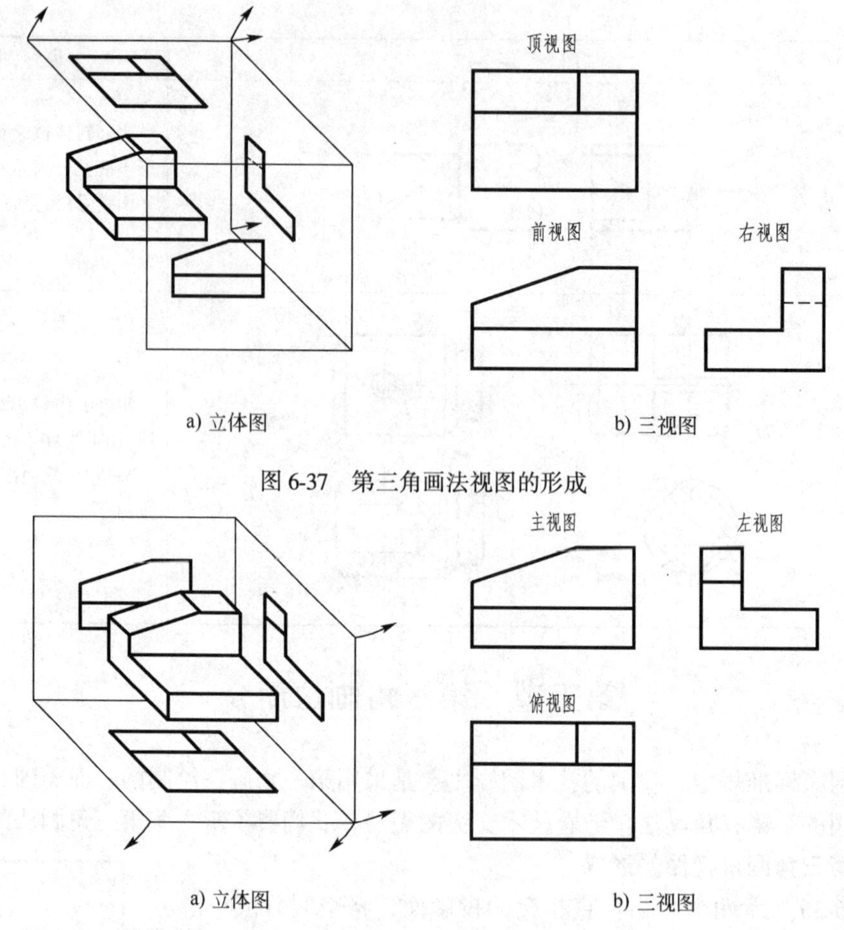

图 6-37　第三角画法视图的形成

图 6-38　第一角画法

三、第三角画法的标识

国际标准规定，可以采用第一角画法，也可以采用第三角画法。为了区别这两种画法，国家标准 GB/T 14692—1993 规定，在图纸上的标题栏内（或外面）画上标识符号，其画法如图 6-39 所示。

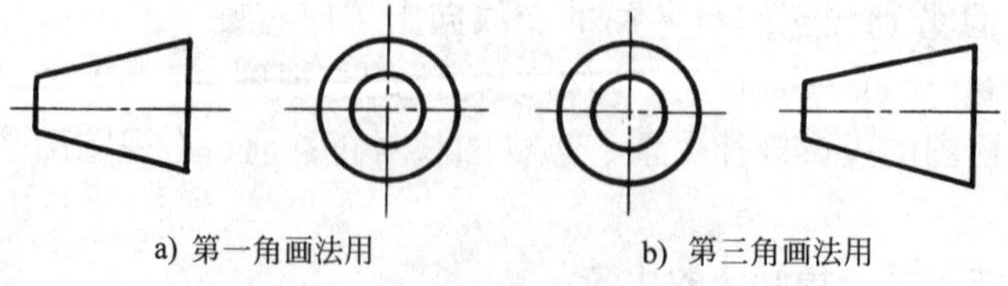

图 6-39　两种画法的标识符号

第七章　标准件与常用件

任何机器或设备都是由若干零件按一定方式组合而成的。如图 7-1 所示的柱塞泵就是由许多零件组成的。

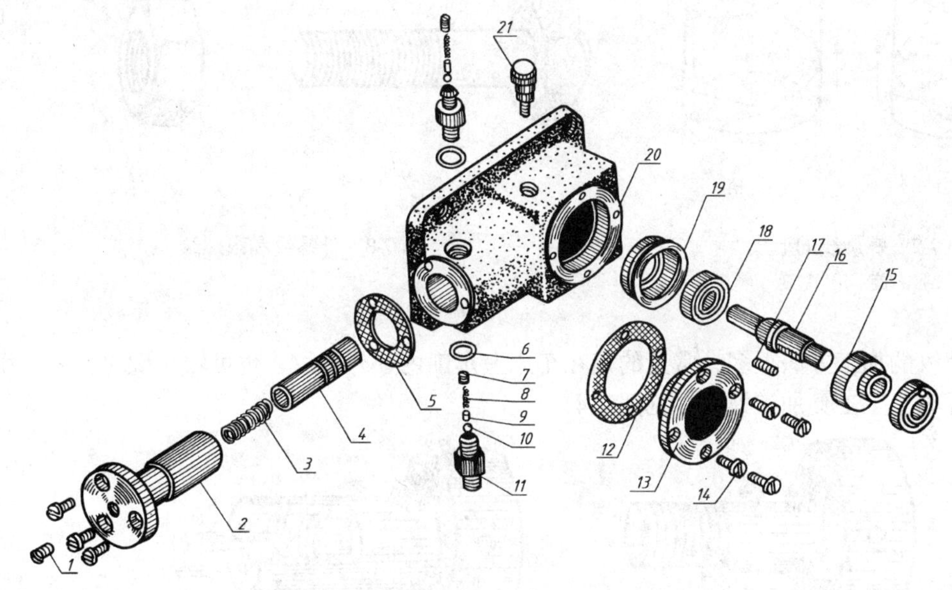

图 7-1　柱塞泵轴测分解图

1—螺钉　2—泵套　3—弹簧　4—柱塞　5—垫片　6—封油圈　7—螺钉　8—弹簧　9—球托　10—钢球　11—单向阀体　12—垫片　13—衬盖　14—螺钉　15—单凸轮　16—轴　17—键　18—滚动轴承　19—衬套　20—泵体　21—油杯

组成机器设备的这些零件中，有些零件应用十分广泛，如螺栓、螺母、垫圈、键、销、滚动轴承等。为了适应专业化大批量生产，提高产品质量，降低生产成本，国家标准对这类零件的结构尺寸和加工要求等作出了一系列的规定，是已经标准化、系列化了的零件，这类零件就称为标准件。另有一些零件，如齿轮、弹簧等，国家标准只对其部分尺寸和参数作出规定，但这类零件结构典型，应用也十分广泛，通常被称为常用件。

本章将介绍标准件与常用件的基本知识、规定画法、标记和有关标准及查表方法等内容。

第一节　螺纹与螺纹紧固件

一、螺纹

(一) 螺纹的形成和加工方法

圆柱面上一动点绕圆柱轴线作等速转动的同时，又沿圆柱母线等速直线运动而形成的复合运动轨迹，称为螺旋线，如图 7-2 所示。

一平面图形（如三角形、梯形、锯齿形等）沿圆柱表面上的螺旋线运动形成的具有相同断面的连续凸起和沟槽就称为螺纹。螺纹是零件上一种常见的标准结构要素，在圆柱外表面上形成的螺纹称为外螺纹；在圆柱内表面上形成的螺纹称为内螺纹，如图 7-3 所示。同样，在圆锥面上也可形成螺纹。

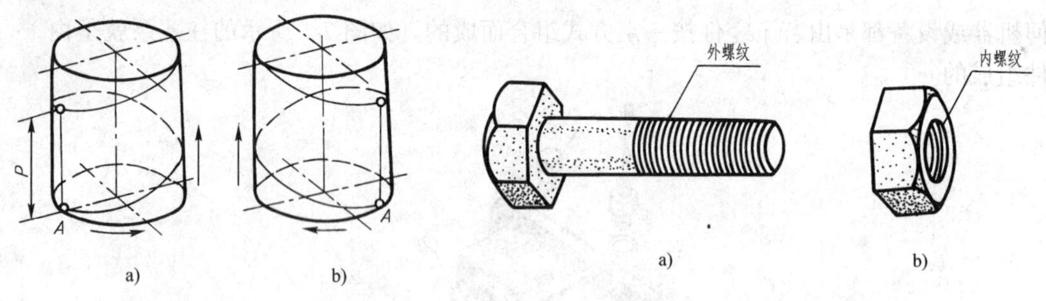

图 7-2　螺旋线的形成
a）右旋　b）左旋

图 7-3　外螺纹和内螺纹

形成螺纹的加工方法很多，常见的是在车床上车削内、外螺纹；也可辗压螺纹；还可用丝锥和板牙等手工工具加工螺纹（见图 7-4）。

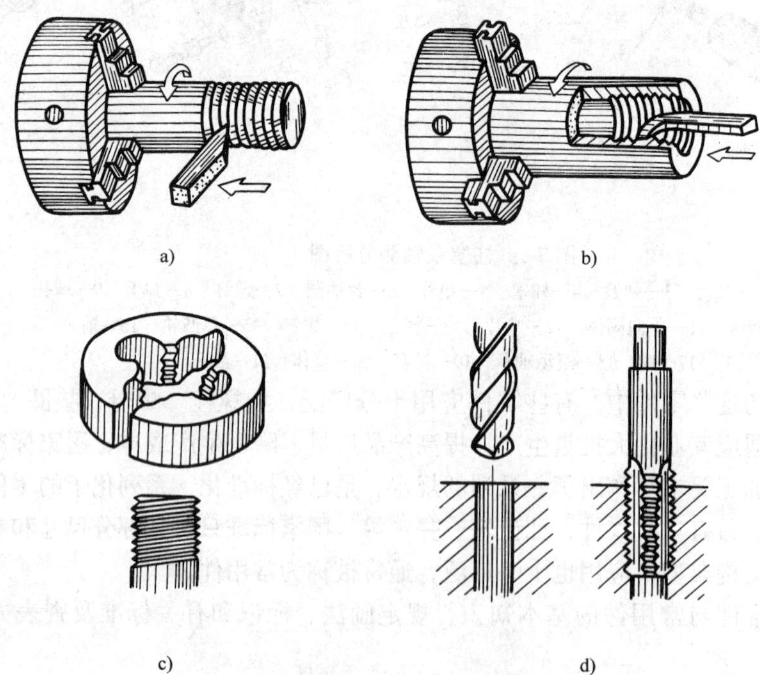

图 7-4　螺纹的加工方法
a）车外螺纹　b）车内螺纹　c）套外螺纹　d）攻内螺纹

（二）螺纹的要素

1. 螺纹牙型

螺纹在其轴线断面上的牙齿轮廓形状称为螺纹牙型。它由牙顶、牙底和两牙侧构成，并成一定的牙型角。常见的螺纹牙型有三角形、梯形、锯齿形和矩形等。如图 7-5 所示。

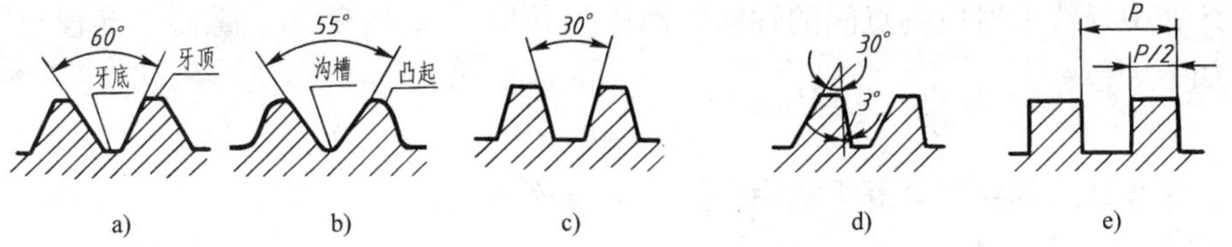

图 7-5　螺纹牙型

a）普通螺纹　b）管螺纹　c）梯形螺纹　d）锯齿形螺纹　e）矩形螺纹

2. 螺纹直径

（1）螺纹大径（公称直径）　螺纹大径是指与外螺纹牙顶或内螺纹牙底相重合的假想圆柱面直径，是螺纹的最大直径；外螺纹大径用 d 表示，内螺纹的大径用 D 表示，如图 7-6 所示。

（2）螺纹小径　螺纹小径是指与外螺纹牙底或内螺纹牙顶相重合的假想圆柱面直径，是螺纹的最小直径，分别用 d_1 或 D_1 表示（见图 7-6）。

外螺纹的大径或内螺纹的小径又称顶径；外螺纹的小径或内螺纹的大径，又称底径。

（3）螺纹中径　在螺纹大径和小径之间有一假想圆柱，在其母线上牙型的凸起和沟槽宽度相等，则该假想圆柱直径称为螺纹中径，分别用 d_2 和 D_2 表示（见图 7-6）。

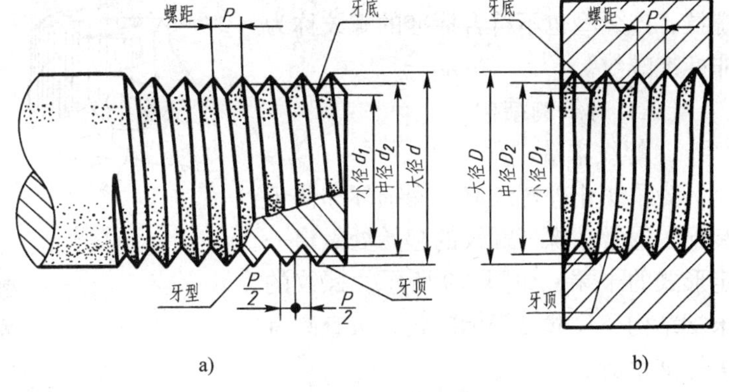

图 7-6　螺纹直径

a）外螺纹　b）内螺纹

3. 螺纹的线数

在同一圆柱（锥）面上车制螺纹的条数，称为螺纹线数，用 n 表示。螺纹有单线和多线之分，沿一条螺旋线形成的螺纹，称为单线螺纹；沿两条或两条以上螺旋线形成的螺纹，称为多线螺纹，如图 7-7 所示。

4. 螺距和导程

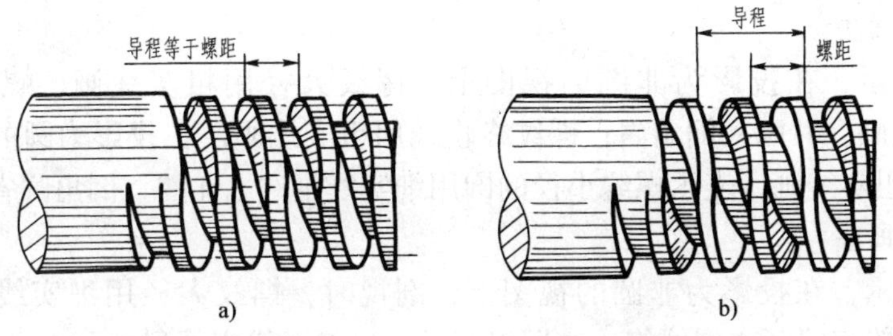

图 7-7　螺纹的线数、螺距与导程

a）单线螺纹　b）双线螺纹

螺纹上相邻两牙在中径线上对应两点间的距离，称为螺距，以 P 表示。同一条螺旋线上相邻两牙在中径线上对应两点间的轴向距离称为导程，以 P_h 表示。螺距、导程与线数三者之间有如下关系：

$$P_h = nP$$

显然，单线螺纹的导程就等于螺距，如图 7-7a 所示。

5. 旋向

螺纹有右旋和左旋之分。内、外螺纹旋合时，顺时针旋转时旋入的螺纹，称为右旋螺纹，逆时针旋转时旋入的螺纹，称为左旋螺纹，如图 7-8 所示。工程上常用右旋螺纹。

国家标准对螺纹五项要素中的牙型、公称直径和螺距作了规定。凡是上述三项要素都符合标准的螺纹称为标准螺纹；仅牙型符合标准的螺纹称为特殊螺纹，连牙型也不符合标准的螺纹称为非标准螺纹。

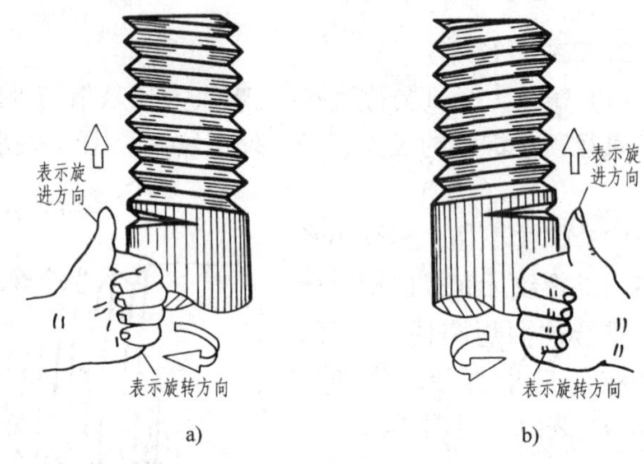

图 7-8 螺纹的旋向及判别方法

a）左旋螺旋 b）右旋螺纹

（三）螺纹的结构

1. 螺纹末端

为了防止外螺纹起始圈损坏和便于装配，通常在螺杆螺纹的起始处做出一定形式的末端，如图 7-9 所示。螺纹的末端结构、尺寸已经标准化，可查阅有关标准手册。

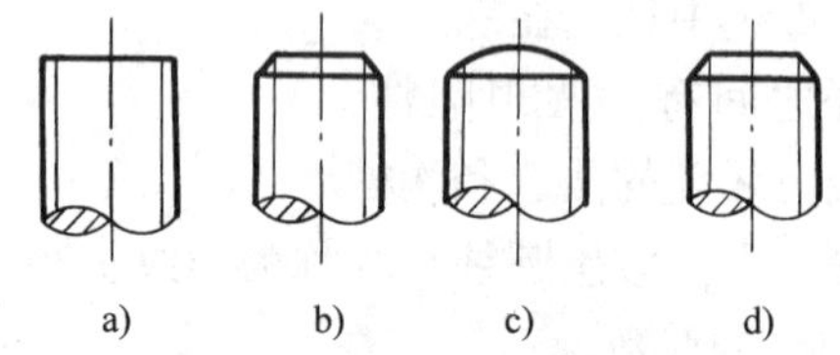

图 7-9 螺纹的末端

a）平端 b）倒角 c）球头 d）圆角

2. 螺纹收尾和退刀槽

车削螺纹的刀具接近螺纹末尾时要逐渐离开工件，因而螺纹末尾附近的螺纹牙型有一段不完整，称为螺尾，如图 7-10a 所示。有时为了避免产生螺尾，方便进刀和退刀，在该处预制出一个退刀槽，如图 7-10b 所示。

（四）螺纹的规定画法

根据国家标准的规定，在图样上绘制螺纹按规定画法作图，而不必画出真实投影。

1. 外螺纹的画法

如图 7-11 所示，在投影为非圆的视图上，螺纹大径用粗实线画；螺纹小径（$d_1 = 0.85d$）用细实线画，并画入倒角内；螺纹终止线用粗实线画。在投影为圆的视图上，表示螺纹大径的圆用粗实线画，表示螺纹小径的圆用细实线画约 3/4 圈，倒角圆省略不画。

2. 内螺纹的画法

如图 7-12 所示，在投影为非圆的视图上，剖视时，螺纹大径用细实线画，螺纹小径（$D_1 = 0.85D$）用粗实线画，螺纹终止线用粗实线画，剖面线应画到表示小径的粗实线为止；不剖时，全部按虚线画出。在投影为圆的视图上，表示螺纹大径的圆用细实线画约 3/4 圈，表示螺纹小径的圆用粗实线画，倒角圆省略不画。

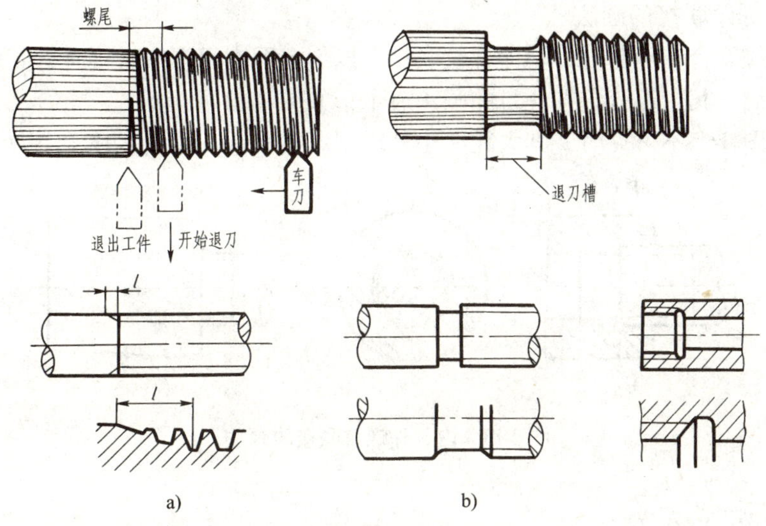

图 7-10 螺尾与螺纹退刀槽

a）螺尾 b）退刀槽

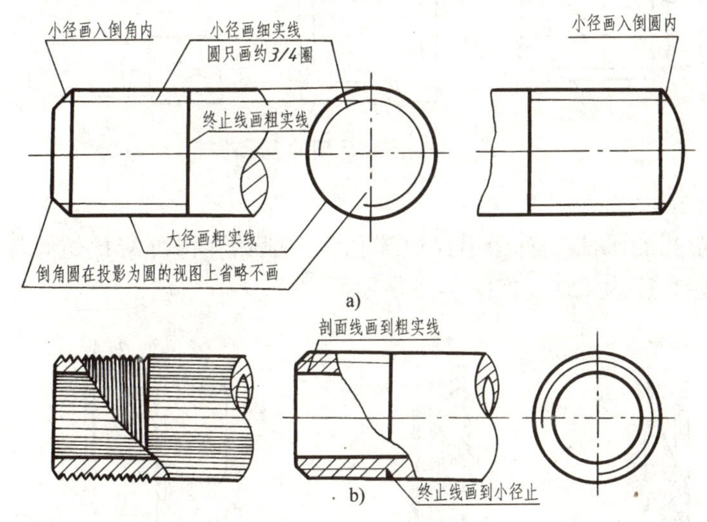

图 7-11 外螺纹的画法

a）视图画法 b）剖视图画法

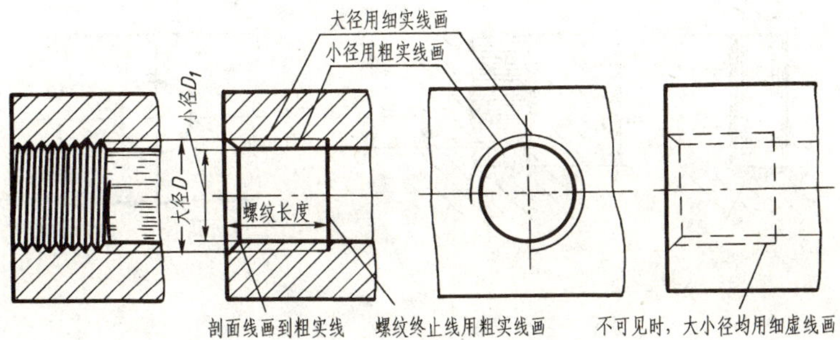

图 7-12 内螺纹的画法

3. 内、外螺纹联接的画法

内、外螺纹旋合在一起时，称为螺纹联接。以剖视图表示螺纹联接时，其旋合部分按外螺纹的画法绘制，其余部分仍按各自的画法表示，如图 7-13 所示。

当螺纹在图样上不可见时，其大径、小径均用虚线绘制，如图 7-12 和图 7-13 所示。

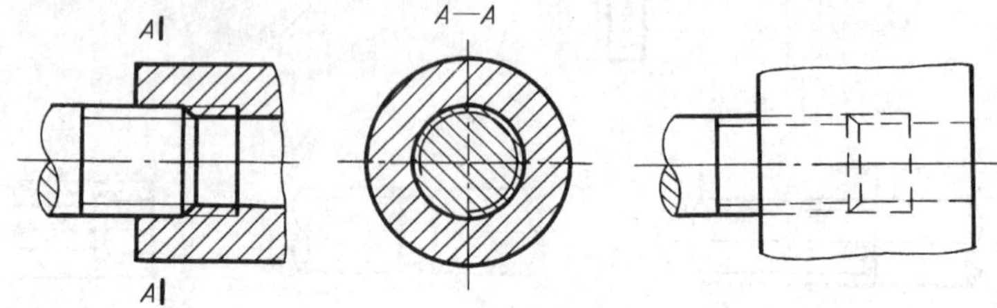

图 7-13　内、外螺纹联接的画法

4. 螺纹牙型的表示法

当需要表示螺纹的牙型时，应按图 7-14 所示的方法表示，并标注所需尺寸及有关要求。

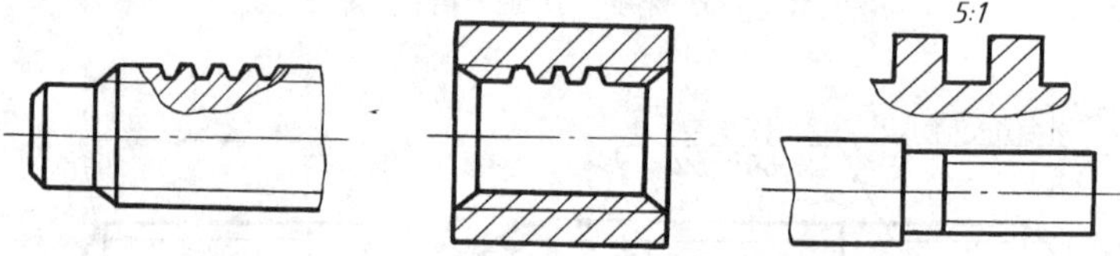

图 7-14　螺纹牙型的表示法

5. 其他规定画法

(1) 不穿通螺孔的画法　对于不穿通螺孔，一般钻孔深度应比螺孔深 (0.2 ~ 0.5) D，并且钻孔底部的锥角应为 120°，如图 7-15 所示。

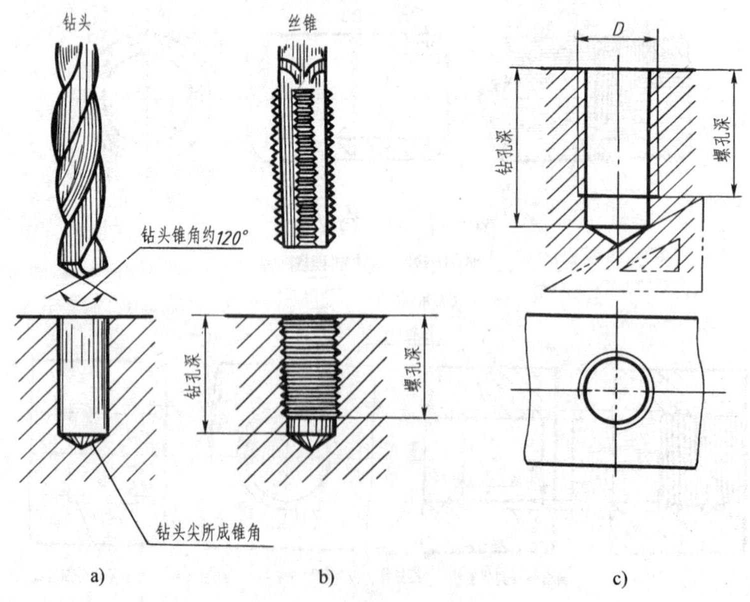

图 7-15　不穿通螺孔的画法

（2）部分螺孔的画法　零件上有时会出现部分螺孔的情况。当绘制这种螺纹的投影为圆的视图时，螺纹的牙底线也应适当地空出一段距离，如图 7-16 所示。

（3）螺纹收尾的画法　螺纹收尾一般不画出。当需要表示时，螺纹底部的牙底用与轴线成 30°角的细实线表示，如图 7-17 所示。注意在这种情况下螺纹终止线应画在有效螺纹长度的终止处。

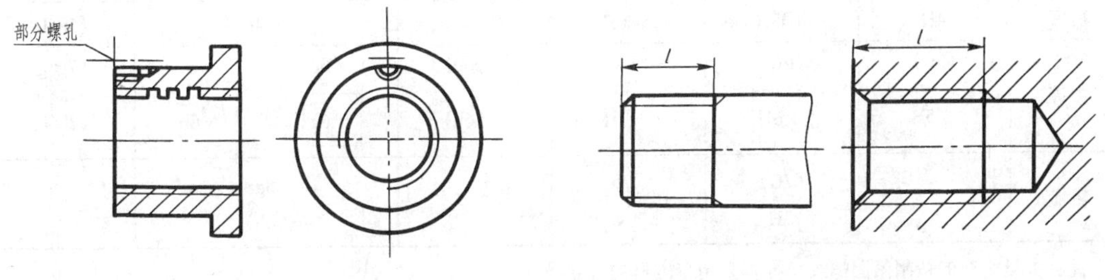

图 7-16　部分螺孔的画法　　图 7-17　螺尾的画法

（4）螺孔相贯线的画法　螺孔与螺孔、螺孔与光孔相交时，只在牙顶处（螺纹小径）画一条相贯线，如图 7-18 所示。

（5）锥形螺纹的画法　圆锥形螺纹的画法如图 7-19 所示，在垂直于轴线的投影面的视图中，左视图上按螺纹的大端绘制，右视图上按螺纹的小端绘制。

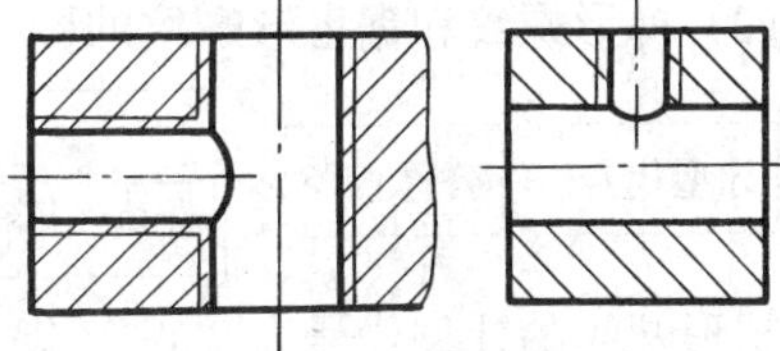

图 7-18　螺孔中相贯线的画法

（五）螺纹的分类和标记

1. 螺纹的分类

螺纹的分类方法很多。通常按牙型可分为普通螺纹、梯形螺纹、锯齿形螺纹和管螺纹等；按用途可分为联接螺纹、传动螺纹和专门用途螺纹等。

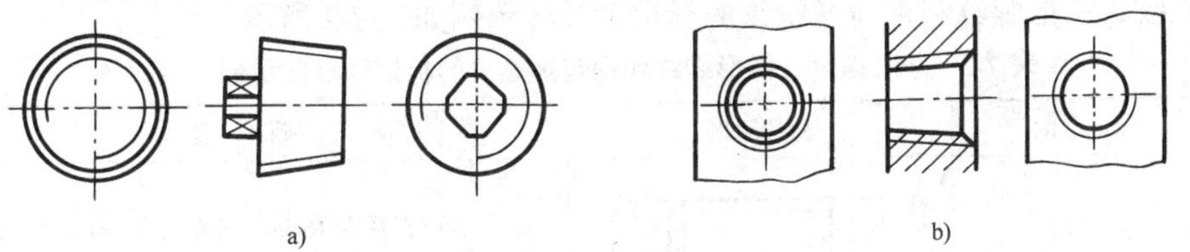

图 7-19　锥形螺纹的画法

2. 螺纹的标记

由于各种螺纹的画法都是相同的，因此国家标准规定标准螺纹用规定的标记标注，并注在螺纹的公称直径上，以区别不同种类的螺纹。各种螺纹的标注方法和示例，分述如下：

（1）普通螺纹的标记　普通螺纹标记的具体项目及格式如下：

牙型代号		公称直径	×	螺矩旋向	–	螺纹公差带代号	–	旋合长度

普通螺纹牙型代号为 M。普通粗牙螺纹省略标注螺距。右旋螺纹不注旋向，左旋螺纹应注“LH”字。

普通螺纹的公差带代号由表示公差等级的数字及表示公差位置的字母组成，大写字母表示内螺纹，小写字母表示外螺纹。普通螺纹应注写中径和顶径公差代号。如两者相同，则可只注写一个，公差带选用见表 7-1。

表 7-1 普通螺纹选用公差带（GB/T 197—2003）

<table>
<tr><th rowspan="2">精度</th><th colspan="3">内 螺 纹</th><th colspan="3">外 螺 纹</th></tr>
<tr><th>S</th><th>N</th><th>L</th><th>S</th><th>N</th><th>L</th></tr>
<tr><td>精密</td><td>4H</td><td>4H5H</td><td>5H6H</td><td>（3h4h）</td><td>* 4h</td><td>（5h4h）</td></tr>
<tr><td>中等</td><td>（5G）
* 5H</td><td>（6G）
[* 6H]</td><td>（7G）
* 7H</td><td>（5g6g）
（5h6h）</td><td>* 6e　* 6f
[* 6g]　* 6h</td><td>（7g6g）
（7h6h）</td></tr>
<tr><td>粗糙</td><td></td><td>（7G）
7H</td><td></td><td></td><td>8g
（8h）</td><td></td></tr>
</table>

注：大量生产的精制紧固螺纹，推荐采用带方框的公差带。

带 * 号的公差带应优先选用，不带 * 号的其次选用，加括号的尽量不用。

普通螺纹的旋合长度规定了短、中、长三种，其代号分别为 S、N、L。在一般情况下其螺纹按中等长度确定而并不标注旋合长度。必要时可标注 S 或 L 或旋合长度数值。

（2）梯形螺纹和锯齿形螺纹的标注　梯形螺纹和锯齿形螺纹的标记格式如下：

[牙型代号] [公称直径] × [螺矩（单线）/导程（P 螺程）（多线）] - [旋向] - [中径公差带代号] - [旋合长度]

梯形螺纹的牙型代号为“Tr”。锯齿形螺纹的牙型代号为“B”。左旋螺纹的旋向代号为 LH，需标注；右旋不标注。其螺纹公差带表示中径公差带。

梯形螺纹和锯齿形螺纹的旋合长度分为中（N）、长（L）两组，精度规定中等、粗糙两种。选用中等（N）旋合长度时，不标注代号“N”。

普通螺纹、梯形螺纹和锯齿形螺纹的标记和标注示例如表 7-2 所示。

表 7-2 普通螺纹、梯形螺纹和锯齿形螺纹的标记和标注示例

<table>
<tr><th>螺纹种类</th><th>标记示例</th><th>标注示例</th><th>附 注</th></tr>
<tr><td rowspan="3">普通螺纹 M</td><td>M16 × 1.5-6e</td><td> 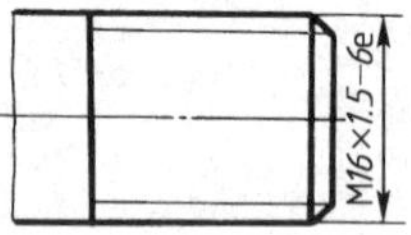M16×1.5-6e</td><td>表示公称直径为 16mm、螺距为 1.5mm 的右旋细牙普通螺纹（外螺纹），中径和顶径公差带代号均为 6e，中等旋合长度</td></tr>
<tr><td>M10LH-5g6g-S</td><td> 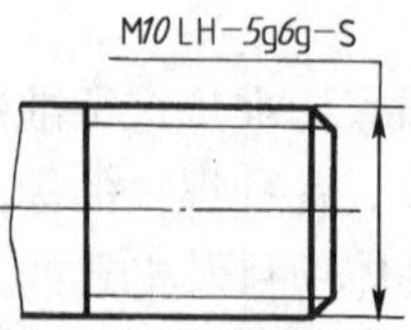M10 LH-5g6g-S</td><td>表示公称直径为 10mm 的左旋粗牙普通螺纹（外螺纹），中径公差带代号为 5g，顶径公差带代号为 6g，短旋合长度</td></tr>
<tr><td>M10-6H</td><td> 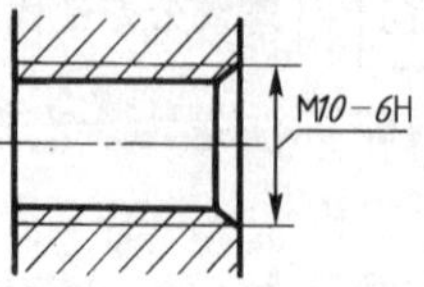M10-6H</td><td>表示公称直径为 10mm 的右旋粗牙普通螺纹（内螺纹），中径和顶径公差带代号均为 6H，中等旋合长度</td></tr>
</table>

（续）

螺纹种类	标记示例	标注示例	附　　注
梯形螺纹Tr	Tr40×7-7e	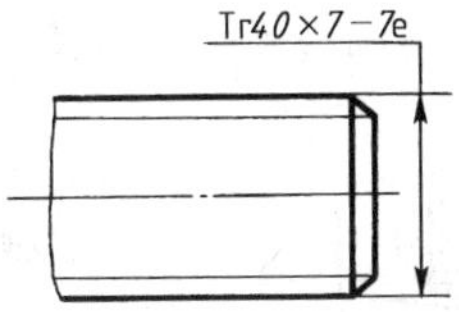 Tr40×7-7e	表示公称直径为40mm、螺距为7mm单线右旋的梯形外螺纹，中径公差带代号为7e，中等旋合长度
	Tr40×14（*P*7）LH-8e-L	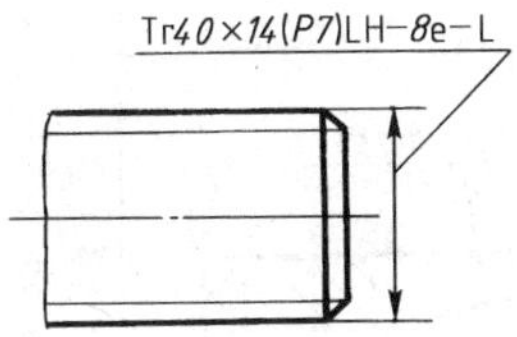 Tr40×14(P7)LH-8e-L	表示公称直径为40mm、导程为14mm、螺距为7mm的双线左旋梯形外螺纹，中径公差带代号为8e，长旋合长度
锯齿形螺纹B	B90×12LH-7c	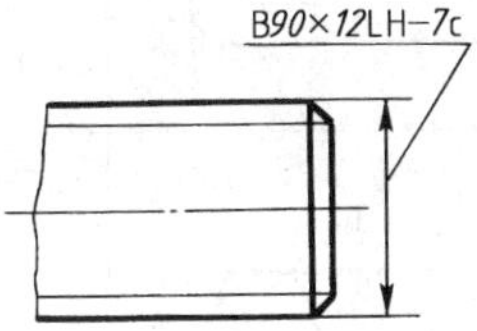 B90×12LH-7c	表示公称直径为90mm、螺距为12mm的单线左旋锯齿形外螺纹，中径公差带代号为7c，中等旋合长度

（3）管螺纹的标注　管螺纹的标记格式如下：

螺纹特征代号　尺寸代号 - 公差等级代号 - 旋向代号

管螺纹分为55°密封管螺纹和55°非密封管螺纹。其特征代号也分为两类：对于55°密封的管螺纹，其圆锥内螺纹的代号为Rc，圆柱内螺纹的代号为Rp，圆锥外螺纹的代号为R；与圆锥内螺纹相配合的圆锥外螺纹代号为R_2，与圆锥内螺纹相配合的圆锥外螺纹代号为R_1。对于55°非密封管螺纹，其代号为G。

尺寸代号可从有关表格中查得。

公差等级只适用非螺纹密封的外管螺纹，分为A、B两个精度等级。

螺纹为右旋时不标注旋向代号；为左旋时标“LH”。

60°圆锥管螺纹的标记由特征代号和尺寸代号组成。其特征代号为“NPT”。例如NPT3/8LH表示60°牙型角的圆锥管螺纹，尺寸代号为3/8，左旋。

管螺纹的标注示例，如表7-3所示。

表7-3　管螺纹的标注示例

螺纹种类		标记示例	标注示例	说　明
55°密封管螺纹	圆柱内螺纹 Rp	Rp1	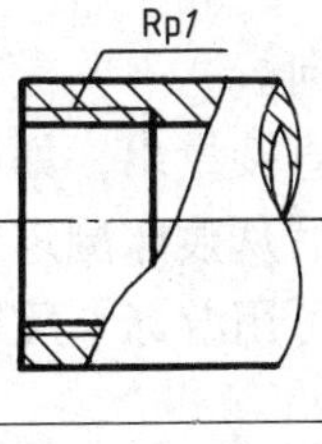 Rp1	表示尺寸代号为1、用螺纹密封的圆柱内螺纹

（续）

螺纹种类		标记示例	标注示例	说明
55°密封管螺纹	圆锥外螺纹 R	R1/2LH		表示尺寸代号为 1/2、用螺纹密封的圆锥外螺纹，左旋
	圆锥内螺纹 Rc	Rc1/2		表示尺寸代号为 1/2、用螺纹密封的圆锥内螺纹
55°非密封管螺纹		G1		表示尺寸代号为 1、非螺纹密封的圆柱内螺纹
		G3/4B		表示尺寸代号为 3/4、非螺纹密封的 B 级圆柱外螺纹

（4）特殊螺纹和非标准螺纹的标注　对于特殊螺纹的标注，在代号之前加注“特”字，如：

特 M36×0.75-7H

非标准螺纹的标注如图 7-20 所示。

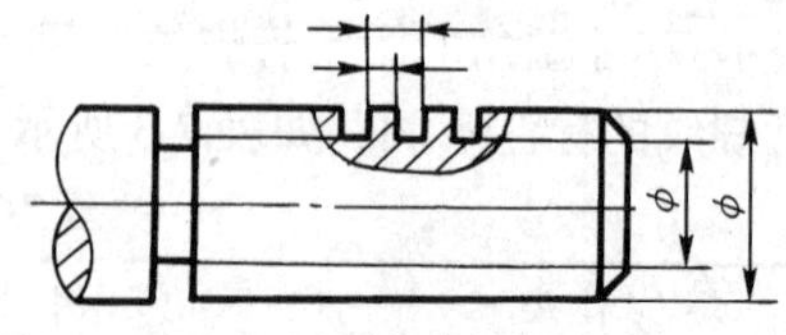

图 7-20　非标准螺纹的标注

（六）螺纹的测绘

螺纹测绘是工程实际中经常碰到的一项技术工作，其方法与步骤如下：

（1）凭目测确定螺纹线数和旋向。

（2）测量螺距　可用螺纹样板直接量出，如图 7-21a 所示。也可用拓印法测量，即将螺纹放在一洁净的纸上压出痕迹，然后从痕印测定出螺距，如图 7-21b 所示。

（3）确定螺纹大径　对外螺纹可用游标卡尺等直接量出，对内螺纹可先量螺纹小径，然后由螺纹标准查出其大径尺寸。

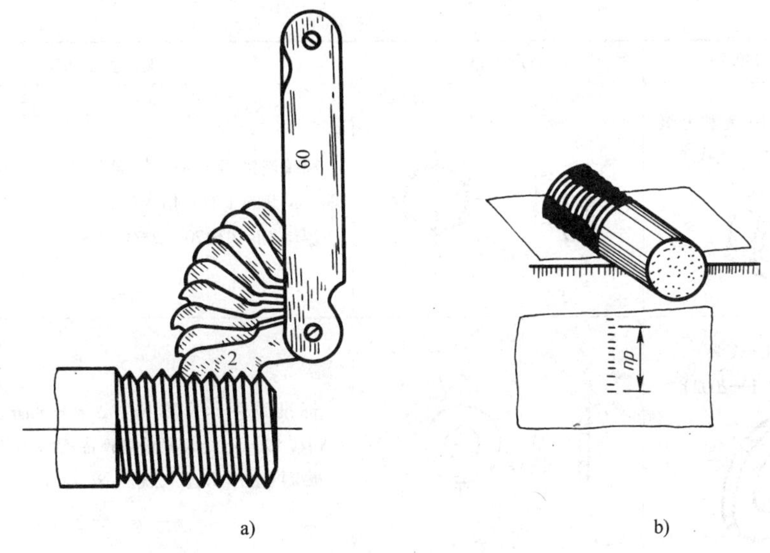

a)　　　　b)

图 7-21　螺距测量方法

(4) 查表确定代号　根据牙型、螺距、大径、旋向等查螺纹标准，确定螺纹代号。

二、螺纹紧固件及其联接

用螺纹紧固件联接，是工程上应用最广泛的一种可拆联接方式。螺纹紧固件一般属于标准件，它的结构形式和类型很多，可根据需要在有关标准中查出其尺寸，一般无需画出它们的零件图，只需按规定进行标记。

(一) 螺纹紧固件的规定标记

螺纹紧固件的规定标记由名称、标准代号、型式与尺寸、性能等级等组成。常用的几种螺纹紧固件及其标记示例如表 7-4 所示。

表 7-4　常用的几种螺纹紧固件及其标记示例

序号	名称（标准号）	图例及规格尺寸	标记示例
1	六角头螺栓—A 和 B 级 (GB/T 5782—2000)	40　M8	螺纹规格 d = M8、公称长度 l = 40mm、性能等级为 8.8 级、表面氧化、A 级的六角头螺栓： 螺栓　GB/T 5782—2000—M8 × 40
2	双头螺柱 $b_m = ld$（GB/T 897—1988）	b_m　35　M8	两端均为粗牙普通螺纹，d = 8mm、l = 35mm、性能等级为 4.8 级、不经表面处理、B 型、$b_m = ld$ 的双头螺柱： 螺柱 GB/T 897—1988—M8 × 35

（续）

序号	名称（标准号）	图例及规格尺寸	标 记 示 例
3	1 型六角螺母—A 和 B 级 （GB/T 6170—2000） 	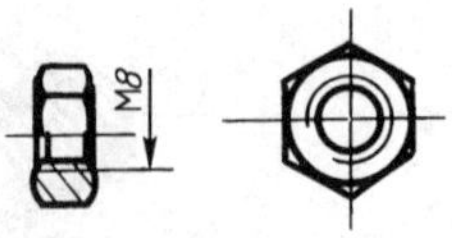 M8	螺纹规格 D = M8、性能等级为 10 级、不经表面处理、A 型的 1 型六角螺母： 螺母 GB/T 6170—2000—M8
4	平垫圈—A 级 （GB/T 97.1—2002） 	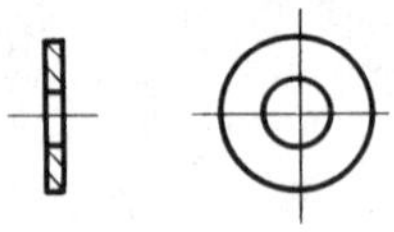	标准系列、公称尺寸、d = 8mm、性能等级为 200HV 级、不经表面处理产品等级为 A 级的平垫圈： 垫圈 GB/T 97.1—2002—8
5	标准型弹簧垫圈 （GB/T 93—1987） 	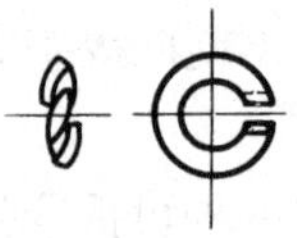	规格 8mm、材料为 65Mn、表面氧化的标准型弹簧垫圈： 垫圈 GB/T 93—1987—8
6	开槽盘头螺钉 （GB/T 67—2000） 	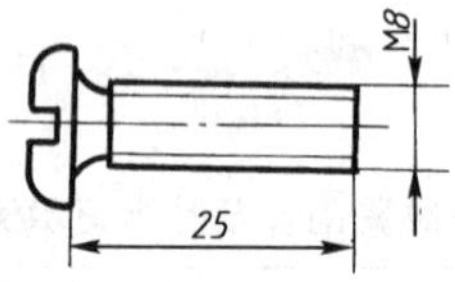 M8 25	螺纹规格 d = M8、公称长度 l = 25mm、性能等级为 4.8 级、不经表面处理的开槽盘头螺钉： 螺钉 GB/T 67　M8 × 25
7	开槽沉头螺钉 （GB/T 68—2000） 	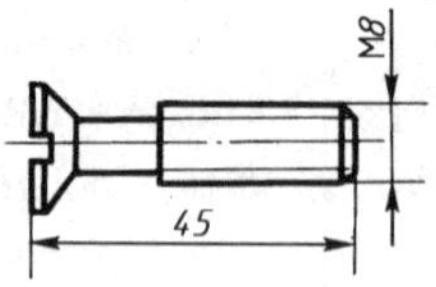 M8 45	螺纹规格 d = M8、公称长度 l = 45mm、性能等级为 4.8 级、不经表面处理的开槽沉头螺钉： 螺钉 GB/T 68　M8 × 45
8	内六角圆柱头螺钉 （GB/T 70.1—2000） 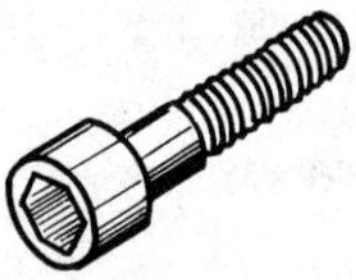	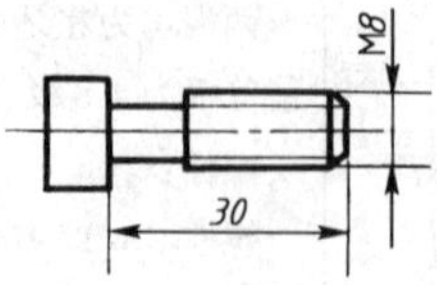 M8 30	螺纹规格 d = M8、公称长度 l = 30mm、性能等级为 8.8 级、表面氧化的内六角圆柱头螺钉： 螺钉 GB/T 70.1　2000　M8 × 30

（续）

序号	名称（标准号）	图例及规格尺寸	标 记 示 例
9	开槽锥端紧定螺钉 （GB/T 71—1985）	M8 25	螺纹规格 d = M8、公称长度 l = 25mm、性能等级为14H级、表面氧化的开槽锥端紧定螺钉： 螺钉 GB/T 71—1985 M8 × 25

注：平垫圈的公称尺寸与弹簧垫圈的规格尺寸是指与之相配用的螺纹直径，并非垫圈的内径或外径。

（二）螺纹紧固件的画法

（1）按标准规定的数据画图　根据其规定标记查阅有关标准，按标准规定的数据画出零件工作图，一般只有标准件生产厂才有必要这样画图。

（2）按比例画图　为了提高画图速度，螺纹紧固件各部分尺寸都可按螺纹大径 d 的一定比例画图，称为比例画法。采用比例画法时，螺纹紧固件的有效长度按被联接件的厚度决定，并按实长画出，如图 7-22 所示。

（三）螺纹紧固件联接的画法

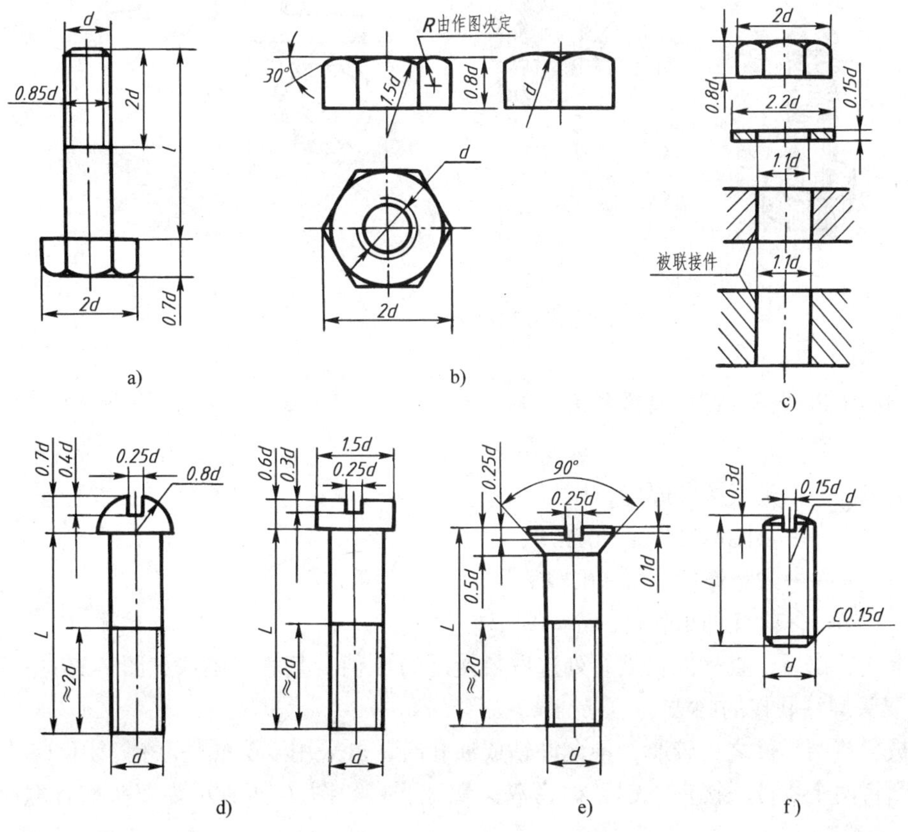

图 7-22　常见螺纹紧固件的比例画法

1. 基本规定

螺纹紧固件联接，通常有螺栓联接、螺柱联接和螺钉联接三种。画螺纹紧固件联接图时，应遵守下列基本规定：

（1）两零件的接触面只画一条线，并不得特别加粗。凡不接触表面，无论间隔多小都要画成两条线。

（2）在剖视图中，相邻两零件的剖面线方向应相反，无法做到时应互相错开。同一零件在各个视图上的剖面线方向、间隔应相同。

（3）当剖切平面通过螺纹紧固件的轴线时，这些零件都按不剖画出外形，不画剖面线。但如果垂直其轴线剖切，则按剖视要求画出。

2. 螺栓联接画法

螺栓联接一般适应于两个不太厚并允许钻成通孔的零件间的联接。它由螺栓、螺母和垫圈将两零件联接在一起，如图 7-23 所示。

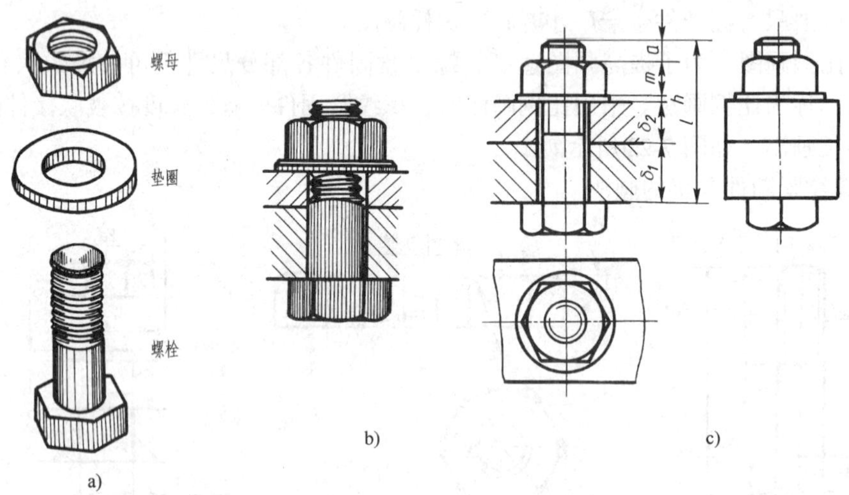

图 7-23　螺栓联接的画法

从图中可以看出，螺栓有效长度 L 应符合

$$L \geqslant \delta_1 + \delta_2 + h + m + a$$

式中　δ_1、δ_2——被联接件厚度；

h——垫圈厚度，$h = 0.15d$；

m——螺母厚度，$m = 0.8d$；

a——螺栓伸出长度，$a = 0.3d$。

按上式算出后，查标准长度系列选取最接近的 L 值。其联接画法如图 7-23c 所示。

3. 双头螺柱联接的画法

当被联接两零件之一较厚，不允许钻成通孔时，可采用双头螺柱联接。用双头螺柱、螺母和垫圈将两个零件联接在一起，称为双头螺柱联接，图 7-24 所示为双头螺柱联接及其画法。

画双头螺柱联接时应注意以下几点：

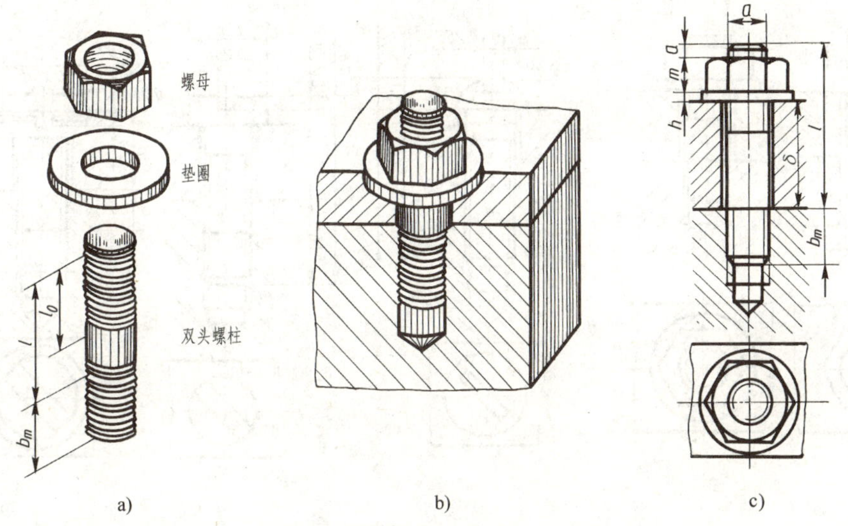

图 7-24　双头螺柱联接的画法

(1) 螺柱的旋入端 b_m 与被联接件的材料有关。国家标准规定按材料的不同，b_m 有表 7-5 所示几种情况。

表 7-5　螺柱的选用

螺孔件的材料	旋入端长度 b_m	国际代号
钢、青铜、硬铝	$b_m = 1d$	GB/T 897—1988
铸　　铁	$b_m = 1.25d$ 或 $b_m = 1.5d$	GB/T 898—1988 GB/T 899—1988
铝、有色金属及较软材料	$b_m = 2d$	GB/T 900—1988

(2) 螺柱旋入端应全部旋入螺孔内，所以螺柱旋入端螺纹终止线应与螺孔件的孔口平齐。

(3) 螺柱有效长度应按下式确定

$$L \geqslant \delta + h + m + a$$

式中　δ——光孔件厚度，由设计给定；

h——垫圈厚度，$h = 0.15d$；

m——螺母厚度，$m = 0.8d$；

a——螺柱伸出长度，$a = 0.3d$。

在装配图中，螺栓联接和螺柱联接提倡采用图 7-25 所示的简化画法，将螺杆端部及螺母、螺栓六角头部因倒角而产生的截交线等均省略不画；螺孔中的钻孔深度也可省略不画。

4. 螺钉联接的画法

在较厚的零件上加工出螺孔，而在另一零件上加工成光孔，将螺钉穿过光孔而旋进螺孔，靠螺钉头部压紧使两个被联接零件联接在一起，称为螺钉联接。螺钉联接一般用于受力不大的联接中。图 7-26 是常见螺钉联接的画法。

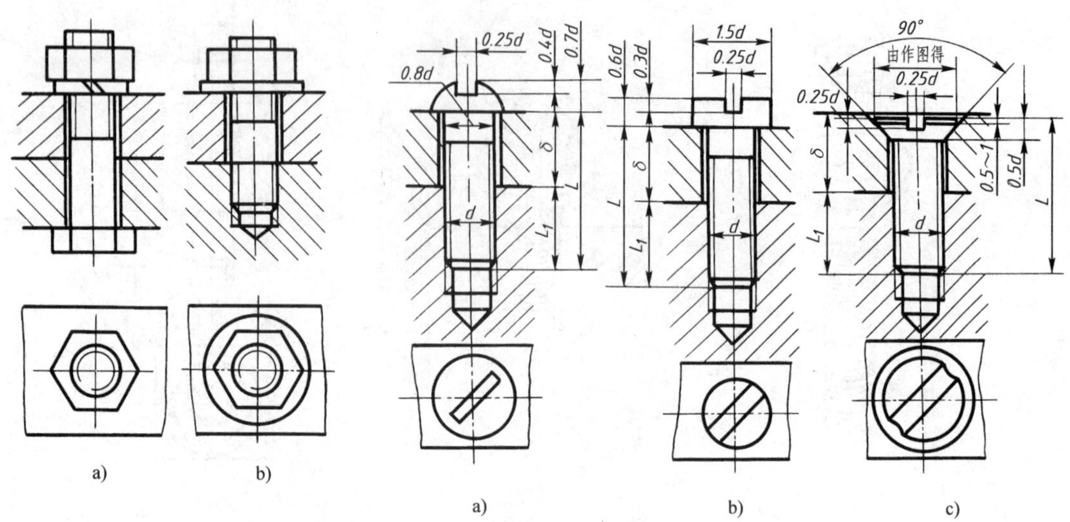

图 7-25　提倡采用的简化画法
a）螺栓联接　b）螺柱联接

图 7-26　螺钉联接的画法
a）半圆头螺钉联接　b）圆柱头螺钉联接　c）沉头螺钉联接

画螺钉联接时应注意以下几点：

（1）螺钉的螺纹终止线不能与结合面平齐，而应画入光孔件范围内。

（2）采用带一字旋具槽的螺钉联接时，其槽的画法应按图 7-26c 画出。

（3）当一字旋具槽槽宽小于等于 2mm 时，可涂黑表示。

（4）当采用锥端紧定螺钉联接时，其画法如图 7-27 所示。

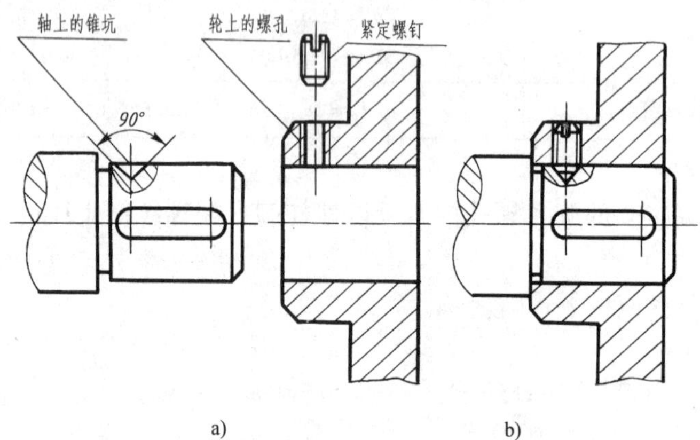

图 7-27　锥端紧定螺钉联接的画法

第二节　键联接与销联接

一、键联接

键主要用于联接轴和装在轴上的转动零件（如齿轮、带轮等），起传递扭矩的作用。图 7-28 所示是键联接情况的轴测图。

1. 常用键及其标记

键是标准件，常用的键有普通平键、半圆键和钩头楔键等几种。普通平键又有 A 型（圆头）、B 型（平头）和 C 型（单圆头）三种。表 7-6 列出了这几种键及其标记示例。

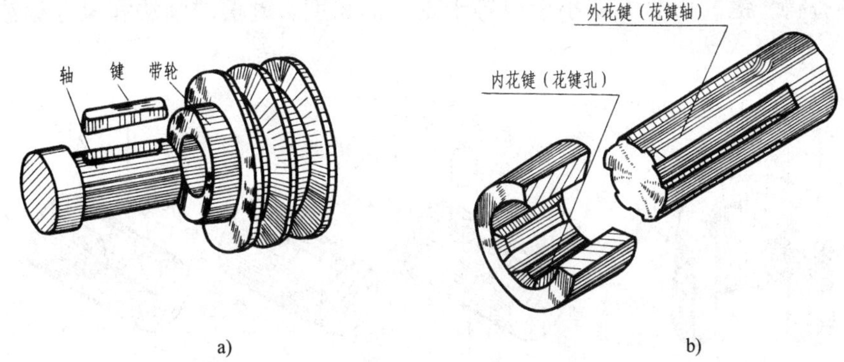

图 7-28 键联接

a）普通平键联接 b）花键联接

表 7-6 键及其标记示例

序号	名称（标准号）	图 例	标 记 示 例
1	普通平键 （GB/T 1096—2003）	C或r h R=b/2 b L	$b=8\text{mm}$、$h=7\text{mm}$、$L=25\text{mm}$ 的普通平键（A 型）： 键 GB/T 1096—2003 8×7×25
2	半圆键 （GB/T 1099.1—2003）	L b r d_1 h r≈0.1b	$b=6\text{mm}$、$h=10\text{mm}$、$d_1=25\text{mm}$、$L=24.5\text{mm}$ 的半圆键： 键 GB/T 1099.1—2003 6×25
3	钩头楔键 （GB/T 1565—2003）	45° h C或r 1:100 h h h_1 b b L	$b=18\text{mm}$、$h=11\text{mm}$、$L=100\text{mm}$ 的钩头楔键： 键 GB/T 1565—2003 18×11×100

2. 键槽的画法及尺寸标注

因为键是标准件，所以一般不必画出它的零件图。但要画出零件上与键相配合的键槽。

键槽有轴上的键槽和轮毂上的键槽，其常用的加工方法如图 7-29 所示。

键槽的宽度 b 可根据轴的直径 d 查表确定，轴上的槽深 t 和轮毂上的槽深 t_1 可以分别从键的标准中查得，键的长度 L 应小于或等于轮毂的长度。键槽的画法和尺寸标注如图 7-30 所示。

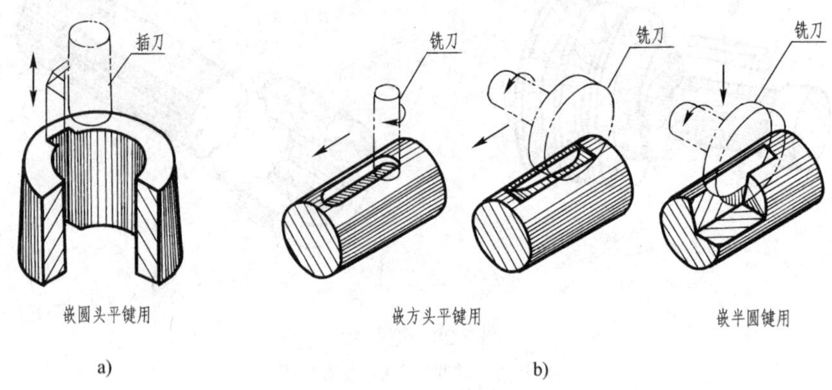

图 7-29　键槽的常用加工方法
a）轮毂上键槽　b）轴上键槽

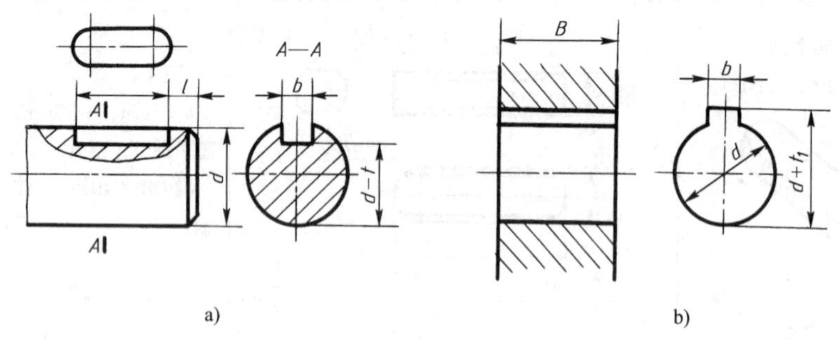

图 7-30　键槽的画法及尺寸标注

3. 键联接的画法

（1）普通平键联接（图 7-31）和半圆键联接（图 7-32）的画法　这两种键的联接作用原理相似。半圆键用于载荷不大的传动轴上。

画图时，因普通平键和半圆键的两侧面为其工作面，它与轴、轮毂的键槽两侧面相接触，所以分别只画一条线；而键的上、下底面为非工作面，其上底面与轮毂键槽的底面有一定的间隙，应画两条线。

在反映键长方向的剖视图中，轴采用局部剖视，键按不剖画出。

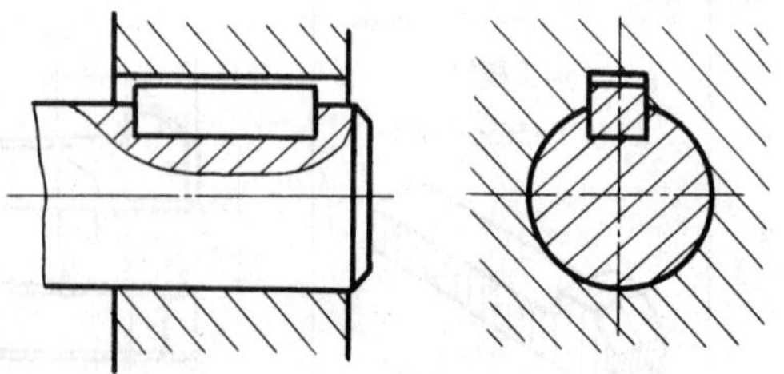

图 7-31　普通平键联接的画法

（2）钩头楔键联接的画法（图 7-33）　钩头楔键的上底面有 1∶100 的斜度，联接时沿轴向将键打入键槽内，直到打紧为止。因此钩头楔键的上、下底面为工作面，各画一条线；两侧画基本尺寸相同也只画一条线。

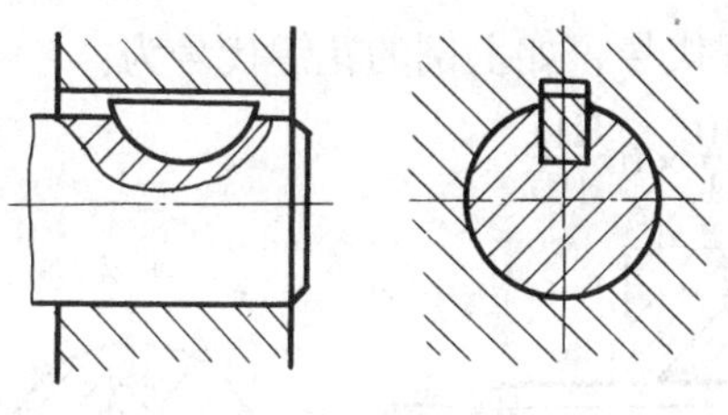
图 7-32　半圆键联接的画法

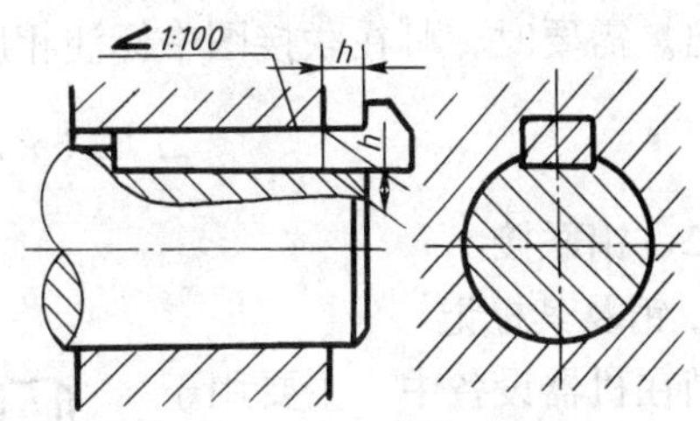

图 7-33　钩头楔键联接的画法

(3) 花键与花键联接的画法　花键联接适用于载荷较大、定心精度较高或导向性好的联接上。其结构和尺寸均已标准化。矩形花键应用较广。

1) 矩形花键的画法

①外花键（花键轴）的画法　在平行于花键轴线的投影面的视图中，大径用粗实线绘制；小径用细实线绘制，并要画入倒角内。花键工作长度的终止线和尾部长度的末端均用细实线绘制，尾部用细实线画成与轴线成 30°的斜线。如采用局部剖视时，齿按不剖处理，此时小径用粗实线绘制，如图 7-34a 所示。

在垂直于轴线的投影面的视图中，可画出部分或全部齿形，也按图 7-34a 绘制。

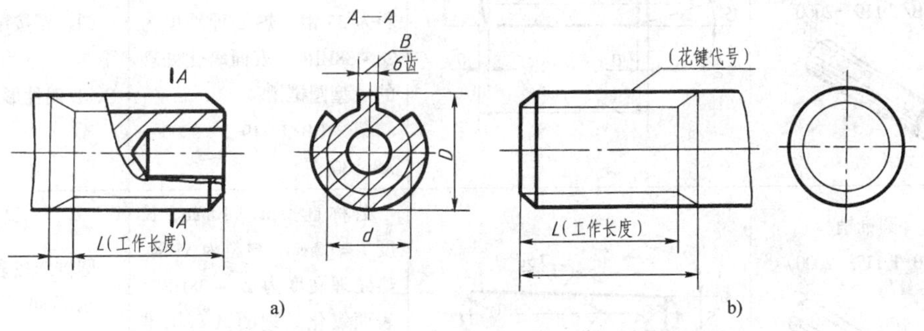

图 7-34　外花键的画法和标注

②内花键（花键孔）的画法　在平行于花键轴线的投影面的剖视图中，大径和小径均用粗实线绘制，轮齿按不剖画出；另用局部视图画出部分或全部齿形，如图 7-35 所示。

2) 矩形花键的尺寸标注　矩形花键采用一般尺寸注法时，应注出大径 D、小径 d、键宽 B（及齿数）、工作长度等数据，有时还加注尾部长或全长，如图 7-34a 所示。

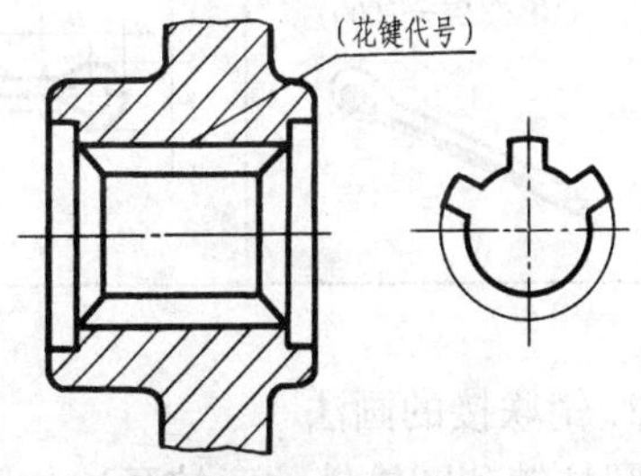

图 7-35　内花键的画法与代号标注

矩形花键也可采用代号标出。代号指引线用细实线自大径处引出，如图 7-34b 和图 7-35 所示。代号包含的项目需按序排列。例如：

外花键代号　6×23f7×26a11×6d10

内花键代号　6×23H7×26H10×6H11

式中第一项表示齿数，第二、三、四项分别表示小径、大径、齿宽及其公差带代号。

3) 矩形花键的联接画法（图 7-36）　矩形花键的联接如用剖视表示，其联接部分按外花键画出。需要时，可在联接图中标注相应的联接花键代号，如上例的花键代号为：

$$\sqcap\ 6 \times 23\ \frac{H7}{f7} \times 26\ \frac{H10}{a11} \times 6\ \frac{H11}{d10}$$

二、销联接

1. 销及其标记

销在机器设备中，主要用于定位、联接和锁定。常用的有圆柱销、圆锥销、开口销等三种。

销为标准件，其规格、尺寸可以从有关标准中查得。表 7-7 列出了常用的几种销的标准号、型式和标记示例。

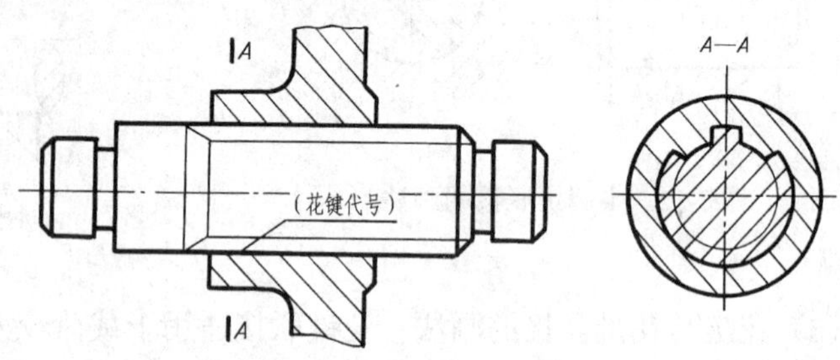

图 7-36　矩形花键联接画法与代号标注

表 7-7　常用几种销的标准号、型式和标记示例

序号	名称（标准号）	图　例	标 记 示 例	说　明
1	圆柱销 （GB/T 119—2000）		公称直径 d = 8mm、公差为 m6、长度 L = 30mm、材料为 35 钢、热处理硬度为 28 ~ 38HRC、表面氧化处理的 A 型圆锥销： 销　GB/T 119.2—2000　A8 × 30	圆柱销按配合性质不同，分为 A、B、C、D 四种形式
2	圆锥销 （GB/T 117—2000）		公称直径 d = 10mm、长度 L = 60mm、材料为 35 钢、热处理硬度为 28 ~ 38HRC、表面氧化处理的 A 型圆锥销： 销　GB/T 117—2000　10 × 60	圆锥销按表面加工要求不同，分为 A、B 两种形式。公称直径指小端直径
3	开口销 （GB/T 91—2000）		公称直径 d = 5mm、长度 L = 40mm、材料为低碳钢、不经表面处理的开口销： 销　GB/T 91—2000　5 × 40	公径直径指与之相配的销孔直径，故开口销公称直径都大于其实际直径

2. 销联接的画法

圆柱销和圆锥销的联接画法如图 7-37 和图 7-38 所示。

圆柱销或圆锥销的装配要求较高，销孔一般要在被联接零件装配后同时加工，这一要求需在相应的零件图上注明。锥销孔的公称直径指小端直径，标注时采用旁注法，如图 7-38b 所示。锥销孔加工时按公称直径先钻孔，再先用定值铰刀扩铰成锥孔，如图 7-39 所示。

图 7-40 为带销孔螺杆和槽形螺母用开口销锁紧防松的联接图。

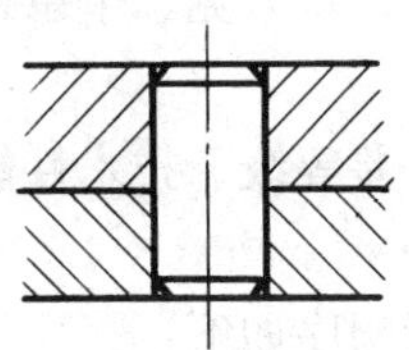

图 7-37　圆柱销联接的画法

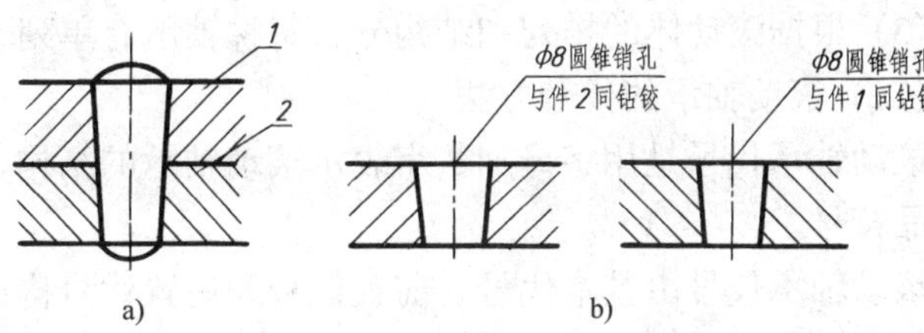

图 7-38　圆锥销联接的画法

a）锥销联接　b）销孔尺寸标注

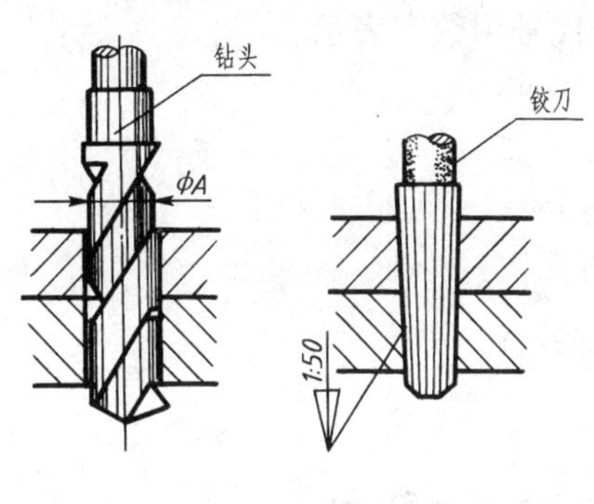

图 7-39　锥销孔的加工

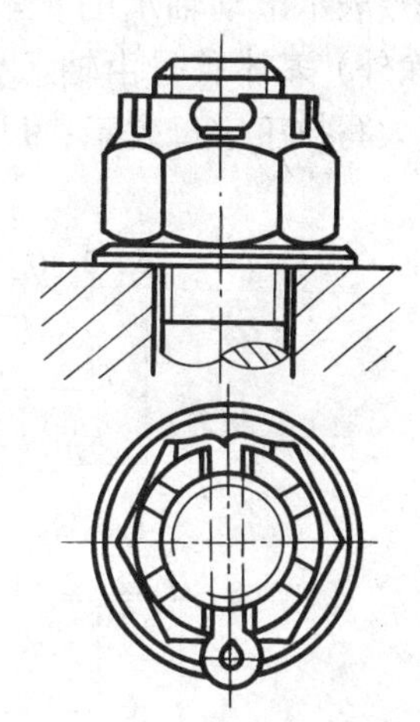

图 7-40　用开口销锁紧防松

第三节　滚动轴承

一、滚动轴承的作用与构造

机器设备中，用来支承轴的零件称为轴承，轴承分为滑动轴承和滚动轴两类。滚动轴承是标准件，它结构紧凑、摩擦阻力小、使用寿命长，被广泛应用。

如图 7-41 所示，滚动轴承的构造一般由内圈、外圈、滚动体和保持架等四部分构成。

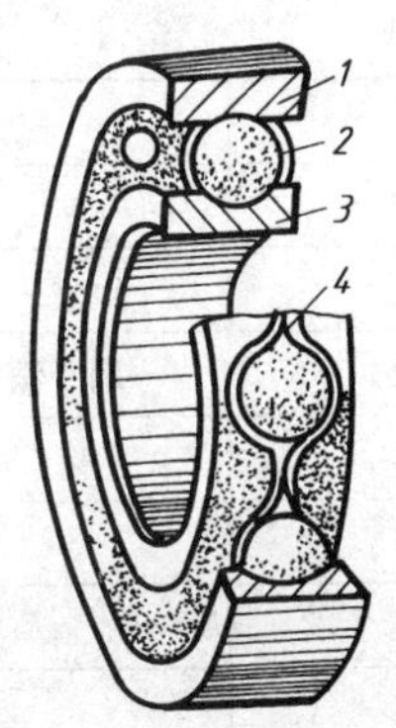

图 7-41　滚动轴承的构造

1—外圈　2—滚动体

3—内圈　4—保持架

二、滚动轴承的种类和代号方法（GB/T 272—1993）

（一）滚动轴承的种类

滚动轴承的分类方法很多，常见的有：

(1) 按受力方向分有

深钩球轴承——主要承受径向载荷。

推力轴承——只承受轴向载荷。

角接触球轴承——同时承受径向和轴向载荷。

(2) 按滚动体的形状分有

球轴承——滚动体为球体的轴承。

滚子轴承——滚动体为圆柱滚子、圆锥滚子和滚针等的轴承。

(3) 根据滚动体的排列和结构分，每种轴承有单列、多列和轻、重、宽、窄系列等。

(二) 滚动轴承的代号方法

滚动轴承代号是用字母加数字表示滚动轴承的结构、尺寸、公差等级、技术性能等特征的产品符号。

滚动轴承代号由基本代号、前置代号和后置代号构成，其排列顺序如下：

前置代号	基本代号	后置代号

1. 基本代号

基本代号表示滚动轴承的基本类型、结构和尺寸，是滚动轴承代号的基础。滚动轴承（滚针轴承除外）基本代号由轴承类型代号、尺寸系列代号、内径代号构成。类型代号用阿拉伯数字或大写拉丁字母表示；尺寸系列代号和内径代号用数字表示。

例如：

6 2 0 4

0 4 —— 内径代号（$d = 4 \times 5mm = 20mm$）

2 —— 尺寸系列代号(02)

6 —— 类型代号(深沟球轴承)

N 2 2 1 0

1 0 —— 内径代号（$d = 10 \times 5mm = 50mm$）

2 2 —— 尺寸系列代号(22)

N —— 类型代号(圆柱滚子轴承)

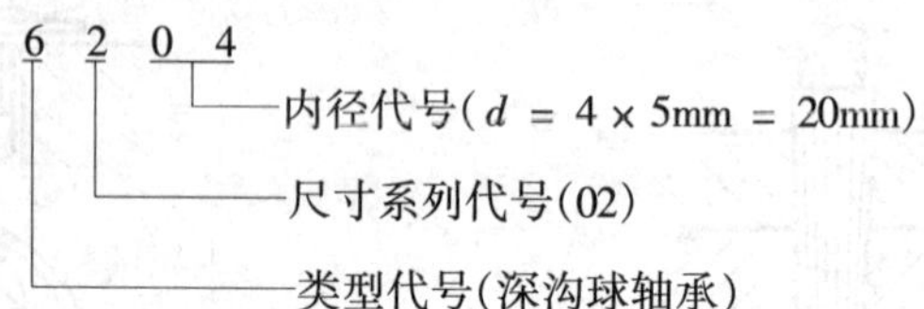

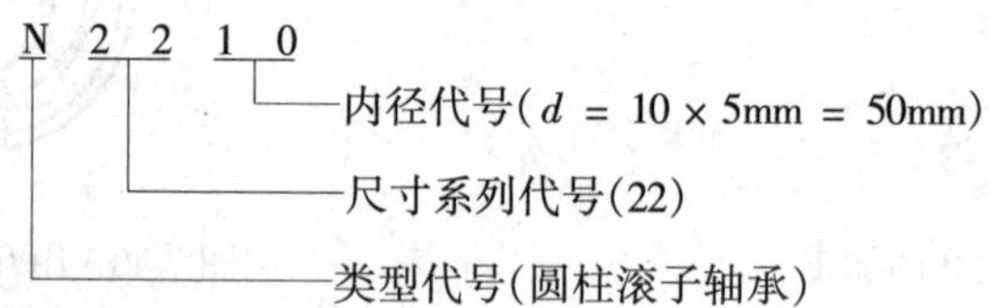

类型代号用数字或字母（见表 7-8）表示。

尺寸系列代号由滚动轴承的宽（高）度系列代号组合而成。向心轴承、推力轴承尺寸系列代号如表 7-9 所示。

常用的轴承类型、尺寸系列代号及由轴承类型代号、尺寸系列代号组成的组合代号如表 7-10 所示。

表 7-8　轴承类型代号

代　号	轴承类型	代　号	轴承类型
0	双列角接触球轴承	N	圆柱滚子轴承
1	调心球轴承		
2	调心滚子轴承和推力调心滚子轴承	U	外球面球轴承
3	圆锥滚子轴承	QJ	四点接触球轴承
4	双列深沟球轴承		
5	推力球轴承		
6	深沟球轴承		
7	角接触球轴承		
8	推力圆柱滚子轴承		

注：在表中代号后或前加字母或数字表示该轴承中的不同结构。

表 7-9　向心轴承、推力轴承尺寸系列代号

直径系列代号	向心轴承									推力轴承		
	宽度系列代号									高度系列代号		
	8	0	1	2	3	4	5	6	7	9	1	2
	尺寸系列代号											
7	—	—	17	—	37	—	—	—	—	—	—	—
8	—	08	18	28	38	48	58	68	—	—	—	—
9	—	09	19	29	39	49	59	69	—	—	—	—
0	—	00	10	20	30	40	50	60	70	90	10	—
1	—	01	11	21	31	41	51	61	71	91	11	—
2	82	02	12	22	32	42	52	62	72	92	12	22
3	83	03	13	23	33	43	53	63	73	93	13	23
4	—	04	—	24	—	—	—	—	74	94	14	24
5	—	—	—	—	—	—	—	—	—	95	—	—

表 7-10　常用的轴承类型代号、尺寸系列代号组成的组合代号

轴承类型	简图	类型代号	尺寸系列代号	组合代号	标准号
圆锥滚子轴承		3 3 3 3 3 3 3 3 3 3	02 03 13 20 22 23 29 30 31 32	302 303 313 320 322 323 329 330 331 332	GB/T 297—1994
双列深沟球轴承		4 4	(2) 2 (2) 3	42 43	
推力球轴承		5 5 5 5	11 12 13 14	511 512 513 514	GB/T 301—1995
深沟球轴承		6 6 6 6 16 6 6 6 6	17 37 18 19 (0) 0 (1) 0 (0) 2 (0) 3 (0) 4	617 637 618 619 160 60 62 63 64	GB/T 276—1994

滚动轴承内径代号及其示例如表 7-11 所示。

表 7-11　滚动轴承内径代号及其示例

轴承公称内径/mm		内径代号	示　例
0.6 到 10（非整数）		用公称内径毫米数直接表示，在其与尺寸系列代号之间用“/”分开	深沟球轴承 618/2.5 $d = 2.5$mm
1 到 9（整数）		用公称内径毫米数直接表示，对深沟及角接触球轴承 7、8、9 直径系列，内径与尺寸系列代号之间用“/”分开	深沟球轴承 625 618/5 $d = 5$mm
10 到 17	10 12 15 17	00 01 02 03	深沟球轴承 6200 $d = 10$mm
20 到 480 22，28，32 除外		公称内径除以 5 的商数，商数为个数，需要在商数左边加“0”，如 08	调心滚子轴承 23208 $d = 40$mm
大于和等于 500 以及 22，28，32		用尺寸内径毫米数直接表示，但在与尺寸系列代号之间用“/”分开	调心滚子轴承 230/500 $d = 500$mm 深沟球轴承 62/22 $d = 22$mm

例如调心滚子轴承 23224：2——类型代号；32——尺寸系列代号；24——内径代号，表示 $d = 120$mm。

2. 前置、后置代号

前置、后置代号是轴承在结构形状、尺寸、公差、技术要求等有改变时，在其基本代号左、右添加的补充代号。

前置代号用字母表示，后置代号用字母（或加数字）表示。其具体编制规则及含义可查阅有关标准。

三、滚动轴承的画法（GB/T 4459.7—1998）

滚动轴承是标准件，由专门工厂生产，使用单位一般不必画出其部件图。在装配图中，可根据国标规定采用通用画法、特征画法及规定画法，其具体规定如下：

（1）滚动轴承剖视图外轮廓按外径 D、内径 d、宽度 B 等实际尺寸绘制；而轮廓内可用通用画法或特征画法绘制，如表 7-12 所示。

表 7-12　常用滚动轴承的画法

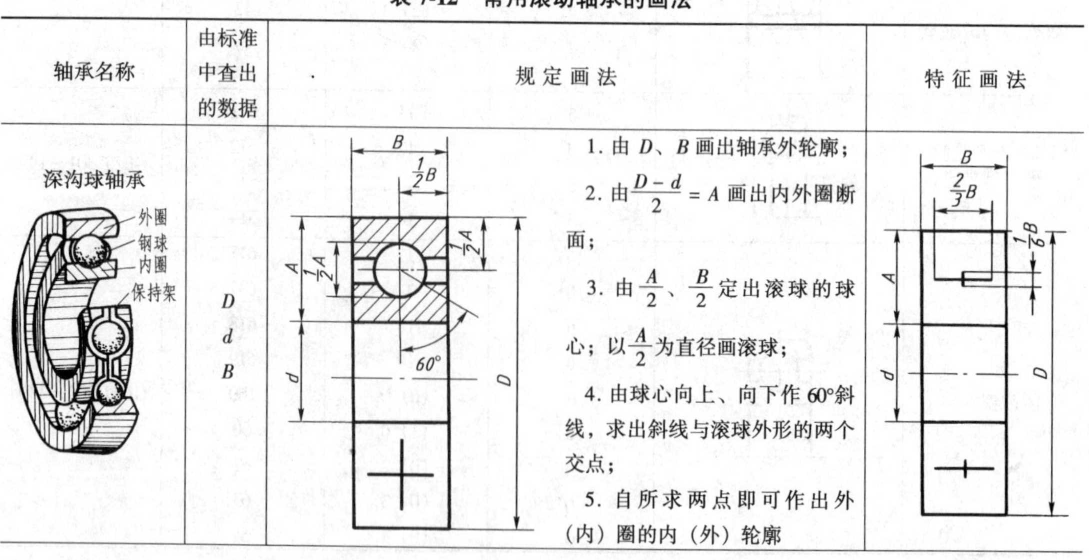

轴承名称	由标准中查出的数据	规定画法	特征画法
深沟球轴承 外圈 钢球 内圈 保持架	D d B	B，$\frac{1}{2}B$，A，$\frac{1}{2}A$，d，D，60° 1. 由 D、B 画出轴承外轮廓； 2. 由 $\frac{D-d}{2} = A$ 画出内外圈断面； 3. 由 $\frac{A}{2}$、$\frac{B}{2}$ 定出滚球的球心；以 $\frac{A}{2}$ 为直径画滚球； 4. 由球心向上、向下作 60°斜线，求出斜线与滚球外形的两个交点； 5. 自所求两点即可作出外（内）圈的内（外）轮廓	B，$\frac{2}{3}B$，$\frac{1}{6}B$，A，d，D

（续）

轴承名称	由标准中查出的数据	规定画法	特征画法
单列圆锥滚子轴承 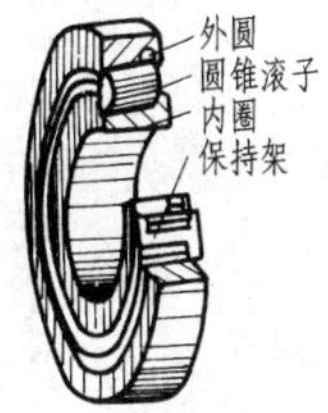 外圈 圆锥滚子 内圈 保持架	D d T B C	1. 由 D、d、T、B、C 画出轴承外轮廓； 2. 由 $\frac{D-d}{2}=A$ 画出内外圈断面； 3. 由 $\frac{A}{2}$、$\frac{T}{2}$ 定出滚锥的中心；再作倾斜 15°线画出滚子轴线； 4. 由 $A/2$、$A/4$、C 作滚锥的外形线； 5. 最后作出内外圈的轮廓	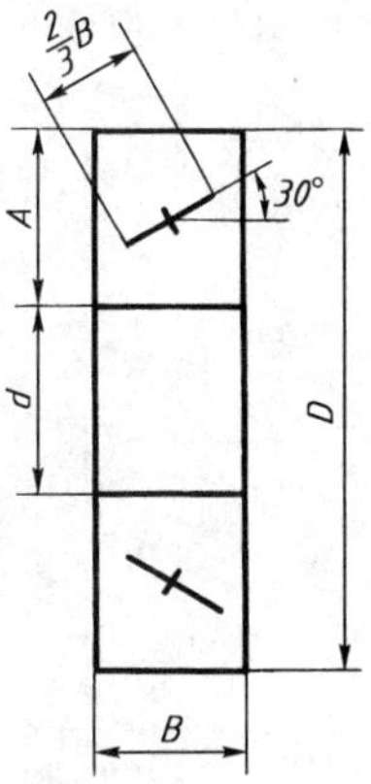
单列推力轴承 平底推力球轴承  上圈 钢球 保持架 下圈	D d T	1. 由 D、T 画出轴承外轮廓； 2. 由 $\frac{D-d}{2}=A$ 画出内外圈断面； 3. 由 $\frac{A}{2}$、$\frac{T}{2}$ 定出滚球的中心，以 $\frac{T}{2}$ 为直径作滚球； 4. 由球心向上、向下作 60°斜线，求出斜线与滚球外形的两个交点； 5. 自所求两点即可作出左、右圈的轮廓线	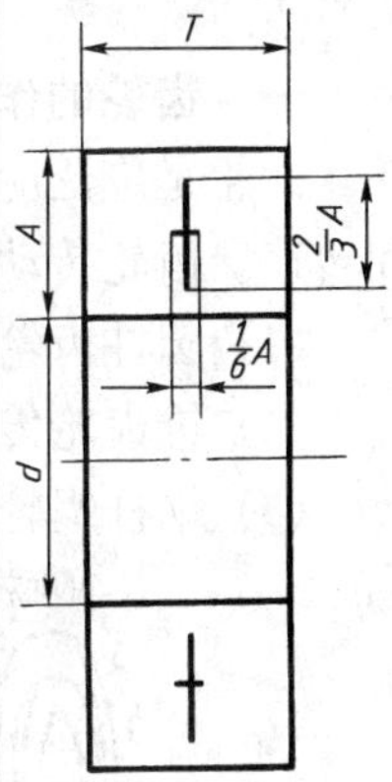

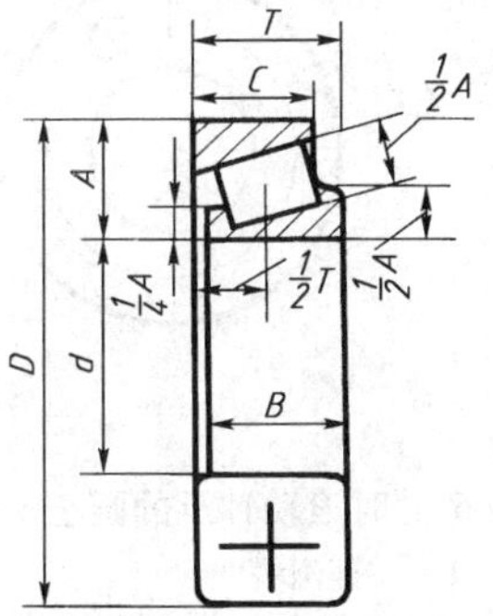

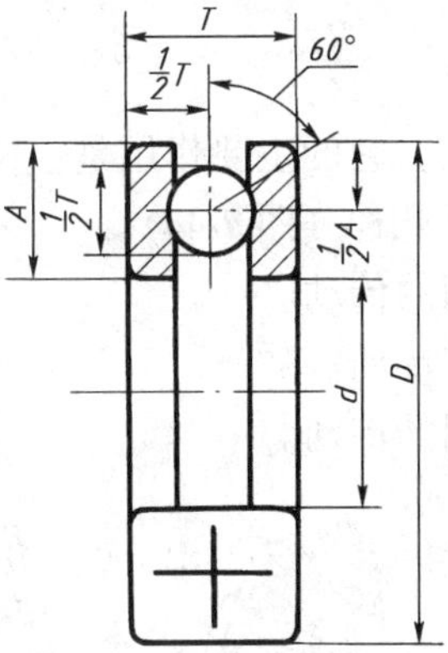

（2）在装配图中需详细表达滚动轴承的主要结构时，可采用规定画法，当滚动轴承一侧采用规定画法时，另一侧用通用画法画出，见表 7-12；只需简单表达滚动轴承的主要结构时，可采用特征画法，如图 7-42a 所示。

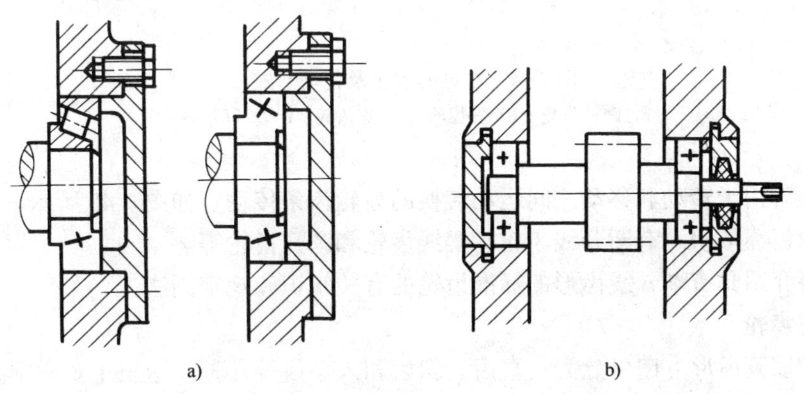

图 7-42　装配图中滚动轴承的画法

(3) 同一轴上相同型号的轴承，在不致引起误解时，可采用 7-42b 所示的画法。

(4) 同一图样中应采用同一种画法。

(5) 在垂直于轴线的投影为圆的视图中，滚动轴承的规定画法和特征画法如图 7-43 所示。

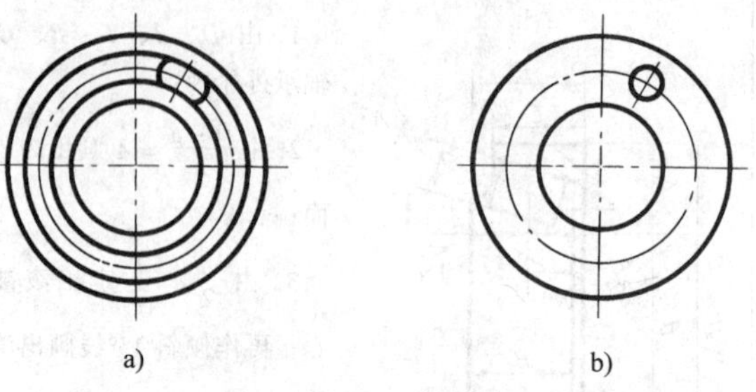

图 7-43 轴线垂直于投影面时滚动轴承的画法

a) 规定画法 b) 特征画法

第四节 齿 轮

一、齿轮的作用与种类

齿轮是广泛应用于机器设备中的传动零件，它的主要作用是：传递运动、改变运动方向和转速。齿轮传动的种类很多，常见的有以下几种（图 7-44）：

(1) 圆柱齿轮传动——用于两平行轴之间的传动。

(2) 锥齿轮传动——用于两相交轴之间的传动。

(3) 蜗杆蜗轮传动——用于两交叉轴之间的传动。

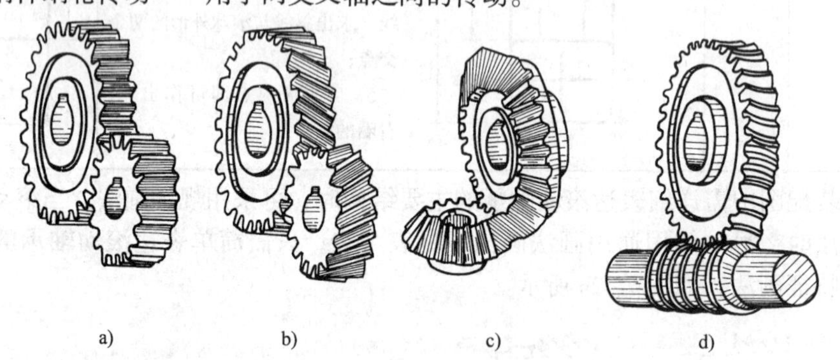

图 7-44 常见的齿轮及传动形式

a) 圆柱齿轮 b) 斜齿轮 c) 锥齿轮 d) 蜗杆蜗轮

此外，还有用于转动和移动之间运动转换的齿轮齿条传动，如图 7-45 所示。

根据齿轮齿廓形状，有渐开线齿轮、摆线齿轮和圆弧齿轮等。

本书主要介绍具有渐开线齿形的标准齿轮的有关知识和规定画法。

二、圆柱齿轮

圆柱齿轮按其齿形方向可分为：直齿、斜齿和人字齿等几种。这里主要介绍直齿圆柱齿轮。

(一）直齿圆柱齿轮各部分名称、代号及尺寸计算（图 7-46）

1. 各部分名称及代号

(1) 齿顶圆（直径 d_a)——通过齿轮各齿顶的圆柱体直径。

(2) 齿根圆（直径 d_f)——通过齿轮各齿槽底部的圆柱体直径。

(3) 分度圆（直径 d)——是在齿顶圆与齿根圆之间的一个约定的假想圆柱体直径。对标准齿轮来说，是齿厚与槽宽相等处的一个圆。分度圆是齿轮设计和加工时计算尺寸的基准圆。

(4) 齿距 p——分度圆上相邻两齿对应点之间的弧长，称为齿距。分度圆上齿距 p、齿厚 s 与槽宽 e 之间有下列关系：

$$p = s + e \text{ 或 } s = e = p/2$$

(5) 齿顶高 h_a——齿顶圆与分度圆之间的径向距离。

(6) 齿根高 h_f——分度圆与齿根圆之间的径向距离。

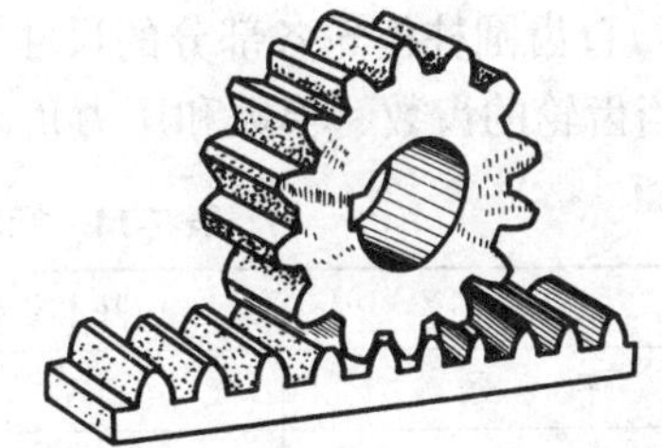

图 7-45　齿轮齿条传动

(7) 齿高 h——齿根圆与齿顶圆之间的径向距离，$h = h_a + h_f$。

(8) 中心距 a——两啮合齿轮轴线之间的距离，$a = (d_1 + d_2)/2$。

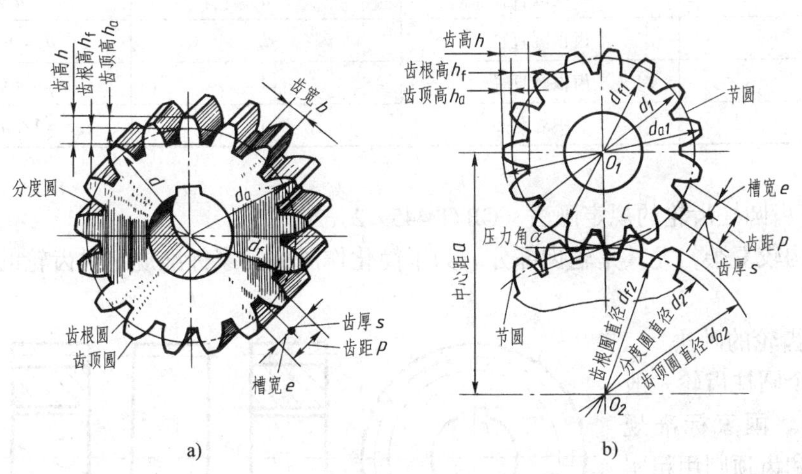

图 7-46　直齿圆柱齿轮的名称及代号

2. 直齿圆柱齿轮的基本参数

(1) 齿数 z——齿轮上轮齿的个数，设计时根据传动比确定。

(2) 模数 m——齿轮设计的重要参数。模数是这样引出的，分度圆的周长可由下式求得：

$$\text{分度圆周长} = \pi d = pz \quad \text{即 } d = \frac{P}{\pi} z$$

因为 π 为无理数，为设计、制造方便，令 $\frac{P}{\pi} = m$，则 $d = mz$。式中的 m 即称为模数，其单位为 mm。国家标准规定了一系列标准模数值（表 7-13）。

表 7-13 渐开线圆柱齿轮模数（摘自 GB/T 1357—1987）

第一系列	1　1.25　1.5　2　2.5　3　4　5　6　8　10　12　16　20　25　32　40　50
第二系列	1.75　2.25　2.75　(3.25)　3.5　(3.75)　4.5　5.5　(6.5)　7　9　(11)　14　18　22　28　36　45

注：优先选用第一系列，括号内模数尽量不用。

(3) 压力角 α——两齿轮啮合时，在节点 C 处两齿廓的公法线与两轮中心连线的垂线之间的夹角，又称啮合角或齿形角。我国规定，标准渐开线齿轮的压力角 $\alpha=20°$。

3. 直齿圆柱齿轮各部分的尺寸计算

当齿轮的齿数、模数和压力角确定后，可按表 7-14 的计算公式计算齿轮的各部分尺寸。

表 7-14 标准直齿圆柱齿轮各基本尺寸计算公式

基本参数：模数 m　齿数 z　压力角 $\alpha=20°$			
序　号	名　称	符　号	计算公式
1	齿距	p	$p=\pi m$
2	齿顶高	h_a	$h_a=m$
3	齿根高	h_f	$h_f=1.25m$
4	齿高	h	$h=2.25m$
5	分度圆直径	d	$d=mz$
6	齿顶圆直径	d_a	$d_a=m(z+2)$
7	齿根圆直径	d_f	$d_f=m(z-2.5)$
8	中心距	a	$a=1/2m(z_1+z_2)$

（二）直齿圆柱齿轮的规定画法（GB/T 4459.2—2003）

齿轮结构较复杂，尤其是轮齿部分。为了简化作图，国家标准规定对齿轮的轮齿部分采用规定画法。

1. 单个齿轮的画法

表示单个圆柱齿轮一般用两个视图。国家标准规定：齿顶线和齿顶圆用粗实线绘制；分度线和分度圆用细点画线绘制；齿根线和齿根圆用细实线绘制，也可省略不画。在投影为非圆的剖开的视图中，齿根线用粗实线绘制。并且规定不论剖切平面是否剖切到轮齿，其轮齿部分均不画剖面线，如图 7-47 所示。

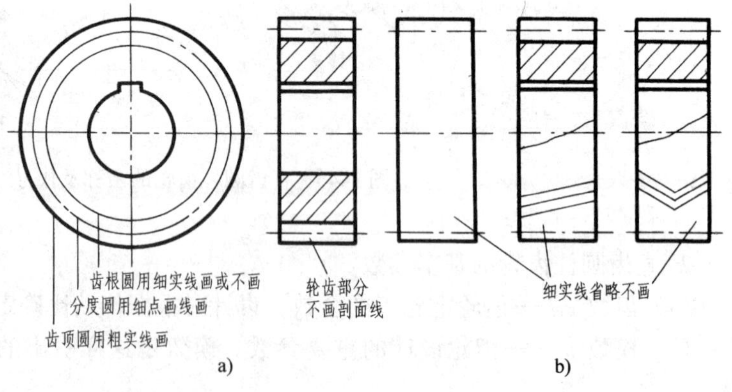

图 7-47 圆柱齿轮的画法

若为斜齿或人字齿，则在投影为非圆的视图上，用三条互相平行的细实线表示轮齿的方向，如图 7-47b 所示。

2. 直齿圆柱齿轮啮合的画法

一对标准齿轮啮合，它们的模数必须相等，两分度圆相切。

画图时，分为两部分，啮合区外按单个齿轮画法绘制；啮合区内则按如下规定绘制：

在投影为圆的视图中，两个节圆（等于分度圆）相切；齿顶圆均用粗实线绘制，齿根圆用细实线绘制（图 7-48a），也可省略不画（图 7-48b）。

在投影为非圆的视图中，不剖时两节线重合画成粗实线（图 7-48b）；在剖开的视图中，两节线重合画成细点画线，一个齿轮的齿顶与另一个齿轮的齿根线之间有 0.25m 的径向间隙，除从动齿轮的齿顶线用虚线绘制或省略不画外，其余齿顶齿根线一律画成粗实线，如图 7-48a 所示。

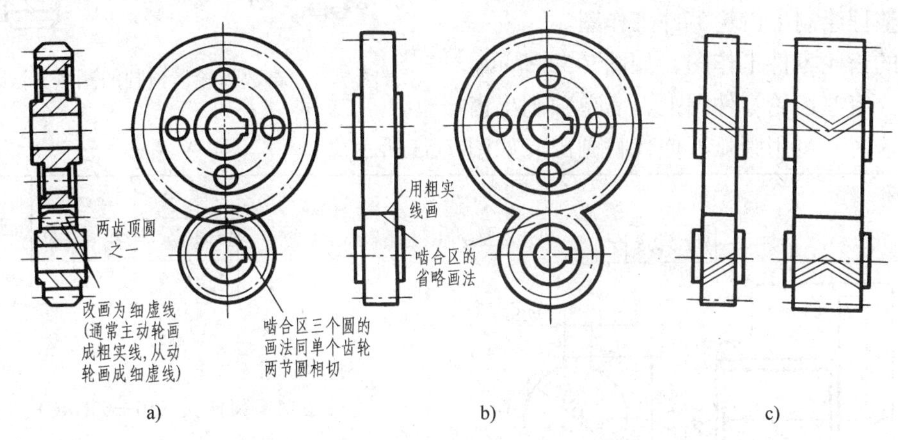

图 7-48　圆柱齿轮啮合的画法

若为斜齿或人字齿轮啮合时，其投影为圆的视图画法与直齿轮啮合画法一样，非圆的外形视图法画如图 7-48c 所示。啮合区内主、从动轮的详细画法如图 7-49 所示。

齿轮齿条的啮合画法如图 7-50 所示。

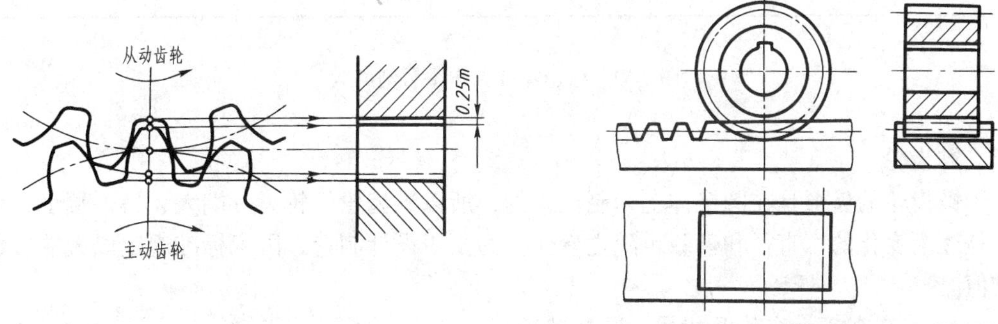

图 7-49　啮合区画法的投影分析　　　图 7-50　齿轮齿条啮合的画法

齿轮除轮齿部分按规定画法外，其余轮体结构均应按其真实投影绘制。

(三) 齿轮的测绘

对齿轮实物进行测量和计算，从而确定齿轮的有关参数和尺寸，并整理绘制出齿轮零件图的过程，称为齿轮测绘。一般按下列方法和步骤进行：

（1）数出齿轮的齿数 z。

（2）初步测量出齿顶圆直径 d_a'。对偶数齿轮可直接量出；对奇数齿轮应先量出 e，再量出齿轮轴孔直径 D，则 $d_a' = 2e + D$。其测量方法如图 7-51 所示。

（3）确定齿轮模数 m。先由 $m' = \dfrac{d_a'}{z+2}$ 初步确定，再查表选取与算出的 m' 最接近的标准模数，即为该齿轮的标准模数。

（4）根据齿数和模数计算齿轮各部分尺寸，并测量齿轮其他部分的尺寸。

（5）整理绘制出齿轮零件工作图。

常见的齿轮零件工作图，如图 7-52 所示。

另外，有些齿轮零件图上，需单独画出齿廓形状。这时，可用圆弧近似代替画出，如图 7-53 所示。

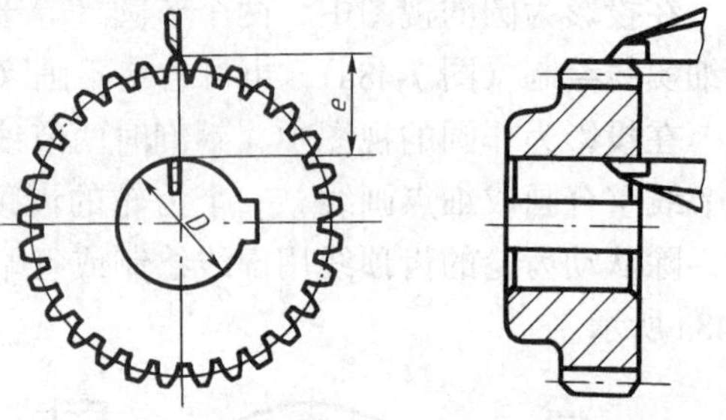

图 7-51　奇数齿轮齿顶圆的测量方法

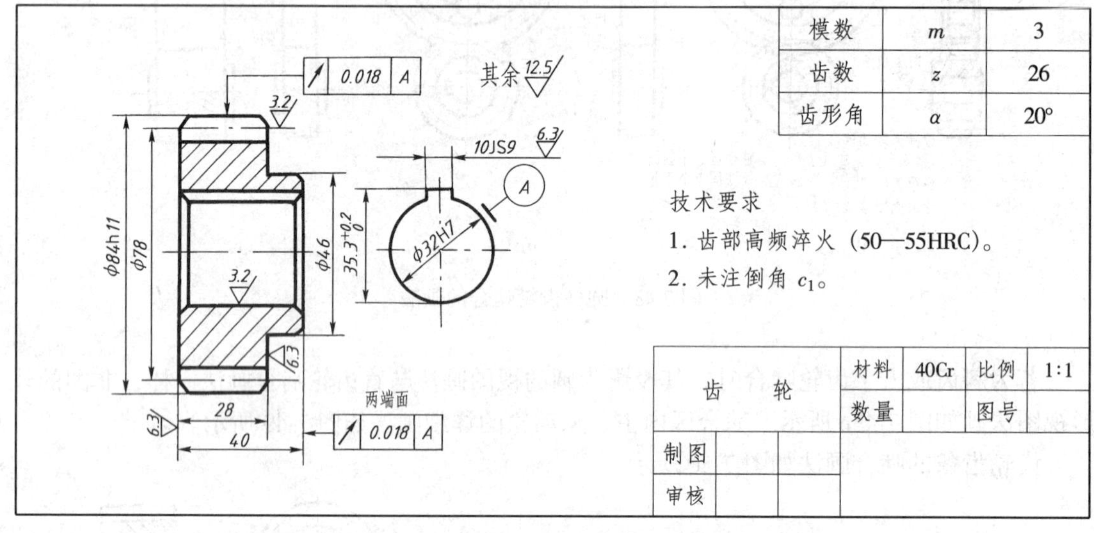

图 7-52　齿轮零件工作图示例

三、锥齿轮

由于锥齿轮的齿形是在圆锥体上切制出来的，所以锥齿轮的轮齿一端大、另一端小，它的齿厚是逐渐变化的，直径和模数也随之变化。为便于设计制造，国家标准规定以大端参数为标准值。

（一）锥齿轮各部分名称及代号（图 7-54）

锥齿轮的背锥素线与分度圆锥素线垂直。锥齿轮轴线与分度圆锥素线间的夹角称为分度圆锥角，是锥齿轮的一个基本参数。

分度圆锥角确定如下：

当两锥齿轮轴线垂直相交时：$\delta_1 + \delta_2 = 90°$

$$\tan\delta_1 = \frac{d_1/2}{d_2/2} = \frac{z_1}{z_2} \qquad \tan\delta_1 = \frac{D_2/2}{D_1/2} = \frac{z_2}{z_1}$$

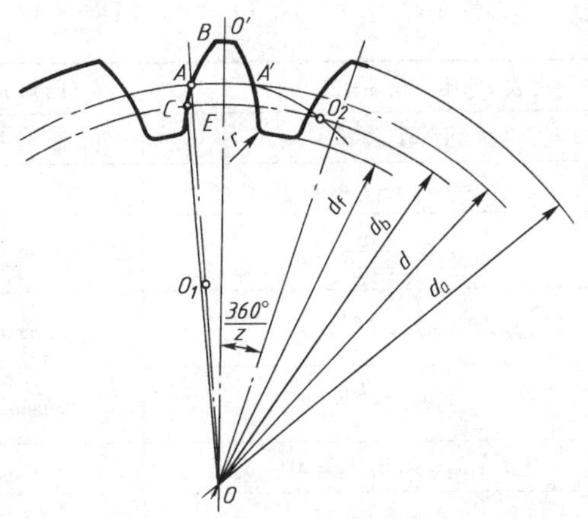

图 7-53 渐开线齿形的近似画法

$d_b = d\cos 20° = 0.94d \quad r \approx 0.2m \quad OO_1 = O_1A \quad OO_2 = OA$

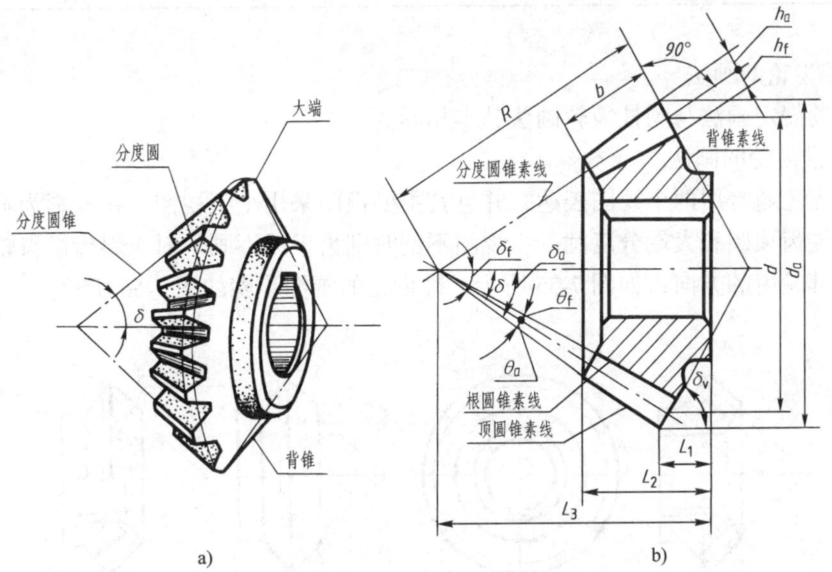

图 7-54 锥齿轮各部分名称及代号

(二) 锥齿轮各部分尺寸的计算

当锥齿轮的齿数、模数确定后，各部分尺寸的计算如表 7-15 所示。

表 7-15 标准齿锥齿轮各部分尺寸的计算公式及举例

基本参数：模数 m 齿数 z 压力角 $\alpha = 20°$			已知 $m = 3.5$mm $z = 25$ $\delta = 45°$
名 称	符号	计 算 公 式	举 例 计 算
齿顶高	h_a	$h_a = m$	$h_a = 3.5$mm
齿根高	h_f	$h_f = 1.2m$	$h_f = 4.2$mm
齿高	h	$h = 2.2m$	$h = 7.7$mm
分度圆直径	d	$d = mz$	$d = 87.5$mm
齿顶圆直径	d_a	$d_a = m(z + 2\cos\delta)$	$d_a = 92.45$mm

（续）

基本参数：模数 m　齿数 z　压力角 $\alpha=20°$			已知 $m=3.5\text{mm}$　$z=25$　$\delta=45°$
名　　称	符号	计算公式	举例计算
齿根圆直径	d_f	$d_f=m\,(z-2.4\cos\delta)$	$d_f=81.55\text{mm}$
外锥距	R	$R=\dfrac{Mz}{2\sin\delta}$	$R=61.88\text{mm}$
齿顶角	θ_a	$\tan\theta_a=\dfrac{2\sin\delta}{z}$	$\tan\theta_a=\dfrac{2\times\sin45°}{25}$　$\theta_a=3°14'$
齿根角	θ_f	$\tan\theta_f=\dfrac{2.4\sin\delta}{z}$	$\tan\theta_f=\dfrac{2.4\times\sin45°}{25}$　$\theta_f=3°53'$
分度圆锥角	δ_1	当 $\delta_1+\delta_2=90°$时 $\delta_1=90°-\delta_2$	$\delta_1=45°$
顶锥角	δ_a	$\delta_a=\delta+\theta_a$	$\delta_a=45°+3°14'=48°14'$
根锥角	δ_f	$\delta_f=\delta-\theta_f$	$\delta_f=45°-3°53'=41°07'$
齿宽	b	$b\leqslant R/3$	$b=20\text{mm}$

（三）锥齿轮的画法

锥齿轮的规定画法与圆柱齿轮画法基本相同。

1. 单个锥齿轮的画法

单个锥齿轮通常用两个视图表达，并且其主要视图采用全剖视图。在投影为圆的视图中只画大、小端齿顶圆和大端分度圆。主视图不剖时则齿根线不画。对于斜齿锥齿轮仍用三条细实线表示其轮齿的方向，如图 7-55 所示，锥齿轮的画图步骤如图 7-56 所示。

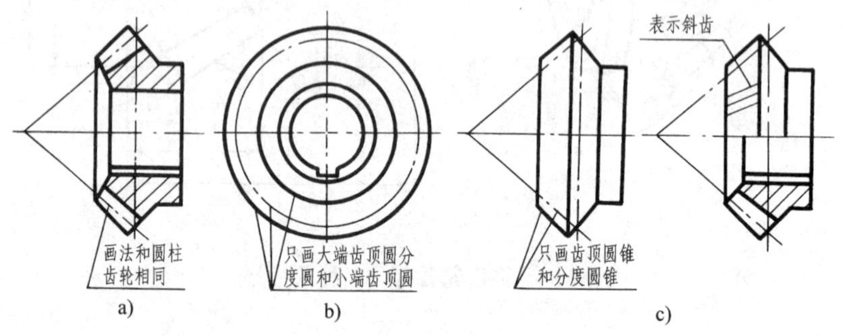

图 7-55　锥齿轮的画法

2. 锥齿轮啮合的画法

锥齿轮啮合区的画法与圆柱齿轮啮合画法基本相同，其画法如图 7-57 所示。

锥齿轮啮合画法的画图步骤，如图 7-58 所示。

3. 锥齿轮零件工作图

常见锥齿轮零件工作图如图 7-59 所示。

四、蜗杆蜗轮

蜗杆蜗轮用于两交错轴之间（交错角一般为直角）的传动。它具有结构紧凑、传动平稳、传动比大等优点，但蜗杆蜗轮传动摩擦发热大，效率比较低。

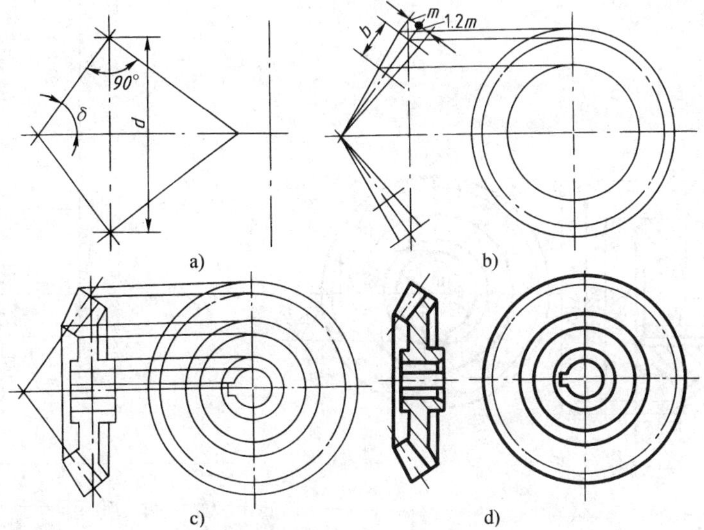

图 7-56 锥齿轮的画图步骤

a）画分度圆锥和背锥 b）画齿形部分 c）画其他部分 d）完成全图

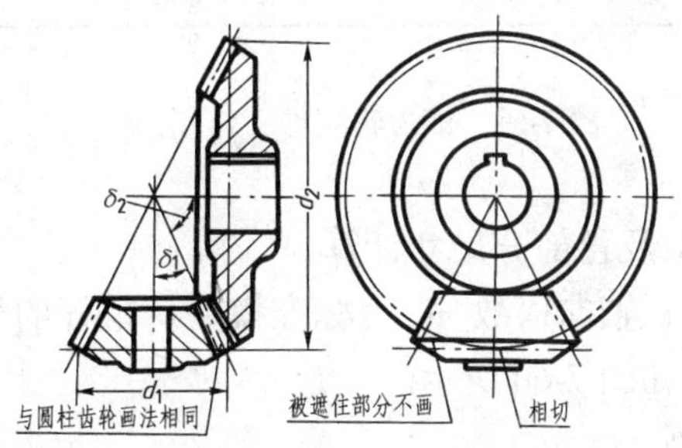

图 7-57 锥齿轮啮合画法

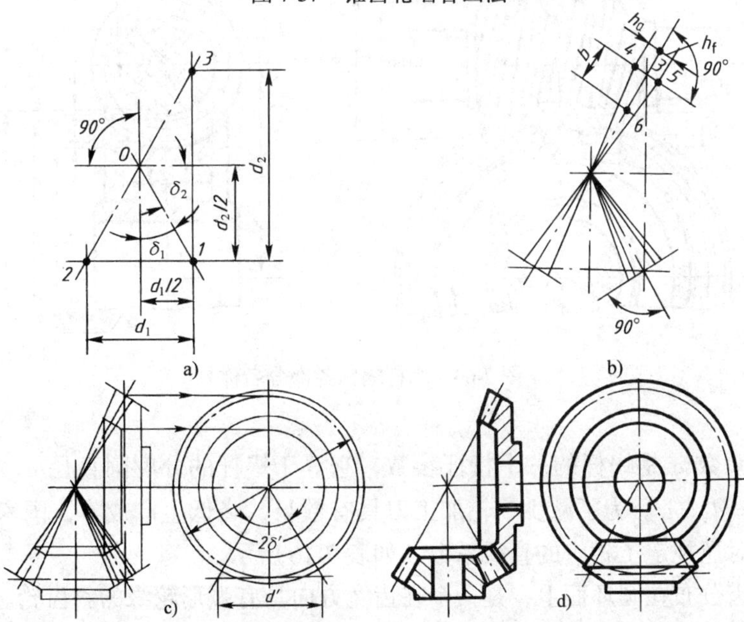

图 7-58 锥齿轮啮合画法的画图步骤

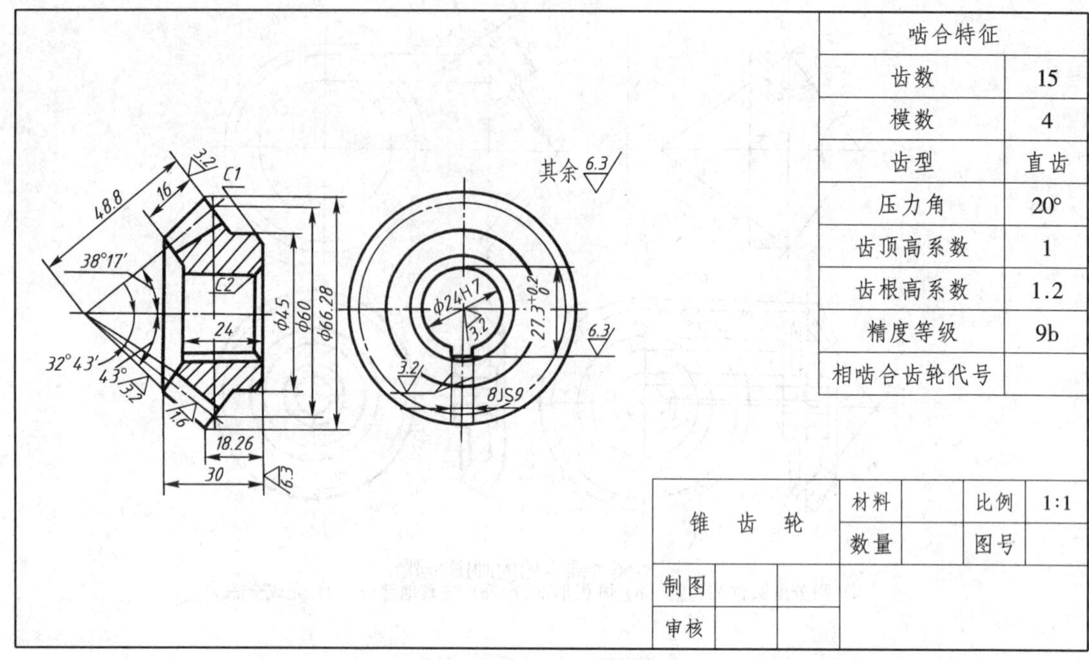

啮合特征	
齿数	15
模数	4
齿型	直齿
压力角	20°
齿顶高系数	1
齿根高系数	1.2
精度等级	9b
相啮合齿轮代号	

锥 齿 轮	材料		比例	1:1
	数量		图号	
制图				
审核				

图 7-59　锥齿轮零件工作图

（一）蜗杆蜗轮的主要参数及各部分尺寸计算

蜗杆在轴向断面内的齿形，轴向模数 m_x 为标准模数。蜗杆的齿数称为头数，相当于螺纹的线数，常用单头或双头，如图 7-60 所示。

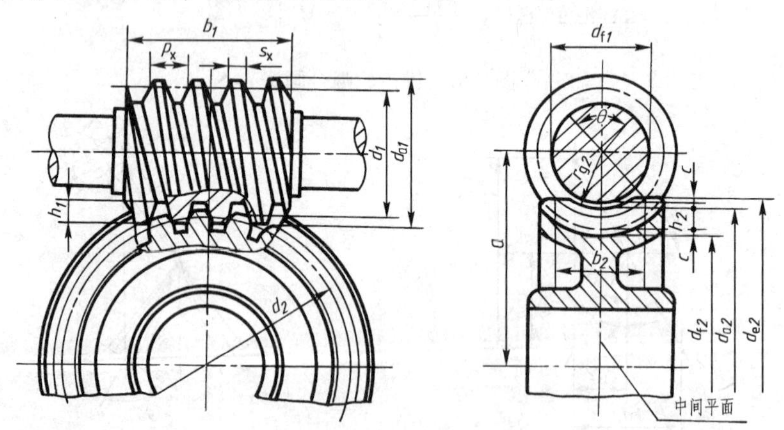

图 7-60　蜗杆蜗轮各部分名称

蜗杆直径系数 q 是蜗杆的一个特征参数，它等于蜗杆的分度圆直径 d_1 与轴向模数 m_x 的比值，即 $q = d_1/m_x$。为了减少蜗轮加工刀具有数目，降低生产成本，国家标准在规定了蜗杆模数的同时还规定了相应的直径系数，如表 7-16 所示。

蜗轮的轮齿分布在圆环面上，是一个在齿宽方向具有弧形轮缘的斜齿轮。蜗轮的端面模数 m_t 为标准数。一对互相啮合的蜗杆蜗轮，它们的模数应相等，即 $m_x = m_t = m$（标准模数)。

根据头数 z_1、模数 m、直径系数 q、齿数 z_2 即可计算蜗杆、蜗轮各部分尺寸，如表 7-17 所示。

表 7-16　蜗杆的模数、直径系数

模　　数	1	1.5	2	2.5	3(3.5)	4(4.5)	5	6	(7)	8	(9)	10	12
蜗杆直径系数 q	14	14	13	12	12	11	10 (12)	9 (11)	9 (11)	8 (11)	8 (11)	8 (11)	8 (11)

注：括号内的数值尽可能不用。

表 7-17　蜗杆蜗轮各部分尺寸计算公式及举例

主要参数：蜗杆头数 z_1、导程角 r、轴向模数 m_x、直径系数 q 蜗轮齿数 z_2、端面模数 m_t $m_x = m_1 = m$			已知 $m_x = m_t = 3$ $z_1 = z$、$r = 9°27'44''$ $z_1 = -30$、$q = 12$
名　称	符号	计 算 公 式	举 例 计 算
轴向齿距	p_x	$p_x = m_x\pi$	$p_x = 3\times3.14 = 9.42\text{mm}$
齿顶高	h_a	$h_a = m_x$	$h_a = 3\text{mm}$
齿根高	h_t	$h_t = 1.2m_x$	$h_f = 3.6\text{mm}$
齿高	h	$h = 2.2m_x$	$h = 6.6\text{mm}$
蜗杆分度圆直径	d_1	$d_1 = m_x q$	$d_1 = 3\times12 = 36\text{mm}$
蜗杆齿顶圆直径	d_{a1}	$d_{a1} = m_x(q+2)$	$d_{a1} = 3(12+2) = 42\text{mm}$
蜗杆齿根圆直径	d_{f1}	$d_{f1} = m_x(q-2.4)$	$d_{f1} = 3(12-2.4) = 28.8\text{mm}$
导程角	γ	$\tan\gamma = \frac{z_1 p_1}{\pi d} = \frac{z_1 m_x}{d_1} = \frac{z_1}{q}$	$\tan\gamma = \frac{2}{12}$　$\gamma = 9°27'44''$
蜗杆导程	p_z	$p_z = z_1 p_x$	$p_z = 2\times9.42 = 18.84$
蜗杆齿宽	b_1	当 $z_1 = 1\sim2$ 时，$b_1\approx(13\sim16)m_x$ 当 $x_1 = 3\sim4$ 时，$b_1\approx(15\sim20)m_x$	$b_1 = 45\text{mm}$
蜗轮分度圆直径	d_2	$d_2 = m_1 z_2$	$d_2 = 3\times30\text{mm} = 90\text{mm}$
齿顶圆直径	d_{a2}	$d_{a2} = m(z_2+2)$	$d_{a2} = 3\times(30+2)\text{mm} = 96\text{mm}$
齿顶外圆直径	D	当 $z_1 = 1$，$D\leqslant d_{a2}+2m$ 当 $z_1 = 2\sim3$ 时，$D\leqslant d_{a2}+1.5m$ 当 $z_1 = 4$ 时，$D\leqslant d_{a2}+m$	$D = 100\text{mm}$
齿根圆直径	d_{f2}	$d_{f2} = m_t(z_2-2.4)$	$D_{f2} = 3\times(30-2.4) = 92.8$
蜗轮宽度	b_2	当 $z_1\leqslant3$ 时，$b_2\leqslant0.75d_{a1}$ 当 $z_1 = 4$ 时，$b_2\leqslant0.67d_{a1}$	$r_a = \left(\frac{36}{2}-3\right)\text{mm} = 15\text{mm}$
齿顶圆弧直径	r_a	$r_a = d_1/2 - h_a$	$r_f = \left(\frac{36}{2}+3.6\right)\text{mm} = 21.6\text{mm}$
齿根圆弧直径	r_f	$r_f = d_1/2 + h_f$	$a = \frac{3}{2}\times(12+30)\text{mm} = 63\text{mm}$
中心距	a	$a = \frac{m_t}{2}(q+2)$	

(二) 蜗杆蜗轮的画法

蜗杆蜗轮的齿形部分也采用国家标准规定的画法，其他部分按真实投影绘制。蜗杆的画法如图 7-61 所示。蜗轮的画法如图 7-62 所示。

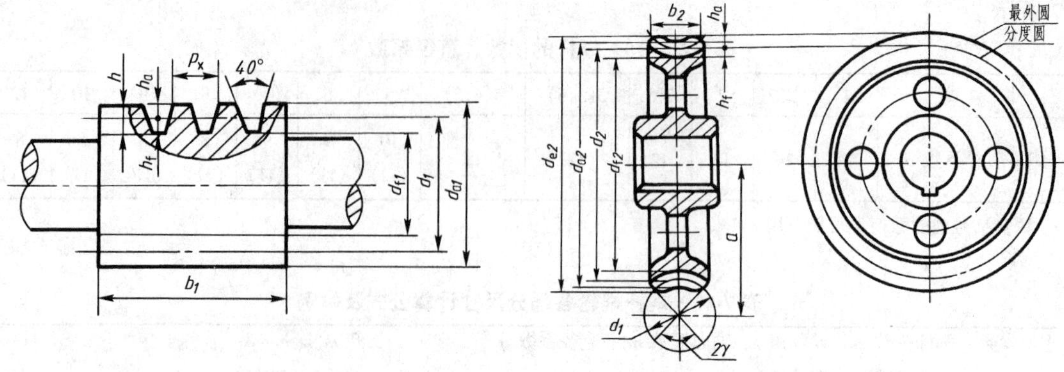

图 7-61　蜗杆的主要尺寸和画法

图 7-62　蜗轮的主要尺寸和画法

蜗杆蜗轮零件工作图的格式如图 7-63、图 7-64 所示。

蜗杆蜗轮啮合的剖视画法如图 7-65a 所示；不剖切画法如图 7-65b 所示。

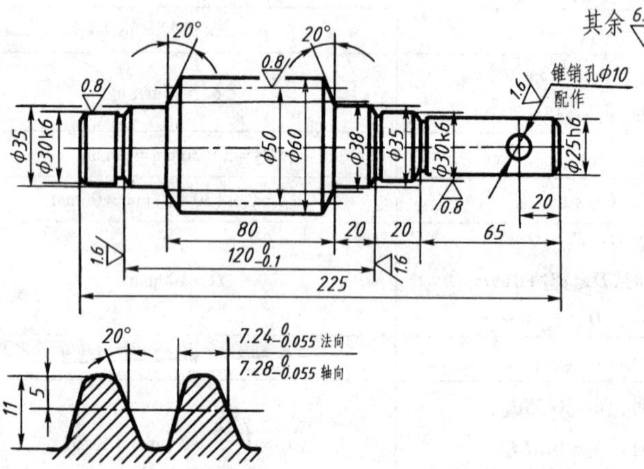

啮合特征	
轴向模数	5
头数	1
导程角	5°42′38″
螺旋方向	右
压力角	20°
精度等级	8f
中心距	75±0.035
相啮合蜗轮代号	

其余 6.3

锥销孔 $\phi 10$ 配作

技术要求

1. 蜗杆齿面热处理 S09—C59。
2. 倒角尺寸均为 C_1。
3. 退刀槽尺寸均为 2×0.5。

蜗　　杆		材料		比例	1:1
		数量		图号	
制图					
审核					

图 7-63　蜗杆图样格式

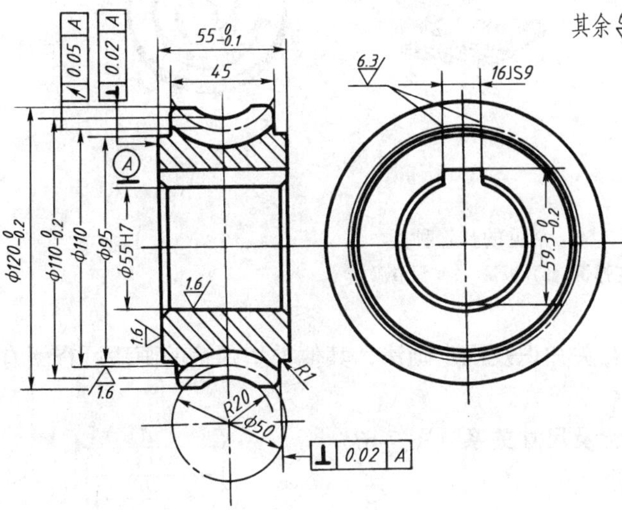

啮合特征		
有关蜗杆数据	轴向模数	5
	头数	1
	导程角	5°42′38″
	螺旋方向	右
	压力角	20°
	分度圆直径	50
齿数		20
精度等级		8f
中心距		75 ± 0.035
相啮合蜗杆代号		

其余 6.3

未注处的倒角为 $C1$。

蜗　　轮		材料		比例	1:1
		数量		图号	
制图					
审核					

图 7-64　蜗轮图样格式

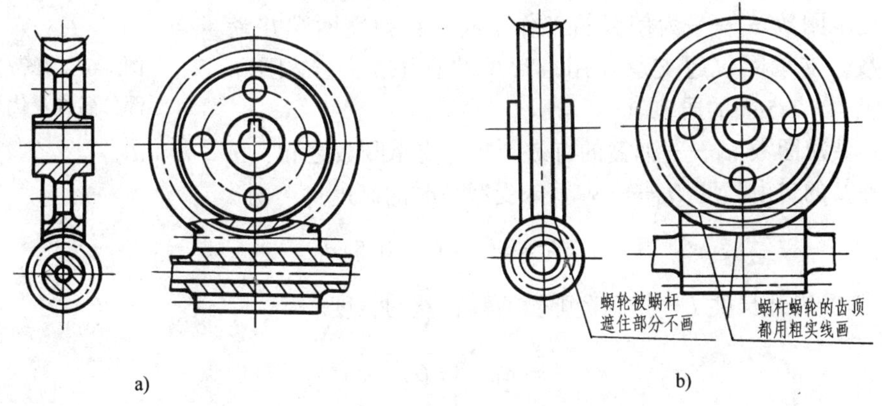

图 7-65　蜗杆蜗轮啮合的画法

第五节　弹　　簧

弹簧属于常用件，在机械工程中应用非常广泛，主要用于减振、夹紧、复位、调节等方面。弹簧种类繁多，常见的有螺旋弹簧、板弹簧和涡卷弹簧等（图 7-66）。

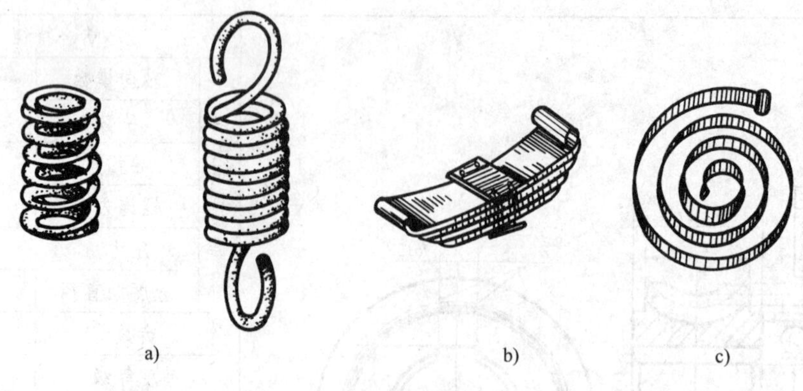

图 7-66　常见的弹簧种类

a）螺旋弹簧　b）板簧　c）涡卷弹簧

本节只介绍圆柱螺旋压缩弹簧的有关知识及规定画法，其他类型弹簧的画法可查阅有关标准。

一、圆柱螺旋压缩弹簧各部分名称及尺寸关系（图 7-67）

（1）簧丝直径 d——弹簧丝的直径。

（2）弹簧外径 D——弹簧最大直径。

（3）弹簧内径 D_1——弹簧最小直径。

（4）弹簧中径 D_2——弹簧的平均直径。

$$D_2 = (D_1 + D)/2 = D_1 + d = D - d$$

（5）节距 t——除两端支承圈外，弹簧上相邻两圈对应两点之间的轴向距离。

（6）有效圈数 n——弹簧能保持相同节距的圈数。

（7）支承圈数 n_2——为使弹簧工作平稳，将弹簧两端并紧磨平的圈数。支承圈仅起支承作用，常见的有 1.5 圈、2 圈和 2.5 圈三种，以 2.5 圈的居多。

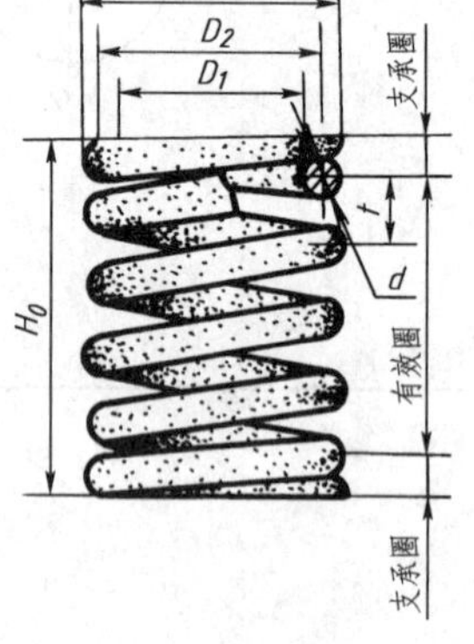

图 7-67　弹簧各部分名称及代号

（8）弹簧总圈数 n_1——弹簧的有效圈数与支承圈数之和：$n_1 = n + n_2$。

（9）弹簧的自由高度 H_0——弹簧未受载荷时的高度：

$$H_0 = nt + (n_2 - 0.5)d$$

（10）弹簧展开长度 L——制造弹簧所需簧丝的长度。

$$L = n_1\sqrt{(\pi D_2)^2 + t^2}$$

二、圆柱螺旋弹簧的规定画法（GB/T 4459.4—2003）（图 7-68）

（1）在平行于螺旋压缩弹簧轴线的投影面的视图中，各圈的轮廓线画成直线。

（2）有效圈数在四圈以上的螺旋弹簧，可以只画出其两端的 1 ~ 2 圈（支承圈除外），中间只需用过簧丝断面中心的细点画线连起来，且可适当缩短图形长度。

（3）有支承圈时，均按 2.5 圈绘制。必要时，也可按支承圈的实际结构绘制。

（4）螺旋弹簧均可画成右旋，但左旋弹簧不论画成左旋或右旋，都要加注“左”字。

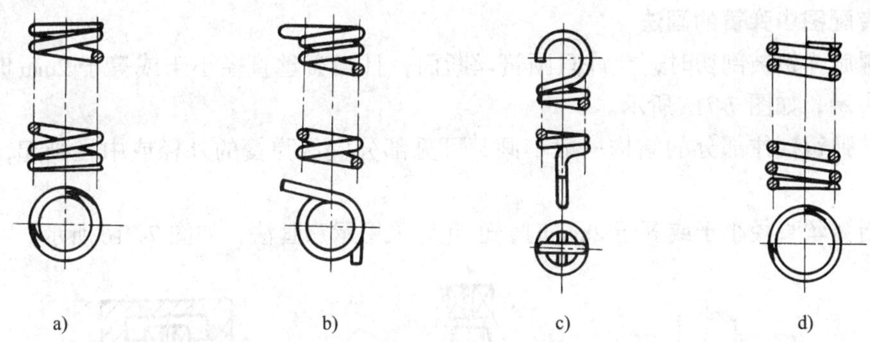

图 7-68 圆柱螺旋压缩弹簧的画法

三、圆柱螺旋压缩弹簧的画图步骤

根据圆柱螺旋压缩弹簧的外径 D、簧丝直径 d、节距 t 和圈数，即可计算出弹簧中径 D_2 和自由高度 H_0，就能按照图 7-69 所示方法与步骤绘制出圆柱螺旋压缩弹簧的图。

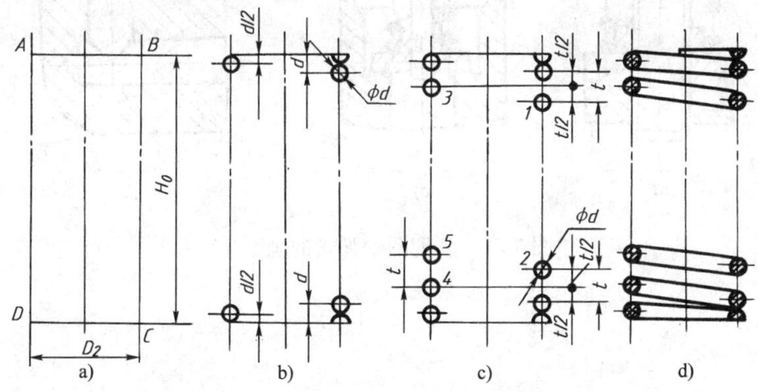

图 7-69 圆柱螺旋压缩弹簧的作图步骤

圆柱螺旋压缩弹簧的零件工作图画法参照图 7-70 所示的图样格式。

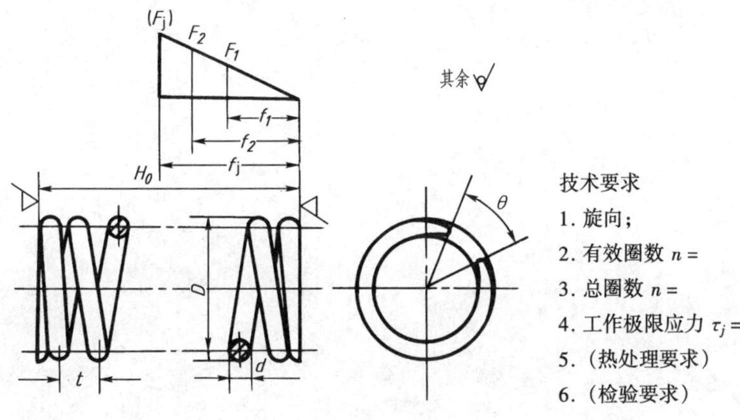

图 7-70 圆柱螺旋压缩弹簧图样格式

四、装配图中弹簧的画法

（1）螺旋弹簧被剖切时，允许只画簧丝断面，且当簧丝直径小于或等于 2mm 时，其断面可涂黑表示，如图 7-71a 所示。

（2）被弹簧挡住部分的结构一般不画，可见部分应从弹簧的外径或中径画起，如图 7-71b 所示。

（3）当簧丝直径小于或等于 2mm 时，也允许采用示意画法，如图 7-71c 所示。

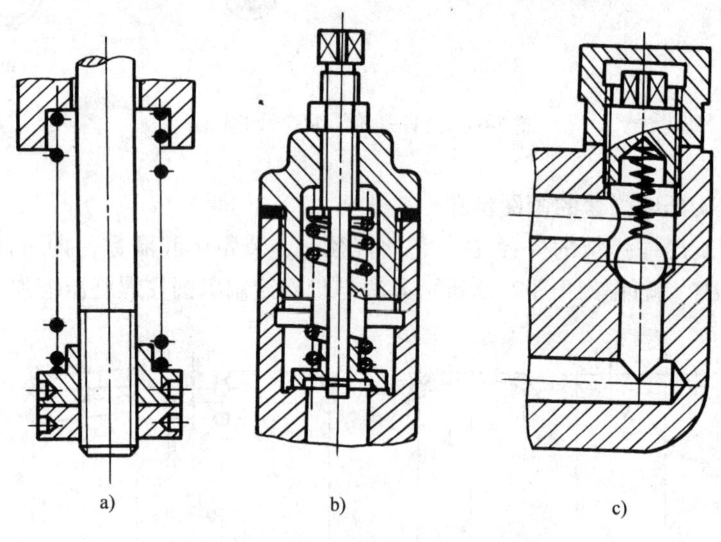

图 7-71　装配图中弹簧的画法

第八章 零 件 图

任何一台机器都是由许多零件装配而成的。表达零件形状、结构、大小及技术要求的图样，称为零件图。本章主要讨论零件图的作用与内容、零件表达方案的选择、零件图的尺寸标注、零件的合理工艺结构、零件的技术要求、画零件图及看零件图的方法和步骤等内容。

第一节 零件图的作用与内容

一、零件图的作用

从零件的毛坯制造、机械加工工艺路线的制订、毛坯图和工序图的绘制、工夹具和量具的设计到加工检验及技术革新等，都要根据零件图来进行的。因此，零件图是加工检验零件的依据，是现代工业生产中重要的技术文件。

二、零件图的内容

一张零件图一般应包括以下几项内容（图 8-1）。

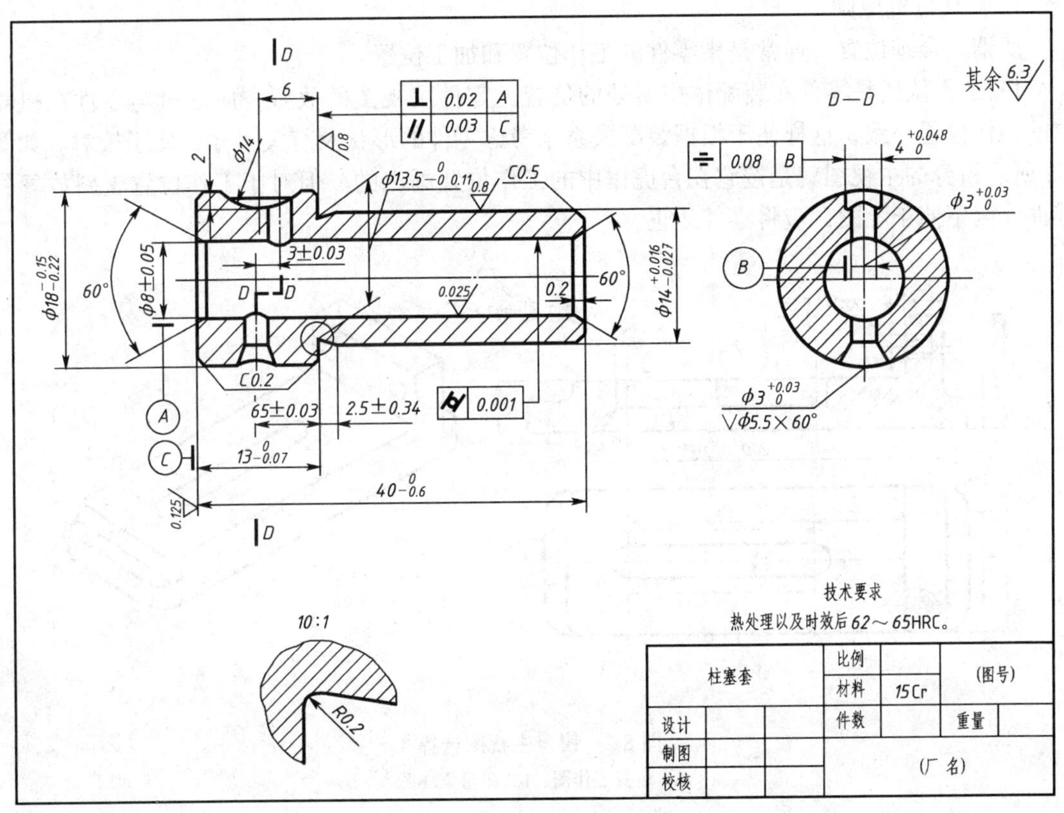

图 8-1 零件图的内容

（1）一组图形　综合运用视图、剖视图和断面图等各种表达方法，正确、完整、清晰、简便地表达出零件的内、外结构形状。

（2）全部尺寸　应正确、完整、合理地标注出零件的全部尺寸，用以确定零件的形状大小。

（3）技术要求　用国家标准中规定的符号、数字、字母和文字等标注说明零件在制造、检验、安装时应达到的各项技术要求，如表面粗糙度、尺寸公差、形位公差及热处理要求等。

（4）标题栏　根据标题栏的格式要求填写栏目中的内容。一般应填写出零件的名称、数量、材料、图样比例、图号及设计、制图等责任人姓名和日期。

第二节　零件表达方案的选择

零件表达方案的选择主要指零件主视图和其他视图及表达方法的选择。

一、零件主视图的选择

主视图是表达零件形状最重要的视图，其选择是否合理将直接影响其他视图的画法及加工时是否方便看图。一般来说，零件主视图的选择应满足“合理位置”和“形状特征”两个基本原则。

1. 合理位置原则

所谓“合理位置”通常是指零件的工作位置和加工位置。

1）工作位置是零件在装配体中所处的位置。零件主视图的放置，应尽量与零件在机器中的工作位置一致，这样便于根据装配关系来考虑零件的形状及有关尺寸，便于校对。如图 8-2 所示钳身的主视图就是按它在台虎钳中的工作位置画出的。但对于工作位置歪斜放置的零件，因不便于绘图，应将零件放正。

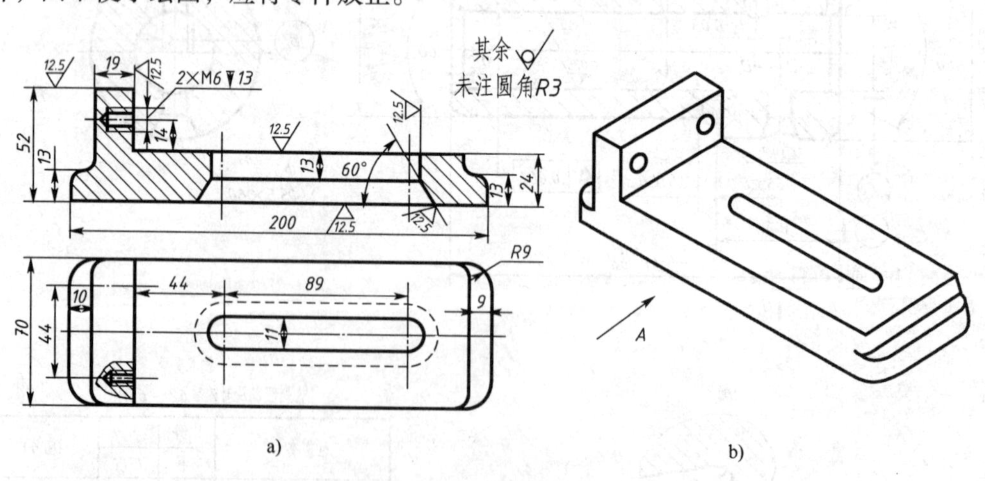

图 8-2　钳身主视图选择

a）钳身工作图　b）钳身立体图

2）加工位置是零件在加工时所处的位置。按加工位置画主视图便于对照图样进行加工和测量。如图 8-3 所示轴的主视图就是按其加工位置画出来的。但是，一个零件的加工，往往要经过许多道工序，而每道工序的加工位置也不尽相同，因此应选其主要工序的加工位置来考虑。

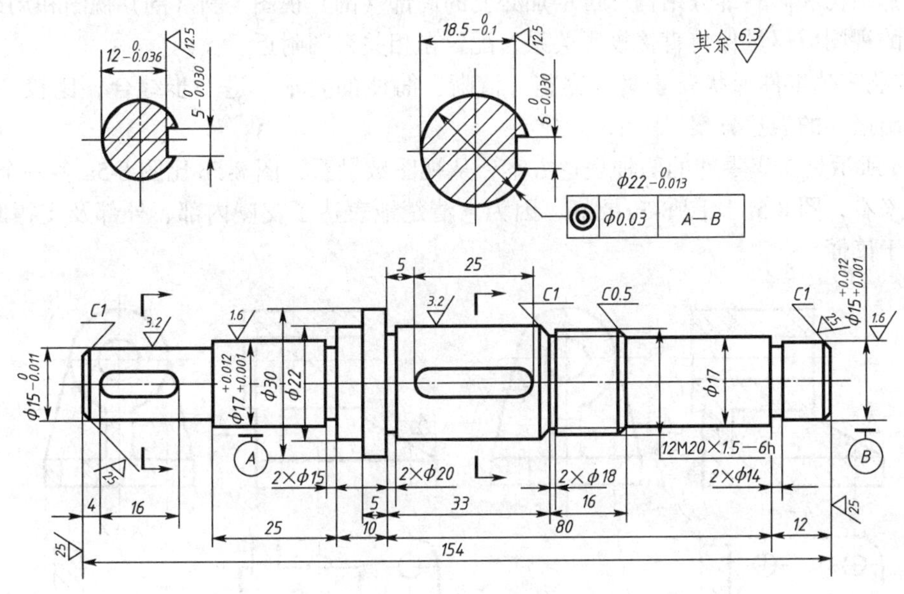

图 8-3　轴的主视图的选择

2. 形状特征原则

确定了零件的安放位置后，还应选定主视图的投射方向。形状特征原则就是将最能反映零件的形状特征的方向作为主视图投射方向，以满足表达零件清晰的要求。如图 8-4 所示阀体主视图的选择，*A* 向视图比 *B* 向视图反映该零件的形状特征更多更清楚，因此宜选 *A* 向为其主视图的投射方向为好。

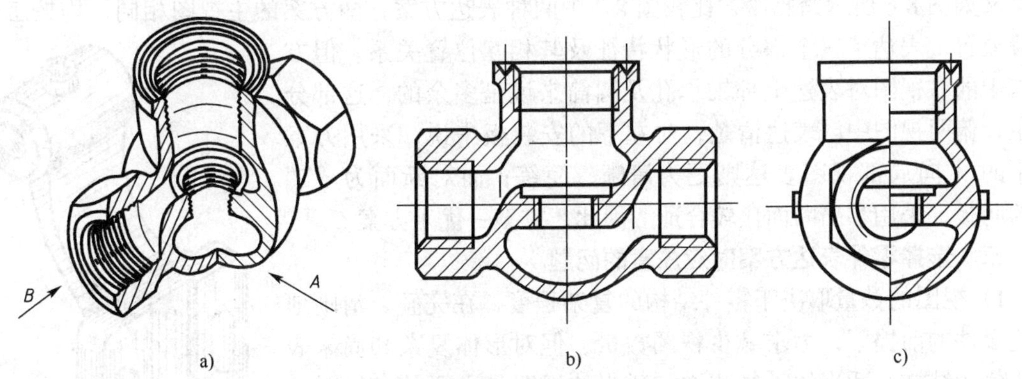

图 8-4　阀体主视图选择

a）阀体立体图　b）*A* 向好　c）*B* 向不好

二、其他视图及表达方式的选择

主视图确定后，其他视图的选择应考虑以下几点：

1）根据零件的复杂程度及内、外结构形状，全面地考虑还应需要的其他视图，使每个视图都有一个表达重点，但视图数目不宜过多和过于分散。

2）优先考虑采用基本视图，当有内部结构时应尽量在基本视图上作剖视；对尚未表达清楚的局部结构和倾斜部分结构，可增加必要的局部（剖）视图、斜（剖）视图和局部放大图；有关的视图应尽量保持直接投影关系，配置在相关视图附近。

3）按照表达零件形状要正确、完整、清晰、简便的要求，进一步综合、比较、调整、完善，选出最佳的表达方案。

图 8-5 所示是支座零件的两种表达方案，从视图数量看，图 8-5b 比图 8-5a 多一个视图，但从表达来看，图 8-5b 比图 8-5a 要好，因为它清楚地表达了支座内部、外部及支撑断面的形状，易于读懂。

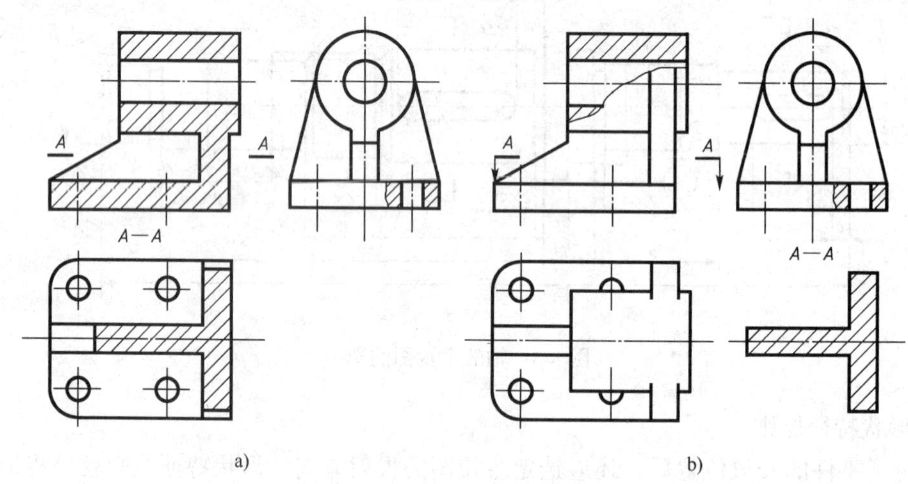

图 8-5　支座的表达
a）不好　b）好

又如图 8-6 所示踏脚座，比较图 8-7 中两种表达方案：两方案的主视图相同，均按工作位置放置，表达了三个部分的形状特征及其相互位置关系。但方案二中的右视图对表达上部轴承孔及圆筒来说是多余的，这部分在主、俯两视图中已表达清楚；对左下的安装板来说，采用方案一中的 *A* 向局部视图表达则更为清晰、简练；而对断面为“T”形的肋板，采用移出断面比较合适。因此，方案一优于方案二。

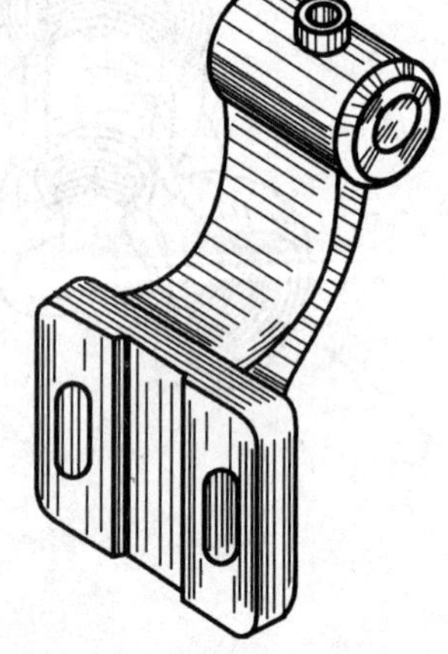

图 8-6　踏脚座立体图

三、选择零件表达方案时应注意的问题

1）视图的数量取决于零件结构的复杂程度，在完整、清晰地表达零件的前提下，力求减少视图数量。但对形体复杂和尚未表达清楚的结构，适当的重复和增加适当的视图是必要的。如图 8-8a、b、c 所示，增加 *A*—*A* 断面是必要的。

2）零件图应尽量少画或不画虚线。但当省略虚线表达不清或要增加视图时，则此虚线不能省。如图 8-9 所示主视图中的虚线。

四、典型零件表达分析

虽然零件的形状、用途多种多样，加工方法各不相同，但零件也有许多共同之处。总结零件的共性，把常见的零件分成了四种类型，即轴套类、轮盘类、叉架类和箱体类。下面通过对这四类典型零件的表达分析，说明常见零件的表达方法和特点。

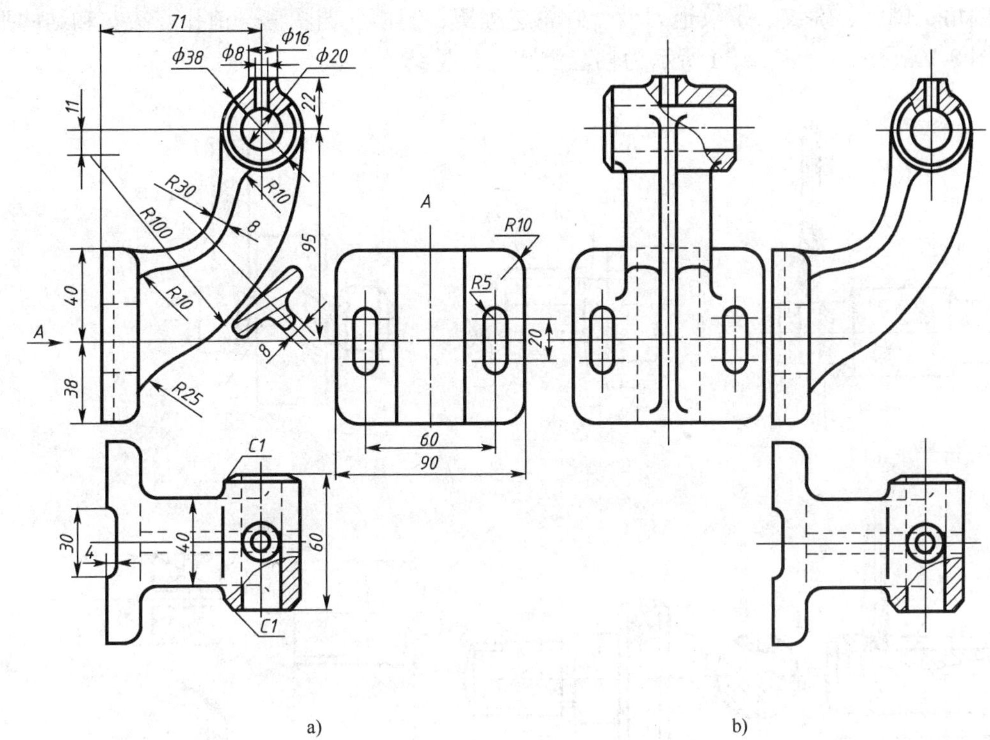

图 8-7　踏脚座表达方案比较

a）方案一　b）方案二

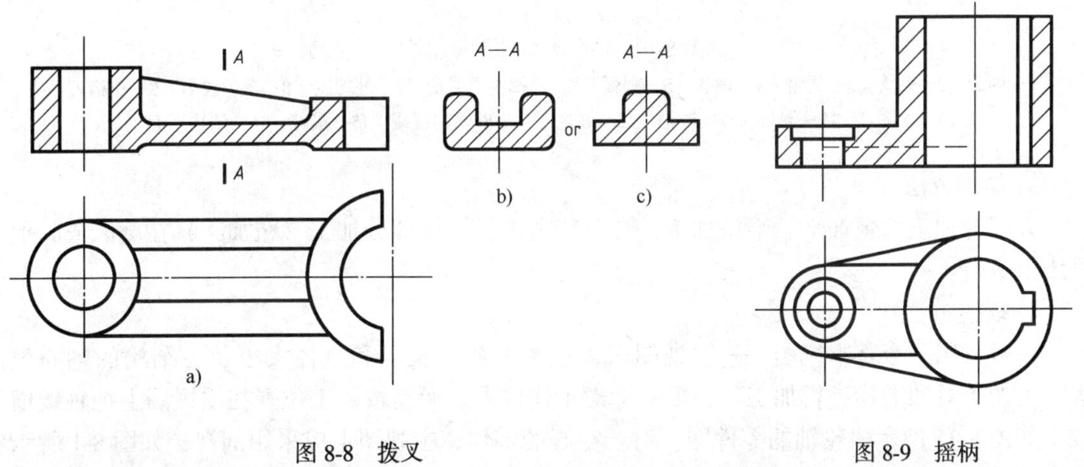

图 8-8　拨叉　　　　图 8-9　摇柄

（一）轴套类零件

1. 用途

传递动力或支撑零件。轴、套筒、衬套、套管、螺杆等属于此类零件。

2. 结构特点

形体比较简单、规则，多数由大小不等而同轴的圆柱、圆锥等回转体组成。直径不等所形成的台阶可供安装在轴上的零件轴向定位。由于设计、加工和装配工艺的需要，此类零件常有倒角、倒圆、螺纹、螺纹退刀槽、砂轮越程槽、键槽、挡圈槽、销孔、滚花和结构平面等，图 8-10a、b、c、d、e、f 所示为轴套类零件常见结构。

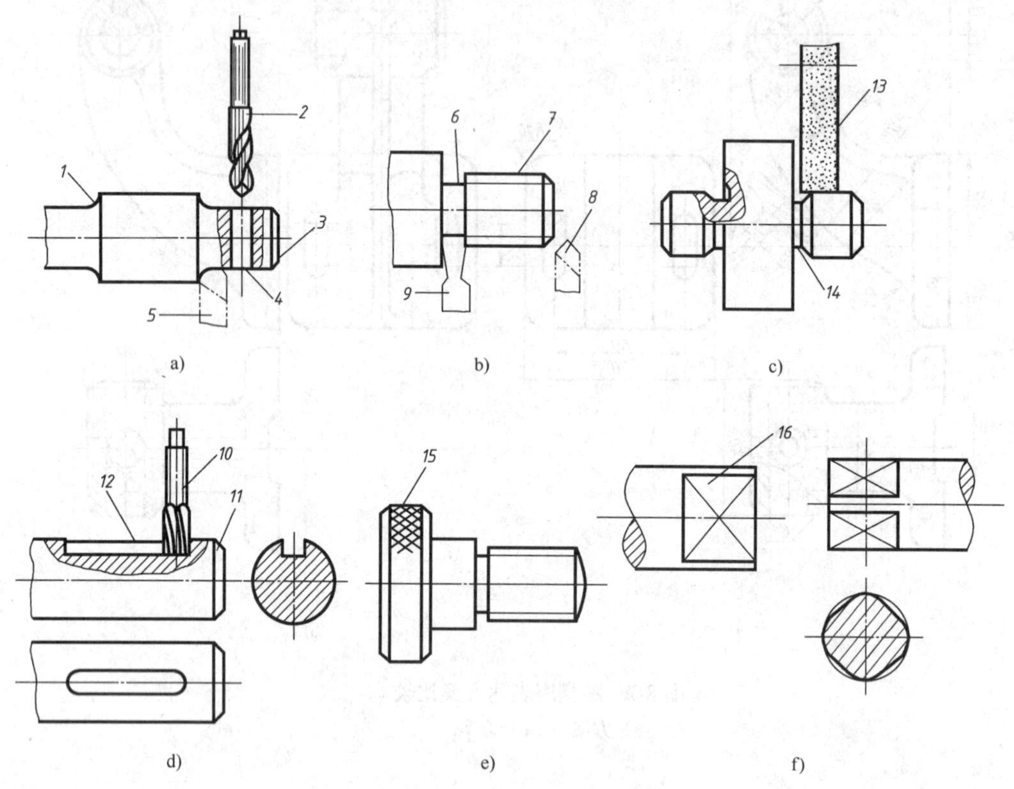

图 8-10　轴套类零件常见结构

1—倒圆　2—钻头　3—倒角　4—销孔　5—圆弧刀　6—螺纹退刀槽　7—外螺纹　8—车螺纹刀　9—车槽刀　10—立铣刀　11—倒角　12—键槽　13—砂轮　14—砂轮越程槽　15—滚花　16—结构平面

3. 加工方法

大部分加工（粗加工、半精加工）在车床上进行，少部分加工（精加工）在磨床或其他机床上进行。

4. 表达方法

一般只用一个基本视图——主视图来表达轴的各段长度和直径大小及各结构的轴向位置，为便于对照图物进行加工，一般不考虑工作位置，而是按加工位置在主视图上把轴线横放，如图 8-11 所示蜗轮轴的零件图。对于空心的零件，主视图上应采用剖视，如图 8-1 所示柱塞套。轴套类零件一般省去投影为圆的视图，而用移出断面来表示轴上键槽、销孔等结构，如图 8-3 和图 8-11 所示的移出断面。对零件上的部分细小结构如退刀槽、倒圆等表达不清时，可采用局部放大图来表示，如图 8-1 中左下的局部放大图。

（二）轮盘类零件

1. 用途

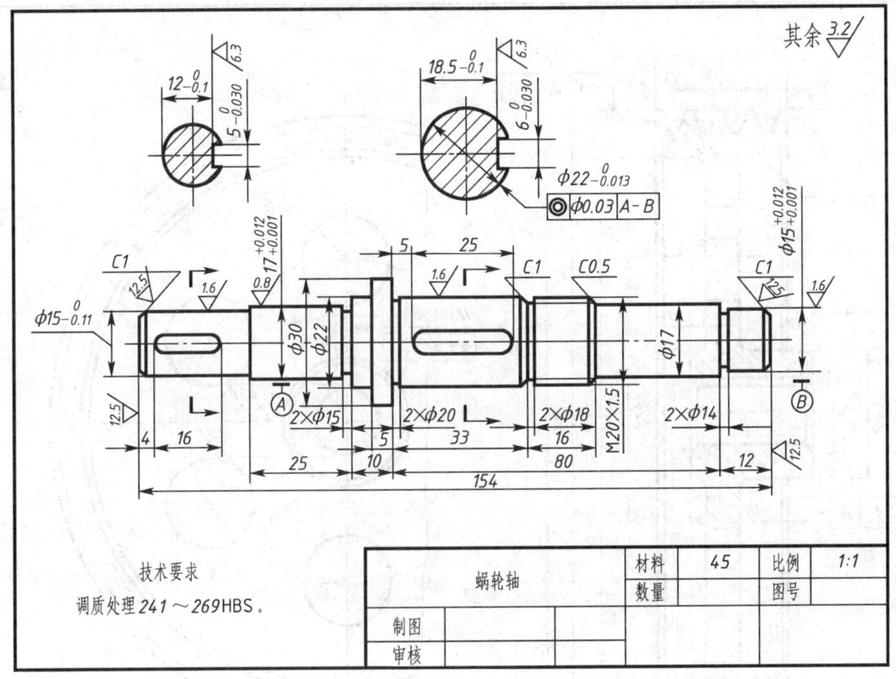

图 8-11　蜗轮轴零件图

带轮、齿轮、蜗轮、飞轮、链轮、分度盘、端盖等均属于此类零件。除端盖外，一般都需要通过键、销与轴联接，用以传递扭矩。

2. 结构特点

主体部分系回转体，另外还有一些沿着圆周分布的孔、肋、耳板、槽、齿及其他结构。

3. 加工方法

外圆、内孔、端面一般在车床上加工，键槽在铣床上加工，轮齿在齿轮加工机床上加工。

4. 表达方法

一般采用过轴线作全剖或旋转剖为主视图，由于此类零件中加工多以车削为主，所以通常将其轴线水平放置；用左视图表示孔、槽、肋、轮辐及外形结构，必要时还可辅以局部视图、局部剖视图、局部放大图等。如图 8-12 带轮零件图和图 8-13 端盖零件图。

（三）叉架类零件

1. 用途

机器上的拨叉、连杆、摇臂、支架、杠杆、踏脚座等均属此类零件，用以实现零件间的某个动作或起支撑作用。

2. 结构特点

多由肋板、安装板、转轴孔、转轴套筒等部分组成。

3. 加工方法

此类零件由于形状较为复杂，需要对毛坯经过多种工序加工。毛坯来源有铸造、锻造、冲压、焊接等。

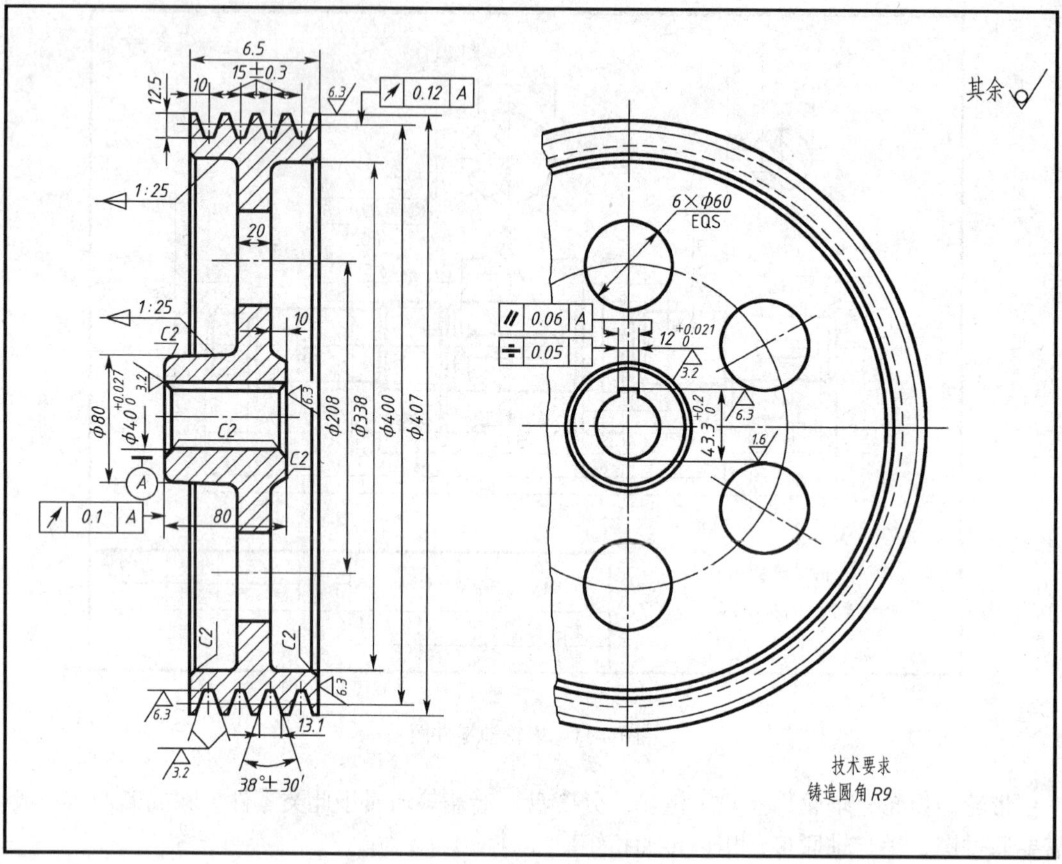

其余

技术要求
铸造圆角R9

图 8-12　带轮零件图

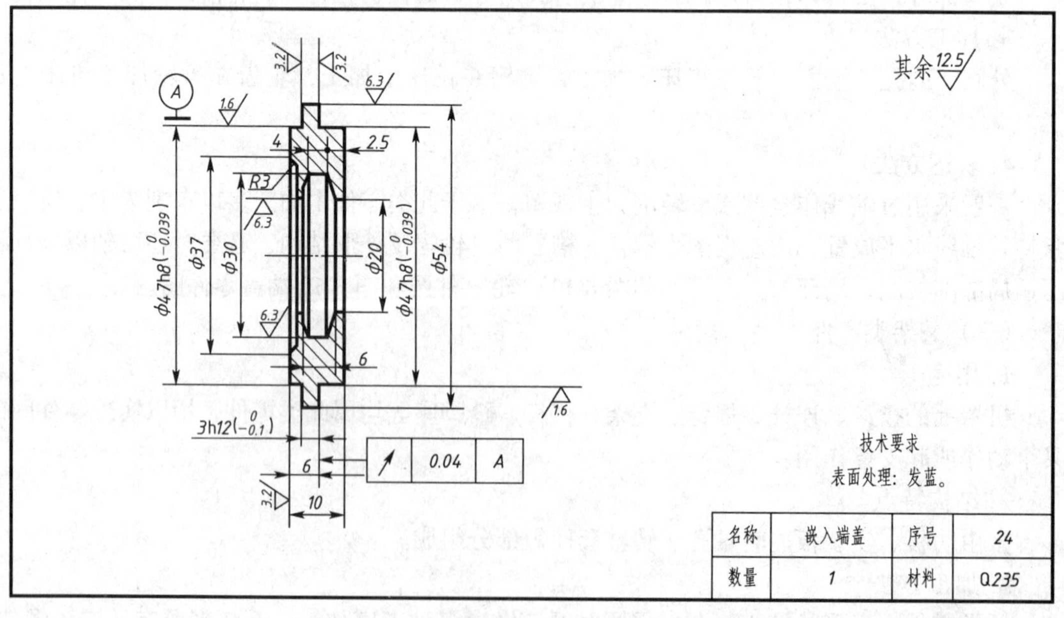

图 8-13　嵌入端盖零件图

4. 表达方法

图 8-14 为一支架零件图，从图中可看出，表达叉架类零件一般都需要两个或两个以上的基本视图。选择主视图时，主要考虑“工作位置”和“形状特征”原则。对于回转体部分多采用局部剖视，而肋板、壁板等部分的横截面多采用断面图表示，如图 8-14 和图 8-7a 所示。当零件主要部分不在同一平面上时，可采用旋转（剖）视图表示。

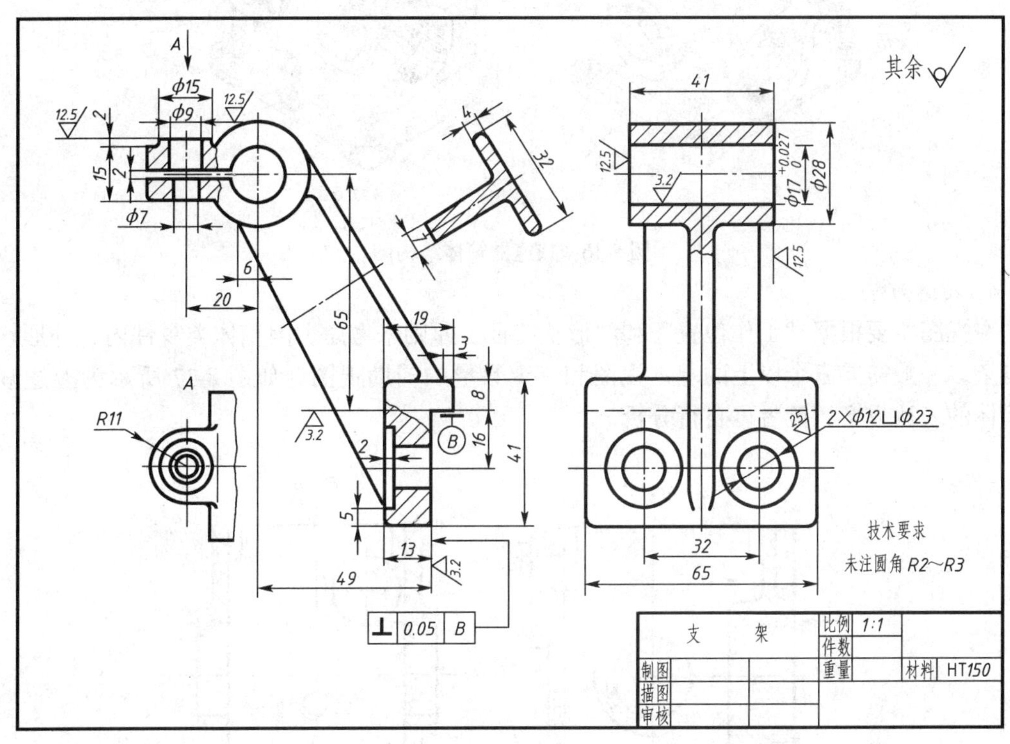

图 8-14　支架零件图

（四）箱体类零件

1. 用途

阀体、泵体、机座、减速器箱体和箱盖等均属于此类零件，多作为支持或包容其他零件用，如图 8-15 所示的减速箱箱体。

2. 结构特点

内、外形状结构都较复杂、毛坯多为铸件。如图 8-15 所示为减速器结构图，其主要零件之一——减速器箱体的结构如图 8-16 所示。从图中可以看出，箱体的每部分结构如Ⅰ、Ⅱ、…、Ⅴ都有特定的作用。

3. 加工方法

加工部位多，加工方法也多（车、铣、刨、钻、镗、磨等），较难区分主、次工序。

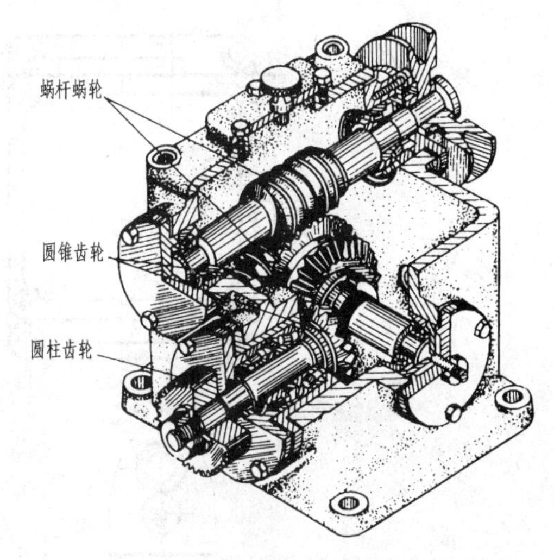

图 8-15　减速器结构图

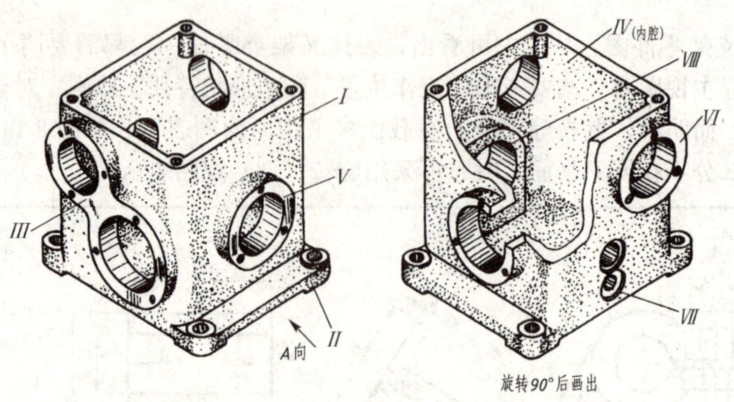

图 8-16 减速器箱体结构图

4. 表达方法

主视图主要根据“工作位置”和“形状特征”原则来考虑，因箱体类零件内、外形状都较复杂，一般需要三个以上的基本视图和一定数量的辅助视图。如图 8-17 所示为上述减速器箱体的表达方案，读者可自行分析。

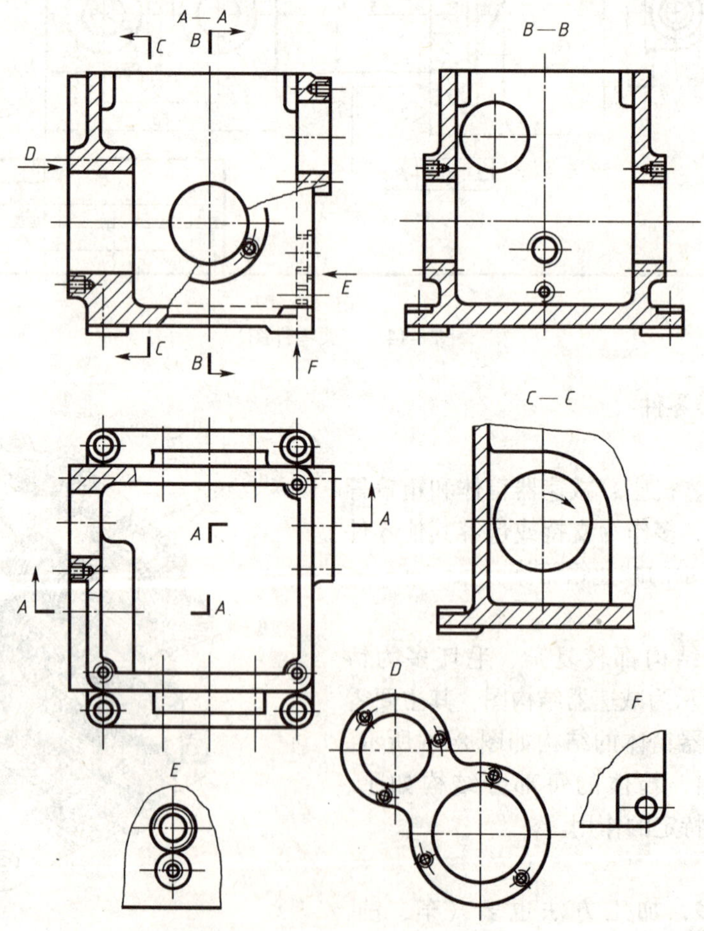

图 8-17 减速器箱体表达方案

第三节 零件图的尺寸标注

零件上各部分的大小是按照图样上所标注的尺寸进行制造和检验的。标注尺寸要做到正确、完整、清晰、合理。对于前三项要求，在组合体视图尺寸标注中已介绍，本节主要讨论尺寸标注的合理性。所谓尺寸标注得合理，就是所标注的尺寸能达到设计和制造的要求。

一、零件尺寸基准的选择及主要尺寸的确定

基准就是标注或量取尺寸的起点。基准的选择直接影响设计要求能否达到及加工是否可行和方便。

1. 基准的分类

若按用途来分，基准可分为两类：

(1) 设计基准　用以确定零件在机器中位置的点、线、面称为设计基准。如图 8-18 所示的轴承架，在机器中的位置是用接触面Ⅰ、Ⅲ和对称面Ⅱ来确定的，这三个面就分别是轴承架长、高和宽三个方面的设计基准。

(2) 工艺基准　零件在加工、测量、检验时所选定的基准。如图 8-19 所示的套在车床上加工时，用左端大圆柱面作为径向定位面，而测量轴向尺寸 a、b、c 时，则以右端面为起点，因此右端面就是工艺基准。

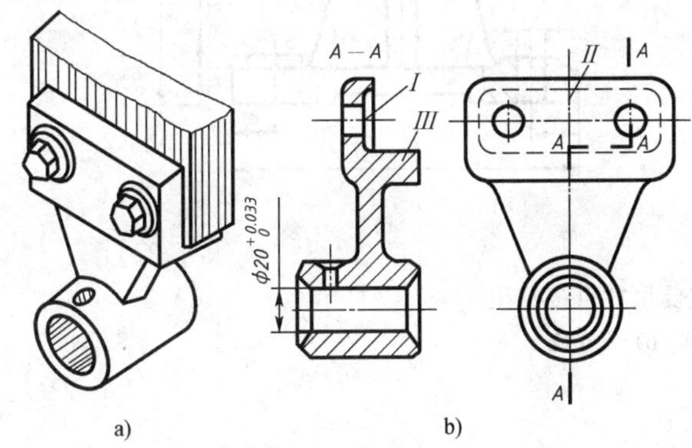

图 8-18　轴承架设计基准

a) 轴承架安装方法　b) 轴承设计基准

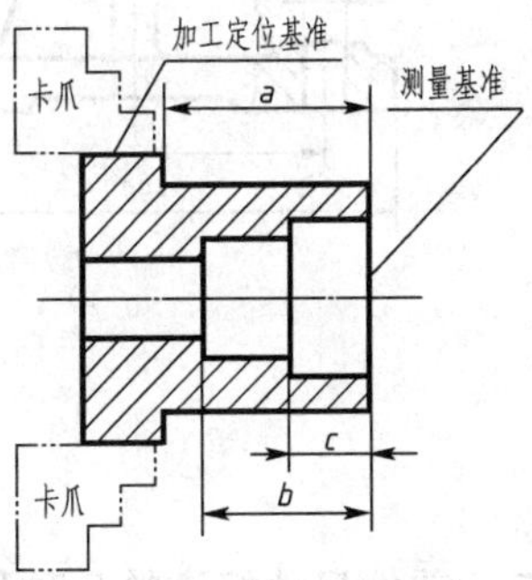

图 8-19　套的工艺基准

若按基准的形式来分，又可分为三类：

(1) 基准点　零件表面上的某个点。

(2) 基准线　零件上回转面的轴线。

(3) 基准面　零件上的某个面，有：

1) 零件上的主要装配面和支撑面。

2) 零件上的主要加工面（定位面、接触面等）。

3) 零件的对称面（在某一方向对称或接近对称时）。

2. 基准的选择

为减少误差，保证零件的设计要求，在选择基准时，最好使设计基准与工艺基准重合。如不能重合时，零件的功能尺寸从设计基准开始标注，不重要的尺寸从工艺基准开始标注或

按形体分析法标注。

当零件较复杂时，一个方向只选一个基准往往不够用，还要附加一些基准。其中起主要作用的称为主要基准，起辅助作用的称为辅助基准。主要基准与辅助基准及两辅助基准之间都应有联系尺寸。

3. 主要尺寸的确定

合理标注尺寸的关键是分清尺寸的主次。

零件的主要尺寸又称功能尺寸，是指影响机械规格性能、互换性和工作精度、有配合要求以及零件在部件中的准确位置的尺寸。

主要尺寸一般要求较高，是加工过程中要重点保证的尺寸，而次要尺寸的误差允许大些，因此，主要尺寸一定要直接标注。如图 8-20a、b 两种标注所示，表面看似乎一样，但实际上这两种注法的结果不同。图 8-20b 注写了尺寸 b 和 c，加工做成后，中心高 a 的误差等于尺寸 b 和 c 之和，不能保证 a 的精度。从分析该轴承座的设计要求可知，其中心高尺寸 a 是主要尺寸，图 8-20b 的错误就是主要尺寸没有直接标注，而次要 c 却又注了，不能保证设计要求。

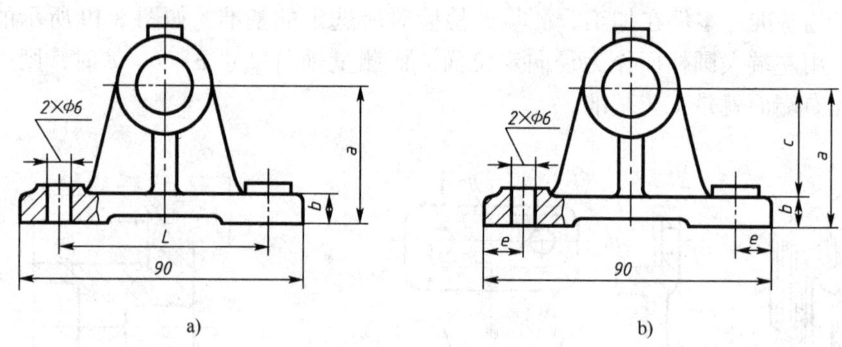

图 8-20　主要尺寸直接标注

a）正确　b）不正确

二、零件尺寸标注的几种形式

由于设计、工艺要求不同，零件图上同一方向的尺寸标注有链状式、坐标式和综合式三种，如图 8-21 所示。

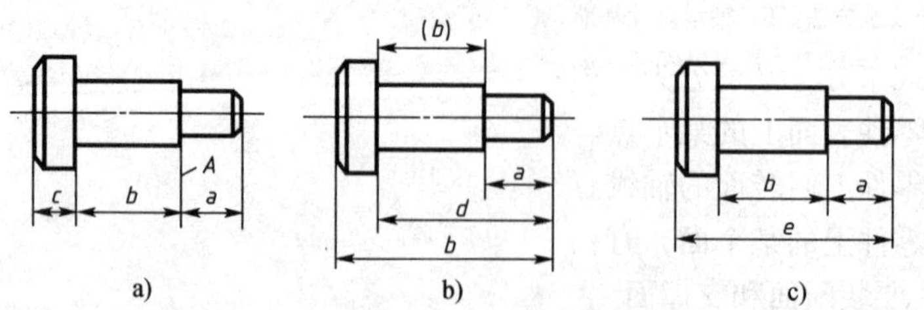

图 8-21　尺寸标注形式

a）链状式　b）坐标式　c）综合式

1. 链状式

链状式是把尺寸依次注写成链状，如图 8-21a 所示。这种方式的优点是每段轴的长度尺寸加工误差较小，而从某一选定基准面到某一轴肩距离的误差等于其间各段轴误差之和。如图 8-21a 中从左端面到 *A* 轴肩的误差等于 *b* 和 *c* 误差之和。链状式常用于标注多个孔的间距尺寸，如图 8-22 所示。

2. 坐标式

坐标式是把各个尺寸都从一个选定的基准注起，如图 8-21b 所示。其优点是从基准到任一轴肩尺寸的误差小，不受其他尺寸影响，但其中某轴段的误差较大，如图 8-21b 中 *b* 段轴的误差等于 *a* 与 *b* 段的误差之和。坐标式常用于标注凸轮轮廓线坐标尺寸，如图 8-23 所示。

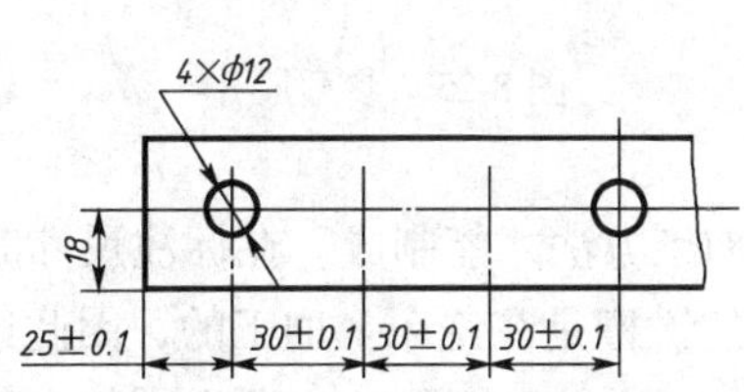

图 8-22 链状式尺寸标注示例

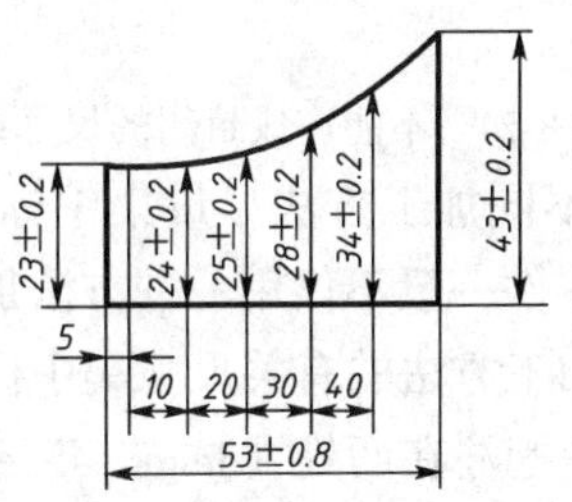

图 8-23 坐标式标注尺寸示例

3. 综合式

综合式是链状式与坐标式的综合，如图 8-21c 所示。它具有上述两种方式的优点，最能适应零件的设计和工艺要求，被广泛采用。如图 8-11 蜗轮轴的轴向尺寸就是采用综合式标注的例子。

三、零件尺寸标注应注意的问题

（一）考虑设计要求

1）恰当地选择基准。

2）主要尺寸一定要直接注出。

3）不要注成封闭的尺寸链。

所谓尺寸链是指头尾相接的尺寸形成的尺寸组。如图 8-24 所示轴承座高度方向尺寸 *a*、*b*、*c* 构成一封闭的尺寸链。显然，这样标注的尺寸组中有一个尺寸是多余的。这种注法不合理，因为生产者分不清尺寸的主次，如加工者错误地按 *b*、*c* 尺寸来加工，则不能保证重要尺寸 *a* 的精度。所以一般是将最不重要的尺寸不注，通常称之为开口环，加工后，其尺寸误差将等于尺寸链中其他所注尺寸的误差之和。但由于它的重要性相对其他尺寸要差，对设计要求没有影响。

有时为了作为设计和加工时的参考，也注成封闭尺寸链，但这时要根据需要把某一环的尺寸用半圆括弧起来，作为参考尺寸，如图 8-25 所示。

（二）考虑工艺要求

1. 标注尺寸应符合加工顺序

按加工顺序标注尺寸，符合加工过程，便于加工和测量。如图 8-26 的轴，只有尺寸 51mm 是长度方向的功能尺寸，应直接注出，其余都按加工顺序标注。如为便于备料，注出了轴的总长 128mm；为加工左端 ϕ35mm 的轴颈，注出了尺寸 23mm；调头加工 ϕ40mm 的轴颈，应直接注出尺寸 74mm；在加工右端 ϕ35mm 时，应保证功能尺寸 51mm。这样既保证了设计要求，又符合加工顺序。

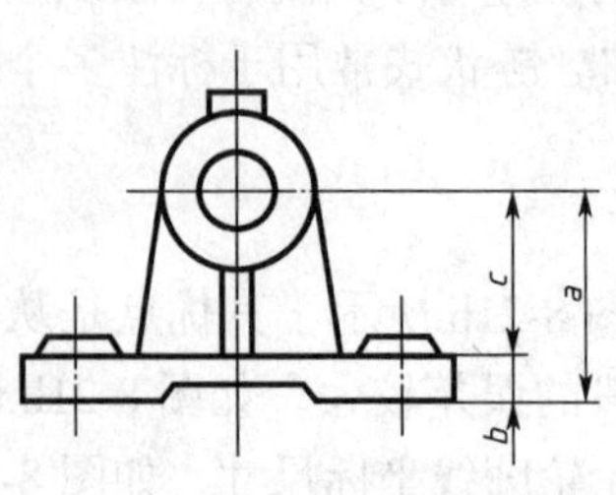

图 8-24　不能注成封闭的尺寸链

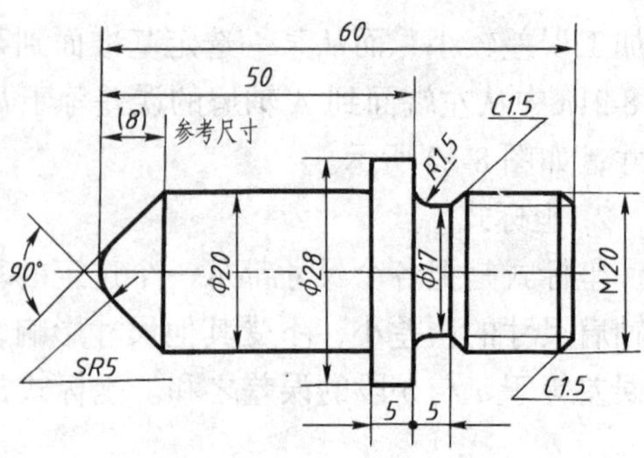

图 8-25　参考尺寸

2. 按不同加工方法尽量集中标注尺寸

一个零件一般不仅用一种方法加工，而是经过几种加工方法才能制成。在标注尺寸时，最好将不同加工方法的有关尺寸集中标注。如图 8-26 轴上的键槽是在铣床上加工的，因此这部分的尺寸集中标注在两处（3mm，45mm 和 12mm，35.5mm）标注。又如图 8-27 所示零件上部的槽（刨削加工）、底部的通孔及沉孔（钻削加工）的有关尺寸，亦采用集中标注为好。

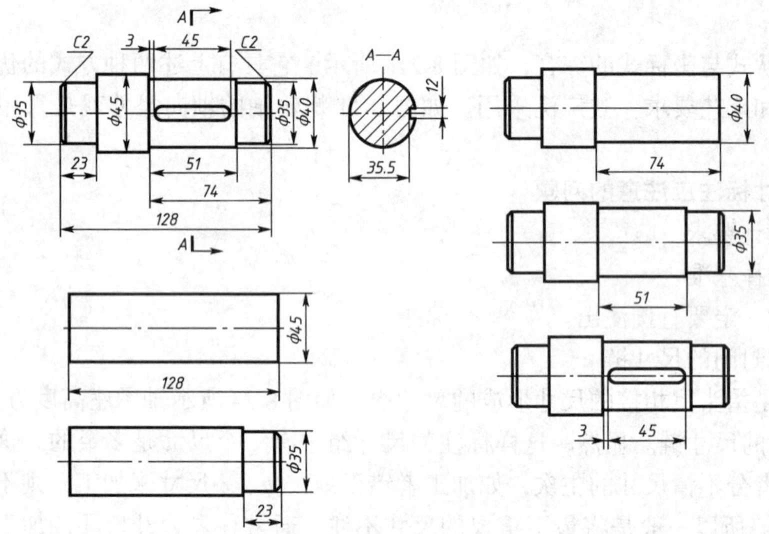

图 8-26　按加工顺序标注尺寸

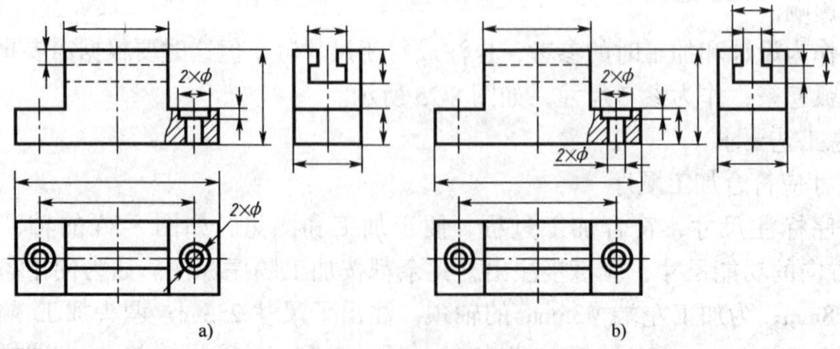

图 8-27　按加工方法集中标注

a）不好　b）好

3. 便于测量

如图 8-28 所示阶梯孔，一般先加工出小孔，然后依次加工大孔，所以标注轴向尺寸应从端面标注孔的深度尺寸。

又如图 8-29a 所示图例，是由设计基准注出中心至某面的尺寸，但不易测量。如果这些尺寸对设计要求影响不大时，应考虑测量方便，按图 8-29b 标注。

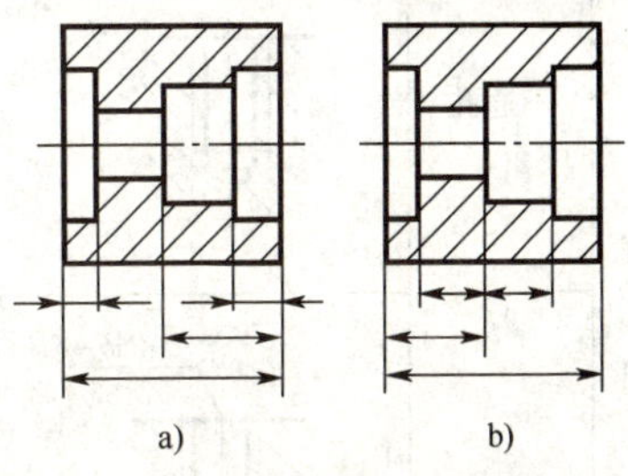

图 8-28　一般阶梯的尺寸注法
a）正确注法　b）错误注法

4. 毛面与加工面

对铸造件或锻件毛面之间的尺寸，应单独标注，因为它们是在制作毛坯时所需要的，如图 8-30a 中的尺寸 *A*。同一个方向的若干个加工面与毛面，一般只宜有一个联系尺寸，如图 8-30b 中的尺寸 *B*。图中标有“▽”符号的表面为加工面，注有“○√”符号的表面为不加工面。

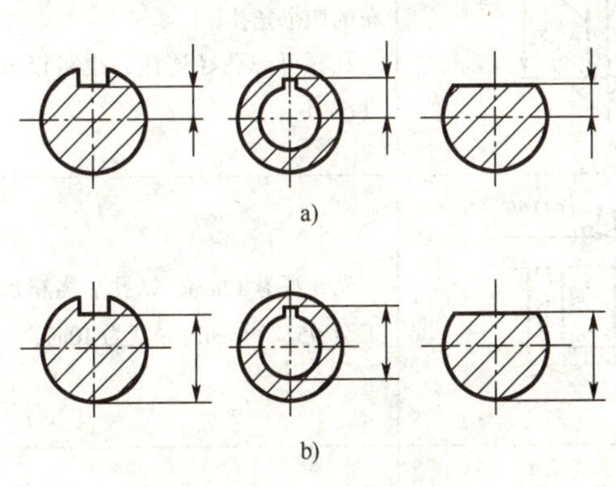

图 8-29　标注尺寸要便于测量
a）不便于测量　b）便于测量

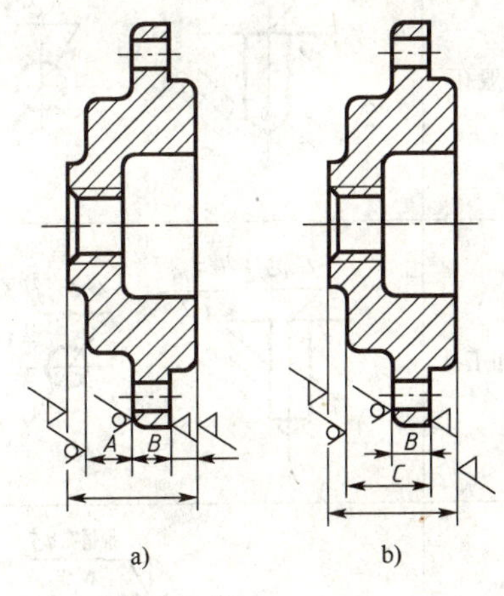

图 8-30　毛坯面之间的尺寸

（三）注意与相关零件的尺寸协调一致

对零件上有配合要求的孔和轴的基本尺寸、螺纹联接中内、外螺纹的有关尺寸等应做到尺寸基准、标注内容、形式协调一致。

四、零件上常见结构要素的尺寸注法

零件上常见结构要素的尺寸注法如表 8-1 所示。

表 8-1　常见零件结构的尺寸标注

零件结构类型		标注方法	说　明
螺孔	通孔	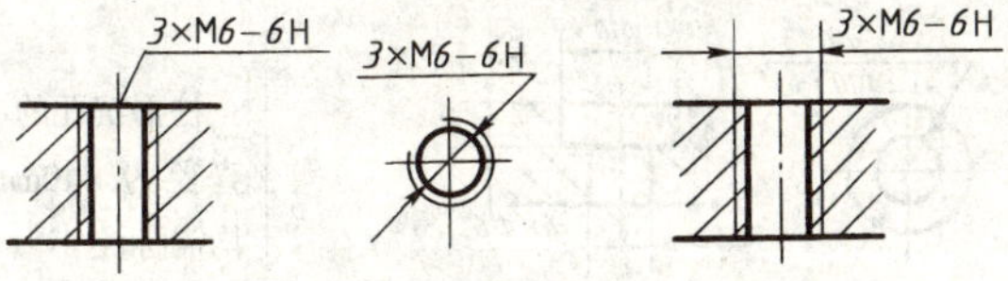 3×M6-6H　3×M6-6H　3×M6-6H	3 × M6 表示直径为 6mm，均匀分布的三个螺孔 可以旁注；也可以直接注出

（续）

零件结构类型		标注方法	说明
螺孔	不通孔	3×M6−6H↧10；3×M6−6H↧10；3×M6−6H，10	螺孔深度可与螺孔直径连注；也可分开注出
	一般孔	3×M6−6H↧10 孔↧12；3×M6−6H↧10 孔↧12；3×M6−6H，10，12	需要注出孔深时，应明确标注孔深尺寸
光孔	一般孔	4×ϕ5↧10；4×ϕ5↧10；4×ϕ5，10	4×ϕ5 表示直径为 5mm 均匀分布的四个光孔 孔深可与孔径连注；也可以分开注出
	精加工孔	$4\times\phi5^{+0.012}_{0}$↧10 钻↧12；$4\times\phi5^{+0.012}_{0}$↧10 钻↧12；$4\times\phi5^{+0.012}_{0}$，10，12	光孔深为 12mm，钻孔后需精加工至 $\phi5^{+0.012}_{0}$mm，深度为 10mm
	锥销孔	推销孔 ϕ5 配作；推销孔 ϕ5 配作	ϕ5mm 为与锥销孔相配的圆锥销小头直径。锥销孔通常是相邻两零件装在一起时加工的
沉孔	锥形沉孔	6×ϕ7 ∨ϕ13×45°；6×ϕ7 ∨ϕ13×45°；90°，ϕ13，6×ϕ7	6×ϕ7 表示直径为 7mm 均匀分布的六个孔。锥形部分尺寸可以旁注：也可直接注出
	柱形沉孔	4×ϕ6 ⌴ϕ10↧3.5；4×ϕ6 ⌴ϕ10↧3.5；ϕ10，3.5，4×ϕ6	柱形沉孔的小直径为 ϕ6mm，大直径为 ϕ10mm，深度为 3.5mm，均需标注

（续）

零件结构类型		标注方法	说明
沉孔	锪平面	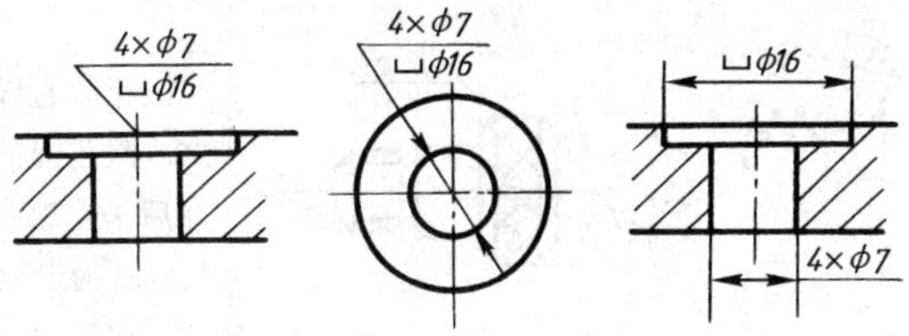 4×ϕ7 ⌴ϕ16	锪平面 ϕ16mm 处的深度不需标注，一般锪平到不出现毛面为止
键槽	平键键槽	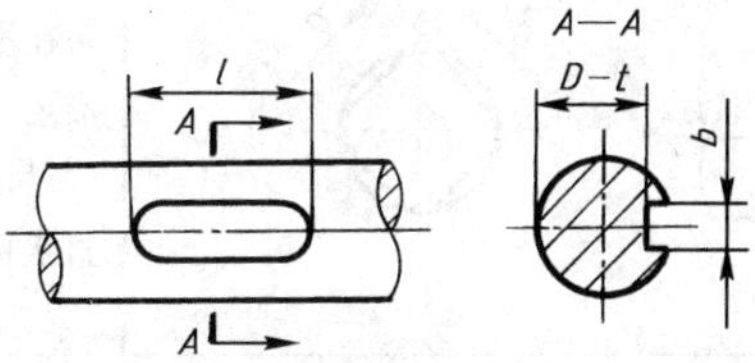 A—A l D−t b	这样标注便于测量
	半圆键键槽	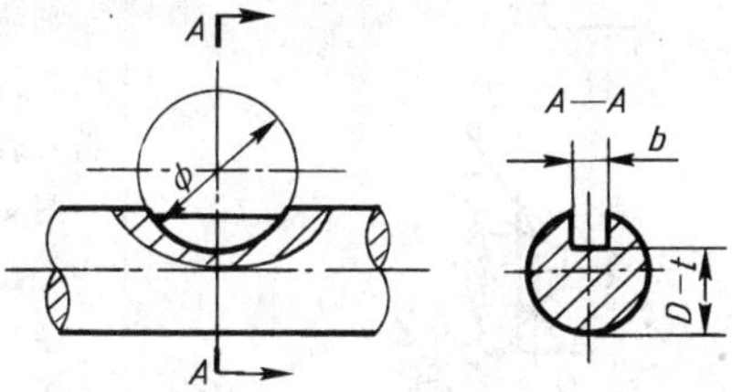 A—A ϕ b D−t	这样标注便于选择铣刀（铣刀直径为 ϕ）及测量
锥轴、锥孔		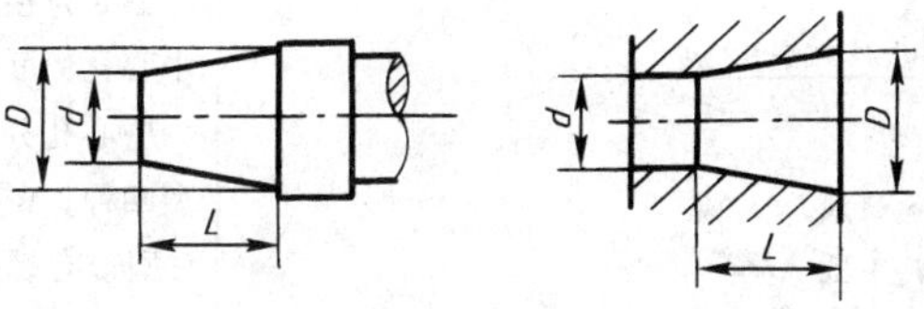 D d L	当锥度要求不高时，这样标注便于制造木模
		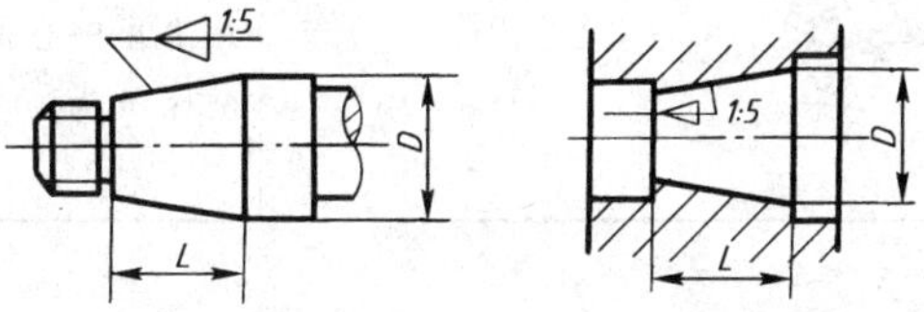 1:5 D L	当锥度要求准确并为保证一端直径尺寸时，这样标注便于测量和加工
退刀槽		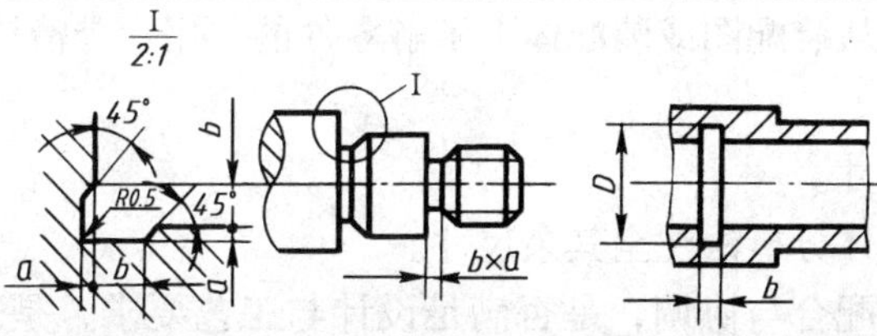 I 2:1 45° R0.5 a b b×a D	这样标注便于选择割槽刀。退刀槽宽度应直接注出。直径 D 可直接注出：也可注出切入深度 a
倒角		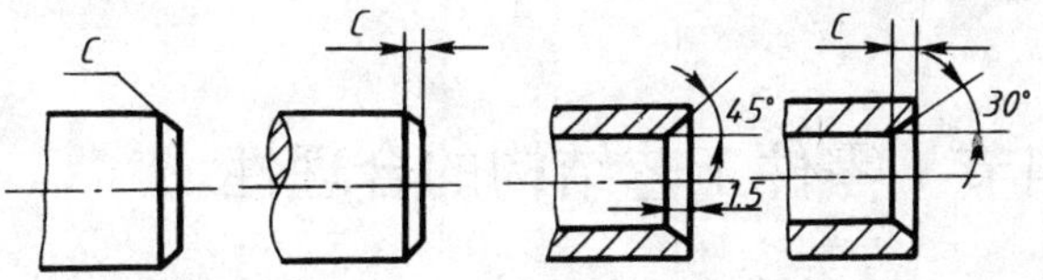 C 45° 1.5 30°	倒角 45°时，可与倒角的轴向尺寸 C 连注；倒角不是 45°时，要分开标注

（续）

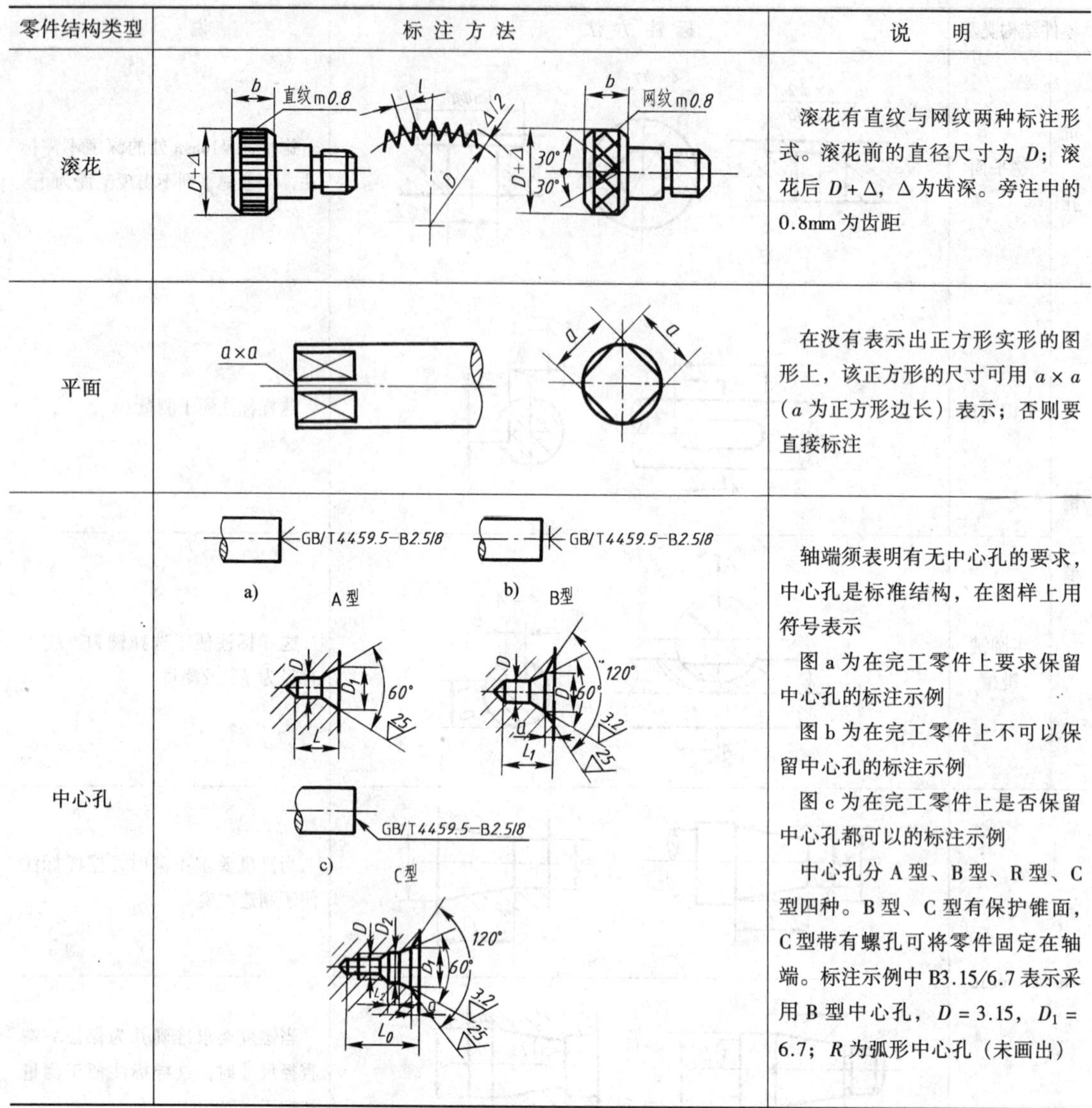

零件结构类型	标注方法	说明
滚花	直纹m0.8；网纹m0.8；b；l；D+Δ；D；Δ/2；30°	滚花有直纹与网纹两种标注形式。滚花前的直径尺寸为 D；滚花后 $D+\Delta$，Δ 为齿深。旁注中的0.8mm为齿距
平面	a×a；a	在没有表示出正方形实形的图形上，该正方形的尺寸可用 $a \times a$（a 为正方形边长）表示；否则要直接标注
中心孔	GB/T4459.5—B2.5/8 a)；GB/T4459.5—B2.5/8 b)；A型；B型；GB/T4459.5—B2.5/8 c)；C型	轴端须表明有无中心孔的要求，中心孔是标准结构，在图样上用符号表示 图a为在完工零件上要求保留中心孔的标注示例 图b为在完工零件上不可以保留中心孔的标注示例 图c为在完工零件上是否保留中心孔都可以的标注示例 中心孔分A型、B型、R型、C型四种。B型、C型有保护锥面，C型带有螺孔可将零件固定在轴端。标注示例中B3.15/6.7表示采用B型中心孔，$D=3.15$，$D_1=6.7$；R 为弧形中心孔（未画出）

五、零件尺寸标注的方法步骤

（1）对零件进行结构分析，从装配图或装配体上了解零件的作用，弄清该零件与其他零件的装配关系。

（2）选择基准和标注主要尺寸。

（3）考虑工艺要求，结合形体分析法注全其余尺寸。

（4）检查。认真检查尺寸的配合与协调，是否满足设计与工艺要求，是否遗漏了尺寸，是否有多余的重复尺寸。

第四节　零件工艺结构的合理性

零件的形状结构主要是由零件在机器中的作用决定的，而大多都要通过铸造和机械加工来制成，因此在设计和绘制零件图时，除应满足设计要求外，还要考虑到零件加工的一些特点，以免使制造工艺复杂化。下面介绍零件常见的加工工艺结构。

一、铸造工艺结构的合理性

1. 铸造圆角

铸造表面的相交处应有圆角过渡，以防止起模时尖角处落砂和在冷却过程中产生缩孔和裂纹，如图 8-31a 所示。铸造圆角去掉而产生尖角或加工成倒角，如图 8-31b 所示。因此，画零件图时，铸件的两个切削加工面的相交处一般应画出铸造圆角，若其中一个表面或两个表面都经过切削加工，则它们的相交处应画成尖角或倒角。

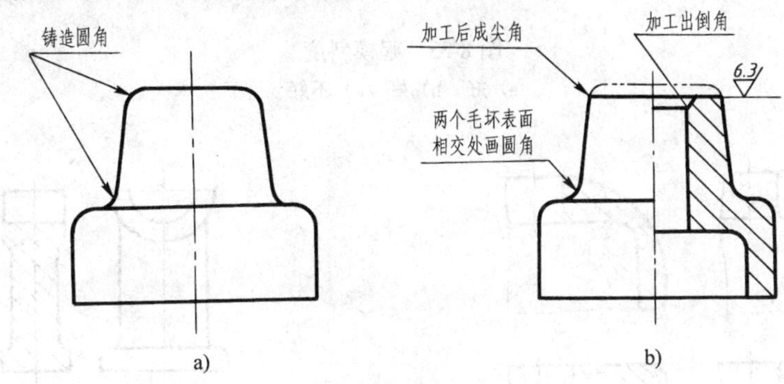

图 8-31　铸造圆角

铸件表面相交时，其交线的画法如图 8-32 所示。

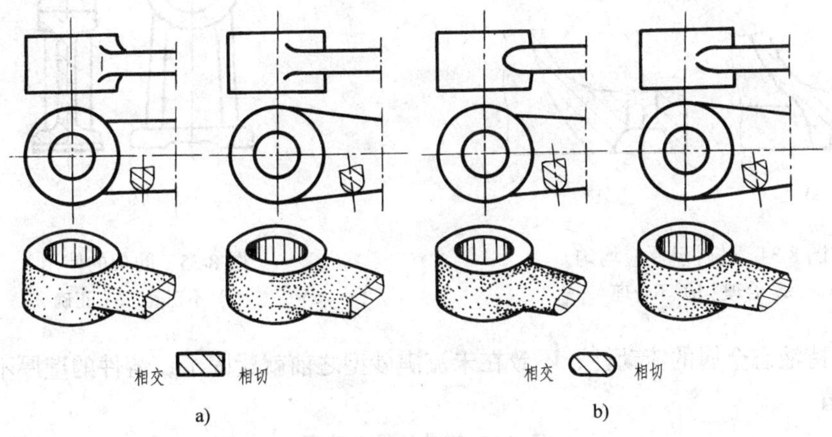

图 8-32　铸件表面相交处的画图

2. 起模斜度

造型时为了起模方便，铸件的内外壁沿起模方向应设计必要的起模斜度，如图 8-33 所示。一般为 3°～6°左右，在图样上可以不画也不标注，只在技术要求中说明。

3. 铸件壁厚

铸件壁厚应力求均匀。若壁厚相差较大时，要逐渐过渡以防止产生缩孔或裂纹，如图 8-34 所示。当需要增加铸造件强度时，应采用加肋板的方法，而不是单纯增加壁厚，如图 8-35 所示。

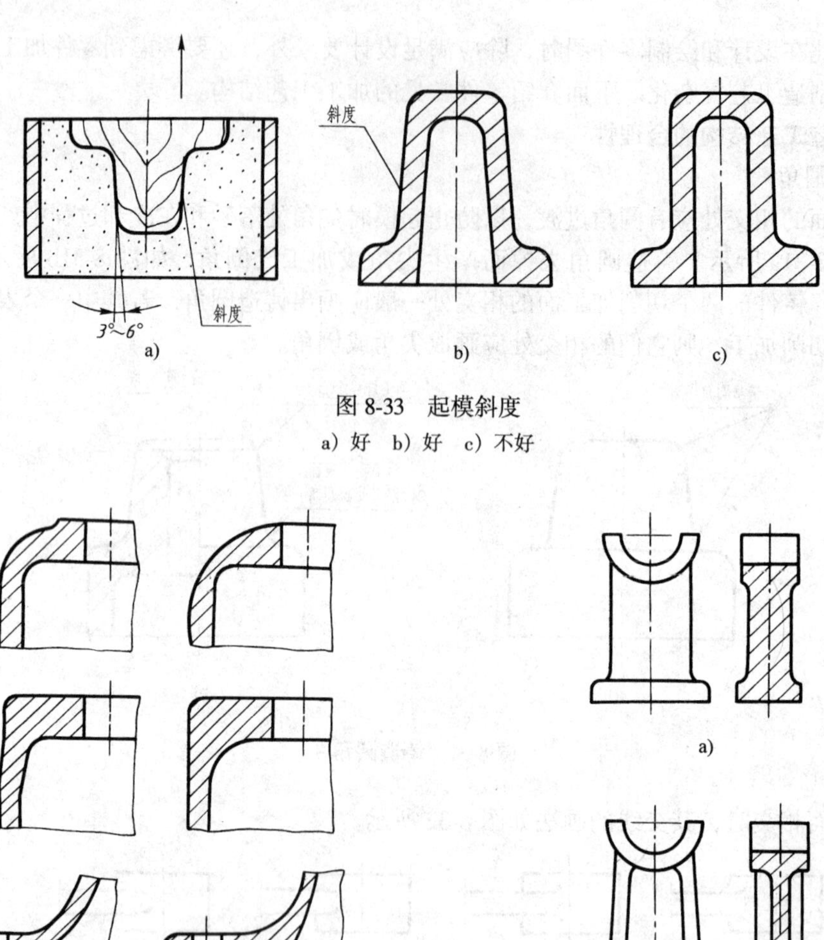

图 8-33　起模斜度

a）好　b）好　c）不好

图 8-34　铸件壁厚应均匀

a）合理　b）不合理

图 8-35　肋板的使用

a）不正确　b）正确

为了保持液态金属的流动性，不致在未流满砂型之前就凝固了，铸件的壁厚不应小于表 8-2 所列数值。

表 8-2　铸件的最小壁厚　（mm）

铸造方法	铸件尺寸	灰铸铁	铸钢	可锻铸铁	铝合金	铜合金
砂型	~200×200	~6	8	5	3	3~5
	200×200~500×500	7~10	10~12	8	4	6~8
	>500×500	15~20	15~20		6	

4．铸件各部分形状应尽量简单

为便于制模，起模、造型和清砂，铸件的外形应尽可能平直、简单，内壁也应减少凸起或分支部分，如图 8-36 所示。

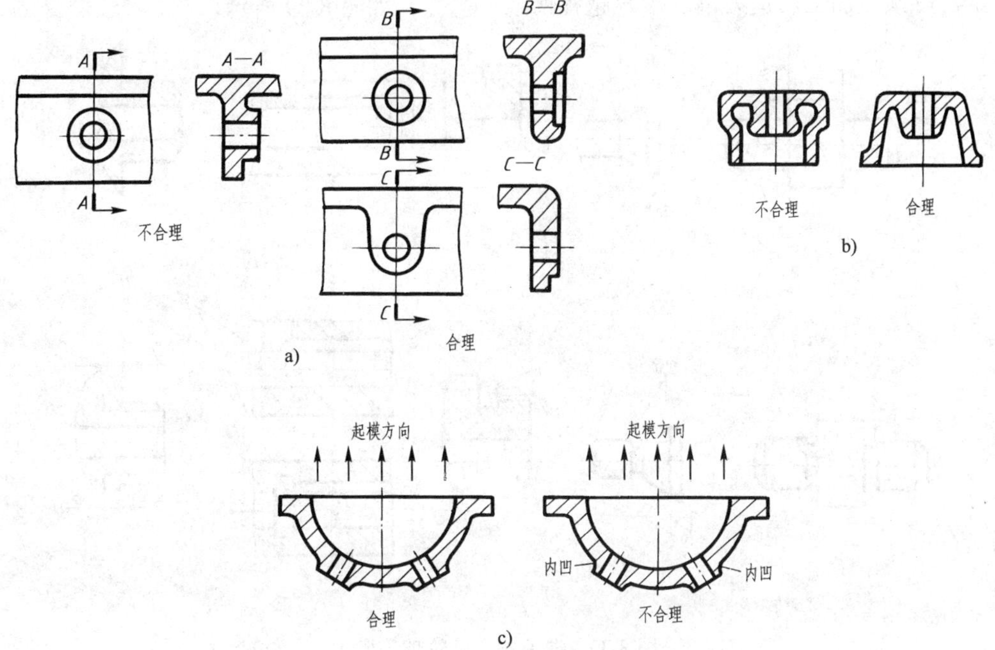

图 8-36　铸件各部分形状应简单

二、机械加工工艺结构的合理性

1. 倒角或圆角

为了防止划伤人手和便于装配，常在轴端、孔端和台阶处加工出倒角，如图 8-37 所示。为了避免应力集中，轴肩、孔肩转角处常加工成圆角，如图 8-38 所示。

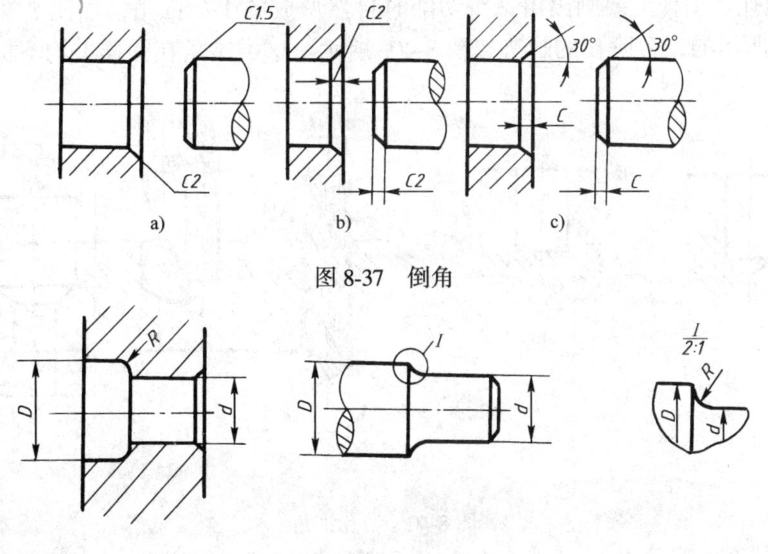

图 8-37　倒角

图 8-38　圆角

2. 退刀槽和砂轮越程槽

车削螺纹和磨削加工时，为了使于刀具或砂轮进入或退出加工面，装配时保证与相邻零件靠紧，可预先加工出退刀槽、砂轮越程槽或工艺孔，如图 8-39 所示。

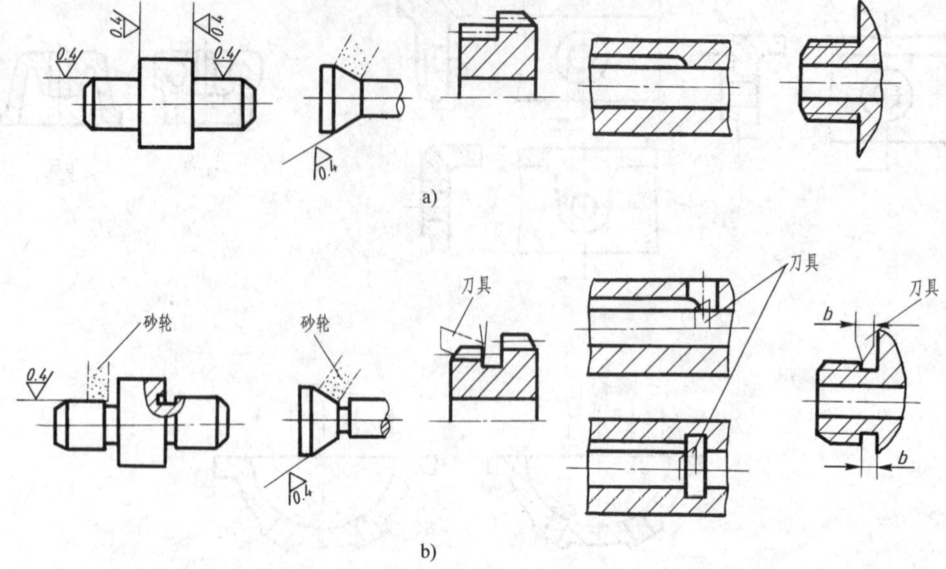

图 8-39　退刀槽、砂轮越程槽

a）不合理　b）合理

倒角、圆角、退刀槽、砂轮越程槽标准结构，其尺寸可查附录及有关手册。

3. 钻孔结构

零件上各种不同形式和用途的孔，大部分是用钻头加工而成的。钻孔工艺对零件结构有以下几点要求：

（1）不通孔在图样上要画出由钻头切削时自然形成的 120°锥角，如图 8-40a 所示，不应画成图 8-40b 所示的；台阶孔的画法如图 8-40c 所示。这类锥角在图样上均不标注。

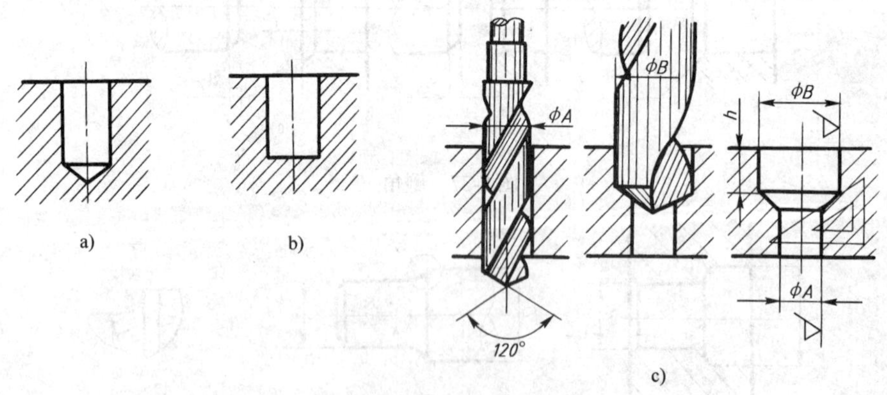

图 8-40　钻孔锥角

a）合理　b）不合理　c）合理

（2）钻头轴线应垂直被钻孔零件的表面，以保证钻孔位置准确和避免钻头因受力不均而折断，如图 8-41 所示。

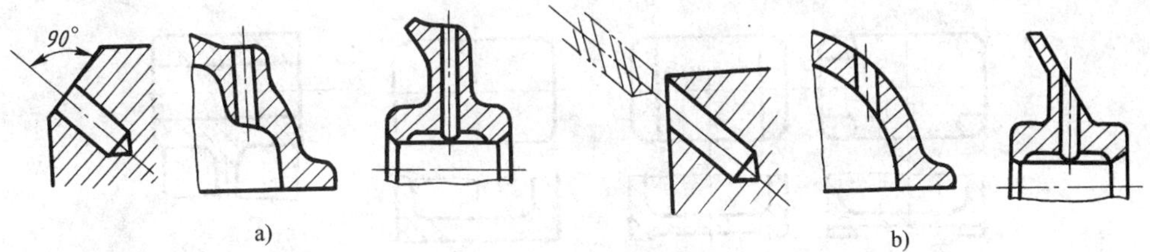

图 8-41 钻头轴线应垂直被钻孔零件的表面

a）合理 b）不合理

（3）钻孔时钻孔工具应有方便的工作条件，如图 8-42 所示。图 8-42a 中的 x 值可查手册。

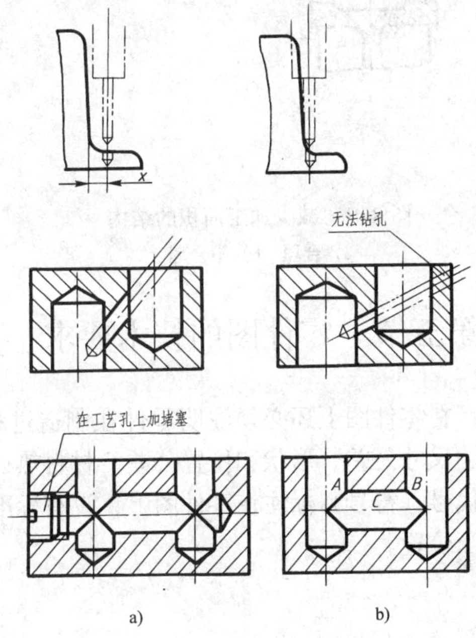

图 8-42 钻孔时钻孔工具应有方便的工作条件

a）正确 b）不正确

4. 凸台和凹坑

为了降低机械加工成本及便于装配，应尽可能减少加工面积即接触面积。常见的方法是把要加工的部分设计作成凸台或凹坑，如图 8-43 和图 8-44 所示。

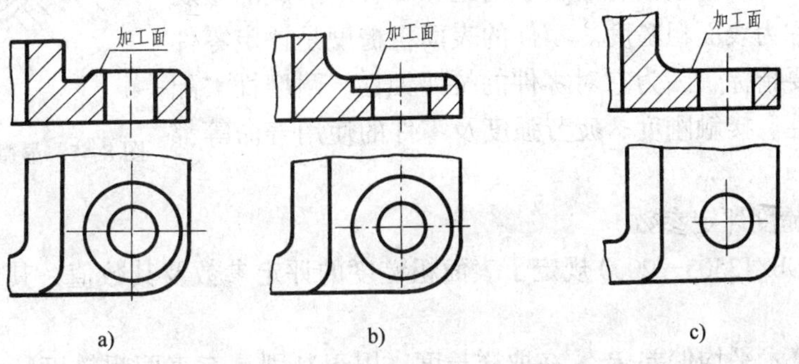

图 8-43 凸台和凹坑

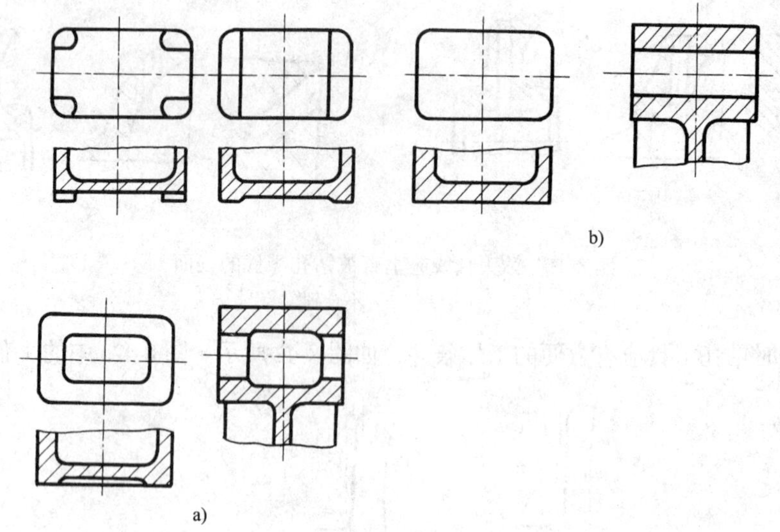

图 8-44　减少加工面积的结构
a）合理　b）不合理

第五节　零件图的技术要求

为保证零件的使用性能，在零件图上还必须注明零件在制造过程中应达到的技术要求。其主要内容有：表面粗糙度、尺寸公差、形状和位置公差、材料热处理及表面处理等。技术要求一般用技术标准规定的代号（符号）标注在零件图上，没有标准规定的可用简明的文字逐项注写在标题栏附近的适当位置。

一、表面粗糙度

1. 表面粗糙度的概念

零件表面在加工过程中，由于受到机床工艺系统的振动以及加工过程中刀具形状、切屑分裂时的塑性变形等因素的影响，加工后宏观看上去很光滑、平整的表面，在显微镜（或放大镜）下观察，也可见其仍然是高低不平的，如图 8-45 所示。

图 8-45　显微镜下的零件表面

这种零件加工表面上具有的较小间距和峰谷所形成的微观几何形状特征称为表面粗糙度。零件的表面粗糙度是评定零件表面质量的重要指标，因为它对零件的抗腐蚀性、耐磨性、配合性质的稳定性、接触刚度、疲劳强度及零件的使用寿命等都有很大影响。

2. 表面粗糙度评定参数

国家标准 GB/T3505—2000 规定了表面粗糙度的评定参数及其数值，其主要评定功能参数有以下三个：

（1）轮廓算术平均偏差 R_a　在取样长度（用于判别具有表面粗糙度特征的一段基准线长度）内，轮廓偏距 y（表面轮廓上的点至基准线的距离）的绝对值的算术平均值，如图 8-

46 所示。用公式表示为

$$R_a = \frac{1}{l}\int_0^l |y(x)| \mathrm{d}x$$

或近似为

$$R_a = \frac{1}{n}\sum_{i=1}^{n} |y_i|$$

（2）微观不平度十点高度 R_z　在取样长度内，5 个最大轮廓峰高的平均值与 5 个最大的轮廓谷深的平均值之和，如图 8-47 所示。用公式表示为

$$R_z = \frac{1}{5}\left(\sum_{i=1}^{5} y_{pi} + \sum_{i=1}^{5} y_{vi}\right)$$

（3）轮廓最大高度 R_y　在取样长度内，轮廓峰顶线与轮廓谷底线之间的距离，如图 8-48 所示。

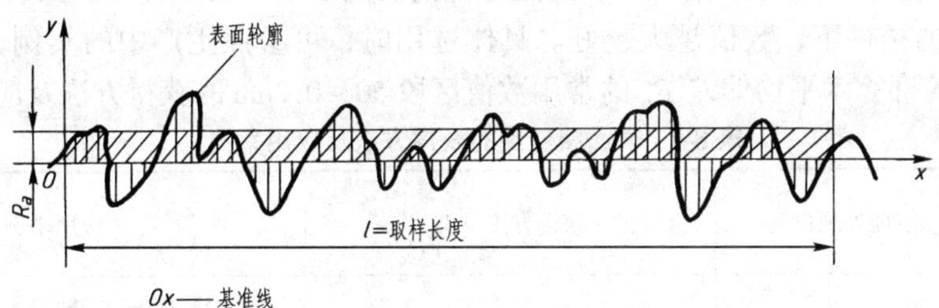

图 8-46　轮廓算术平均偏差 R_a

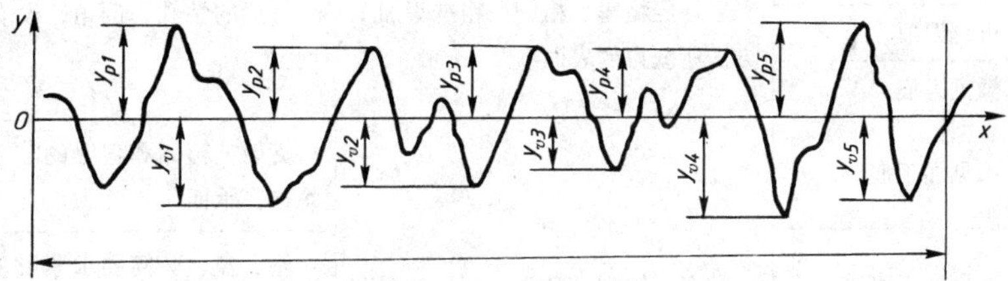

图 8-47　微观不平度十点高度 R_z

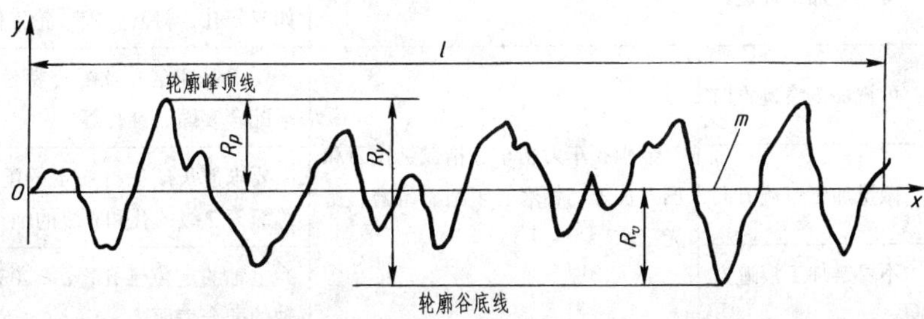

图 8-48　轮廓最大高度 R_y

在评定表面粗糙度时，可在上述三个参数中任选一个或两个，国家标准优先选用 R_a。R_a 的常用数值见表 8-3，当常用值不能满足要求时，可选取补充系列值或其他值。

表 8-3　轮廓算术平均偏差 R_a 的系列值　　（μm）

R_a	补充系列值	R_a	补充系列值	R_a	补充系列值	R_a	补充系列值
	0.008		0.080	0.8			8.0
	0.010						10.0
0.012	0.016	0.1	0.125	1.6	1.00	12.5	16.0
	0.020		0.160		1.25		20
0.025	0.032	0.2	0.25	3.2	2.0	25	32
	0.040		0.32		2.5		40
0.05	0.063	0.4	0.50	6.3	4.0	50	63
			0.63		5.0	100	80

3. 表面粗糙度数值的选择

零件表面粗糙度评定参数的数值越小，表面越光滑，表面质量越高，使用效果越好，但加工成本也越高。因此，选择时，既要满足零件的功能要求，又要符合加工的经济性，即在满足零件功用的条件下，数值越大越好。具体选用时，可参照生产中的实例，用类比法确定。表 8-4 为轮廓算术平均偏差 R_a 的常用数值区段 50～0.2μm 的获得方法及应用举例。

表 8-4　表面粗糙度的获得方法及应用举例

表面粗糙度		表面外观情况	获得方法举例	应用举例
R_a/μm	名称			
	毛面	除净毛口	铸、锻、轧制等经清理的表面	如机床床身、主轴箱、溜板箱、尾座体等未加工表面
50	粗面	明显可见刀痕	毛坯经粗车、粗刨、粗铣等加工方法所获得的表面	一般的钻孔、倒角，没有要求的自由表面
25		可见刀痕		
12.5		微见刀痕		
6.3	半光面	可见加工痕迹	精车、精刨、精铣、刮研和粗磨	支架、箱体和盖等的非配合表面，一般螺栓支承面
3.2		微见加工痕迹		箱、盖、套筒要求紧贴的表面，键和键槽的工作表面
1.6		看不见加工痕迹		要求有不精确定心及配合特性的表面，如支架孔、衬套、胶带轮工作面
0.8	光面	可辨加工痕迹方向	金刚石车刀精车、精铰、拉刀和压刀加工、精磨、珩磨、研磨、抛光	要求保证定心及配合特性的表面，如轴承配合表面、锥孔等
0.4		微辨加工痕迹方向		要求能长期保持规定的配合特性的公差等级为 7 级的孔和 6 级的轴
0.2		不可辨加工痕迹方向		主轴的定位锥孔，$d < 20$mm 淬火的精确轴的配合表面

4. 表面粗糙度的标注方法

国家标准 GB/T131—1993 规定了表面特征代号（符号）及其在图样上的注法。表 8-5 为表面粗糙度符号及填写格式；表 8-6 为表面特征代号示例及说明；表 8-7 为表面粗糙度标注示例。

表 8-5　表面粗糙度符号及填写格式

符号	意　义	符号尺寸	填写格式
√	基本符号，表示表面可用任何方法获得。当不加注粗糙度值时，仅适用于简化代号标注	H_2　H_1　60°　60°　d'	a_1　a_2　b　$c(f)$　(e)　d　h
	基本符号加一短划，表示表面是用去除材料的方法获得。如：车、铣、钻、磨、抛光、腐蚀、电火花加工等	h 为字体的高度 $d' = \frac{h}{10}$ $H_1 = 1.4h$	$d' = \frac{h}{10}$　h = 字体的高度 a_1、a_2——表面粗糙度高度参数的允许值（μm） b——加工方法、镀涂或其他表面处理 c——取样长度（mm） d——加工纹理方向符号 e——加工余量（mm） f——表面粗糙度间距参数值（mm）
	基本符号上加一小圆，表示表面特征是用不去除材料的方法获得，如：铸、锻、冲压、热轧、粉末冶金等；或是用于保持原供应状况的表面		

表 8-6　表面特征代号示例及说明

代　号	意　义	代　号	意　义
3.2	用任何方法获得的表面粗糙度，R_a 的上限值为 3.2μm	3.2max	用任何方法获得的表面粗糙度，R_a 的最大值为 3.2μm
3.2 1.6	用去除材料方法获得的表面粗糙度，R_a 的上限值为 3.2μm，下限值为 1.6μm	3.2max 1.6 min	用去除材料方法获得的表面粗糙度，R_a 的最大值为 3.2μm，最小值为 1.6μm
R_Z 3.2 R_Z 1.6	用去除材料方法获得的表面粗糙度，R_z 的上限值为 3.2μm，下限值为 1.6μm	R_Z 3.2max R_Z 1.6 min	用去除材料方法获得的表面粗糙度，R_z 的最大值为 3.2μm，最小值为 1.6μm
3.2 R_y 12.5	用去除材料方法获得的表面粗糙度，R_a 的上限值为 3.2μm，R_y 的下限值为 12.5μm	3.2max R_y 12.5 min	用去除材料方法获得的表面粗糙度，R_a 的最大值为 3.2μm，R_y 的最小值为 12.5μm

表 8-7　表面粗糙度的标注方法

总则：在同一图样上，每一表面一般只标注一次代（符）号，并尽可能标注在具有确定该表面大小或位置尺寸的视图上。表面特征代（符）号应注在可见轮廓线、尺寸界线或延长线上。具体方法如下：

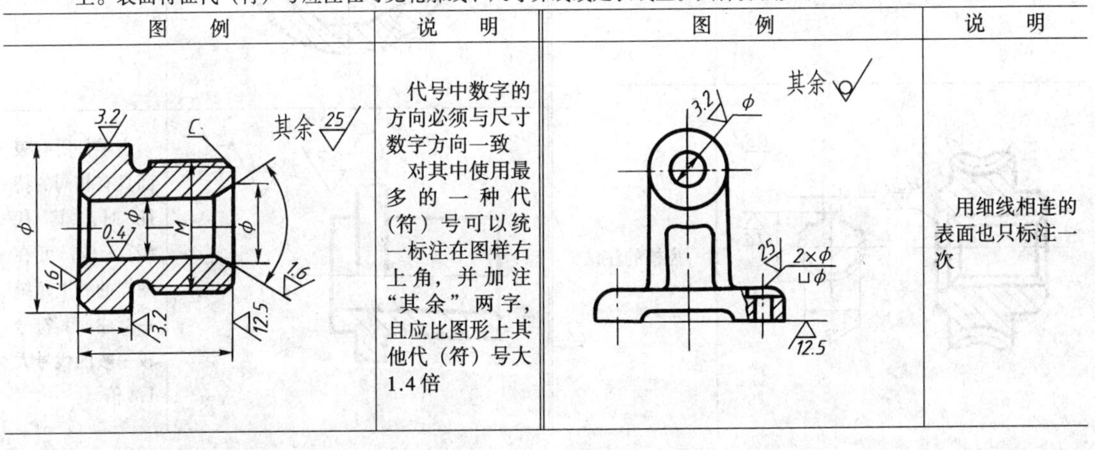

图　例	说　明	图　例	说　明
	代号中数字的方向必须与尺寸数字方向一致 对其中使用最多的一种代（符）号可以统一标注在图样右上角，并加注“其余”两字，且应比图形上其他代（符）号大 1.4 倍		用细线相连的表面也只标注一次

（续）

图例	说明	图例	说明
其余 25 3.2 100	可以标注简化代号，但要在标题栏附近说明这些简化代号的意义	Ry12.5 Ry12.5	齿轮的注法
12.5 3.2 12.5 30° 3.2 3.2 12.5 12.5 3.2 3.2 30° 12.5 3.2 12.5	各倾斜表面代号的注法、符号的尖端必须从材料外指向表面	1.6 M8×1-6h M8×1-6h 1.6 Ry1/2 6.3	螺纹的注法
30° 30°	带有横线的表面特征符号的注法	1.6 抛光	零件上连续表面及重复要素（孔、槽、齿等）的表面，只标注一次
		Ry12.5	花键的注法
		30° 30°	带有横线的表面特征符号的注法
1.6 12.5 6.3 1.6 6.3	齿槽的注法	6.3 或 6.3	当零件所有表面具有相同的特征时，其代（符）号，可在图样的右上角统一标注。其符号较一般的代号大1.4倍

（续）

图　例	说　明	图　例	说　明
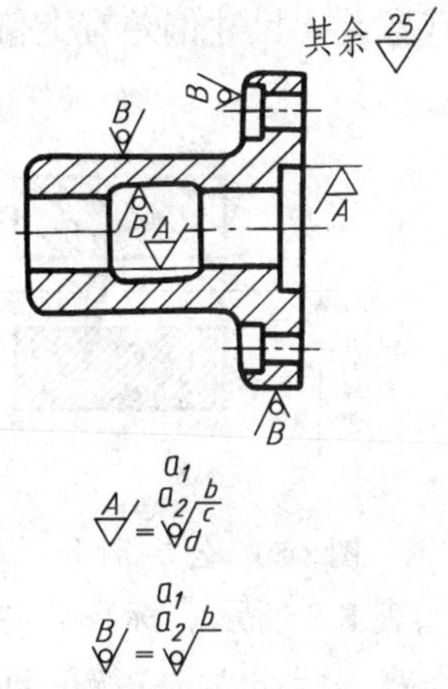 其余 25；A = a1 a2 b c d；B = a1 a2 b	可以标注简化代号，但要在标题栏附近说明这些简化代号的意义	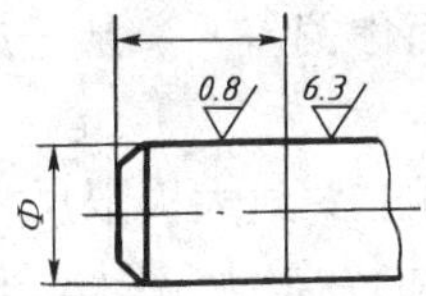 0.8　6.3　Φ	同一表面上有不同的表面特征要求，须用细实线画出其分界线，并注出相应的表面特征符号
测量方向	表示表面粗糙度测量截面的方向	a 镀铬　a1 镀铬前	表面零件表面镀铬后的表面粗糙度值和镀铬前的表面粗糙度值的注法
a DCr a1	同一表面镀铬前及镀铬后的表面粗糙度值的方法	35～40HRC；渗碳深度 0.7～0.9 56～62HRC	零件需要局部热处理或局部镀（涂）时，应用粗点画线画出其范围，并标注相应的尺寸，也可将其要求注写在表面粗糙度符号内

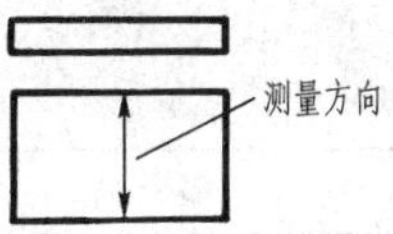

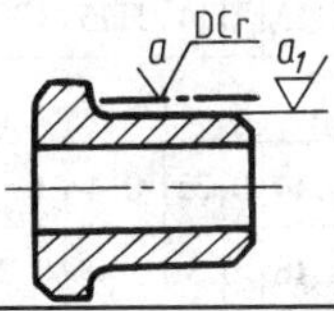

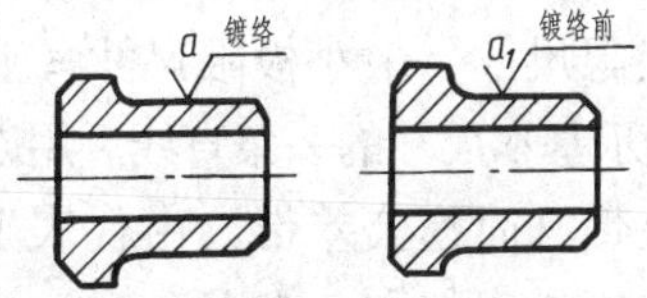

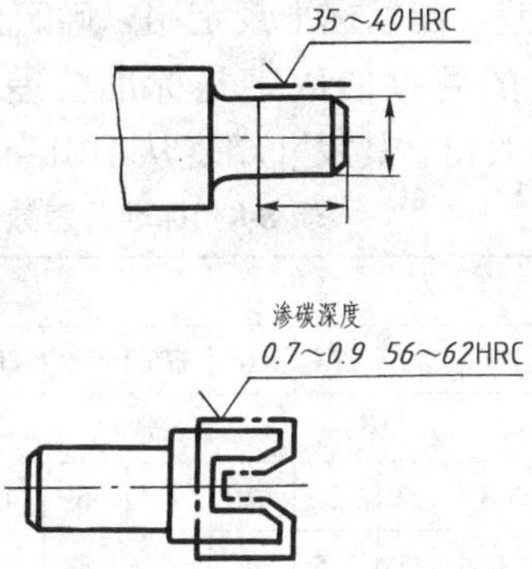

表面粗糙度在零件图上的标注实例见图 8-1。

二、极限与配合

1. 零件的互换性概念

在制造机器或设备时，为了便于装配和维修，要求在按同一图样加工的零件中，任取一件，不经任何挑选和修配就能顺利的装配使用，并能达到规定的技术性能要求，零件所具有的这种性质称为零件的互换性。具有互换性的零件，既能保证产品质量的稳定性，又便于实现高效率的专业化生产，还能满足生产部门广泛协作的要求，并使设备使用、维护方便。

2. 极限与配合的概念

实际生产中，零件的尺寸是不可能做到绝对精确的，为了使零件具有互换性，就必须对零件尺寸限定一个变动范围，这个范围既要保证相互结合零件的尺寸之间形成一定的关系，以满足不同的使用要求，又要在制造上经济合理，这就形成了“极限与配合”。

3. 有关极限与配合的术语及定义（图 8-49）

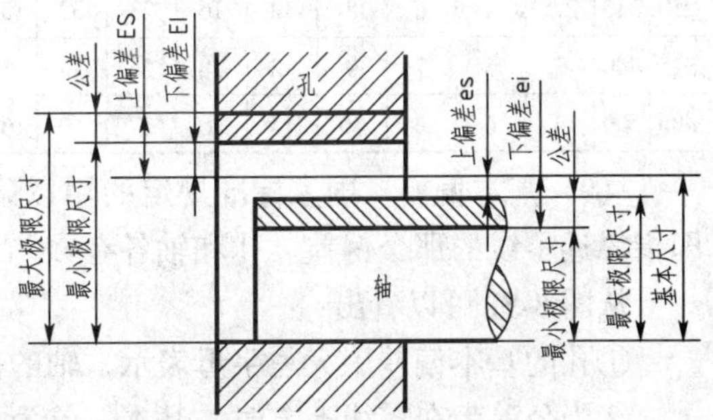

图 8-49　公差的术语及定义

(1) 基本尺寸　设计时给定的尺寸。

(2) 实际尺寸　零件完工后实际测量所得的尺寸。

（3）极限尺寸　允许尺寸变化的两个界限值。它以基本尺寸为基数来确定，极限尺寸中较大的一个称为最大极限尺寸，较小的一个称为最小极限尺寸。

（4）尺寸偏差（简称偏差）　某一尺寸减去基本尺寸所得的代数差。尺寸偏差有上偏差和下偏差之分：

上偏差(轴 es,孔 ES) = 最大极限尺寸 – 基本尺寸

下偏差(轴 ei,孔 EI) = 最大极限尺寸 – 基本尺寸

（5）尺寸公差（简称公差）允许尺寸的变动量。

公差 = 最大极限尺寸 – 最小极限尺寸 = 上偏差 – 下偏差

（6）零线　表示基本尺寸的一条直线。用以确定偏差和公差。

（7）尺寸公差带（简称公差带）由代表上、下偏差的两条直线所限定的一个区域，如图 8-50 所示。

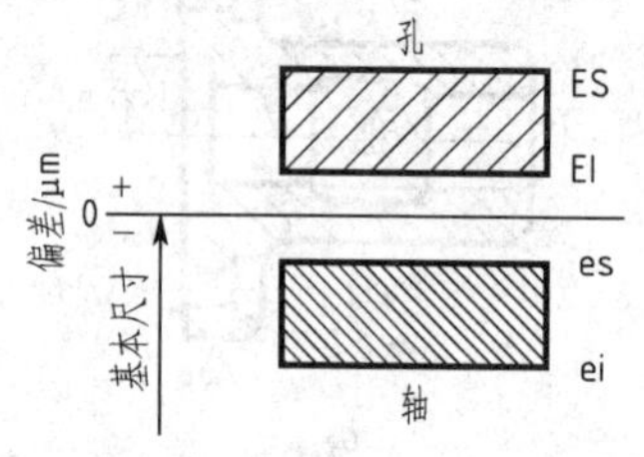

图 8-50　公差带图

（8）标准公差　国家标准规定用以确定公差带大小的公差，如表 8-8 所示。标准公差用 IT 表示，IT 后面的阿拉伯数字是标准公差等级。国家标准将公差等级分为 20 级，即从 IT01、IT0、IT1 ~ IT18。其尺寸精度从 IT01 ~ IT18 依次降低。

表 8-8　标准公差数值（GB/T 1800.3—1998）

基本尺寸 mm		标准公差等级																			
		IT01	IT0	IT1	IT2	IT3	IT4	IT5	IT6	IT7	IT8	IT9	IT10	IT11	IT12	IT13	IT14	IT15	IT16	IT17	IT18
大于	至	(μm)													(mm)						
—	3	0.3	0.5	0.8	1.2	2	3	4	6	10	14	25	40	60	0.1	0.14	0.25	0.4	0.6	1	1.4
3	6	0.4	0.6	1	1.5	2.5	4	5	8	12	18	30	48	75	0.12	0.18	0.3	0.48	0.75	1.2	1.8
6	10	0.4	0.6	1	1.5	2.5	4	6	9	15	22	36	58	90	0.15	0.22	0.36	0.58	0.9	1.5	2.2
10	18	0.5	0.8	1.2	2	3	5	8	11	18	27	43	70	110	0.18	0.27	0.43	0.7	1.1	1.8	2.7
18	30	0.6	1	1.5	2.5	4	6	9	13	21	33	52	84	130	0.21	0.33	0.52	0.84	1.3	2.1	3.3
30	50	0.6	1	1.5	2.5	4	7	11	16	25	39	62	100	160	0.25	0.39	0.62	1	1.6	2.5	3.9
50	80	0.8	1.2	2	3	5	8	13	19	30	46	74	120	190	0.3	0.46	0.74	1.2	1.9	3	4.6
80	120	1	1.5	2.5	4	6	10	15	22	35	54	87	140	220	0.35	0.54	0.87	1.4	2.2	3.5	5.4
120	180	1.2	2	3.5	5	8	12	18	25	40	63	100	160	250	0.4	0.63	1	1.6	2.5	4	6.3
180	250	2	3	4.5	6	10	14	20	29	46	72	115	185	290	0.46	0.72	1.15	1.85	2.9	4.6	7.2
250	315	2.5	4	6	8	12	16	23	32	52	81	130	210	320	0.52	0.81	1.3	2.1	3.2	5.2	8.1
315	400	3	5	7	9	13	18	25	36	57	89	140	230	360	0.57	0.89	1.4	2.3	3.6	5.7	8.9
400	500	4	6	8	10	15	20	27	40	63	97	155	250	400	0.63	0.97	1.55	2.5	4	6.3	9.7

（9）基本偏差　国家标准规定的用以确定公差带相对于零线位置的上偏差或下偏差，即指靠近零线的那个偏差。孔和轴各有 28 个基本偏差，如图 8-51 所示。

从图 8-51 可以看出：

①孔的基本偏差用大写字母表示，轴的基本偏差用小写字母表示。

②当公差带在零线上方时，基本偏差为下偏差，当公差带在零线下方时，基本偏差为上偏差。

4. 配合的概念

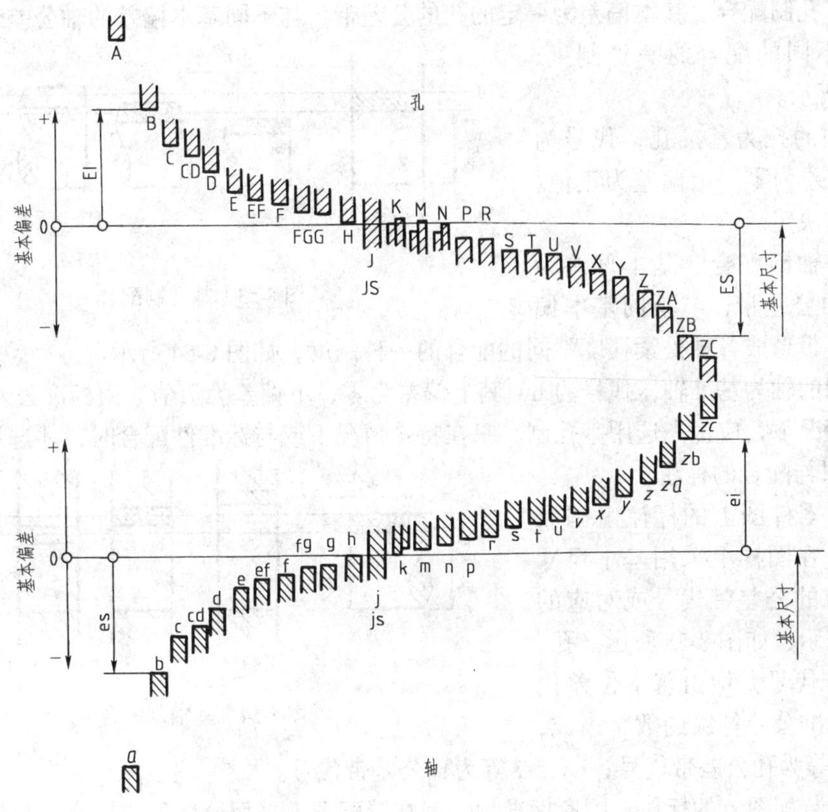

图 8-51　基本偏差系列示意图

基本尺寸相同的相互结合的孔和轴公差带之间的关系，称为配合。配合分间隙配合、过盈配合和过渡配合三种（图 8-52）。

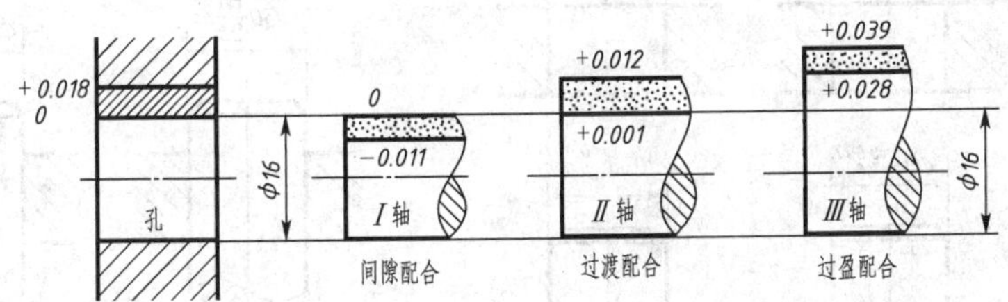

图 8-52　配合的种类

(1) 间隙配合　孔与轴配合时，始终产生间隙（包括最小间隙为零）的配合，如图 8-52 中*I* 轴与孔的配合。

(2) 过渡配合　孔与轴配合时，有时产生间隙，有时产生过盈的配合，如图 8-52 中*II* 轴与孔的配合。

(3) 过盈配合　孔与轴配合时，始终产生过盈（包括最小过盈为零）的配合，如图 8-52 中*III* 轴与孔的配合。

5. 配合制度

国家标准规定了两种配合制度，即基孔制配合和基轴制配合。

(1) 基孔制配合　基本偏差为一定的孔的公差带，与不同基本偏差的轴公差带形成各种松紧程度不同的配合的一种制度，如图 8-53 所示。

基孔制的孔为基准孔，代号为 *H*，其下偏差为零，上偏差为正值，由标准公差决定。

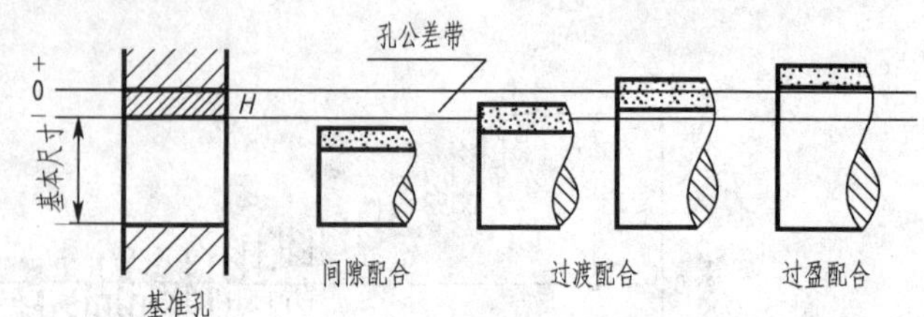

图 8-53　基孔制配合

(2) 基轴制配合　基本偏差为一定的轴的公差带，与不同基本偏差的孔公差带形成各种松紧程度不同的配合的一种制度，如图 8-54 所示。

基轴制的轴为基准轴，代号为 h，其上偏差为零，下偏差为负值，由标准公差决定。

一般情况下，应优先选用基孔制，只在特殊情况下或与标准件配合时，才选用基轴制。

6. 极限与配合的标注

(1) 在零件图上的标注　国家标准规定，在图样上采用基本尺寸后跟所要求的公差带代号或对应的偏差数值表示，如图 8-55 所示。孔、轴的公差带代号，均由基本偏差代号和表示标准公差等级的数字组成，如 H7、K6 等为孔公差带代号：h6、f7 等为轴公差带代号。

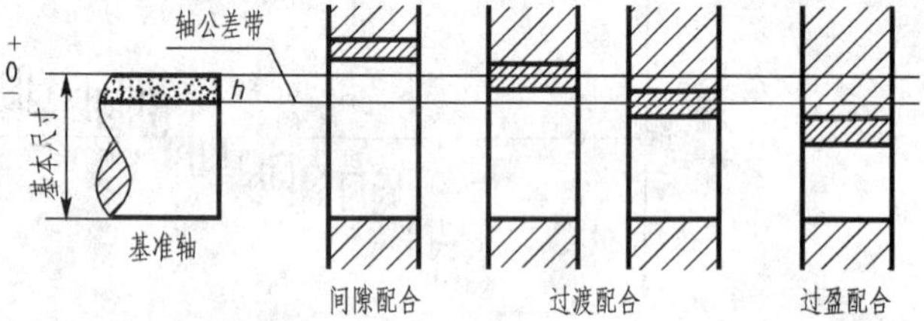

图 8-54　基轴制配合

(2) 在装配图上的标注　国家标准规定，在装配图上采用分数形式标注。分子为孔公差带代号，分母为轴公差带代号，如图 8-56 所示。其孔、轴公差带代号均可采用零件图上标注的三种形式。

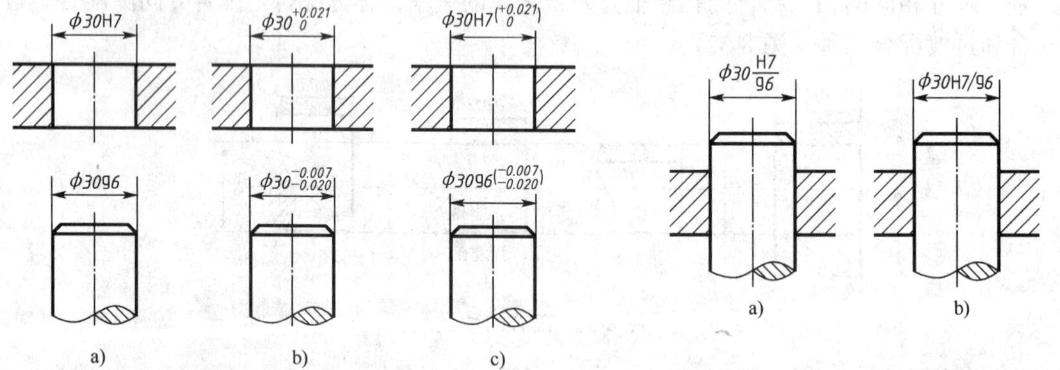

图 8-55　零件图上公差注法　　图 8-56　装配图上配合代号注法

三、形位公差简介

1. 形位公差的基本概念（GB/T1182—1996）

形状公差是指零件表面的实际形状对其理想形状所允许的变动全量；位置公差是指零件表面的实际位置对其理想位置所允许的变动全量。形状和位置公差，简称形位公差。

2. 形位公差代号及标注示例

在工程技术图样中，形位公差应采用代号标注。当无法采用代号标注时，允许在技术要求中用文字说明。形位公差代号包括形位公差的项目代号（共有二类十四项）、形位公差框格及指引线、形位公差值和其他有关符号、基准代号等，如图 8-57 所示。

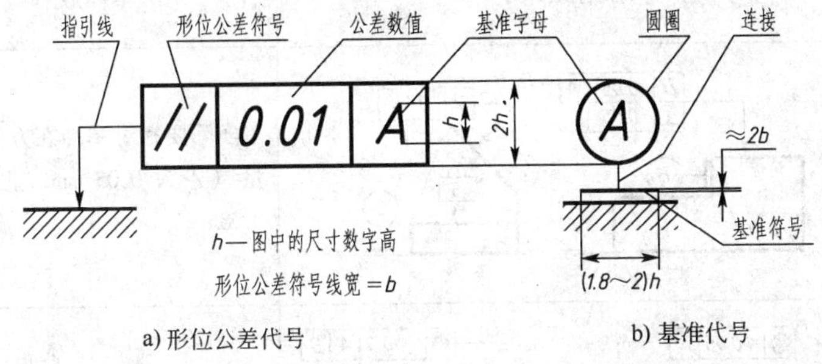

a) 形位公差代号　　b) 基准代号

图 8-57　形位公差代号与基准代号

各项形位公差符号及代号的标注方法示例，如表 8-9 所示。

表 8-9　形位公差符号及形位公差代号的标注示例

分类	项目 / 符号	标注示例	说明
形状公差	直线度 —	— 0.02　— 0.04　φ10	1. 圆柱表面上任一素线的形状所允许的变动全量（0.2mm）（左图） 2. φ10 轴线的形状所允许的变动全量（φ0.04mm）（右图）
	平面度 ▱	▱ 0.05	实际平面的形状所允许的变动全量（0.05mm）
	圆度 ○	○ 0.02　○ 0.02	在圆柱轴线方向上任一横截面的实际圆所允许的变动全量（0.02mm）
	圆柱度 ⌭	⌭ 0.05	实际圆柱面的形状所允许的变动全量（0.05mm）
形状或位置公差	线轮廓度 ⌒	⌒ 0.04　R25	在零件宽度方向，任一横截面上实际线上轮廓形状所允许的变动全量（0.04mm） （尺寸线上有方框之尺寸为理想轮廓尺寸）
	面轮廓度 ⌓	⌓ 0.04　R50	实际表面的轮廓形状所允许的变动全量（0.04mm）

（续）

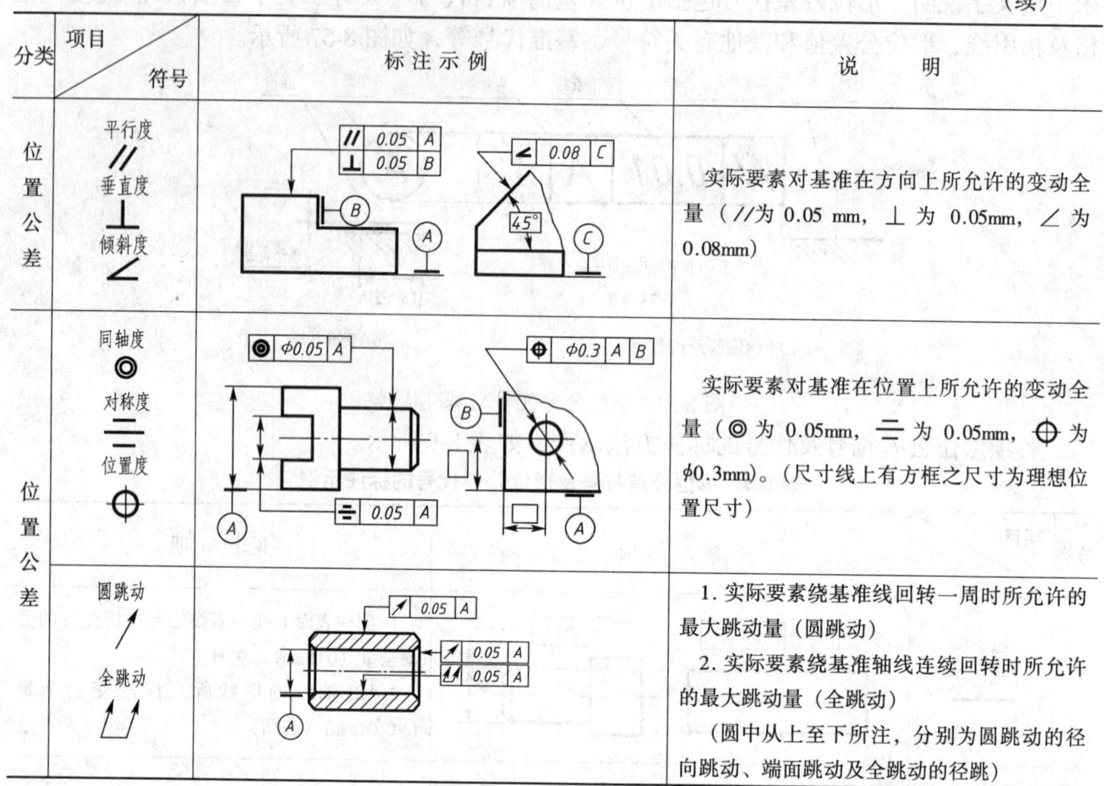

分类	项目 / 符号	标注示例	说明
位置公差	平行度 // 垂直度 ⊥ 倾斜度 ∠	// 0.05 A；⊥ 0.05 B；∠ 0.08 C；45°	实际要素对基准在方向上所允许的变动全量（//为 0.05 mm，⊥ 为 0.05mm，∠ 为 0.08mm）
位置公差	同轴度 ◎ 对称度 ⌯ 位置度 ⊕	◎ ϕ0.05 A；⌯ 0.05 A；⊕ ϕ0.3 A B	实际要素对基准在位置上所允许的变动全量（◎ 为 0.05mm，⌯ 为 0.05mm，⊕ 为 ϕ0.3mm）。（尺寸线上有方框之尺寸为理想位置尺寸）
	圆跳动 ↗ 全跳动 ⇗	↗ 0.05 A；↗ 0.05 A；⇗ 0.05 A	1. 实际要素绕基准线回转一周时所允许的最大跳动量（圆跳动） 2. 实际要素绕基准轴线连续回转时所允许的最大跳动量（全跳动） （圆中从上至下所注，分别为圆跳动的径向跳动、端面跳动及全跳动的径跳）

第六节　零 件 测 绘

零件测绘是对现有的零件实物进行观察分析、测量、绘制零件草图、制定技术要求最后完成零件图的过程。在仿造和修配机器部件及进行技术改造时，常常要进行零件测绘，它是工程技术人员必备的技能之一。

一、零件测绘的方法与步骤

1. 了解分析测绘对象

了解零件的名称、用途、材料及在机器或部件中的位置和作用，对零件进行形体分析和结构分析。如图 8-58 所示分步相机轴承座，材料为 HT250，右边为四棱柱，其中做有轴承孔；左边为连接板；前后有两个弧形肋板；四棱柱右端钻有四个均布的 M3 螺孔（图上看不见），底板上有 4 个 ϕ5.5mm 的安装孔和两个定位销孔。

图 8-58　分步相机轴承座立体图

2. 画零件草图

零件草图是凭目测，按大致比例徒手绘制在白纸上的图形。不能认为它是“潦草的图”，其内容和要求与零件图相同，只是作图方法不同。其画图步骤如下：

(1) 根据零件的结构形状确定零件的表达方案，在图纸上以目测比例徒手画出各个视图。

(2) 选定尺寸基准，按正确、完整、清晰并尽可能合理地标注尺寸的要求，画出全部尺寸线、尺寸界线和箭头。

(3) 逐个测量并标注尺寸数字，并确定零件的各项技术要求等，如图 8-59 所示。

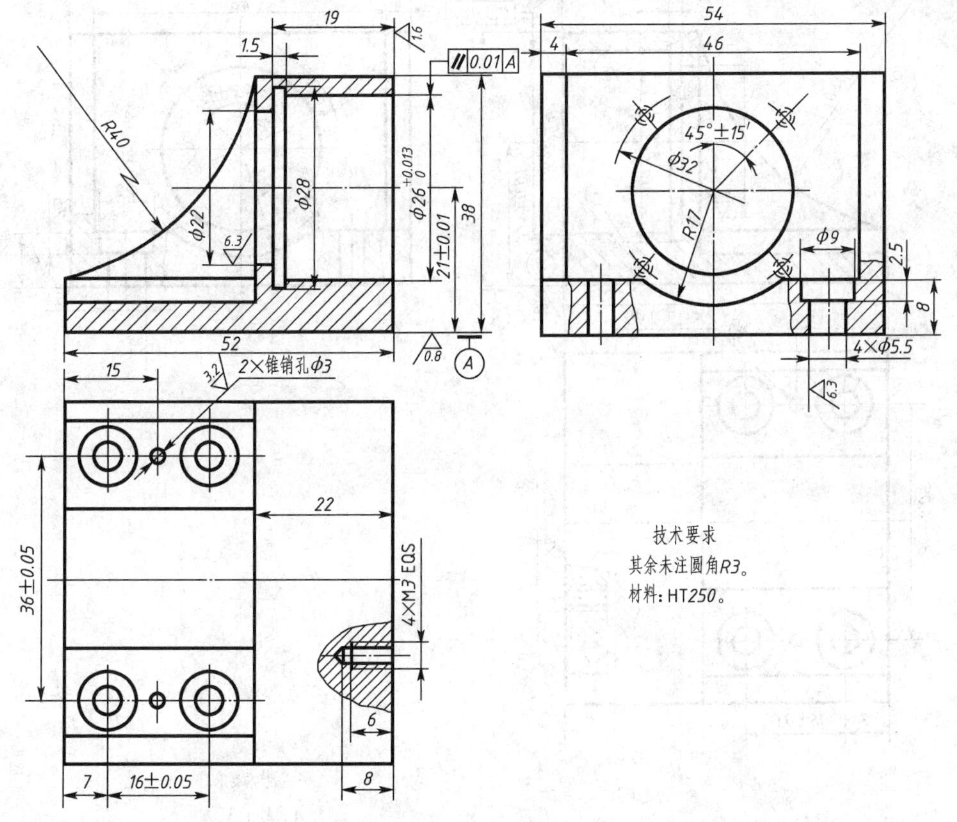

图 8-59　分步相机轴承座草图

3. 画零件图

由于零件草图常常是在机器现场测绘的，受时间和场地的限制，图纸不标准，有些问题考虑得不够全面和完善，不能作为正式生产图样。因此，在画零件图时，还必须对草图进行细致地审查、修改、补充，最后画出零件图。整理出的分步相机轴承座零件图如图 8-60 所示。

二、零件尺寸的测量和数据处理

1. 零件尺寸的测量

测量尺寸的工具有内外卡钳、游标卡尺、钢直尺、圆角规、角规、螺纹规等，常用的测量工具及测量方法如图 8-61 所示。

2. 数据处理

测绘时，对实际测得的数据有时要进行处理，而不能按实际测量所得直接标注在图上。

(1) 零件上非配合面、非接触面、不重要表面在测量所得的尺寸有小数时，应圆整，并尽可能与标准尺寸系列中的数值相同或相近。

(2) 零件的配合尺寸应取标准值。

(3) 对一些计算尺寸不能圆整，并应精确到小数点后三位。

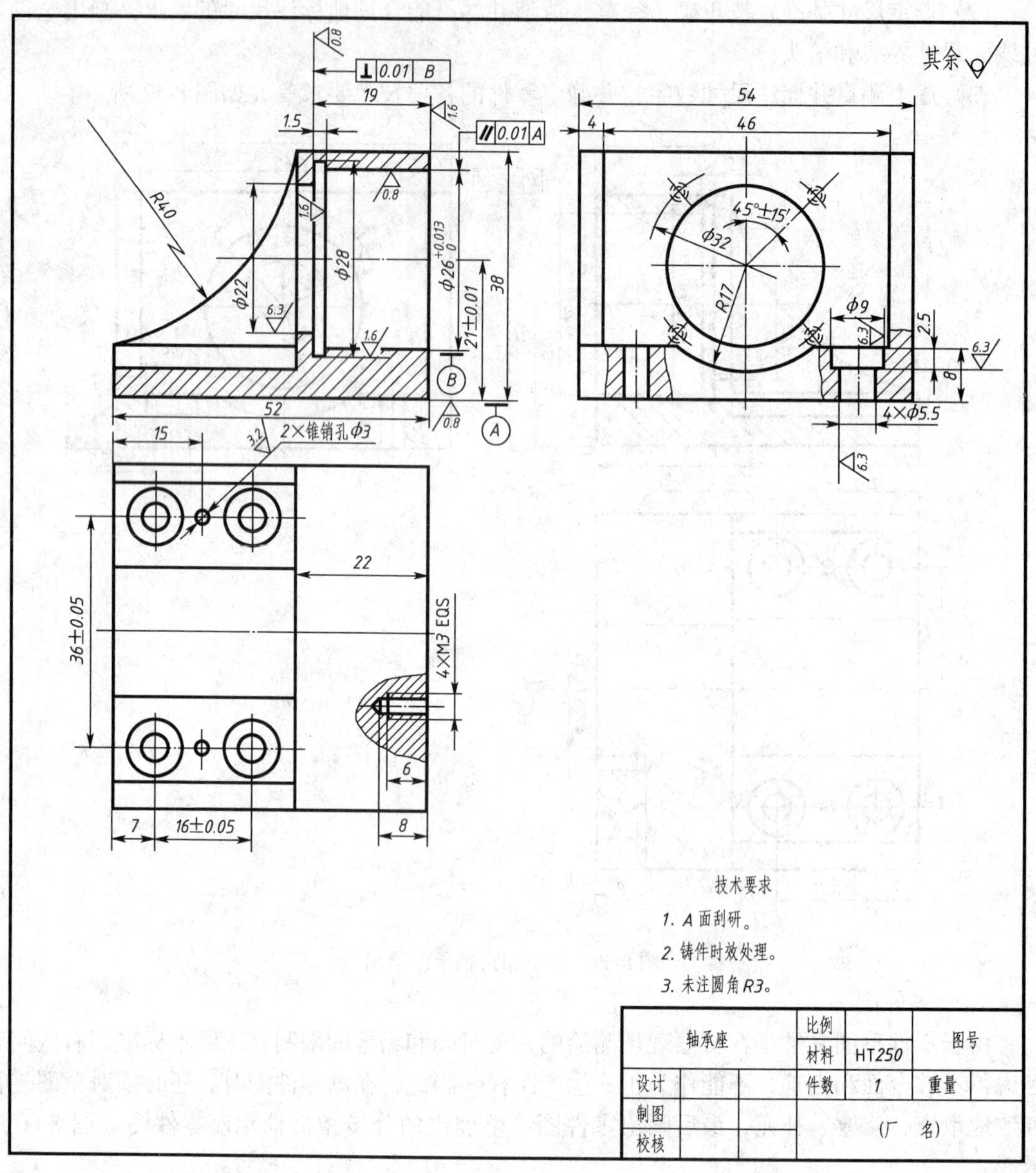

图 8-60　分步相机轴承座零件图

（4）对标准结构或与标准件相配合的结构如直径、键槽、齿、退刀槽、销孔以及与滚动轴承相配合的轴或壳体孔的尺寸都应取标准值。

三、零件测绘应注意的问题

（1）零件的制造缺陷如砂眼、气孔、刀痕和对称图形不对称或长期使用所造成的磨损，都应在分析基础上，不画或加以改正。

（2）零件上因制造、装配的需要形成的工艺结构，如圆角、倒角、退刀槽等应查有关标准手册来确定，并画在图纸上，不能忽略。

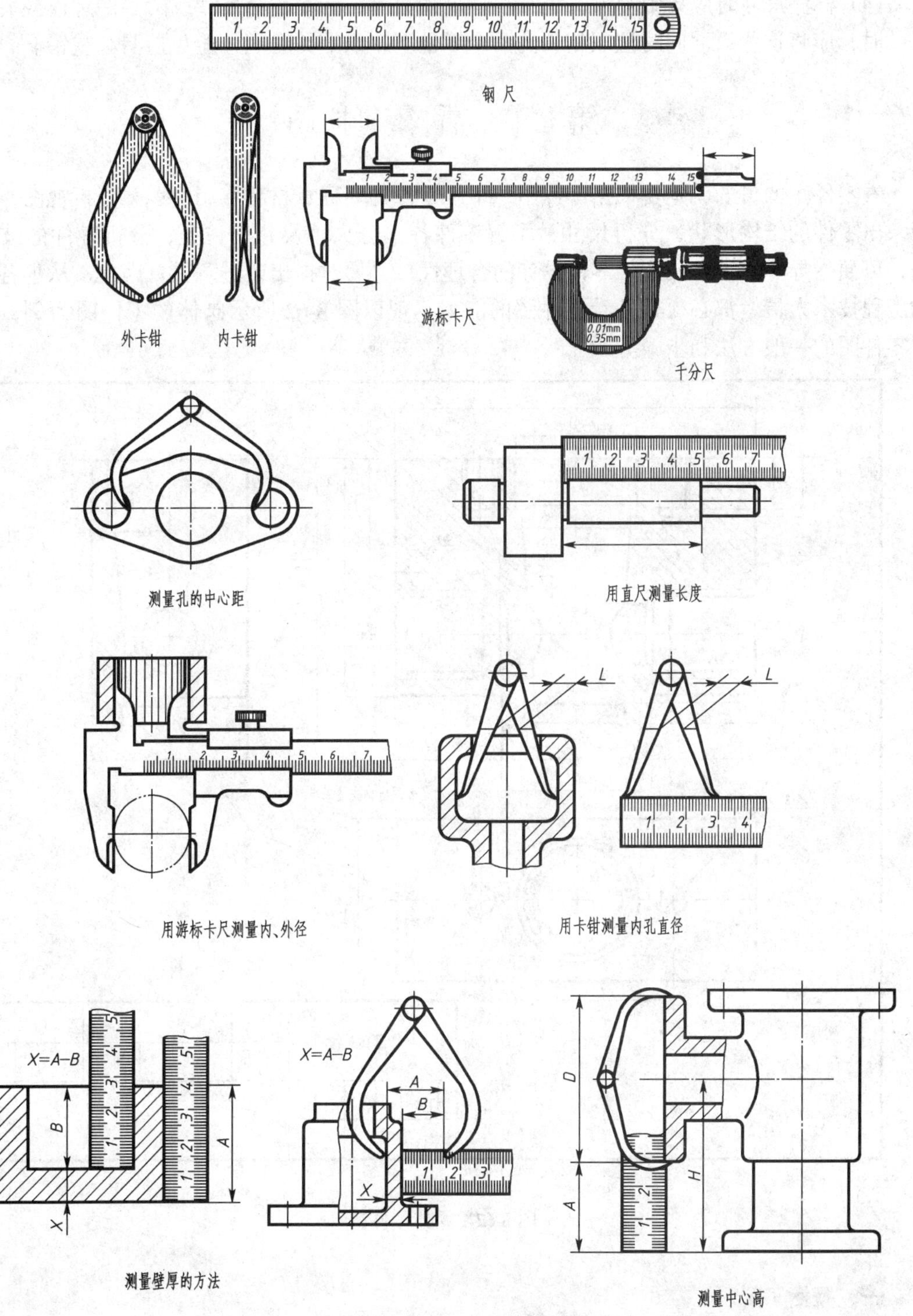

图 8-61　常用测量工具及测量方法

（3）有配合关系的尺寸，一般只要测出其基本尺寸，其配合性质和相应的公差值，应在分析后，查阅有关手册确定。

（4）标注尺寸时应集中测量，统一注写尺寸数字，标注配合尺寸或两零件有连接关系的尺寸时，应将这些尺寸同时注在相关的两个零件上，以节约时间，避免遗漏和差错。

第七节　看 零 件 图

看零件图的目的就是要根据零件图，了解零件的名称、材料和用途；并分析视图，构思想象出零件的结构形状；分析尺寸，了解零件各部分大小及相对位置；分析零件的技术要求，以便指导零件生产或评价零件设计的合理性，必要时提出改进意见。因此，从事各专业的工程技术人员，都必须具备看零件图的能力。现以图 8-62 所示阀体的零件图为例，介绍看零件图的一般方法和步骤。

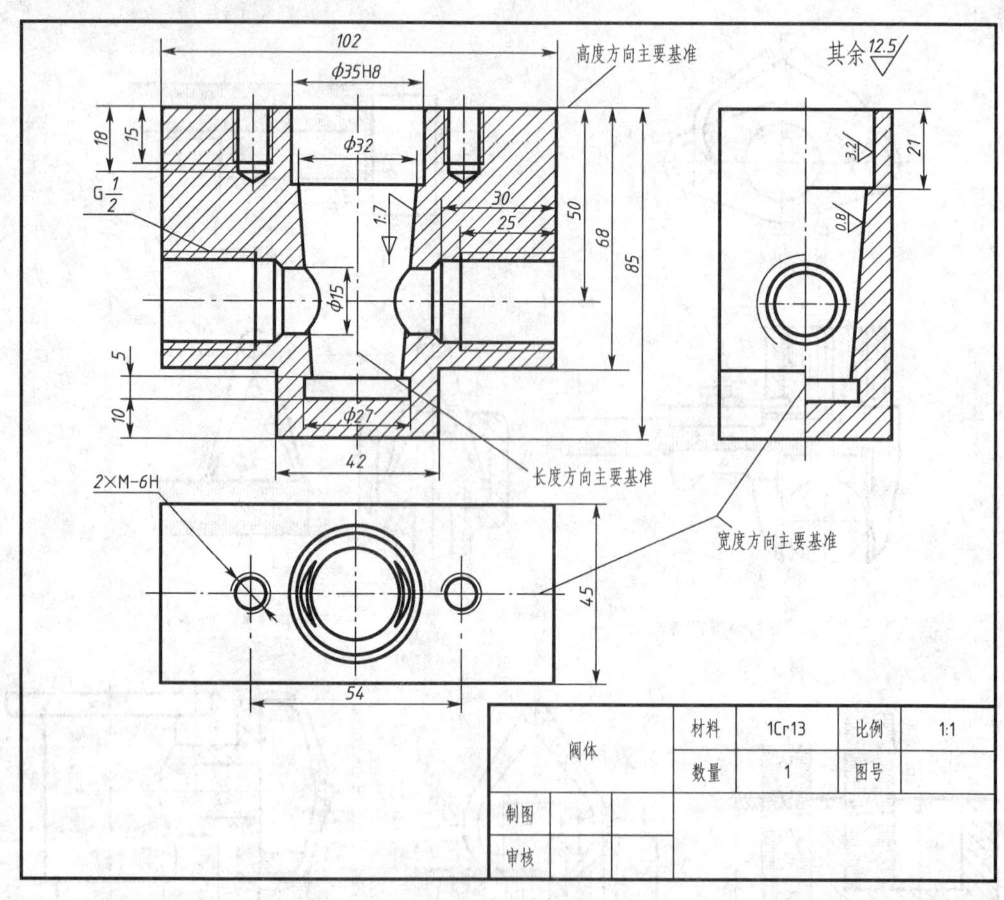

图 8-62　阀体零件图

一、概括了解

首先从零件图的标题栏，了解零件的名称、材料及画图比例等。然后从相关的技术资料（如装配图等）或其他途径了解零件的主要作用和与其他零件的联接关系等。从图 8-62 可知，该零件为阀体，材料为 1Cr13，比例为 1∶1。阀体是旋塞中的一个重要零件，在旋塞中起包容和支承作用，详见装配图中介绍。

二、分析视图

分析视图及其表达方法，能迅速构思想象出零件的结构形状。从图 8-62 可以看出，表达阀体共有了三个基本视图，并在主视图作了全剖视，左视图作了半剖视。主、左视图清楚地反映了阀体的内部结构形状，左、右锥螺纹孔分别为进、出油（气）孔，垂直方向锥孔为与阀杆配合的孔，利用阀杆上的单向孔是否与阀体上左、右螺孔相通，从而达到控制液体（气体）开或关的目的。俯视图反映外形结构，阀体的结构形状如图 8-63 所示。

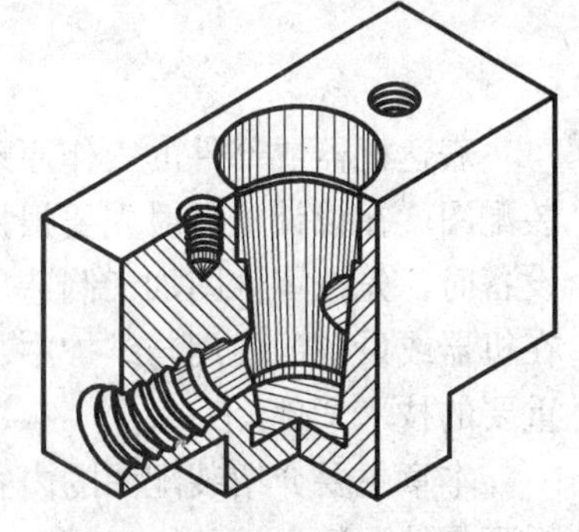

图 8-63　阀体的立体图

三、分析尺寸

分析零件图的尺寸，了解零件各部分大小。首先应分析并找到零件三个方向的尺寸基准。阀体左、右、前、后均对称，所以，其长度基准和宽度基准，分别为左右对称中心线和前后对称中心线，而高度基准为上底面。从这三个基准出发，以结构形状为线索，就能方便地找到阀体各部分的定位尺寸和定形尺寸，从而掌握各部分结构大小及其定位尺寸。

四、了解技术要求

先了解表面粗糙度，找出加工要求高的表面。从图 8-62 可知，阀体表面有三种表面粗糙度要求，分别为$\overset{0.8}{\bigtriangledown}$、$\overset{3.2}{\bigtriangledown}$、$\overset{12.5}{\bigtriangledown}$，其中要求最高的是锥孔表面，表面粗糙度为$\overset{0.8}{\bigtriangledown}$，故锥孔要磨削。再了解尺寸公差及精度，从图 8-62 可知，阀体只有两处有尺寸精度要求，分别是：ϕ35H8 和 2 × M10 – 6H。其余为未注公差，精度要求不高，而且整个阀体没有形位公差的要求。

五、综合归纳

通过以上分析，对阀体的结构形状和尺寸大小有了比较深刻的认识，对技术要求也有一定的了解，最后进行综合归纳，对阀体就会有一个总体概念，从而达到能指导生产的目的。

第九章　装　配　图

表达机器或部件的工作原理、结构性能和各零件间的装配联接关系等内容的图样，称为装配图。在设计机器时先要根据设计者的意图画出装配图，然后再拆画零件图。在制造机器设备时，先按零件图加工制造出零件，然后把加工制造好的零件按装配图进行组装与调试。在机器或设备的使用与维护中，也需要用到装配图。所以装配图和零件图一样，也是生产中重要的技术文件。

本章主要介绍装配图的内容、部件的表达方法、装配图的画法、部件测绘及看装配图并拆画零件图等方面的知识。

第一节　装配图的内容

如图 9-1 所示为一球阀的立体图。球阀是控制流体通道大小及开、关的部件。图 9-2 是球阀的装配图，由此可以看出一张完整的装配图应包含下述内容：

（1）一组视图　用各种常用表达方法和特殊表达方法，准确、完整、清楚和简便地表达出机器（或部件）的工作原理、部件的结构、零件之间的装配连接关系和零件的结构形状等。

（2）必要的尺寸　装配图上应注出机器（或部件）有关性能、规格、安装、外形、配合和连接关系等方面的尺寸。

（3）技术要求　用文字或符号注写出机器（或部件）在装配、检验、调试和使用等方面的要求。

（4）零件编号、明细栏和标题栏　说明零件名称、数量、材料、标准规格和标准代号以部件名称、主要责任人员名单等，供组织管理生产、备料、存档查阅之用。

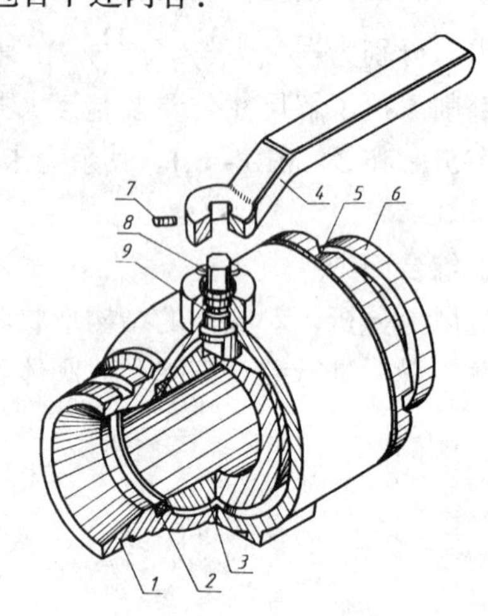

图 9-1　球阀立体图

1—左阀体　2—密封圈　3—球形阀瓣

4—手柄　5—密封圈　6—右阀体

7—螺钉　8—阀杆　9—密封圈

图 9-2 球阀装配图采用了全部视的主视图、俯视图和半剖的左视图及“*B*—*B*”局部剖视图表示。主视图清楚地表达了左、右阀体和阀杆等主要零件及其他零件之间装配连接关系，还表达了球阀的工作情况。当手柄操作阀杆时，通过阀杆可带动球形阀瓣转动。当球形阀瓣处于图示位置时，其中 ϕ80mm 的水平孔与左、右阀体的孔道相通，球阀处于全开状态，即流量为最大。由手柄通过阀杆带动阀瓣就可控制流量的大小，当手柄处于俯视图上的假想位置（双点画线表示）时，球阀则完全关闭。

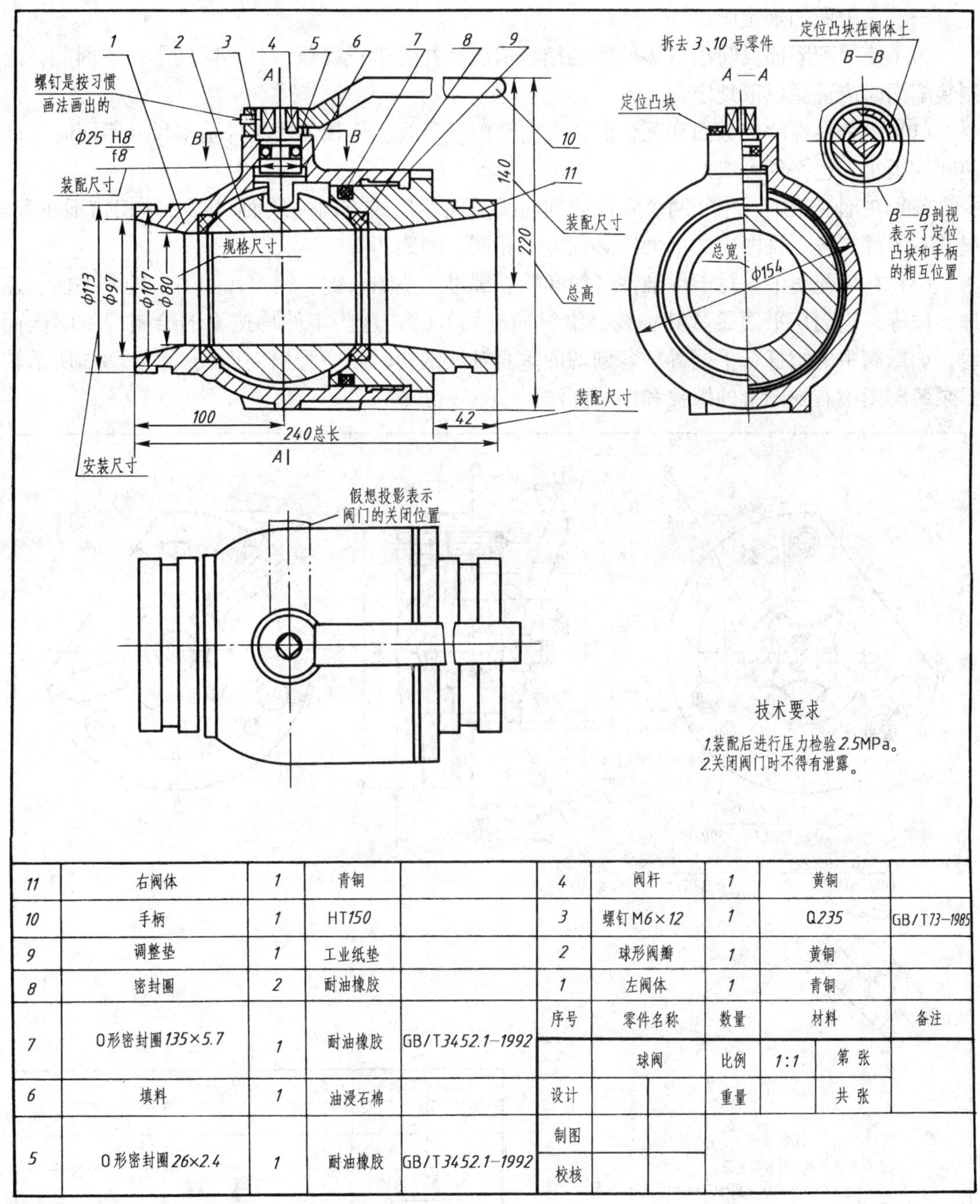

序号	零件名称	数量	材料	备注
11	右阀体	1	青铜	
10	手柄	1	HT150	
9	调整垫	1	工业纸垫	
8	密封圈	2	耐油橡胶	
7	O形密封圈 135×5.7	1	耐油橡胶	GB/T3452.1—1992
6	填料	1	油浸石棉	
5	O形密封圈 26×2.4	1	耐油橡胶	GB/T3452.1—1992
4	阀杆	1	黄铜	
3	螺钉 M6×12	1	Q235	GB/T73—1985
2	球形阀瓣	1	黄铜	
1	左阀体	1	青铜	

球阀		比例	1:1	第 张
设计		重量		共 张
制图				
校核				

图 9-2　球阀装配图

第二节　部件的表达方法

本书前面介绍了表达机件的各种方法，那些方法对表达机器或部件同样适用。但由于装配图是表达由若干零件所组成的部件，所以，除了选用前面所讲的各种表达方法外，还有一些表达机器或部件的特殊表达方法和规定画法。

一、装配图的规定画法

为了使装配图能反映出各零件间的结合情况，并便于正确地区分不同的零件。因此，绘制装配图时应遵循以下规定：

(1) 两个零件的接触面和配合面，规定只画一条线。但相邻两零件基本尺寸不同时，即使间隙很小，也必须画成两条线。

(2) 在剖视图中，相邻两个零件的剖面线方向相反或方向一致而间距必须相错不相等。但同一零件在各个视图中的剖面线必须方向相同、间距相等。

(3) 在装配图中，对于标准件（如螺栓、螺母、垫圈、键、销等）和实心轴、手柄、连杆、球等，当剖切平面通过其轴线（沿纵向剖切）时，这些零件均按不剖绘制即不画剖面线，如球阀中的阀杆、手柄等。若剖切面垂直轴线剖切时则应画出剖面线，如图 9-3 所示转子泵装配图中右视图上的螺栓和销的画法。

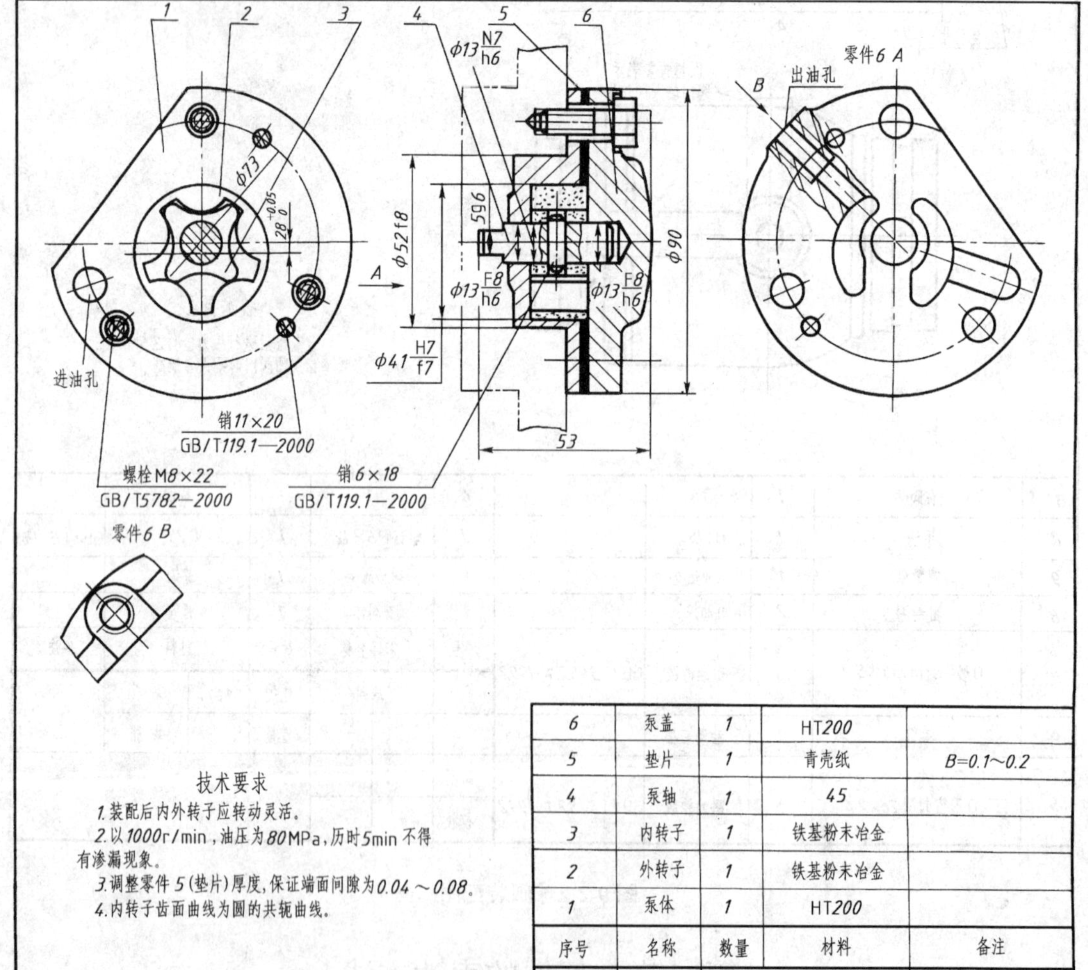

图 9-3 转子泵装配图

(4) 在剖视图或断面图中，若零件的厚度在 2mm 以下时，允许用涂黑代替剖面符号，如图 9-3 中的垫片 5，就是涂黑表示的。

二、剖件特殊表达方法

1. 拆卸画法

在装配图的某个视图上，当某些可拆零件遮住了必须表达的结构或装配关系时，可假想将这些零件拆卸或沿接合面剖切后绘制，称为拆卸画法。如图 9-2 球阀装配图中的左视图就是拆去了螺钉和手柄后画出的。而图 9-3 转子泵装配图中的右视图，则是沿泵体与泵盖的结合面剖切后画出的。

2. 假想画法

在装配图中，当需要表达运动件的运动范围或极限位置时，可用双点画线假想画出其他位置，如图 9-2 中手柄关闭时的位置就是用双点画线画出的。另外，必须表达与本部件的相邻零件或部件的安装连接关系时，也可用双点画线画出相邻零件或部件的轮廓，如图 9-3 中主视图所示，表示转子泵安装在双点画线表示的部件上，这种画法称为假想画法。

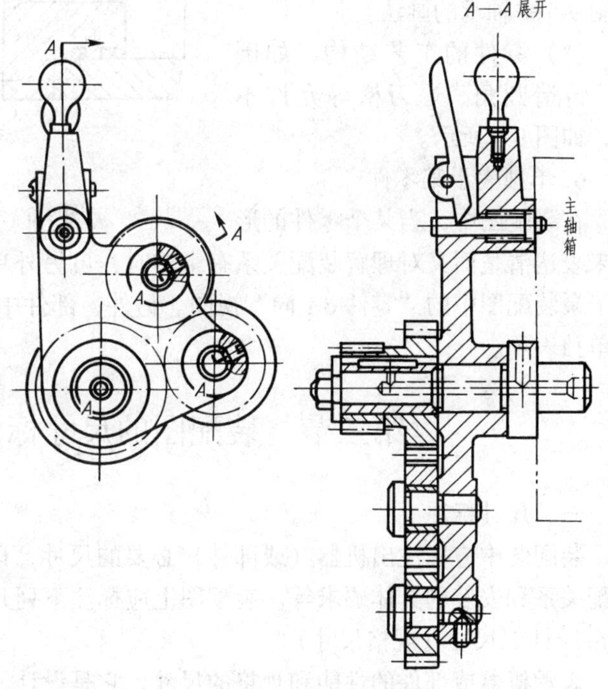

图 9-4 装配图的展开画法

3. 展开画法

为了表示传动机构的传动路线和装配关系，假想按传动顺序沿着各轴线作剖切，然后依次展开画在同一平面上，并标注“×—×展开”，这种画法称为展开画法，如图 9-4 所示。

4. 夸大画法

部件中非配合面的微小间隙、薄垫片、细弹簧等，如无法按实际尺寸画出时，可不按比例而适当夸大画出，如图 9-5 中的垫片和图 9-3 转子泵中的垫片都是夸大画出的。

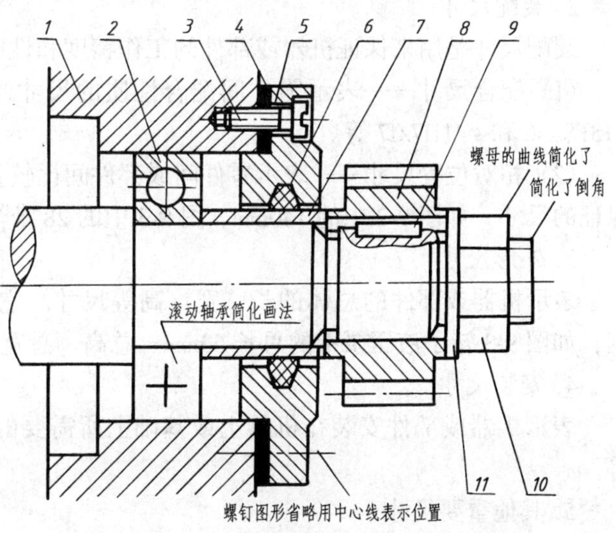

图 9-5 装配图的夸大画法与简化画法

1—底座 2—轴承 3—螺钉 4—垫片 5—压盖 6—填料 7—套 8—齿轮 9—键 10—螺母 11—垫圈

5. 简化画法

装配图中如遇下列情况，可简化画出：

(1) 对于分布有规律而又重复出现的螺纹紧固件及其联接等，允许只详细画出一处，其余用点画线标明其中心位置即可，如图 9-5 中螺栓联接和图 9-6a、b 所示的支架画法等。

(2) 油封（密封圈）、轴承等零、部件，可只画对称图形的一半，另一半则用规定的简化画法，如图 9-5 中轴承的画法。

(3) 零件的工艺结构，如倒角、铸造圆角、退刀槽等允许不画，如图 9-5 所示。

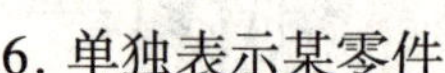

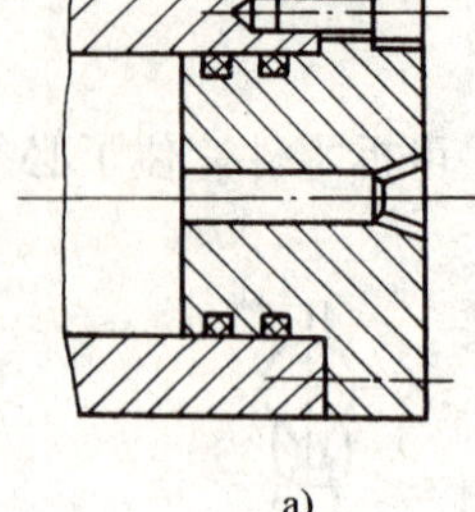

a)

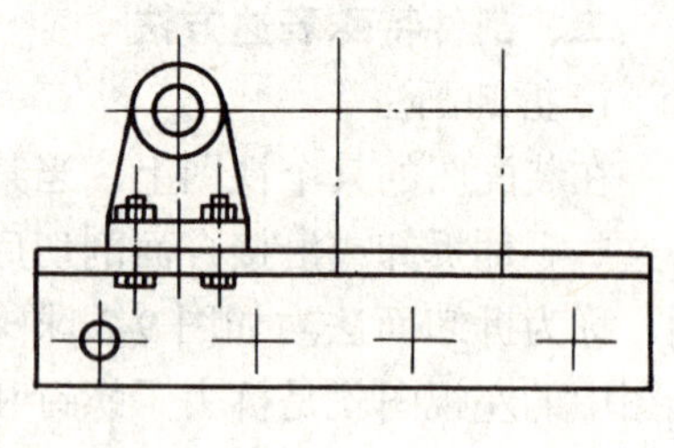

b)

图 9-6　装配图中相同组件的简化画法

6. 单独表示某零件

在装配图中，当某个零件的形状未表达清楚而又对理解装配关系有影响时，可另外单独画出该零件的某一视图，如图 9-3 转子泵装配图中的“零件 6*A* 向”视图。另外，部件中主要件的主要轮廓未表达清楚时，也可单独表示。

第三节　装配图的尺寸标注和技术要求

一、尺寸标注

装配图中应标注出机器（或部件）必要的尺寸，以进一步说明机器的性能、工作原理、装配关系和安装的具体要求等。装配图上应标注下列几类尺寸：

1. 性能尺寸（规格尺寸）

表示机器或部件的性能和规格的尺寸，它是设计、了解和选用机器或部件的依据。如图 9-2 球阀中球阀的直径 ϕ80mm 就是规格尺寸。

2. 装配尺寸

装配尺寸是用来保证机器或部件的工作精度和性能要求的尺寸。包括以下两种：

(1) 配合尺寸——表示零件间配合性质的尺寸，如图 9-2 中的 ϕ25H8/f8、图 9-3 中的 ϕ13F8/h6 和 ϕ41H7/f7 等。

(2) 相对位置尺寸——表示零件间或部件间比较重要的相对位置的尺寸，是装配时必须保证的尺寸，如图 9-2 中的 140mm、图 9-3 中的 $28^{+0.05}_{0}$mm 和 ϕ73mm 等。

3. 外形尺寸

表示机器或部件的总体的长、宽、高等尺寸。它是包装、运输、安装和厂房设计的依据，如图 9-3 转子液压泵中的总长 53mm、总高、总宽 ϕ90mm 就是外形尺寸。

4. 安装尺寸

表示机器或部件安装在机器上或基础上所需要的尺寸，如图 9-2 中的 ϕ113mm 和 42mm 等。

5. 其他重要尺寸

在机器或部件的设计中，经计算或选定，但又未包括在上述几类尺寸之中的尺寸。这些尺寸在拆画零件图时不能改变，如图 9-2 中的 ϕ107mm 和 ϕ97mm 等。

以上五类尺寸，并不是任何一张装配图上都全部标注，要看具体要求而定。值得指出的是，某一具体尺寸有可能有几种含义。

二、技术要求

装配图上一般应注写以下几方面的要求：

（1）装配要求——装配过程中的注意事项和装配后应满足的要求等。如图 9-2 球阀上的关闭阀门时不得泄漏的要求，就是拆画零件图时拟定技术要求的依据。

（2）检验、试验的条件和要求——机器或部件装配后对基本性能的检验、试验方法及技术指标等要求与说明。如图 9-2 球阀上的装配后进行压力检验 2.5MPa 的要求即是。

（3）其他要求——包括部件的性能、规格参数、包装、运输及使用时的注意事项和涂装要求等。

总之，图上所需填写的技术要求，应随部件的要求而定。必要时，可参照类似产品确定。

第四节　装配图的零件序号和明细栏

装配图上对每种零件都必须编注序号或代号，并填写明细栏，以便统计零件数量，进行生产的准备工作。同时，在看装配图时，也可根据零件序号查阅明细栏，以了解零件的名称、材料和数量等，有利于看图和图样管理。

一、零件序号的编写（GB/T 4458.2—2003）

部件或机器中每种零件都要编号。形状、尺寸相同的零件只编一个号，数量填写在明细栏内，形状相同、尺寸不同的零件要分别编号。零件序号编写的形式如图 9-7a、b、c、d 所示。

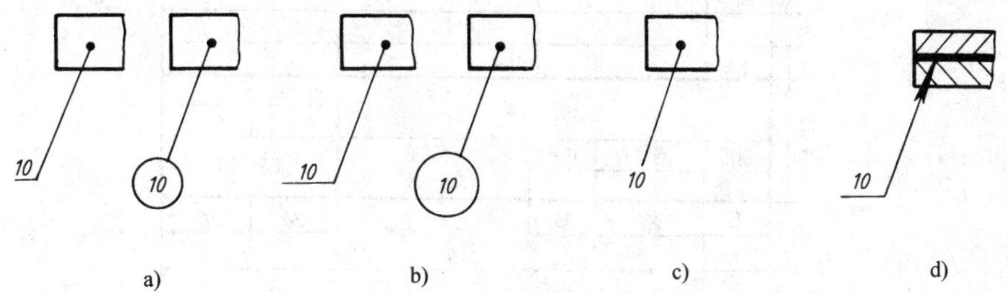

图 9-7　零件序号的编写形式

指引线应指在零件可见轮廓线内，并在起始处画一小圆点，如遇涂黑表示的零件不宜画圆点时，可用箭头指向轮廓线，如图 9-7 所示，指引线用细实线画，自零件表达得最清晰的视图引出，并尽可能少穿过其他零件。指引线不应相互相交。当穿过有剖面线的区域时，应避免与剖面线平行。必要时可画成折线，但只能曲折一次，如图 9-8 所示。

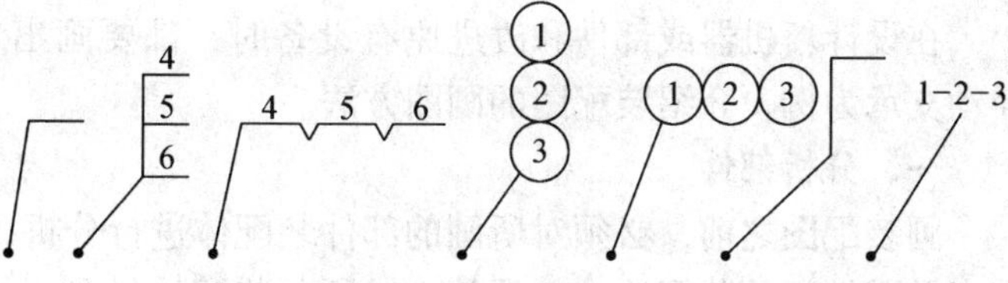

图 9-8　指引线及其画法

对于一组紧固件或装配关系清

楚的零件组，可采用公共的指引线，如图 9-8 所示。

序号的字体应比尺寸数字大一号，并按顺时针或逆时针方向顺序整齐地排列在水平线或垂直线上。

二、明细栏的编制

明细栏应放在标题栏上方，并与标题栏相连接。当地方不够时，可将明细栏的一部分移至标题栏左边，若还不够可再左移，其格式如图 9-9 所示。

零件序号应自下而上有序填写，以便增加或漏编零件时，可以向上添加。

标准件应填写其型式规格和标准号，有些零件的重要参数（如齿轮的齿数、模数等），可填入备注栏内。

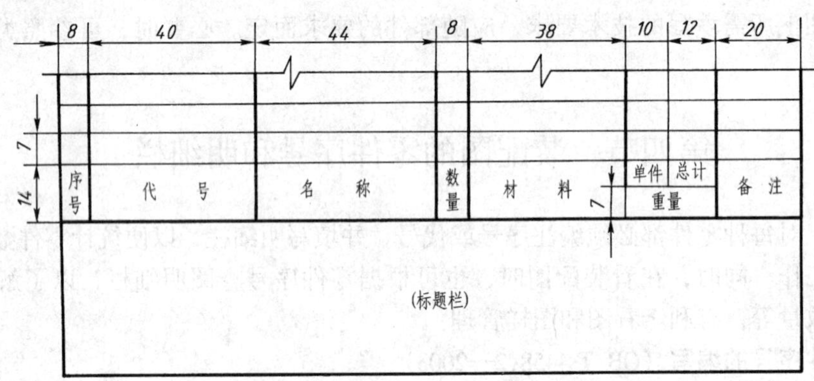

a)

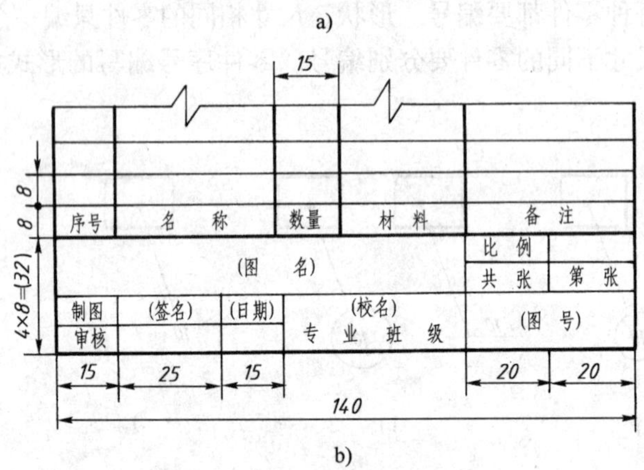

b)

图 9-9 明细栏的格式

第五节 装配图的画法

在设计新机器或部件和改进原有设备时，都要画出装配图。本节将以如图 9-10 所示的浮动支承为例，介绍装配图的画图方法。

一、分析部件

画装配图之前，必须对所画的部件装配体进行分析，了解部件的功用、工作原理、结构特点及零件间的装配连接关系等，对所画装配体做到心中有数。可通过阅读有关技术资料、看总装图以及现场参观方式进行。

如图 9-10 所示浮动支承是某夹具装置中的一个支承部件，它由支承座、支承销等五个零件组成。支承销在其下部弹簧的作用下，能自动与所支承物体保持接触，并有一定的上下浮动量。当支承销顶到被支承的零件后，转动螺栓推动滑柱顶紧支承销，从而锁紧支承。当松开螺栓时，滑柱退出，支承销弹簧向上浮动。该装置适宜支承那些表面不平或不同规格大小的零件。

二、视图选择

对部件装配体有了充分的分析了解后，就可运用装配图的各种表达方法，选择一组恰当的视图，把部件的装配关系、工作原理、结构特征以及主要零件的结构表达出来。

1. 主视图的选择

选择视图时首先要选择好主视图。部件一般应按它的工作位置或习惯位置放置，而主视图的投射方向，应突出反映该装配体的主要装配关系和结构特征。为此，浮动支承按其工作位置放置，以箭头所指方向为主视投射方向为好，并在主视图上采用全剖视，就能将其主要装配关系和工作情况等特征清楚地表示出来。

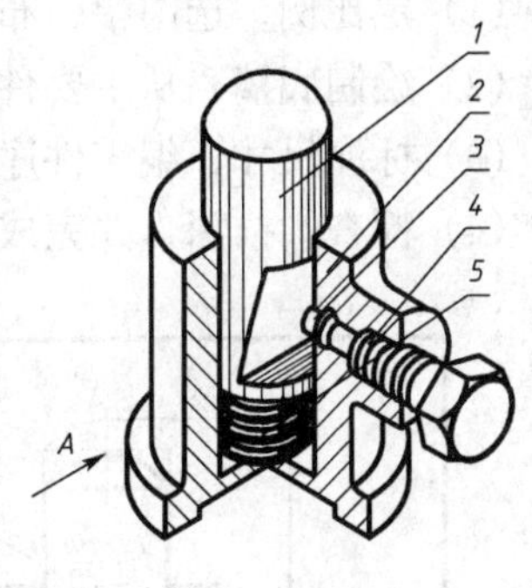

图 9-10 浮动支承

1—支承销 2—支承座 3—滑柱 4—螺栓 5—弹簧

2. 其他视图的选择

主视图选定后，往往还需要选择其他视图和表达方法，来进一步补充表达主视图还没能表达出来或还没有表达清楚的内容。要求所选择的视图在作用上各有重点、互相配合、避免重复，其视图数量的多少，要视部件装配体的复杂程度而定。如图 9-10 所示的浮动支承，除了选用全剖的主视图外，还选用俯视图来表达支承座的形状和进一步表达支承座与支承销及螺钉间的装配关系。还选用 *A—A* 断面单独表示支承销的断面形状，使表达更完整清楚，如图 9-12 所示。

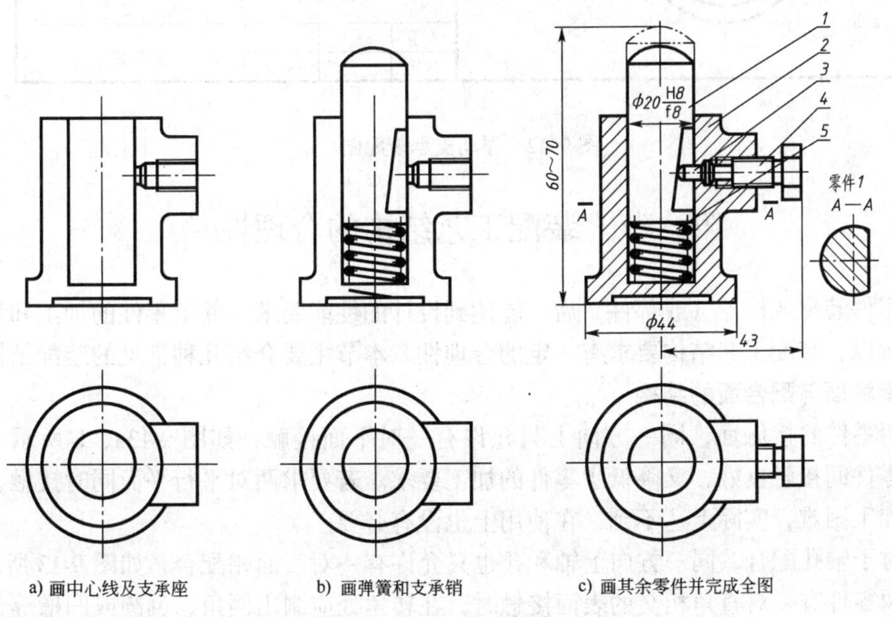

a) 画中心线及支承座　b) 画弹簧和支承销　c) 画其余零件并完成全图

图 9-11 浮动支承装配图画图方法与步骤

三、画装配图的方法与步骤

视图表达方案确定之后，即可动手画图。为了保证画图质量、提高画图效率，掌握合理的画图步骤是很重要的。浮动支承装配图的画图步骤如图 9-11 所示。

从浮动支承装配图画图步骤可总结归纳出画装配图的步骤如下：

(1) 定比例，选图幅，布图并画中心线、基准线。

(2) 绘制底稿，从主要件入手，按装配关系，逐个画出各零件。

(3) 标注尺寸，编零件序号，填写明细栏、标题栏和技术要求。

(4) 检查、描深，并完成全图（图 9-12）。

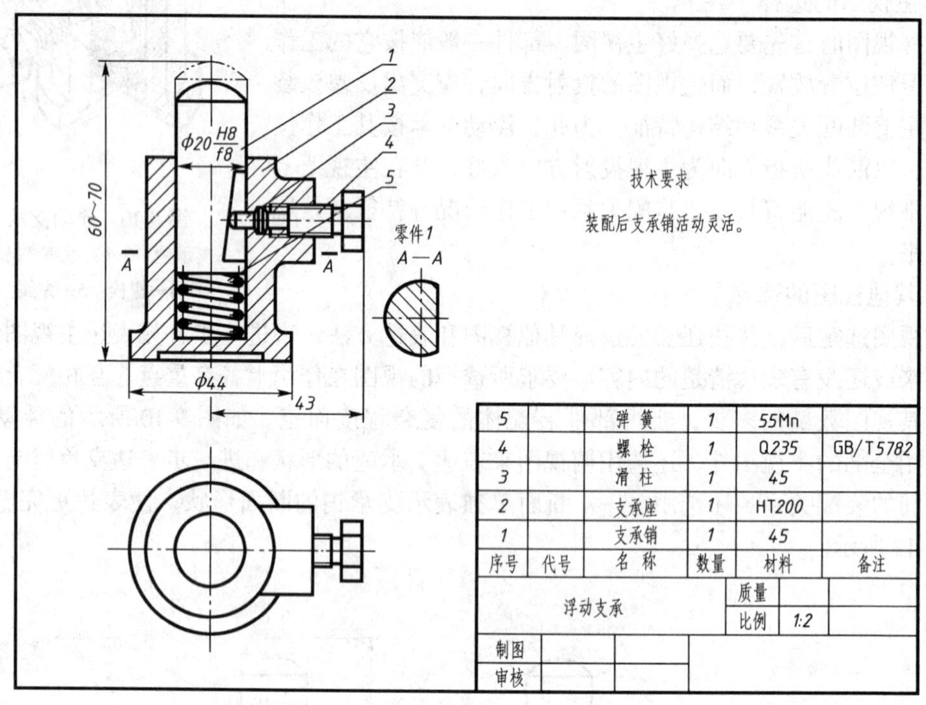

图 9-12　浮动支承装配图

第六节　装配工艺结构的合理性

为使零件装配成机器（或部件）后，能达到设计的性能要求。并给零件的加工和装拆带来方便。所以，装配工艺结构要求有一定的合理性。本节主要介绍几种常见的装配结构。

一、接触面与配合面的结构

(1) 两零件的接触面，同一方向上只允许有一对平面接触，如图 9-13a、b 所示。这样既保证了零件间接触良好，又降低了零件的加工要求。若要求两对平行平面同时接触，就会造成零件加工困难，实际上达不到，在使用上也没有必要。

(2) 对于轴孔配合，同一方向上轴和孔也只允许有一对表面相配合，如图 9-13 所示。

(3) 两零件有一对直角相交的表面接触时，在转角处应制出倒角、倒圆或凹槽等，以保证接触良好，如图 9-14 所示。

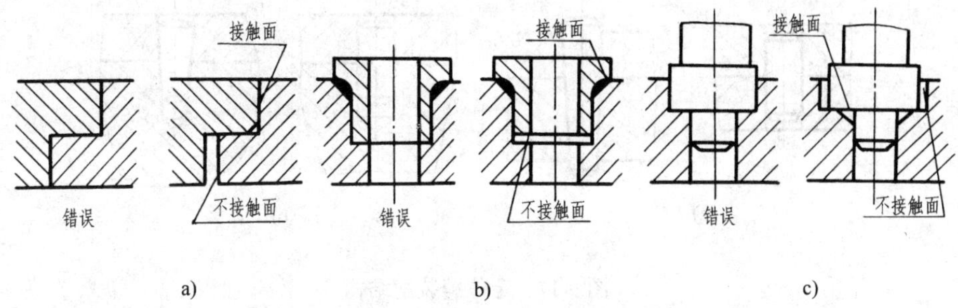

图 9-13 接触面与配合面的结构

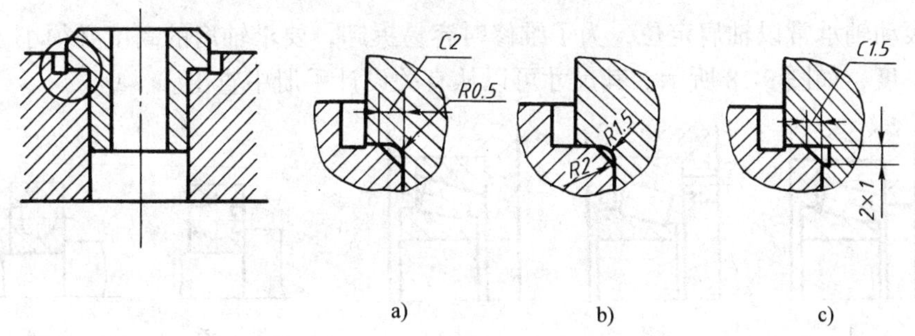

图 9-14 转角处的结构

a) 倒角和倒圆 b) 两个半径不同的圆 c) 退刀槽和倒角

(4) 两圆锥表面配合时，圆锥体的端面与锥孔底部之间应留有空隙，即 $L_2 > L_1$，如图 9-15 所示，否则可能达不到锥面配合的要求或增加零件制造的困难。

(5) 为了保证接触良好，合理地减少加工面积，在被连接件上常作出沉孔与凸台等结构，如图 9-16 所示。

二、方便装拆的结构

(1) 定位销的合理结构，部件中常采用圆柱销或圆锥销定位，以保证重装后两零件间相对位置的精度。为了加工销孔和拆卸销子方便，应尽量将销孔做成通孔，如图 9-17 所示。

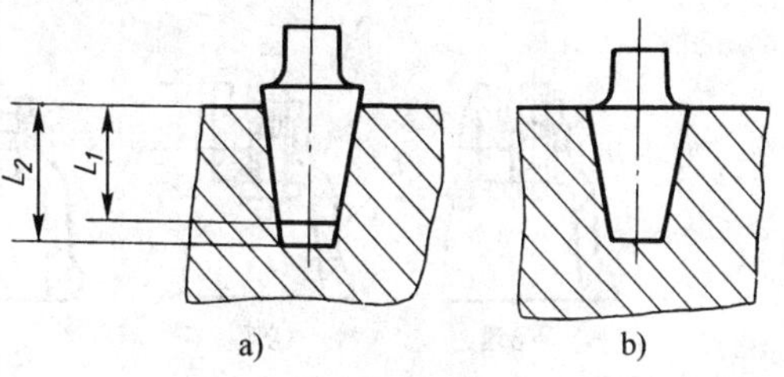

图 9-15 锥面配合的结构

a) 合理 b) 不合理

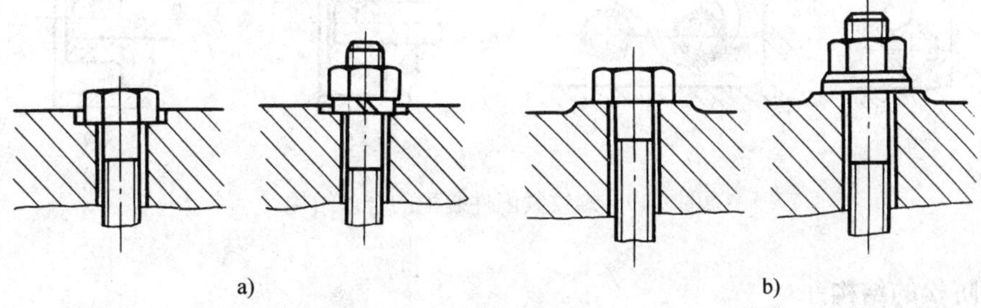

图 9-16 沉孔与凸台

a) 沉孔 b) 凸台

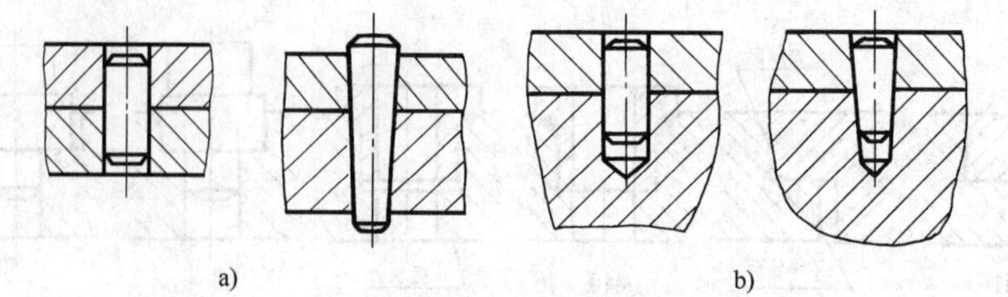

图 9-17　定位销装配结构

a）通孔合理　b）盲孔不合理

（2）滚动轴承常以轴肩定位，为了维修时容易拆卸，要求轴肩的高度必须小于轴承内圈或外圈的厚度，如图 9-18 所示。其尺寸可以从有关设计手册中查出。

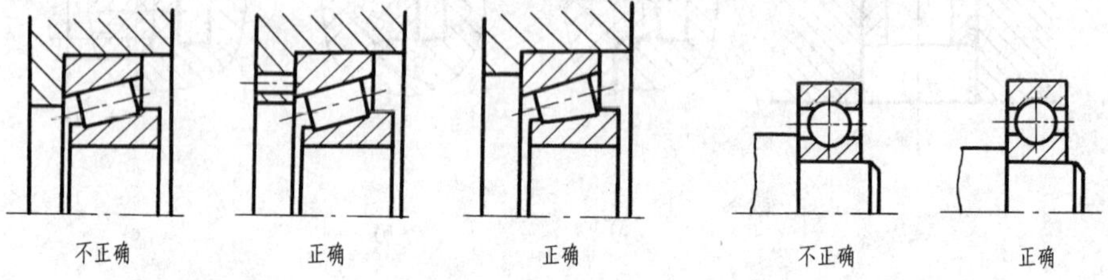

图 9-18　滚动轴承端面接触结构

（3）对螺纹紧固件联接，其装配结构主要考虑装拆方便，常见的合理结构如图 9-19 所示。

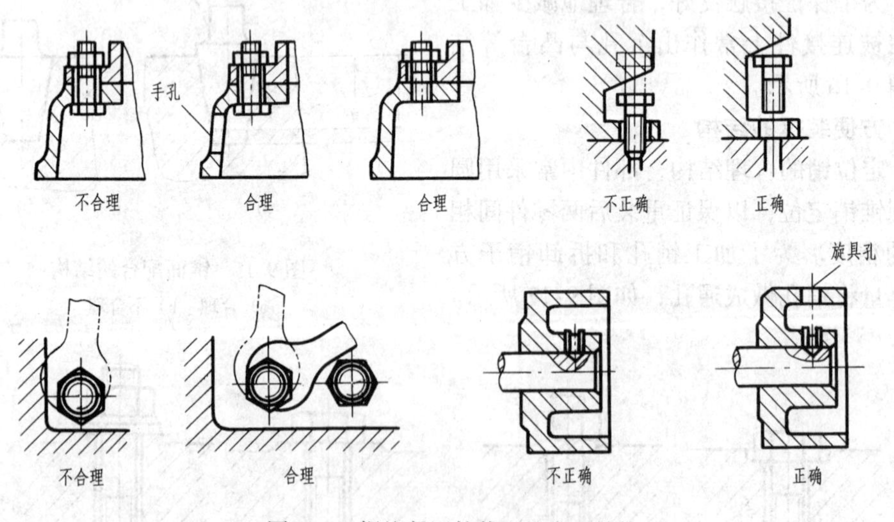

图 9-19　螺纹紧固件装配的合理结构

三、防松的结构

机器运动过程中，由于受到振动或冲击，螺纹紧固件可能发生松动或脱落，有时甚至会造成严重事故。因此，在这些机构中必须有防松结构，如图 9-20 是常见的几种防松结构。

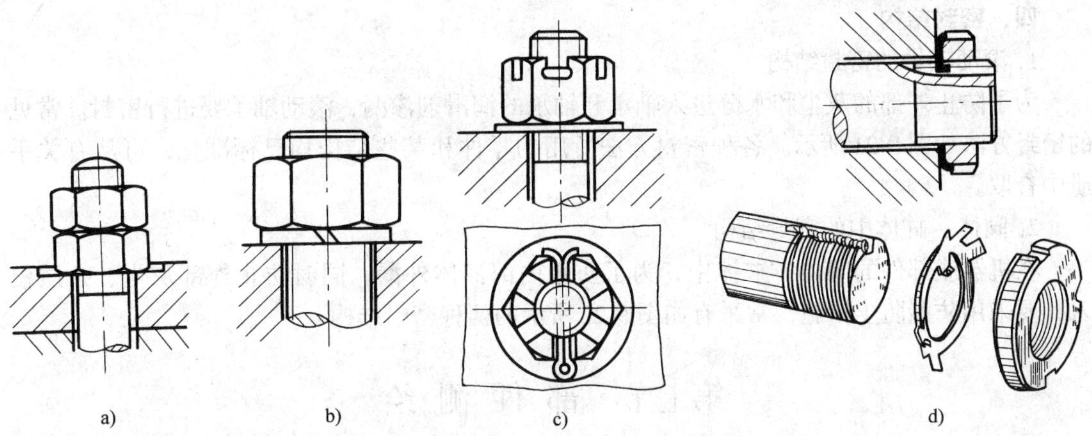

图 9-20　防松的结构

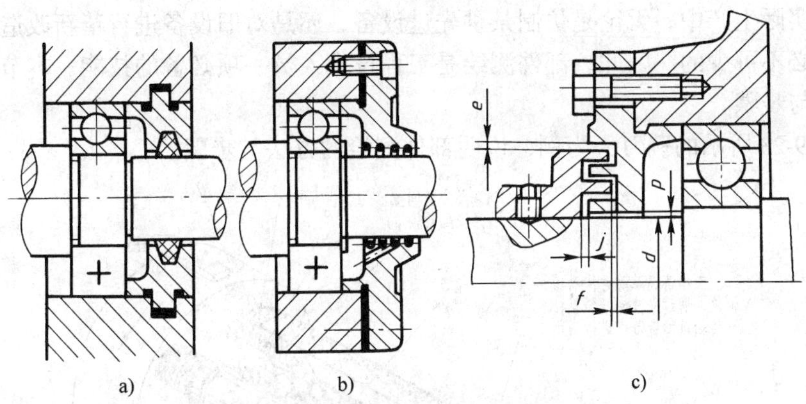

图 9-21　滚动轴承的密封结构

a）毡圈式密封　b）油沟式密封　c）迷宫式密封

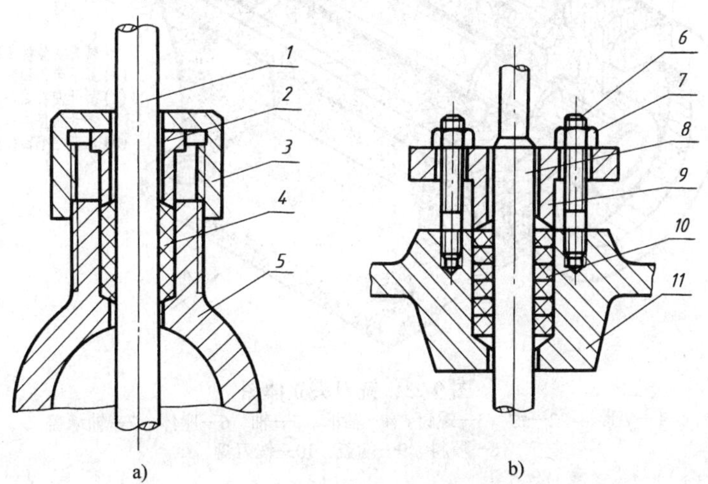

图 9-22　阀体、缸体的密封结构

a）阀体密封结构　b）缸体密封结构

1—阀杆　2—压套　3—螺套　4—填料　5—阀体　6—螺柱　7—螺母

8—活塞杆　9—压套　10—填料　11—缸体

四、密封结构

1. 滚动轴承的密封结构

为了防止外部的灰尘和水分进入轴承和轴承的润滑剂渗漏，滚动轴承要进行密封。常见的密封方法如图 9-21 所示。各种密封方法所用的零件和某些结构均已标准化，可从有关手册中查取。

2. 阀体、缸体中的密封结构

在机器或部件的阀体、缸体中，为了防止内部液体外漏，同时防止外部灰尘、杂质侵入，要采用防漏防尘措施，常采有如图 9-22 所示的两种密封结构。

第七节　部 件 测 绘

对现有的机器或部件进行测量，绘出草图，然后整理绘制出装配图和零件图的过程称为部件测绘。实际生产中，无论是仿制某种先进设备，还是对旧设备进行革新改造或修配，测绘工作总是必不可少的。因此，部件测绘是工程技术人员一项必备的技能。本节将介绍部件测绘的方法与步骤。

现以图 9-23 所示的铣刀头为例，说明部件测绘的方法与步骤。

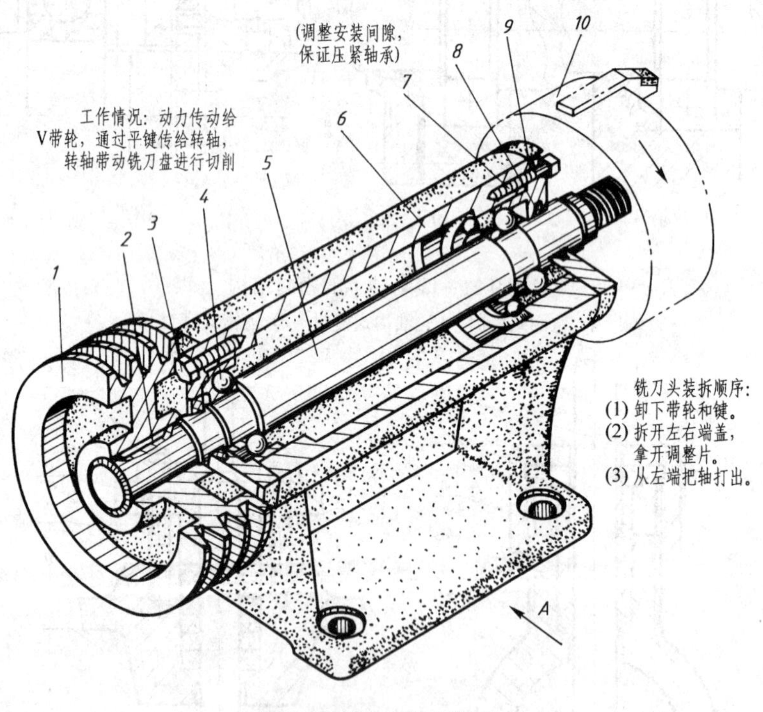

图 9-23　铣刀头立体图

1—V 带轮　2—键　3—螺钉　4—轴承　5—轴　6—座体　7—轴承盖　8—填料　9—端盖　10—铣刀盘

一、概括了解测绘对象

通过阅读有关技术资料和现场调查，初步了解机器或部件的名称、用途、规格、工作原理及构造等情况，对测绘对象，做到胸中有数。

如图 9-23 所示的铣刀头是专用铣床上的一个部件,供装铣刀盘用。从图中可以看出,铣刀头由座体、轴、V 带轮、端盖、调整片等五种非标准件和轴承、螺钉、平键、毡圈等四种标准件组成。轴用两个深沟球轴承支承装在座体中,为防尘和密封,两端加盖并用螺钉与座体联接。V 带轮用键与轴联接。铣刀盘(图中用双点画线画出)通过轴上螺纹与轴联接。工作时,电动机通过 V 带带动带轮,带轮通过平键把运动传给轴,轴带动刀盘而进行铣削加工。

二、画装配示意图，拆卸零件

在了解测绘对象的基础上，为了记录零件间相对位置、工作原理和装配关系，应先画出机器或部件的装配示意图。画装配示意图时应假想部件是透明的。既画外形轮廓，又画内部结构；凡有规定符号的零件，应按照 GB/T 4460—2000 机构运动简图符号画出其示意图。没有规定符号的零件，则用简单的线条，画出它的大致轮廓。这种用规定符号和简单线条画出的，能表明零件的名称、数量、零件间的相互位置及装配关系和部件工作原理与运动情况的简图，称为装配示意图。铣刀头的装配示意图如图 9-24 所示。

装配示意图画好后，就开始拆卸零件。铣刀头的拆卸顺序是：先卸下 V 带轮和键，再拆开左右端盖，拿开调整片，从左端向右把轴打出。在拆卸零件时应注意以下几点：

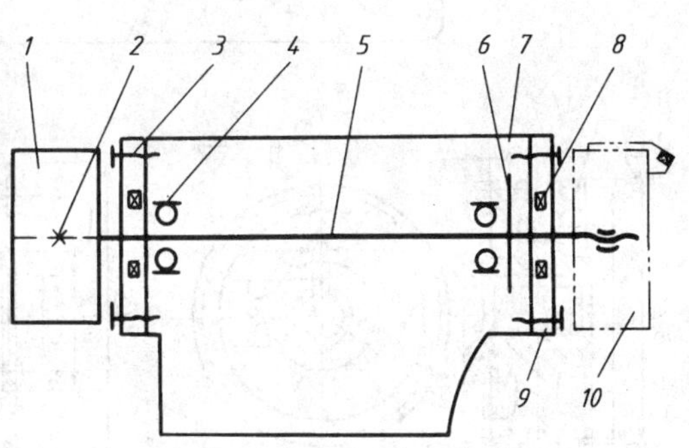

图 9-24　铣刀头装配示意图

1—V 带轮　2—键　3—螺钉　4—轴承　5—轴　6—轴承盖　7—座体　8—填料　9—端盖　10—铣刀盘

(1) 选用合适的拆卸工具，注意拆卸顺序，严防乱敲乱打。对于不可拆连接（如焊接、铆接等）一般不应拆开。对配合精度要求高的零件或过盈配合，尽量不拆，以免破坏其配合精度，并可节省测绘时间。

(2) 对拆下的零件要及时按顺序编号,并挂上相应的号签,妥善保管防止混乱和丢失,特别是防止螺钉、垫圈、键、销等小零件丢失。

(3) 对重要的精度较高的零、部件，要防止碰伤、变形和生锈，以便再装时仍能保证其性能要求。

三、画零件草图

对于部件中的标准件，只要测出其规格尺寸、确定种类型号然后查阅有关手册，按规定标记列表登记就行了，不必画草图。对于所有非标准件都应画出零件草图。零件草图是凭目测，按大致比例，徒手绘制的图，而不是潦草之图。它的内容和要求与零件工作图相同，是绘制装配图和零件工作图的依据。因此，绘制零件草图同样应做到表达完整清楚、线型分明、尺寸齐全、图面整洁，并要注明零件名称、编号和件数、材料及必要的技术要求等。铣刀头非标准件全部零件草图如图 9-25 所示。

画零件草图时应注意以下几点

(1) 对零件上的所有工艺结构如倒角、圆角、退刀槽等都应画出。但零件由于制造时产生的误差或缺陷不应画出。例如对称形状不对称、圆形不圆以及砂眼、缩孔、裂纹等就不应画在图上，有些应纠正画出。

(2) 对零件上的标准结构要素（如螺纹、倒角、退刀槽、键槽等）的尺寸在测量以后，应查阅有关手册核对确定。

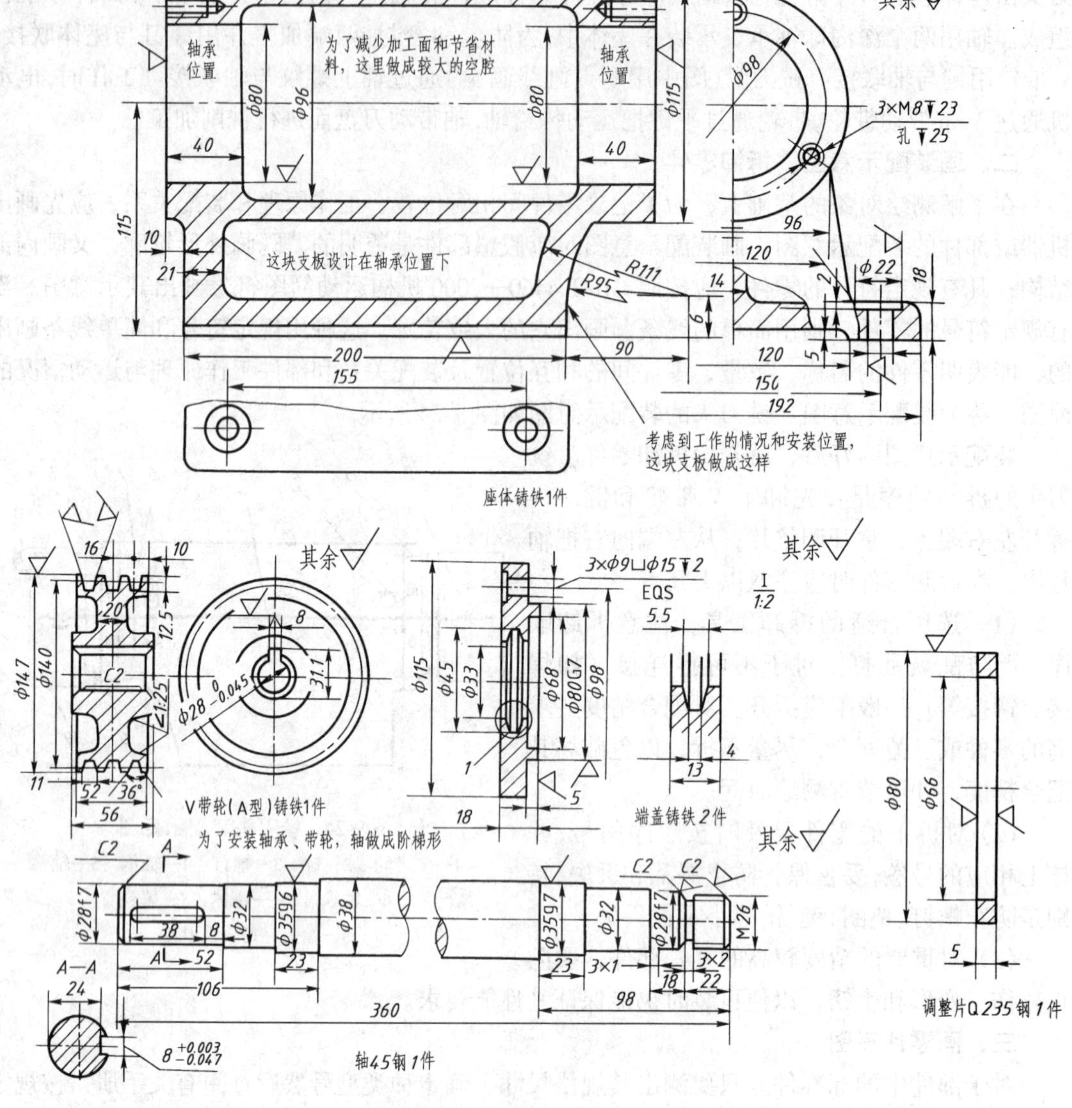

图 9-25　铣刀头零件草图

(3) 对零件上非加工面和非主要尺寸，测量后尽量圆整为整数，并符合标准尺寸系列。有些尺寸应计算求出（如齿轮部分尺寸、弹簧有关尺寸等）。

(4) 对两零件的配合尺寸和互相联系的尺寸，应在测量后同时填入相应两零件的草图中，以节约时间和避免差错。

(5) 零件的技术要求如表面粗糙度、尺寸公差、热处理要求、材料牌号等，可根据零件的作用、工作要求等，凭观察和经验并参照同类产品的图样资料类比确定。

四、画装配工作图

根据装配示意图和零件草图，选取图 9-23 中 *A* 向作为主视投射方向，就可绘制其装配图，铣刀头装配图的画图方法与步骤如图 9-26 所示。

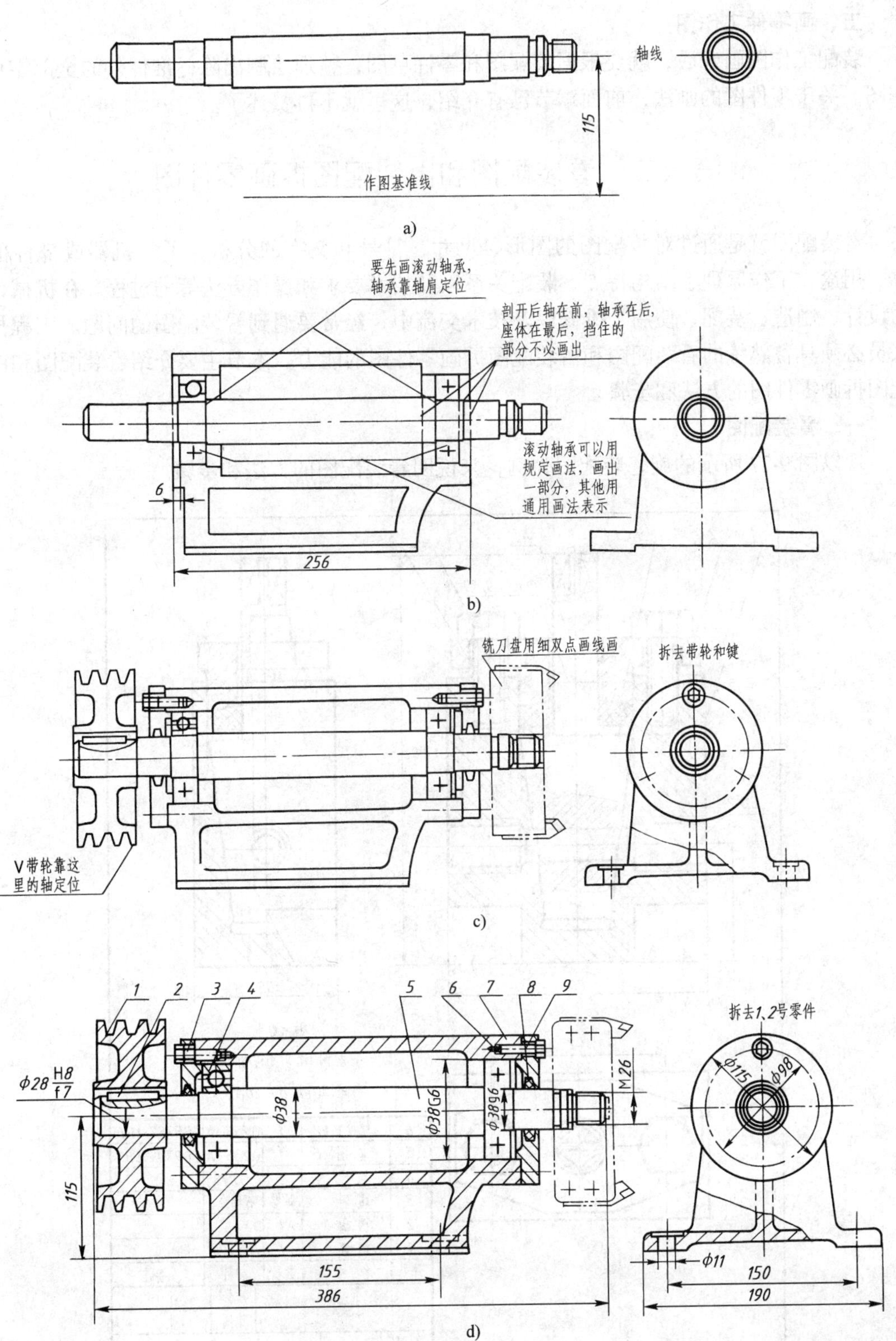

图 9-26 铣刀头装配图的画法步骤

a）画中心线和转轴 b）画滚动轴承和座体 c）画带轮、端盖 d）画其余部分并完成全图

五、画零件工作图

装配工作图画好后，就要根据装配图和零件草图，整理绘制出除标准件外的全部零件工作图。关于零件图的画法，前面章节已有介绍，这里就不再赘述了。

第八节　看装配图和由装配图拆画零件图

看装配图就是通过对装配图的图形、尺寸、符号和文字的分析，了解机器或部件的名称、用途、工作原理、结构特点、装配关系以及技术要求和操作方法等的过程。在机械设备的设计、制造、装配、使用、维修以及技术交流中，经常要遇到看装配图的问题。工程技术人员必须具备熟练的看装配图和由装配图拆画零件图的能力。本节主要介绍看装配图和由装配图拆画零件图的方法和步骤。

一、看装配图

现以图 9-27 所示的旋塞装配图为例，来说明看装配图的方法和步骤。

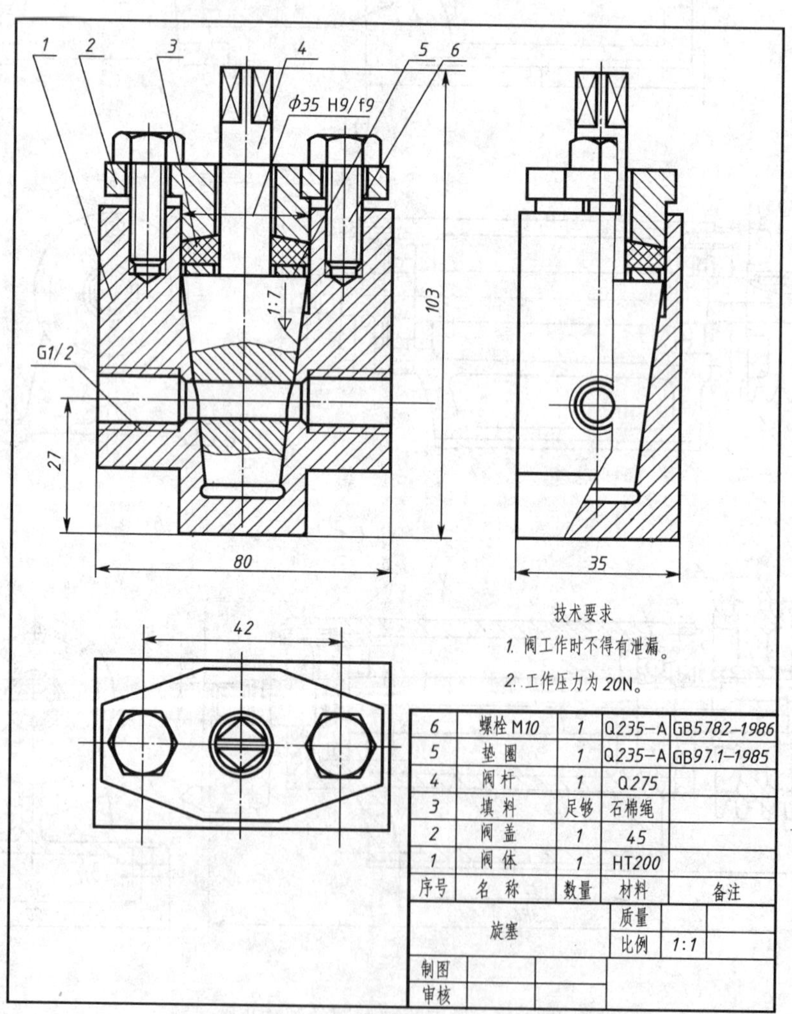

序号	名　称	数量	材料	备注
6	螺栓 M10	1	Q235−A	GB5782−1986
5	垫　圈	1	Q235−A	GB97.1−1985
4	阀杆	1	Q275	
3	填　料	足够	石棉绳	
2	阀　盖	1	45	
1	阀　体	1	HT200	

旋塞	质量	
	比例	1:1
制图		
审核		

图 9-27　旋塞装配图

1. 概括了解

看装配图时，首先应通过看标题栏、明细栏了解机器或部件的名称，所有零件的名称、数量、材料以及标准件的规格代号等，并在视图中找出所表示的相应零件及其所在的位置。其次大致浏览一下所有视图、尺寸和技术要求。条件许可时，还可阅读一些有关资料或产品说明书。这样，就对机器或部件的整体情况有了一个概括的了解。

如图 9-27 所示的装配图，从标题栏和明细栏可以了解到，它是一个旋塞，共由 6 种不同的零件构成。其中标准件 2 种，其他零件 4 种。它是某管路设备中的一个控制液体或气体打开和关闭的阀门。

2. 分析视图，了解工作原理

先分析部件采用了哪些视图和表达方法，并弄清各视图及表达方法之间的投影联系，从而深入分析部件的工作原理和各零件间的装配连接关系。如图 9-27 所示旋塞，共用了三个基本视图表示，即全剖的主视图，局部剖的左视图和外形的俯视图。全剖的主视图中，因件 4 阀杆属实心件，全剖时应按不剖处理，为了表示其与阀体上左、右螺孔相通情况，所以再作了局部剖。从分析视图可以看出，旋塞是通过转动阀杆来实现开启和关闭的。图示为开启状态，因这时阀杆上的孔与阀体上左、右螺孔是相通的。如果转动阀杆，使阀杆上孔与阀体上左、右螺孔不相通时，即为关闭状态。主视图不仅反映了旋塞的工作原理，还反映了旋塞的密封防漏措施和各零件间的装配连接关系。

3. 分析零件

在了解机器或部件工作原理与装配关系的基础上，进一步分析各零件的结构形状及作用。一般先分析主要零件，后分析次要零件。可根据剖面线的方向和疏密程度，并按投影关系将零件初步分离出来，再根据零件在部件中所起的作用，构思想象出零件的结构形状。图 9-27 中的阀体，在前一章看零件图中已经见过。其他零件如阀杆、压盖等，读者可自行分析。

4. 综合归纳

在通过以上分析的基础上，还应把机器或部件的功用、工作原理、性能结构及装配关系等几方面的问题联系起来思考，进行综合归纳，达到看懂全图的目的。旋塞的整体结构形状，如图 9-28 所示。

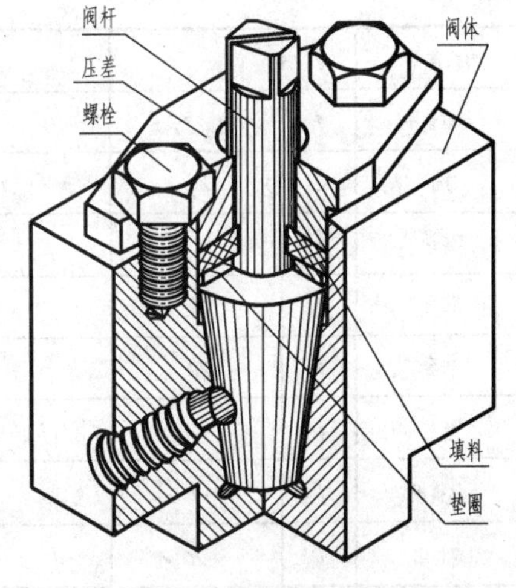

图 9-28　旋塞立体图

二、由装配图拆画零件图

在设计过程中，一般是先画出装配图，再根据装配图拆画零件图，这一环节称为拆图。拆图要在看懂装配图的基础上进行，并按零件图的内容和要求，画出零件工作图。

下面以图 9-29 钻床夹具装配图为例，进一步了解和掌握拆画零件图的方法。

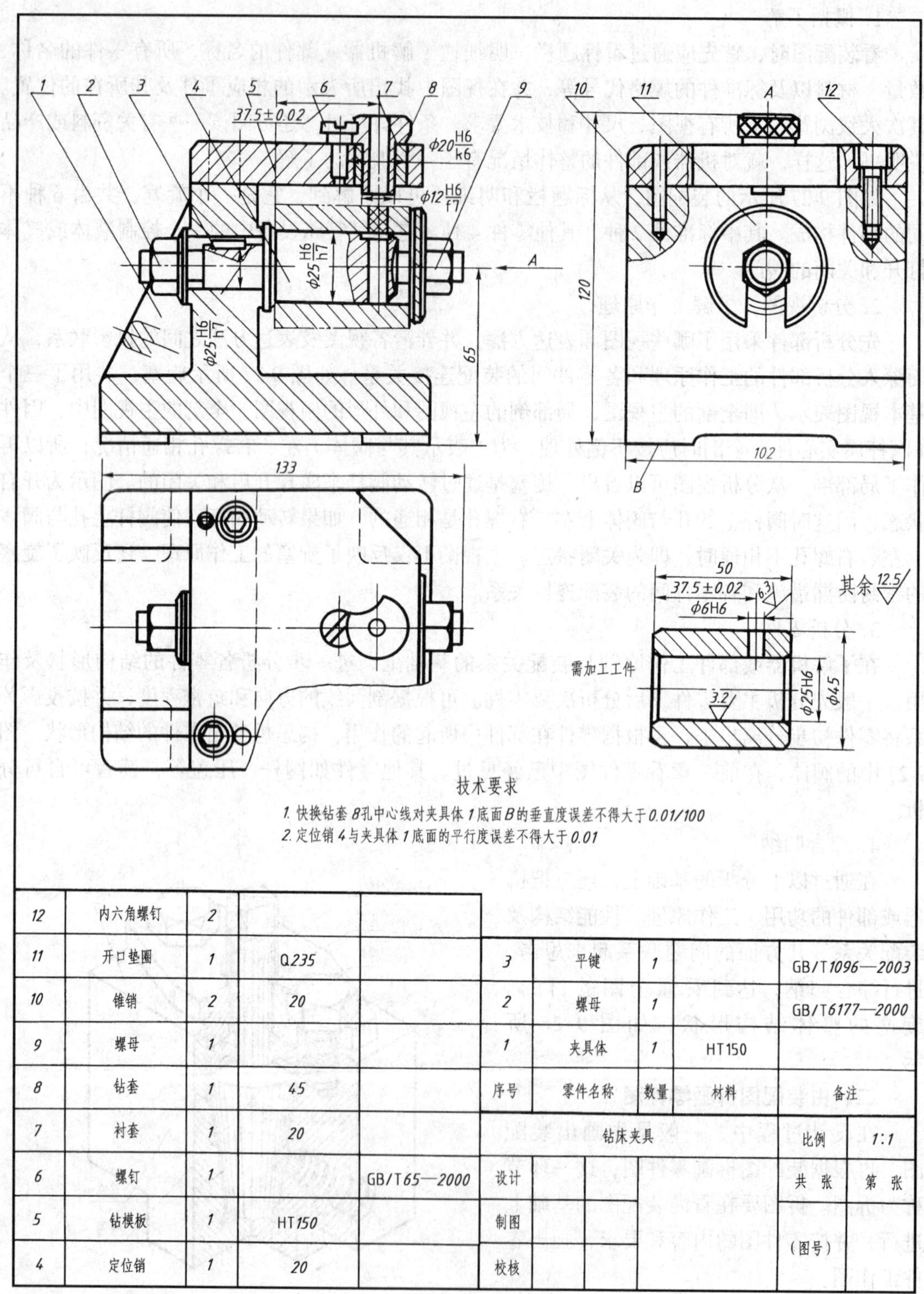

技术要求

1. 快换钻套8孔中心线对夹具体1底面B的垂直度误差不得大于0.01/100
2. 定位销4与夹具体1底面的平行度误差不得大于0.01

序号	零件名称	数量	材料	备注
12	内六角螺钉	2		
11	开口垫圈	1	Q235	
10	锥销	2	20	
9	螺母	1		
8	钻套	1	45	
7	衬套	1	20	
6	螺钉	1		GB/T65—2000
5	钻模板	1	HT150	
4	定位销	1	20	
3	平键	1		GB/T1096—2003
2	螺母	1		GB/T6177—2000
1	夹具体	1	HT150	

钻床夹具		比例	1:1
设计		共 张	第 张
制图		(图号)	
校核			

图 9-29　钻床夹具装配图

1. 看懂装配图

从图中可以看出，该部件叫钻床夹具。共由 12 种零件组成，其中有 6 种为标准件。该夹具是一种安放在钻床工作台上，用以钻（铰）工件上 ϕ6H6 孔的专用夹具。它的工作原理是：加工时钻套在定位销 4，以销的左轴肩和外圆定位，并由开口垫圈 11 和螺母 9 夹紧，即可进行钻（铰）ϕ6H6 孔。当工件被加工好以后，可松开螺母 9（一般转半圈左右），取下开口垫圈 11，即可卸下工件。其主要结构特点是：为了加工时排屑和容屑的需要，在定位销 4 上制有一纵向槽，并通过槽底钻一与被加工孔同轴线，但直径稍大于 ϕ6mm 的径向通孔；为了防止钻模板的磨损，在钻模板上镶嵌一固定衬套，为适应依次钻铰孔的要求，确定被加工孔的位置并引导钻头、铰刀进行加工，在固定衬套内装有快换钻套 8。快换钻套 8 的凸肩部制有凹面的圆弧缺口，加工时由于凹面与紧定螺钉 6 的突肩的作用，防止了快换钻套 8 随同刀具一起转动，或随刀具的抬起而脱出，而更换快换钻套时也是如此。夹具的总体形状如图 9-30 所示。

2. 分离零件

在看懂装配图的基础上，根据零件剖面线的方向、间隔和投影关系，就可分离出各个零件。夹具体 1 是该夹具的主体零件，应先分离出来。由其剖面线的方向、间距可以看出；夹具体由长方形的底板和竖板所组成，为了增加稳定性和改善受力条件，在竖板的左侧制有前后两块三角形的肋板，整个形状结构如图 9-31 所示。

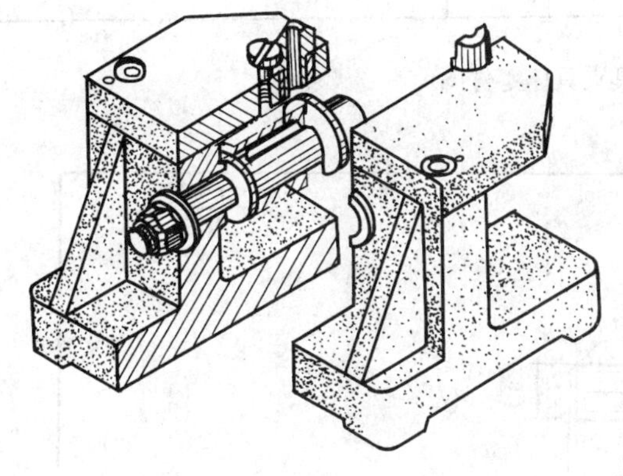

图 9-30 钻床夹具立体图

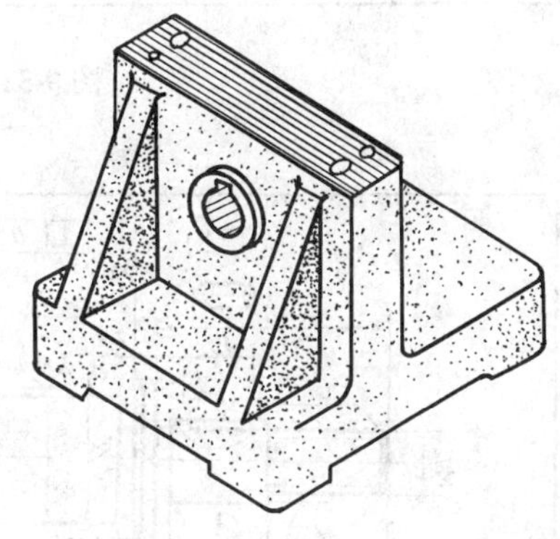

图 9-31 钻床夹具夹具体立体图

用同样方法，也可以将其零件分离出来，请自行分析。

3. 画零件图

在看懂零件的结构形状后，就可拆画出各零件的零件图。画零件图的方法与前面的叙述相同，此处不再重复。夹具体零件图如图 9-32 所示。

钻夹具其他主要零件的零件图，如图 9-33 和图 9-34 所示。

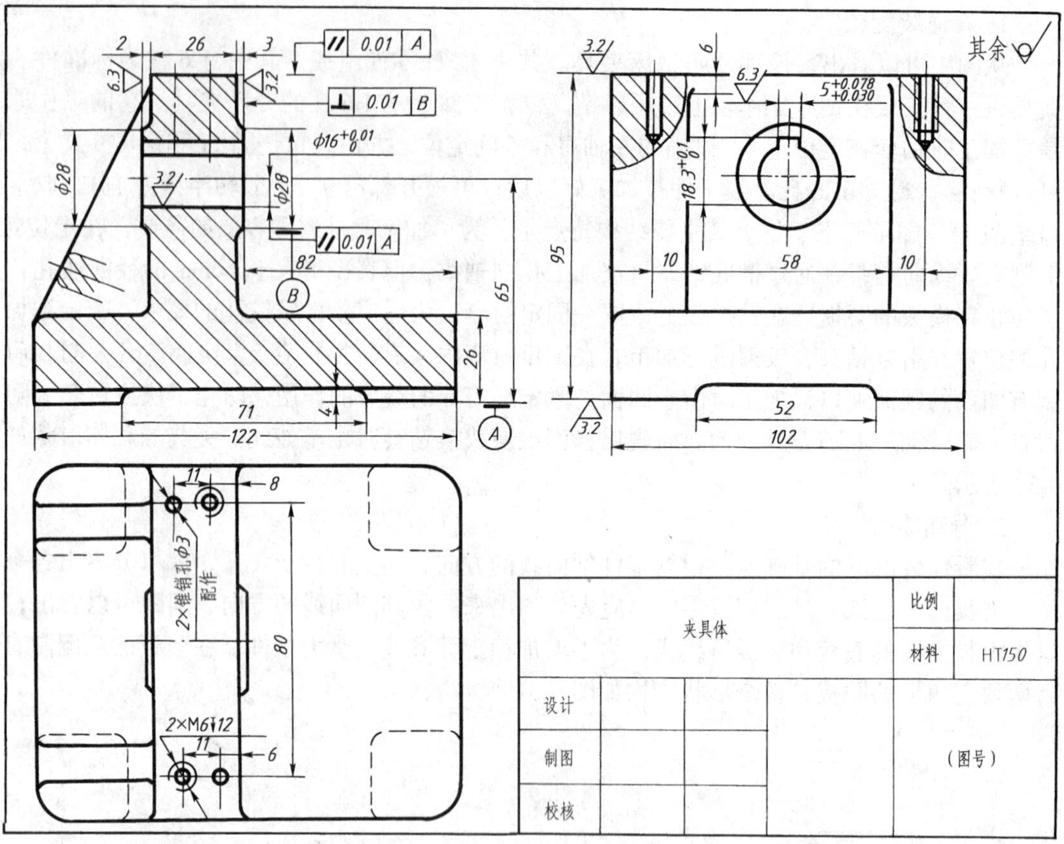

夹具体			比例	
			材料	HT150
设计			(图号)	
制图				
校核				

图 9-32　钻床夹具夹具体零件图

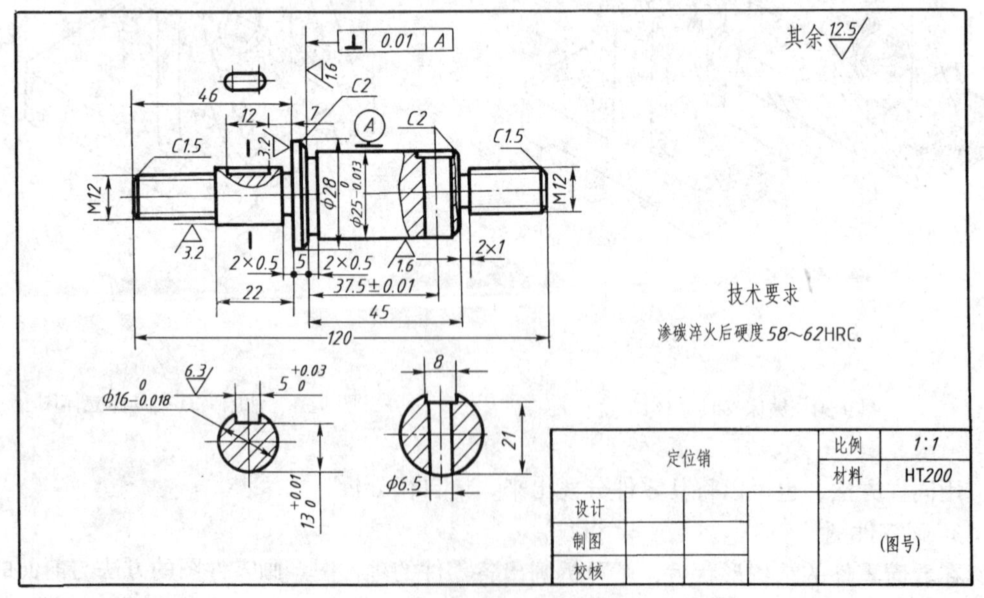

图 9-33　钻床夹具定位销零件图

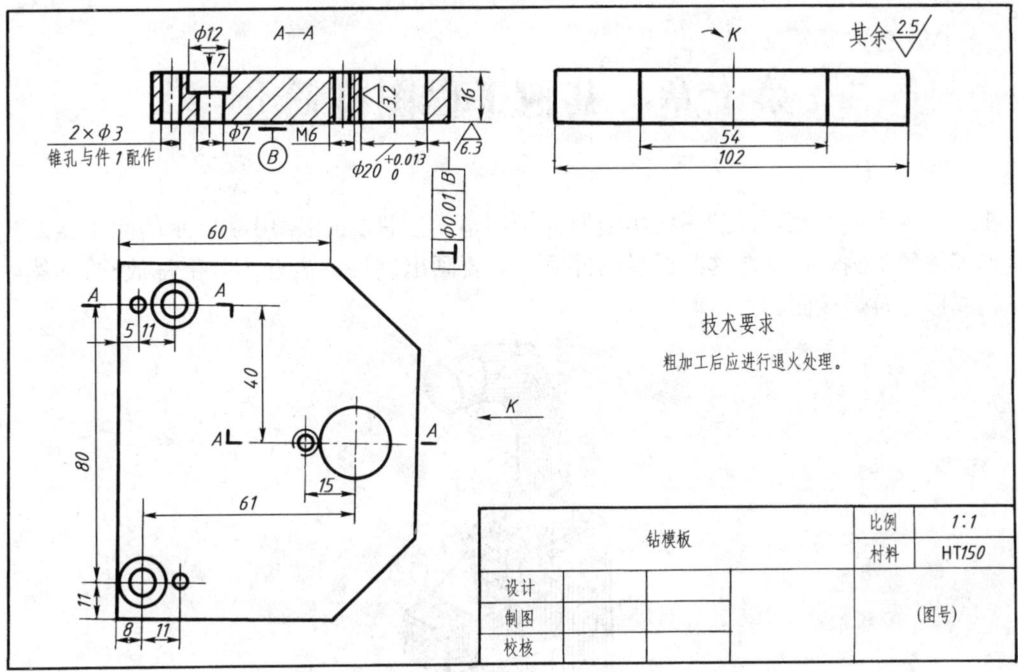

图 9-34 钻床夹具钻模板零件图

第十章　其他工程图样简介

在工业生产中，经常遇到一些用金属薄板制造的零件，如图 10-1 所示的除尘器外筒就是这类零件的实例。在制造这些板材制件时，先要画出制件的展开图（俗称放样），然后按图下料成形，再焊接而成。

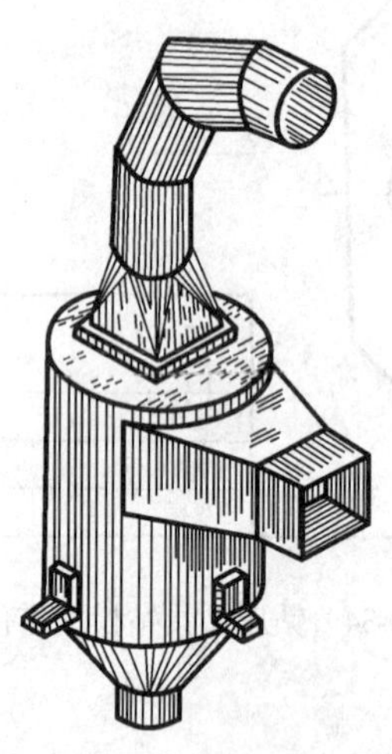

图 10-1　金属薄板制件（除尘器外筒）

因此，展开图和焊接图也是工程上常用的技术图样。本章主要介绍展开图与焊接图的有关知识及其画法。

第一节　展　开　图

将机件表面按其实际形状和大小，摊平在一个平面上，称为机件表面展开。展开后所得到的平面图形，称为该机件表面的展开图。图 10-2 所示为一圆柱管及其表面的展开图。从图中可以看出，画展开图实质上就是根据物体的投影图，用图解或计算的方法画出物体表面的实形。

机件表面按其几何性质的不同分为可展表面和不可展表面两类。凡表面是平面或直线面中相邻两素线是平行或相交的曲面（如柱面、锥面等都是可展表面）。其他所有的曲面（如球面、环面、螺旋面等）都是不可展曲面。不可展曲面只能采用近似展开的方法来展开。

一、平面体的展开

展开平面立体时，应根据平面立体的视图所表达的投影关系，求出平面立体各表面的真实形状大小并依次地画出在同一平面上。

1. 棱柱管展开

棱柱管的各条棱线互相平行，如果从某棱线处切开，然后将棱面沿着与棱线垂直的方向

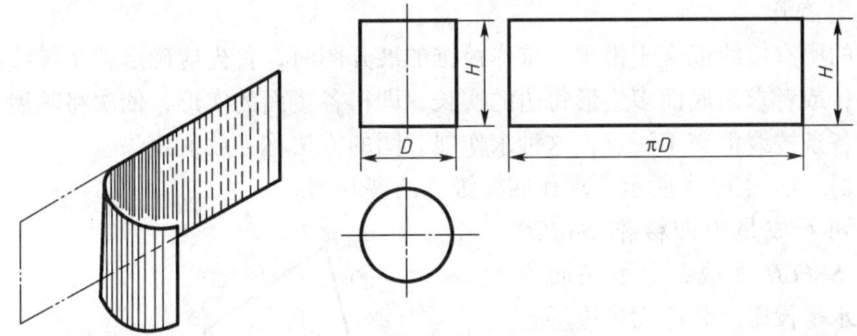

图 10-2　图柱管及其表面展开

打开并依次摊平在一个平面内，就得到了棱柱管的展开图。这种绘制展开图的方法称为平行线法。

作图时应当求出各条棱线之间的距离和棱线的各自实长，且展开后各棱线仍然保持互相平行的关系。

【例 10-1】 如图 10-3 所示，求作斜口直立四棱柱管的展开图。

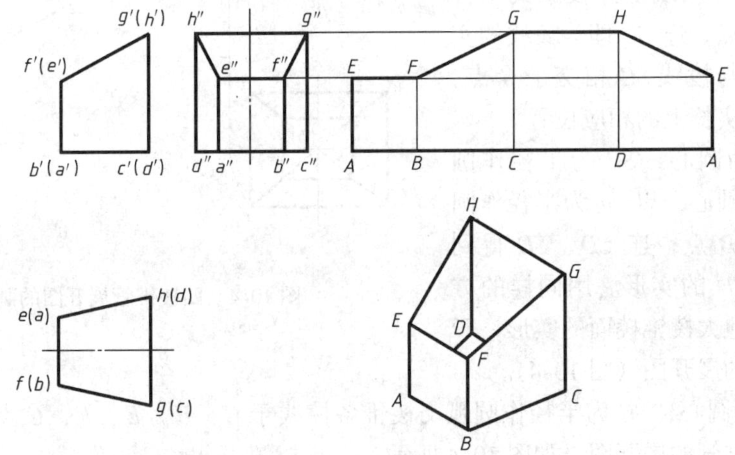

图 10-3　斜口直立四棱柱管的展开图

从图 10-3 所示的四棱柱视图可以看出，四条棱线为铅垂线，其正面投影反映了棱线的实长；下底面 $ABCD$ 为水平面，其水平投影反映了实形。因棱线垂直于下底面，则棱线必然垂直于下度面的四条边，棱线之间的距离就是下底面四边形的边长，且展开后下底面的四条边成一直线。其作图过程如下：

1）选棱线 AE 为基准棱线，确定 AE 在展开图中的位置，且取 $AE = a''e''$。

2）过 A 点作棱线 AE 的垂直线，且在该直线上截取线段 $AB = ab$、$BC = bc$、$CD = cd$、$DA = da$，得 B、C、D、A 点。

3）过 B、C、D、A 点分别作直线平行棱线 AE，并分别截取线段 $BF = b'f'$、$CG = c'g'$、$DH = d'h'$、$AE = a'e'$，得 F、G、H、E 点。

4）依次连接 E、F、G、H、E 各点，即得斜口直立四棱柱管的展开图。

2. 棱锥管展开

棱锥管的所有棱线汇交于锥顶。求作棱锥的展开图时，首先应确定各条棱线的实长及其之间的夹角，或者求出底面多边形每边的实长，即得各棱面的实形，依次将其展开在一个平面内。由于各条棱线汇交于一点，这种求作展开图的方法称为放射线法。

【例 10-2】 如图 10-4 所示，求作四棱锥管的展开图。

该机件可看成是由四棱锥 *SABCD* 截去四棱锥 *SEFGH* 而成，上下底面为水平面，其水平投影反映底面多边形各边的实长，利用直角三角形法或旋转法可求得各棱线的实长，因而求出各棱面的实形，然后依次将棱面展开在一个平面内，即得其展开图。其作图过程如下：

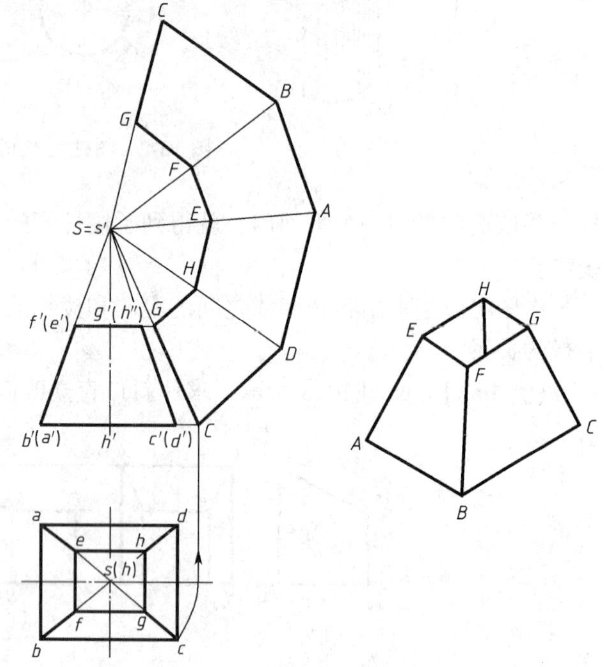

图 10-4　四棱锥管展开图的画法

1）在主视图上求出棱线交点的投影 s' 及其水平投影 s，把棱线的水平投影如 sc 旋转到称轴线上并投影到主视图上，得到 C 点；连 SC 即为棱线的实长；延长 $f'g'$ 与棱线 SC 相交于 G 点，为 g' 点在棱线实长上的相应位置。

2）以 S 为圆心，SC 为半径作圆弧；以 C 点为圆心，以 cd 为半径作圆弧交前圆弧于 D 点；连 CD、SD 得到大棱锥棱面 SCD 的实形。用同样的方法依次求得其他大棱锥棱面的实形，于是得到大棱锥的展开图（图 10-4）。

3）以 S 为圆心，SG 为半径作圆弧交棱锥各棱线于 G、H、E、F、G 点，依次连接各点，即得四棱锥管的展开图，如图 10-4 所示。

二、曲面立体的展开

1. 圆柱管是使用最多的管件，它的相邻两条素线互相平行，可用平行线法作其展开图。正圆柱管的展开图如图 10-2 所示。

【10-3】 作斜截正圆柱管的展开图。

正圆柱管斜截后，使得柱面上的各条素线的长度不相等。作展开图时应根据视图的投影关系求出若干素线的实长，然后光滑连接这些素线的端点，即可得展开图。其作图（图 10-5）过程如下：

1）将圆柱管的底圆周长分成若干等分（图中为 12 等分），得若干等分点，例如点 2；求出等分点的正面投影，例如点 $2'$；过等分点的正面投影作相应的素线，即得素线的实长，例如 $2'c'$。

2）将底圆周长展成直线，令其长度为 πD，并取同样的等分（图中的 12 等分），得等分点，例如Ⅱ点；过这些等分点作该直线的垂直线，得柱面展开后的各素线的位置线，例如ⅡC。

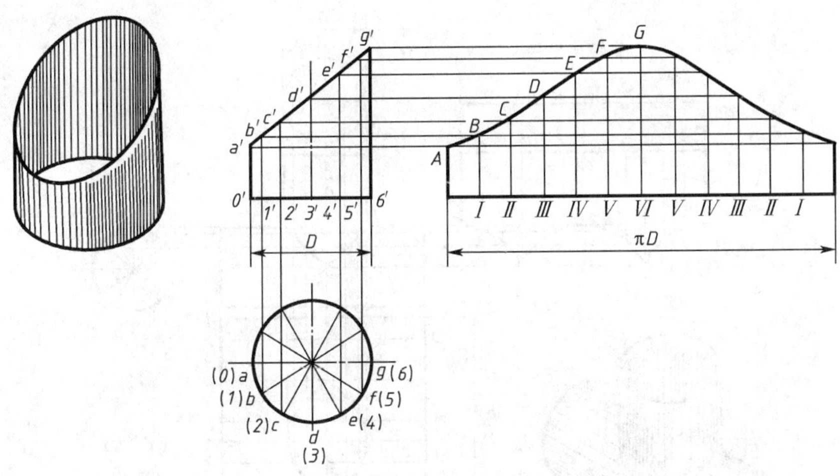

图 10-5　斜截正圆柱管展开的画法

3）把斜截正圆柱管正面投影上各素线的实长移至展开图上，得相应素线的端点，例如素线ⅡC 的端点 C。

4）依次光滑连接各素线的端点，即得斜截正圆柱管的展开图。

【例 10-4】 求作直角弯管的展开图。

直角多节圆柱弯管常用于通风管和热力管道中。如图 10-6a 所示的弯管由三节四段组成(两端为半节，中间为两全节)。这种弯管每节的直径相等，可将第Ⅱ、Ⅳ节旋转 180°，与第Ⅰ、Ⅲ节组成一个正圆柱，如图 10-6b 所示，然后按例 10-3 斜截正圆柱管的展开方法作出直角弯管的展开图，如图 10-6c 所示。

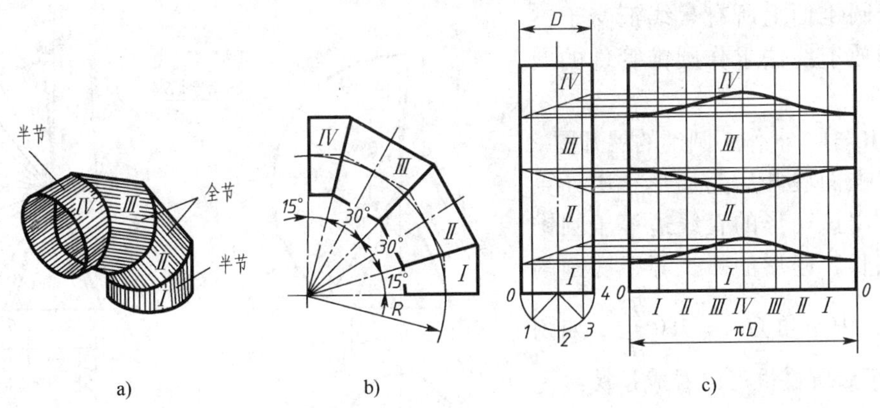

a)　b)　c)

图 10-6　直角弯管展开图的画法

【例 10-5】 求作等径三通弯头管的展开图。

在管道施工中，常遇到各种各样的叉管，从几何形上看，这类叉管件实际为相贯体。因此，画相交管的展开图，应首先确定相贯线，然后以相贯线为界限，将叉管划分为若干基本体的切割体，再按基本体的展开方法作各自的展开图。其作图（图 10-7）过程如下：

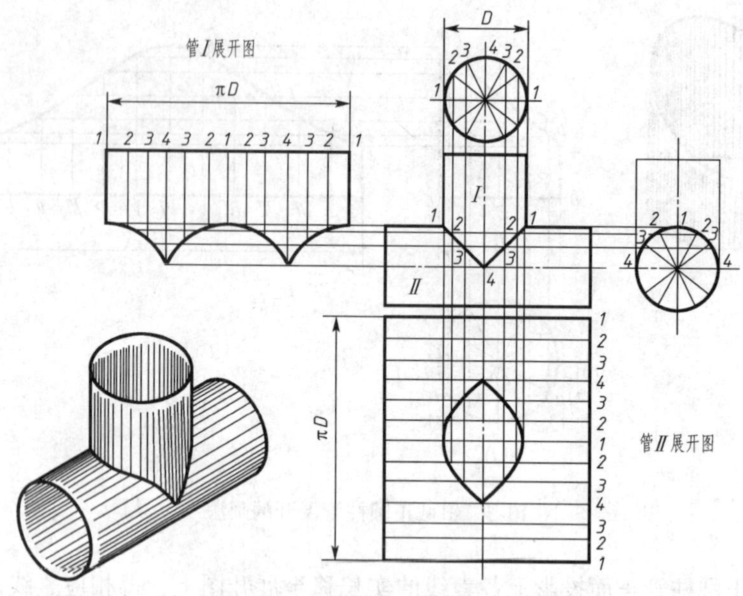

图 10-7　等径三通弯头管展开图的画法

1）求出相贯线的投影：两圆柱管垂直正交且等径，因此，相贯线的正面投影为互相垂直的两线段。

2）作正立圆柱管Ⅰ的展开图，方法同【例 10-3】的作图原理。

3）作水平圆柱管Ⅱ的展开图，方法同图 10-2 所示。然后求出相贯线的位置，依次光滑连线得到贯线所围成的孔的展开图。

2. 圆锥管件展开

由于圆锥面上所有素线汇交于锥顶，可用放射线法求作圆锥管件的展开图。

【例 10-6】 求作正圆锥的展开图。

正圆锥面展开后为扇形。用计算方法可求出该扇形的直线边等于圆锥素线的实长，扇形的弧长等于底圆的周长 πD，中心角为 $\alpha = 180° \dfrac{D}{L}$，如图 10-8a 所示。圆锥也可以看成是棱线无限多的棱锥，因而又可用作图法将底圆周长分成若干等分，依照展开棱锥的方法作出圆锥的展开图，如图 10-8b 所示。

【例 10-7】 求作斜截圆锥管的展开圆。

斜截圆锥管的展开图为正圆锥展

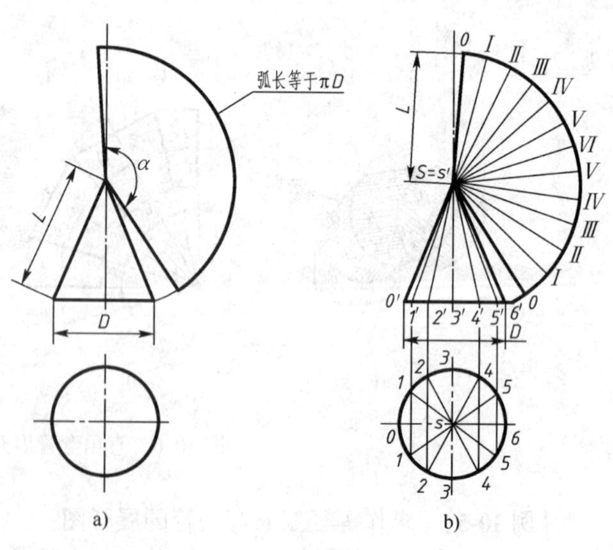

图 10-8　正圆锥的展开
a）计算法　b）作图法

开图的一部分。因此，应首先作出正圆锥的展开图，然后求出切口平面与圆锥面各素线的交点，再确定这些点在相应素线实长的真实位置，得到被截素线的实长，依次连接这些素线的端点，即可得所要求作的展开图。其作图（图 10-9）过程如下：

1）求出锥顶的正面投影 s'，作正圆锥面的展开图。

2）用旋转法求出被截去素线的实长，例如素线 SⅡ被截去的素线长度为 SB。

3）以 s' 为圆心，以被截去素线实长为半径画圆弧与相应的正圆锥素线相交可得到若干交点，例如 A、B、C、……，依次光滑连接这些交点即可得斜截正圆锥管的展开图。

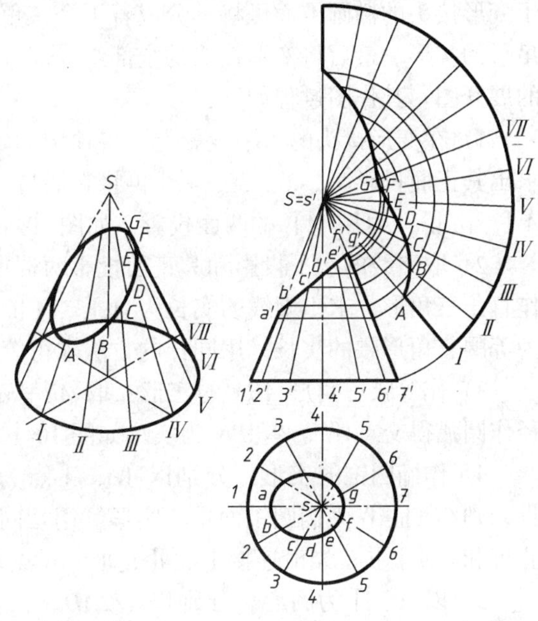

图 10-9　斜截圆锥管展开图的画法

三、变形接头的展开

变形接头是用来连接两端为不同断面形状的管件，实际为一种过渡管。变形接头的表面多由平面、曲面混合而成，这类管件的展开一般采用三角形法，即将变形接头的表面分割成一定数量的三角形，然后求出各个三角形的实形，依次画在平面上，从而得到整个变形接头的展开图。

【例 10-8】 求作图 10-10 所示变形接头的展开图。

该变形接头的轴测图如图 10-10b 所示。

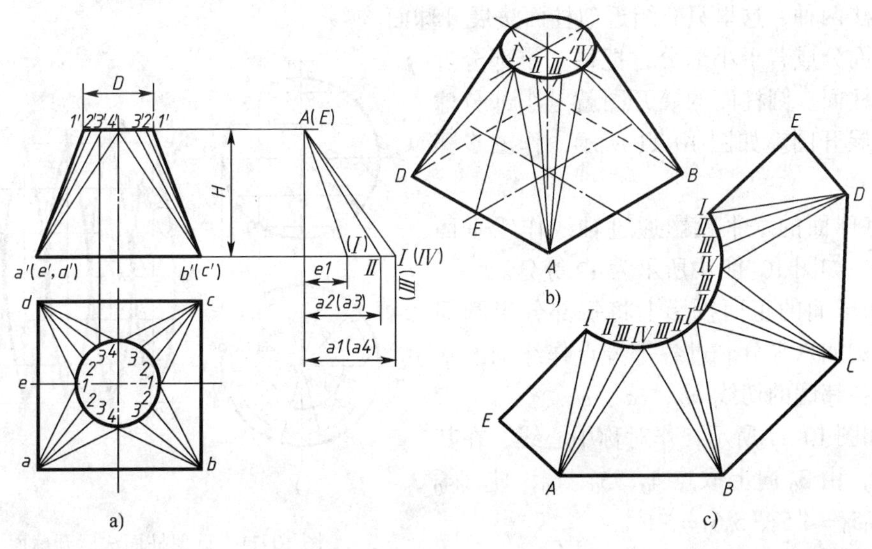

图 10-10　变形接头展开图的画法

它的表面由四个等腰三角形和四个相等的倒斜椭圆锥面组成。它的下底面 *ABCD* 为水平面，水平投影反映了下底面多边形的实形，每条为实长的边即为等腰三角形的底边，只要求出腰的实长就可得到等腰三角形的底边，只要求出腰的实长就可得到等腰三角形的实形；对于变形接头的椭圆锥面可将其分成若干个三角形，用棱锥面近似代替椭圆锥面，然后求出三角形的实形。最后将变形接头的全部组成部分的实形依次画在同一个平面内，就得变形接头的展开图。其作图过程如下：

1）在变形接头的水平投影上，将顶圆的每 1/4 周长分为三等分，得点 1、2、3、4，并求出其正面投影 1′、2′、3′、4′，再将它们与 *A* 点的同面投影连线，得椭圆锥面的四条素线 *A*Ⅰ、*A*Ⅱ、*A*Ⅲ、*A*Ⅳ的两面投影，如图 10-10a 所示。

2）取素线的水平投影和其正面投影两端点的 *z* 坐标差（即变形接头的高）为两直角边作直角三角形，求出素线的实长为 *A*Ⅰ、*A*Ⅱ、*A*Ⅲ、*A*Ⅳ，且 *A*Ⅱ = *A*Ⅲ；*A*Ⅰ = *A*Ⅳ，同为等腰三角形腰的实长；用同样的方法求得等腰三角形高的实长 *E*Ⅰ，如图 10-10a 所示。

3）作等腰三角形 *ABN* 的实形：取 *AB* = *ab*，分别以 *A*、*B* 点为圆心，以腰长 *A*Ⅳ为半径作圆弧得交点 Ⅳ，△*ABN* 为实形如图 10-10c 所示。

4）作椭圆锥的实形：分别以 Ⅳ、*A* 点为圆心，以线段 43、*A*Ⅱ为半径作圆弧得交点Ⅲ，则△*A*Ⅲ Ⅳ为椭圆锥面 1/3 实形。用相同方法依次作出椭圆锥面的其余部分的实形△*A*ⅡⅢ和△*A*ⅠⅡ；光滑连接Ⅰ、Ⅱ、Ⅲ、Ⅳ点，得一个椭圆锥面的实形如图 10-10c 所示。

5）以 *A*、Ⅰ为圆心，分别以 1/2*AD*、*E*Ⅰ为半径作圆弧得交点 *E*，则△*AE*Ⅰ为等腰△*A*Ⅰ*D* 一半的实形，*E*Ⅰ为变形接头展开图切口的结合边。

6）重复上述的作图步骤，依次作出变形接头其余组成部分的实形，且画在同一个平面内，从而得到整个变形接头的展开图，如图 10-10c 所示。

四、不可展曲面的近似展开

球面属于不可展曲面，在工程上只能用近似方法展开。常用的展开方法为近似柱面法和近似锥面法两种，这里只介绍近似柱面法展开球面。

将球面分成若干小部分，把每一小部分近似当作圆柱面。圆柱面的展开图就是小部分球面的近似展开图。如图 10-11 所示，作图步骤如下：

1）将球面的水平投影通过轴线作铅垂面将球等分，如图 10-11 中所示为 12 等分。

2）在球面的正面投影上将每部分半圆周也等分，例如六等分。过各等分点作纬圆的水平投影及各纬圆的切线 *ab*、*cd*、*ef*。

3）如图 10-11 所示，作对称中心线，在其上取得 3_0，由 3_0 向上取点 4_0、5_0、6_0，使 $3_04_0 = 3'4'$、$4_05_0 = 4'5'$、$5_06_0 = 5'6'$。

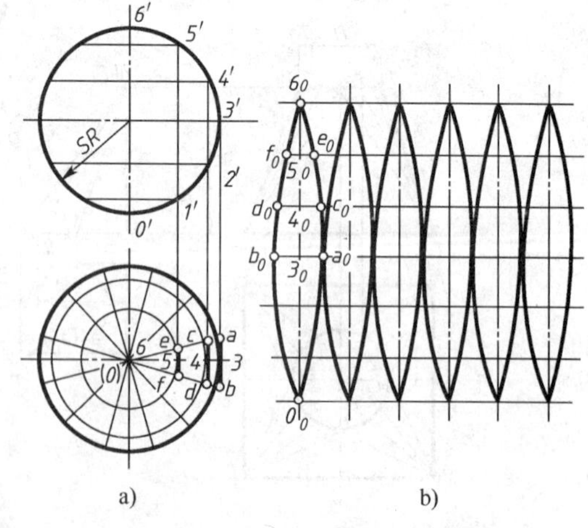

图 10-11 近似柱面法展开球面

4）分别过点 3_0、4_0、5_0 作水平线，在这些水平线上分别量取 $a_0b_0 = ab$，$c_0d_0 = cd$，$e_0f_0 = ef$，得 a_0、b_0、c_0、d_0、e_0、f_0 各点。

5）将点 b_0、d_0、f_0、6_0 和 e_0、c_0、a_0 用光滑曲线连接起来。再对称地画出下半部分，

即得 1/2 球面的近似展开图（柳叶状）。

6）用上述同样的方法画出 12 片柳叶形，即得整个球面的展开图。图 10-11 中只画出 6 片，为半个球面的展开图。

第二节 焊 接 图

焊接是将焊件连接处局部加热熔化或加热加压熔化，使连接处熔合为一体的一种加工方法。焊接图是图示焊接加工要求的一种图样，它应将焊接件的结构和焊接等有关内容表示清楚。为此，国家标准规定了焊缝的画法、符号、尺寸标注方法和焊接方法的表示代号。

一、焊缝型式及规定画法

在焊接连接里，其焊接熔合处称为焊缝。常见的焊接接头型式有：对接、搭接和 T 形接等。焊缝又有对接焊缝、点焊缝和角焊缝等，如图 10-12 所示。

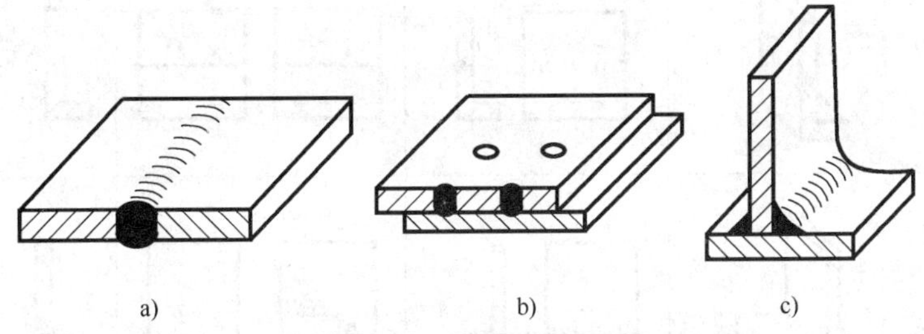

图 10-12 常见的焊接接头和焊缝型式

a）对接接头、对接焊缝 b）搭接接头点焊缝 c）T 型接头，角焊缝

按照国家标准 GB/T12212—1990 的规定，在技术图样中，一般按 GB/T324—1988 规定的焊缝符号表示焊缝。

需要在图样中绘制焊缝时，可用视图、剖视图或断面图表示，也可用轴测图示意地表示。具体画法可参阅表 10-1 中的“图示法”、“示意图”，表 10-2 ~ 表 10-7 中“示意图”各栏目。图中可见焊缝用一组细实线圆弧或直线线段表示（这些线段允许徒手绘制），也允许采用粗线（宽度为 $2b \sim 3b$）表示焊缝，如图 10-13 所示。但在同一图样中，只允许采用一种画法。

二、焊缝符号及其标注

技术图样中的焊缝一般应采用 GB/T324—1988 中规定的焊缝符号表示。焊缝符号一般由基本符号和指引线组成。必要时还可以加上辅助符号、补充符号和焊缝尺寸符号。

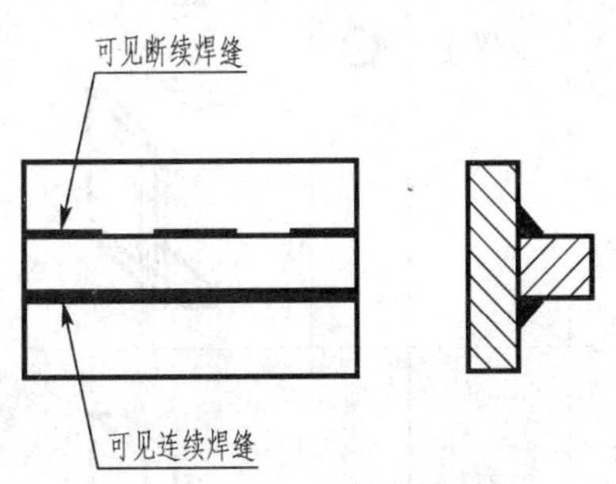

图 10-13 用粗线表示焊缝

1. 基本符号

基本符号是表示焊缝横截面形状的符号，近似于焊缝横截面的形状，基本符号采用实线（线宽约为 $0.7b$）绘制。常用焊缝的基本符号、图示法及标注方法示例见表 10-1。

表 10-1　常用焊缝的基本符号、图示法及标注方法示例

序号	焊缝名称	符号	示意图	图示法	标注方法
1	I 形焊缝	‖	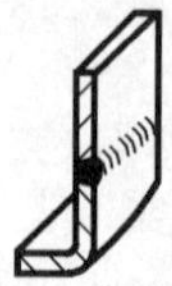	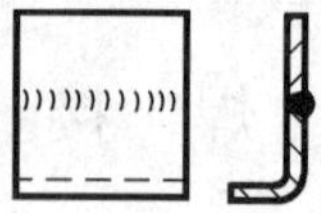	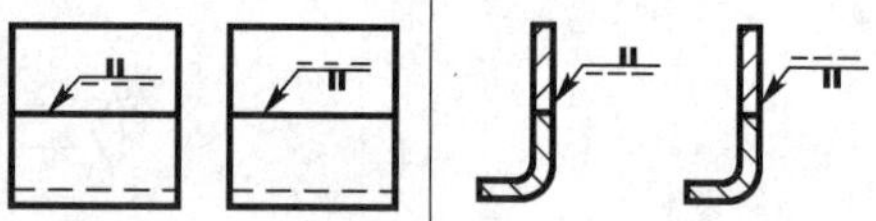
2	V 形焊缝	∨	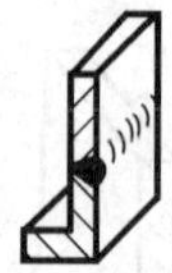	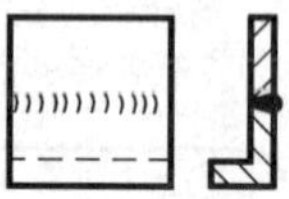	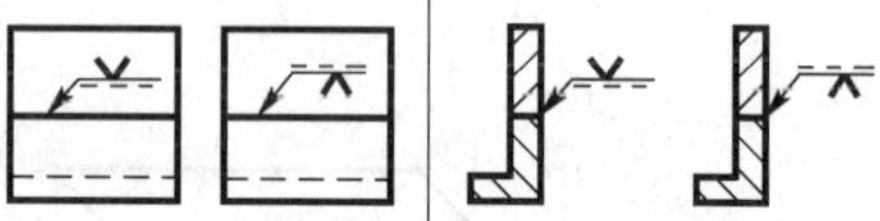
3	角焊缝	◺	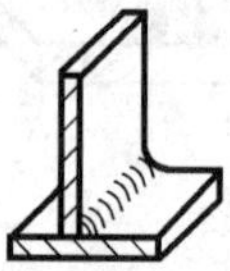	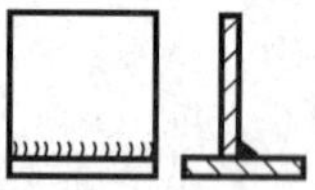	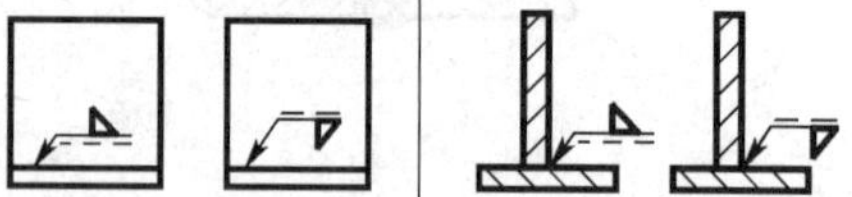
4	点焊缝	○	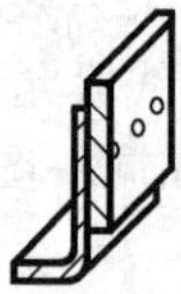	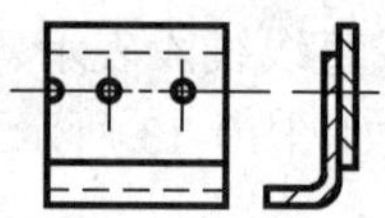	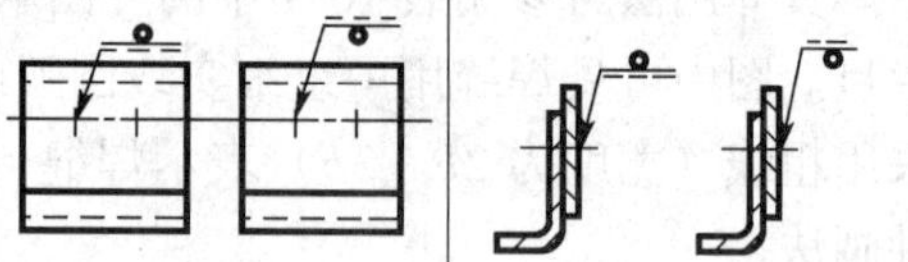
5	双面 V 形焊缝	∨		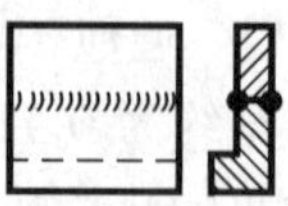	

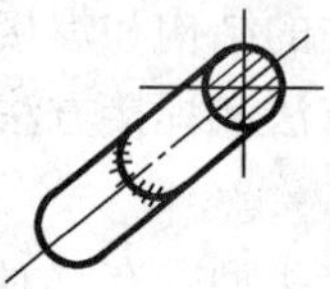

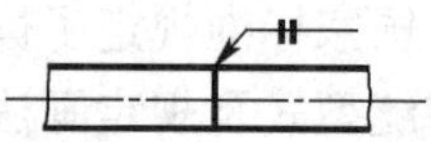

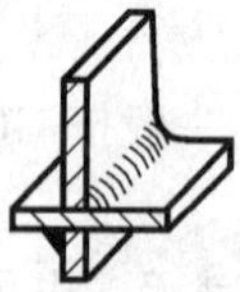

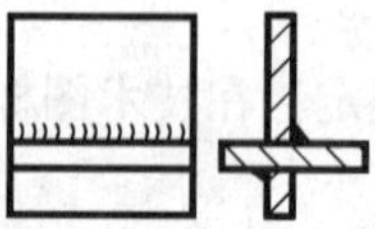

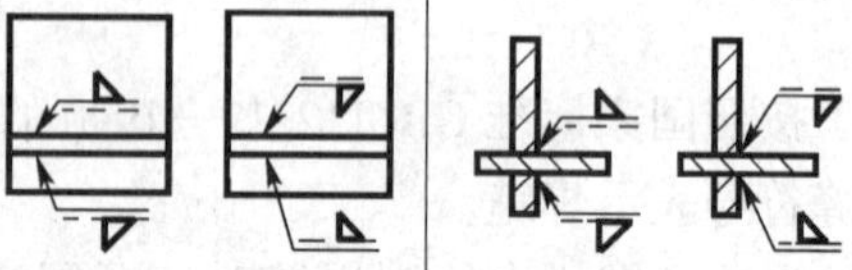

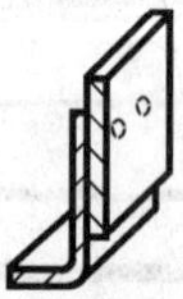

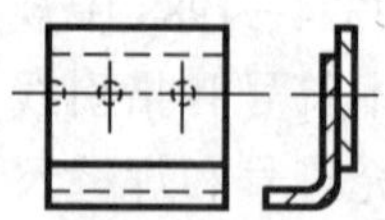

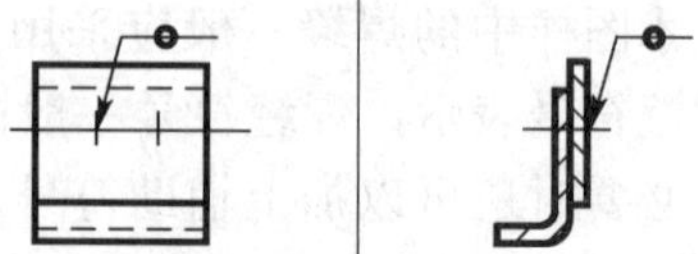

（续）

序号	焊缝名称	符号	示意图	图示法	标注方法	
6	双面角焊缝		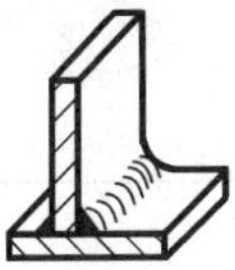	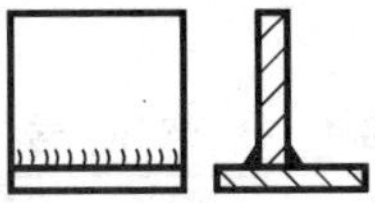		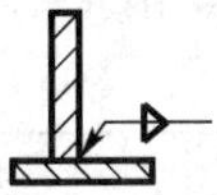
7	凹面角焊缝（带凹面符号）		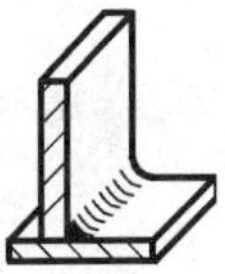	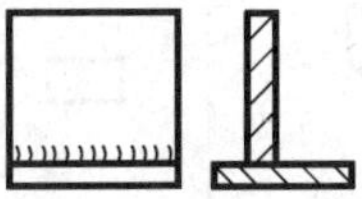		

2. 辅助符号

辅助符号是表示焊缝表面形状特征的符号，采用实线（线宽与基本符号相同）绘制，见表 10-2。

表 10-2　辅 助 符 号

1	平面符号	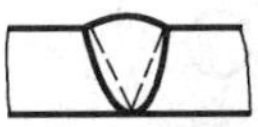	—	焊缝表面齐全（一般通过加工）
2	凹面符号	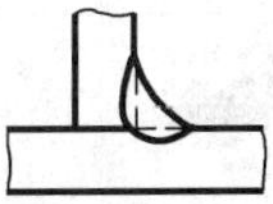		焊缝表面凹陷
3	凸面符号	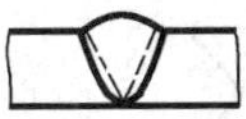		焊缝表面凸起

辅助符号的应用示例见表 10-3。不需要确切地说明焊缝的表面形状时，可以不用辅助符号。

表 10-3　辅助符号的应用示例

序　号	名　称	示 意 图	符　号
1	平面 V 形对接焊缝	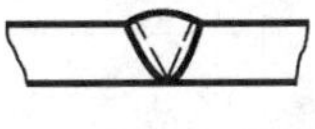	
2	凸面 X 形对接焊缝	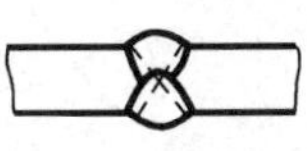	
3	凹面角焊缝	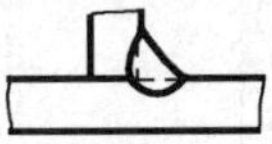	
4	平面封底 V 形焊缝		

3. 补充符号

补充符号是为了补充说明焊缝的某些特征而采用的符号，见表 10-4。补充符号的应用示例见表 10-5。

表 10-4 补充符号

序号	名称	示意图	符号	说明
1	带垫板符号	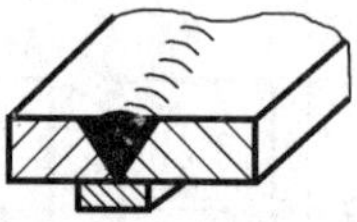	▭	表示焊缝底部有垫板
2	三面焊缝符号	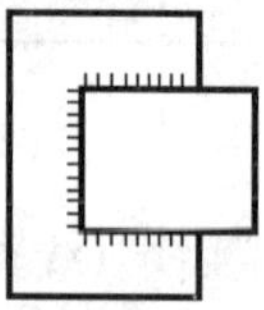	⊏	表示三面带有焊缝
3	周围焊缝符号	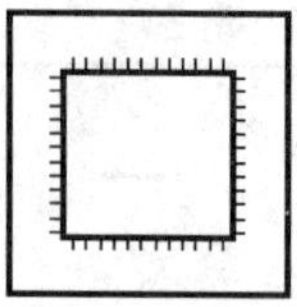	○	表示环绕工件周围焊缝
4	现场符号[①]			表示在现场或工地上进行焊接
5	尾部符号		 <	可以参照 GB/T185 标注焊接工艺法等内容

① 现场符号中的三角形，允许不涂黑。

表 10-5 补充符号应用示例

序 号	示意图	标注示例	说 明
1	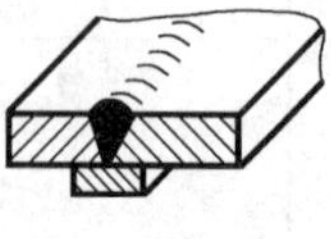	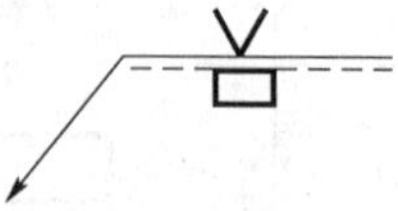	表示V形焊缝的背面底部有垫板
2	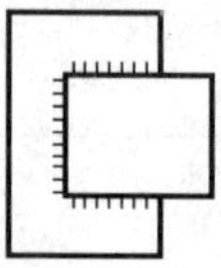	 111	工件三面带有焊缝，焊接方法为焊条电弧焊

（续）

序　号	示意图	标注示例	说　明
3			表示在现场沿工件周围施焊

4. 指引线及焊缝基本符号的标注。

指引线用细实线绘制，一般由带箭头的指引线（简称箭头线）和两条基准线（一条为实线，另一条为虚线）两部分组成，必要时可加上尾部(90°夹角的细实线)，如图 10-14 所示。

1）箭头线直接指向焊缝时，可以指在焊缝的正面或反面，如图 10-15a、b 所示，但在标注单边 V 形焊、带钝边的单边 V 形焊缝、带纯边 J 带焊缝时，箭头线应指向带有坡口一侧的工件，如图 10-15c、d 所示，允许箭头线弯折一次。

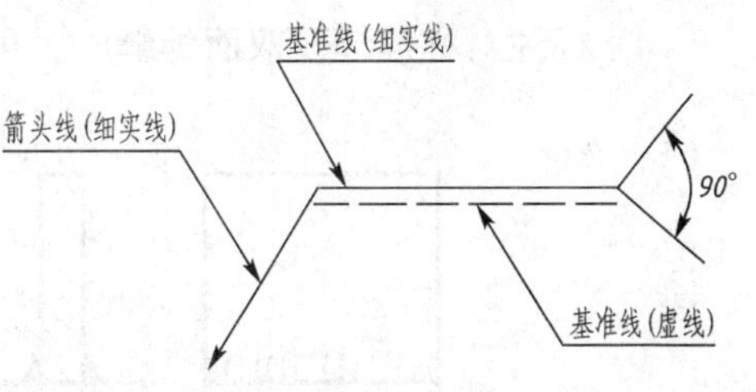

图 10-14　指引线

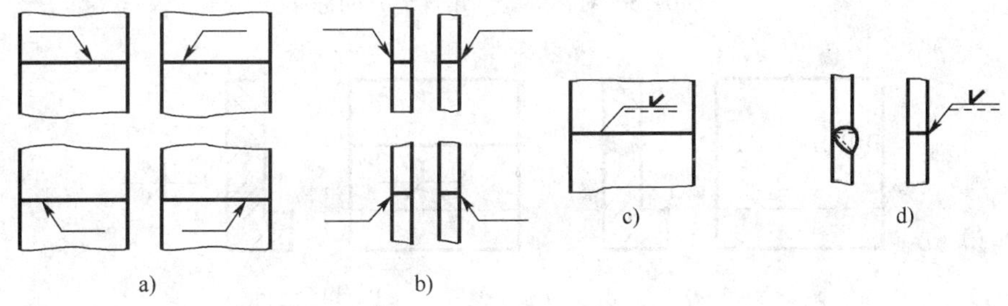

图 10-15　箭头线的位置

2）基准线的虚线，也可以画在基准线实线的上方，如图 10-16 所示。基准线一般应与图样标题相平行；必要时，也可与标题栏的长边相垂直。

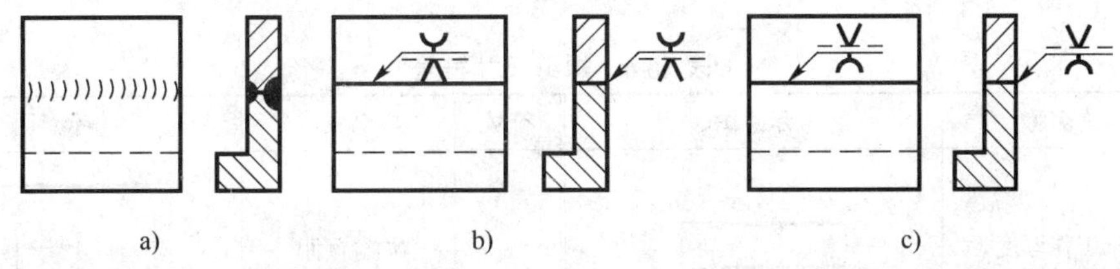

图 10-16　基本符号相对基准线的位置（U 形与 V 形组合焊缝）

3）当箭头线直接指向焊缝时，基本符号应标注在基准线的实线侧，如图 10-16 中 U 形焊缝符号、图 10-17 中上方的角焊缝符号；当箭头线指向焊缝的另一侧时，基本符号应标注在基准线的虚线侧，如图 10-16 中 V 形焊缝符号、图 10-17a、b 中下方的角焊缝符号。

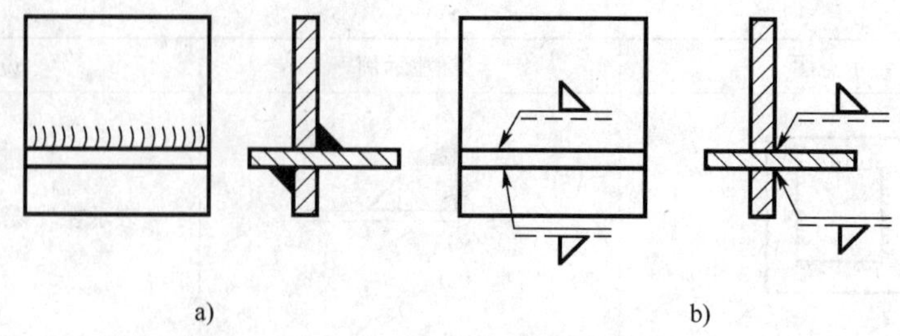

图 10-17　基本符号相对基准线的位置（双角焊缝）

4）标注对称焊缝及双面焊缝时，可不加虚线，如图 10-18a、b，图 10-19a、b 所示。

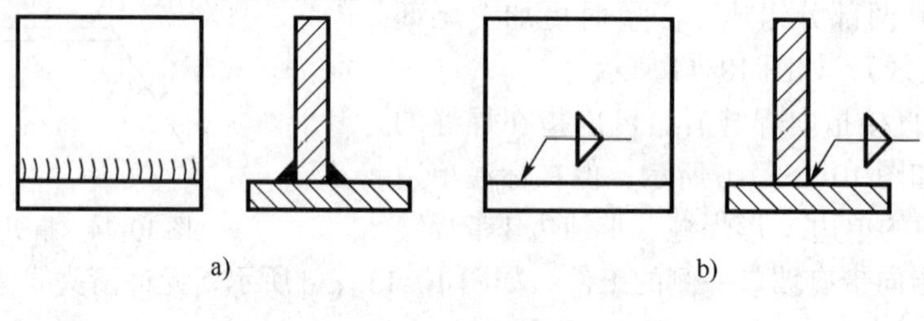

图 10-18　对称焊缝（角焊缝）的标注

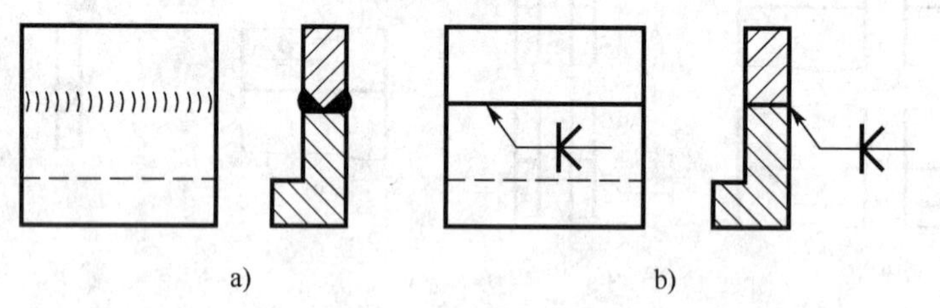

图 10-19　双面焊缝（单边 V 形焊缝）的标注

5. 焊缝尺寸符号及其标注位置

必要时基本符号可附带有尺符号及数据，这些尺寸符号如表 10-6 所示。

表 10-6　焊缝尺寸符号

符号	名称	示意图	符号	名称	示意图
δ	工作厚度	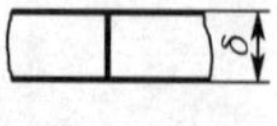	e	焊缝间距	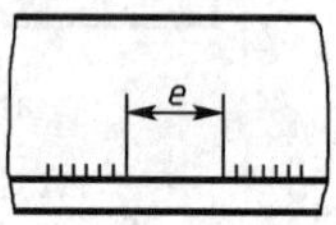
α	坡口角度	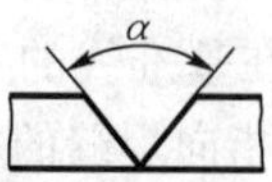	K	焊角尺寸	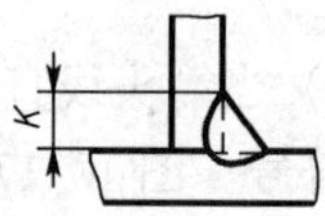

（续）

符号	名称	示意图	符号	名称	示意图
b	根部间隙		*d*	熔核直径	
p	钝边		*S*	焊缝有效厚度	
c	焊缝宽度		*N*	相同焊缝数量符号	
R	根部半径		*H*	坡口深度	
I	焊缝长度		*h*	余高	
n	焊缝段数		*β*	坡口面角度	

焊缝尺寸符号及数据的标注位置，国家标准规定如图 10-20 所示。

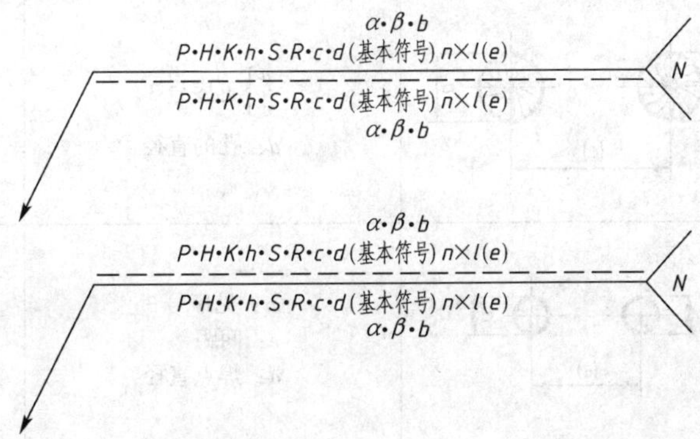

图 10-20　焊缝尺寸的标注位置

焊缝尺寸的标注示例见表 10-7。

表 10-7　焊缝尺寸的标注示例

序号	名称	示意图	焊缝尺寸符号	示例
1	对接焊缝	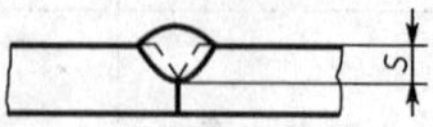 S	S：焊缝有效厚度	 S Y
2	连续角焊缝	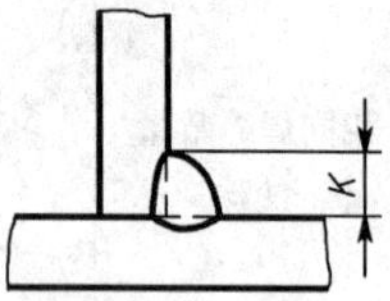 K	K：焊角尺寸	 K
3	断续角焊缝	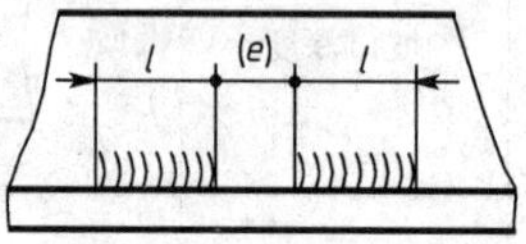 l (e) l	l：焊缝长度（不计弧坑） e：焊缝间距 n：焊缝段数	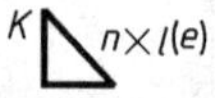 K n×l(e)
4	交错断续角焊缝	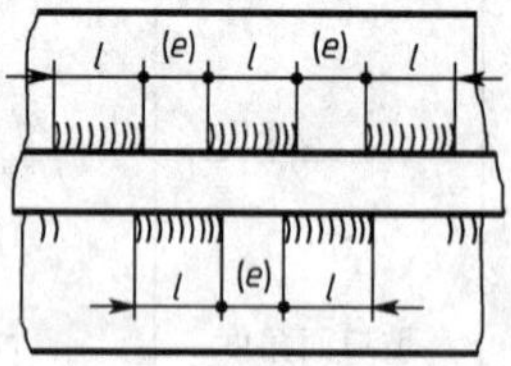 l (e) l (e) l l (e) l	l、e、n 见序号 3 K：见序号 2	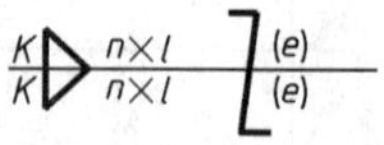 K n×l (e) K n×l (e)
5	塞焊缝或槽焊缝	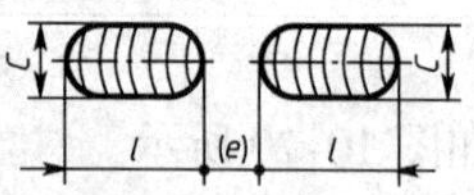 c l (e) l c	l、e、n 见序号 3 c：槽宽	 c n×l(e)
		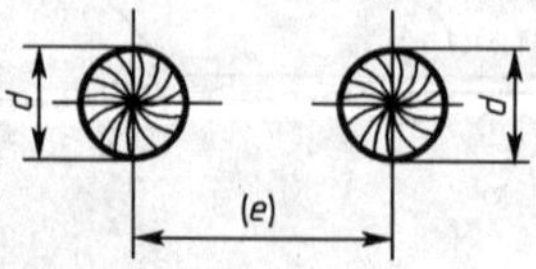 d (e) d	n、e 见序号 3 d：孔的直径	 d n×(e)
6	点焊缝	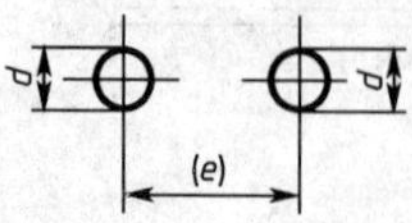 d (e) d	n：见序号 3 e：间距 d：焊点直径	 d n×(e)

6. 焊缝的完整标注示例（表 10-8）

表 10-8 焊缝的完整标注示例

序号	焊缝型式	标注示例	说明
1	70° 6	70° 6 111	对接V形焊缝，坡口角度为70°，焊缝有效厚度为5mm，焊条电弧焊
2	4	4	搭接角焊缝，焊角高度为4mm，在现场沿工件周围施焊
3		5	搭接角焊缝，焊角高度为5mm，三面焊接
4	(10) (10) 8×ϕ5	5 8×(10)	孔径为5mm的塞焊缝，共有8个，焊缝孔中心距为10mm
5	80 (30) 80 5	5 12×80(30) 5 12×80(30)	断续三角焊接，焊角高度为5mm，焊缝长度80mm，三处各有12段

三、焊接图样示例

图 10-21 所示为工程实例中的焊接图样。

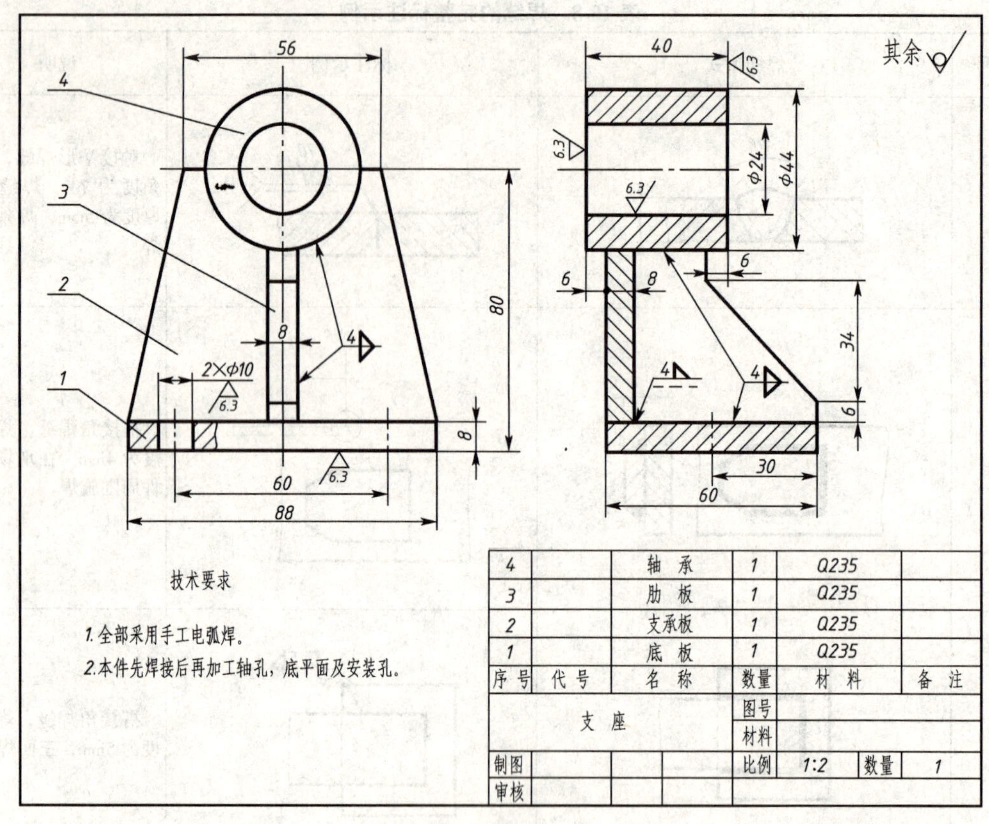

其余
56
40
6.3
Φ24
Φ44
80
8
6
34
30
60
88
2×Φ10
技术要求
1.全部采用手工电弧焊。
2.本件先焊接后再加工轴孔，底平面及安装孔。
4 轴承 1 Q235
3 肋板 1 Q235
2 支承板 1 Q235
1 底板 1 Q235
序号 代号 名称 数量 材料 备注
支座
图号
材料
比例 1:2 数量 1
制图
审核

图 10-21 焊接图示例

第十一章　AutoCAD 绘图基础

本章主要介绍 AutoCAD 2005 的界面以及启动、文件操作和退出过程等。

第一节　AutoCAD 简介

AutoCAD 是美国 Autodesk 公司推出的通用计算机辅助绘图和设计软件。据调查统计，AutoCAD 仍是当前应用最广泛的绘图软件。AutoDesk 公司自 1982 年推出 AutoCAD1.0 版之后，20 多年来版本不断更新，功能亦随之增强，已成为一种相当智能化的、具有强大三维处理能力和直观生动的交互界面的 CAD 平台软件。由于 AutoCAD 是最早得到广泛应用的绘图软件，所以它的术语和标准也被当今软件业所广泛接受，大多数软件都为提供了数据接口（模块），以便于数据交换。

一、二维图形功能

AutoCAD 具有强大的二维绘图功能、编辑功能以及方便实用的各种辅助功能。经过 20 多年的不断发展，二维绘图功能日臻完善。

二、三维图形功能

AutoCAD 具有三维设计、实体几何造型和编辑及着色渲染等功能。在三维造型过程中可以方便地观察到三维模型的三种标准等轴测图和六个基本视图，并可实时动态观察三维实体。

三、AutoCAD 的设计中心

利用 AutoCAD 设计中心，用户可以浏览自己的设计，同时可以借鉴他人的设计思想和设计图形。因为 AutoCAD 设计中心能够管理块、外部参照、渲染的图像以及其他设计资源文件的内容，同时也提供了观察和重复利用设计内容的强大工具。

四、AutoCAD 的二次开发工具

AutoCAD2005 中内嵌了 ObjectARX、VBA 和 Visual lisp 等二次开发工具。为用户在 AutoCAD 平台上进行二次开发提供了强有力的工具。

五、AutoCAD 的 Internet 功能

随着计算机网络技术的快速发展，Internet 已经成为人们搜寻与共享信息不可缺少的工具。AutoCAD 将 Internet 共享程序加入，使之成为标准功能，从而将强大的绘图优势与网络共享信息的威力充分结合，使用户在使用 AutoCAD 进行设计工作时，可以快速方便地通过网络进行交流与协作。

本书主要介绍使用 AutoCAD2005 绘制二维工程图。

第二节　AutoCAD 的基本操作

一、AutoCAD 的启动

在 AutoCAD 安装完成后，会自动在 Windows 系统的桌面上产生一个快捷图标，并在“开始”菜单中添加一个 AutoCAD 程序组，所以启动 AutoCAD 可采用下面二种方式：

● 快捷图标：双击 Windows 桌面上的 AutoCAD 2005 图标，如图 11-1 所示。

图 11-1　快捷图标

● 菜单：开始→程序→AutoCAD 2005，如图 11-2 所示。

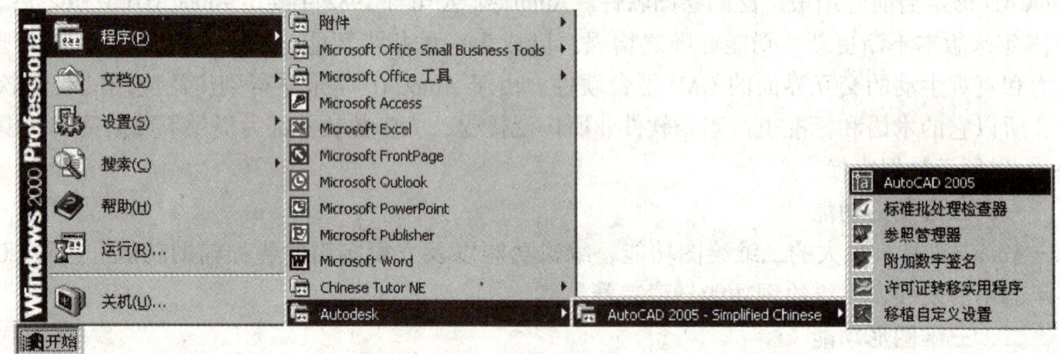

图 11-2　启动菜单

二、AutoCAD 2005 的工作环境

启动 AutoCAD 2005 后，将直接进入其主要工作环境。AutoCAD 2005 用户界面如图 11-3 所示，它主要由绘图窗口、标题栏、菜单栏、工具栏、命令提示窗口和状态栏等部分组成。

(一) 绘图窗口

绘图窗口位于整个界面的中心。它是绘图的工作区域，图形将显示在该窗口中。该窗口中还有滚动条、模型与布局选项卡以及坐标系统图标。坐标系统图标指示了绘图区的方位，X、Y 轴的正向。模型与布局选项卡可以使用户方便、快捷地在模型空间和图纸空间之间切换。通常情况下，设计是在模型空间进行，而图形的输出则在图纸空间中创建布局来完成。

AutoCAD 在绘图窗口中显示表示当前工作点的十字光标，当鼠标移动时，光标随之移动，与此同时，绘图区底部的状态栏中将显示光标点的坐标读数。

(二) 标题栏

标题栏位于用户界面的最上方，显示当前应用程序的名称和图形文件名（当图形窗口最大化时）。

(三) 菜单栏

1. 下拉菜单

如图 11-3 所示，AutoCAD 2005 的标准下拉菜单有 11 项。下拉菜单包含了 AutoCAD 的核心命令和功能。用鼠标单击某个菜单的某个选项，AutoCAD 就执行相应的命令。

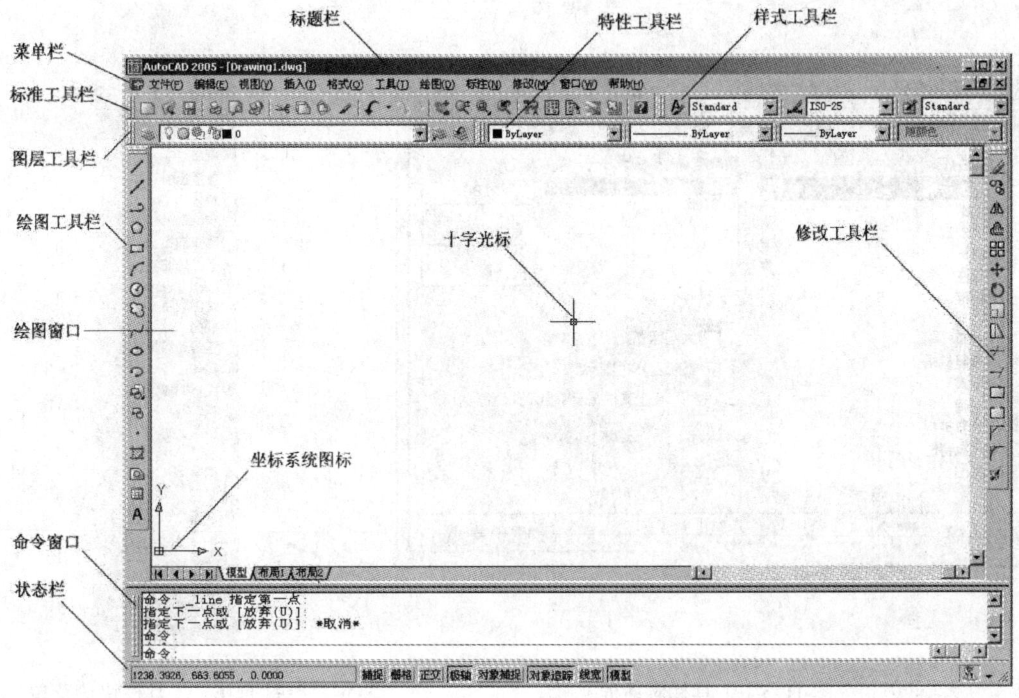

图 11-3　AutoCAD 2005 用户界面

2. 快捷菜单

在任何时候，当单击鼠标右键时，AutoCAD 将根据当前系统的状态及光标位置显示相应的快捷菜单（也称光标菜单）。

（四）工具栏

工具栏提供了调用 AutoCAD 命令的快捷方式，它由形象的图标按钮构成，单击某个按钮，就可以激活相应的 AutoCAD 命令。在 AutoCAD 2005 中，总共有 29 个工具栏。用户可以根据需要打开或关闭某个工具栏，还可以将它们移动到适当的位置。图 11-4 中显示了绘图工具栏。

图 11-4　绘图工具栏

打开或关闭工具栏的方法：

- 菜单：视图→工具栏…
- 命令行：TOOLBAR

激活 TOOLBAR 命令后，AutoCAD 将显示“自定义”对话框，如图 11-5 所示，用户可以在其中打开或关闭某些工具栏。另外，还可以在工具栏快捷菜单中打开或关闭工具栏：将光标移动到任一打开的工具栏的图标上，单击鼠标右键，即可显示如图 11-6 所示的快捷菜单。

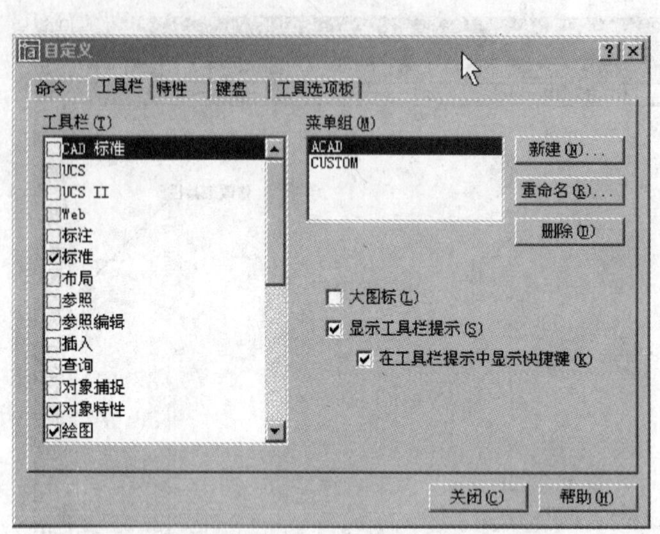

图 11-5　工具栏对话框

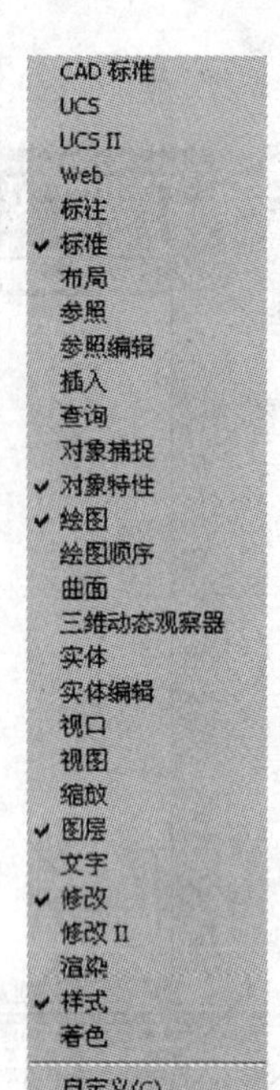

图 11-6　工具栏快捷菜单

(五) 命令提示窗口

命令提示窗口是 AutoCAD 与用户进行交互式对话的窗口，位于绘图窗口下方。用户输入的命令、AutoCAD 提示的信息都将在此显示。命令提示窗口的高度、位置均可以改变。

(六) 状态栏

状态栏位于屏幕底部，显示光标当前位置的坐标值、提示文字及八个状态开关按钮。

(七) 文本窗口

为使用户方便地了解命令执行的详细过程，AutoCAD 提供了可隐藏的文本窗口，如图 11-7 所示。文本窗口与命令提示窗口含有相同的信息。文本窗口的显示和隐藏通过功能键 F_2 实现，默认状态文本窗口是隐藏的。

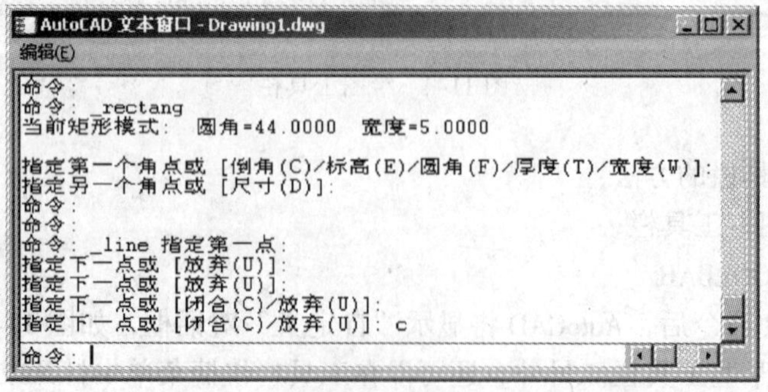

图 11-7　文本窗口

三、文件操作

(一) 打开文件

1. 打开一个已有的图形文件

(1) 启动 AutoCAD 后，可以使用 OPEN 命令打开文件。

1) 激活 OPEN 命令的方法

● 菜单：文件→打开

● 工具栏："标准"工具栏→"打开"按钮

● 命令行：OPEN

2) OPEN 命令的操作方法　OPEN 命令被激活后，AutoCAD 将显示"选择文件"对话框，如图 11-8 所示。在这个对话框中，可以指定文件存在的路径，选择要打开的文件。也可以选择"工具"→"查找（F）…"选项，然后在"查找"对话框中按指定条件浏览或搜索图形文件。

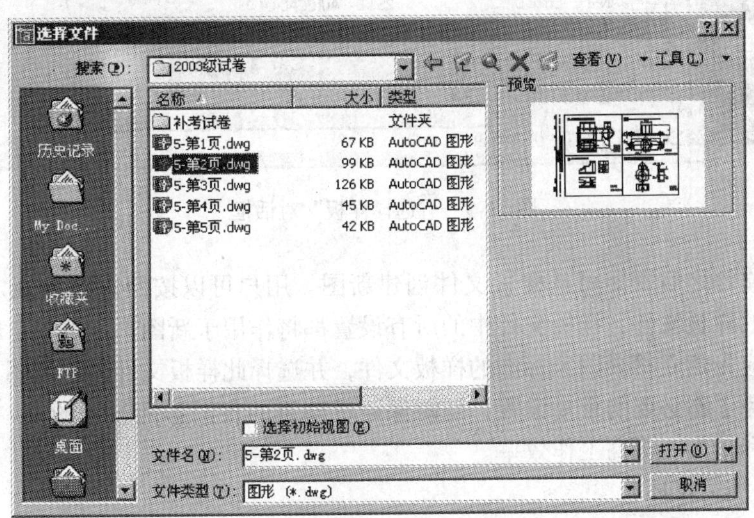

图 11-8　"选择文件"对话框

(2) 在 Windows 资源管理器中用鼠标双击图形文件名称，则启动 AutoCAD 并打开图形。若 AutoCAD 已启动，则仅打开图形文件。

(3) 可以将图形从 Windows 资源管理器中直接拖放到 AutoCAD 中打开图形，但必须注意：在拖放时，只能将文件拖放到绘图窗口以外的任何地方，如菜单栏、状态栏等处才能打开图形文件，否则该图形不是被打开，而是作为图块被插入绘图窗口所显示的图形文件中。

2. 打开一幅新图

AutoCAD 启动后，可以使用新建命令 NEW 创建新图。

激活 NEW 命令的方法：

● 菜单：文件→新建

● 工具栏："标准"工具栏→"新建"按钮

激活 NEW 命令后，AutoCAD 将显示"选择样板"对话框，如图 11-9 所示，AutoCAD 列出所有可用的样板。AutoCAD 样板文件名的扩展名是"DWT"。当选择了某一样板文件后，在右侧将出现该样板文件的预览图像。通常样板文件都保存在 AutoCAD 目录的 Template 文件夹中。如果所列样板不能满足需求，还可以在“工具”列表中，打开“查找”对话框，“搜索”或“浏览”选择其他文件作为样板文件。

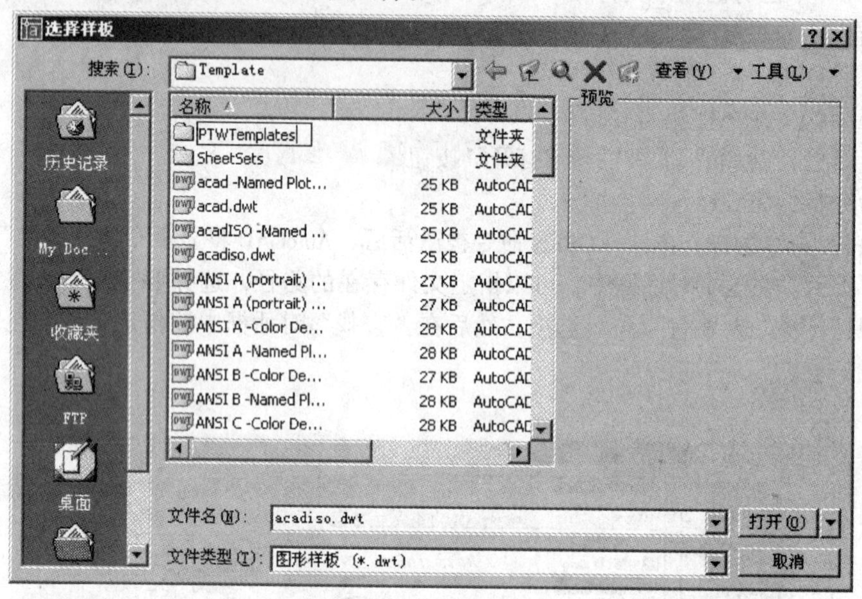

图 11-9 “选择样板”对话框

选择样板文件之后，即可从样板文件创建新图。用户可以按照国标的规定做好各种设置，创建自己的样板文件，样板文件中的所有设置都将作用于新图形。例如，在绘制零件图和装配图时，应先建立符合国家标准的样板文件，并选择此样板文件创建新图形。这样，每次绘图前，避免了不必要的重复设置，且能保证所绘制的各图形间设置的统一性和标准化，从而节省时间和精力，提高工作效率。

（二）多文档工作环境

AutoCAD 提供给用户一个多文档一体化的设计环境。用户可以同时打开多个图形文件，如图 11-10 所示。可以通过菜单栏中的“窗口”菜单项来控制这些图形的显示。在“窗口”下拉菜单的下端是已打开图形文件的列表。在多文档设计环境中，用户可以在绘图过程中，参考其他图形，在图形间复制和粘贴对象或将对象从一个图形拖放到另一个图形中。AutoCAD 的对象捕捉功能、“带基点复制”及“粘贴到原点”功能能够保证复制对象时位置的精确放置。还可以通过特性匹配将一个图形中对象的特性应用到另一个图形中的对象。

（三）保存文件

图形绘制完成后，需要将其保存到磁盘上，以便以后使用和编辑。在绘图过程中，最好经常存盘，以免因意外而丢失所做的工作。保存文件的命令有 QSAVE 和 SAVE AS 等。

1. 激活 QSAVE 命令的方法

● 菜单：文件→保存

● 工具栏：“标准”工具栏→“保存”按钮

● 命令行：QSAVE

激活 QSAVE 命令后，如果当前图形未命名，AutoCAD 将显示“图形另存为”对话框，如图 11-11 所示。可在其中为图形文件命名，否则以当前文件名直接保存图形。AutoCAD 自动添加“DWG”作为图形文件扩展名。在“图形另存为”对话框的“保存类型”下拉列表中，可以选择其他格式来保存图形文件。

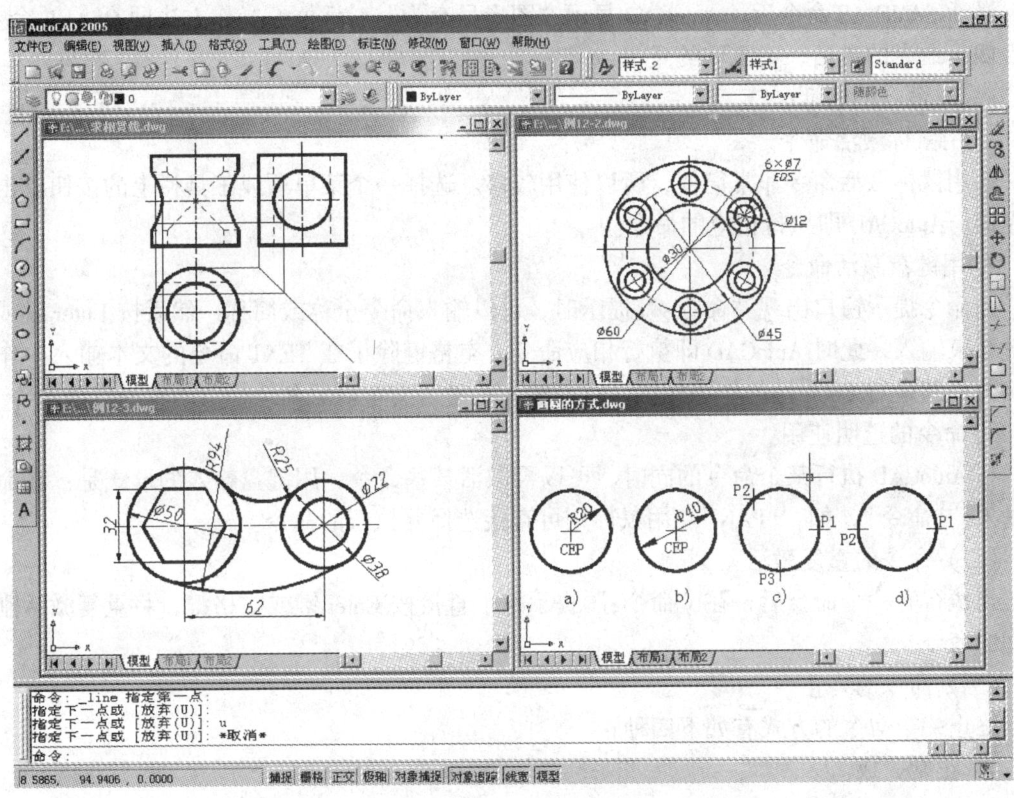

图 11-10　多文档图形环境

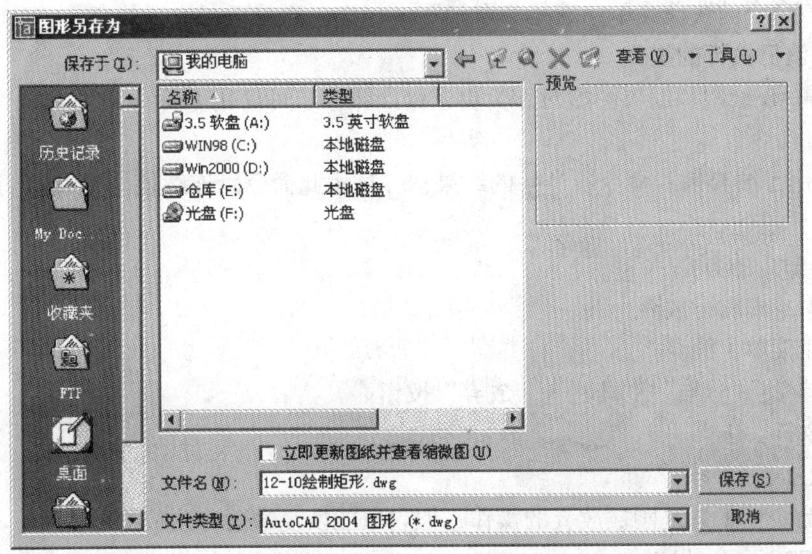

图 11-11　“图形另存为”对话框

2. 激活 SAVE AS 命令的方法

● 菜单：文件→另存为…

● 命令行：SAVE AS

激活 SAVE AS 命令后，AutoCAD 显示“图形另存为”对话框，操作方法同 QSAVE 命令。

四、命令的激活、重复和终止

（一）命令的激活

1. 用鼠标激活命令

使用鼠标激活命令非常简便，所以使用较多。选择一个菜单项或工具栏上的按钮单击鼠标左键，AutoCAD 即执行相应的命令。

2. 用键盘激活命令

当命令提示窗口出现“命令：”提示时，可以输入命令全称或简称，然后按 Enter 键或空格键结束输入，此时 AutoCAD 即执行相应命令。空格键除了在 TEXT 命令的文本输入中作为空格外，其余与 Enter 键的作用相同。键盘输入是键入文本对象和坐标值的唯一方法。

3. 命令的透明使用

在 AutoCAD 执行某个命令的同时，可以再激活某些命令，用键盘输入的形式是：在命令行输入“'命令”，如“'PAN”。用鼠标则可直接选择要执行的命令。

（二）命令的重复激活

当执行完一个命令后，在“命令：”提示符下直接按 Enter 键或空格键，将重复激活刚执行完的命令。

（三）命令的终止

终止一个命令的方式有如下四种：

● 正常完成。

● 按 Esc 键，终止正在执行的命令。

● 激活另一命令，AutoCAD 将自动终止当前正在执行的命令。

● 从该命令的快捷菜单中选择“取消”项，终止当前正在执行的命令。

五、取消已执行的操作

用 AutoCAD 绘制和编辑图形时，为更正错误操作，可使用 U 命令返回到操作前的状态。

（一）U 命令

U 命令用于放弃前一命令所产生的结果，并显示此命令。连续使用 U 命令可以逐步返回到对图形操作前的状态。

激活 U 命令的方法：

● 菜单：编辑→放弃

● 快捷菜单：放弃

● 工具栏：“标准”工具栏→“放弃”按钮

● 命令行：U

（二）REDO 命令

REDO 命令用于恢复刚被放弃的操作，但它只能恢复最后一次放弃的操作。

激活 REDO 命令的方法：

● 菜单：编辑→重做

● 快捷菜单：重做
● 工具栏："标准"工具栏→"恢复"按钮
● 命令行：REDO

六、帮助系统

AutoCAD 2005 有一套可以帮助用户深入了解 AutoCAD 的功能和使用方法的帮助系统。该系统可以随时启动，帮助用户正确使用 AutoCAD。使用 HELP 命令启动帮助系统。

激活 HELP 命令的方法：

● 菜单：帮助→帮助
● 工具栏："标准"→"帮助"按钮
● 在任何时候按 F_1 功能键
● 命令行：HELP 或?

激活 HELP 命令后，AutoCAD 将显示如图 11-12 所示"AutoCAD 2005 帮助"对话框。

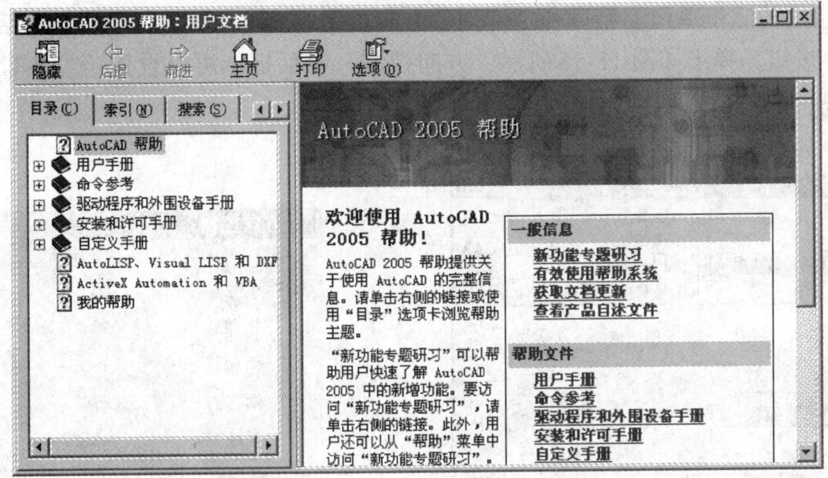

图 11-12 "AutoCAD 2005 帮助"对话框

HELP 命令是一个透明命令，在其他命令的执行过程中，可以嵌套使用，AutoCAD 将调用联机帮助系统，显示与正在执行的命令有关的帮助或与系统变量相关的信息。

另外 AutoCAD 2005 还提供了如图 11-13 所示的信息选项板，"信息"选项板中的"快捷帮助"将显示与当前命令相关的操作步骤列表。打开信息选项板的方法：

● 菜单：帮助→信息选项板

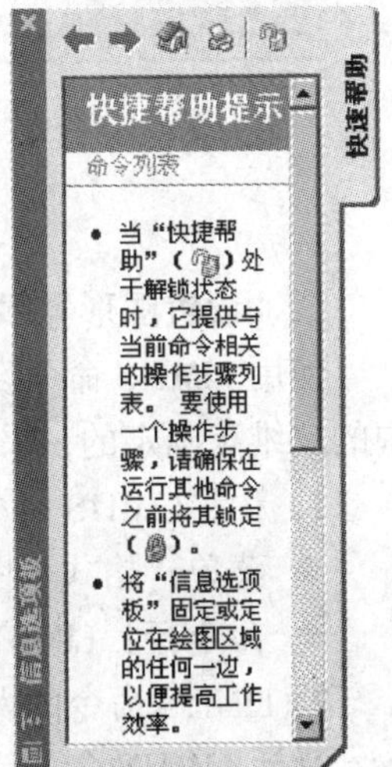

图 11-13 信息选项板

七、AutoCAD 的退出

绘图结束，退出 AutoCAD 的方法如下：

● 菜单：文件→退出
● 命令行：QUIT 或 EXIT
● 单击 AutoCAD 关闭按钮

在退出 AutoCAD 时，如果图形自上次存储后，未做修改，则直接退出。如果图形已被改动，而没有保存对图形的修改，AutoCAD 将会提示保存改动的图形。

第三节　图形单位和界限的设置

在建立样板图形时，应使用 UNITS 和 LIMITS 命令来设置图形单位和界限。

一、设置图形单位

绘图前应该使用 UNITS 命令确定 AutoCAD 度量单位。

激活 UNITS 命令的方法：

- 菜单：格式→单位
- 命令行：UNITS

激活 UNITS 命令后，将弹出“图形单位”对话框。如图 11-14 所示。可以在该对话框中设置长度和角度的测量单位、精度和角度测量方向。完成上述设置后，单击该对话框中“方向（D）…”按钮，弹出如图 11-15 所示“方向控制”对话框，可以设置角度测量的起始方向。

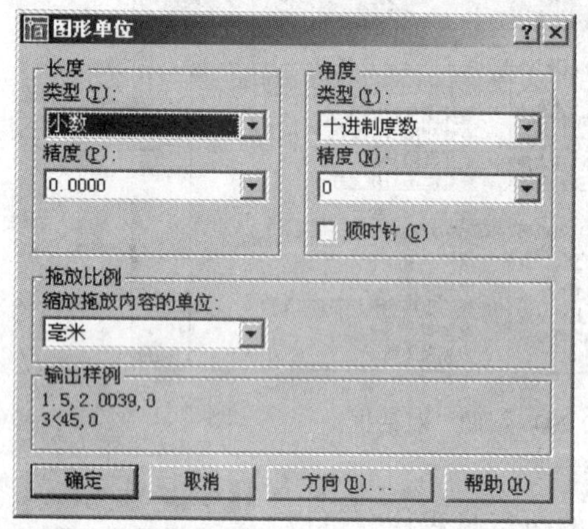

图 11-14　“图形单位”对话框

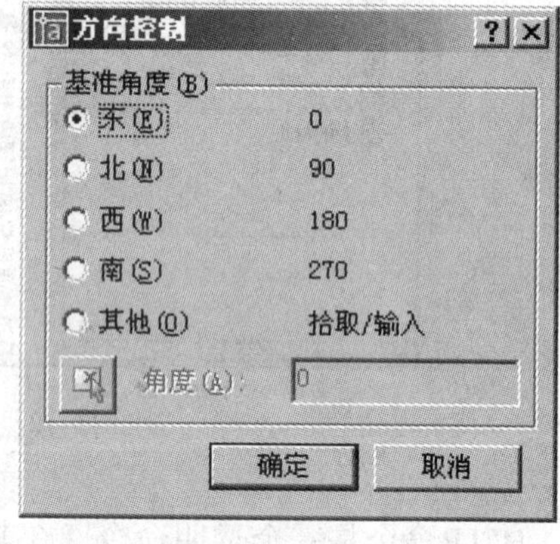

图 11-15　“方向控制”对话框

二、设置图形界限

使用 LIMITS 命令设置并控制图形边界和栅格显示的界限，图形界限是由世界坐标系统中的二维点确定的，采用图形界限的左下角和右上角点来表达。

1．激活 LIMITS 命令的方法

- 菜单：格式→图形界限
- 命令行：LIMITS

2．LIMITS 命令的操作方法

激活 LIMITS 命令后，AutoCAD 提示：

命令：'_ limits

重新设置模型空间界限:

指定左下角点或[开(ON)/关(OFF)]<0.0000,0.0000>:

指定右上角点<420.0000,297.0000>:

在上面显示的提示中，方括号“[ ]”中以“/”隔开的内容表示各种选项；圆括号“( )”中的内容为选择该选项要输入的内容；尖括号“< >”中的内容是当前默认值。

修改上述提示中的数值，便可重新设置图形界限，应按国家标准图幅设置图形界限。

在完成设置后，如果将图形界限打开（ON），则此后的绘图只能在图形界限内进行。

第十二章　AutoCAD 绘制平面图形

本章主要介绍在 AutoCAD 中绘制平面图形常用的绘图命令、编辑命令和绘图工具等内容。

第一节　常用绘图命令

一、绘制直线命令 LINE

LINE 命令用于绘制任意条首尾相接的直线段，这些线段可以封闭或不封闭，每一条直线段都是独立的对象。

（一）激活 LINE 命令的方法

● 菜单：绘图→直线

● 工具栏：“绘图”工具栏→“直线”按钮

● 命令行：LINE

（二）LINE 命令的操作方法

激活 LINE 命令后，AutoCAD 提示：

```
命令：_ line 指定第一点：                     //拾取线段的起始点 A,如图 12-1 所示
指定下一点或[放弃(U)]：                       //拾取线段另一端点 B
指定下一点或[放弃(U)]：                       //拾取线段另一端点 C
指定下一点或[闭合(C)/放弃(U)]：               //拾取线段另一端点 D
指定下一点或[闭合(C)放弃(U)]：C               //输入“C”,闭合图形
```

对上述提示及选项的说明如下：

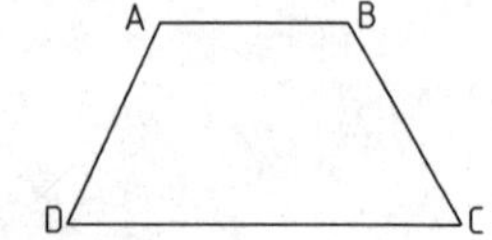

图 12-1　用 LINE 绘制四边形

（1）指定第一点：用户需要指定直线起始点，如图 12-1 中 A 点。若用 Enter 键响应此提示，AutoCAD 将以上一次所画线段或圆弧的终点作为此次 LINE 命令的起始点。

（2）指定下一点：输入直线段的端点，或按 Enter 键结束命令。

（3）放弃（U）：输入字母“U”，将删除上一段直线，可以连续输入“U”，每输入一次“U”，就删除一段直线。这样可以在不退出 LINE 命令的情况下，取消错误操作。

（4）闭合（C）：输入字母“C”，AutoCAD 自动封闭连续折线，形成多边形并结束命令。

（三）输入坐标

对于“指定第一点:”和“指定下一点:”提示的响应，除了用鼠标拾取点外，还可以用键盘精确地输入点的位置坐标。输入坐标的方式如下：

（1）绝对直角坐标：输入格式为“X，Y”，点的 X，Y 坐标间以“，”分隔。

（2）绝对矢量坐标：输入格式为“R < α”，R 表示直线的长度；α 表示直线的角度。

关于直线的角度，作图时，始终以当前点的位置来确定要画的直线的角度。当前点的

“东”方向为0度方向（见图 11-15），逆时针方向为正角度，顺时针方向为负角度。

（3）相对直角坐标：输入格式为“@X，Y”。

（4）相对矢量坐标：输入格式为“@R<α”。

二、绘制圆命令 CIRCLE

CIRCLE 命令用于画圆，它提供了六种画圆的方法。

（一）激活 CIRCLE 命令的方法

● 菜单：绘图→圆→相应选项，如图 12-2 所示

● 工具栏：“绘图”工具栏→“圆”按钮

● 命令行：CIRCLE

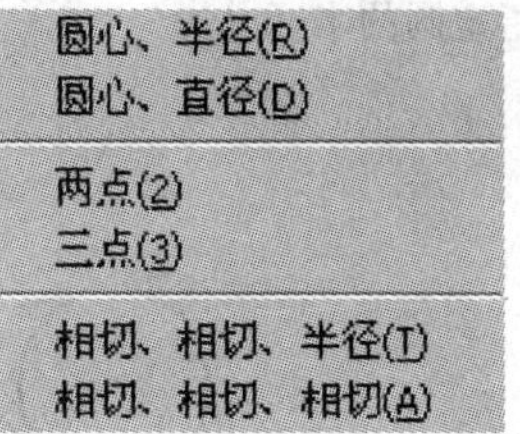

图 12-2 画圆的子菜单

（二）CIRCLE 命令的操作方法

（1）圆心、半径：根据圆心、半径画圆，此方式是 CIRCLE 命令的默认选项。所画圆如图 12-3a 所示，操作如下：

命令：_ circle 指定圆心或[三点(3P)/两点(2P)/相切、相切、半径(T)]： //拾取圆心点 CEP

指定圆的半径或[直径(D)]：20 //输入圆的半径

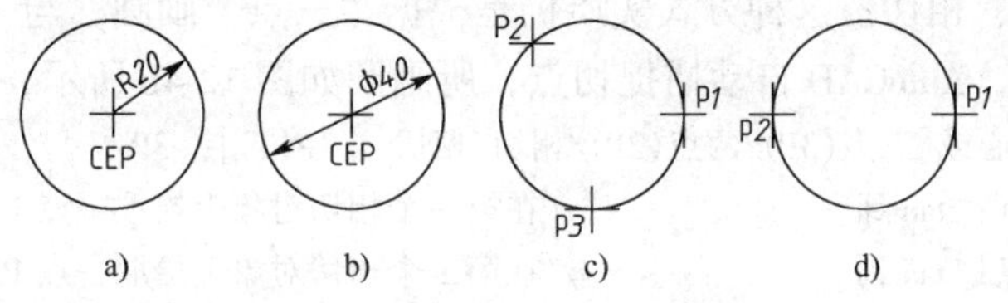

图 12-3 用 CIRCLE 命令画圆

a）“圆心、半径”方式 b）“圆心、直径”方式 c）“三点”方式 d）“两点”方式

（2）圆心、直径：根据圆心、直径画圆，所画圆如图 12-3b 所示，操作如下：

命令：_ circle 指定圆心或[三点(3P)/两点(2P)/相切、相切、半径(T)]： //拾取圆心点 CEP

指定圆的半径或[直径(D)]：d //输入“d”

指定圆的直径：40 //输入直径“40”

（3）三点：根据不在一条直线上的三点画圆，所画圆如图 12-3c 所示，操作如下：

命令：_ circle 指定圆心或[三点(3P)/两点(2P)/相切、相切、半径(T)]：_ 3P

指定圆上的第一个点： //拾取 P1 点

指定圆上的第二个点： //拾取 P2 点

指定圆上的第三个点： //拾取 P3 点

（4）两点：根据二点画圆，二点间距即直径，中点即圆心，如图 12-3d 所示，操作如下：

命令：_ circle 指定圆心或[三点(3P)/两点(2P)/相切、相切、半径(T)]：_ 2P //输入“2P”

指定圆直径的第一个端点： //拾取第一点 P1

指定圆直径的第二个端点： //拾取第二点 P2

（5）相切、相切、半径：根据两个与圆相切的对象和指定的半径画圆，只要在与圆相切的对象上拾取点，AutoCAD 自动捕捉到符合相切条件的点，所画圆如图 12-4a 所示，操作如下：

命令：_ circle 指定圆心或[三点(3P)/两点(2P)/相切、相切、半径(T)]：_ ttr

指定对象与圆的第一个切点：　　　　　　//在与圆相切的直线上拾取 P1
指定对象与圆的第二个切点：　　　　　　//在与圆相切的直线上拾取 P2
指定圆的半径<20>：　　　　　　　　　//输入圆的半径

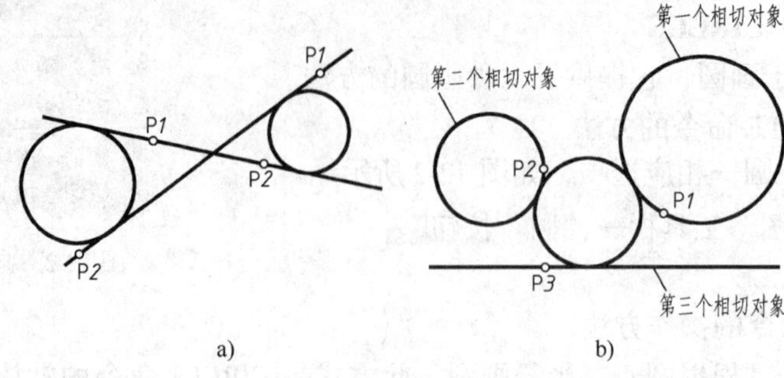

图 12-4　根据相切条件画圆

a）采用“相切、相切、半径”方式画圆　b）采用“相切、相切、相切”方式画圆

（6）相切、相切、相切：这种方式实质仍是根据“三点”画圆，与“三点”画圆的区别是：在指定三个点时，AutoCAD 自动捕捉切点，所画圆如图 12-4b 所示，操作如下：

命令：_ circle 指定圆心或[三点(3P)/两点(2P)/相切、相切、半径(T)]：_ 3P
指定圆上的第一个点：_ tan 到　　　　　//在第一个相切对象上拾取一点 P1
指定圆上的第二个点：_ tan 到　　　　　//在第二个相切对象上拾取一点 P2
指定圆上的第三个点：_ tan 到　　　　　//在第三个相切对象上拾取一点 P3

在用“相切、相切、半径”、“相切、相切、相切”方式画圆时，如果在满足相切条件的圆不止一个的情况下，则 AutoCAD 画出切点与指定相切对象上拾取点最近的那个圆，如图 12-4a 所示，所画圆的位置，取决于指定点 P1 和 P2。所以，P1、P2 的位置不同，可画出四个圆。

三点(P)
起点、圆心、端点(S)
起点、圆心、角度(T)
起点、圆心、长度(A)
起点、端点、角度(N)
起点、端点、方向(D)
起点、端点、半径(R)
圆心、起点、端点(C)
圆心、起点、角度(E)
圆心、起点、长度(L)
继续(O)

图 12-5　“圆弧”子菜单

三、绘制圆弧命令 ARC

在 AutoCAD 中，使用 ARC 命令绘制圆弧，并且提供了 11 种方法，如图 12-5 所示。

（一）激活 ARC 命令的方法

- 菜单：绘图→圆弧→相应选项，如图 12-5 所示
- 工具栏：“绘图”工具栏→“圆弧”按钮
- 命令行：ARC

（二）ARC 命令的操作方法

（1）三点：使用不在一条直线上的三点绘制圆弧，这是 ARC 命令的默认选项，所画圆弧如图 12-6a 所示，操作如下：

命令：_ arc 指定圆弧的起点或[圆心(C)]：　　　　//拾取起点 P1
指定圆弧的第二个点或[圆心(C)/端点(E)]：　　//拾取第二点 P2
指定圆弧的端点：　　　　　　　　　　　　　　//拾取端点 P3

（2）起点、圆心、端点：根据起点、圆心、端点绘制圆弧，所画圆弧如图 12-6b、c 所示。图 12-6c 中拾取点 P2 可以不是圆弧上的点，圆弧的终点是由 P2 与圆心连线确定的。操

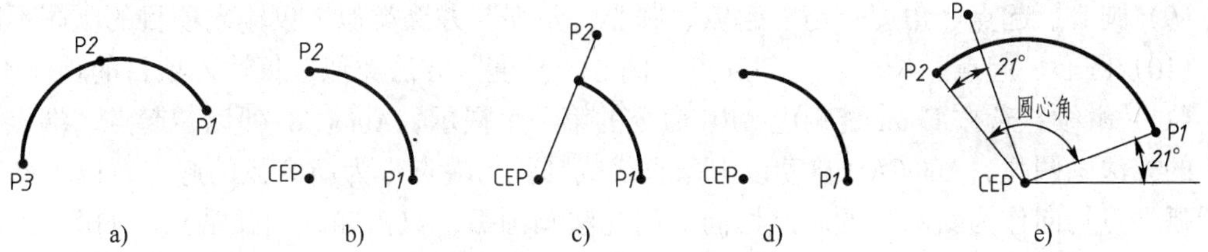

图 12-6　用 ARC 命令画圆弧（一）

a）根据三点画圆弧　b）、c）根据起点、圆心、端点画圆弧　d）圆心角为 90°　e）圆心角由 0°开始计算

作如下：

命令：_ arc 指定圆弧的起点或[圆心(C)]：　　　　//拾取起点 P1

指定圆弧的第二个点或[圆心(C)/端点(E)]：_ c 指定圆弧的圆心：　//拾取圆心点 CEP

指定圆弧的端点或[角度(A)/弦长(L)]：　　　　//拾取端点 P2

（3）起点、圆心、角度：根据起点、圆心、圆心角绘制圆弧，所画圆弧如图 12-6d、e 所示。若圆心角为正值，则按逆时针画弧；或为负值，则按顺时针画弧。操作如下：

命令：_ arc 指定圆弧的起点或[圆心(C)]：　　　　//拾取起点 P1

指定圆弧的第二个点或[圆心(C)/端点(E)]：_ c 指定圆弧的圆心：　//拾取圆心点 CEP

指定圆弧的端点或[角度(A)/弦长(L)]：_ a 指定包含角：90　　　　//指定圆心角 90°

注意：在图 12-6e 中，使用鼠标拾取点 P 来响应“指定包含角：”的提示时，AutoCAD 是以该点与圆心连线与 0°方向之间的夹角作为圆心角。

（4）起点、圆心、长度：根据起点、圆心、弦长绘制圆弧，AutoCAD 从起点开始以弦长作为起点与端点间的距离逆时针画弧。若输入的弦长为正值，则画劣弧，如图 12-7a 所示；若为负值，则画优弧，如图 12-7b 所示。

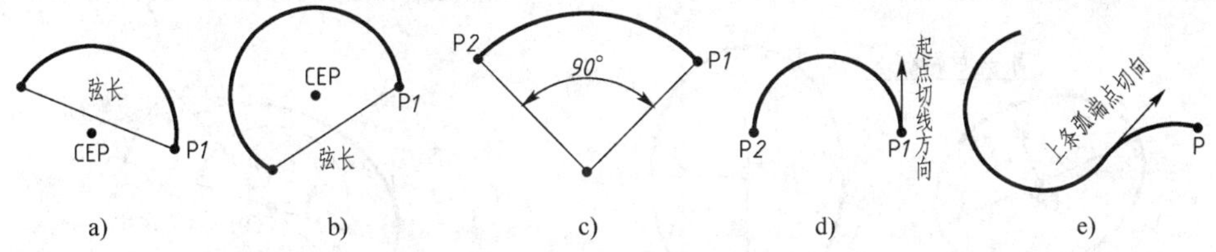

图 12-7　用 ARC 命令画圆弧（二）

a）弦长为正值画劣弧　b）弦长为负值画优弧　c）圆心角为 90°　d）起点切向为 90°　e）“继续”方式画弧

（5）起点、端点、角度：根据起点、端点、圆心角绘制圆弧，所画圆弧如图 12-7c 所示。若用鼠标拾取点来指定角度，则 AutoCAD 以该点与起点连线同起点 0°方向之间的角度作为圆心角逆时针画弧。若由键盘输入正值，则逆时针画弧；输入负值，则顺时针画弧。

（6）起点、端点、方向：根据起点、端点、起点切线方向绘制圆弧。在响应 AutoCAD 提示“指定圆弧的起点切向：”时，可以用鼠标拾取点，也可以由键盘输入坐标，AutoCAD 以起点到该点的方向作为起点切向，所画圆弧如图 12-7d 所示。

（7）起点、端点、半径：根据起点、端点、半径绘制圆弧。AutoCAD 从起点开始按逆时针向端点画弧。若由键盘输入的半径为正值，则画劣弧；若为负值，则画优弧。

（8）圆心、起点、端点：与“起点、圆心、端点”方法类似，仅输入项目的顺序不同。

(9) 圆心、起点、角度：与“起点、圆心、角度”方法类似，仅输入项目的顺序不同。

(10) 圆心、起点、长度：与“起点、圆心、长度”方法类似，仅输入项目的顺序不同。

(11) 继续：若按 Enter 键响应 ARC 命令的第一个提示，AutoCAD 便以“起点、端点、方向”的方法画圆弧，AutoCAD 自动以上条直线或圆弧的端点作为新圆弧的起点，以上条直线或圆弧端点切向作为新圆弧的起点切向。用此法画圆弧，只需输入圆弧端点，如图 12-7e 所示。

四、绘制椭圆命令 ELLIPSE

ELLIPSE 命令用于画椭圆和椭圆弧，它提供了二种画椭圆的方法，如图 12-8 所示。

(一) 激活 ELLIPSE 命令的方法

- 菜单：绘图→椭圆→相应选项，如图 12-8 所示
- 工具栏：“绘图”工具栏→“椭圆”按钮
- 命令行：ELLIPSE

中心点(C)
轴、端点(E)
圆弧(A)

图 12-8 “椭圆”子菜单

(二) ELLIPSE 命令的操作方法

激活 ELLIPSE 命令后，AutoCAD 提示：

命令：_ ellipse

指定椭圆的轴端点或[圆弧(A)/中心点(C)]：

关于画椭圆方法说明如下：

(1) 指定椭圆的轴端点：要求确定一个轴的两个端点及另一轴的半轴长，此方法是 ELLIPSE 命令的默认选项。所画椭圆如图 12-9a 所示，操作如下：

命令：_ ellipse

指定椭圆的轴端点或[圆弧(A)/中心点(C)]： //指定椭圆第一轴的一个端点 P1

指定轴的另一个端点： //指定椭圆第一轴的另一个端点 P2

指定另一条半轴长度或[旋转(R)]： //指定椭圆另一轴的半轴长

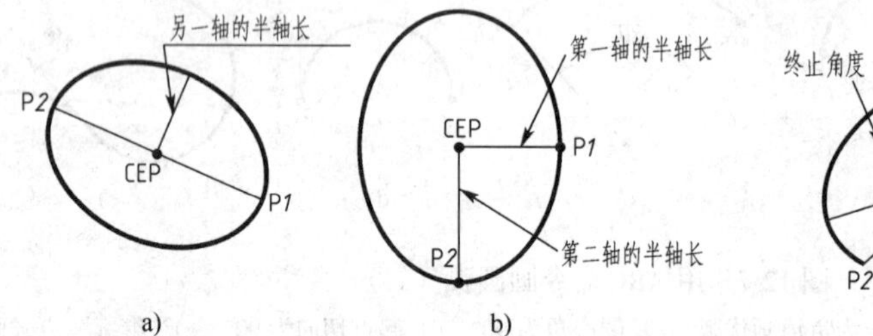

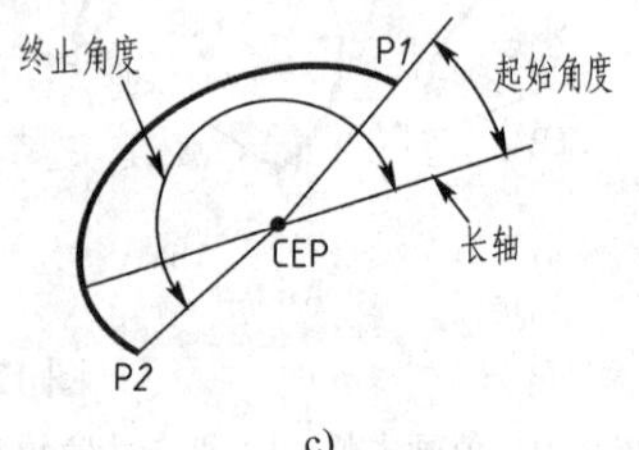

图 12-9 用 ELLIPSE 命令画椭圆和椭圆弧

a) 根据“轴、端点”画椭圆 b) 根据“中心点”画椭圆 c) 根据起始角度、终止角度画椭圆弧

对于最后的提示“指定另一条半轴长度或[旋转(R)]：”：

1) 以数值响应，此值即为另一半轴长。

2) 以点响应，此点至第一轴中点的距离即为另一轴的半轴长。

(2) 中心点 (C)：此方法要求指定椭圆的中心点及长、短轴的端点画椭圆，如图 12-9b 所示。

(3) 圆弧 (A)：此选项可以画一段椭圆弧。先以上述方法画出椭圆，然后根据指定的起始和终止角度确定椭圆弧的范围；也可以在指定起始角度后，输入包含角度，确定椭圆弧

的范围；若对起始角度和终止角度的提示以数值响应，则由长轴起点开始计算角度确定椭圆弧的范围；AutoCAD 按逆时针方向绘制椭圆弧，所画椭圆弧如图 12-9c 所示。

另外，可以在绘图工具栏中单击“椭圆弧”按钮，直接激活 ELLIPSE 命令画椭圆弧。

五、绘制矩形命令 RECTANG

RECTANG 命令用于根据指定的两个对角点绘制矩形。矩形的边平行于 X 或 Y 轴。

（一）激活 RECTANG 命令的方法

- 菜单：绘图→矩形
- 工具栏：“绘图”工具栏→“矩形”按钮
- 命令行：RECTANG 或 RECTANGLE

（二）RECTANG 命令的操作方法

激活 RECTANG 命令后，AutoCAD 提示：

命令：_ rectang

指定第一个角点或[倒角(C)/标高(E)/圆角(F)/厚度(T)/宽度(W)]：

关于画矩形方式说明如下：

（1）指定第一个角点：根据提示指定第一个角点后，移动鼠标，屏幕上即显示出一个矩形。

AutoCAD 继续提示“指定另一个角点或［尺寸（D)]：”，此时若拾取第二个角点，则画出矩形，结束命令；若以“d”响应提示，AutoCAD 要求指定矩形的长和宽，而后再次提示“指定另一个角点或［尺寸（D)]：”，此时移动光标将显示矩形可能的四个位置，单击需要的位置，即可画出所要的矩形，如图 12-10a 所示。

（2）倒角（C）：设置矩形各顶点倒斜角的距离，所画矩形如图 12-10b 所示。

（3）圆角（F）：设置矩形各顶点倒圆角的半径，所画矩形如图 12-10c 所示。

（4）宽度（W）：设置矩形多段线的宽度，所画矩形如图 12-10d 所示。

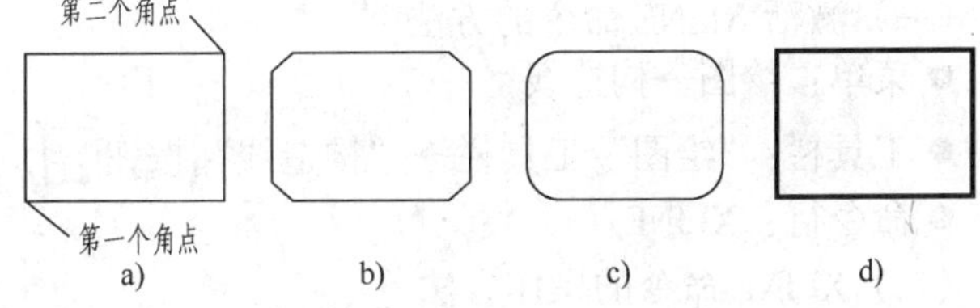

图 12-10　用 RECTANG 命令绘制矩形

a）根据两个角点画矩形　b）倒角的矩形

c）倒圆的矩形　d）线宽大于 0 的矩形

至于厚度（T）、标高（E）两选项用于三维作图，在此不作介绍。

对于上述“倒角”等选项的设置，当再次执行 RECTANG 命令时，各项设置成为默认值。

六、绘制正多边形命令 POLYGON

POLYGON 命令用于绘制边数由 3 至 1024 的正多边形。可以通过两种方法绘制正多边形：指定多边形边数及多边形中心；指定多边形边数及某一边的两个端点。

（一）激活 POLYGON 命令的方法

- 菜单：绘图→正多边形
- 工具栏：“绘图”工具栏→“正多边形”按钮
- 命令行：POLYGON

（二）POLYGON 命令的操作方法

激活 POLYGON 命令后，Auto CAD 提示：

命令：_ polygon 输入边的数目＜4＞：

指定正多边形的中心点或[边(E)]：

关于画正多形方式说明如下：

（1）指定正多边形的中心点：在输入边数后，要求指定正多边形的中心点，而后提示：

输入选项[内接于圆(I)/外切于圆(C)]＜I＞：

1）内接于圆（I）：以“I”响应提示后，要求“指定圆的半径：”，可以拾取一点，AutoCAD 即以该点与圆心的距离为半径确定正多边形的外接圆；或者输入半径值，AutoCAD 据此生成正多边形，所画正多边形如图 12-11a 所示。

2）外切于圆（C）：以“C”响应提示后，要求“指定圆的半径：”，以拾取点或输入值响应提示，即确定了正多边形的内切圆，所画正多边形如图 12-11b 所示。

（2）边（E）：以“E”响应提示后，AutoCAD 提示指定边的两个端点，以这条边的长度和位置按起点到端点方向逆时针绘制正多边形，如图 12-11c 所示。

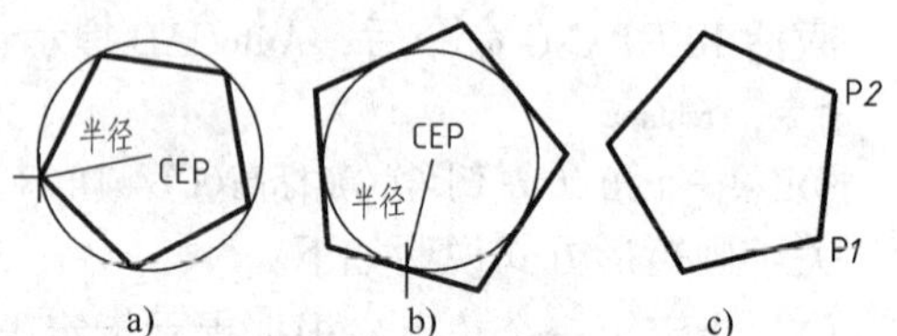

图 12-11　用 POLYGON 命令绘制正多边形

a）内接于圆的正多边形　b）外切于圆的正多边形　c）指定边绘制的正多边形

七、绘制构造线命令 XLINE

XLINE 命令用于绘制通过两个指定点，向两端无限延伸的直线，主要用于辅助绘图。

（一）激活 XLINE 命令的方法

● 菜单：绘图→构造线

● 工具栏：“绘图”工具栏→“构造线”按钮

● 命令行：XLINE

（二）XLINE 命令的操作方法

激活 XLINE 命令后，AutoCAD 提示：

命令：_ xline 指定点或[水平(H)/垂直(V)/角度(A)/二等分(B)/偏移(O)]：

参照图 12-12，对上述提示各选项说明如下：

（1）指定点：用户需要指定一点 P1 作为构造线的起点，AutoCAD 继续提示“指定通过点：”，再指定一点 P2 响应提示，AutoCAD 便通过 P1、P2 两点画出一条无限长的直线 L1。

（2）水平（H）：使用此选项能够绘制一条通过指定点 P3 的水平参照线 L2（平行于 X 轴）。

（3）垂直（V）：使用此选项能够绘制一条通过指定点 P4 的垂直参照线 L3（平行于 Y 轴）。

（4）角度（A）：选择此选项能够绘制一条以指定的角度通过指定点的构造线。提示：“输入构造线角度（0）或［参照（R）］：”时，若输入角

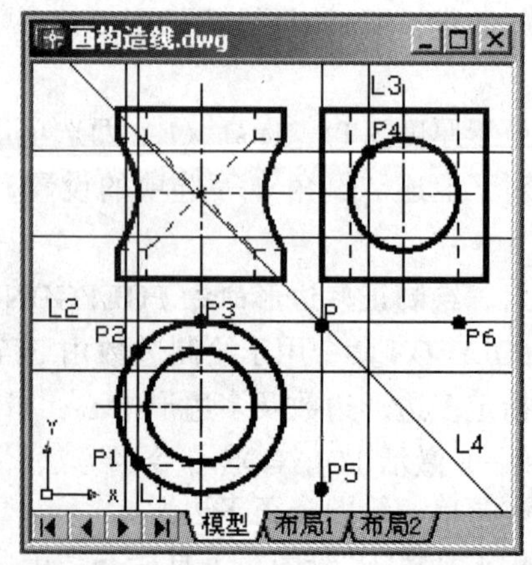

图 12-12　用 XLINE 命令绘制构造线

度，由0°开始按逆时针方向测量；若输入“R”，需要指定参照线（直线或构造线等），再输入角度，此角度从参照线开始按逆时针方向测量；若以点响应提示，AutoCAD要求再指定第二点，按指定两点确定的方向，绘制构造线。

（5）二等分（B）：此选项用于绘制平分指定角度的构造线，如L4，操作中指定P点为角的顶点，P5、P6分别为角的起点和端点。AutoCAD将持续提示“指定角的端点：”至该命令终止。

（6）偏移（O）：此选项使AutoCAD在指定直线对象的一侧按指定距离绘制一条平行于直线对象的参照线。

绘制构造线时，在选定某种方式后，将连续按此方式画线，直到按Enter键或Esc键或空格键或调入新命令才退出XLINE命令。

第二节　常用编辑命令

AutoCAD不仅可以绘制图形，还可以编辑图形。本节介绍实体选择方法及常用编辑命令。

一、选择对象

在进行绘图和编辑工作时，AutoCAD经常会提示用户：“选择对象：”

此时，十字光标变成一个正方形的拾取框“□”，将拾取框移动到要选择的对象上，单击鼠标，对象即被选中，呈虚线醒目显示，这是直接选择对象（点选）的方法。

除直接选择对象外，还有多种选择对象的方法，下面介绍几种常用的对象选择方法：

（1）窗口（W）：在“选择对象：”提示下键入“W”，用鼠标在屏幕上拾取两个对角点指定矩形选择窗口，窗口以细实线表示，只有全部进入窗口的对象才能被选中。

（2）最近（L）：选择最后创建的对象，而且只选中一个。

（3）窗交（C）：与“窗口”选项类似，但其窗口以虚线表示的，而且不论是否全部进入窗口的对象均被选中。

（4）框（BOX）：是“选择对象：”提示下的默认选项，用鼠标在空白处拾取一点，系统即认为用户要使用“窗口（W）”或“窗交（C）”方式选择对象，提示变为“指定对角点：”，此时，向右移动鼠标拾取对角点，为“窗口（W）”方式；向左移动鼠标拾取对角点，为“窗交（C）”方式。

（5）全部（ALL）：选择图形中的所有对象。

（6）添加（A）：从清除状态切换到添加状态，可使用选择对象的任意方法向选择集中添加任意多对象。

（7）删除（R）：从“选择对象：”状态切换到清除状态，可以使用任意方法从选择集中清除对象，而且一直提示“删除对象：”，直到使用“Add”选项为止。

（8）上一个（P）：将此前最近一次执行编辑命令所选择的对象作为当前选择对象。

（9）放弃（U）：取消最后一次选择，但不退出选择状态，仍提示“选择对象：”。

进入选择对象状态后，通常AutoCAD将持续提示“选择对象：”，要结束对象选择，需要在“选择对象：”提示符下，按Enter键或空格键。

二、删除命令ERASE

使用ERASE命令可以删除图形中不想要的对象。

激活 ERASE 命令的方法：

● 菜单：修改→删除

● 快捷菜单：选择要删除的对象，在绘图区域单击鼠标右键，在快捷菜单中选择“删除”

● 工具栏：“修改”工具栏→“删除”按钮

● 命令行：ERASE

激活 ERASE 命令后，AutoCAD 连续提示：“选择对象：”，选择对象结束后，按 Enter 键或空格键，所选对象便从当前图形中删除。

三、移动命令 MOVE

使用 MOVE 命令可以将对象从当前位置移动到一个新位置，而不改变对象的大小和方向。

（一）激活 MOVE 命令的方法

● 菜单：修改→移动

● 快捷菜单：选择要移动的对象，在绘图区域单击鼠标右键，在快捷菜单中选择“移动”

● 工具栏：“修改”工具栏→“移动”按钮

● 命令行：MOVE

（二）MOVE 命令的操作方法

激活 MOVE 命令后，AutoCAD 提示：

```
命令：_ move
选择对象：                              //选择要移动的对象
指定基点或位移：                        //指定基点 P1
指定位移的第二点或<用第一点作位移>：//指定第二点 P2
```

指定位移的方法如下：

（1）如图 12-13 所示，指定两点 P1、P2，定义位移矢量，AutoCAD 据此移动对象。可以用鼠标拾取 P2 点，也可以输入第二点相对于基点的相对直角坐标（@X2-X1，Y2-Y1）或极坐标（@L<α）。

（2）对于“指定基点或位移：”的提示，以“X，Y”（X2-X1，Y2-Y1）或“距离<角度”（L<α）形式响应，对“指定位移的第二点：”提示按 Enter 键响应，则系统以输入的坐标确定对象位移的距离和方向。

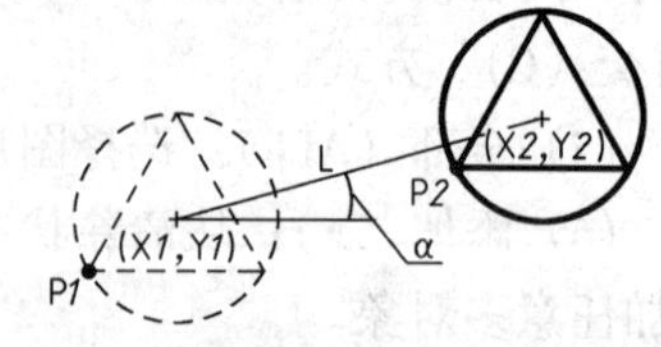

图 12-13　用 MOVE 命令移动对象

四、复制对象

使用 COPY 命令可以将选定的对象复制到指定位置，复制的对象与原对象的大小和方向相同。可以重复复制选定的对象，而每一个复制的对象完全独立于原对象。

（一）激活 COPY 命令的方法

● 菜单：修改→复制

● 快捷菜单：选择要复制的对象，在绘图区单击右键，在快捷菜单中选择“复制选择”

● 工具栏：“修改”工具栏→“复制”按钮

● 命令行：COPY

（二）COPY 命令的操作方法

激活 COPY 命令后，AutoCAD 提示：

命令：_ copy
选择对象：　　　　　　　　　　　　　　　　//选择要复制的对象
指定基点或位移：　　　　　　　　　　　　　//指定基点 P1
指定位移的第二点或 <用第一点作位移>：　　//指定第二点 P2
指定位移的第二点：

在选择要复制的对象后，可以按移动（MOVE）命令中所述位移方法，确定复制的对象的位置，如图 12-14 所示。

AutoCAD 反复提示“指定位移的第二点：”，可以将某一对象复制到不同的位置，直到按 Enter 键或 Esc 键或空格键结束复制命令。

除 COPY 命令外，AutoCAD 还可以利用 Windows 剪贴板复制对象。

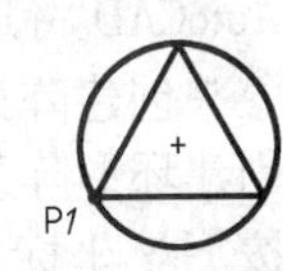

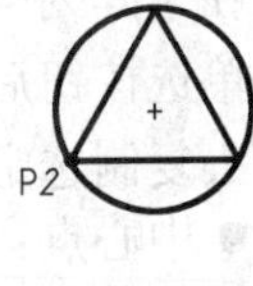

图 12-14　用 COPY 命令复制对象

五、阵列命令 ARRAY

使用 ARRAY 命令可以将选定的对象生成矩形或环形的多重复制。

（一）激活 ARRAY 命令的方法

● 菜单：修改→阵列

● 工具栏：“修改”工具栏→“阵列”按钮

● 命令行：ARRAY

（二）ARRAY 命令的操作方法

激活 ARRAY 命令后，将弹出“阵列”对话框如图 12-15 所示。

1. 矩形阵列

在“阵列”对话框中，选中“矩形”单选按钮后，AutoCAD 将创建由选定对象副本的行数和列数所定义的阵列。用户可以在对话框的偏移距离和方向组框中，输入行、列数目和行、列偏距以及矩形阵列的角度。对于偏移距离和方向，也可以分别按下对话框中的四个按钮，用鼠标拾取点来确定。其中带有矩形的较大的按钮按下后，要求指定“单位单元”，“单位单元”的高将作为行距，“单位单元”的宽将作为列距。

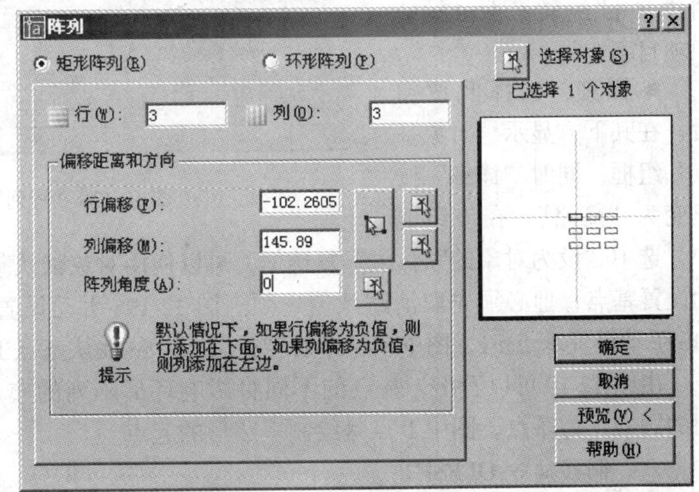

图 12-15　“阵列”(矩形)对话框

图 12-16 所示图形为矩形阵列结果。图中 P1、P2 点即单位单元的对角点。

用于构造阵列的对象，可以在对话框显示之前选择，若在对话框显示后选择，需按下“选择对象”按钮，对话框将暂时关闭，完成选择后，对话框重新打开，对话框中显示选中对象的数目。如果选择多个对象，最后选中的对象的基点将用于构造阵列。

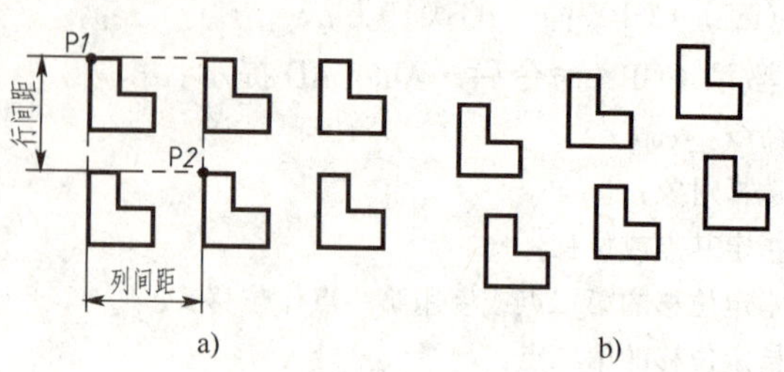

图 12-16 用 ARRAY 命令创建矩形阵列

a）阵列倾角为 0° b）阵列倾角为 15°

2. 环形阵列

在“阵列”对话框中，选中“环形”单选按钮后，AutoCAD 将通过围绕中心复制选定对象来创建阵列。对话框如图 12-17 所示，其中各项目说明如下：

- 中心点：是创建环形阵列的中心，可以在编辑框中输入中心点的 X、Y 坐标；若用鼠标拾取中心点，需按下 Y 坐标右侧的按钮。
- 方法：在下拉列表中列出了三种设置定位项目的方法，如图 12-18 所示。列表下方相应选项用于指定值，也可以按下其右边的按钮，用鼠标定位以指定值。
- 复制时旋转项目：此选项使阵列时对象要按照其相对于阵列中心的位置旋转自身，如图 12-19a 所示，图中项目旋转。图 12-19b 中项目不旋转。
- 详细：选择此按钮后，在其下方显示“对象基点”组框，同时“详细”按钮变为“简略”。在该组框中，选中“设为对象的默认值”复选框，可以使用对象默认基点来定位排列对象。也可以手动设置基点，但必须先取消默认值选项。图 12-19a 手动设置基点 P1，并旋转项目；图 12-19b 手动设置基点 P1，图中项目不旋转；图 12-19c 默认基点 P，图中项目不旋转。

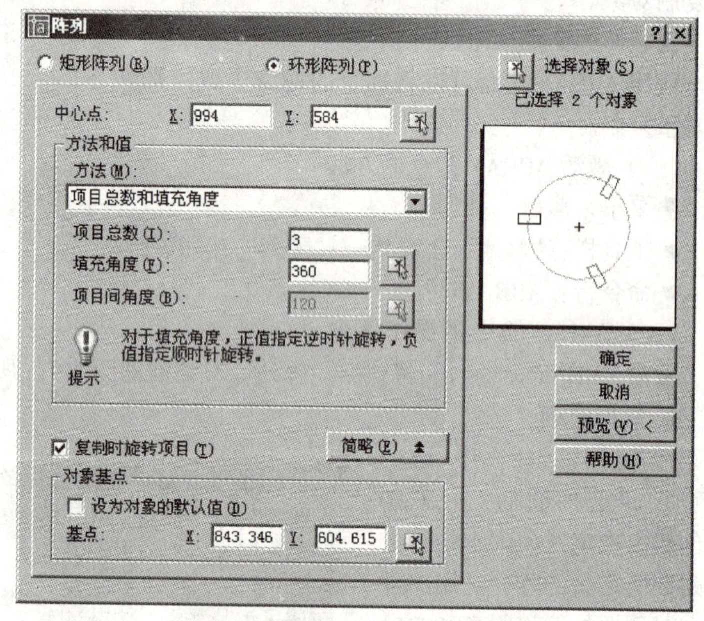

图 12-17 “阵列”(环形)对话框

由图 12-19 可以看出，基点的不同将影响环形阵列的布局。AutoCAD 默认直线的起点、圆的圆心作为基点。图中 P 点是绘制多边形的起点。

六、偏移命令 OFFSET

使用 OFFSET 命令可以在距现有对象指定的距离处或通过指定点创建同心圆、平行直线和等距曲线。

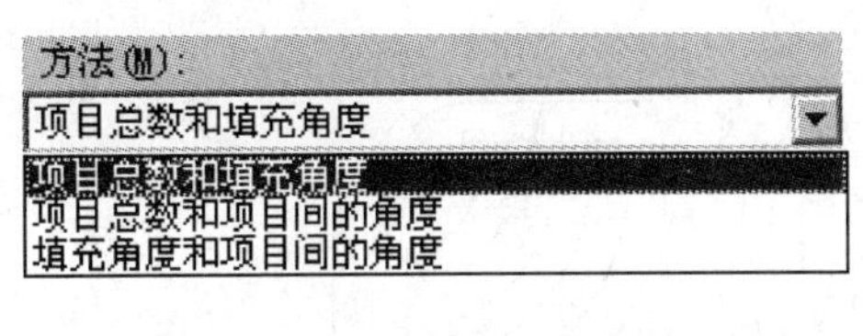

图 12-18 环形阵列方法

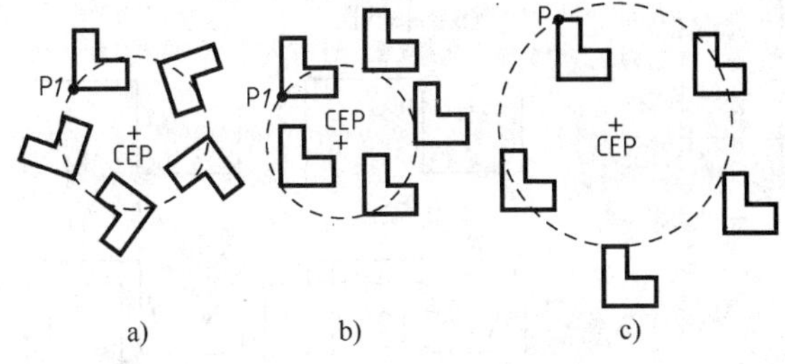

图 12-19 用 ARRAY 命令创建环形阵列
a）指定基点 P1，项目旋转 b）指定基点 P1，项目不旋转 c）默认基点，项目不旋转

（一）激活 OFFSET 命令的方法

● 菜单：修改→偏移
● 工具栏："修改"工具栏→"偏移"按钮
● 命令行：OFFSET

（二）OFFSET 命令的操作方法

激活 OFFSET 命令后，AutoCAD 提示：

命令:_ offset
指定偏移距离或[通过(T)] <1.0000>:
选择要偏移的对象或 <退出>:
指定点以确定偏移所在一侧:

关于偏移方式说明如下：

（1）指定偏移距离：若直接输入数值，AutoCAD 以此值偏移对象。也可以用鼠标拾取两点确定偏移距离。在响应"选择要偏移的对象:"后，必须指定点以确定新创建的对象所在的一侧，如图 12-20 所示。AutoCAD 将重复后两个提示，使用户可以连续创建多个偏移对象。

（2）通过（T）：在要求指定偏移距离时，以"T"响应，则 AutoCAD 在选择要偏移的对象后，要求"指定通过点:"，通过这个指定点创建偏移对象，如图 12-20 所示。

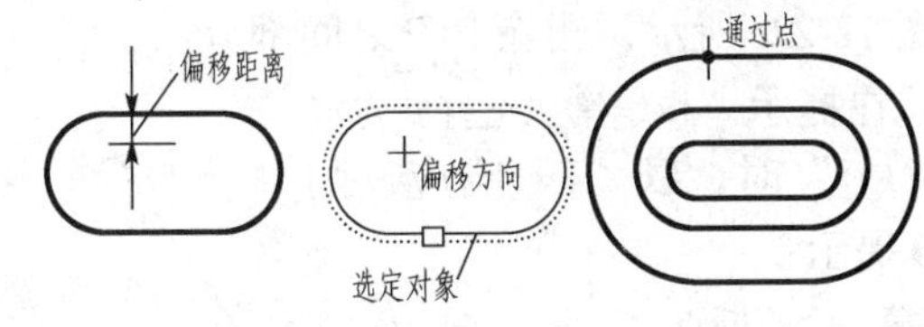

图 12-20 用 OFFSET 命令偏移对象（一）

使用 OFFSET 命令应注意的几点：

1）执行偏移命令时，只能用拾取框选取对象。

2）可以偏移的有效对象包括直线、圆弧、样条曲线和多段线等，其他类型对象不可偏移。

3）对于宽度大于 0 的图线，偏移距离按多段线中心计算。

4）对圆弧进行偏移时，新圆弧的长度与原始对象不同，但新旧圆弧的中心角相同。

5）对直线、多段线绘制的对象进行偏移，可能会出现如图 12-21 所示的不同情形。

七、打断命令 BREAK

使用 BREAK 命令可以去除对象上某两点之间的部分或将一个对象分成两部分。直线、

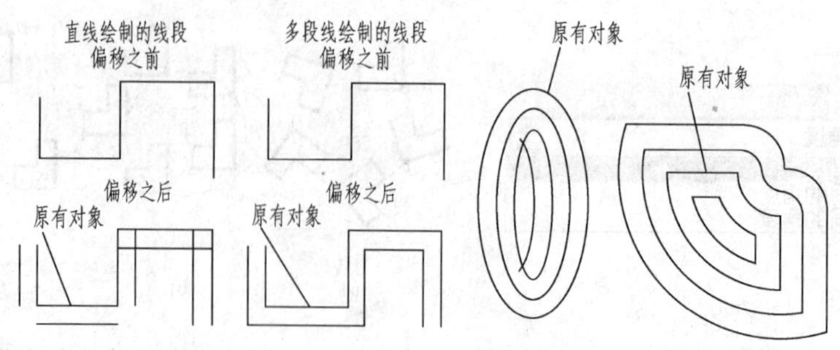

图 12-21 用 OFFSET 命令偏移对象（二）

圆弧、圆、多段线、椭圆以及其他几种对象类型都可以拆分为两个对象或将其中的一端删除。

（一）激活 BREAK 命令的方法

● 菜单：修改→打断

● 工具栏："修改"工具栏→"打断"按钮

● 命令行：BREAK

（二）BREAK 命令的操作方法

激活 BREAK 命令后，AutoCAD 提示：

命令:_ break 选择对象:

指定第二个打断点或[第一点(F)]:

关于打断方式说明如下：

（1）当用鼠标选择对象时，AutoCAD 不仅选择对象，而且把选择点当作第一个断点，接着要求指定第二个打断点，据此打断对象，如图 12-22a 所示，删除 P1P2 之间部分。如果第二点不在对象上，AutoCAD 将选择对象上距离该点最近的点作为第二点，如图 12-22b 所示。如果要删除直线、圆弧或多段线的一端，第二个打断点应选择要删除一端的端点或端点外的点，如图 12-22c 所示，删除 P1P 之间部分。

（2）在提示"指定第二个打断点或[第一点（F)]"时，以"F"响应，则 AutoCAD 提示：

指定第一个打断点:

指定第二个打断点:

用新指定的点替换选择对象时确定的第一个打断点，当对象间距离较近或相交时，此方式使用较多。

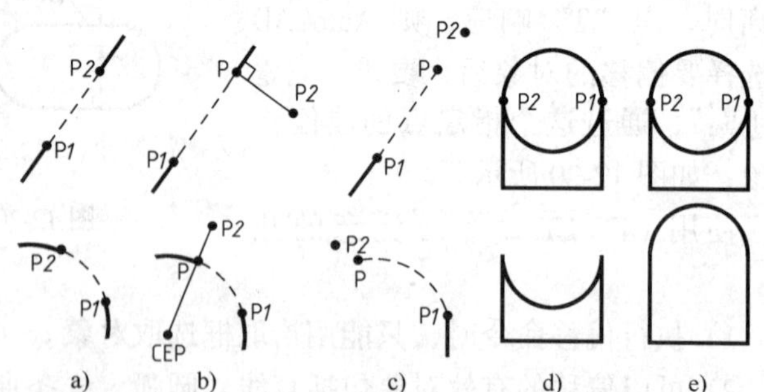

图 12-22 BREAK 命令的应用

a）剪掉 P1P2 部分 b)、c）剪掉 P1P 部分 d)、e）剪掉 P1P2 部分

（3）如果要将对象一分为二，但不删除任何部分，指定的第一点和第二点应该相同，即打断于点。在要求指定第二点时，以@响应，即可实现打断于点。如果在"修改"工具栏中单击"打断于点"按钮，则只需输入第一点。

（4）在打断圆时，AutoCAD 按逆时针方向删除圆上由第一个打断点到第二个打断点之间的部分，使圆变为圆弧，如图 12-22d、e 所示。对于完整的圆，不能进行“打断于点”的操作。

八、修剪命令 TRIM

使用 TRIM 命令可以用由其他对象定义的剪切边修剪对象。可修剪的对象包括直线、圆弧、圆、多段线、椭圆、构造线以及样条曲线等。有效的剪切边对象包括直线、圆弧、圆、多段线、椭圆、构造线、样条曲线以及文字等。

（一）激活 TRIM 命令的方法

● 菜单：修改→修剪

● 工具栏：“修改”工具栏→“修剪”按钮

● 命令行：TRIM

（二）TRIM 命令的操作方法

激活 TRIM 命令后，AutoCAD 提示：

命令：_ trim 选择对象：

当前设置：投影 = UCS，边 = 无

选择剪切边…

选择对象：

选择要修剪的对象,或按住 Shift 键选择要延伸的对象,或[投影(P)/边(E)/放弃(U)]：

对上述提示各选项的说明如下：

（1）选择剪切边对象：AutoCAD 首先要求选择作为修剪边界的对象，可以使用单个、窗口（W）或窗交（C）的方法选择边界对象。在选择了一个或多个剪切边后，需要按 Enter 键结束边界选择，开始修剪对象。

（2）选择要修剪的对象:选取被剪切对象时的拾取点,决定对象的被剪切部分。如果选择修剪对象的选择点位于对象端点和剪切边之间,则删除端点至剪切边部分,如图 12-23a 所示；如果选择点位子两个剪切边界之间,则删除它们之间的部分,保留两边界以外的部分,使对象一分为二,如图 12-23b 所示。剪切边自身也可以同时作为修剪的对象,如图 12-23c 所示。AutoCAD 重复提示“选择要修剪的对象:”,可以修剪多个对象。按 Enter 键结束修剪对象。

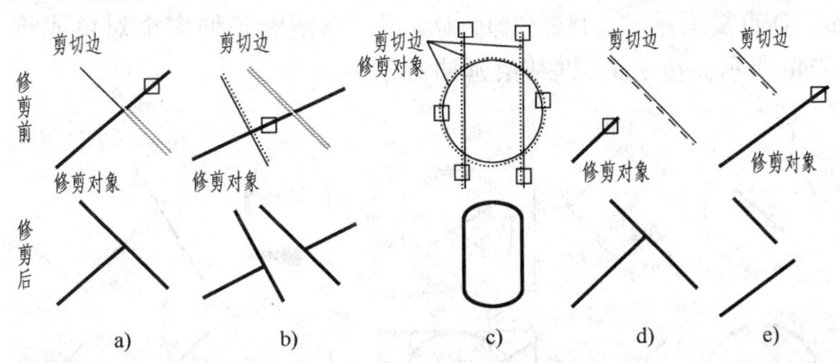

图 12-23　TRIM 命令的应用

a）剪掉一端　b）剪掉中间部分　c）剪切边也可修剪　d）延伸对象　e）剪切边延伸

（3）按住 Shift 键选择要延伸的对象：在选择对象的同时，按住 Shift 键，是将对象延伸到最近的边界，而不是修剪对象，如图 12-23d 所示。

（4）投影（P)：用于三维剪切。

(5) 边（E）：此选项决定是否修剪剪切边未与被修剪对象相交时的剪切对象。输入“E”，AutoCAD 提示：输入隐含边延伸模式[延伸(E)/不延伸(N) <不延伸>：

1）延伸（E）：按延伸方式剪切。如果剪切边未与被修剪对象相交时，AutoCAD 假想将剪切边界沿自身自然路径延伸与修剪对象相交，而后再进行修剪，如图 12-23e 所示。

2）不延伸（N）：该选项为默认项，不延伸边界，仅修剪与边界相交的选择对象。

(6) 放弃（U）：输入“U”，撤消 TRIM 命令所做的最后一次修剪。

九、延伸命令 EXTEND

使用 EXTEND 命令可以将直线、圆弧、椭圆弧和开放的多段线延伸到指定的边界对象，并使其相交。边界对象包括直线、圆弧、圆、多段线、椭圆、构造线、样条曲线以及文字等。

（一）激活 EXTEND 命令的方法

- 菜单：修改→延伸
- 工具栏：“修改”工具栏→“延伸”按钮
- 命令行；EXTEND

（二）EXTEND 命令的操作方法

激活 EXTEND 命令后，AutoCAD 提示：

命令：_ extend
当前设置：投影 = UCS，边 = 无
选择边界的边…
选择对象：
选择要延伸的对象，按住 Shift 键选择要修剪的对象，或[投影(P)/边(E)/放弃 U)]：

对上述提示各选项的说明如下：

(1) 选择延伸边界对象：AutoCAD 首先要求选择作为延伸边界的对象，可以使用单个、窗口（W）或窗交（C）的方法选择边界对象。

(2) 选择要延伸的对象：选取要延伸的对象时，只能直接选取（点选），距离拾取点最近的一端被延伸，如图 12-24a 所示。延伸边界自身也可以同时作为要延伸的对象，如图 12-24b 所示。AutoCAD 重复提示“选择要延伸的对象：”，以便能延伸多个对象或将一个对象多次延伸，如图 12-24c 所示。按 Enter 键结束延伸对象。

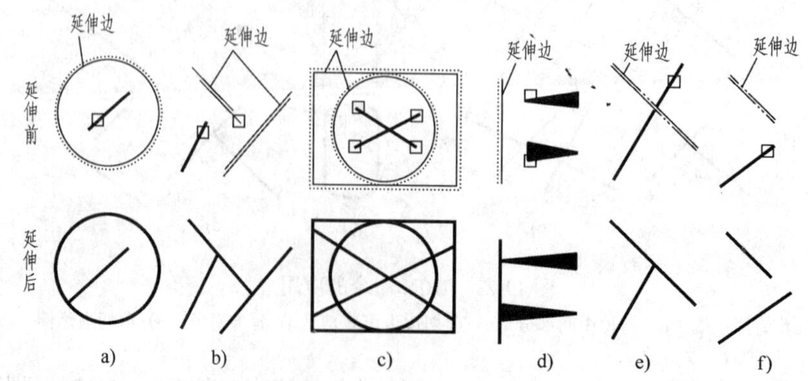

图 12-24　EXTEND 命令的应用

a）延伸端的确定　b）边界也可延伸　c）多次延伸　d）锥形多段线延伸　e）修剪对象　f）延伸边界延伸

注意：宽度大于零的多段线作边界时，延伸交点按中心线计算。如果延伸一个锥形的多段线线段，AutoCAD将修改延伸端的宽度，使其按原来的锥度进行延伸。如果这样导致线段端点宽度为负，则令端点宽度为零，如图12-24d所示。

(3) 按住Shift键选择要修剪的对象：按此提示操作，是修剪对象，如图12-24e所示。

(4) 边（E）：在延伸对象不能与延伸边界相交时，此选项决定是否延伸对象。其操作与TRIM命令的“边（E）”选项相同。图12-24f所示为将延伸边界延伸的操作结果。

十、夹点编辑

夹点（关键点）编辑方式与此前所讲述的AutoCAD修改编辑命令的编辑方式完全不同，它是一种集成的编辑模式，包含了五种编辑方法：移动、镜像、旋转、比例和拉伸。

（一）捕捉夹点

使用夹点编辑对象时，需首先用鼠标拾取编辑对象，被选中的对象上将出现若干蓝色方框，这些方框被称为夹点。夹点出现在直线和圆弧的端点和中心点、多段线的顶点和端点、圆的象限点和中心点、文字的插入点处，图12-25显示了常用对象的夹点位置。

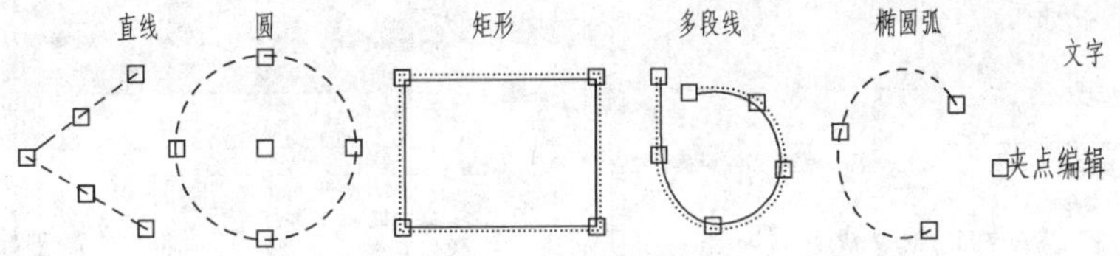

图12-25　常用对象的夹点位置

（二）夹点状态

夹点有二种状态：当拾取某对象后，该对象将醒目显示，表示已被选中，同时显示出对象上的蓝色夹点；用鼠标选取一个显示的夹点后，该夹点呈红色实心方框，表示该夹点被选中。

（三）关闭夹点

按Esc键，可以关闭夹点的显示。当夹点被选中呈红色时，按一次Esc键，夹点变为蓝色，再次按Esc键，才关闭夹点显示。

（四）夹点编辑方法

当对象上的一个夹点被选中后，夹点编辑模式被激活，AutoCAD自动进入“拉伸”编辑状态，此时，连续按Enter键，便可以在五种编辑方法之间切换。另外，在选中一个夹点后，单击右键，弹出如图12-26所示快捷菜单，也可在其中选择夹点编辑方法。

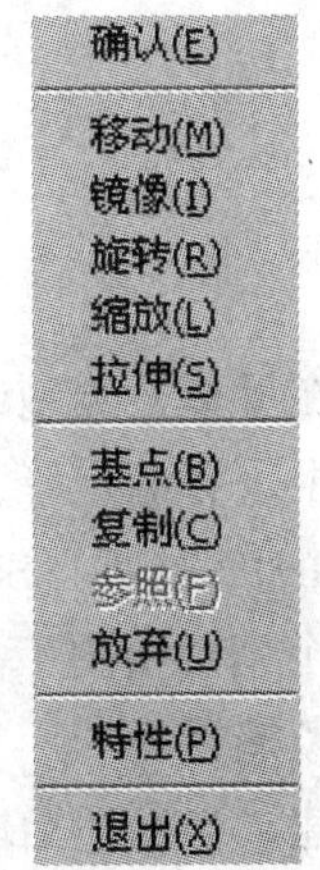

图12-26　夹点编辑快捷菜单

在激活夹点编辑模式时选中的夹点，在默认状态下，系统认为是拉伸点、旋转的中心点、镜像线的第一点、移动和比例缩放的基点。下面是进入移动编辑模式时的提示：

＊＊移动＊＊

指定移动点或[基点(B)/复制(C)/放弃(U)/退出(X)]：

（1）指定移动点：要求指定移动的位移点，当移动鼠标时，AutoCAD将所有选中的对象相对于基点进行移动。

（2）基点（B）：此选项可以改变移动的基点。

（3）复制（C）：此选项可以在移动对象时进行多重复制。AutoCAD将重复如下提示：

＊＊移动(多重)＊＊

指定移动点或[基点(B)/复制(C)/放弃(U)/退出(X)]：

直到退出移动，或切换到其他选项或其他夹点编辑模式。

其他四种编辑模式的提示与移动模式基本相同，请参阅第十三章第一节相应命令。

（五）夹点编辑模式的设置

AutoCAD允许用户在图12-27所示对话框中控制是否使用夹点编辑功能并设置夹点标记的大小与颜色。显示对话框的操作如下：下拉菜单“工具”→“选项”→“选择”选项卡。

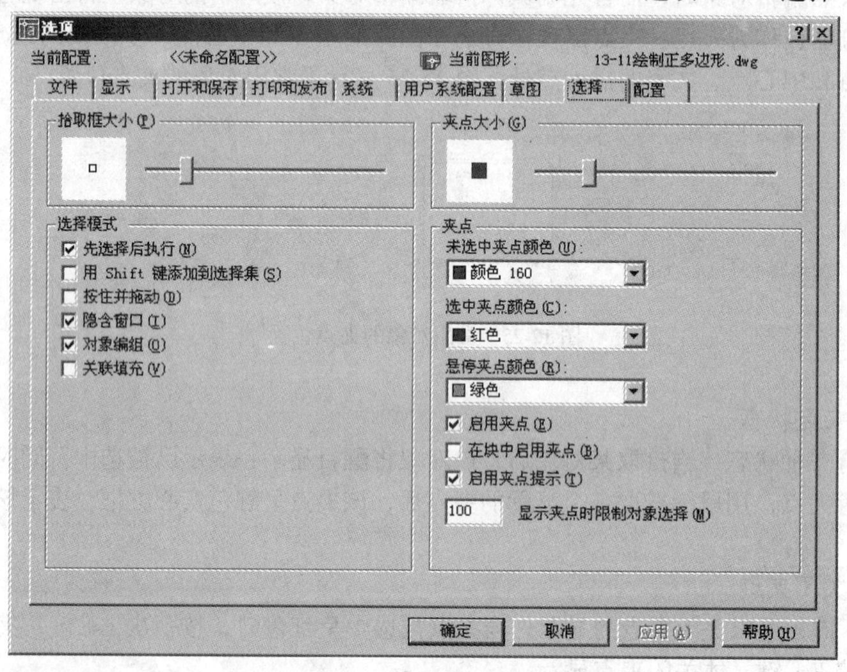

图12-27　在“选项”对话框中设置夹点

第三节　精确绘图工具

当我们在屏幕上绘制或者编辑图形对象时，常常需要用鼠标在屏幕上拾取点，例如，圆心、直线的中点和端点等，如果没有辅助工具，我们很难准确地获得这些点。AutoCAD提供了栅格（GRID）、捕捉（SNAP）、正交（ORTHO）、对象捕捉（OSNAP）以及自动追踪（AutoTrack）等多个精确绘图工具。本节介绍这些辅助绘图工具，这些命令均可透明地执行。

一、对象捕捉

为了快速、准确地拾取已有对象上的几何点，可以使用对象捕捉功能。

（一）对象捕捉方式

对象捕捉方式只有在AutoCAD提示输入点时才能使用。有两种模式激活对象捕捉方式：

单点对象捕捉和运行对象捕捉模式。首先介绍激活单点对象捕捉模式的方法：

● 在命令行输入对象捕捉方式相应的关键字。

● 从对象捕捉工具栏中选取需要的对象捕捉方式，如图 12-28 所示。

● 从快捷菜单（Shift/Ctrl + 鼠标右键）中选取需要的对象捕捉方式，如图 12-29 所示。

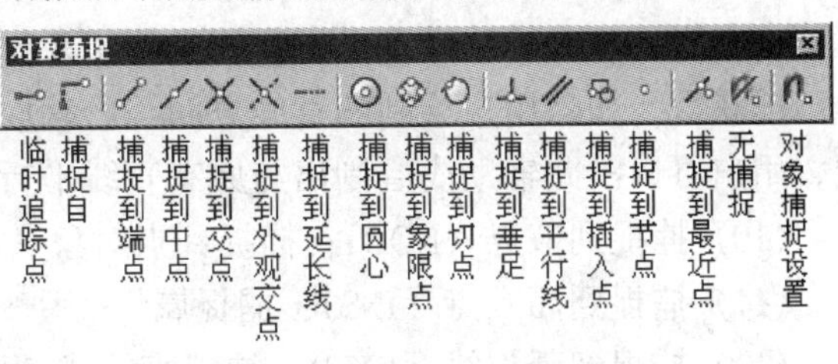

图 12-28 “对象捕捉”工具栏

单点对象捕捉模式在提示指定点时，用需要的对象捕捉方式响应，便临时打开了相应的对象捕捉方式，光标变为对象捕捉靶框，在选择对象时，将捕捉离靶框中心最近的符合条件的捕捉点，而后，对象捕捉就自动关闭。

下面介绍常用的对象捕捉方式，参见图 12-30。

临时追踪点(K)
自(F)
两点之间的中点(W)
点过滤器(T) ▸

端点(E)
中点(M)
交点(I)
外观交点(A)
延长线(X)

圆心(C)
象限点(Q)
切点(G)

垂足(P)
平行线(L)
节点(D)
插入点(S)
最近点(R)
无(N)

对象捕捉设置(O)...

图 12-29 “对象捕捉”快捷菜单

(1) 捕捉到端点（END）：捕捉直线、圆弧、椭圆弧或多段线的最近的端点。

(2) 捕捉到中点（MID）：捕捉直线、圆弧、椭圆弧、多段线线段或构造线的中点。

(3) 捕捉到交点（INT）：捕捉直线、圆、圆弧、椭圆、椭圆弧、多段线、样条曲线或构造线的交点，包括两个对象沿其自然路径延长将相交的潜在交点。

(4) 捕捉到最近点（NEA）：捕捉直线、圆、圆弧、椭圆、椭圆弧、点、样条曲线、多段线或构造线上距光标中心最近的一点。

(5) 捕捉到圆心（CEN）：捕捉圆、圆弧、椭圆或椭圆弧的圆心。注意：圆或圆弧的一部分必须在靶框内才能捕捉到圆心。

(6) 捕捉到象限点（QUA）：捕捉圆、圆弧、椭圆或椭圆弧的 0°、90°、180°和 270°处的象限点。注意：椭圆或椭圆弧旋转了一个不是 90°的倍数的角度时，“捕捉到象限点”的象限点也跟着旋转，即，此时椭圆或椭圆弧的象限点不在当前坐标系的 0°、90°、180°和 270°处。

(7) 捕捉到切点（TAN）：捕捉圆、圆弧、椭圆、椭圆弧或样条曲线的切点。

(8) 捕捉到垂足（PER）：捕捉直线、圆、圆弧、椭圆、椭圆弧、多段线或构造线的垂足。

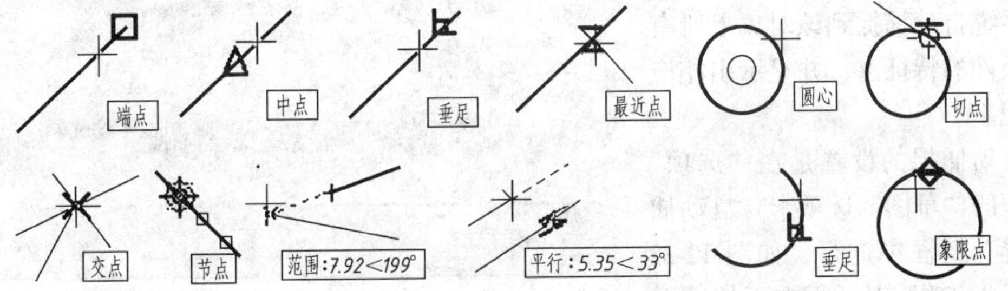

图 12-30 对象捕捉方式示例

(9) 捕捉到平行线（PAR）：捕捉到与一个直线相平行的延伸方向。使用时，在提示输入第二点时，将光标移动到已有直线上停留片刻，该直线上将出现一个平行符号，表明该直线已被获取，如果用户绘制的直线方向与已获取的直线方向平行时，AutoCAD 显示一条辅助线，用户可以沿此辅助线绘制出与原有直线平行的对象。

(10) 捕捉到节点（NOD）：捕捉到点对象。

(11) 捕捉到插入点（INS）：捕捉属性、块、形或文字的插入点。

(12) 捕捉到延长线（EXT）：捕捉直线或圆弧的延长线上的点。使用时，将光标移到要延长的对象上，停留片刻，该对象的端点出现一个加号“+”，表明要延长的对象已被选中，沿着要延长的方向移动光标，会显示临时延长线（虚线），以便用户拾取延长线上的点绘制对象。

（二）设置对象捕捉方式

在作图过程中，有时需要连续使用对象捕捉方式获取点，这时应该使用运行对象捕捉模式，只要定位点，AutoCAD 自动打开设定的捕捉方式。我们还可以同时设置多种对象捕捉方式，在运行时由系统进行判断，使用与选择对象最合适的对象捕捉方式。若在选择区域内有两个合适的点，则 AutoCAD 将捕捉到距离靶框中心最近的那个点。可以在“草图设置”对话框的“对象捕捉”选项卡中设置对象捕捉方式，打开“草图设置”对话框的方法如下：

● 菜单：工具→草图设置

● 快捷菜单：在状态栏的“捕捉”、“栅格”、“极轴”、“对象捕捉”或“对象追踪”按钮上单击鼠标右键，在弹出的快捷菜单中选择“设置”选项

● 工具栏：“对象捕捉”工具栏→“对象捕捉设置”按钮

● 命令行：OSNAP 或 DSETTINGS

打开“草图设置”对话框，选择“对象捕捉”选项卡，对话框如图 12-31 所示，便可在“对象捕捉模式”组框中选取对象捕捉方式。可以单独选取，也可以“全部选择”，还可以“全部清除”，则关闭所有对象捕捉方式。另外对话框中显示了每种对象捕捉方式的捕捉标记。

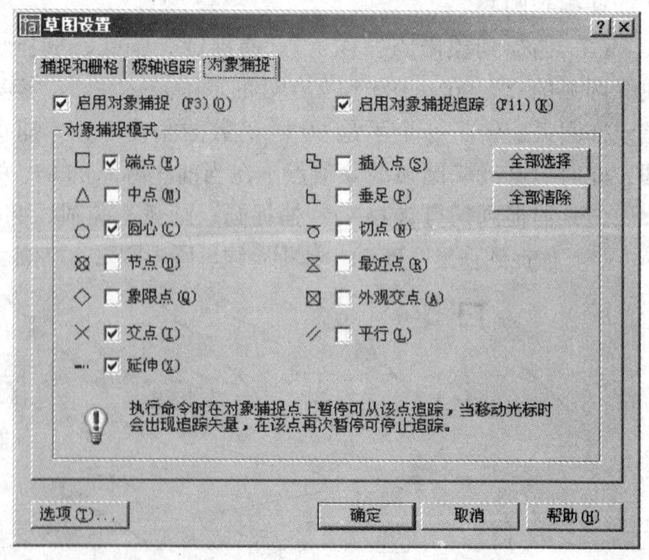

图 12-31 “草图设置”对话框：“对象捕捉”选项卡

在绘图过程中开、关对象捕捉功能，可按功能键 F3 或单击状态栏中“对象捕捉”按钮。

（三）自动捕捉的相关设置

自动捕捉功能即当用户把光标放到一个对象（包括填充图案）上，系统自动捕捉到该对象上所有符合条件的特征点，并显示出相应的标记。

自动捕捉的设置是在“选项”对话框的“草图”选项卡“自动捕捉设置”组框中进行，如图 12-32 所示。“选项”对话框在下拉菜单“工具”中单击“选项”调出。

（1）标记：该选项用来打开或关闭表示对象捕捉类型和指示捕捉点位置的标记。当光标移动到一个对象上时，对象上所有符合条件的捕捉点就会出现相应的标记。

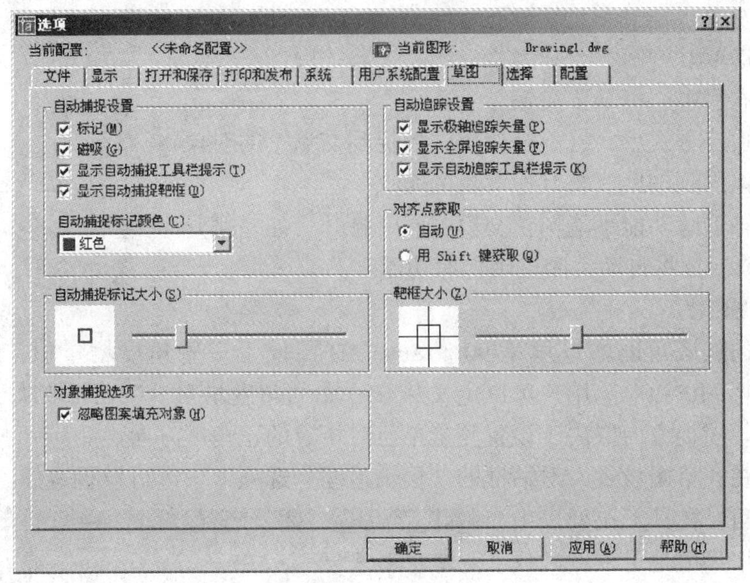

图 12-32 “选项”对话框：“草图”选项卡

（2）磁吸：捕捉磁吸将光标锁定在捕捉点上，此时，光标只能在捕捉点之间移动。

（3）显示自动捕捉工具栏提示：打开或关闭捕捉提示。捕捉提示是系统捕捉到一个捕捉点后，显示出该捕捉点的文字说明。

另外，自动捕捉标记的大小可以拖动滑块任意增大或减小；对于填充图案可以忽略捕捉其上符合条件的特征点。

二、正交绘图模式

使用正交模式可以限制光标只能沿水平或竖直方向移动。打开或关闭正交模式的方法：

- 命令行：ORTHO
- 按功能键 F8
- 单击状态栏上的“正交”按钮

当正交模式打开后，状态栏中“正交”按钮被按下，不能画任意角度的直线，而所画线是水平还是竖直，取决于光标距离 X 还是 Y 轴更近。另外，指定距离时也非常方便。

三、自动追踪

自动追踪可以帮助用户按指定的角度或与其他对象特定的关系来确定点的位置。打开自动追踪功能后，AutoCAD 将显示出临时辅助线来帮助用户，以精确的位置和角度绘制图形。

AutoCAD 提供了两种自动追踪方式：极轴追踪和对象捕捉追踪。两种追踪方式的区别是：极轴追踪按预先给定的角度增量追踪点；而对象追踪是按与对象的某种特定的关系追踪点，这种特定的关系确定了一个事先并不知道的角度。但极轴追踪与对象追踪可以同时打开。

（一）极轴追踪

在 AutoCAD 要求指定一个点时，移动光标接近预先设置的角度增量方向，极轴追踪功能便按这个方向显示一条辅助线（虚线），并同时提示追踪的距离和角度值。用户可以沿辅助线捕捉到需要的点，如图 12-33 所示。

1. 打开极轴追踪方式

● 按功能键 F10

● 单击状态栏中“极轴”按钮

打开极轴追踪方式后，若配合使用“捕捉到交点”的对象捕捉方式，可以得到辅助线与其他对象的交点。

注意：极轴追踪功能不能与正交模式同时打开。如果打开正交模式，AutoCAD 将自动关闭极轴追踪功能。

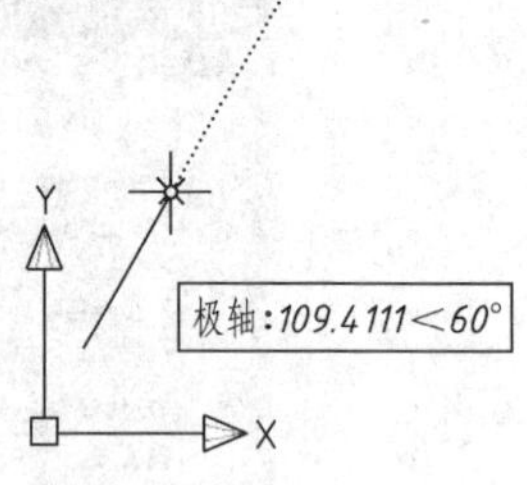

图 12-33　极轴追踪定点

2. 设置极轴追踪

极轴追踪的默认角度增量值是 90°。AutoCAD 预设了一些角度增量值；90°、45°、30°、22.5°、18°、15°、10°和 5°。用户可以定义从 0°开始的角度增量。0°方向取决于“图形单位”中设置的角度。捕捉方向取决于设置测量单位时指定的正角度方向。

极轴追踪在“草图设置”对话框的“极轴追踪”选项卡中进行设置，如图 12-34 所示。

（1）增量角：在其下拉列表中可以选择角度增量值也可以输入任意需要的角度。

（2）附加角：选中该复选框，再选择“新建”按钮，便可以在其下方的编辑框中增加一个附加角度增量值。若在编辑框中选中一个角度增量值，再按“删除”按钮便可删除该值。

（3）在“极轴角测量”组框中，可选择角度测量方式：

● 绝对：此选项使极轴追踪角度的确定基于当前用户坐标系。

● 相对上一段；此选项使追踪角度基于最后绘制的线段确定。

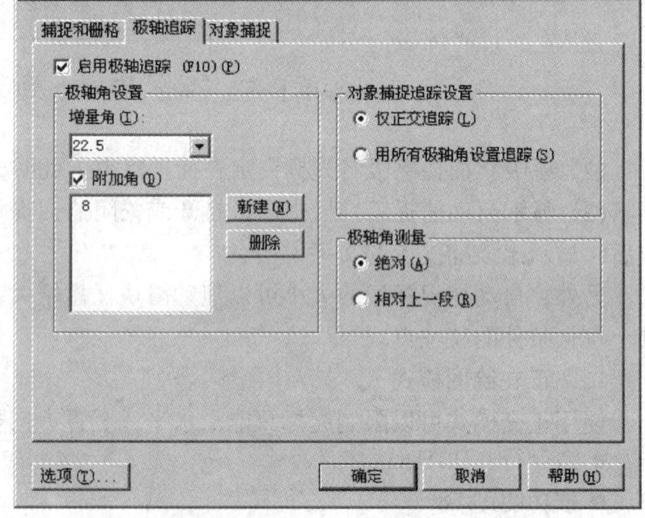

图 12-34　“草图设置”对话框：“极轴追踪”选项卡

3. 替代追踪角度

虽然在图 12-34 对话框中设置了极轴追踪的角度增量值，但在命令执行过程中仍然可以重新（临时）设置一个追踪角度，替代对话框中的设置。输入的角度值前要加“<”符号。下面是重新设置 37°追踪角的命令序列：

```
命令:_ line
指定第一点:                    //指定直线的起点
指定下一点或[放弃(U)]: <37     //输入追踪角度
角度替代:37
指定下一点或[放弃(U)]:          //在 37°线上指定一点
```

所输入的角度将锁定光标，替代“栅格捕捉”、“正交”模式和“极轴捕捉”。

（二）对象捕捉追踪

对象捕捉追踪将沿着基于对象捕捉点的辅助线方向追踪。对象追踪必须与对象捕捉方式同时工作，在追踪对象捕捉点之前，必须先打开对象捕捉。

1. 打开对象捕捉追踪

- 按功能键 F11
- 单击状态栏中“对象追踪”按钮

2. 使用对象追踪的实例

【例 12-1】 以图12-35为例，用对象追踪方式绘制 AB 线段。已知：A 点与圆弧，AB 长为 23，AB 的延长线与圆弧相切。

作图步骤如下：

（1）激活 LINE 命令，拾取直线起点 A。

（2）在 AutoCAD 提示“指定下一点或［放弃（U）]：”时，输入对象捕捉方式——切点（TAN）；将光标移动到圆弧上切点处，但不拾取，仅停留片刻，获取捕捉到的切点。此时，切点处显示切点符号和一个“+”号（如果将光标再移回“+”标记上，则“+”标记消失，该获取点被清除）。

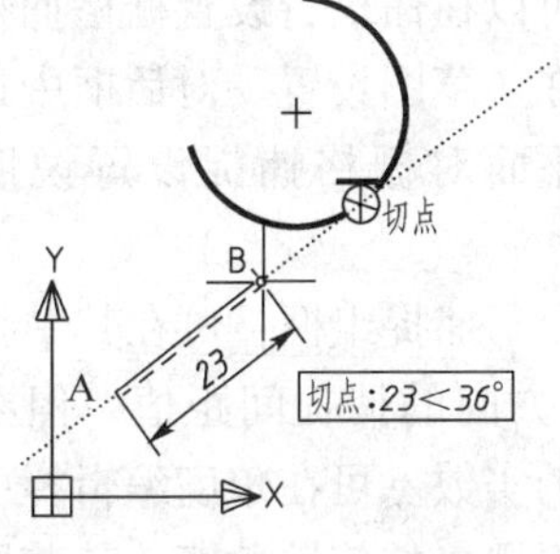

图 12-35　对象捕捉追踪定点

（3）移动光标，一条以虚线表示的辅助线便显示出来。

（4）沿这条辅助线移动光标，光标处的极坐标便显示出来（坐标显示的精度由“单位”命令所设置的“长度”单位的精度控制），根据显示的坐标移动光标到需要的位置，拾取 B 点。

3. 设置对象捕捉追踪

在图 12-34 所示的“草图设置”对话框的“对象捕捉追踪设置”组框中，有二个选项：

（1）仅正交追踪：在对象捕捉追踪过程中只显示过临时捕捉点的水平或垂直辅助线。

（2）用所有极轴角设置追踪：在使用对象捕捉追踪时，显示通过所设极轴增量角和全部附加角的辅助线。

（三）自动追踪设置

自动追踪的设置在图 12-32 所示对话框的“自动追踪设置”组框和“对齐点获取”组框中进行。主要用于设置辅助线的显示方式：

1.“自动追踪设置”组框

（1）显示极轴追踪矢量：此选项用于控制是否显示极轴追踪的辅助线。

（2）显示全屏追踪矢量：此选项用于控制追踪辅助线是否通过整个图形窗口。不选此项则只显示从对象捕捉点到当前光标位置处的辅助线。

（3）显示自动追踪工具栏提示：此选项控制是否显示自动追踪提示。该提示显示了对象追踪时对象捕捉的类型、辅助线的角度以及从前一点到当前光标位置的距离。

2.“对齐点获取”组框

若选择“自动”选项，当靶框移过对象捕捉点时，自动显示追踪辅助线。

若选择“用 shift 键获取”，按下 shift 键将光标移到对象捕捉点时，才显示追踪辅助线。

四、栅格捕捉

栅格捕捉命令提供一个不可见的参考栅格。当栅格捕捉打开时，移动鼠标，光标只能落在栅格点上，可以迅速、精确地拾取点。由键盘输入的坐标不受栅格捕捉的影响。

（一）打开栅格捕捉的方法

- 单击状态栏中“捕捉”按钮
- 按功能键 F9
- 命令行：SNAP，再输入相应选项

（二）设置栅格捕捉

可以在命令行设置栅格捕捉，也可以在草图设置对话框中进行。下面介绍后一种方法。

在“草图设置”对话框中选择“捕捉和栅格”选项卡，对话框如图 12-36 所示。

下面对栅格捕捉设置说明如下：

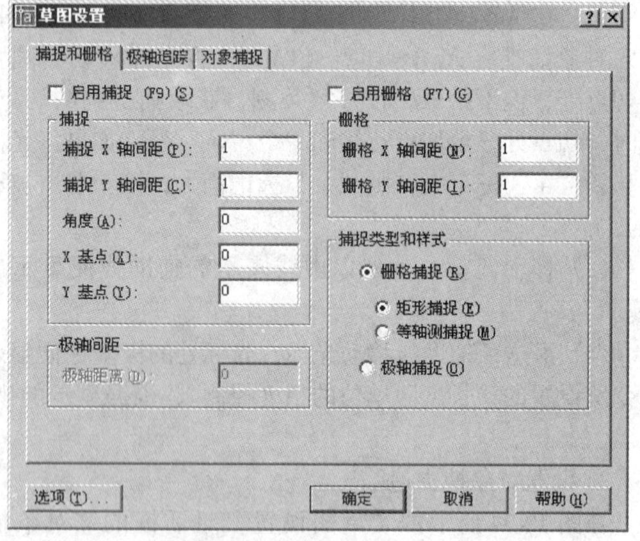

图 12-36 “草图设置”对话框：“捕捉和栅格”选项卡

（1）捕捉组框：可在其中指定 X、Y 方向的捕捉间距值，但必须是正的实数。可在角度编辑栏中指定捕捉栅格的旋转角度，其范围在 －90°到 ＋90°之间。另外，还可以指定捕捉栅格的 X 和 Y 方向基点坐标。

（2）极轴间距组框：设置极轴捕捉增量距离，但必须是在“捕捉类型和样式”组框中选择了“极轴捕捉”选项的条件下。如果此值为 0，则“捕捉 X 轴间距”的值将作为极轴捕捉间距。

（3）捕捉类型和样式组框：“栅格捕捉”是默认的捕捉类型。捕捉样式还有矩形和等轴测两种。矩形捕捉为默认样式，在指定点时，光标只能沿着水平或垂直方向拾取栅格上的点。

（4）极轴捕捉：将捕捉类型设置为“极轴捕捉”。打开栅格捕捉，并启用极轴追踪或对象追踪时，指定点，光标将沿极轴角或对象捕捉追踪角度进行捕捉。

五、栅格

栅格命令提供一个在屏幕显示的参考栅格。栅格并不是图形的组成部分，所以不会被打印。

（一）打开栅格的方法

- 单击状态栏中“栅格”按钮
- 按功能键 F7
- 在命令行输入“GRID”，再输入相应选项

（二）设置栅格

设置栅格在如图 12-36 所示“草图设置”对话框的栅格组框中进行，可指定 X、Y 方向

的栅格间距值。若 X、Y 值为 0，栅格间距将以“捕捉 X 轴间距”和“捕捉 Y 轴间距”值代替。

注意：

(1) 栅格间距不能太小，否则将无法显示栅格。

(2) 栅格仅在由 LIMITS 命令设置的绘图区域中显示。

(3) 栅格与栅格捕捉的间距设为相同或相关时，二者结合使用将显示点的独立可见栅格。

第四节　图形显示控制

一、缩放命令 ZOOM

在绘图过程中，有时需要放大图形观查细节，有时又需要缩小图形观察全图，以便更准确和详细地绘图。缩放命令 ZOOM 不改变图形的绝对尺寸，仅改变绘图区域中图形的视觉尺寸。

(一) 激活 ZOOM 命令的方法

● 菜单：视图→缩放→相应选项，如图 12-37a 所示

● 工具栏：“标准”工具栏或“缩放”工具栏→相应按钮如图 12-37b、c 所示

● 命令：ZOOM

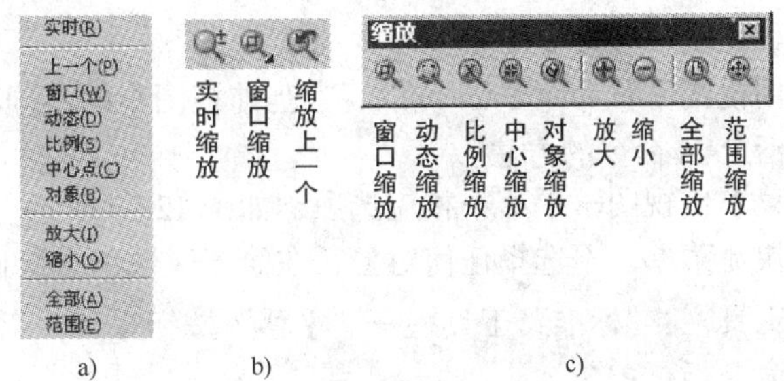

图 12-37　“缩放”工具

a)“缩放”子菜单　b)“标准”工具栏按钮　c)“缩放”工具栏

(二) 对缩放命令各选项的使用说明

(1) 实时：即任意放大或缩小图形。进入实时缩放状态后，光标变成放大镜。按住鼠标左键，在图形窗口中向上移动光标可放大图形，向下移动光标可缩小图形，松开鼠标左键即停止缩放，可以按命令行提示退出。

(2) 上一个：显示上一次显示的视图。最多可以恢复此前的十个视图。

(3) 窗口：将选择的矩形区域中的图像最大化地显示在图形窗口中。

(4) 动态：用视图框显示图形。进入“动态缩放”状态，将显示三个线框，如图 12-38 所示，蓝色的虚线框标记的是当前图形界限；绿色的虚线框标记的是当前显示区域；实线框是视图框，它与当前显示区域同样大小，且中央位置有一个“×”标记。此时，视图框处于平移状态，移动鼠标，视图框便跟随移动。按一下鼠标左键后，“×”标记消失，同时视图框的右边出现一个方向

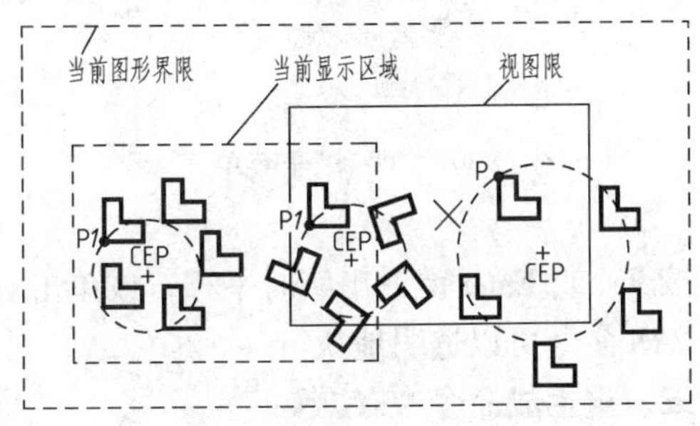

图 12-38　动态缩放

箭头，表示视图框处于缩放状态，向左移动光标，视图框缩小；向右移动光标，视图框增大。当视图框大小确定后，再按鼠标左键又进入平移状态。这种平移和缩放状态循环出现，直到接受视图框的大小和位置，按 Enter 键退出动态缩放状态，显示新的当前视图。

（5）比例：以指定的比例因子缩放显示图形。

（6）中心点：改变图形的中心点和高度来缩放图形。若指定的显示高度小于当前图形高度，图形被放大，否则，图形被缩小。指定的中心点就是新的图形窗口的中心。

（7）对象：使一个或多个选定的对象尽可能大地显示在绘图区域的中心。可以在激活 ZOOM 命令之前或之后选择对象。

（8）放大：每选择此选项一次，系统按当前视图的 2 倍放大图形。

（9）缩小：每选择此选项一次，系统按当前视图的 0.5 倍缩小图形。

（10）全部：在图形窗口中显示整个图形。显示图形界限和当前图形范围两者中较大的一个。

（11）范围：在图形窗口中尽可能大的显示整个图形。它与“全部”不同的是：当图形界限大于图形范围时，“范围”显示的是图形区域范围，而“全部”显示的是图形界限的范围。

ZOOM 命令可以透明地执行。

二、视图平移命令 PAN

使用视图平移命令 PAN 可以观察当前视图中的不同部分，而不改变当前视图的大小。

激活 PAN 命令的方法：

- 菜单：视图→平移→相应选项，如图 12-39 所示
- 快捷菜单：不选择任何对象，在绘图区域单击鼠标右键，在快捷菜单中选择“平移”
- 工具栏：“标准”工具栏→“平移”按钮
- 命令行：PAN

激活 PAN 命令进入实时平移模式后，光标变成手形光标。按住鼠标左键，窗口中的图形将跟随光标向同一方向移动，释放鼠标左键，平移停止。当光标移到逻辑边界时，在手形光标的相应边显示边界栏，如图 12-40 所示。

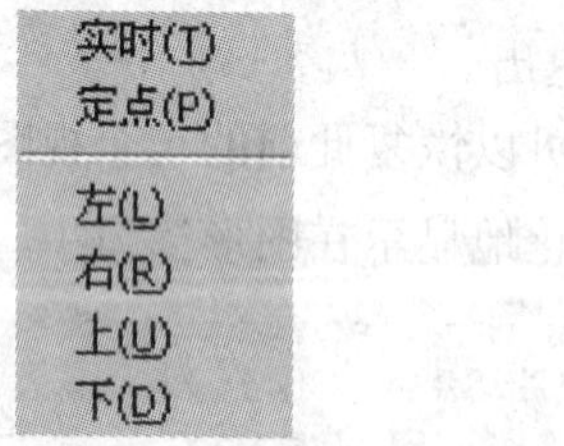

图 12-39 “平移”子菜单

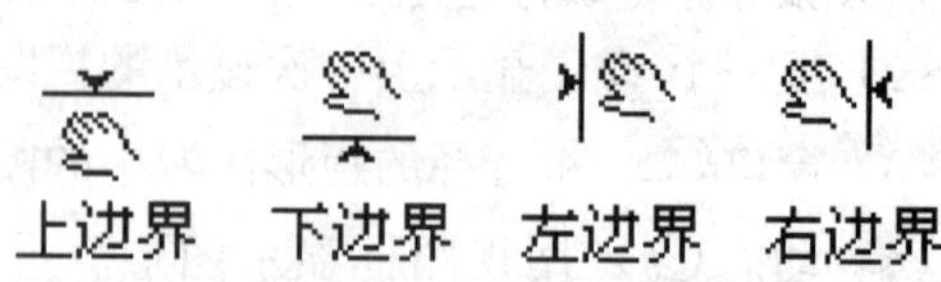

图 12-40 到达逻辑边界的光标形状

按 Esc 或 Enter 键退出实时平移，或单击右键在弹出的快捷菜单中选择“退出”。

PAN 命令可以透明地执行。

三、重生成命令 REGEN

REGEN 命令用于重新计算所有对象的屏幕坐标并更新屏幕显示，不光滑的曲线如圆（弧）、椭圆（弧）等变得光滑。

激活 REGEN 命令的方法：
- ● 菜单：视图→重生成
- ● 命令行：REGEN

第五节 绘制平面图形举例

本节中例题只应用前四节中介绍的内容，至于线型、尺寸标注等内容在后面章节中介绍。

【例 12-2】 绘制如图12-41所示平面图形一。

作图步骤如下：

(1) 打开正交模式，用直线命令 LINE 画对称中心线。

(2) 打开“草图设置”对话框，选择“对象捕捉”选项卡，设置对象捕捉方式：交点、端点和圆心点；启用对象捕捉。

(3) 以直线交点为圆心，用画圆命令 CIRCLE 画出直径为 30、45 和 60 的圆，如图 12-42a 所示。

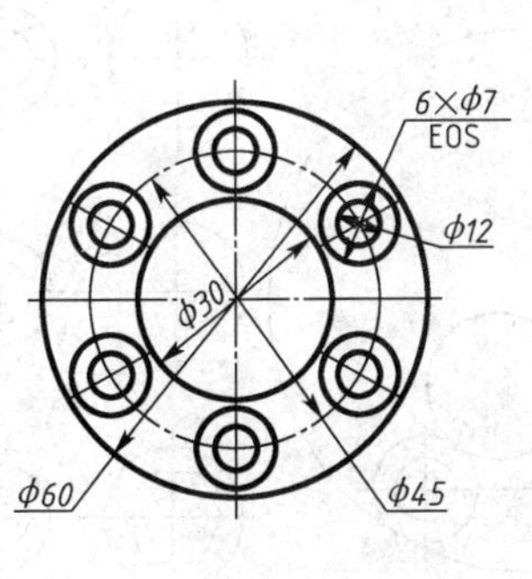

图 12-41 平面图形一

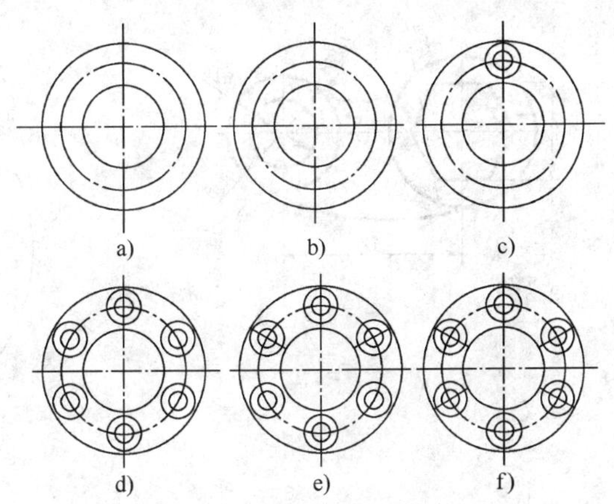

图 12-42 “平面图形一”的作图步骤

(4) 在直径 60 的圆外保留 2 ~ 5mm 长的中心线，多余部分用打断命令 BREAK 删除掉，如图 12-42b 所示（删除多余中心线的工作可以放到最后进行，在此进行，是为了图面更清晰）。

(5) 以垂直中心线与直径 45 的圆的交点为圆心，用画圆命令画出直径为 7 和 12 的圆，如图 12-42c 所示。

(6) 将直径为 7 和 12 的圆进行环形阵列（ARRAY），项目总数为 6 个，填充角度为 360°，阵列结果如图 12-42d 所示。

(7) 采用对象捕捉追踪的办法画出如图 12-42e 所示的两个直径为 7 和 12 的圆的中心线。

(8) 将上述两中心线分别复制（COPY）到下端，如图 12-42f 所示。

【例 12-3】 绘制如图12-43所示平面图形二。

作图步骤如下：

(1) 打开正交模式，用直线命令 LINE 绘制直径为 50 的圆的对称中心线。

（2）用偏移命令 OFFSET 将垂直中心线向右偏移 62，作出直径为 22 和 38 的圆的对称中心线，如图 12-44a 所示。

（3）启用、设置对象捕捉方式：交点、端点和圆心点。

（4）以中心线交点为圆心，用画圆命令 CIRCLE 画出直径为 50、22 和 38 的圆，如图 12-44b 所示。

（5）采用夹点方式修剪多余的中心线，结果如图 12-44c 所示。

（6）用画圆命令的“相切、相切、半径”方式，分别画出 R94 和 R25 两圆弧所在的圆，如图 12-43d 所示。

（7）以 $\phi50$ 和 $\phi38$ 两圆为修剪边界，剪掉多余的圆弧，如图 12-44e 所示。

（8）用正多边形命令 POLYGON 以 ϕ50 的圆心为中心点，采用“外切于圆”（直径为 32 的圆）方式，追踪确定圆的半径 16，画正六边形，如图 12-44f 所示。

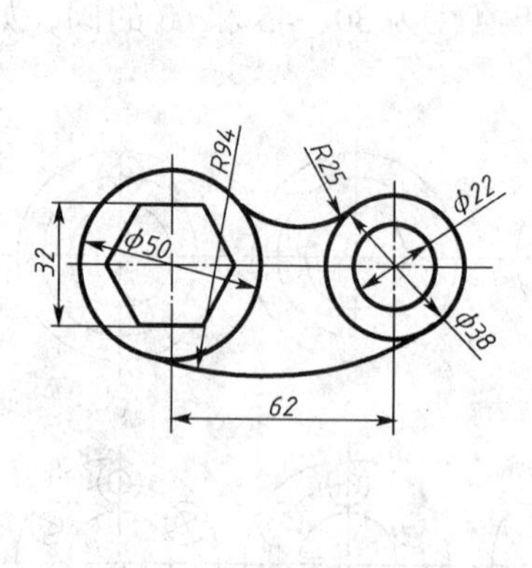

图 12-43　平面图形二

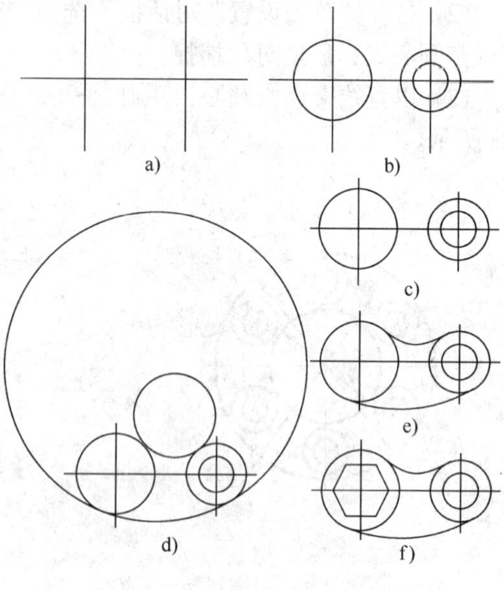

图 12-44　“平面图形二”的作图步骤

【例 12-4】　绘制如图12-45所示平面图形三。

作图步骤如下：

（1）打开正交模式，作互相垂直的两条构造线，通过水平和垂直方向偏移 30、50 作出另两条线，如图 12-46a 所示。

（2）启用对象捕捉，设置交点、端点和圆心点方式。

（3）利用构造线交点从右上角开始，用 LINE 命令向下画长 20 的垂直线，可以利用相对坐标，也可以使用极轴追踪功能或正交方式。接下来用对象捕捉追踪功能，作 45°斜线。其余直线段均可采用对象捕捉、自动追踪或输入相对坐标的方式确定各个角点，作出轮廓多边形，如图 12-46b 所示。

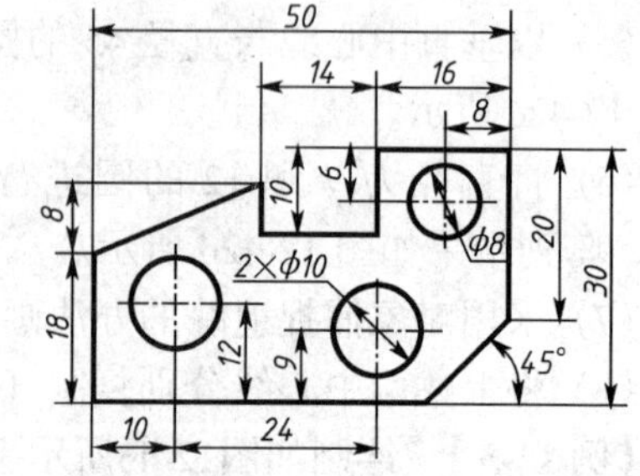

图 12-45　平面图形三

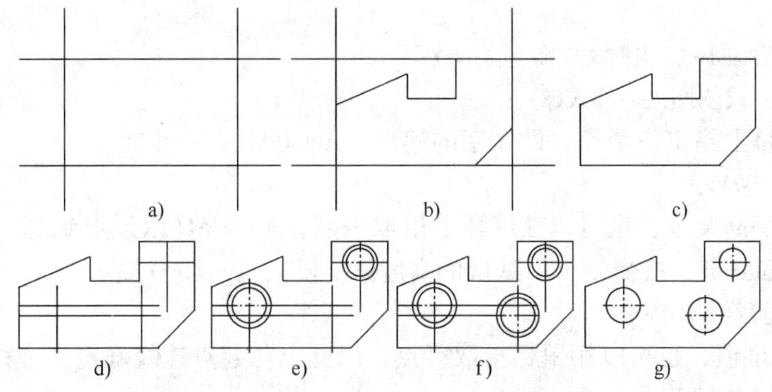

图 12-46 “平面图形三”的作图步骤

（4）删除构造线，多边形如图 12-46c 所示。

（5）根据三个圆的定位尺寸，用偏移命令作出中心线，如图 12-46d 所示。

（6）分别作出 $\phi8$ 和 $\phi10$ 的圆，以及用于修剪中心线的圆 $\phi12$ 和 $\phi14$，如图 12-46e 所示。

（7）用复制命令 COPY 复制出另一个 $\phi10$ 和 $\phi14$ 的圆如图 12-46f 所示。

（8）用修剪命令 TRIM 修剪中心线，删除三个用作修剪边界的圆，如图 12-46g 所示。

使用 TRIM 命令修剪中心线时应注意，当两个 $\phi14$ 的圆均被选作边界时，如图 12-47a 所示，线段 1 右端的修剪应从最右端开始，而线段 2 左端的修剪应从最左端开始。如果从中间开始，线段 1 在右边圆内的线将无法剪掉，线段 2 也同样，结果可能如图 12-47b 所示。

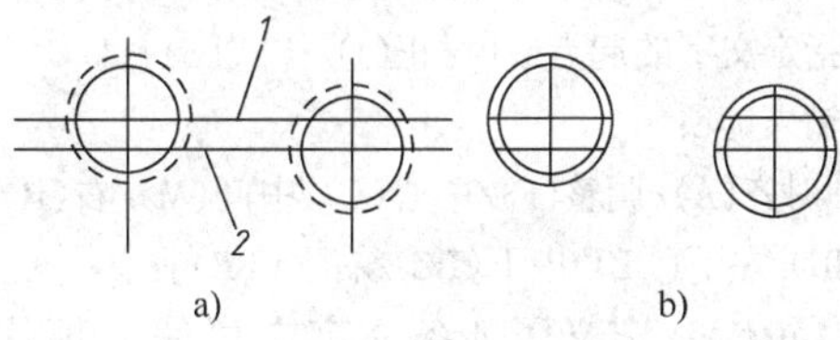

图 12-47 修剪中心线可能出现的问题

对于作图步骤，应通过分析图形，先从已知线段入手，再画中间线段，最后画连接线段。至于方法，可依个人习惯，选择熟练、惯用的方法。

第六节 文 字 处 理

在机械图样中，都会有文字内容，例如标题栏中的内容、技术要求等。AutoCAD 提供了完善的文字处理功能。本节主要介绍创建文字、编辑文字以及设置文字样式等内容。

一、单行文字

可以使用单行文字命令 TEXT 输入若干行文字，每行文字都是独立的对象，并且可以进行旋转、调整大小和格式等修改。

（一）创建单行文字

1. 激活 TEXT 命令的方法

- 菜单：绘图→文字→单行文字
- 工具栏：“文字”工具栏→“单行文字”按钮 A
- 命令行；TEXT 或 DTEXT

2. TEXT 命令的操作方法

激活 TEXT 命令后，AutoCAD 提示：

命令:_ dtext

当前文字样式:Standard　当前文字高度:5.0000

指定文字的起点或[对正(J)/样式(S)]:

此时，在屏幕上指定一个点，即文字的起点。AutoCAD 进一步提示：

指定高度 <5.0000>:

可以输入文字高度值，也可以在屏幕上拾取一点，AutoCAD 以该点到起点的距离作为文字高度，或按 Enter 键，接受< >中默认的高度值。随后 AutoCAD 提示：

指定文字的旋转角度 <0>:

可以输入角度值，也可以用鼠标拾取一点，以此点与起点连线确定文字行倾斜角度。此后，AntoCAD 便反复提示：

输入文字:

当输入一行文字并按 Enter 键后，光标自动移到下一行，命令行仍提示“输入文字:”，此时可以在第二行继续输入文字，也可以将光标移到屏幕上的另外一点，并拾取该点，所输入的文字便以该点为起点。若不输入内容直接按 Enter 键，则退出 TEXT 命令。

（二）单行文字的对齐方式

AutoCAD 提供了 14 种文字对齐方式，对齐方式决定字符的哪一部分与插入点对齐。

激活 TEXT 命令后，设置文字对齐方式应输入“J”，AutoCAD 提示：

指定文字的起点或[对正(J)/样式(S)]:J　　　　　　　　　//输入“J”

输入选项

[对齐(A)/调整(F)/中心(C)/中间(M)/右(R)/左上(TL)/中上(TC)/右上(TR)/左中(ML)/正中(MC)/右中(MR)/左下(BL)/中下(BC)/右下(BR)]:

AutoCAD 定义了 4 条文字定位线：顶线、中线、基线和底线，如图 12-48 所示。文字高度是大写字母从基线至顶线的距离。上述提示中后 12 种对齐方式也在图 12-48 中标出。对上述提示各选项的说明如下：

（1）对齐（A）：通过指定基线端点来指定文字的宽度和方向。输入文字后，系统将文字扩展或压缩在指定的两点间，并按比例变化高度。字符越多，字符高度越小，如图 12-49a 所示。

（2）调整（F）：通过指定两点确定文字显示的区域和方向，还需要指定文字高度。所以，虽然系统也将文字扩展或压缩在指定的两点之间，但是只调整字符的宽度，高度不变，字符越多，字符越窄，如图 12-49b 所示。

（3）中心（C）：指定文字基线的中心点定位文字。此后输入的旋转

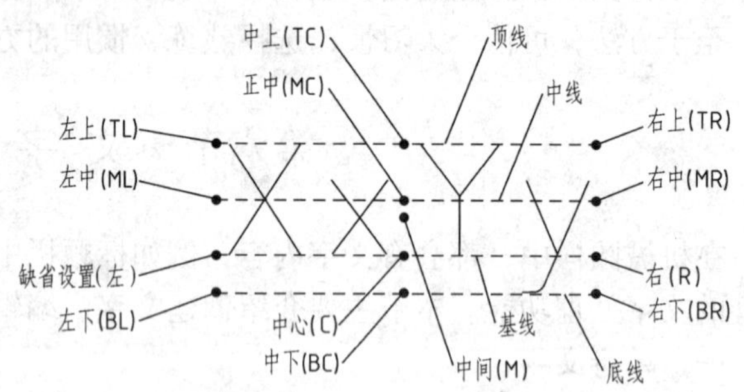

图 12-48　文字定位线及对齐方式

单行文字的对齐方式　　单行文字的对齐方式

a)　　　　b)

图 12-49　“对齐”方式与“调整”方式

a)“对齐（A）”方式　b)“调整（F）”方式

角度决定了文字基线的方向，若角度等于 180°，则文字倒置。

(4) 中间 (M)：指定一点作为文字水平和垂直方向的中间点。中间对齐的文字不保持在基线上。

(5) 右 (R)：指定文字基线的右侧端点，即以文字的结束点来定位文字。

其余选项按图 12-48 所示各种位置定位文字。

当指定一点作为文字起点时，AutoCAD 默认此点为文字基线的左端点，即采用默认设置——左对齐方式。当一个 TEXT 命令结束后，再次激活 TEXT 命令，提示“指定文字的起点或[对正 (J) /样式 (S)]:”时，直接按 Enter 键，AutoCAD 将按前一个 TEXT 命令的字高、文字行旋转角度和对齐方式，在前一个 TEXT 命令输入的最后一行文字的下一行输入文字。

(三) 在文字中加入特殊符号

当用户使用 TEXT 命令在图中添加文字注释时，有些符号不能通过键盘直接输入，只能输入特殊代码来产生特定的字符，这些代码及对应的特殊符号如下：

(1)%%o：控制是否添加文字的上划线，如“%%o 文字%%o 上划线”，显示“文字上划线”。

(2)%%u：控制是否添加文字的下划线，如“%%u 文字%%u 下划线”，显示“文字下划线”。可同时为文字加上划线和下划线，上、下划线在文字结束处自动关闭。

(3)%%d：绘制角度符号“°”，如“45%%d”，显示“45°”。

(4)%%c：绘制直径代号“ϕ”，如：“%%c30”，显示“ϕ30”。

(5)%%p：绘制正/负公差符号“±”，如：“45%%p0.03”，显示“45±0.03”。

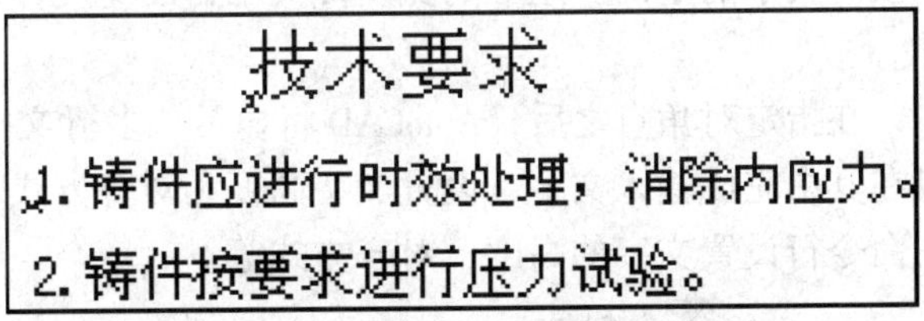

技术要求

1. 铸件应进行时效处理，消除内应力。

2. 铸件按要求进行压力试验。

图 12-50　添加技术要求

(四) 使用文字命令实例

【例 12-5】 使用TEXT命令在图中添加技术要求，如图 12-50 所示。

采用“左对齐”方式输入文字内容。激活 TEXT 命令后，AutoCAD 提示：

命令：_ dtext

当前文字样式：样式 1　当前文字高度：7.0000

指定文字的起点或[对正(J)/样式(S)　　//在标题栏附近空白处拾取一点，即“技术要求”左下角点

指定高度 <7.0000>：　　//按 Enter 键，默认“技术要求”字高为 7

指定文字的旋转角度 <0>：　　//按 Enter 键，默认 0°角

输入文字：技术要求　　//输入文字

输入文字：　　//按 Enter 键结束命令

再次激活 TEXT 命令：

命令：_ dtext

当前文字样式：样式 1　当前文字高度：7.0000

指定文字的起点或[对正(J)/样式(S)]：　　//在图 12-50 所示“1”的左下角“×”处拾取点

指定高度 <7.0000>：5　　//技术要求内容文字高度为 5

指定文字的旋转角度 <0>：　　//按 Enter 键，默认 0°角

输入文字：1. 铸件应进行时效处理，消除内应力。　　//输入文字

输入文字:2. 铸件按要求进行压力试验。　　　　//输入文字

输入文字:　　　　//按 Enter 键结束 TEXT 命令

最后可以使用 MOVE 命令调整文字的位置。

二、多行文字

多行文字命令 MTEXT 用于创建或修改多行文字段落，该段落可由任意行文字组成，所有文字是一个对象。但可以编辑段落中的单字，还可以从其他文件输入或粘贴文字。

（一）创建多行文字

1. 激活 MTEXT 命令的方法

● 菜单：绘图→文字→多行文字

● 工具栏："绘图"工具栏→"多行文字"按钮 A

● 命令行：MTEXT

2. MTEXT 命令的操作方法

激活 MTEXT 命令后，AutoCAD 提示：

命令:_ mtext 当前文字样式:"Standard"当前文字高度:25

指定第一角点:

指定对角点或[高度(H)/对正(J)/行距(L)/旋转(R)/样式(S)/宽度(W)]:

通过指定对角点确定一个输入文字的矩形，矩形确定文字对象的位置，矩形内的箭头指示段落文字的走向。矩形的宽度即文字行的宽度，但矩形的高度不限制文字沿竖直方向的延伸。

在指定对角点之后，AutoCAD 将显示"多行文字编辑器"对话框，如图 12-51 所示。可以在其中完成输入文字、设置文字高度和对齐方式等多行文字操作。也可以在指定对角点前在命令行设置文字的高度、对齐方式等。

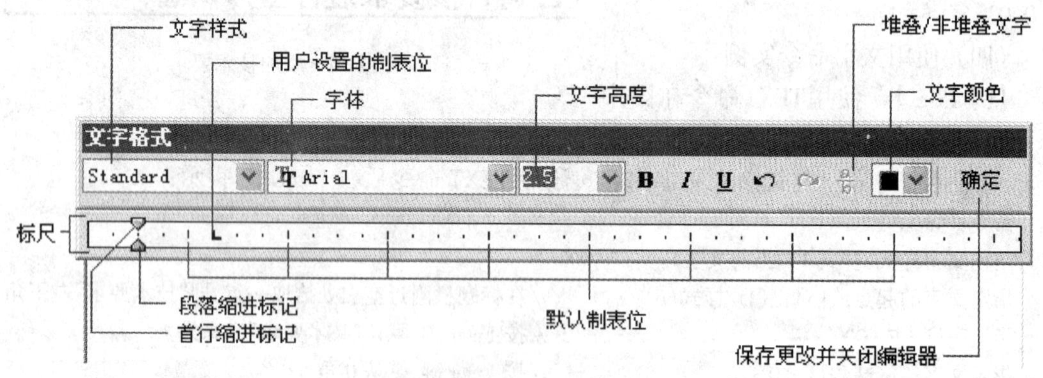

图 12-51　"多行文字编辑器"对话框

（二）多行文字编辑器

多行文字编辑器包含一个"文字格式"工具栏和一个快捷菜单。

(1)"文字格式"工具栏控制多行文字对象的文字样式和选定文字的字符格式，如图 12-51所示。其中，"堆叠"按钮 为选定的文字打开或关闭堆叠格式。在创建堆叠文字时，在文字中插入"/"，文字转换为置中对正的分数；文字中插入"^"，文字转换为左对正的公差值。如图 12-53 所示。

(2) 快捷菜单提供标准编辑选项和多行文字特有的选项。在多行文字编辑器中单击右键以显示快捷菜单，如图 12-52 所示。菜单上部有五个标准编辑选项，下部的选项是多行文字编辑器特有的选项。

1) 插入字段：显示“字段”对话框，可从中选择需要的字段插入图形中。“字段”对话框中可用的选项随字段类别和字段名称的变化而变化。

2) 缩进和制表位：显示“缩进和制表位”对话框，从中可以设置段落的缩进和制表位。

3) 对正：多行文字有九种文字对正选项。“左上”选项是默认设置。在一行的末尾输入的空格也是文字的一部分，并会影响该行文字的对正。文字根据其左右边界进行置中对正、左对正或右对正；根据其上下边界进行中央对齐、顶对齐或底对齐。

4) 自动大写：将所有新输入的文字转换成大写。自动大写不影响已有的文字。要改变已有文字的大小写，应选择文字，单击右键，然后在快捷菜单上单击“改变大小写”。

5) 删除格式：清除选定文字的粗体、斜体或下划线格式。

6) 合并段落：将选定的段落合并为一段并用空格替换每段的回车。

7) 堆叠/非堆叠：如果选定的文字中包含堆叠字符(/或^)，则堆叠文字。如果选择的是堆叠文字则取消堆叠，此时，快捷菜单显示“特性”，用于打开“堆叠特性”对话框。

图 12-52 多行文字快捷菜单

输入形式	堆叠结果
2/5	$\frac{2}{5}$
30+0.053^+0.020	$30^{+0.053}_{+0.020}$

图 12-53 堆叠文字

8) 输入文字：显示“选择文件”对话框。选择任意 ASCII 或 RTF 格式的文件后，可以替换选定的文字或全部文字，或在文字边界内将插入的文字附加到选定的文字中。输入文字的文件必须小于 32K。

另外，快捷菜单中还提供了文字查找和替换、插入符号和字符集以及设置多行文字宽度和背景遮罩等功能。

三、文字样式

用 TEXT 和 MTEXT 命令创建的文字字符和符号的外观如字体、文字倾斜角度、字符宽度等都是由文字样式决定的。在 TEXT 和 MTEXT 命令的“样式”选项中，可以指定文字样式，“Standard”被默认为当前样式。使用 STYLE 命令可以定义新的文字样式或修改已有的样式。

(一) 激活 STYLE 命令的方法

- 菜单：格式→文字样式
- 工具栏：“文字”工具栏→“文字样式”按钮
- 命令行：STYLE

(二) STYLE 命令的操作方法

激活 STYLE 命令后，AutoCAD 将显示“文字样式”对话框，如图 12-54 所示。

1.“样式名”组框

“样式名”列表框列出了已定义的样式名并默认显示当前样式。要改变当前样式，可在其中另选一样式，或“新建”文字样式。“重命名”和“删除”按钮用于已有样式的更名和删除。

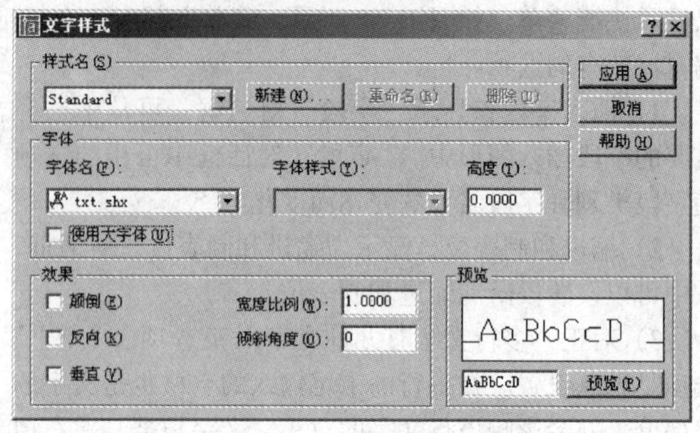

图 12-54 “文字样式”对话框

2.“字体”组框

可在“字体名”列表框中为选定的文字样式指定一种字体。“字体样式”列表框列出了常规等字体格式供选择。“高度”编辑框用于设置文字高度。若设置高度值为 0，在单行和多行文字命令中使用这种文字样式时，AutoCAD 将提示输入文字高度，否则，系统不再提示输入高度，直接应用所设置的高度值。只有在“字体名”中指定 SHX 字体时，“使用大字体”按钮才可用，同时，列表框“字体样式”变为“大字体”。

3.“效果”组框

(1)“颠倒”、“反向”复选框：选中“颠倒”或“反向”复选框，将倒置或反向显示字符。

(2)“垂直”复选框：选中该复选框，显示垂直对齐的字符。但字体应支持双向显示。

(3)“宽度比例”编辑框：用于设置字符宽度相对于高度的比值。

(4)“倾斜角度”编辑框：用于设置文字的倾斜角度。角度值输入范围在 $-85° \sim 85°$之间。若设为 0，则文字垂直向上；若设为正值，文字顶部将向右倾斜；若设为负值，则向左倾斜。

某些修改对单行文字和多行文字的影响不同。如修改“颠倒”和“反向”选项对多行文字无影响；修改“宽度比例”和“倾斜角度”选项对单行文字无影响。

STYLE 命令可以透明使用。

【例 12-6】 使用STYLE命令创建“工程汉字”文字样式。

步骤如下：

(1) 激活 STYLE 命令后，在如图 12-54 所示的“文字样式”对话框中，按“新建”按钮，打开如图 12-55 所示“新建文字样式”对话框，在其中输入“工程汉字”样式名。单击“确定”按钮，关闭“新建文字样式”对话框。

(2) 如图 12-56 所示，在“字体”组框中的“字体名”下拉列表框中，选择“gbeitc.shx”作为西文字体；选中其下方的“使用大字体”，在大字体”列表框中选择“gbcbig.shx”作为中文字体。

图 12-55 “新建文字样式”对话框

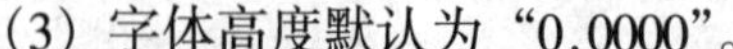

(3) 字体高度默认为“0.0000”。

(4) 其余各项均默认，按“应用”按钮，再关闭对话框。

四、编辑文字

在 AutoCAD 中，文字也可以进行移动。旋转、删除、复制以及镜像等编辑操作。此外，还可以使用 DDEDIT 或 DDMODIFY 命令编辑文字内容。DDMODIFY 命令在“特性”选项板中不仅可以编辑文字内容，还可以修改文字样式等，请参看第七节。下面介绍使用 DDEDIT 命令编辑文字。

(一) 激活 DDEDIT 命令的方法

- 菜单：修改→对象→文字→编辑…
- 快捷菜单：选择文字对象，在绘图区域单击鼠标右键，在快捷菜单中选择“编辑多行文字”或“编辑文字”
- 工具栏：“文字”工具栏→“编辑文字”按钮
- 命令行：DDEDIT

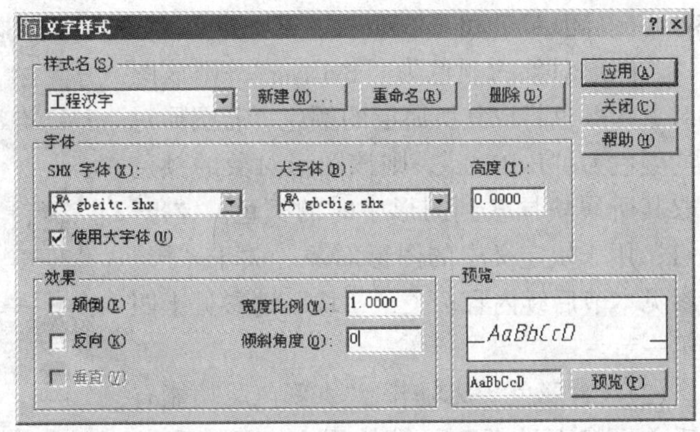

图 12-56　设置“工程汉字”文字样式

(二) DDEDIT 命令的操作方法

激活 DDEDIT 命令后，AutoCAD 将根据选择的文字类型，打开不同的对话框。选择了单行文字，则显示如图 12-57 所示的“编辑文字”对话框。所选文字在对话框中醒目显示。可以修改字，也可以输入新文字，而后单击“确定”按钮，关闭对话框。但 AutoCAD 将继续提示“选择注释对象或［放弃（U)］:”，直到按 Enter 键结束命令。若选择“放弃”选项，将撤消最后进行的编辑。单行文字一次只能编辑一行。

图 12-57　“编辑文字”对话框

若选择了多行文字，则显示“多行文字编辑器”对话框，可在其中进行编辑。

第七节　颜色、线型和图层

一、设置颜色命令 OCLOR

在 AutoCAD 中创建的每一个实体都可以有自己的颜色，COLOR 命令用于设置当前颜色——为将要创建的实体设置颜色。

1. 激活 COLOR 命令的方法

- 菜单：格式→颜色
- 工具栏：“对象特性”工具栏→颜色列表框→选择颜色
- 命令行：COLOR

2. COLOR 命令的操作方法

激活 COLOR 命令后，AutoCAD 显示图 12-58 所示的“选择颜色”对话框。其中包括三个选项卡：索引颜色、真彩色和配色系统。

(1)“索引颜色”选项卡 “索引颜色”选项卡如图 12-58 所示。索引颜色调色板包括颜色 1 到颜色 255。单击调色板中的某一颜色框，即选择了一种索引颜色，这种颜色的名称或编号将显示在“颜色”框里，作为当前颜色。也可以直接在“颜色”编辑框中输入颜色号。单击“确定”即可完成颜色设置。

在“索引颜色”选项卡中还有两个按钮“ByLayer（随层）”和“ByBlock（随块）”。

若图形对象的颜色为“ByLayer”，则该图形对象的颜色将取其所属层的颜色。若图形对象的颜色为“ByBlock”，则该图形对象的颜色将取其所属块插入到图形中时的颜色。“ByBlock”用于块定义中的图形对象。关于“层”请参见本节后续内容；关于“块”请参见十四章第一节。

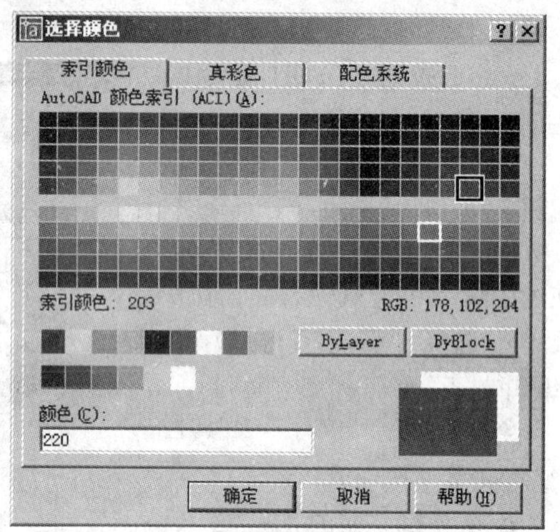

图 12-58 “选择颜色”对话框

(2)“真彩色”选项卡 “真彩色”功能有一千六百多万种颜色可供使用。使用真彩色(24 位颜色）指定颜色设置有两种模式：HSL 和 RGB（HSL——色调、饱和度和亮度；RGB——红、绿。蓝色）。

1) HSL 颜色模式：使用 HSL 颜色模式的“真彩色”选项卡如图 12-59 所示。色调、饱和度、亮度是颜色的特性，通过设置这些特性值，用户可以指定一个很宽的颜色范围。要指定颜色饱和度、色调，可在光谱中移动十字光标，要指定颜色亮度，应调整颜色滑动条；也可以在“饱和度”、“色调”或“亮度”框中指定值。调整这三项特性值会影响 RGB 值。

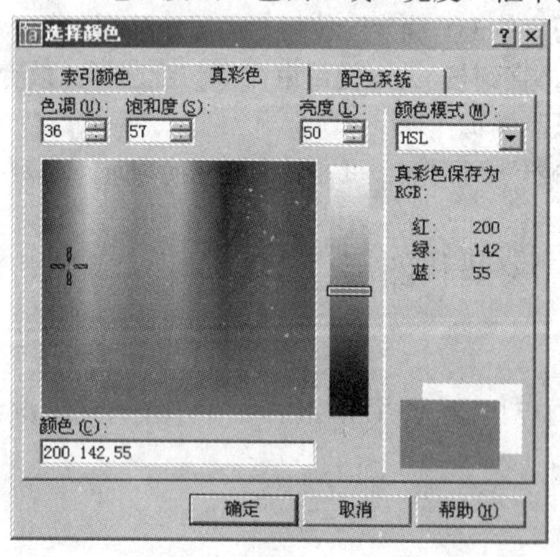

图 12-59 “真彩色”选项卡

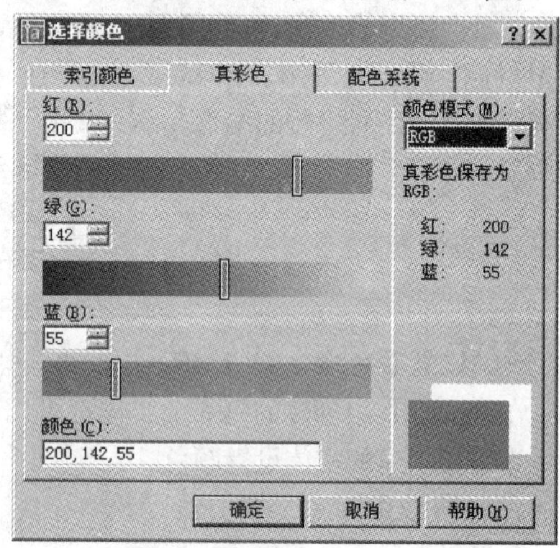

图 12-60 “RGB”颜色模式

2) RGB 颜色模式：使用 RGB 颜色模式的“RGB”选项卡如图 12-60 所示。颜色可以分解成红、绿和蓝三个分量，每个分量的值分别表示相应颜色分量的强度。要指定颜色分量值，可以调整相应颜色滑动条或在相应颜色编辑框中指定从 1 ~ 255 之间的值。也可以在“颜色”编辑栏中用“000，000，000”的格式直接指定 RGB 颜色值。

(3)“配色系统”选项卡 “配色系统”选项卡如图 12-61 所示。可以使用配色系统指定颜色。从下拉列表中选择配色系统时，可以在颜色滑动条上选择区域或用上下箭头浏览配色系统。

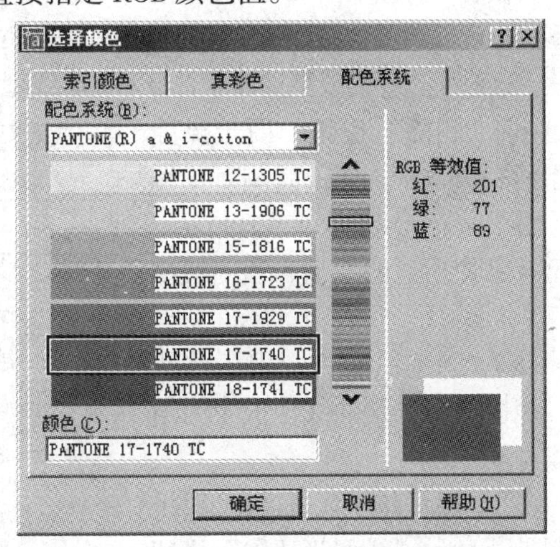

图 12-61 “配色系统”选项卡

二、线型操作命令 LINETYPE

LINETYPE 命令用于加载、设置和修改线型。AutoCAD 有三种默认线型：随层、随块和 continuous，如果需要使用其他线型必须用 LINETYPE 命令进行加载。

1. 激活 LINETYPE 命令的方法

● 菜单：格式→线型

● 工具栏：“对象特性”工具栏→线型列表框→其他

● 命令行：LINETYPE

2. LINETYPE 命令的操作方法

激活 LINETYPE 命令后，AuotCAD 将显示“线型管理器”对话框，如图 12-62 所示。对话框中各项内容的功能如下：

(1)“线型过滤器”：用于确定在线型列表中显示哪些线型。AutoCAD 只有三个预定义的线型过滤器，即“线型过滤器”下拉列表中的“显示所有线型”、“显示所有使用的线型”和“显示所有依赖于外部参照的线型”。如果选择“反向过滤器”选项，则可以根据与选定的过滤条件相反的条件显示线型，符合反向过滤条件的线型将显示在线型列表窗口中。

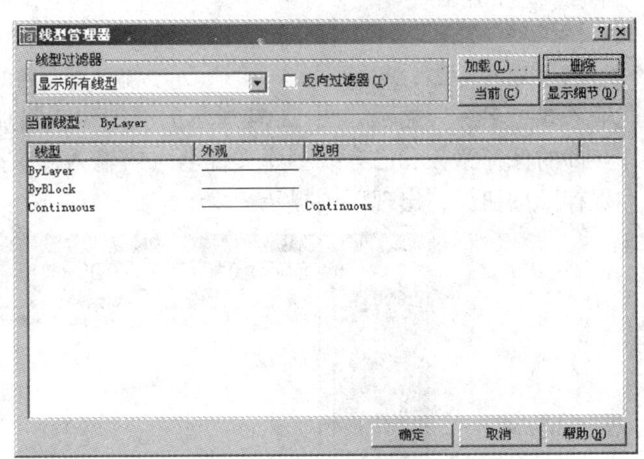

图 12-62 “线型管理器”对话框

(2)“线型列表窗口”：AutoCAD 将符合“线型过滤器”中过滤条件的已加载线型按照“线型”名称、“外观”样例和“说明”三项内容显示在线型列表窗口中。

AutoCAD 提供了两种特殊的线型：“ByLayer 随层)”和“ByBlock（随块)”，也称为逻辑线型。如果图形对象的线型为“ByLayer”，那么该图形对象的线型将取其所属层的线型。如果图形对象的线型为“ByBlock”，那么该图形对象的线型将取其所属块插入到图形中时的线型。逻辑线型“随块”主要用于块定义中的图形对象。

(3)“加载”按钮：用于加载线型列表中没有的而绘图过程中又需要使用的线型。单击“加载”按钮后，将显示图 12-63 所示的“加载或重载线型”对话框，可以选择 acadiso.lin 线型库中的线型，也可以单击“文件”按钮，选择 acad.lin 或其他线型库中的线型。选择完成后单击“确定”按钮，这时所选择的线型被加载并显示在“线型管理器”对话框的线型列表窗口中。

(4)“删除”按钮：用于删除线型列表窗口中选定的线型。不能删除 ByLayer、ByBlock 和 Continuous 线型及已使用过的线型、当前线型等。

(5)“当前”按钮：用于将线型列表窗口中选定的线型设置为当前线型。

(6)“显示细节”按钮：用于控制是否显示“线型管理器”详细信息。

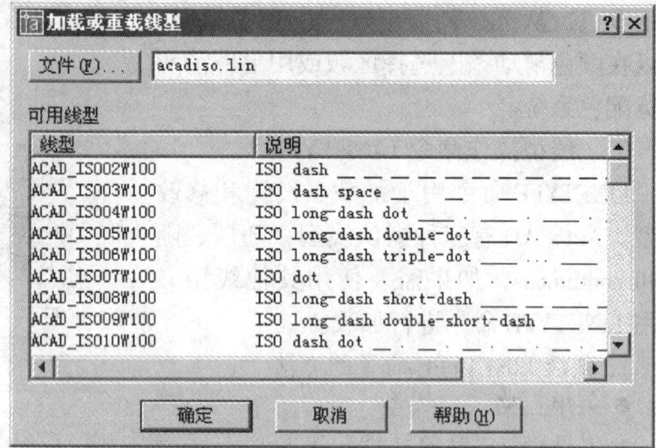

图 12-63 “加载或重载线型”对话框

当 AutoCAD 线型库中提供的线型不能满足绘图的需要时，可根据需要建立自己的线型库。

【例 12-7】 创建点画线。

命令：- linetype　　//从键盘输入“- linetype”命令

当前线型：“ByLayer”

输入选项[？/创建(C)/加载(L)/设置(S)]：c　　//输入“c”创建线型

输入要创建的线型名：点画线　　//输入要创建的线型名，也可输入拼音 dhx

输入线型名后，显示如图 12-64 所示的“创建或附加线型文件”对话框，在其中指定线型库文件的保存路径和已有线型库文件名（或输入新文件名称——建立新线型库文件），单击“保存”按钮后，出现下列提示：

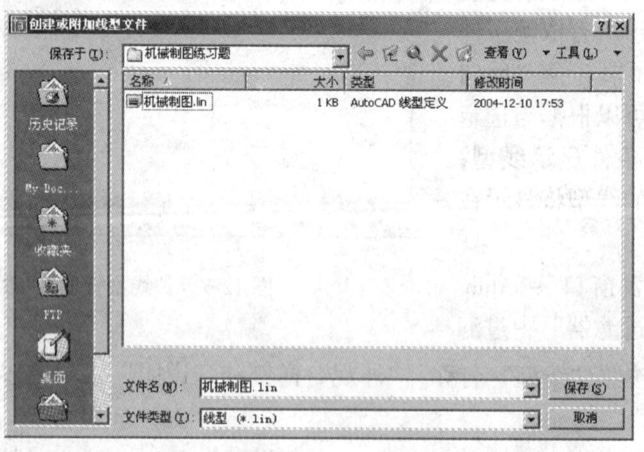

图 12-64 “创建或附加线型文件”对话框

创建新文件

说明文字：-.-.-.-　　//输入说明文字，中文、西文和符号均可

输入线型图案(下一行)： //输入线型定义。正数为画线,负数为抬笔(空格),

A,15,-1,1,-1 中间用","号分隔,必须在西文状态下输入

新线型定义已保存到文件。

输入选项[?/创建(C)/加载(L)/设置(S)]： //按 Enter 键结束命令

通过以上操作，创建了“机械制图 .lin”线型库文件，其中包含一种“点画线”线型，还可以用以上方法创建其他所需要的线型。创建的线型可以用 LINETYPE 命令加载后使用。

三、图层

(一) 图层的概念

图层（简称层）是 AutoCAD 提供的一种有效管理图形的功能。图层就像一张无色。无厚度的透明纸，各层之间完全对齐，每一个图层都可以具有颜色、线型、线宽和打印样式等特性。绘图时，可根据需要创建图层并设置好各层的特性，将图形分门别类地画在不同的层上，以便进行图形的组合和按需输出。

(二) 图层的特性

(1) AutoCAD 只给用户提供一个图层——0 层。其余图层可根据需要建立，数量不限，不可重名。

(2) 每一图层都可设置自身的特性，如：颜色、线型和线宽等。如果要使图层上的对象使用图层特性，可将相应的选项设为“随层”即可。

(3) 各图层具有相同的坐标系、绘图界限、显示时的缩放倍数。可以同时对位于不同图层上的对象进行编辑操作。

(4) 可以对图层进行开、关、冻结、解冻、锁定、解锁、设定打印样式和可否打印等操作。

(三) 特殊层

(1) 当前层：即当前正在使用的层，绘制的图形均写入当前层，当前层不能被冻结。当前层始终存在，并且只能有一个。

(2)“0”层：AutoCAD 为用户提供的惟一的图层。呈打开状态，线宽为“默认”，线型为“CONTINUOUS”，颜色为“白色”。“0”层不能被更名和删除。

(四) 图层命令 LAYER

LAYER 命令用于进行图层的建立、删除、更名、设置图层属性和有关图层控制的操作。

1. 激活 LAYER 命令的方法

● 菜单：格式→图层

● 工具栏：“图层”工具栏→“图层特性管理器”按钮

● 命令行：LAYER

2. LAYER 命令的操作方法

激活 LAYER 命令后会出现如图 12-65 所示的“图层特性管理器”对话框，左边是图层过滤器图框，右边是图层列表框。在过滤器图框中选定一个图层过滤器后，列表框中将显示符合过滤条件的图层。下面介绍“图层特性管理器”的功能。

(1) 图层列表框　图层列表框根据过滤条件，显示当前图形创建的图层列表及其特性。每一层的特性由一个状态行来显示，如果要修改某个特性，可以单击相应的特性图标。单击鼠标右键将显示如图 12-66 所示“图层”快捷菜单，使用快捷菜单可以快速选择全部图层和

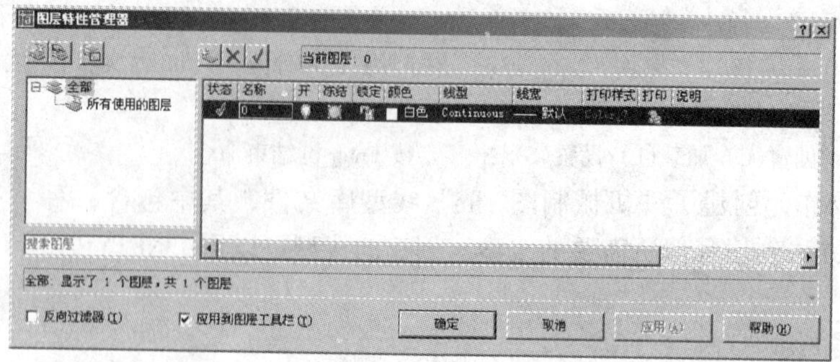

图 12-65 “图层特性管理器”对话框

进行其他操作。

1）状态：显示图层状态：已有的图层、当前图层、已被删除的图层。

2）名称：显示图层名称。选择某一图层，单击名称，按 F2 键，即可修改该层的名称。或两次单击名称，也可修改名称。若双击名称，则将该图层置为当前层。

3）开：打开/关闭选定的图层。图层打开时，层上的对象可见，并且可以被打印：图层关闭时，层上的对象不可见，也不能被打印。单击图标可切换开关状态。

4）冻结：控制选定的图层在所有视口中的冻结与解冻。被冻结的图层上的对象不可见且不参加重生成和打印等操作，因此在复杂的图形中冻结某些图层可以加快系统重生成图形以及 ZOOM、PAN 等命令的运行速度。不能冻结当前层。单击图标可进行冻结与解冻状态切换。

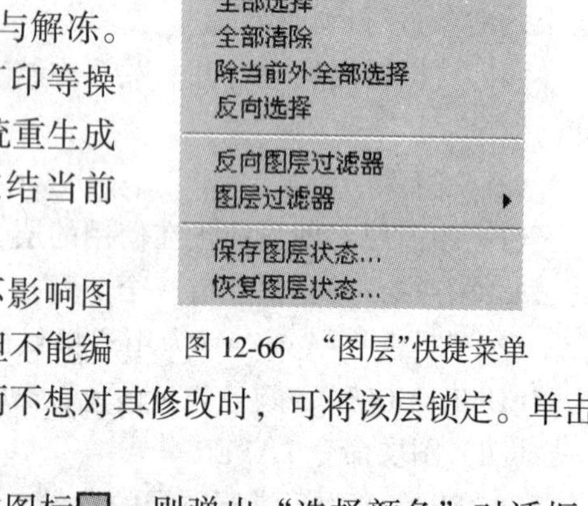

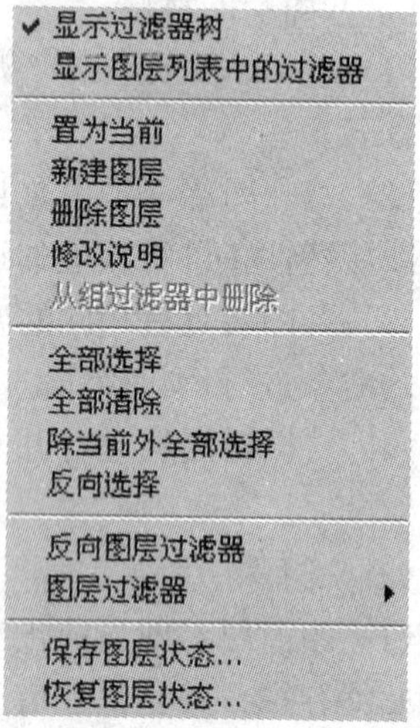

图 12-66 “图层”快捷菜单

5）锁定：控制选定图层的锁定与解锁，锁定不影响图层上对象的显示。可以锁定当前层并在其上作图，但不能编辑层上的对象。当只想将某一层作为参考层来显示而不想对其修改时，可将该层锁定。单击图标可进行锁定与解锁状态切换。

6）颜色：改变选定图层的颜色。单击颜色名或图标，则弹出“选择颜色”对话框，如图 12-58 所示。可以在对话框中选择该层的颜色。

7）线型：修改选定图层的线型。单击线型名称，系统弹出如图 12-67 所示的“选择线型”对话框，如果所需的线型已经加载，则可以直接从线型列表中选择。如果当前线型不能满足要求，则可单击“加载”，加载后再进行选择。

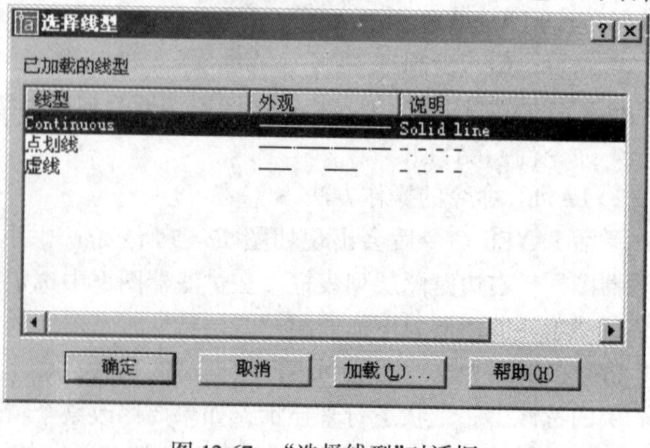

图 12-67 “选择线型”对话框

8）线宽：修改选定图层上所绘制的对象的线宽。单击线宽名称，显示“线宽”对话框。注意：只有当层上的对象线宽为“随层”时，该线宽项才有效。

9）打印样式：设置与图层相关的打印样式。

10）打印：控制选定图层在打印图形时是否打印。单击图标可切换打印或不打印。

(2) 创建新图层　单击“新建图层”按钮创建新图层，图层列表框中显示名为“图层1”的新图层，且名称处于选中状态，可以直接输入新图层名。新图层将继承图层列表中当前选定图层的特性。

(3) 设置当前层　如果要在某一层上绘制图形，则首先要将此图层置为当前层。在图层列表中选择某层，然后单击“当前”按钮或双击图层名，即可将其设置为当前层。在图层列表框上方显示当前图层名称。

(4) 删除层　“删除”按钮用于删除所选择的图层。但不能删除0层、当前层和包含图形对象的层。

(5) 图层过滤器　使用图层过滤器可以在有很多图层时，方便快捷地找到需要的层，即根据选定的条件过滤图层。在图层过滤器图框中，以树状图显示图形中图层和过滤器的层次结构列表。顶层节点“全部”显示了图形中的所有图层。过滤器按字母顺序显示。扩展节点可以查看其中嵌套的过滤器。双击一个特性过滤器，便打开“图层过滤器特性”对话框，如图12-68所示，可以查看该过滤器的定义。其上部显示过滤器定义，下部显示过滤结果。

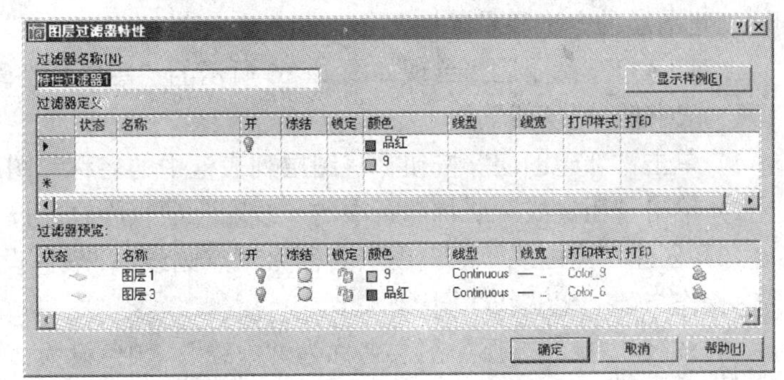

图12-68　“图层过滤器特性”对话框

(6) 新特性过滤器：单击该按钮，显示如图12-68所示“图层过滤器特性”对话框，用于创建图层过滤器过滤图层。

(7) 新建组过滤器：创建一个图层过滤器，其中包含用户选定并添加到该过滤器的图层。

(8) 图层状态管理器：显示“图层状态管理器”对话框，如图12-69所示，从中可以将图层的当前特性设置保存到命名图层状态中，以后可以再恢复这些设置。

对话框中各项内容的功能如下：

1）“图层状态”列表框：将显示已保存的所有图层状态名。

2）“要恢复的图层设置”组框：可在其中指定要恢复的图层特性。

3）“删除”按钮：用于删除“图层状态”列表框中显示的图层状态。

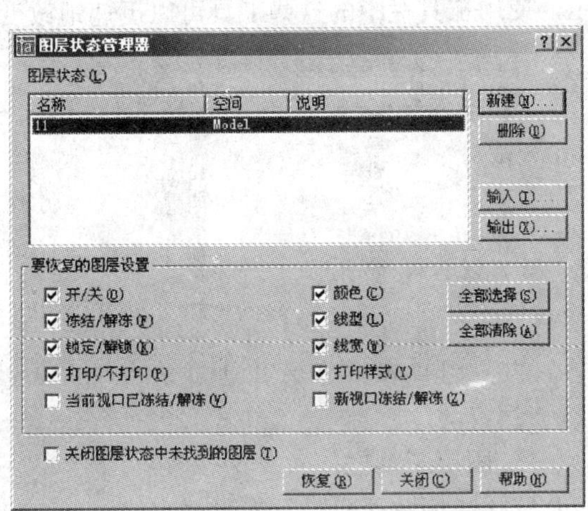

图12-69　“图层状态管理器”对话框

4）“输出”按钮：用于将“图层状态”列表框中选定的命名图层状态保存到图层状态（LAS）文件。

5）“输入”按钮：用于将此前输出的图层状态（11.LAS）文件加载到当前图形中。

（9）搜索图层：输入图层名称时，按名称快速过滤图层列表。关闭图层特性管理器时并不保存此过滤器。

（10）应用到图层工具栏：通过应用当前图层过滤器，可以控制“图层”工具栏上图层列表中图层的显示。

（11）反向过滤器：显示所有不满足选定图层特性过滤器中条件的图层。

【例 12-8】 创建绘制图形时需要的图层。

绘制图形时应首先创建粗实线、点画线、虚线、标注等图层，并设置好各图层的颜色、线型和线宽等特性，以便于将不同的图线放置在对应的图层上。

创建图层的方法和步骤如下：

激活 LAYER 命令后，出现如图 12-65 所示的“图层特性管理器”对话框。

（1）创建“粗实线”层

1）单击“新建图层”按钮，将图层列表框中的名称“图层 1”修改为“粗实线”。

2）单击“粗实线”层状态行中的“线宽”项，将线宽设为 0.3。

（2）创建“点画线”层　图层名称为“点画线”；颜色设为 4 号色；线型设置为“点画线”。操作与建“粗实线”同。

（3）创建“虚线”层　图层名称为“虚线”；颜色设为 2 号色；线型设置为“虚线”。

（4）创建“尺寸标注”层　图层名称为“尺寸标注”；颜色设为 5 号色。

设置完成后，单击“确定”按钮，即可完成“粗实线”、“点画线”、“虚线”和“尺寸标注”四个图层的创建。可以将以上创建的图层和设置保存为“＊.LAS”文件，以便今后使用。

四、对象特性

在 AutoCAD 中绘制的每个对象都具有特性，如图层、线型、颜色等。为了在绘图过程中方便地控制这些特性，AutoCAD 提供了“图层”和“对象特性”工具栏，如图 12-70 和 12-71 所示。使用工具栏中的这些工具可以迅速地改变和查看被选择对象的层、颜色和线型等。

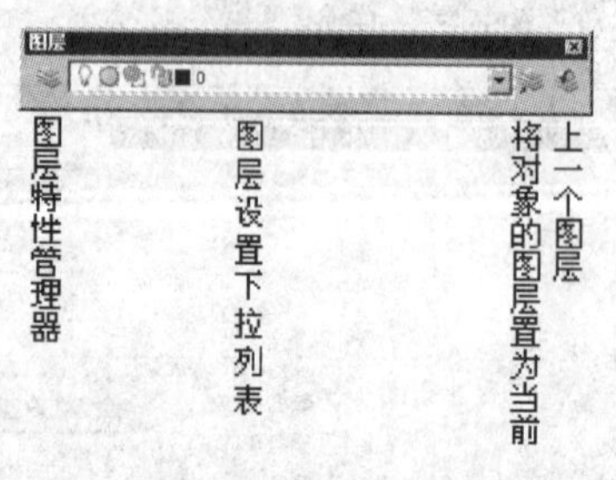

图 12-70　“图层”工具栏

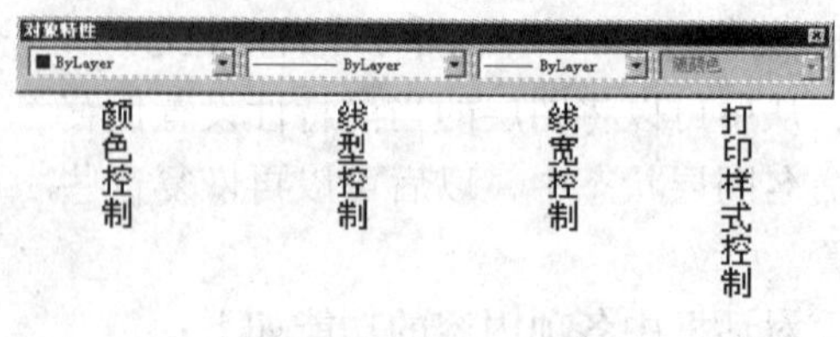

图 12-71　“对象特性”工具栏

（一）图层工具栏

1.“图层特性管理器”按钮

单击该按钮，将显示“图层特性管理器”对话框，可以进行创建和管理图层等操作。

2．“图层设置”下拉列表框

在“图层设置”下拉列表框中可以进行以下操作：

1）选取某一图层，即可将其置为当前层。

2）选择图形中的某一对象，下拉列表框中将显示该对象所在的层。

3）用鼠标单击下拉列表框中某一图层中的图标，即可快速地改变图层的某种状态。

3．“将对象的图层置为当前”按钮

可以将所选对象的图层设置为当前层。单击该按钮，AutoCAD 提示：

命令：_ ai _ molc0

选择将使其图层成为当前图层的对象： //选择图形中的某一对象

xxx 现在是当前图层 //xxx 为所选对象的图层名称

4．“上一个图层”按钮

单击该按钮，将放弃对图层设置所做的上一个或一组修改。

(二) 对象特性工具栏

1．“颜色控制”下拉列表框

可以在其中进行以下操作：

(1) 选取下拉列表框中的某种颜色，即可将其置为当前颜色；若单击“选择颜色”则打开“选择颜色”对话框。

(2) 选择图形中的某一对象，列表框中将显示该对象的颜色及颜色名或颜色号；如果选择了多个具有不同颜色的对象，则列表框中呈空白。

(3) 选择一个或多个对象后，在列表中选择一种颜色，可以将所选对象改变成该种颜色。

2．“线型控制”下拉列表框

通过“线型控制”下拉列表框可以设置当前线型、查看和改变对象的线型，还可以加载所需要的线型。其操作方法与“颜色控制”下拉列表框类似。

3．“线宽控制”下拉列表框

通过“线宽控制”下拉列表框可以设置当前线宽、查看和改变对象的线宽。

4．“打印样式控制”下拉列表框

通过“打印样式控制”下拉列表框可以设置当前打印样式、查看和改变对象的打印样式。只有在使用“命名打印样式”时此项方可操作。

(三)“特性”选项板

除了使用工具栏改变对象特性外，AutoCAD 还提供了一个“特性”选项板，在其中列出了选定对象的完整特性，可以查看和修改。激活 PROPERTIES 命令可以显示“特性”选项板。

1. 激活 PROPERTIES 命令的方法

● 菜单：工具→对象特性管理器

● 快捷菜单：选择对象后，在绘图区域单击鼠标右键，在快捷菜单中选择“特性”

● 工具栏：“标准”工具栏→“特性”按钮

●可以在大多数对象上双击以显示“特性”选项板

● 命令行：PROPERTIES 或 DDMODIFY

2.“特性”选项板的状态

(1)“特性”选项板的显示状态　“特性”选项板显示如图12-72所示。将光标放在“特性”选项板的标题栏上,可以拖动将其固定在绘图窗口的左或右侧位置。“特性”选项板的大小可以调整,AutoCAD自动记忆上一次使用选项板时的位置、大小,并作为下一次打开选项板的默认状态。

(2)“特性”选项板中特性的显示方式　“特性”选项板按基本、几何图形、打印样式、视图和其他类型排序显示对象特性，并列出每一类别中的相应特性。每一种特性类型右侧有“︾”或“︽”的符号，“︽”符号表示该类特性的内容全部显示，用户可以查看和修改某一特性；单击“︽”符号，符号变成“︾”，表示该类特性中的内容被隐藏，单击符号“︾”，可以显示特性内容。

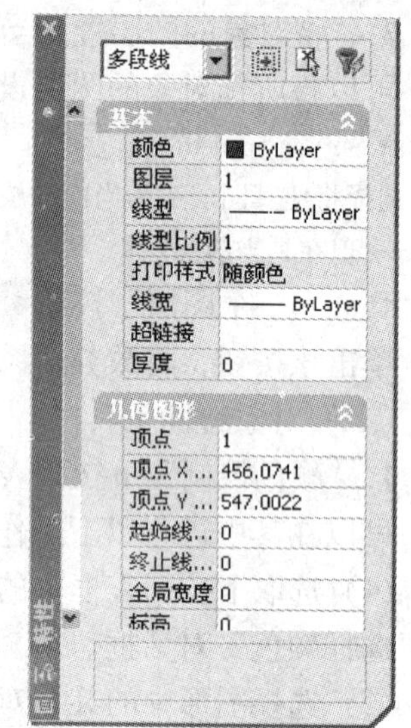

图12-72　“特性”选项板

3.“特性”选项板的操作方法

(1) 查看对象特性　未选择对象时，“特性”选项板仅显示当前图层的基本特性等：如果选择单个对象，“特性”选项板将列出该对象的全部特性；若选择多个对象，“特性”选项板将显示所选对象的共有特性，此时，可在“对象名称”下拉列表框中，选择某一对象，选项板即显示该对象的相应特性。

(2) 编辑对象特性　选择对象后，“特性”选项板将列出对象的当前特性，用户可在其中修改任何非暗显的特性。单击或双击“特性”选项板的特性选项，即可修改特性值。修改对象特性值有以下方法：

- 输入新值。
- 从下拉列表框中选择特性值。
- 在附加对话框中修改特性值。
- 单击坐标栏，使用“坐标栏”中的“拾取点”按钮修改坐标值。

由于“特性”选项板有快捷、方便的可操作性，所以常用来编辑修改对象的特性。

(3) 选择对象方法　在“特性”选项板打开前、后都可以选择对象，“特性”选项板还提供了三个按钮：

- “快速选择”按钮；按下此按钮，可以在“快速选择”对话框中，按照对象的某种特性过滤选择具有同一特性的对象。
- “选择对象”按钮：按下此按钮，可以选择对象。AutoCAD将提示：

命令:_ .PSELECT

选择对象:

- “切换PICKADD系统变量的值”按钮或：此按钮用于控制后续选定的对象是添加到当前选择集还是替换当前选择集。单击此按钮可进行这两种方式的切换。

“特性”选项板处于显示状态时，不影响执行AutoCAD中的其他命令。

第十三章　AutoCAD 绘制视图及剖视图

用 AutoCAD 绘制图形是通过综合应用 AutoCAD 的各种功能、绘图命令和编辑命令来实现的。在绘图过程中，只有正确、熟练、合理地运用这些功能和命令，才能迅速、准确地绘制出形状各异的图形。本章主要介绍视图、剖视图的绘制方法及相关的绘图、编辑命令。

第一节　绘制三视图

一、绘图及编辑命令

(一) 多段线命令 PLINE

多段线是由若干段直线、圆弧首尾相接组成的一条线。不管这条线由多少段直线和圆弧组成均属于同一实体。图 13-1 所示为形状各异的多段线。PLINE 命令可以绘制不同宽度的多段线，它有两种画线方式，即画直线方式和画圆弧方式。在画线过程中，两种方式可以互相转换。

1. 激活 PLINE 命令的方法

- 菜单：绘图→多段线
- 工具栏："绘图"工具栏→"多段线"按钮
- 命令行：PLINE

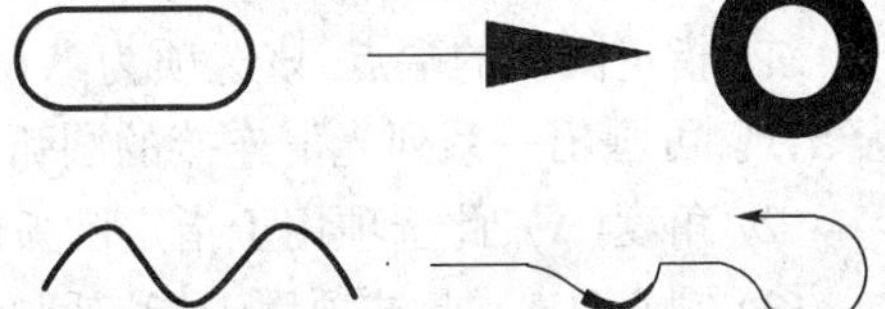

图 13-1　用 PLINE 命令绘制的多段线

2. PLINE 命令的操作方法

命令：_ pline

指定起点：

当前线宽为 0.0000

指定下一个点或[圆弧(A)/半宽(H)/长度(L)/放弃(U)/宽度(W)]：

指定下一点或[圆弧(A)/闭合(C)/半宽(H)/长度(L)/放弃(U)/宽度(W)]：

上面提示中的后两行为画直线方式的命令提示。

(1) 画直线方式　画直线方式提示中各选项的功能如下：

1) 指定下一点：该选项为默认项。用点来响应此提示，则画直线方式的提示将反复出现，可画折线和多边形，其用法与 LINE 命令基本相同。

2) 圆弧（A)：用 A 响应提示，可以从画直线方式转换至画圆弧方式，并出现画圆弧方式的提示。

3) 闭合（C)：用 C 响应提示，AutoCAD 将用直线把多段线的起点与当前位置点相连，形成一条封闭的多段线并结束命令。

4) 长度（L)：用 L 响应提示时，若前一段为直线，则可以按原直线延伸方向画指定长度的直线；若前一段为圆弧，则可以按圆弧终点的切线方向画指定长度的直线。

5) 放弃（U)：用 U 响应提示，可以取消刚画完的一段线，重复使用此选项，可依次取消所画的全部线段，直至仅剩下起点为止。

6）宽度（W）：用 W 响应提示，可以定义多段线的起点宽度和端点宽度。

7）半宽（H）：用 H 响应提示，可以定义多段线的起点和端点的半宽度。

8）用 “Enter” 响应提示，结束命令。

【例 13-1】 绘制图 13-2 所示的箭头。

命令：_ pline

指定起点： //指定 P1 点

当前线宽为 0.0000

指定下一个点或[圆弧(A)/半宽(H)/长度(L)/放弃(U)/宽度(W)]： //指定 P2 点

指定下一点或[圆弧(A)/闭合(C)/半宽(H)/长度(L)/放弃(U)/宽度(W)]： //指定 P3 点

指定下一点或[圆弧(A)/闭合(C)/半宽(H)/长度(L)/放弃(U)/宽度(W)]：W

指定起点宽度 <0.0000> :0.3

指定端点宽度 <0.3000> :0

指定下一点或[圆弧(A)/闭合(C)/半宽(H)/长度(L)/放弃(U)/宽度(W)]：@4,0 //输入相对坐标

指定下一点或[圆弧(A)/闭合(C)/半宽(H)/长度(L)/放弃(U)/宽度(W)]： //按 Enter 键

（2）画圆弧方式　当用“A”响应画直线方式的提示时，将转换为画圆弧方式，其提示如下：

指定圆弧的端点或[角度(A)/圆心(CE)/闭合(CL)/方向(D)/半宽(H)/直线(L)/半径(R)/第二点(S)/放弃(U)/宽度(W)]：

在画圆弧方式的提示中，半宽(H)、放弃(U)、宽度(W)选项，与画直线方式中的相应选项功能相同。其余选项的功能如下：

1）指定圆弧的端点：该选项为默认项。用点来响应此提示，画圆弧方式的命令提示将反复出现，可画出一系列光滑连接的圆弧。

2）角度(A)：此选项用于指定圆弧的圆心角后画弧。

3）圆心(CE)：此选项用于指定圆心后画弧。

4）闭合(CL)：此选项用于将多段线的起点和当前点用圆弧连接，形成封闭的多段线。

5）方向(D)：此选项用于指定圆弧起点的切线方向画弧。

6）直线(L)：此选项用于将画圆弧方式转换至画直线方式，并显示画直线方式的提示。

7）半径(R)：此选项用于根据半径画弧。

8）第二点(S)：此选项用于指定圆弧上的三点画弧。

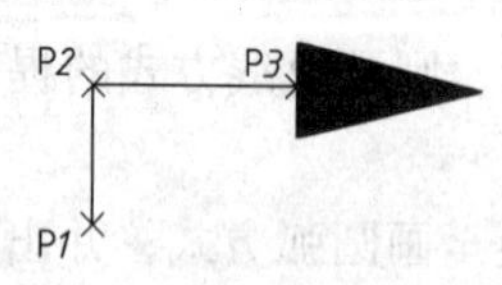

图 13-2　用 PLINE 命令绘制箭头

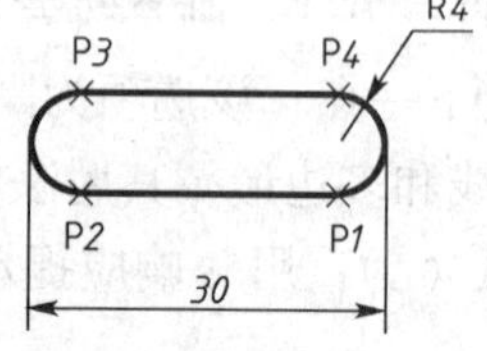

图 13-3　用 PLINE 命令绘制长圆形

【例 13-2】 绘制如图 13-3 所示的长圆形。

命令：_ pline

指定起点： //指定 P1 点

当前线宽为 0.0000

指定下一点或[圆弧(A)/半宽(H)/长度(L)/放弃(U)/宽度(W)]:22 //追踪 P1 点左侧水平方向

指定下一点或[圆弧(A)/闭合(C)/半宽(H)/长度(L)/放弃(U)/宽度(W)]:A

指定圆弧的端点或

[角度(A)/圆心(CE)/闭合(CL)/方向(D)/半宽(H)/直线(L)/半径(R)/第二点(S)/放弃(U)/宽度(W)]:CE

指定圆弧的圆心:4 //追踪 P2 点上方垂直方向

指定圆弧的端点或[角度(A)/长度(L)]:A

指定包含角:-180

指定圆弧的端点或

[角度(A)/圆心(CE)/闭合(CL)/方向(D)/半宽(H)/直线(L)/半径(R)/第二点(S)/放弃(U)/宽度(W)]:L

指定下一点或[圆弧(A)/闭合(C)/半宽(H)/长度(L)/放弃(U)/宽度(W)]:22//追踪 P3 点右侧水平方向

指定下一点或[圆弧(A)/闭合(C)/半宽(H)/长度(L)/放弃(U)/宽度(W)]:A

指定圆弧的端点或

[角度(A)/圆心(CE)/闭合(CL)/方向(D)/半宽(H)/直线(L)/半径(R)/第二点(S)/放弃(U)/宽度(W)]:CL

（二）多段线编辑命令 PEDIT

AutoCAD 将多段线作为单一实体处理，并为其设置了一个专门的编辑命令 PEDIT。PEDIT 命令可以对一条或多条多段线进行封闭、打开、连接、改变线宽、顶点编辑、曲线拟合、样条曲线、直线连接等编辑操作。此命令也可以编辑用 LINE、ARC、POLYGON、RECTANG 命令绘制的实体。

1. 激活 PEDIT 命令的方法

- 菜单：修改→对象→多段线
- 工具栏："修改Ⅱ"工具栏→"编辑多段线"按钮
- 命令行：PEDIT

2. PEDIT 命令的操作方法

命令:_pedit 选择多段线或[多条(M)]: //选择一条多段线(或输入 M 去编辑多条多段线)

输入选项

[闭合(C)/合并(J)/宽度(W)/编辑顶点(E)/拟合(F)/样条曲线(S)/非曲线化(D)/线型生成(L)/放弃(U)]:

PEDIT 命令的提示中各选项的功能如下：

(1) 闭合（C）：用 C 响应提示，可以使被编辑的多段线首尾两点以直线或圆弧相连，形成一条封闭线。编辑单条多段线时，若多段线是封闭的，"闭合（C）"选项将被"打开(O)"替代，用"O"响应提示可删除多段线的封闭段。

(2) 合并（J）：用 J 响应提示，可以将被编辑的多段线与和它有公共端点的直线、圆弧或另一条多段线连成一条新的多段线即合并为一个实体。

(3) 宽度（W）：用 W 响应提示，可以改变整条多段线的线宽。

(4) 拟合（F）：用 F 响应提示，AutoCAD 将把整条多段线变成光滑曲线，曲线通过多段线的各顶点。如图 13-4a 所示。

(5) 样条曲线（S）：用 S 响应提示，AutoCAD 将把整条多段线变成样条曲线。如图13-4b

所示。

(6) 非曲线化（D）：用 D 响应提示，可以使多段线的各顶点之间以直线连接。此选项主要用于将已拟合的曲线恢复到拟合之前的状态。

(7) 线型生成（L）：用 L 响应提示，可以设置多段线各段之间线型是否连续变化。

(8) 放弃（U）：用 U 响应提示，取消最近一次编辑操作，可以一直返回到 PEDIT 命令的开始。

(9) 编辑顶点（E）：用 E 响应提示，将进入顶点编辑状态。顶点是指多段线的两端点及相邻两段的连接点。该选项可以指定多段线的某一顶点，对这一顶点及以这一顶点为起点的后续各段线进行各种编辑。

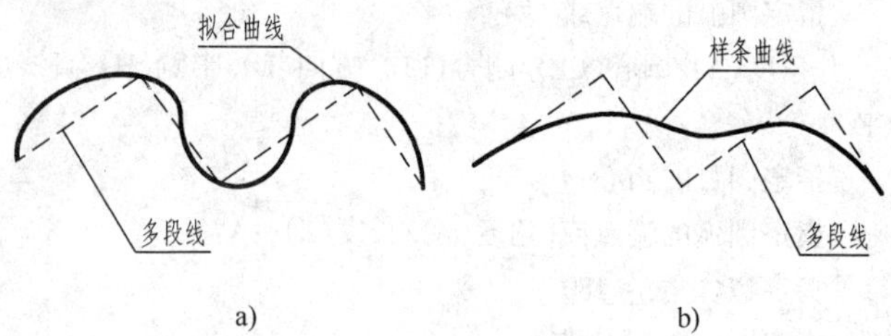

图 13-4　PEDIT 命令中的拟合和样条曲线
a）曲线拟合　b）样条曲线

(三) 镜像命令 MIRROR

MIRROR 命令用于按指定的镜像线（对称线）对称复制图形。

1. 激活 MIRROR 命令的方法

● 菜单：修改→镜像

● 工具栏："修改"工具栏→"镜像"按钮

● 命令行：MIRROR

2. MIRROR 命令的操作方法

```
命令：_ mirror
选择对象：                                   //选择要镜像的对象
选择对象：                                   //按 Enter 键
指定镜像线的第一点：                         //在镜像线上任取一点
指定镜像线的第二点：                         //在镜像线上任取一点
是否删除源对象？[是(Y)/否(N)]<N>：           //按 Enter 键或输入"Y"
```

如果在最后一行提示中用"Y"响应，则删除镜像前的原对象，保留镜像后的对象。

【例 13-3】 如图13-5a 所示，对称复制另一半图形。

```
命令：_ mirror
选择对象：                                   //选择需要镜像的对象
选择对象：                                   //按 Enter 键
指定镜像线的第一点：                         //拾取对称线的上端点
指定镜像线的第二点：                         //拾取对称线的下端点
是否删除源对象？[是(Y)/否(N)]<N>：           //按 Enter 键，结束镜像
```

镜像后的图形如图 13-5b 所示。

(四) 倒角命令 CHAMFER

在绘制零件图时，经常要画倒角，使用 CHAMFER 命令可将两直线或同一多段线的相邻两段，按指定长度修整成倒角，并自动去掉多余的部分。如图 13-6 所示。

1. 激活 CHAMFER 命令的方法

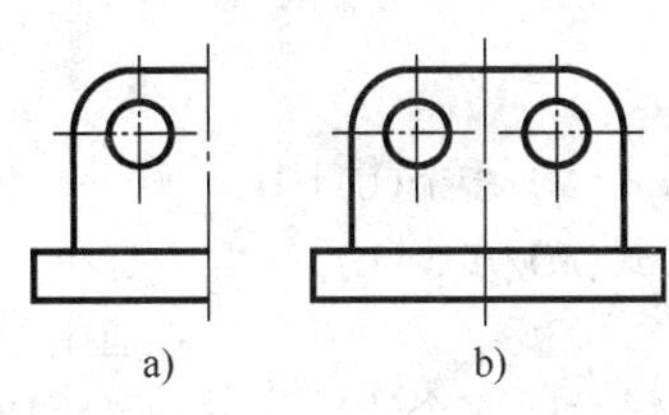

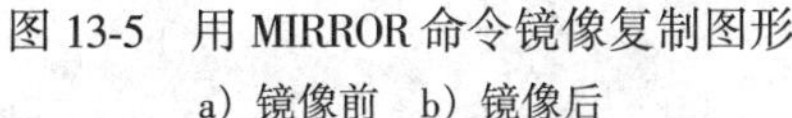

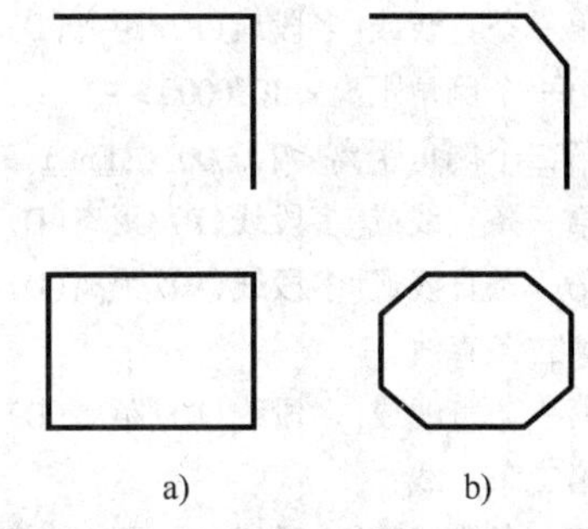

图 13-5 用 MIRROR 命令镜像复制图形
a）镜像前 b）镜像后

图 13-6 用 CHAMFER 命令倒角（一）
a）倒角前 b）倒角后

● 菜单：修改→倒角

● 工具栏："修改"工具栏→"倒角"按钮

● 命令行：CHAMFER

2．CHAMFER 命令的操作方法

命令：_ chamfer

（"修剪"模式）当前倒角距离 1 = 10.0000，距离 2 = 10.0000

选择第一条直线或[多段线(P)/距离(D)/角度(A)/修剪(T)/方式(M)/多个(U)]

CHAMFER 命令操作提示中各选项的功能如下：

（1）多段线（P）：用于对整条多段线的各段同时倒角。

（2）距离（D）：设定倒角的距离尺寸并使用此倒角尺寸。

（3）角度（A）：设定倒角的距离和角度并使用此倒角设定值。

（4）修剪（T）：设定倒角后的修剪方式。

（5）方式（M）：控制 AutoCAD 使用两个距离或一个距离和一个角度创建倒角。

（6）多个（U）：用于连续修整多个倒角或多段线。AutoCAD 重复上述提示，也可以选择上述的五个选项进行操作。否则只修整一个倒角或一条多段线。

用 CHAMFER 命令画倒角时，应先用 D 或 A 响应提示，设定倒角尺寸，然后再选取要倒角的对象或方法。设定的倒角尺寸，将保持到下一次重新设定为止。若 D = 0，则两直线相交。

【例 13-4】 将图13-7a 所示图形修整成图 13-7b 所示图形。

命令：_ chamfer

（"修剪"模式）当前倒角距离 1 = 15.0000，距离 2 = 8.0000

选择第一条直线或[多段线(P)/距离(D)/角度(A)/修剪(T)/方式(M)/多个(U)]：A

指定第一条直线的倒角长度 <20.0000>：15

指定第一条直线的倒角角度 <0>：28

选择第一条直线或[多段线(P)/距离(D)/角度(A)/修剪(T)/方式(M)/多个(U)]： //选择 L1

选择第二条直线： //选择 L2

【例 13-5】 将图13-8a 所示图形的右端修整成 C2 倒角并补画相应的图线。

命令：_ chamfer

（"修剪"模式）当前倒角距离 1 = 10.0000，距离 2 = 10.0000

选择第一条直线或[多段线(P)/距离(D)/角度(A)/修剪(T)/方式(M)/多个(U)]:D
指定第一个倒角距离 < 10.0000 > :2
指定第二个倒角距离 < 2.0000 > :Enter
选择第一条直线或[多段线(P)/距离(D)/角度(A)/修剪(T)/方式(M)/多个(U)]:U
选择第一条直线或[多段线(P)/距离(D)/角度(A)/修剪(T)/方式(M)/多个(U)]: //选择 L1
选择第二条直线: //选择 L2
选择第一条直线或[多段线(P)/距离(D)/角度(A)/修剪(T)/方式(M)/多个(U)]: //选择 L2
选择第二条直线: //选择 L3
选择第一条直线或[多段线(P)/距离(D)/角度(A)/修剪(T)/方式(M)/多个(U)]: //按 Enter 键

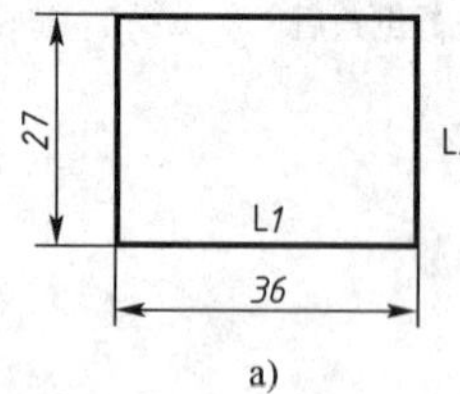

a)

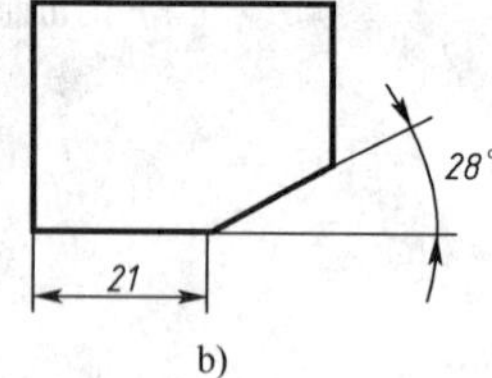

b)

图 13-7 用 CHAMFER 命令倒角(二)
a) 倒角前 b) 倒角后

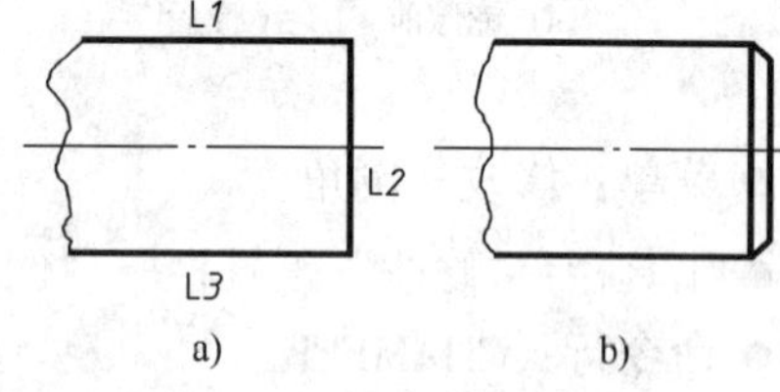

a) b)

图 13-8 用 CHAMFER 命令倒角(三)
a) 倒角前 b) 倒角后

用 LINE 命令补画倒角线,并将其改变到粗实线层上。结果如图 13-8b 所示。

(五) 圆角命令 FILLET

圆角是机械零件中常见的结构,FILLET 命令用于将两实体(line、pline、arc、circle)或同一多段线的相邻两段,用指定半径的圆弧光滑地连接起来。对于两未相交或两相交直线,AutoCAD 自动调整线段长度,使其按给定的半径光滑连接,并去掉多余部分,如图 13-9 所示。

1. 激活 FILLET 命令的方法

- 菜单:修改→圆角
- 工具栏:"修改"工具栏→"圆角"按钮
- 命令行:FILLET

2. FILLET 命令的操作方法

命令:_ fillet
当前设置:模式 = 修剪,半径 = 10.0000
选择第一个对象或[多段线(P)/半径(R)/修剪(T)/多个(U)]:

FILLET 命令提示中各选项的功能如下:

(1) 多段线(P):用于对整条多段线的各段同时修整圆角。

(2) 半径(R):设定圆角半径。

(3) 修剪(T):设定修整圆角后的修剪方式。

(4) 多个(U):用于连续修整多个圆角,也可以选择上述的三个选项进行操作。

用 FILLET 命令绘制圆角时,应先用 R 响应提示,设定圆角半径,然后再选取要修整的对象。设定的圆角半径,将一直保持到重新设定为止。若 R = 0,则两直线延伸或修剪到交点为止。

【例 13-6】 两直线如图 13-9a、b 所示,对两直线进行圆角修整,半径 R = 20。

命令:_ fillet
当前设置:模式 = 修剪,半径 = 10.0000
选择第一个对象或[多段线(P)/半径(R)/修剪(T)/多个(U)]:R
指定圆角半径 < 10.0000 > :20
选择第一个对象或[多段线(P)/半径(R)/修剪(T)/多个(U)]: //选择一条直线
选择第二个对象: //选择另一条直线

【例 13-7】 一条封闭多段线如图 13-10a 所示,将其各段间修整成半径为 5 的圆角。

命令:_ fillet
当前设置:模式 = 修剪,半径 = 10.0000
选择第一个对象或[多段线(P)/半径(R)/修剪(T)/多个(U)]:R
指定圆角半径 < 10.0000 > :5
选择第一个对象或[多段线(P)/半径(R)/修剪(T)/多个(U)]:P
选择二维多段线: //选取多段线

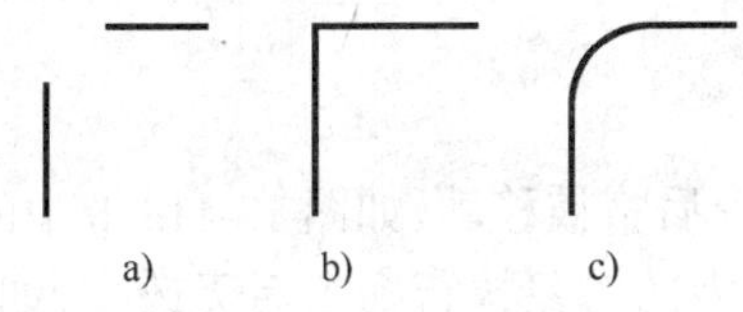

图 13-9 对两直线进行圆角修整(一)
a)、b) 修整前 c) 修整后

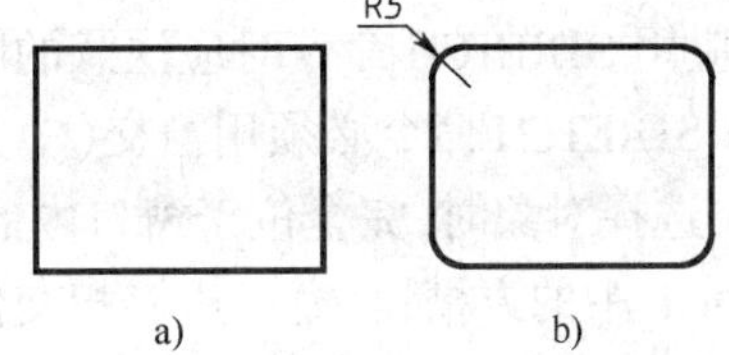

图 13-10 对两直线进行圆角修整(二)
a) 修整前 b) 修整后

如果多段线是用 PLINE 命令的"闭合(C)"方式画出时,其修整结果如图 13-10b 所示,否则在多段线的起终点处不予修整。

(六) 拉长命令 LENGTHEN

LENGTHEN 命令用于改变非封闭的直线(LINE)、多段线(PLINE)、圆弧(ARC)、椭圆弧(ELLIPSE)和样条曲线(SPLINE)的长度。

1. 激活 LENGTHEN 命令的方法

- 菜单:修改→拉长
- 工具栏:"修改"工具栏→"拉长"按钮
- 命令行:LENGTHEN

2. LENGTHEN 命令的应用

将已知直线拉长到指定的长度,操作如下:

命令:_ lengthen
选择对象或[增量(DE)/百分数(P)/全部(T)/动态(DY)]: //选择直线,查询直线长度
当前长度:200.0000
选择对象或[增量(DE)/百分数(P)/全部(T)/动态(DY)]:T //选择全部拉长
指定总长度或[角度(A)] < 200.0000 > :300 //输入整条直线要拉长到的长度
选择要修改的对象或[放弃(U)]: //用光标拾取直线要延伸的一端
选择要修改的对象或[放弃(U)]: //Enter 结束命令

用 LENGTHEN 命令还可以将已知直线在原来的基础上拉长指定的长度和动态拉长或缩短已知直线。注意:样条曲线和多段线不能动态拉长或缩矩。

（七）拉伸命令 STRETCH

STRETCH 命令用于拉伸或移动选定的对象。如图 13-11 所示。

1. 激活 STRETCH 命令的方法

- 菜单:修改→拉伸
- 工具栏:“修改”工具栏→“拉伸”按钮
- 命令行:STRETCH

2. STRETCH 命令的操作方法

命令:_ stretch

以交叉窗口或交叉多边形选择要拉伸的对象 ...

选择对象: //用 C 窗口选择要拉伸的对象

选择对象: //按 Enter 键,结束选择

指定基点或位移 //指定基点:

指定位移的第二个点或 < 用第一个点作位移 > : //输入位移或指定第二点

3. 应用 STRETCH 命令时应注意的问题

（1）STRETCH 命令必须用窗交(C)方式选择对象。

（2）选择对象时,完全位于窗口内的对象在执行命令后将被移动,如图 13-11a、b 中的圆和图 13-11c、d 中的方槽;与窗口边界相交但端点不在窗口内的对象执行命令后无改变,如图 13-11a、b 中的上下轮廓线;与窗口边界相交但端点在窗口内的对象在执行命令后将被拉伸或缩短,如图 13-11a、b 中方槽的槽底线和图 13-11c、d 中的上下轮廓线。

二、绘制三视图

用 AutoCAD 绘制三视图和用手工绘制三视图的要求相同,绘图方法也基本相同。在绘制三视图时,应灵活、恰当地运用 AutoCAD 的捕捉、对象追踪及极轴追踪功能,减少作图辅助线,提高绘图速度,保证精确作图。

下面以图 13-12 所示的轴承座为例,讨论三视图的绘制方法。

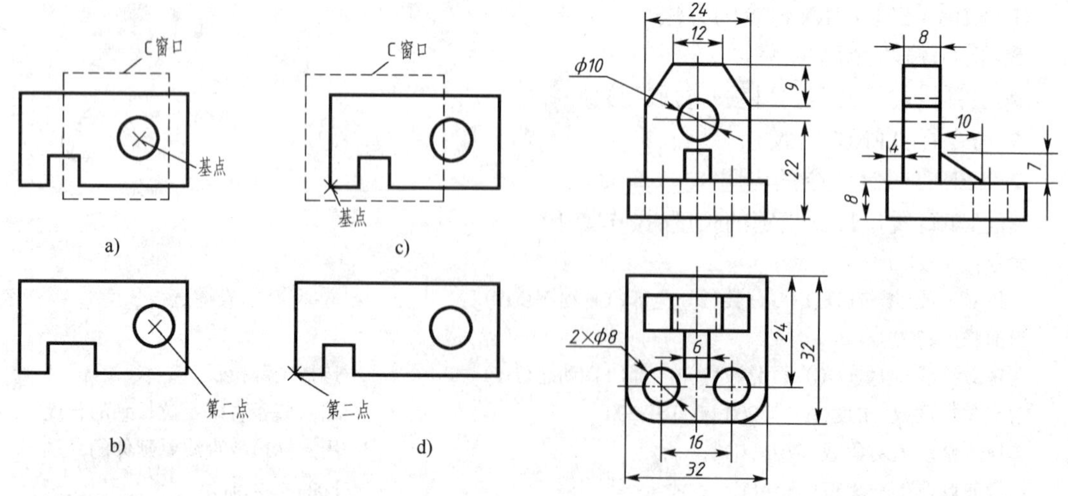

图 13-11　STRETCH 命令的应用

a) 拉伸前　b) 拉伸后　c) 拉伸前　d) 拉伸后

图 13-12　轴承座三视图

（一）画底板的三视图，如图 13-13a 所示。

（1）用 RECTANG 命令绘制俯视图矩形轮廓；用 FILLET 倒圆角；用 CIRCLE 命令绘制两圆，指定圆心时应捕捉圆角圆心；用 LINE 命令绘制竖直中心线。

（2）用 RECTANG 命令绘制主视图中的矩形轮廓；用 LINE 命令绘制竖直中心线和孔的投影，绘图时应追踪俯视图中的相应点。

（3）用 RECTANG 命令绘制左视图中的矩形轮廓；用 LINE 命令绘制孔的投影，绘图时应追踪主视图中的相应点。

（二）画竖板三视图，如图 13-13b 所示。

因为主、俯视图为对称图形，所以可只画一半图形，另一半图形对称复制。

（1）用 LINE 或 PLINE 命令和对象追踪方式绘制主、俯视图半轮廓和左视图轮廓。

（2）用 CIRCLE、PLINE 或 LINE 命令画圆孔的三视图。

（三）画三角形肋板的三视图，如图 13-13c 所示。

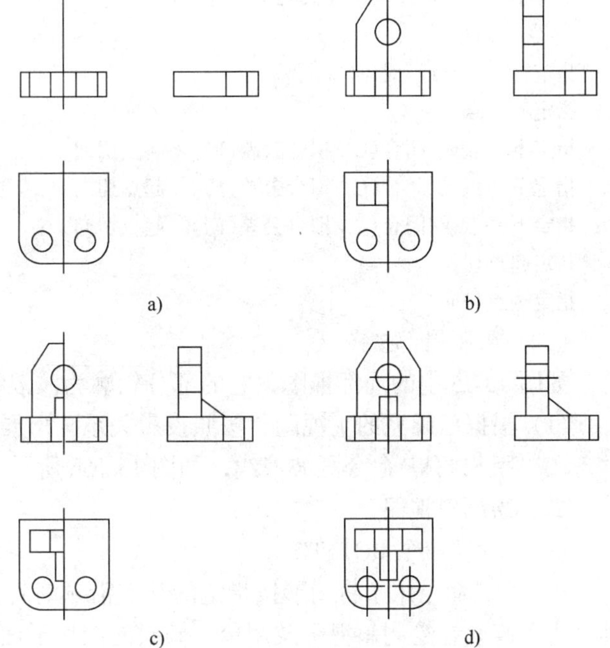

图 13-13　绘制轴承座三视图的步骤

a）画底板三视图　b）画竖板部分三视图

c）画肋板部分三视图　d）补全三视图

用 LINE 或 PLINE 命令画出肋板的左视图和主、俯视图的半轮廓。

（四）补全三视图，如图 13-13d 所示。

（1）用 MIRROR 命令绘制主视图和俯视图中的对称部分。

（2）用 LINE 或 PLINE 命令补画所有中心线。

（五）改变线型、线宽和标注尺寸，如图 13-12 所示。

（1）将图线按线型改变到相应的图层上。

（2）用尺寸标注命令标注尺寸（请参阅本章第四节）。

第二节　绘制其他视图

一、绘制局部视图

（一）样条曲线命令 SPLINE

SPLINE 命令用于指定一系列点绘制光滑曲线。在机械制图中常用 SPLINE 命令绘制波浪线。

1. 激活 SPLINE 命令的方法

● 菜单：绘图→样条曲线

● 工具栏:“绘图”工具栏→“样条曲线”按钮

● 命令行:SPLINE

2. SPLINE 命令的操作方法

绘制样条曲线,如图 13-14 所示。

命令:_ spline

指定第一个点或[对象(O)]: //指定 P1

指定下一点: //指定 P2

指定下一点或[闭合(C)/拟合公差(F)]<起点切向>: //指定 P3

指定下一点或[闭合(C)/拟合公差(F)]<起点切向>: //指定 P4

指定下一点或[闭合(C)/拟合公差(F)]<起点切向>: //Enter 结束画线

指定起点切向: //Enter 或拾取一点

指定端点切向: //Enter 或拾取一点

(二)绘制局部视图

如图 13-15 中的局部视图,它的部分轮廓为波浪线,画图步骤如下:

(1)根据已画完的主视图,按照投影关系画出局部视图的基本轮廓。如图 13-16a 所示。

(2)用 SPLINE 命令画波浪线,如图 13-16b 所示。

二、绘制斜视图

(一)旋转命令 ROTATE

ROTATE 命令用于将图形按指定的基点沿顺时针或逆时针方向转动任意角度。在绘制斜视图及用单一倾斜的剖切平面和用相交的剖切面剖切的剖视图时可以用此命令旋转图形。

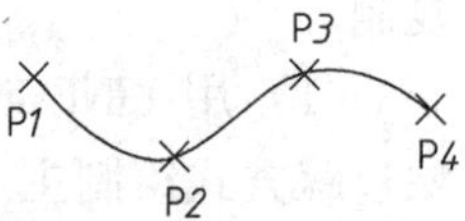

图 13-14 绘制样条曲线

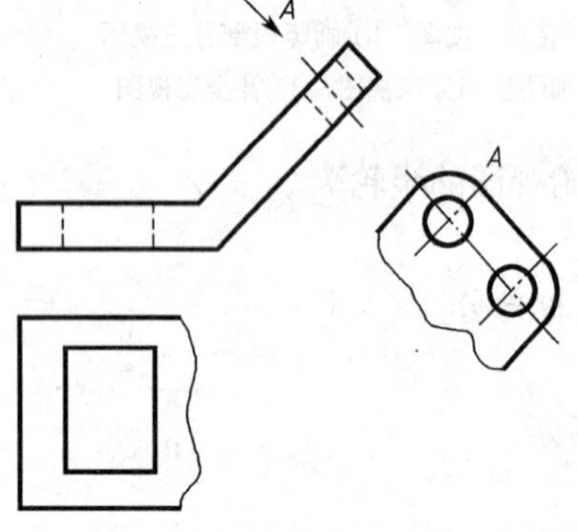

图 13-15 弯板的视图

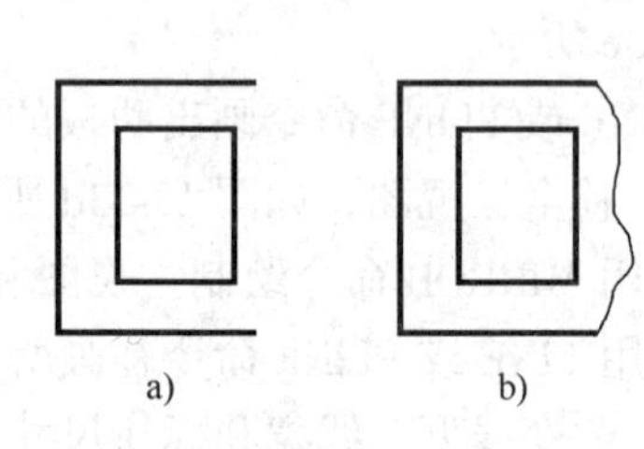

图 13-16 绘制局部视图

a)绘制基本轮廓 b)绘制样条曲线

1. 激活 ROTATE 命令的方法

● 菜单:修改→旋转

● 工具栏:“修改”工具栏→“旋转”按钮

● 命令行:ROTATE

2. ROTATE 命令的操作方法

(1)将图形旋转指定角度:将图 13-17a 中的左图旋转至右图位置。

命令:_ rotate

UCS 当前的正角方向：ANGDIR = 逆时针　ANGBASE = 0d

选择对象：　　//选择要旋转的对象

选择对象：　　//按 Enter 键，结束对象选择

指定基点：　　//指定旋转中心 A

指定旋转角度或［参照（R）］：-30　　//输入旋转角度或指定两点

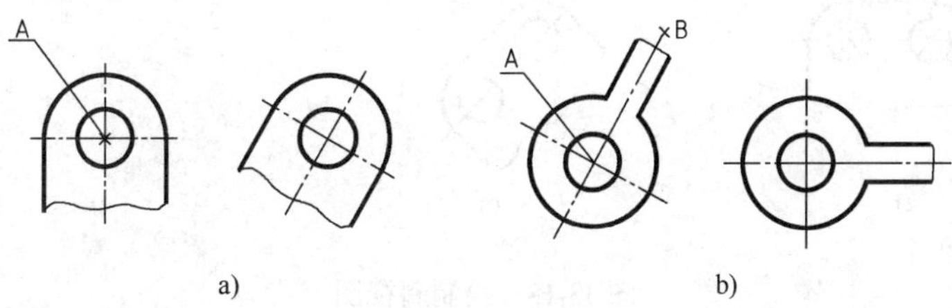

图 13-17　ROTATE 命令的应用

a）旋转指定角度　b）旋转参考角度

（2）将图形旋转至任意指定位置：将图 13-17b 中的左图旋转至右图位置。

命令：_ rotate

UCS 当前的正角方向：ANGDIR = 逆时针　ANGBASE = 0d

选择对象：　　//选择要旋转的对象

选择对象：　　//按 Enter 键，结束对象选择

指定基点：　　//指定 A 点

指定旋转角度或［参照（R）］：R　　//选择参照选项

指定参照角 <0d>：　　//用光标指定 A、B 两点给出参考角度

指定新角度：0　　//输入新角度（可以用光标指定）

（二）绘制斜视图

用 AutoCAD 按投影关系绘制斜视图有两种方法，一是按投影关系直接绘制，二是将斜视图放正画出后旋转至倾斜的投影位置。

【例 13-8】 绘制图 13-15 所示的斜视图。

绘图步骤：

（1）按水平方向画出图形，如图 13-18a 所示。

（2）将画完的图形旋转至投影方向，如图 13-18b 所示，操作方法如下：

命令：_ rotate

UCS 当前的正角方向：ANGDIR = 逆时针　ANGBASE = 0d

选择对象：　　//选择图形

选择对象：　　//按 Enter 键

指定基点：　　//拾取图 13-18a 中 P1 点

指定旋转角度或［参照（R）］：R

指定参照角 <0d>：　　//依次拾取图 13-18a 中 P1、P2 点

指定新角度：PAR 到　　//用“平行”捕捉主视图中孔的轴线，指定一点

（3）将旋转后的图形移动到投影位置，如图 13-18c 所示。

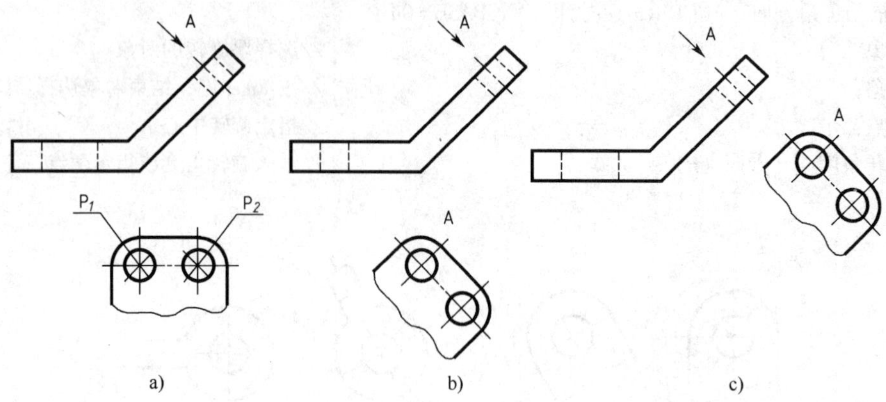

a)　　b)　　c)

图 13-18　绘制斜视图

a）按水平方向画出图形　b）将图形旋转至投影方向　c）将图形移动到投影位置

三、绘制局部放大图

（一）比例缩放命令 SCALE

SCALE 命令用于在 X、Y 和 Z 方向等比例放大或缩小对象。此命令常用于绘制局部放大图或改变图形的比例。

1. 激活 SCALE 命令的方法

- 菜单：修改→缩放
- 工具栏："修改"工具栏→"缩放"按钮
- 命令行：SCALE

2. SCALE 命令的操作方法

按比例放大或缩小图形，如图 13-19 所示。

命令：_ scale

选择对象：　　//选择要放大的图形

选择对象：　　//按 Enter 键

指定基点：　　//拾取 P 点

指定比例因子或［参照（R）］：2　　//输入数值或指定一点

（二）绘制局部放大图

【例 13-9】 绘制如图 13-20 所示传动轴的局部放大图。

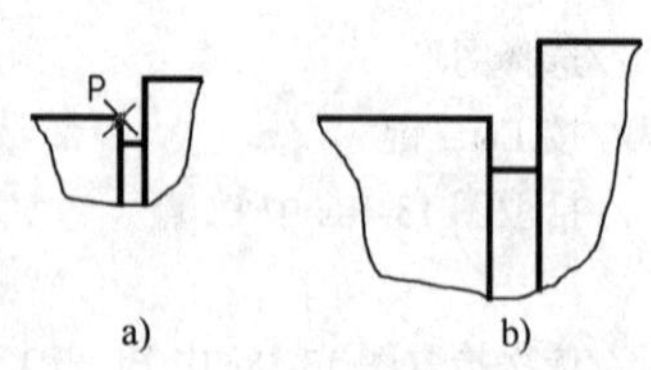

a)　　b)

图 13-19　SCALE 命令的应用

a）放大前　b）放大后

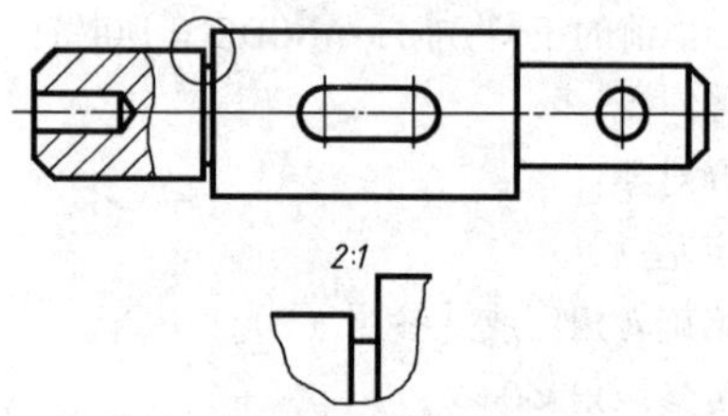

图 13-20　传动轴的主视图和局部放大图

画图步骤如下：

1）出传动轴的主视图，如图 13-21a 所示。

2）用 CIRCLE 命令画出被放大部位，如图 13-21b 所示。

3）用 COPY 命令复制被放大的对象，如图 13-21c 所示。

4）用 TRIM 命令修剪多余的图线，如图 13-21d 所示。

5）删除圆，用 SPLINE 命令绘制波浪线，如图 13-21e 所示。

6）用 SCALE 命令将图形放大 2 倍，如图 13-21f 所示。

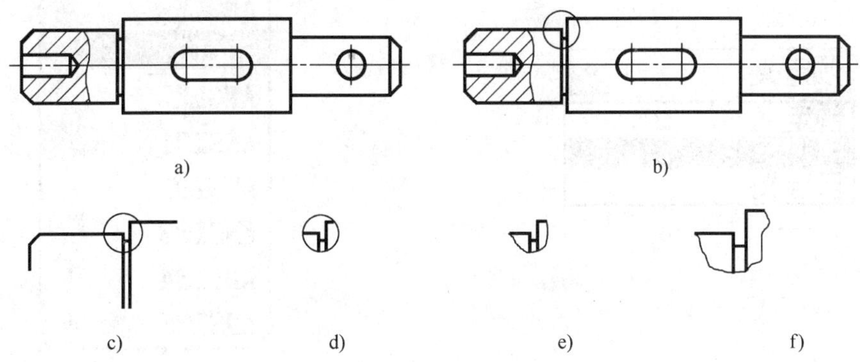

图 13-21　局部放大图的画图步骤

a）画出传动轴的主视图　b）画出被放大部位　c）复制被放大对象　d）修剪多余图线　e）绘制波浪线　f）将图形放大 2 倍

第三节　绘制剖视图

在绘制剖视图时，可以使用 AutoCAD 中的图案填充命令绘制机件断面的剖面线。

一、图案填充及编辑命令

（一）图案填充命令 BHATCH

BHATCH 命令用于在指定的区域内填充图案。

1. 激活 BHATCH 命令的方法

● 菜单：绘图→图案填充

● 工具栏："绘图"工具栏→"图案填充"按钮

● 命令行：BHATCH

2. BHATCH 命令的操作方法

激活 BHATCH 命令后，会出现如图 13-22 所示的"边界图案填充"对话框。

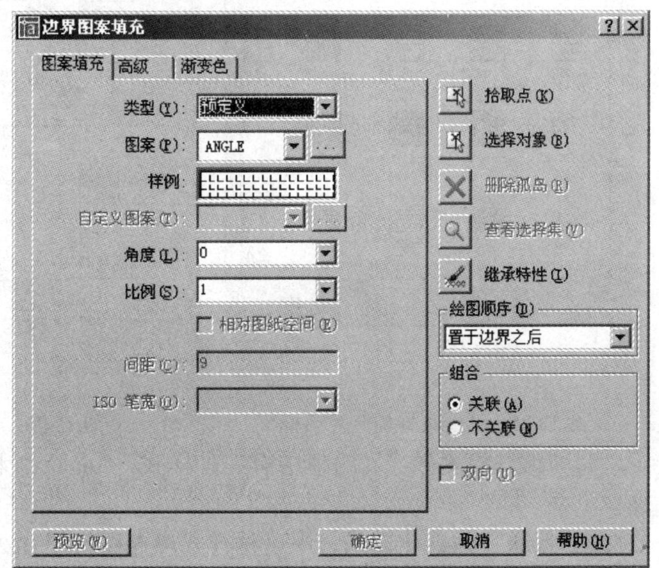

图 13-22　"边界图案填充"对话框

对话框中各选项的功能如下：

(1)"图案填充"选项卡用于设

定图案填充的样式及相关参数。

1）在“类型”右边的下拉列表中可以选择图案填充的类型，类型种类如图 13-23 所示，机械制图一般选用“用户定义”。

2）在“图案”右边的下拉列表中可以选择填充图案，如图 13-24 所示。也可单击列表框右侧...按钮在图 13-25 所示“图案种类”对话框中选择图案。

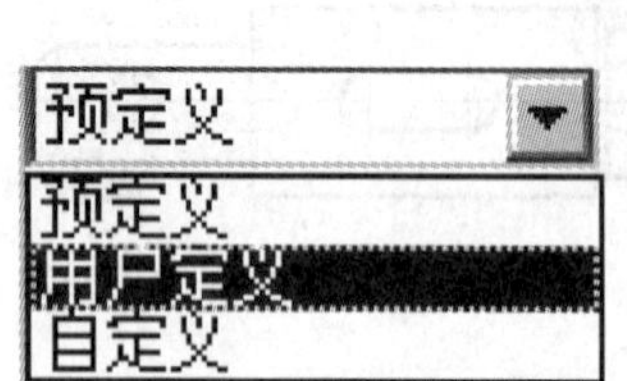

图 13-23 图案填充类型种类

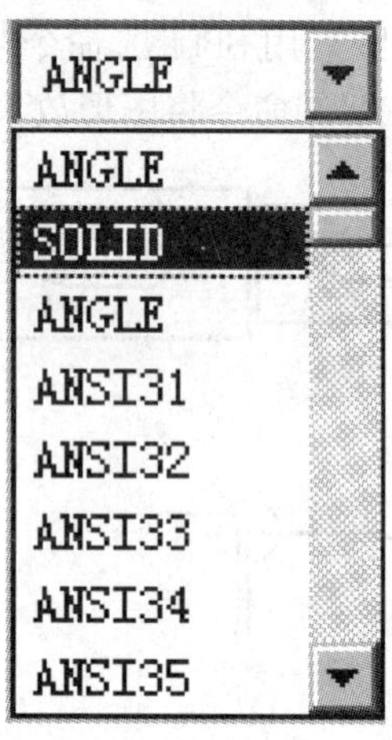

图 13-24 图案种类下拉列表

3）在“样例”右边的显示框中，显示所选择图案的样式。

选项卡下部各项内容应根据图案的需要有选择地进行设定。

（2）“高级”选项卡用于设置图案填充的高级选项，如图 13-26 所示。

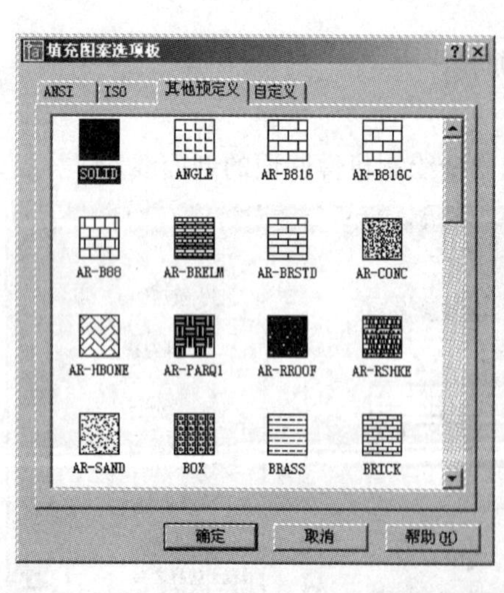

图 13-25 “图案种类”对话框

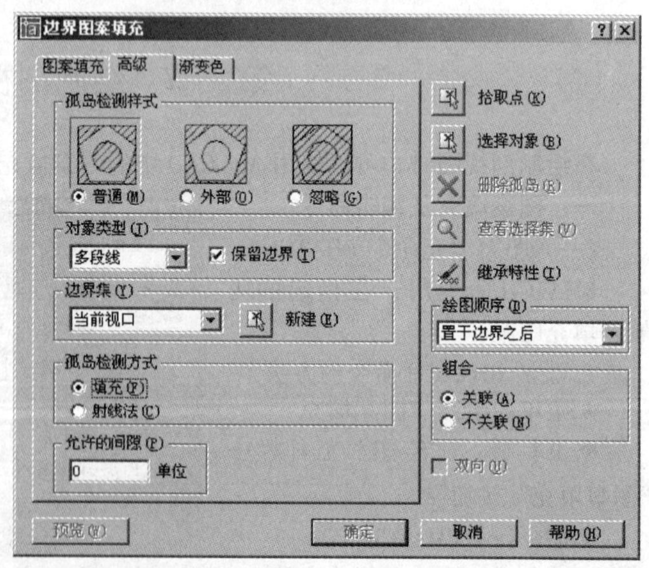

图 13-26 边界图案填充对话框高级选项卡

1）“孤岛检测样式”组框中有三种样式。AutoCAD 将最外层边界内部的其他边界称为孤岛。

●“普通”为默认样式，用这种样式填充图案是由外向内，遇奇数孤岛填充，遇偶数孤岛停止的隔层填充方式。

●“外部”为由外向内只填充最外层，其他各孤岛一律不予填充。

●“忽略”为忽略所有内部孤岛，由最外层边界开始内部全部填充。

一般情况下使用默认样式。

2)“对象类型”组框用于设置边界对象类型。如果选择“保留边界”选项，AutoCAD 在进行图案填充时将在原边界的基础上重新生成一封闭的新边界，新边界的对象类型可在左边的下拉列表中选取，可以是多段线或面域。此项目仅适用于“拾取点”选择对象方式。

3)“边界集”组框用于创建和设定边界集，以确定图案填充时边界对象的可选择范围。一般将下拉列表“当前视口”中的所有可见对象作为默认边界集，必要时可单击“新建”按钮创建新的边界集。如果在下拉列表中选择“现存选择集”作为边界集，则填充图案时只能在“现存选择集”中选取边界对象，否则不予选取。此项目仅适用于“拾取点”选择对象方式。

4)“孤岛检测方式”组框用于是否将最外层边界内部的孤岛作为边界对象。在用“拾取点”选取边界时，选择“填充”选项，AutoCAD 会将最外层边界内部的孤岛作为边界对象；选择“射线法”AutoCAD 将忽略最外层边界内部的所有孤岛。

5)“允许的间隙”组框用于将几乎封闭一个区域的一组对象视为一个闭合的图案填充边界。默认值为 0，指定对象应为封闭区域。如果按图形单位输入一个值（从 0 到 5000），即设置了将对象用作图案填充边界且不封闭时可以忽略的最大间隙。任何小于等于指定值的间隙都将被忽略，并将边界视为封闭。

(3)“边界图案填充”对话框中右侧各按钮和选项的功能。

1）单击“拾取点”按钮，AutoCAD 将隐藏“边界图案填充”对话框并提示：“选择内部点:”，此时，可在要填充区域的内部拾取一点，在拾取点的过程中，输入 U 将取消前一次的选择，按 ENTER 键结束选择操作并返回对话框；或拾取点时，在绘图区单击鼠标右键，将显示如图 13-27 所示的快捷菜单，可在快捷菜单中选择需要的操作。选择完成后在“边界图案填充”对话框的左下角选择“预览”按钮，预览结果满意后，按“确定”按钮即可完成图案填充。

2）单击“选择对象”按钮，AutoCAD 将隐藏“边界图案填充”对话框并提示：“选择对象:”，选择要填充的对象时，所选对象可以是一个封闭实体或多个实体组成的封闭图形。此后操作与“拾取点”的操作相同，不再累述。

3）单击“删除孤岛”按钮，可以从已选择的边界集中删除孤岛。此按钮只有在用“拾取点”按钮选择了填充区域后方可使用。

4）单击“查看选择集”按钮，AutoCAD 将隐藏对话框并显示当前定义的边界集。在定义边界集之前，此按钮不可操作。

5）单击“继承特性”按钮，AutoCAD 将隐藏对话框并要求在图形中选择一个已填充的图案，选择图案后，AutoCAD 会按所选图案的类型、种类和参数更新设置，使要填充的图案继承所选图案的特性。

6）选择“双向”选项，AutoCAD 将绘制网纹图案，如图 13-28b 所示。图 13-28a 为单向剖面线图案。此选项在“用户定义”下才可以操作。

7)“绘图顺序”组框用于指定图案填充的绘图顺序。图案填充可以放在所有其他对象之后、所有其他对象之前、图案填充边界之后或图案填充边界之前。

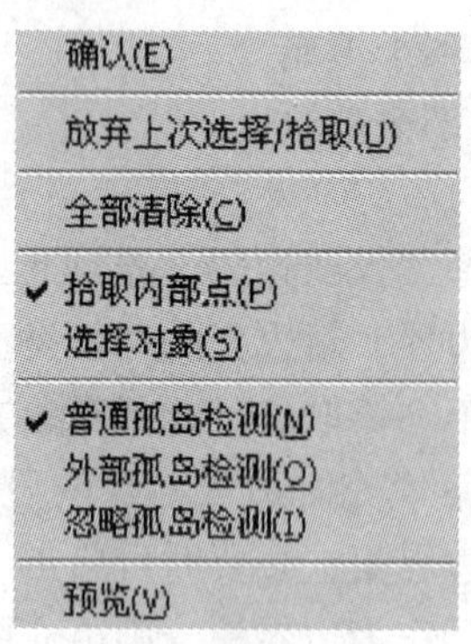

图 13-27 图案填充快捷菜单

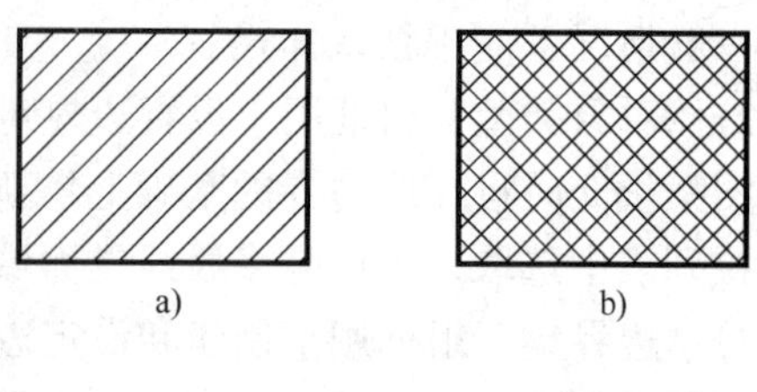

图 13-28 “用户定义”下的填充图案
a）单向图案 b）双向图案

8）“组合”组框中，默认的选项为“关联”。当边界对象为封闭的多段线或面域时，选择“关联”选项，在改变边界对象尺寸时，填充图案将随之改变。选择“不关联”选项，改变边界对象尺寸时，填充图案不变。

实际应用 BHATCH 命令绘制机械图样中的剖面线时，只需要在“边界图案填充”对话框的“图案填充”选项卡中，设置“类型”为“用户定义”，“角度”为 45°或 –45°（315°），输入一数值作为“间距”，然后选取边界对象，按“确定”按钮，即可完成剖面线的绘制。对话框中的其他项目均为默认状态。

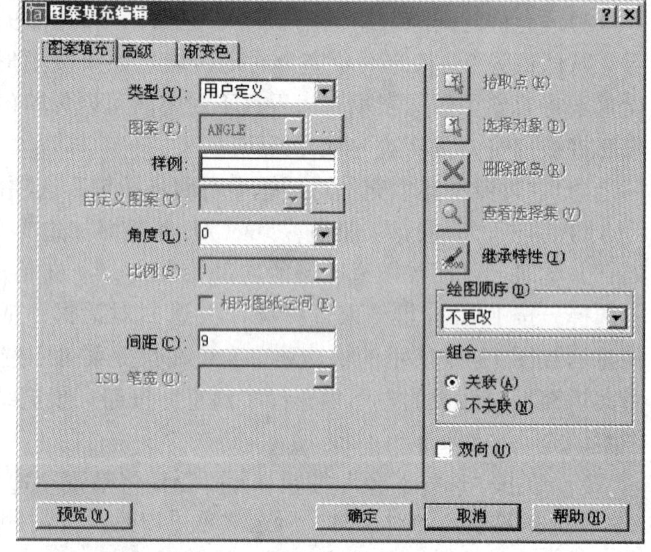

图 13-29 “图案填充编辑”对话框

（二）图案填充编辑命令 HATCHEDIT

HATCHEDIT 命令用于修改图形中已有的图案填充对象。

1. 激活 HATCHEDIT 命令的方法

● 菜单：修改→对象→图案填充

● 工具栏：“修改Ⅱ”工具栏→“编辑图案填充”按钮

● 命令行：HATCHEDIT

2. HATCHEDIT 命令的操作方法

命令：_ hatchedit

选择关联填充对象： //选择要编辑的图案

选择图案后出现如图 13-29 所示的“图案填充编辑”对话框。对话中的各项操作和 BHATCH 命令相同。暗显选项不可操作。

二、绘制剖视图

用 AutoCAD 绘制剖视图的方法与绘制视图的方法基本相同，另外还需要绘制剖面线。

【例 13-10】 绘制如图 13-30d 所示的剖视图。

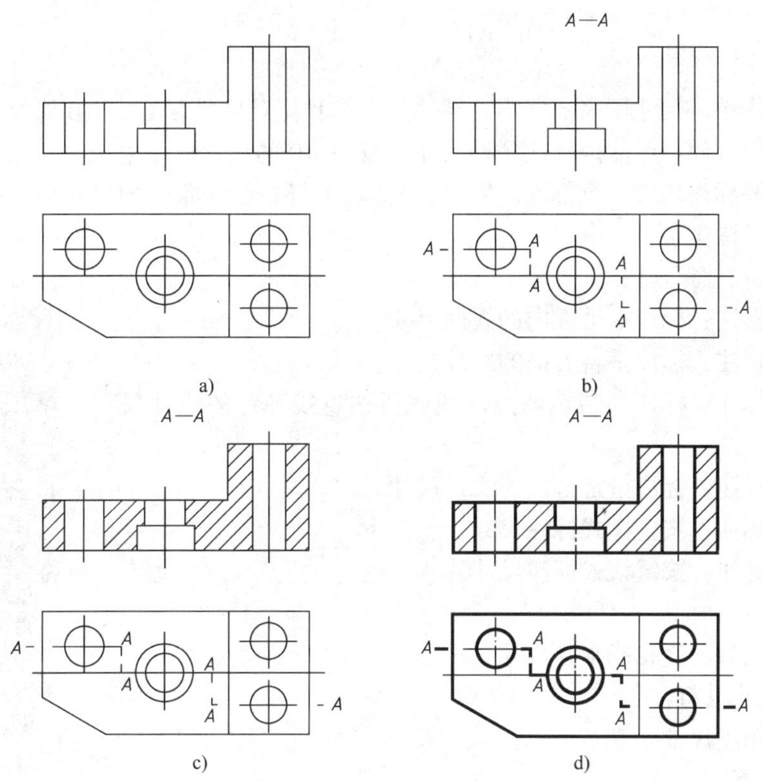

图 13-30　绘制剖视图的步骤

a）绘制俯视图和主视图的轮廓　b）标注剖切位置　c）绘制剖面线　d）改变线型和线宽

绘图方法和步骤如下：

(1) 按照绘制视图的方法绘制俯视图和主视图的轮廓及断面轮廓，如图 13-30a 所示。

(2) LINE（或 PLIEN）和 TEXT 命令标注剖切位置、视图名称，如图 13-30b 所示。

(3) 绘制主视图中的剖面线，如图 13-30c 所示。

1）在“边界图案填充”对话框的“图案填充”选项卡中设置填充图案，如图 13-31 所示。

2）设置完成后，单击“拾取点”按钮，在要绘制剖面线的三个线框内各拾取一点并按“Enter”键结束拾取点。

3）在“边界图案填充”对话框中按“预览”按钮，检查剖面线的绘制情况，按“Enter”键结束预览。如间隔不合适可重新输入。

4）在“边界图案填充”对话框中，按“确定”按钮，结束剖面线绘制。

(4) 改变线型和线宽，结果如图 13-30d 所示。将点画线、粗实线、剖切符号、剖面线和文字分别改变到点划线层、粗实线层、细实线层和标注层上。

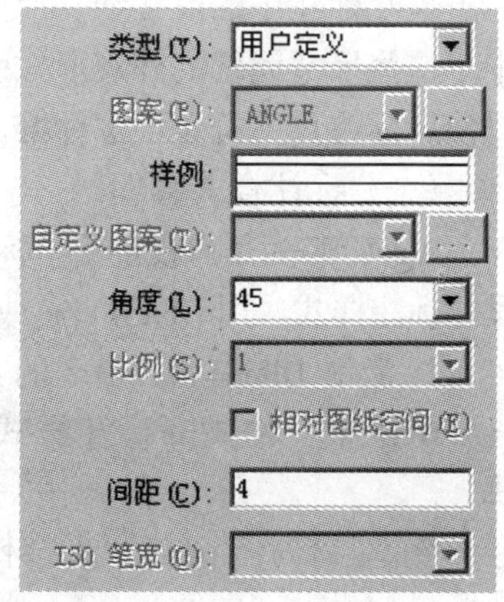

图 13-31　绘制剖面线的设置

第四节 尺 寸 标 注

在机械图样中，尺寸用来描述零、部件的大小和相对位置。AutoCAD 提供了一系列尺寸标注命令，可以方便、灵活地标注各种尺寸。AutoCAD 的尺寸标注采用半自动方式，系统按图形的测量值和标注样式进行标注。同时，AutoCAD 还提供了很强的尺寸编辑功能。

一、尺寸标注类型

（一）线性尺寸标注

（1）水平标注：标注水平方向的线性尺寸。

（2）垂直标注：标注垂直方向的线性尺寸。

（3）对齐标注：标注与指定两点连线或所选直线平行的线性尺寸。

（4）旋转标注：标注指定方向的线性尺寸。

（5）基线标注：按坐标式标注尺寸。

（6）连续标注：按链状式标注尺寸。

（二）径向尺寸标注

标注圆或圆弧的直径或半径尺寸。

（三）角度尺寸标注

用于标注角度尺寸。

（四）特殊标注

（1）引线标注：用于标注注释、说明等，也可用于标注直径或半径尺寸或形位公差。

（2）坐标标注：标注指定点的 X 或 Y 坐标。

（3）中心标记：用于绘制圆或圆弧的中心标记或中心线。

AutoCAD 提供了专门用于尺寸标注的下拉菜单和工具栏，如图 13-32 和图 13-33 所示，可以方便地激活尺寸标注命令。

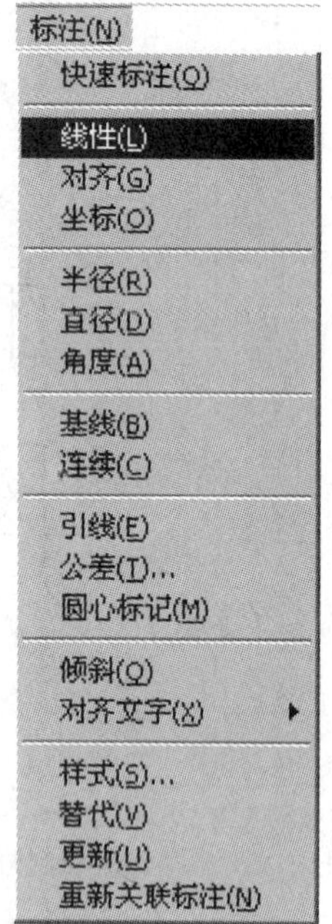

图 13-32 “标注”菜单

二、尺寸标注样式

尺寸标注中的尺寸线、尺寸界线、箭头和文字呈一个整体——图块的形式存储在图形中。这些尺寸元素的外观形式，由尺寸样式控制。在标注尺寸前，应创建或设置尺寸样式，以使所标注尺寸符合国家标准。否则，AutoCAD 将使用默认样式 ISO-25 标注尺寸。

（一）标注样式管理器

AutoCAD 为用户提供了“标注样式管理器”，用于创建新的尺寸标注样式以及管理已有的尺寸标注样式。用 DIMSTYLE 或 DDIM 命令可以打开“标注样式管理器”，如图 13-34 所示。

1. 激活 DIMSTYLE 命令的方法

● 菜单：格式→标注样式或标注→样式

● 工具栏：“标注”工具栏→“标注样式”按钮

● 命令行：DIMSTYLE 或 DDIM

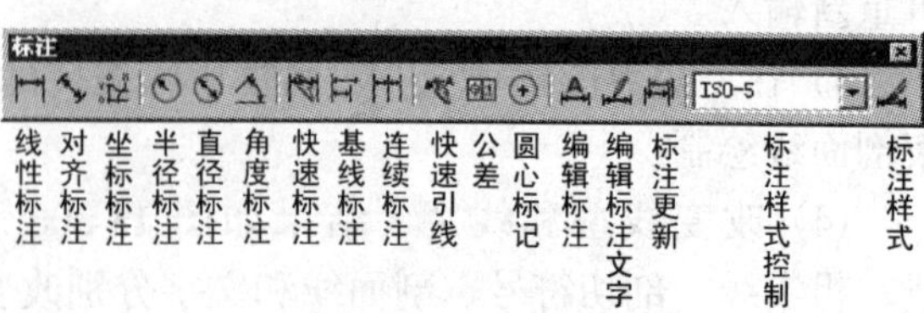

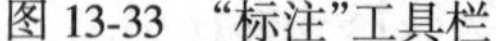

图 13-33 “标注”工具栏

2. 标注样式管理器

对“标注样式管理器”对话框的说明如下：

(1)“列出”下拉列表框：该列表框提供了控制尺寸标注样式名称在样式窗口中显示的两个选项：所有样式和正在使用样式。

(2)“样式”窗口：根据“列出”选项，显示尺寸标注样式，当前尺寸标注样式醒目显示。

(3)“预览”窗口：显示选择的标注样式标注的尺寸样例。可以判断选择的样式是否适用。

(4)“置为当前”按钮：用于将样式窗口中被选中的样式设置为当前样式，所注尺寸便使用该样式。

(5)“新建”按钮：按下该按钮将弹出“创建新标注样式”对话框，如图 13-35 所示。可在其中输入新的尺寸标注样式名称；选择新样式的基础样式；确定尺寸标注样式的应用范围。单击“继续”按钮,将打开“新建标注样式”对话框，如图 13-36 所示。

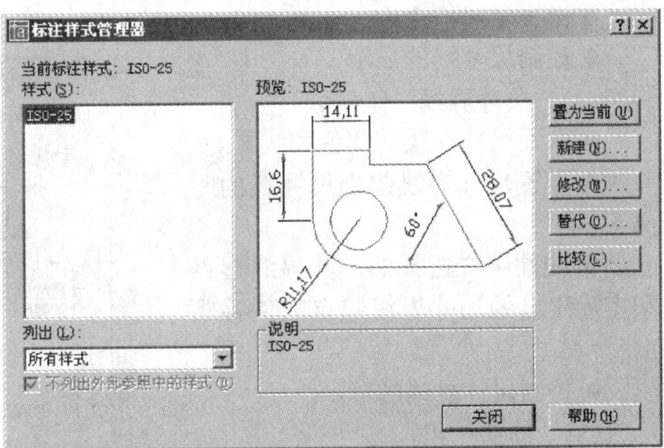

图 13-34 “标注样式管理器”对话框

(6)“修改”按钮：用于打开“修改标注样式”对话框，修改当前尺寸标注样式中的设置。

(7)“替代”按钮：用于打开“替代标注样式”对话框，创建当前标注样式的替代样式。

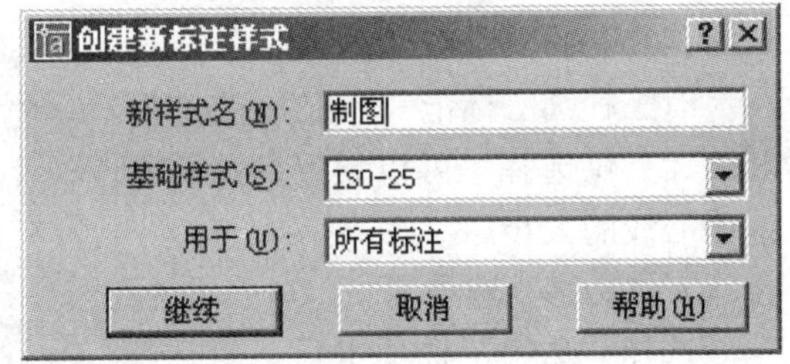

图 13-35 “创建新标注样式”对话框

(8)“比较”按钮：单击该按钮，将打开“比较标注样式”对话框，如图 13-37 所示。

(二)“新建、修改和替代标注样式”对话框

因“新建标注样式”、“修改标注样式”和“替代标注样式”这三个对话框中的 6 个选项卡完全相同，故在此以“新建标注样式”对话框为例对其说明如下：

1.“直线和箭头”选项卡

选择了“直线和箭头”选项卡后，对话框显示如图 13-36 所示。用于设置尺寸线、尺寸界线、箭头及圆

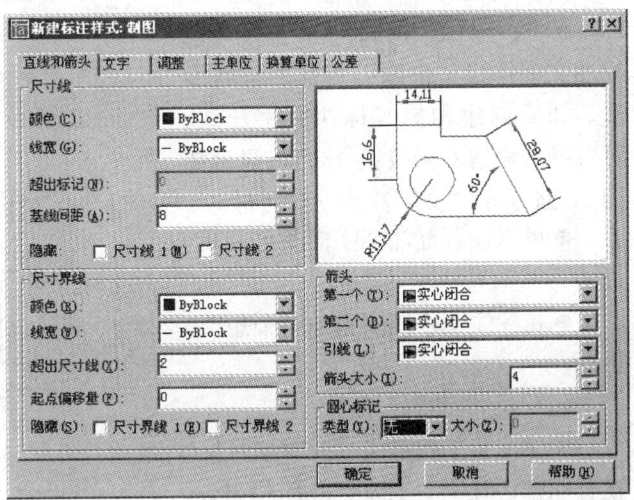

图 13-36 “新建标注样式”对话框

心标记的特性，控制尺寸标注的外观。

(1)“尺寸线”组框

- 设置尺寸线的颜色和线宽。
- 当使用倾斜于尺寸界线的斜线作箭头时，可以设置尺寸线超出尺寸界线的距离。
- 设置基线标注中尺寸线之间的间距。
- 控制尺寸线的显示。

(2)“尺寸界线”组框

- 设置尺寸界线的颜色和线宽。
- 设置尺寸界线超出尺寸线的距离。
- 设置用户选择的尺寸界线起点和实际注出的尺寸界线起点的偏移距离。
- 控制尺寸界线的显示。

(3)“箭头”组框

AutoCAD 默认一条尺寸线的两个箭头样式相同，若不同，可分别设置。箭头大小可设。引线箭头也可设。

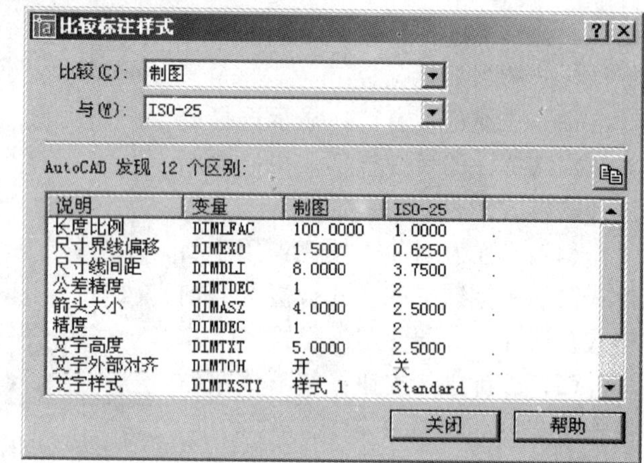

图 13-37 “比较标注样式”对话框

(4)“圆心标记”组框

有三种圆心标记“标记”、“直线”和“无”供选择。可以设置圆心标记或中心线的大小。

2.“文字”选项卡

选择“文字”选项卡后，对话框显示如图 13-38 所示。用于设置文字的格式、位置和对齐方式。

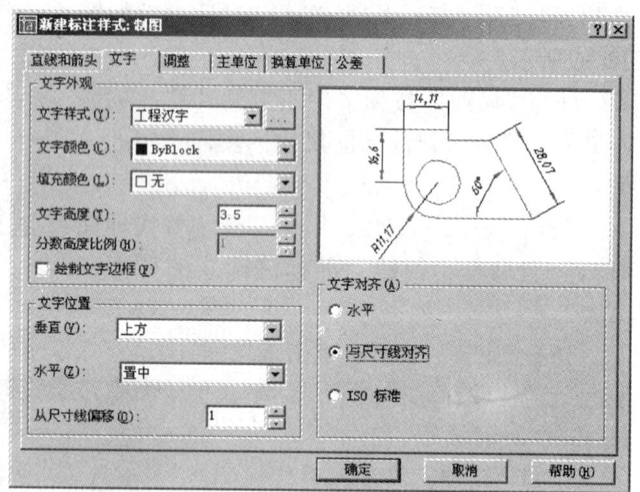

图 13-38 “新建标注样式”对话框：“文字”选项卡

(1)“文字外观”组框

- “文字样式”列表框中显示当前标注文字样式，也可以在其中重新设置。如要创建和修改标注文字样式，可选择列表框右侧按钮...，将显示如图 12-54 所示“文字样式”对话框。
- 可以设置标注文字的颜色和高度。
- 在标注文字周围添加一个矩形边框。

(2)“文字位置”组框

- 标注文字相对尺寸线的垂直位置有四种：置中、上方、外部和 JIS，前三种位置如图 13-39 所示。JIS 是

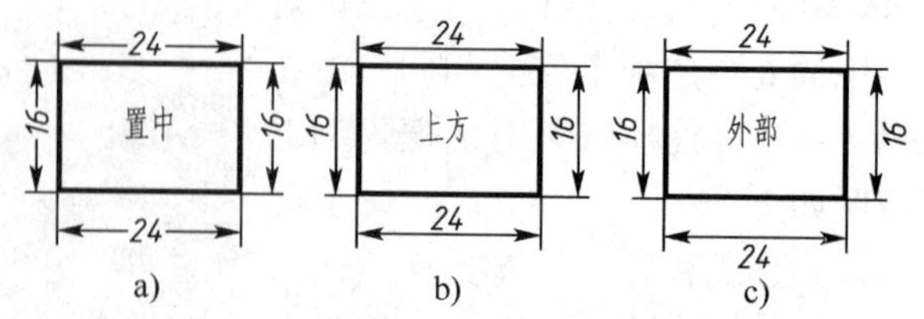

a) b) c)

图 13-39 标注文字与尺寸线之间的位置关系

a) 垂直方向“置中” b) 垂直方向“上方” c) 垂直方向“外部”

按日本工业标准放置。

● 标注文字沿尺寸线方向相对于尺寸界线的位置有四种，画机械图时一般使用“置中”。

●“从尺寸线偏移”的距离即标注文字与尺寸线的距离。

(3)“文字对齐”组框

标注文字有三种对齐方式：水平、与尺寸线对齐和 ISO 标准（当文字在尺寸界线内时，文字与尺寸线对齐；当文字在尺寸界线外时，文字水平放置。标注半径和直径时使用)。

3．“调整”选项卡

选择“调整”选项卡后，对话框显示如图 13-40 所示。用于控制标注文字、箭头、引线及尺寸线的位置。

(1)“调整选项”组框

控制根据尺寸界线间可用空间的大小，调整放置标注文字和箭头的位置。一般选择“文字或箭头，取最佳效果”选项。

(2)“文字位置”组框

设置处于非默认位置（由标注样式定义的位置）的标注文字的位置。

(3)“标注特征比例”组框

选择“使用全局比例”选项设置全局标注比例，但该值不影响尺寸标注的测量值。

(4)“调整”组框

“标注时手动放置文字”选项忽略水平对正设置，移动鼠标可在尺寸线方向拖动标注文字，选择文字放置位置。

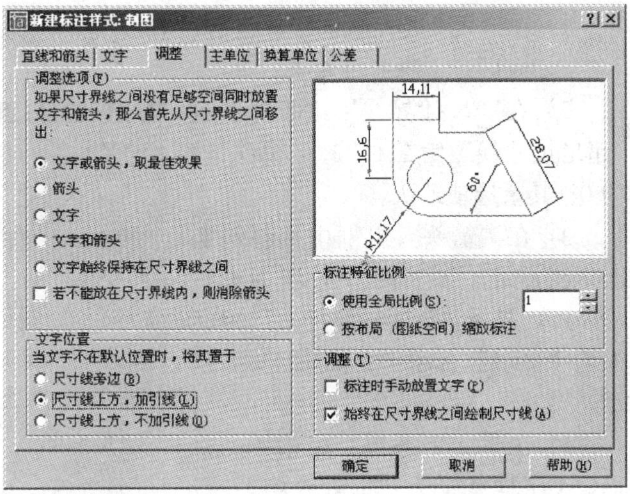

图 13-40 “新建标注样式”对话框:“调整”选项卡

4．“主单位”选项卡

选择“主单位”选项卡后，对话框显示如图 13-41 所示。用于设置主单位的格式和精度等。

“测量单位比例”组框用于设置线性测量时的缩放系数。非 1:1 图形的尺寸标注需按绘图比例设置此项系数。

5．“换算单位”选项卡

显示换算单位和设置其格式及精度等内容。

6．“公差”选项卡

选择“公差”选项卡后，对话框显示如图 13-42 所示。可在其中设置公差标注形式、精度、输入上下偏差值及偏差对齐方式。“垂直位置”有上、中、下三种对

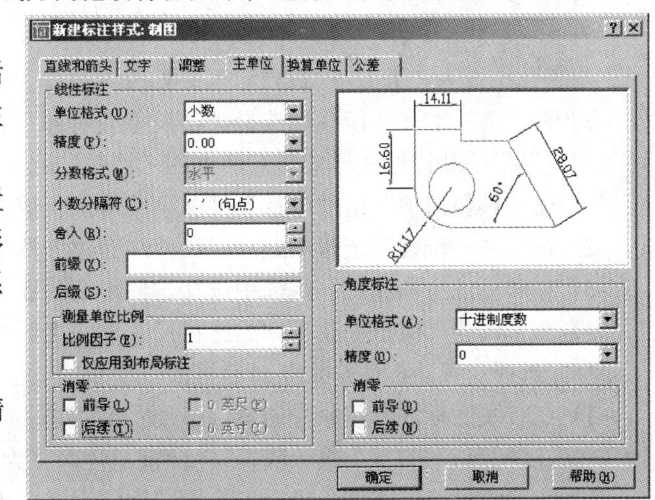

图 13-41 “新建标注样式”对话框:“主单位”选项卡

齐方式。

【例 13-11】 建立“制图”尺寸标注样式。

建立符合国标规定的“制图”尺寸标注样式，步骤如下：

(1) 激活 DIMSTYLE 命令，在如图 13-34 所示“标注样式管理器”对话框中单击“新建”按钮，在弹出的“创建新标注样式”对话框中输入标注样式名称“制图”，如图 13-35 所示。选择新样式的基础样式“ISO-25”；确定尺寸标注样式的应用范围为“所有标注”。单击“继续”按钮，将关闭“创建新标注样式”对话框，打开“新建标注样式”对话框，如图 13-36 所示。

(2) 选择“新建标注样式”对话框的“直线和箭头”选项卡，如图 13-36 所示。

1) 在“尺寸线”组框中，设置“基线间距”为 8；默认颜色和线宽分别为“ByLayer”和“ByBlock”；不隐藏尺寸线。

2) 在“尺寸界线”组框中，设“超出尺寸线”为 2；“起点偏移量”为 0；其余选项默认。

3) 在“箭头”组框中选择箭头为“实心闭合”；“箭头大小”为 4。

(3) 选择“新建标注样式”对话框的“文字”选项卡，如图 13-38 所示。

1) 在“文字外观”组框中，选择“文字样式”为“工程汉字”；设置“文字高度”为 3.5；默认“文字颜色”为“ByBlock”；不选择“绘制文字边框”。

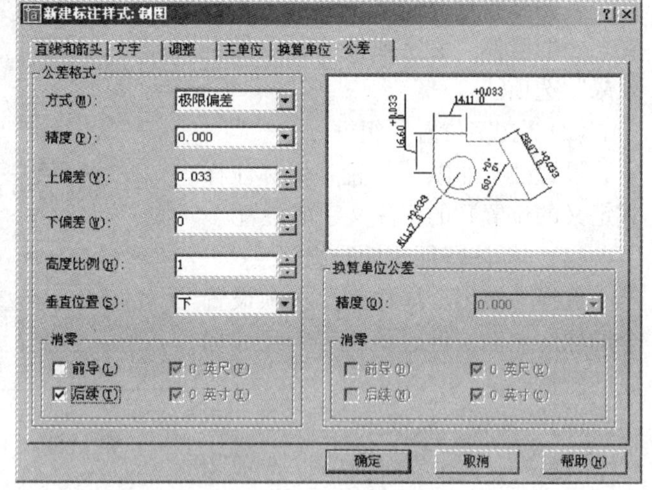

图 13-42 “新建标注样式”对话框:“公差”选项卡

2) 在“文字位置”组框中，选择“垂直”位置为“上方”；选择“水平”位置为“置中”；“从尺寸线偏移”设置为 1。

3) 在“文字对齐”组框中选择“与尺寸线对齐”选项。

(4) 选择“新建标注样式”对话框的“调整”选项卡，如图 13-40 所示。

1) 在“调整选项”组框中选择“文字或箭头，取最佳效果”选项。

2) 在“文字位置”组框中选择“尺寸线旁边”选项。

3) 在“标注特征比例”组框中选择“使用全局比例”为“1”。

4) 在“调整”组框中选择“始终在尺寸界线之间绘制尺寸线”选项。

(5) 选择“新建标注样式”对话框的“主单位”选项卡，如图 13-41 所示。

1) 在“线性标注”组框中选择“小数”的“单位格式”；选择“0.00”的“精度”；选择“‘.’(句点)”的“小数分隔符”；设置“舍入”为“0”；不输入前、后缀。

2) 在“测量单位比例”组框中设置“比例因子”为“1”。

3) 在“角度标注”组框中设置“度/分/秒”单位格式；“精度”设为“0”。

4) 线性标注选择“后续”消零；角度标注不消零。

(6) 在“换算单位”选项卡中不选择“显示换算单位”；在“公差”选项卡中选择

“无”。

通过以上操作，便建立了“制图”尺寸标注样式。此外，还应建立符合国标的“角度”、“直径”和“半径”的尺寸标注样式，在进行尺寸标注时，才能方便、快速地工作。

三、线性尺寸标注

（一）标注水平、垂直和旋转尺寸

线性标注命令 DIMLINEAR 可以标注水平、垂直和以指定角度旋转的线性尺寸。

1. 激活 DIMLINEAR 命令的方法

- 菜单：标注→线性
- 工具栏：“标注”工具栏→“线性标注”按钮
- 命令行：DIMLINEAR

2. 线性标注命令 DIMLINEAR 的操作方法

激活 DIMLINEAR 命令后，AutoCAD 提示：

```
命令：_ dimlinear
指定第一条尺寸界线原点或<选择对象>：                    //指定第一条尺寸界线起点
指定第二条尺寸界线原点：                                //指定第二条尺寸界线起点
指定尺寸线位置或
[多行文字(M)/文字(T)/角度(A)/水平(H)/垂直(V)/旋转(R)]：  //指定尺寸线位置或输入其他选项
```

指定两条尺寸界线的起点后，出现动态的水平或垂直的尺寸线，若指定的两个尺寸界线原点在同一水平线上，则只能在指定的尺寸线位置注出水平尺寸，如图 13-43 所示水平尺寸 68。若指定的两个尺寸界线原点在同一垂直线上，则只能在指定的尺寸线位置注出垂直尺寸，如图 13-43 所示垂直尺寸 15。

若指定的两个尺寸界线原点既不在同一水平线上，也不在同一垂直线上，此时既可以标注水平尺寸，也可以标注垂直尺寸，最终标注哪个方向的尺寸取决于尺寸线位置指定在何处。

上述三种情况所注尺寸的数值是 AutoCAD 自动测量的长度值。

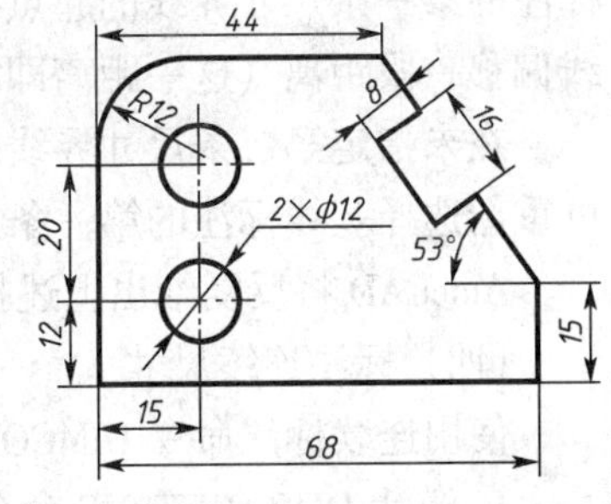

图 13-43　尺寸标注示例

在选定两个尺寸界线的原点后，也可以输入提示中的各个选项，现在将各选项说明如下：

1）多行文字（M）：选择此项将打开“多行文字编辑器”对话框，其中有一个“<>”符号，“<>”中显示系统的测量值，可以在该符号前后添加文字。

2）文字（T）：输入“T”，按单行文字输入标注文字。命令行提示“输入标注文字<17.09>：”。

3）角度（A）：此选项确定标注文字相对尺寸线的放置角度。

4）水平（H）或垂直（V）：输入“H”或“V”则标注水平或垂直尺寸。

5）旋转（R）：可使尺寸线倾斜，用于标注倾斜对象的尺寸，如图 13-43 所示倾斜尺寸 8。

（二）标注对齐尺寸

使用对齐标注命令 DIMALIGNED 可以标注倾斜直线的长度尺寸，如图 13-43 所示尺寸 16。

激活 DIMALIGNED 命令的方法：

● 菜单：标注→对齐

● 工具栏："标注"工具栏→"对齐标注"按钮

● 命令行：DIMALIGNED

对齐标注命令 DIMALIGNED 的操作方法与线性尺寸标注相同，可以指定尺寸界线起点也可以选择对象。

（三）标注基线尺寸

使用基线标注命令 DIMBASELINE 可以按坐标式标注从同一尺寸界线引出的多个尺寸，如图 13-43 下方所示，水平方向标注的基线尺寸 15 和 68。

1. 激活 DIMBASELINE 命令的方法

● 菜单：标注→基线

● 工具栏"标注"工具栏→"基线标注"按钮

● 命令行：DIMBASELINE

2. 基线标注命令 DIMBASELINE 的操作方法

激活 DIMBASELINE 命令后，AutoCAD 提示：

命令：_ dimbaseline

指定第二条尺寸界线原点或［放弃（U）/选择（S）］<选择>：

在使用基线标注命令之前，图形中必须已存在线性、角度或坐标尺寸标注，如先标注尺寸 15。激活基线标注命令后，便以此前最后标注尺寸 15 的第一条尺寸界线的起点作为基线标注的第一条尺寸界线的起点。在指定第二条尺寸界线起点后，新的尺寸线自动从前一尺寸线偏移一段距离（这一距离即在标注样式中设置的"基线间距"）标注新的基线尺寸 68。

在未指定第二条尺寸界线起点时，按了 Enter 键，AutoCAD 则提示"选择基准标注"。此时可重新选择基线标注的第一条尺寸界线。

AutoCAD 将反复给出上述提示，直到按 Esc 或 Enter 键退出该命令。

（四）标注连续尺寸

使用连续标注命令 DIMCONTINUE 可以按链状式标注在同一行或同一列上的连续尺寸。

1. 激活 DIMCONTINUE 命令的方法

● 菜单：标注→连续

● 工具栏："标注"工具栏→"连续标注"按钮

● 命令行：DIMCONTINUE

2. 连续标注命令 DIMCONTINUE 的操作方法

激活 DIMCONTINUE 命令后，AutoCAD 提示：

命令：_ dimcontinue

指定第二条尺寸界线原点或［放弃（U）/选择（S）］<选择>：

标注如图 13-43 所示垂直尺寸 20，必须先标注垂直尺寸 12，AutoCAD 自动以尺寸 12 的上端尺寸界线（第二条）起点作为连续标注尺寸的第一条尺寸界线的起点，再按提示指定第二条尺寸界线的起点，便注出尺寸 20。使用此命令的条件与基线标注命令相同，此处不再重复。

四、径向尺寸标注

在标注半径和直径尺寸时，AutoCAD 自动在标注文字前加入符号“R”或“φ”。标注半径和直径尺寸的形式有多种，AutoCAD 依据尺寸标注样式进行标注。

（一）标注半径尺寸

使用半径标注命令 DIMRADIUS 可以标注圆弧的半径尺寸，如图 13-43 所示尺寸 R12。

1. 激活 DIMRADIUS 命令的方法

● 菜单：标注→半径

● 工具栏：“标注”工具栏→“半径标注”按钮

● 命令行：DIMRADIUS

2. 半径标注命令 DIMRADIUS 的操作方法

激活 DIMRADIUS 命令后，AutoCAD 提示：

```
命令：_ dimradius
选择圆弧或圆：                                    //选择图 13-43 中的圆弧
标注文字 = 12
指定尺寸线位置或［多行文字（M）/文字（T）/角度（A）］：
```

此时，可以指定一点，确定尺寸线的位置。也可以选择“多行文字”或“文字”选项，对 AutoCAD 度量的半径值进行更改。

（二）标注直径尺寸

直径标注命令 DIMDIAMETER 标注圆或圆弧的直径尺寸，如图 13-43 所示尺寸 2×φ12。

1. 激活 DIMDIAMETER 命令的方法

● 菜单：标注→直径

● 工具栏“标注”工具栏→“直径标注”按钮

● 命令行：DIMDIAMETER

2. 直径标注命令 DIMDIAMETER 的操作方法

激活 DIMDIAMETER 命令后，AutoCAD 提示：

```
命令：_ dimdiameter
选择圆弧或圆：                                    //选择图 13-43 中的圆
标注文字 = 12
指定尺寸线位置或[多行文字(M)/文字(T)/角度(A)]：m    //输入“m”,显示多行文字编辑器
```

在多行文字编辑器中的“<>”前输入“2×，显示为“2×<>”，即可注出“2×φ12”。

五、角度尺寸标注

使用角度标注命令 DIMANGULAR 可以标注两条相交直线的夹角，如图 13-43 所示角度 53°。还可以标注圆弧的圆心角或圆上某段圆弧对应的圆心角。

1. 激活 DIMANGULAR 命令的方法

● 菜单：标注→角度

● 工具栏：“标注”工具栏→“角度标注”按钮

● 命令行：DIMANGULAR

2. 角度标注命令 DIMANGULAR 的操作方法

激活 DIMANGULAR 命令后，AutoCAD 提示：

命令：_ dimangular

选择圆弧、圆、直线或 < 指定顶点 > ：

角度标注的默认方法是选择标注对象。此外，还可以指定定义角的三个点标注角度尺寸。

● 若选定圆弧标注角度，AutoCAD 提示：

指定标注弧线位置或［多行文字（M）/文字（T）/角度（A）］：

指定一点作为标注弧线的位置，AutoCAD 将直接标注出圆弧所对应的圆心角，如图 13-44a 所示。在移动光标指定点时，光标移动到圆弧圆心的两侧不同位置时，标注的圆心角不同。

● 若选定圆标注角度，AutoCAD 继续提示：

指定角的第二个端点： //指定第二个端点，该点可以不在圆上

AutoCAD 将选择圆时的拾取点作为角的第一个端点。在指定第二个端点时，该点可以不在圆上，但通过它与圆心连线可以确定第二个端点。其后在指定标注弧线位置时，指定点相对圆心的位置不同，标注的圆心角也不同。图 13-44b 所示为在圆上标注圆弧的圆心角。

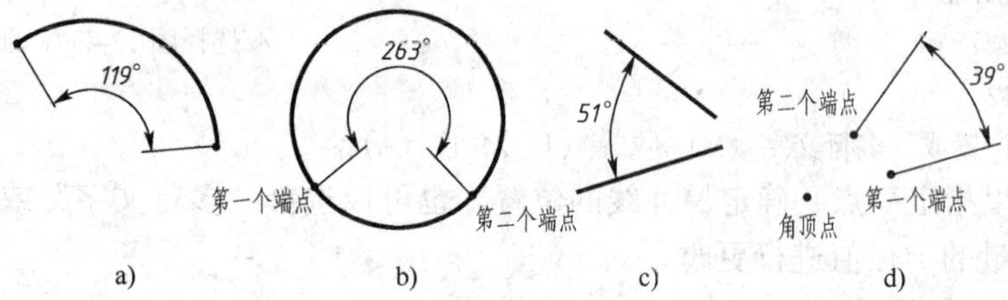

图 13-44 标注角度尺寸

a）标注圆弧的圆心角 b）标注圆上圆弧的圆心角 c）标注两相交直线的角度 d）指定三点标注角度

● 若选择了一条直线，则 AutoCAD 提示：

选择第二条直线：

在选择第二条直线后，AutoCAD 显示出两直线的夹角，如图 13-44c 所示，并要求指定标注弧线的位置。至于标注的是锐有还是钝角，取决于指定标注弧线的位置。

● 若未选择对象直接按 Enter 键，则可以标注由三点确定的角度，AutoCAD 提示：

指定角的顶点：

指定角的第一个端点：

指定角的第二个端点：

指定标注弧线位置或［多行文字(M)/文字(T)/角度(A)］：

标注文字 = 39

指定三点标注角度如图 13-44d 所示。同样，可以标注锐角，也可以标注钝角。

六、特殊尺寸标注

关于特殊尺寸标注仅介绍坐标标注。引线标注在第十四章中结合实例介绍。

使用 DIMORDINATE 命令进行坐标标注，即沿一条引线显示指定点的 X 或 Y 坐标。AutoCAD 使用当前用户坐标系统测量的 X 或 Y 坐标，按 X 或 Y 轴方向绘制引线，按照通行的坐标标注标准，采用绝对坐标值。坐标标注示例如图 13-45 所示。

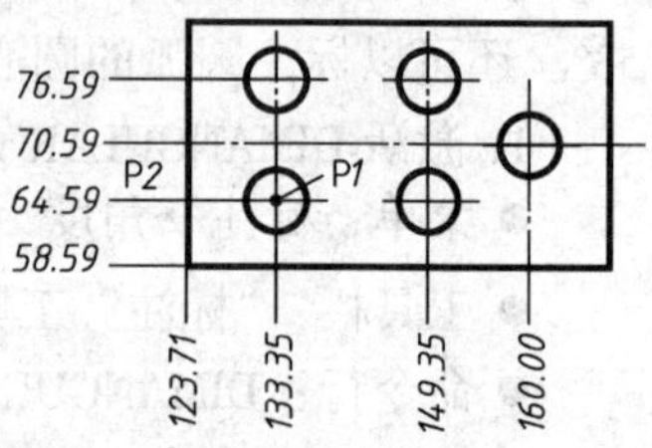

图 13-45 坐标标注示例

1. 激活 DIMORDINATE 命令的方法

● 菜单：标注→坐标

● 工具栏："标注"工具栏→"坐标标注"按钮

● 命令行：DIMORDINATE

2. 坐标标注命令 DIMORDINATE 的操作方法

激活 DIMORDINATE 命令后，AutoCAD 提示：

命令：_ dimordinate
指定点坐标： //指定 P1 点
指定引线端点或[X 基准(X)/Y 基准(Y)/多行文字(M)/文字(T)/角度(A)]： //指定 P2 点
标注文字 = 64.59

上述提示中"X 基准(X)"和"Y 基准(Y)"选项用于生成 X、Y 坐标。

在标注坐标时若打开正交开关，则引线为水平或垂直线；若关闭正交开关，则引线由三段直线组成，两端互相平行，中间由斜直线连接。

七、尺寸标注的编辑

尺寸标注中文字的大小、箭头形式等是在标注之前设置尺寸样式时设定的，若修改尺寸样式，则所有采用此样式的尺寸标注都将随之改变。如果要修改某一个尺寸的外观，显然不能采用修改尺寸样式的方法。下面介绍几种编辑尺寸标注的方法。

（一）文字编辑命令 DDEDIT

若仅修改尺寸标注的数值，可以使用文字编辑命令 DDEDIT。

激活 DDEDIT 命令的方法：

● 菜单：修改→对象→文字→编辑

● 工具栏："文字"工具栏→"编辑文字"按钮

● 命令行：DDEDIT

激活 DDEDIT 命令后，AutoCAD 提示"选择注释对象或［放弃（U）]:"，在选择了一个尺寸后，则显示多行文字编辑器，可在其中修改尺寸数字。上述提示反复出现，可连续编辑多个尺寸。

（二）编辑标注文字命令 DIMTEDIT

DIMTEDIT 命令用于修改尺寸标注文字沿尺寸线的位置和角度，如图 13-46 所示。

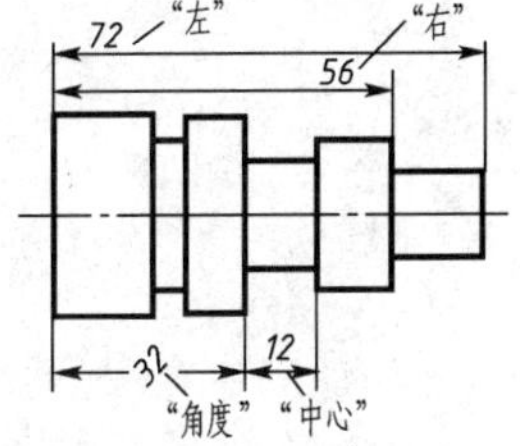

图 13-46 用 Dimtedit 编辑标注文字

激活 DIMTEDIT 命令的方法：

● 菜单：标注→对齐文字→相应选项

● 工具栏："标注"工具栏→"编辑标注文字"按钮

● 命令行：DIMTEDIT

激活 DIMTEDIT 命令后，AutoCAD 提示

命令_ dimtedit
选择标注： //选择一个尺寸
指定标注文字的新位置或[左(L)/右(R)/中心(C)/默认(H)/角度(A)]：

"指定标注文字的新位置"即移动光标便可动态更新标注文字和尺寸线的位置。但文字相对尺寸线垂直方向的位置只能在标注样式中修改。默认选项将标注文字移回由标注样式指定的默认位置。其余选项的功能如图 13-46 所示。每次执行 DIMTEDIT 命令只能编辑一个尺寸。

（三）编辑标注命令 DIMEDIT

DIMEDIT 命令用于同时修改多个尺寸标注文字沿尺寸线的位置和角度及尺寸界线的倾斜角度。

激活 DIMEDIT 命令的方法：

- 菜单：标注→倾斜
- 工具栏："标注"工具栏→"编辑标注"按钮
- 命令行：DIMEDIT

激活 DIMEDIT 命令后，AutoCAD 提示

命令：_ dimedit

输入标注编辑类型［默认（H）/新建（N）/旋转（R）/倾斜（O）］<默认>：

新建选项使用多行文字编辑器修改标注文字；倾斜选项用于调整线性尺寸标注中尺寸界线的倾斜角，如图 13-47 所示。默认和旋转选项的功能与编辑标注文字命令 DIMTEDIT 相同。

（四）更新标注

尺寸标注更新命令用于将当前尺寸标注样式应用到选定的标注对象，替代这些对象的现有标注样式。更新标注是使用"-DIMSTYLE"命令的"应用（A）"选项。

激活尺寸标注更新命令的方法

- 菜单：标注→更新
- 工具栏："标注"工具栏→"栏注更新"按钮

激活尺寸标注更新命令后，AutoCAD 提示

命令：_-dimstyle

当前标注样式：副本制图

输入标注样式选项

［保存（S）/恢复（R）/状态（ST）/变量（V）/应用（A）/?］<恢复>：_ apply

选择对象：　　　　　　　　　　　　　　　　　　//选择要更改的尺寸标注

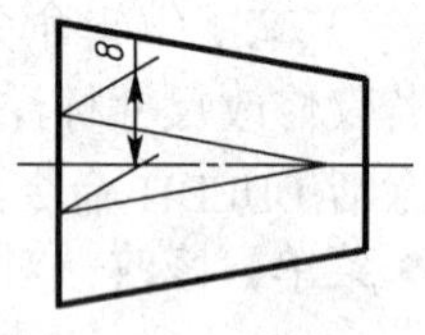

图 13-47　"倾斜"尺寸界线

图 13-48　编辑尺寸标注的快捷菜单

（五）编辑尺寸标注的其他方法

1. 使用快捷菜单

在选择要编辑的尺寸标注后，在绘图区单击鼠标右键，将弹出如图 13-48 所示快捷菜单。可在“标注文字位置”子菜单中选择需要的选项。其中“置中”选项是设置标注文字在垂直方向的位置。尺寸线的位置也可以改变。在“标注样式”子菜单中可以改变标注样式。

2. 使用夹点

使用夹点编辑方式可以移动尺寸线和标注文字。选择要编辑的尺寸，并激活标注文字所在处的夹点，AutoCAD 自动进入拉伸编辑模式，移动光标到适当的位置后，单击左键即可。

3. 使用对象特征

还可以使用对象特征选项板修改尺寸特性，具体方法请参见第十四章第三节。

第十四章 AutoCAD 绘制零件图和装配图

第一节 图 块

一、图块的概念和特点

图块（简称块）是由多个对象组成的具有块名的一个实体。通常将经常重复使用的图形创建成块，如：建立常用的符号、标准件、部件等图块，以备绘图时随时将其插入到图形中。当在图形中插入块时，可以随意指定块的位置、改变块的比例和转角，以适应不同的需要。

块的特点如下：

（1）整体性：插入的块为一个整体不能作局部编辑。

（2）易修改：当块定义被多次重复使用但又需要修改时，可将其分解后再修改，然后用相同的块名重新定义此块，则已插入的块将按新的定义自动更新。

（3）节省磁盘空间：只要块名相同，无论在图形中插入多少次，图形数据库中只存储一个块定义的信息，这样文件字节数减少，可节省磁盘空间。

（4）块与层、线型、颜色的关系：块可由绘制在不同层上的若干实体组成。块插入时，只有“0”层上的实体绘制在当前层上，其他层上的实体所在的图层不变。块定义中，如果图形的线型和颜色用“随块”绘制，则块插入后，块中图形将继承块的线型和颜色。

（5）块的嵌套：一个块中可以包含其他块，称为块的嵌套。块嵌套的层数不限，可以多层嵌套，但不能嵌套自身。

（6）块的属性：块定义中可以加入可变的文本信息，即属性。属性值可以在块插入时根据需要输入。

二、创建块

（一）定义内部块命令 BLOCK

BLOCK 命令用于在当前图形中选择一部分或全部对象定义为一个块，并赋予块名，以备在当前图形中插入和调用。

1. 激活 BLOCK 命令的方法

● 菜单：绘图→块→创建

● 工具栏：“绘图”工具栏→“创建块”按钮

● 命令行：BLOCK

2. BLOCK 命令的操作方法

激活 BLOCK 命令后会出现如图 14-1 所示的“块定义”对话框。对话框中各选项的功能和操作如下：

（1）在“名称”下拉列表框中输入要创建的块定义的名称。块名可由字母、汉字、空格和未被 Windows 和 AutoCAD 使用的特殊字符组成，最多不超过 255 个字符。

（2）在“基点”组框中，可单击“拾取点”按钮，AutoCAD 会临时关闭“块定义”对话框，并在命令行行提示“指定插入点”指定基点后，AutoCAD 将自动返回对话框。

也可以在 X、Y、Z 编辑框中直接输入基点的坐标值。

（3）在“对象”组框中，单击：“选择对象”按钮，AutoCAD 会临时关闭“块定义”对话框并在命令行提示“选择对象：”，选取对象后，按 Enter 键返回对话框，AutoCAD 将在对话框中显示选择的对象数量。也可以用“快速选择”按钮选择对象。

● 选择“保留”选项，在创建块定义后，AutoCAD 将把创建块的原对象保留在当前图形中。

● 选择“转换成块”选项，在创建块定义后，AutoCAD 将用新定义的块代替原对象。

● 选择“删除”选项，在创建块定义后，AutoCAD 将删除原对象。

（4）在“预览图标”组框中，默认选项为“从块的几何图形创建图标”，AutoCAD 将创建一个块定义的预览图标与块定义一起保存，并显示在“从块的几何图形创建图标”选项的右侧。选择“不包括图标”选项，AutoCAD 将不创建预览图标。

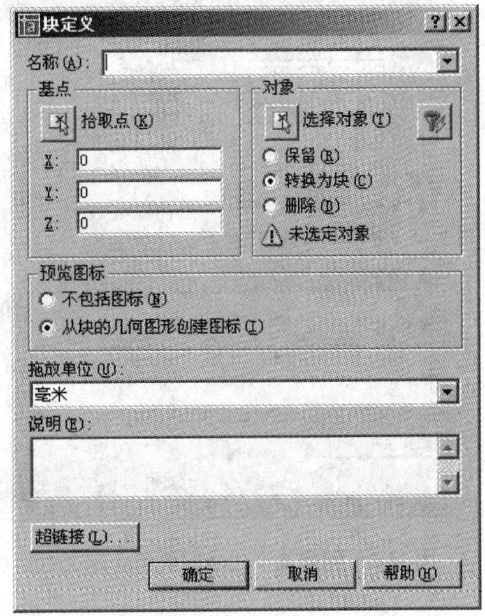

图 14-1 “块定义”对话框

（5）在“拖放单位”下拉列表框中选择一个需要的单位，就可以指定使用 AutoCAD 设计中心拖动块定义到当前图形中时的缩放单位。

（6）在“说明”编辑框中可以输入与块有关的说明文字，也可以不输入。

（7）单击“超级链接”按钮，可以使要创建的块与其他外部文件产生链接关系。

完成以上某些必要的操作后，按“确定”按钮，结束块定义。

【例 14-1】 创建形位公差基准代号图块。

操作步骤如下：

（1）绘制基准代号图形，如图 14-2 所示。

（2）使用块定义命令创建块，操作方法如下：

激活块定义命令，在如图 14-3 所示的块定义对话框中，输入块名“基准代号”，按下“拾取插入点”按钮，在屏幕上选取图 14-2 中的“×”点作为插入块时的基点，然后按下“选择对象”按钮，选取图 14-2“C”窗口中的对象。而后单击“确定”按钮完成内部块定义。

（二）定义外部块命令 WBLOCK

WBLOCK 命令用于将内部块转化为外部块或直接创建外部块。外部块即 *.dwg 图形文件，它可以作为块在其他图形文件中插入和调用。

1. 激活 WBLOCK 命令的方法

● 命令行：WBLOCK

2. WBLOCK 命令的操作方法

激活 WBLOCK 命令，AutoCAD 将显示如图 14-4 所示的“写块”对话

图 14-2 基准代号

框。对话框中各选项的功能如下：

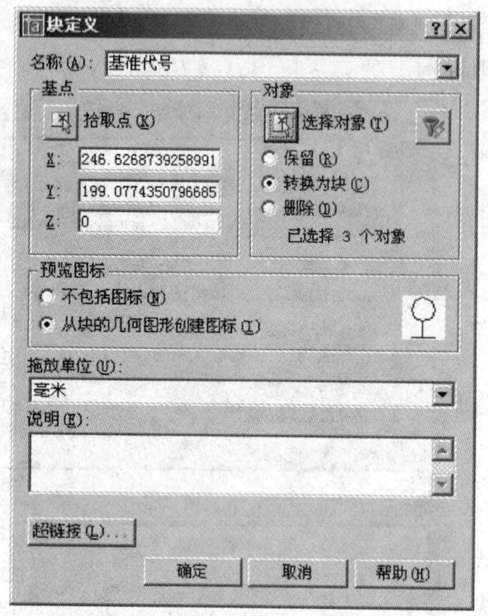

图 14-3　创建基准代号图块的块定义对话框

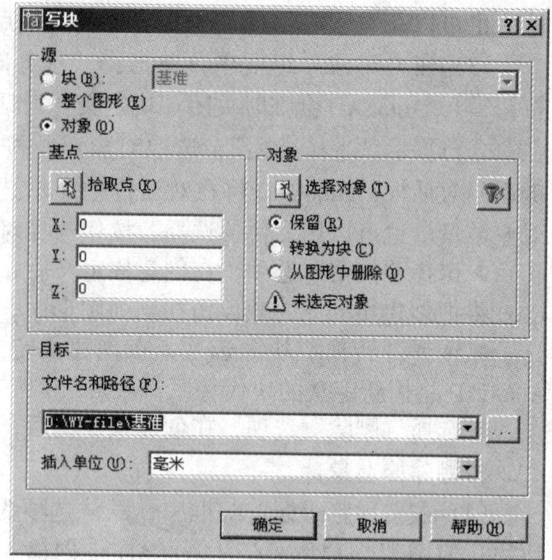

图 14-4　“写块”对话框

（1）在“源”组框中有三个选项：

●“块”选项用于将已有的内部块转化为外部块，块名应在右侧的下拉列表中选取。

●“整个图形”选项用于将当前图形定义为一个外部块，基点为坐标原点。

●“对象”选项用于将当前图形中的某一部分定义为一个外部块。基点和对象的选取在对话框的“基点”和“对象”组框中进行，操作方法与 LOCK 命令相同。

（2）在“目标”组框中，“文件名和路径”编辑框中显示了默认的路径和文件名，可以重新输入，也可以单击右侧的 … 按钮去浏览选择路径。“插入单位”下拉列表框用于指定该块插入时使用的单位。

以上各项操作完成后，单击“确定”按钮完成外部块定义。

三、插入块命令 INSERT

INSERT 命令用于将已定义的内部或外部块插入到当前图形中的指定位置，并可以指定插入时的比例和转角。

1. 激活 INSERT 命令的方法

● 菜单：插入→块

● 工具栏：“绘图”工具栏→“插入块”按钮

● 命令行：INSERT

2. INSERT 命令的操作方法

激活 INSERT 命令，AutoCAD 将显示“插入”对话框，如图 14-5 所示。对话框中各选项的功能如下：

（1）在“名称”下拉列表框中可选择要插入的内部块，AutoCAD 在此下拉列表框中列出了当前图形中所有内部块的名称。如果要插入一个已定义的外部块或图形文件，可单击“浏览”按钮，在“选择图形文件”对话框中选择需要的图形文件。

(2) 在“插入点”组框中，可在 X、Y、Z 编辑框中输入插入点的坐标值，或选择“在屏幕上指定”。默认选项为“在屏幕上指定”。

(3) 在“缩放比例”组框中，可以在 X、Y、Z 编辑框中分别输入块插入时的比例；或在 X 编辑框中输入插入块的比例，然后选择“统一比例”；或选择“在屏幕上指定”。默认比例 X、Y、Z 均为 1。

(4) 在“旋转”组框中，可在“角度”编辑框中输入插入块时的角度，或选择“在屏幕上指定”。默认角度为“0”。通常选用“在屏幕上指定”角度。

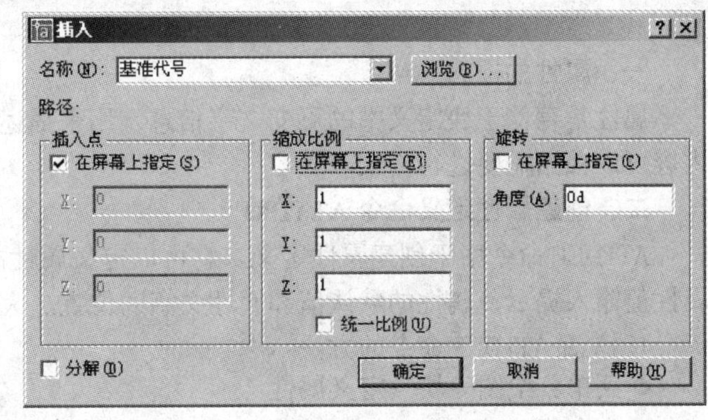

图 14-5 “插入”对话框

(5) 如果选择了左下角的“分解”选项，AutoCAD 将在块插入后将其分解为若干个独立的对象。

以上各项操作完成后，单击“确定”按钮退出操作。

插入块时，通常的操作方法是：激活命令后，在“插入”对话框中选择要插入的块名，再选择“旋转”组框中的“在屏幕上指定”选项，其他内容均取默认值，单击“确定”按钮后，在屏幕上指定插入点和转角后结束命令。

四、分解命令 EXPLODE

EXPLODE 命令用于将插入的块和用多段线、矩形、多边形等命令绘制的图形，分解为若干个独立的实体。

(1) 激活 EXPLODE 命令的方法

- 菜单：修改→分解
- 工具栏：“修改”工具栏→“分解”按钮
- 命令行：EXPLODE

(2) EXPLODE 命令的操作方法

```
命令：_ explode
选择对象：                    //选择要分解的对象
选择对象：                    //按 Enter 键，结束命令
```

五、当前图形中块的重定义

块作为一个整体被插入到图形中只能进行整体编辑操作，要想编辑修改块中的某个对象，必须将其分解后，才可以修改。当块在当前图形中被多次插入后又需要修改时，可先将块分解，修改后用相同的块名重新定义此块，则当前图形中所有已插入的同名块会按照新的定义自动更新。

重定义块的步骤如下：

(1) 用 EXPLODE 命令分解需要重定义的块。

(2) 编辑修改块定义。

(3) 用 BLOCK 命令重新定义新块，块名和修改前相同。

第二节　属　　性

一、属性的概念

属性是存储于块定义中的可变文字信息，用来描述块的某些特征。在插入块时，属性的内容可以根据需要进行输入。

二、创建属性定义命令 ATTDEF

ATTDEF 命令用于创建属性定义，它可以定义属性的显示模式、属性标记、插入块时的属性值输入提示、属性的默认值和属性文字的位置、大小及插入点等。

1. 激活 ATTDEF 命令的方法

● 菜单：绘图→块→定义属性

● 命令行：ATTDEF

2. ATTDEF 命令的操作方法

激活 ATTDEF 命令后会显示如图 14-6 所示的“属性定义”对话框。其中各选项的功能如下：

(1) 在“模式”组框中有四种属性定义的可选模式。

●“不可见”选项用于控制属性值是否可见。如果选择此选项，插入块时将不显示属性值。也可以使用 ATTDISP 命令控制属性的显示状态。

●“固定”选项用于控制属性值的可变性。如果选择了此选项，属性值为不可变的常量。

●“验证”选项用于控制属性值是否需要重复验证。如果选择了此选项，插入包含该属性定义的块时，将提示验证属性值。

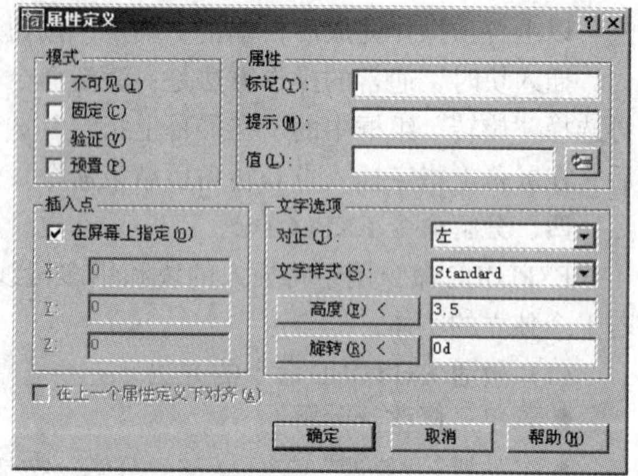

图 14-6　“属性定义”对话框

●“预置”选项用于控制属性的默认值。如果选择了此选项，插入包含该属性定义的块时，会将默认值作为属性值。

通常以上四个选项均不选择。

(2) 在“属性”组框中有三个输入项。

● 在“标记”编辑框中输入属性标记。属性标记用于在图形中标识属性的位置，标记可以输入除空格或惊叹号（!）以外的任意字符，AutoCAD 会自动将小写字母改为大写字母显示。

● 在“提示”编辑框中输入属性提示。当插入包含该属性定义的块时，命令行提示中会显示该属性提示。如果属性提示为空，AutoCAD 将用属性标记作为属性提示。如果在“模式”中选择了“常数”模式，“属性提示”选项不可操作。

● 在“值”编辑框中输入属性值。当插入包含该属性定义的块时，会将此值作为默认值。

通常以上三项均应根据需要进行输入。

(3) “插入点”组框用于指定属性的插入位置。可以在 X、Y、Z 编辑框中输入坐标值，通常选择“在屏幕上指定”。

(4) “文字选项”组框中有“对正”、“文字样式”、“高度”和“旋转”四个选项需要选择或输入。其作用和操作方法同文字命令 TEXT。

(5) “在上一属性定义下对齐”选项，用于将当前所定义属性的属性标记，放在已定义的前一属性的属性标记正下方。如果在此之前没有属性定义，则此选项不可操作。

以上各项选择、输入完成后，单击“确定”按钮，属性定义对话框关闭，在“指定起点：”的提示下用光标在屏幕上指定文字的插入点后，属性标记将显示在屏幕上。

说明：

1）在没有将属性定义创建成块之前，可以用“对象特性命令 PROPERTIES”和“文字编辑命令 DDEDIT”编辑属性定义。

2）同一个块中可以包含多个属性，每一个属性的标记可以不同，在插入块时可依次输入每个属性的属性值。

三、块属性编辑

1. 编辑属性命令——ATTEDIT

ATTEDIT 命令用于编辑已经定义为块并插入到图形中的属性块的属性值。

（1）激活 ATTEDIT 命令的方法

● 命令行：ATTEDIT

（2）ATTEDIT 命令的操作方法

命令：<u>ATTEDIT</u>

选择块参照：　　　　　　　　　　　　　　　　//选择要编辑的属性块

选择块后，显示如图 14-7 所示“属性编辑”对话框，可在其中修改要编辑的属性值，而后按“确定”按钮结束操作。

2. 增强属性编辑命令 EATTEDIT

EATTEDIT 命令用于编辑属性块中的属性。

（1）激活 EATTEDIT 命令的方法

● 菜单：修改→对象→属性→单个

● 工具栏：“修改Ⅱ”工具栏→“编辑属性”按钮

● 命令行：EATTEDIT

（2）EATTEDIT 命令的操作方法

命令：_ eattedit

选择块：　　　　　　　　　　　　　　　　//选择需要编辑的属性块

选择完要编辑的属性块后，AutoCAD 将显示如图 14-8 所示“增强属性编辑器”对话框，对话框的左上方显示块名和标记名，对话框中各选项卡的功能如下：

● 在“属性”选项卡的属性列表框中，选择一属性并在“值”编辑框中输入要更改的内容。

● 在“文字选项”选项卡的各编辑框中，可更改文字样式、对正方式等内容，如图 14-9 所示。

● 在“特性”选项卡的各编辑框中，可更改图层、线型和颜色等对象特性，如图 14-10 所示。

编辑属性

块名： 标题栏

零件名称 输出轴

制图姓名 张明

制图日期 03、7、15

审核姓名 张明

审核日期 03、7、15

校核姓名 张明

校核日期 03、7、15

图号 HT200

确定 取消 上一个(P) 下一个(N) 帮助(H)

图 14-7 “编辑属性”对话框

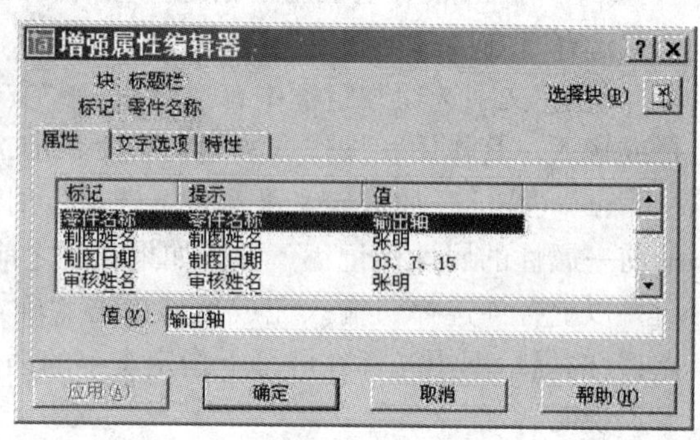

图 14-8 “增强属性编辑器”对话框

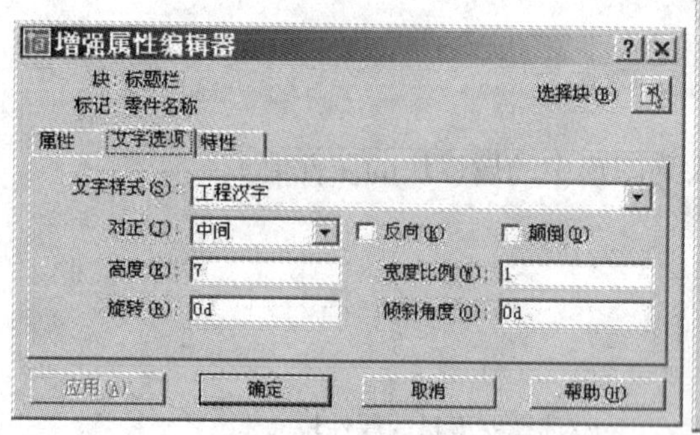

图 14-9 “增强属性编辑器”的“文字选项”选项卡

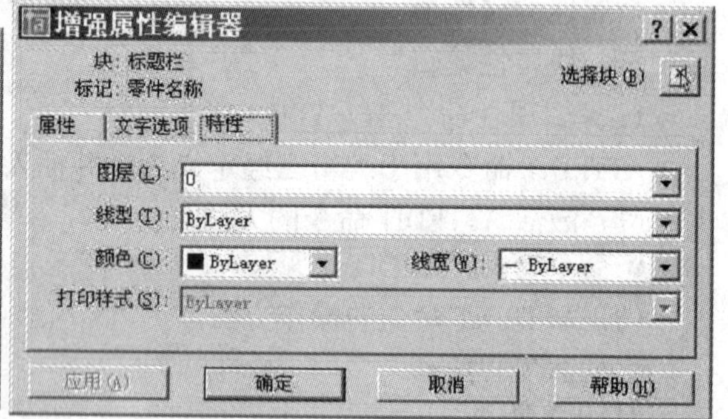

图 14-10 “增强属性编辑器”的“特性”选项卡

在“增强属性编辑器”对话框的右上角，有一个“选择块”按钮，当需要编辑其他块中的属性时，可先单击“应用”按钮，然后再单击此按钮并在屏幕上选取要编辑的块。

3. 块属性管理器命令 BATTMAN

BATTMAN 命令用于编辑当前图形中所有属性块的属性定义。

（1）激活 BATTMAN 命令的方法

● 菜单：修改→对象→属性→块属性管理器

● 工具栏：“修改Ⅱ”工具栏→“块属性管理器”按钮

● 命令行：BATTMAN

（2）BATTMAN 命令的操作方法

激活 BATTMAN 命令，将显示如图 14-11 所示的“块属性管理器”对话框，可在“块”右侧的下拉列表框中选择要编辑的块名，被选择块的所有属性内容显示在对话框中间的列表框中。

●“同步”按钮用于按编辑后的块属性更新图形中所有被插入的同名块。

●“上移”按钮用于将列表框中被选择的属性项向上移动。

●“下移”按钮用于将列表框中被选择的属性项向下移动。

●“编辑”按钮用于编辑列表框中选择的属性，单击此按钮会出现如图 14-12 所示的“编辑属性”对话框，在此对话框中可编辑块的属性、文字选项和特性。

●“删除”按钮用于删除列表框中所选择的属性。

●“设置”按钮用于设置属性和其特性的显示状态。

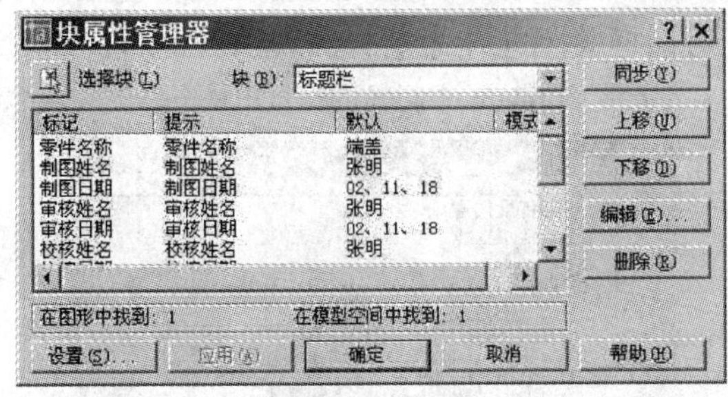

图 14-11 “块属性管理器”对话框

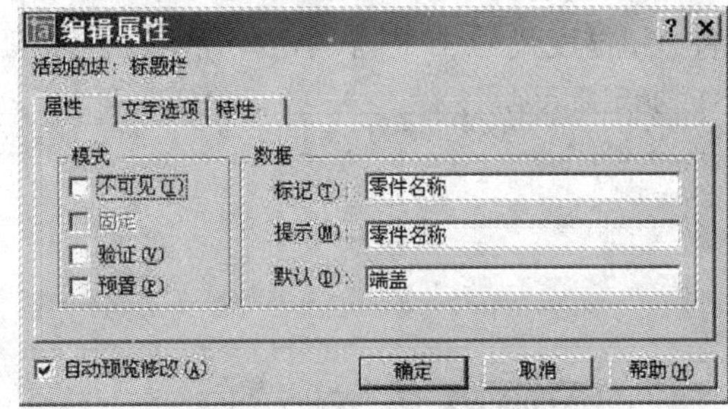

图 14-12 “编辑属性”对话框

四、制作和使用零件图中的属性块

1. 表面粗糙度块的制作和使用

(1) 表面粗糙度块的制作方法和步骤（以文字高度 3.5 为例）：

1) 用“LINE”命令画一任意长的水平线，如图 14-13a 所示。

2) 用 OFFSET 命令绘制两条距离为 4.9（文字高度 ×1.4）的等距线，如图 14-13b 所示。

3) 用“LINE”命令绘制粗糙度符号，如图 14-13c 所示。

命令_ line 指定第一点： //拾取中间直线上的任意一点
指定下一点或[放弃(U)]: < -60 //极轴追踪拾取和下方直线的交点
指定下一点或[放弃(U)]: <60 //极轴追踪拾取和上方直线的交点
指定下一点或[闭合(C)/放弃(U)]: //Enter,结束画线

4) 用 ERASE 和 TRIM 命令删除修剪多余的图线，结果如图 14-13d 所示。

5) 创建属性定义 激活 ATTDEF 命令，在“属性定义”对话框中，输入属性和文字选项的内容，如图 14-14 所示。在“插入点”组框中选择“在屏幕上指定”，在图 14-13e 中的“×”位置拾取一点。输入完成后，单击“确定”按钮结束属性定义。

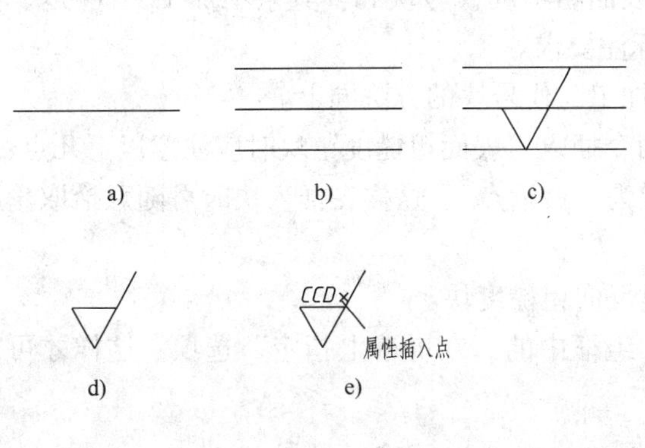

图 14-13 表面粗糙度块的制作步骤

a) 画水平线 b) 画等距线 c) 画 60°和 300°斜线

d) 修剪和删除多余的图线 e) 创建属性并定义块

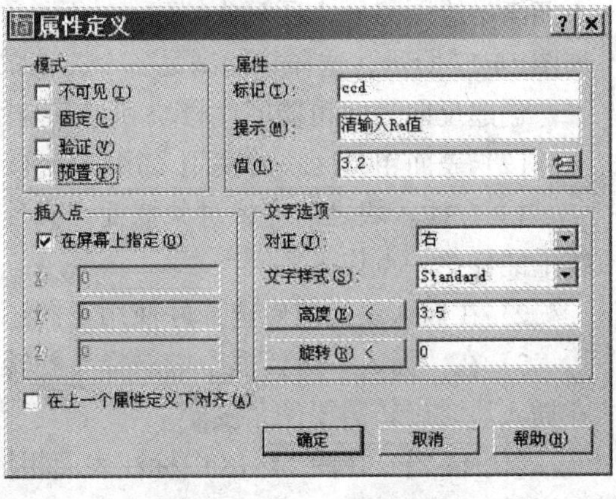

属性定义
模式：不可见(I)、固定(C)、验证(V)、预置(P)
属性：标记(T): ccd；提示(M): 请输入Ra值；值(L): 3.2
插入点：在屏幕上指定(O)；X: 0；Y: 0；Z: 0
文字选项：对正(J): 右；文字样式(S): Standard；高度(E) < 3.5；旋转(R) < 0
在上一个属性定义下对齐(A)
确定 取消 帮助(H)

图 14-14 输入属性定义选项

如果需要编辑属性定义中的标记、提示和默认值，可用“DDEDIT”命令，在图 14-15 所示的“编辑属性定义”对话框中输入要修改的属性内容后，单击“确定”按钮即可。

如果需要编辑属性定义中的更多内容，可用“PROPERTIES”命令。

6）创建属性块　激活块定义命令后，在图 14-16 所示的“块定义”对话框中，输入块名“粗糙度代号 35 +”。单击“拾取点”按钮，对话框关闭并在命令行出现以下提示：

指定插入基点：　　//指定图 14-13e 中粗糙度符号中最下方的尖点

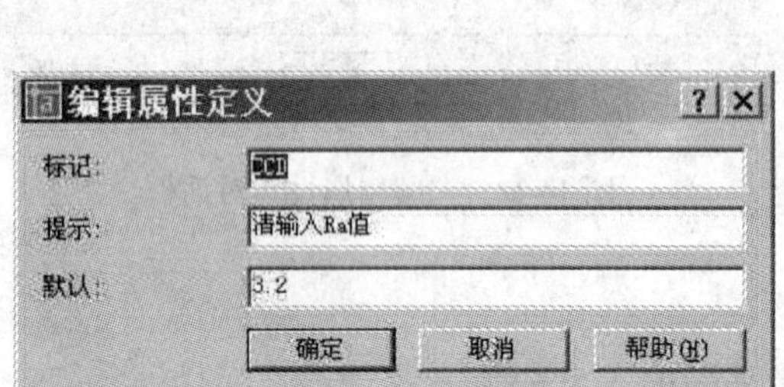

图 14-15　“编辑属性定义”对话框

块定义
名称(A): 粗糙度代号35+
基点
拾取点(K)
X: 221.087235811759
Y: 123.7411531122284
Z: 0
对象
选择对象(T)
保留(R)
转换为块(C)
删除(D)
已选择 4 个对象
预览图标
不包括图标(N)
从块的几何图形创建图标(I)
拖放单位(U):
毫米
说明(E):
超链接(L)...
确定　取消　帮助(H)

图 14-16　定义“粗糙度代号”块

拾取点后对话框重新打开，单击“选择对象”按钮，对话框再次关闭并提示：

选择对象：　　//选择图 14-13e 中属性标记和粗糙度符号

选择对象：　　/按 Enter 键，结束选择

在“块定义”对话框中，按“确定”按钮结束操作。

通过以上六个步骤的操作即可创建一个表面粗糙度代号属性块。但仅有一个这样的块还不能满足绘图需要，还需要创建一个反向的表面粗糙度代号块和“其余不加工”代号块等，如图 14-17 所示，这样才能满足各个方向的标注要求。

创建反向表面粗糙度代号块和“其余不加工”代号块的方法同上。

（2）表面粗糙度块的使用　用 INSERT 命令插入“表面粗糙度”块时应注意以下几点：

1）在插入块之前应将对象捕捉方式预置为“最近点”。这样在插入块时可随意拾取轮廓线上的任意一点作为插入点。

2）在插入块之前应选择好使用正向还是反向粗糙度块。

3）在“插入”对话框中应选择“旋转”组框中的“在屏幕上指定”选项。这样才可以在插入块时旋转需要的角度。

【例 14-2】　在图 14 -18 中标注表面粗糙度。

激活 INSERT 命令，显示如图 14-19 所示的“插入”对话框，在对话框的“名称”下拉列表框中，选择“粗糙度代号 35 +”在“旋转”组框中选择“在屏幕上指定”，按“确定”按钮。此后按下面的提示操作：

指定插入点或[比例(S)/X/Y/Z/旋转(R)/预览比例(PS)/PX/PY/PZ/预览旋转(PR)]:

//拾取图 14-18 中 A 点

指定旋转角度 < 0d > : //拾取图 14-18 中 B 点

输入属性值

请输入 Ra 值 < 3.2 > :6.3 //输入 6.3 并按 Enter 键

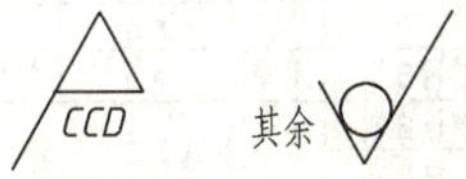

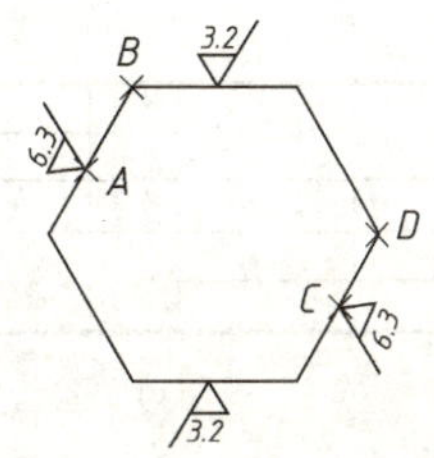

图 14-17 需要创建的粗糙度块

图 14-18 表面粗糙度的标注

图 14-18 中的其他粗糙度标注方法与上面的标注相同。插入上下两个水平方向粗糙度代号时，在“指定旋转角度 < 0d > :”提示下可用回车响应。下方的两个标注应选择反向粗糙度块插入。

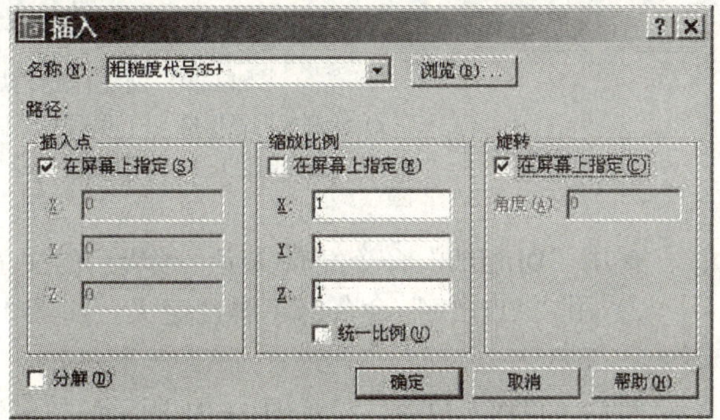

图 14-19 插入表面粗糙度

2. 标题栏块的制作和使用

(1) 标题栏块的制作方法和步骤

1）绘制标题栏框格，如图 14-20a 所示。

用“LINE”、“OFFSET”、“TRIM”等命令绘制标题栏框格。

2）填写标题栏中的固定文字。

● 用“TEXT”命令书写标题栏中的“制图”文字，如图 14-20b 所示。

命令: _ dtext

当前文字样式: 工程汉字 文字高度: 3.5000

指定文字的起点或 [对正 (J) /样式 (S)]: //用光标指定文字的起点

指定高度 < 3.5000 > : 5 //按 Enter 键或输入文字高度

指定文字的旋转角度 < 0d > : //按 Enter 键

输入文字: 制图 //输入文字“制图”，按 Enter 键结束输入

输入文字: //按次 Enter 键，结束命令

● 用“COPY”命令复制文字，如图 14-20b 所示。

命令: _ copy

选择对象: //选择文字“制图”

选择对象: //按 Enter 键，结束选择

指定基点或位移: //指定“制图”文字框格的左下角点

指定位移的第二点或 < 用第一点作位移 > : //指定其他文字框格的左下角点

……

指定位移的第二点: //按 Enter 键结束复制

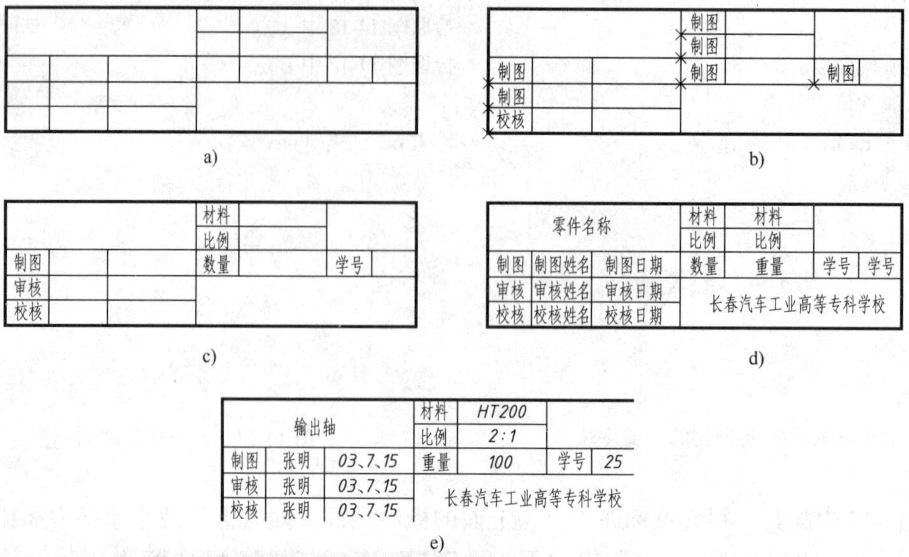

a)

		制图	制图
		制图	制图
制图			
制图			
校核			

b)

		材料	
		比例	
制图		数量	学号
审核			
校核			

c)

零件名称			材料	材料		
			比例	比例		
制图	制图姓名	制图日期	数量	重量	学号	学号
审核	审核姓名	审核日期	长春汽车工业高等专科学校			
校核	校核姓名	校核日期				

d)

输出轴			材料	HT200		
			比例	2:1		
制图	张明	03、7、15	重量	100	学号	25
审核	张明	03、7、15	长春汽车工业高等专科学校			
校核	张明	03、7、15				

e)

图 14-20　创建标题栏属性块的步骤

a）绘制标题栏框格　b）填写并复制固定文字　c）编辑文字

d）创建并复制属性定义　e）插入后的标题栏块

● 用"DDEDIT"命令编辑文字。编辑后的文字如图 14-20c 所示。

3）用"ATTDEF"命令创建属性定义。如图 14-20d 中"制图"右边的"制图姓名"所示。

激活 ATTDEF 命令，显示图 14-21 所示的"属性定义"对话框，对话框中各项内容的输入如图中所示。选择"在屏幕上指定"，在命令行出现下面提示：

起点：　　　　　　　　　　　//指定图 14-20d 中所示"制图姓名"中"×"点

所有各项操作完成后，单击"确定"按钮结束命令。

● 用"COPY"命令在"审核姓名"等处复制"制图姓名"属性，复制方法同复制文字。

● 用"DDEDIT"命令编辑被复制属性的"标记"、"提示"、"默认值"及"文字选项"。编辑后的属性标记如图 14-20d 所示。

4）用"BLOCK"命令创建块。

激活 BLOCK 命令，显示如图 14-22 所示的"块定义"对话框，输入块名"标题栏"；指定图 14-20d 中标题栏框的右下角点作为插入基点；选择除右、下边框线以外的对象创建块。

（2）标题栏块的使用

1）用"INSERT"命令插入块。

激活 INSERT 命令，在"插入"对话框的"名称"下拉列表框中选择"标题栏"，单击"确定"按钮，然后按下面的提示操作：

指定插入点或[比例(S)/X/Y/Z/旋转(R)/预览比例(PS)/PX/PY/PZ/预览旋转(PR)]：　//指定图边框的右下角点输入属性值

零件名称 <端盖>：<u>输出轴</u>　　　　　　　　//输入零件名称

制图姓名 <CAD>：<u>张明</u>　　　　　　　　//输入制图者姓名

制图日期<02、11、18>:03、7、15　　//输入制图日期
审核姓名<CAD>:张明　　//输入审核者姓名
审核日期<02、11、18>:03、7、15　　//输入审核日期
校核姓名<CAD>:张明　　//输入校核者姓名
校核日期<02、11、18>:03、7、15　　//输入校核日期
材料<HT100>:HT200　　//输入材料
比例<1:1>:2:1　　//输入比例
数量<1>:100　　//输入数量
学号<01>:25　　//输入学号
单位名<东风机械厂>:长春汽车工业高等专科学校　　//输入单位名

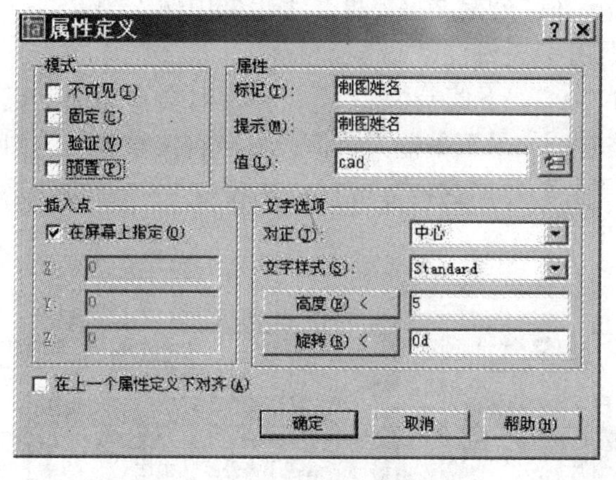

图 14-21　定义标题栏项目属性

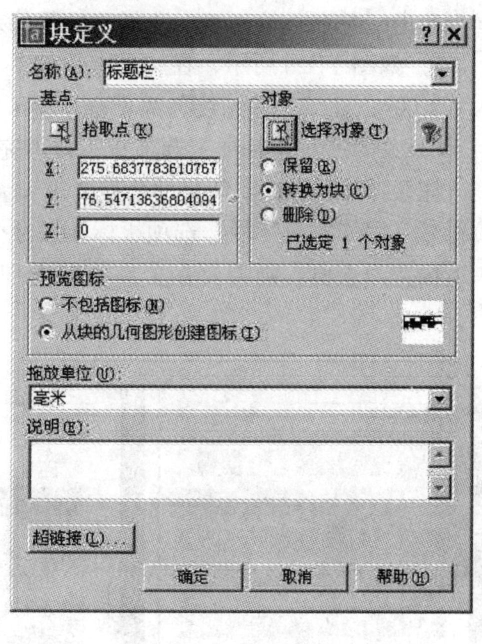

图 14-22　定义标题栏块

插入后的标题栏块如图 14-20e 所示。

2）用“ATTEDIT”命令编辑标题栏块

插入标题栏以后，如果有填错的属性值，可以用“ATTEDIT”命令进行编辑和修改。激活 ATTEDIT 命令，显示如图 14-7 所示的“编辑属性”对话框，在对话框中可编辑块的所有属性值。

在绘制零件图时，除了要创建“粗糙度块”和“标题栏”块以外，还需要创建“基准代号”块、“基准代号字母”块、“锥度代号”块、“斜度代号”块等等，这些块的创建方法和上面讲述的方法相同，这里不再叙述。

第三节　尺寸公差和形位公差标注

一、尺寸公差标注

尺寸公差是零件图上经常标注的内容之一，标注尺寸公差时一般应先标出尺寸，然后通

过编辑尺寸加注公差。

【例 14-3】 已知尺寸如图 14-23a 所示，给 ϕ40 尺寸加注公差，上偏差 = -0.009，下偏差 = -0.025。

操作步骤如下:

1）单击标准工具栏中的“对象特征”图标 。

2）选择 ϕ40 尺寸。

3）在如图 14-24 所示“对象特征”选项板中单击“公差”项目右侧的箭头将其展开。

4）在如图 14-25 所示的“显示公差”右边的选择框中单击，并在下拉列表中选择“极限偏差”。

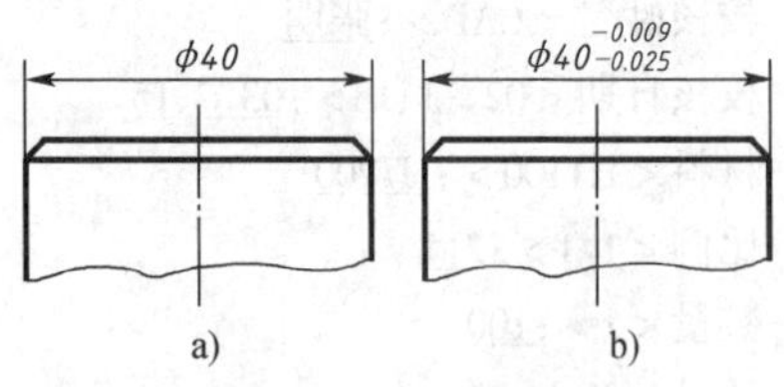

图 14-23 标注尺寸公差

a）已知尺寸 b 加注公差后的尺寸

5）如图 14-26 所示，在“公差下偏差”编辑框输入 0.025；在“公差上偏差”编辑框输入 -0.009；在“公差精度”编辑框选择 0.000；在“公差文字高度”编辑框中输入“0.75”。

6）关闭“对象特征”选项板，即可完成尺寸公差标注。

注意：AutoCAD 默认尺寸公差的上偏差为“+”，下偏差为“-”，标注时会自动加上正负符号。用“对象特性”选项板标注尺寸公差时，如果下偏差为负值，可以直接输入值；如果下偏差为正值，则需要在公差值前面加注“-”号，这样才能标注出带“+”号的公差值。

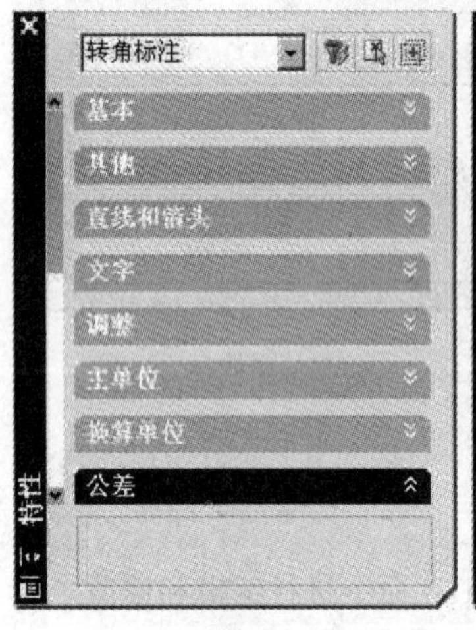

图 14-24 “对象特性”选项板

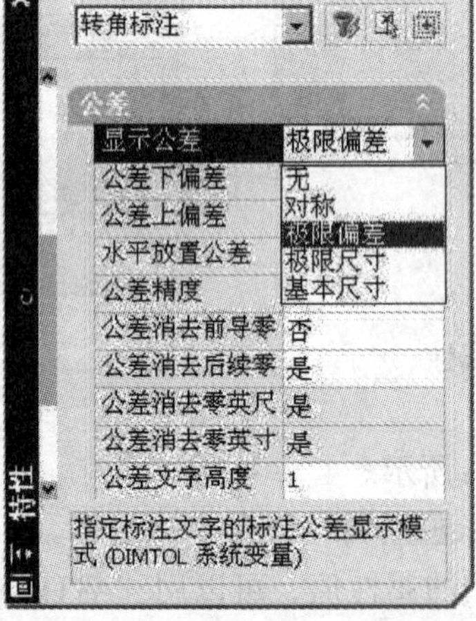

图 14-25 选择显示“极限偏差”

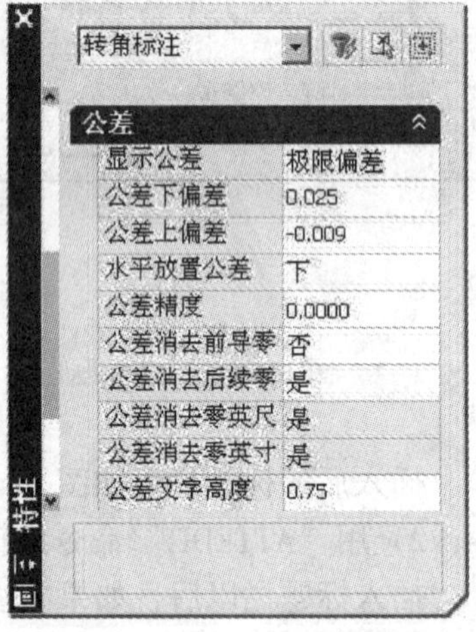

图 14-26 输入公差标注选项

二、形位公差的标注

AutoCAD 有两个命令可以标注形位公差。

（一）公差命令 TOLERANCE

TOLERANCE 命令用于标注无指引线的形位公差框格。

1. 激活 TOLERANCE 命令的方法

- 菜单：标注→公差
- 工具栏：“标注”工具栏→“公差”按钮

● 命令行：TOLERANCE

2.TOLERANCE 命令的操作方法

激活 TOLERANCE 命令，显示如图 14-27 所示的“形位公差”对话框，在对话框中输入要标注的选项，单击“确定”按钮。AutoCAD 提示“输入公差位置:”，指定一点，确定公差框格的位置，即可完成形位公差框格的标注。

“形位公差”对话框中各选项的输入方法如下：

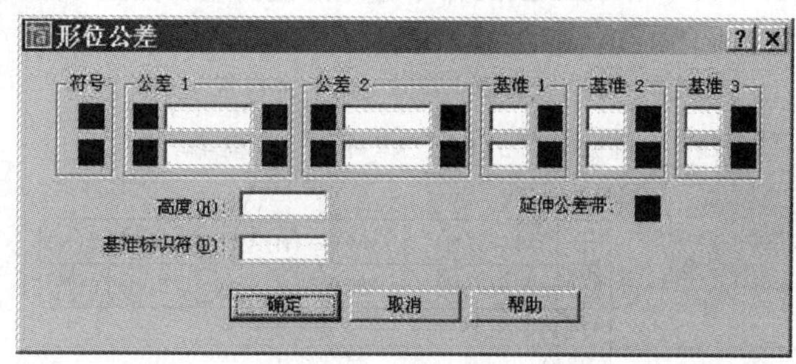

图 14-27 “形位公差”对话框

● 单击“符号”下方黑方框，显示“特征符号”对话框，如图 14-28 所示。单击其中任意符号框格，则对话框消失，所选符号被写入“形位公差”对话框的符号框格中。此操作可重复进行。

● 单击“公差 1”下方左侧的黑方框，会写入或隐藏符号“ϕ”。

● 单击“公差 1”下方中间的编辑框，可输入公差数值。

● 单击“公差 1”下方右侧的黑方框，会显示“附加符号”对话框，如图 14-29 所示。单击其中任意符号框格，则对话框消失，所选符号被写入“形位公差”对话框“公差 1”右侧的框格中。此操作可重复进行。如果想取消符号，可选择“附加符号”对话框中的空白框格。

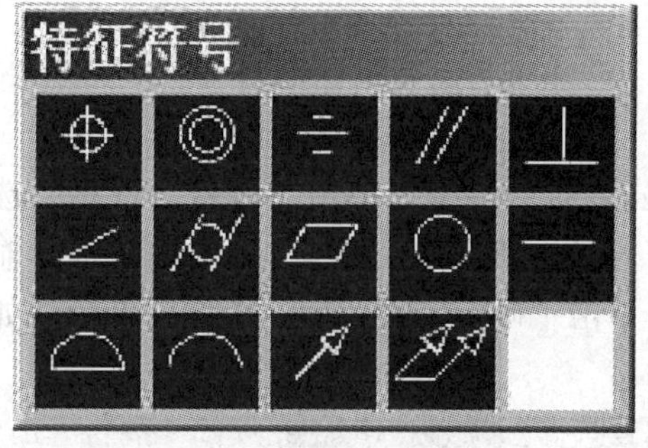

图 14-28 “特征符号”对话框

图 14-29 “附加符号”对话框

“公差 2”中各框格的输入内容和方法同“公差 1”。

● 单击“基准 1”下方左侧的编辑方框，可输入基准字母。

● 单击“基准 1”下方右侧的编辑方框，会显示“附加符号”对话框。

“基准 2”、“基准 3”中各框格的输入内容和方法同“基准 1”。

● 单击“延伸公差带”右侧的黑方框，会写入或隐藏符号Ⓟ。

如果在“形位公差”对话框中输入所有选项，其标注样式如图 14-30 所示。

（二）快速引线标注命令 QLEADER

QLEADER 命令用于创建引线和引线注释。在机械制图中常用 QLEADER 命令标注形位公差，倒角和装配图中的零部件序号。

1. 激活 QLEADER 命令的办法

- 菜单：标注→引线
- 工具栏：“标注”工具栏→“快速引线”按钮
- 命令行：QLEADER

2.QLEADER 命令的操作方法

（1）用 QLEADER 命令标注形位公差，如图 14-31 所示。

命令：_ qleader

指定第一条引线点或［设置（S）］＜设置＞：　　　　//按 Enter 键，选择设置选项

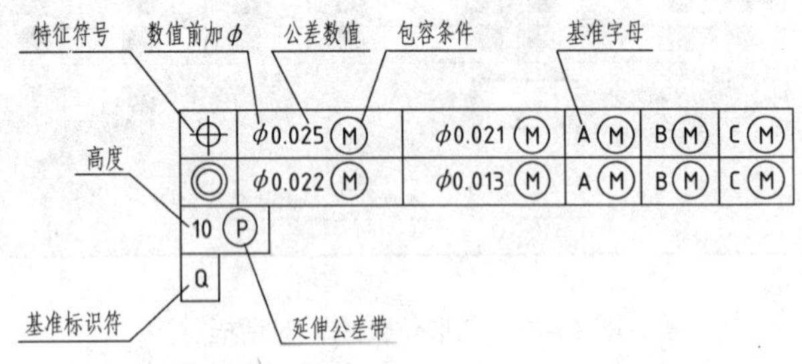

图 14-30　“形位公差”对话框中所有选项的标注

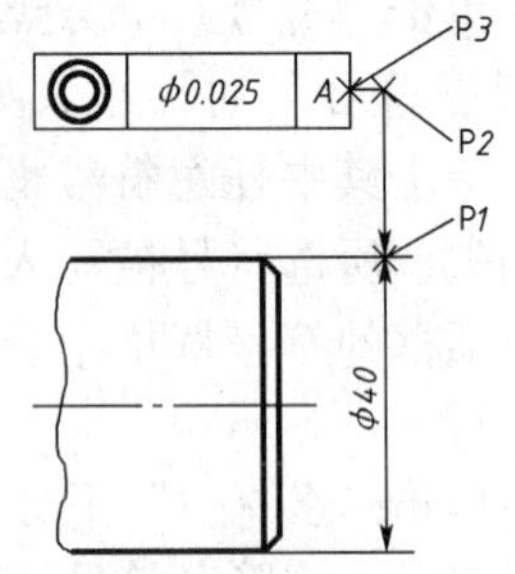

图 14-31　标注形位公差

将显示如图 14-32 所示的“引线设置”对话框，选择“注释”选项卡“注释类型”组框中的“公差”选项。在如图 14-33 所示“引线和箭头”选项卡的“箭头”组框下拉列表中，选择“实心闭合”选项。其他各项均默认。单击“确定”按钮后出现下列提示：

指定第一条引线点或［设置（S）］＜设置＞：　　　　//指定图 14-31 中的 P1 点

指定下一点：　　　　//指定图 14-31 中的 P2 点

指定下一点：　　　　//指定图 14-31 中的 P3 点

指定 P3 点后，出现如图 14-34 所示的“形位公差”对话框，单击“符号”框格，选择同轴度符号。单击“公差 1”左侧黑方框，填加符号 ϕ；单击“公差 1”中间编辑框，输入 0.025。单击“基准 1”编辑框，输入基准字母 A。单击“确定”按钮后，形位公差标注如图 14-31 所示。

（2）用 QLEADER 命令标注倒角，如图 14-35 所示。

命令：_ qleader

指定第一条引线点或［设置（S）］＜设置＞：//按 Enter 键，选择设置选项

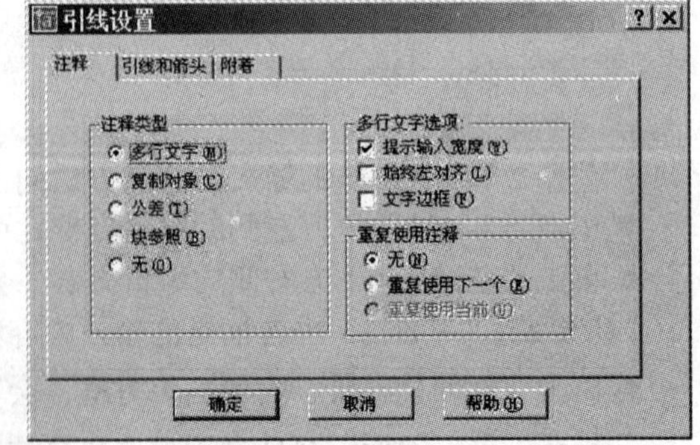

图 14-32　“引线设置”对话框

在如图 14-32 所示“引线设置”对话框中，选择“注释”选项卡，在“注释类型”组框中选择“多行文字”。在如图 14-33 所示对话框中，选择“引线和箭头”选项卡，在“箭头”下拉列表中选择“无”选项。在如图 14-36 所示对话框中，选择“附着”选项卡，选择“最后一行加下画线”。其他各项均默认。单击“确定”按钮后出现如下提示：

指定第一条引线点或［设置（S）］＜设置＞：　　　　//拾取 P1 点

指定下一点：　//对象追踪 45°，指定 P2 点

指定下一点：　//水平方向，指定 P3 点

指定文字宽度 <0>：　//按 Enter 键

输入注释文字的第一行 < 多行文字（M）>：C2　//输入注释文字“C2”

输入注释文字的下一行：　//按 Enter 键，结束倒角标注

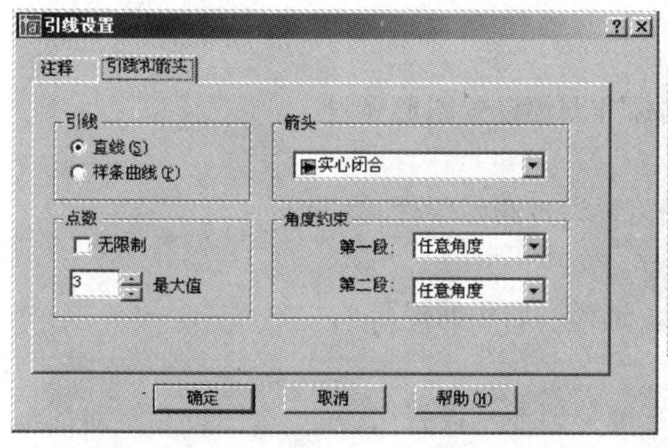

图 14-33　“引线设置”对话框的“引线箭头”选项卡

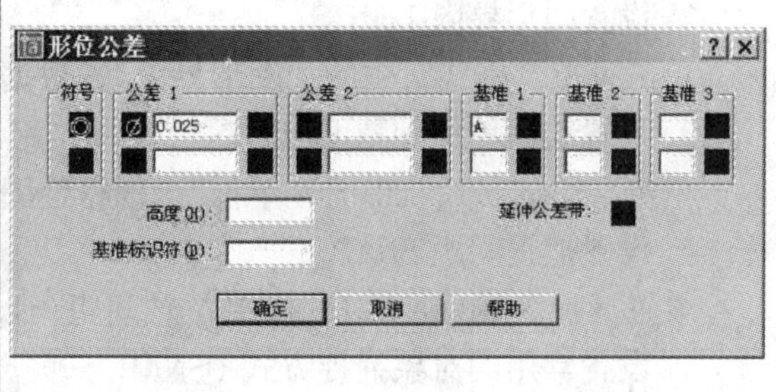

图 14-34　“形位公差”对话框

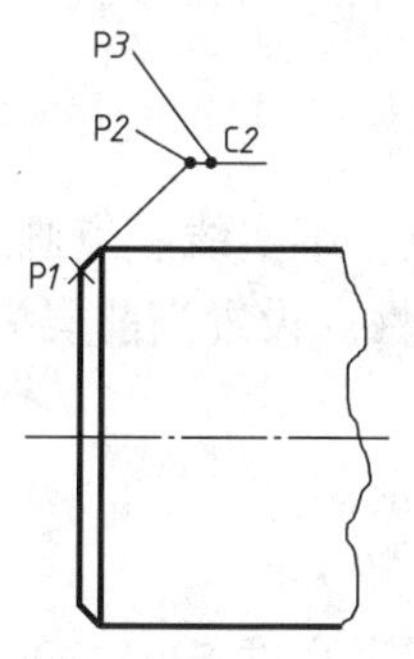

图 14-35　标注倒角

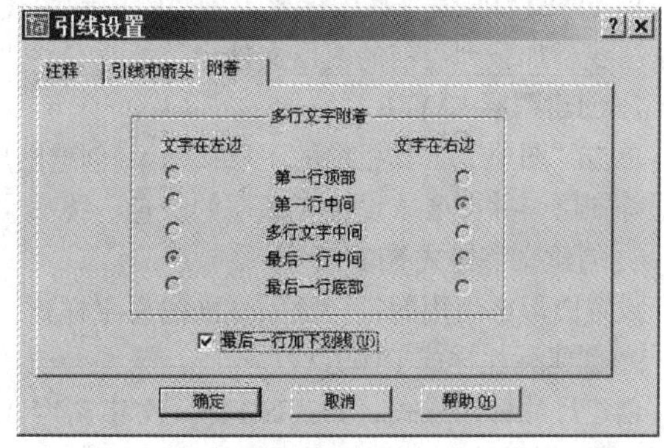

图 14-36　“引线设置”对话框的“附着”选项卡

第四节　绘制零件图

用 AutoCAD 绘制零件图，首先应建立一个能保证所绘制图形符号国标规定的样板文件。

一、样板文件

为了迅速准确的绘制出符号国标的图样，避免反复性的重复设置绘图环境和提高绘图效率，应建立样板文件。设置好的样板文件就像一间设备和工具齐全的绘图室，进入其中便可迅速、准确、得心应手地绘制出符合国标的图样。所以，在样板文件中应根据国标的要求和绘图需要进行一些必要的设置，并将这些设置连同一个空图形文件保存为“*.dwt”——样板文件。这样，每次绘图时都从样板文件进入，就可利用其中各种已经设置好的工具绘制

图样。

(一) 创建样板文件

样板文件的设置如下：

1. 创建新图形 NEW

单击标准工具栏中的“新建”按钮，在 Template 文件夹下选择 acadiso 或 acadISO-Named Plot Styles 样板文件创建一个新图形。

2. 设置图形界限 LIMITS

单击菜单“格式”中的“图形界限”，根据标准图幅设置图形界限。

3. 设置绘图单位和精度 UNITS

单击菜单“格式”中的“单位”，根据绘图需要设置绘图单位和精度。

4. 设置捕捉间距 SNAP

设置捕捉 X 轴间距：1，捕捉 Y 轴间距：1，选择“启用捕捉”。

5. 设置常用的对象捕捉方式 OSNAP

在状态栏的“对象捕捉”按钮上单击鼠标右键，选择“设置”，在“草图设置”对话框的对象捕捉选项卡中设置常用的捕捉方式，如：交点、端点、圆心和延伸点，并打开对象捕捉开关。

6. 创建并加载符合“国标”的线型-LINETYP 或 LINETYP

用-LINETYPE 命令按国标要求创建绘图常用线型，如：点画线、双点画线、虚线等，并将这些线型加载到当前的图形文件中。

7. 创建图层 LAYER

单击“图层”工具栏中的图层按钮创建图层，如：粗实线、细实线、点画线、虚线、标注等图层，并按要求设置各图层的颜色、线型、线宽和其他特性。设置当前层为“0”层。

8. 创建文字样式 STYLE

设置图形中使用的符合国家标准的文字样式，并将其置为当前。

9. 创建标注样式 DIMSTYLE

创建尺寸标注样式，如：ISO-35（文字高度 3.5)、ISO-5（文字高度 5)、ISO-7（文字高度 7）等，并将常用的标注样式置为当前。

10. 创建符号库 BLOCK、ATTDEF

根据绘图的需要将常用的符号创建成块，如：斜度代号、锥度代号、粗糙度代号、基准代号、基准字母、标题栏等。

以上各项设置完成后，另存为 * .dwt 文件。

(二) 使用样板文件

创建样板文件后，应熟练和正确的使用样板文件。使用样板文件的方法如下：

激活 NEW 命令，显示“选择样板”对话框。如果样板文件保存在 AutoCAD 的 TEMPLATE 文件夹中，则可以在样板文件列表中选择样板文件。如果样板文件保存在其他路径下，则需要指定路径在相应的文件夹中选择所需要的样板文件。选择完样板文件后，单击“打开”按钮即可根据样板文件打开一个新的图形文件。

二、绘制零件图

绘制零件图时，不管输出后的图形比例为多少，均采用 1:1 的比例绘制图形，这样可避免尺寸换算，提高绘图速度。需要时 AutoCAD 能很容易地改变图形比例。

下面以图 14-37 所示的输出轴为例，介绍绘制零件图的方法。

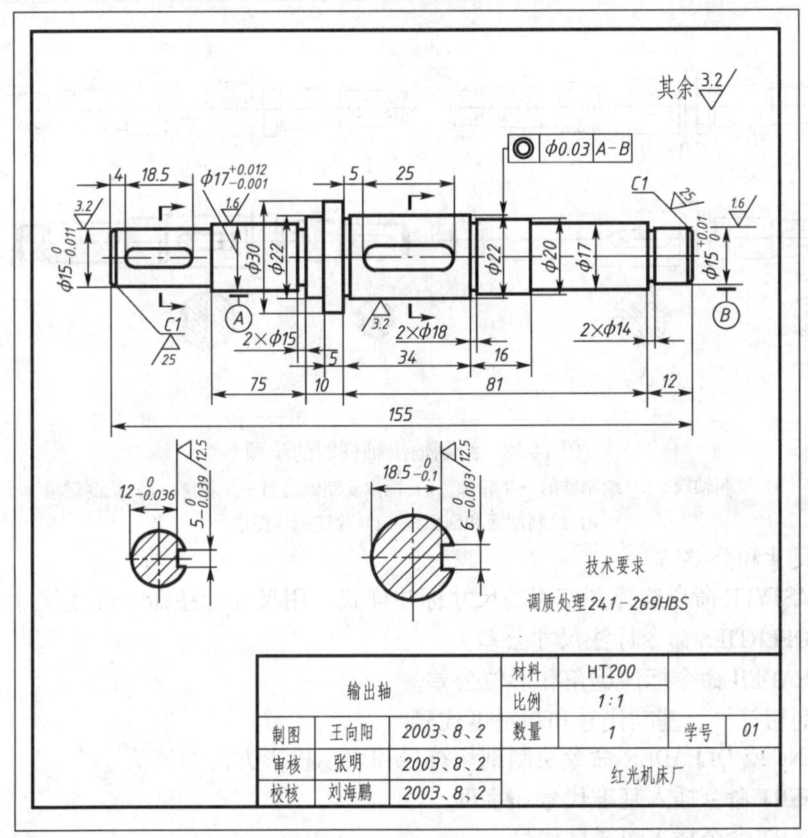

图 14-37　输出轴零件图

（一）创建新图形

根据图 14-37 中输出轴的尺寸，选择使用已创建好的零件图样板文件创建一个新图形文件。

（二）保存图形文件

将创建的新图形文件保存在工作路径下，文件名为“输出轴”。在后续的绘图中适时单击“保存”按钮，避免文件内容意外丢失。

（三）绘制图形

1. 绘制视图

绘制视图的步骤和方法如下：

（1）绘制轴线，如图 14-38a 所示。

（2）以轴线为界，绘制轴的一半轮廓，如图 14-38b 所示。

（3）镜像复制轴的另一半轮廓，如图 14-38c 所示。

（4）绘制键槽，如图 14-38d 所示。

（5）绘制断面和剖面线，如图 14-38e 所示。

（6）将图线按线型改变到相应的图层上，如图 14-38f 所示。

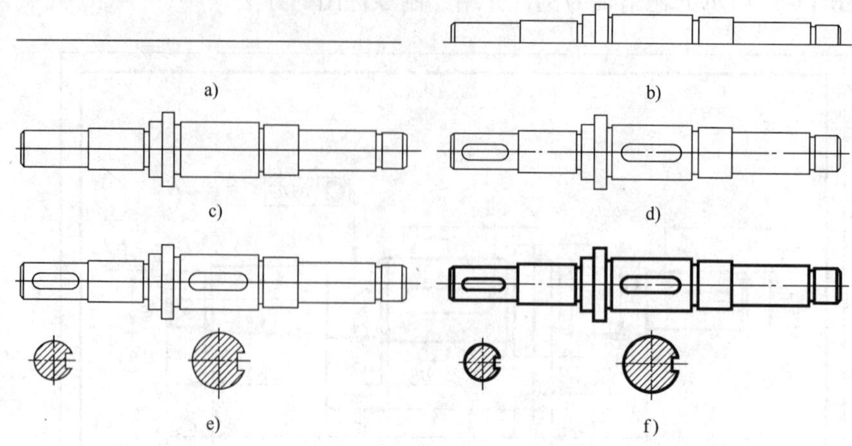

图 14-38　绘制输出轴视图的步骤

a）绘制轴线　b）绘制轴的一半轮廓　c）镜像复制轴的另一半轮廓　d）绘制键槽
e）绘制剖面和剖面线　f）改变图线图层

2. 标注尺寸和公差

● 用 DIMSTYLE 命令选择要使用的尺寸标注样式，用尺寸标注命令标注尺寸。

● 用 PROPERTIES 命令标注尺寸公差。

● 用 QLEADER 命令标注倒角和形位公差。

3. 标注剖切符号、基准代号和粗糙度代号

● 用 PLINE 或 QLEADER 命令绘制剖切符号和表示投影方向的箭头

● 用 INSERT 命令插入基准代号和字母

● 用 INSERT 命令插入粗糙度代号。

4. 插入并填写标题栏

用 INSERT 命令插入标题栏，并可用 EATTEDIT（或 ATTEDIT）编辑标题栏内容。

5. 书写技术要求

用 TEXT（或 MTEXT）命令书写技术要求。

（四）编辑、调整、清理图形

对图形作进一步编辑修改，调整视图布局。

（五）保存文件并退出

第五节　绘制装配图

本节介绍用 AutoCAD 绘制装配图的两种方法。一种方法是按照绘制视图、剖视图的方法直接绘制装配图；另一种方法是根据已绘制好的零件图拼画装配图。

一、绘制装配图

用 AutoCAD 绘制装配图的过程与手工绘图的过程基本相同。

下面以图 14-39 所示的螺栓联接装配图为例，介绍装配图的画法。

1）绘制俯视图，如图 14-40a 所示。

2）绘制螺栓和被联接件主视图，如图 14-40b 所示。

3）绘制垫圈和螺母主视图。如图 14-40c 所示。

4）修剪主视图中多余的图线，如图 14-40d 所示。

5）复制主视图到左视图位置。如图 14-40e 所示。

6）绘制主视图中的剖面线并编辑修改左视图，结果如图 14-40f 所示。

7）将图线按照线型改变到相应的图层上，结果如图 14-39 所示。

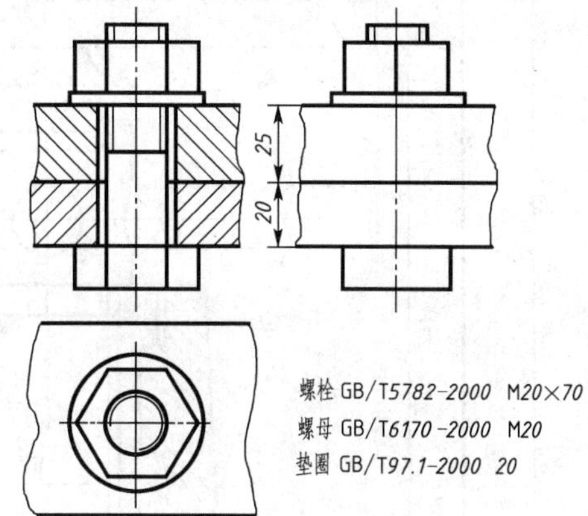

图 14-39 螺栓联接三视图

二、根据零件图拼画装配图

用 AutoCAD 根据已绘制好的零件图拼画装配图，充分体现了计算机绘图的优越性。它省去了手工绘图中大量的重复性工作，极大地提高了绘图效率，尤其是复杂的图形，其效果更加突出。

下面以图 14-41 所示的千斤顶装配图为例，由零件图拼画装配图。

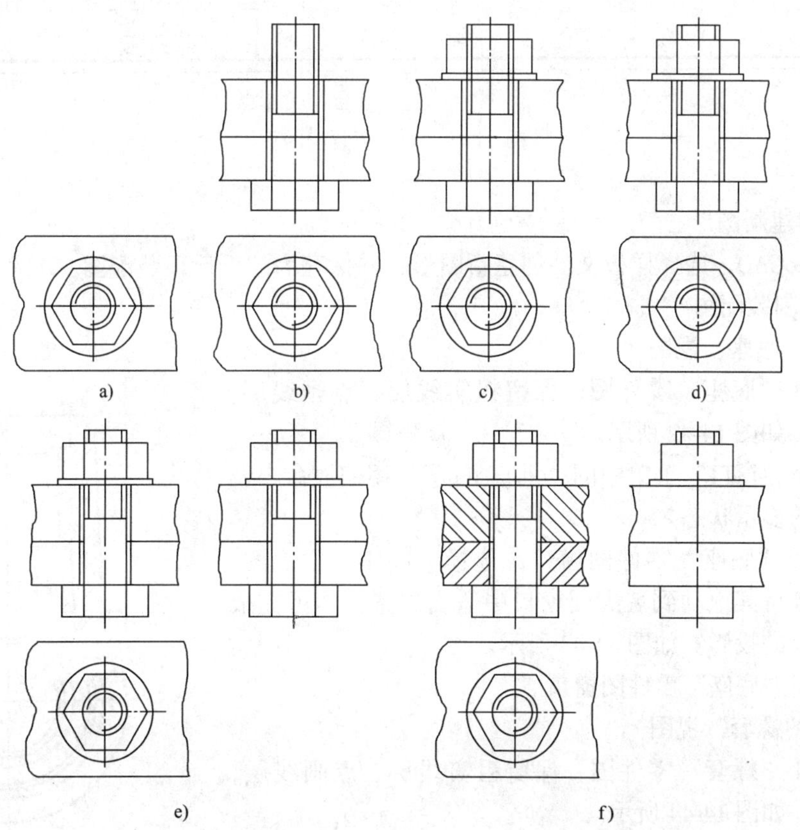

图 14-40 绘制螺栓联接三视图的步骤

a）绘制俯视图 b）绘制螺栓及被连接件主视图 c）绘制垫圈和螺母主视图

d）修剪主视图中多余图线 e）复制主视图到左视图位置 f）绘制主视图中的剖面线，编辑左视图

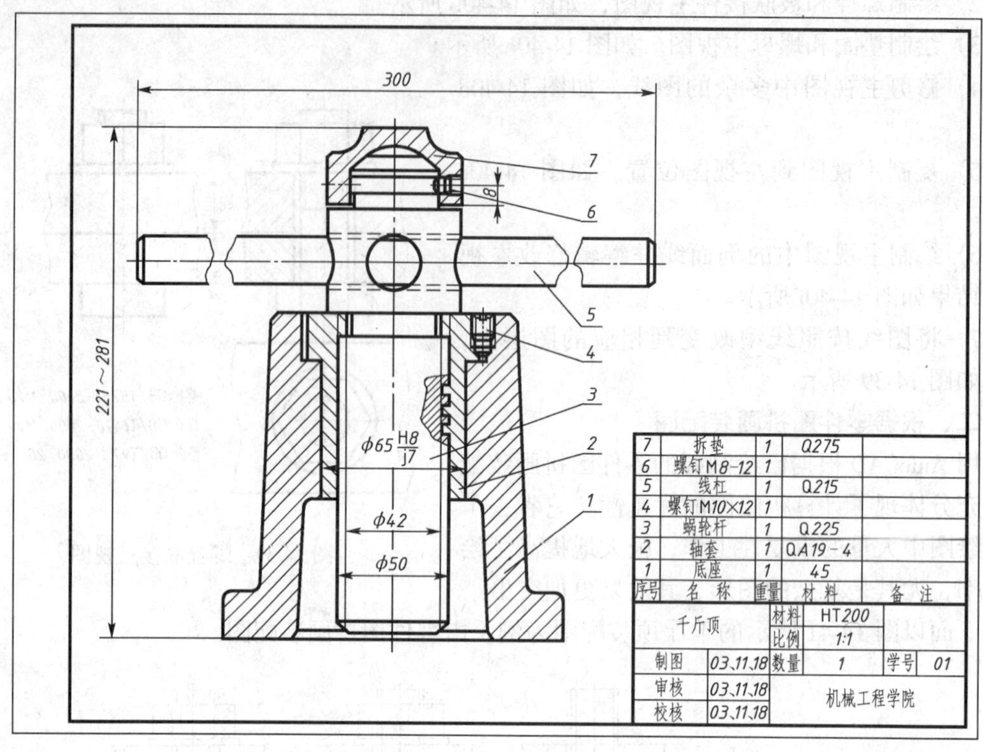

图 14-41 千斤顶装配图

（一）创建新图形

启动 AutoCAD，选择样板文件创建新图形，并保存为“千斤顶装配图．dwg”。

（二）绘制装配图

1. 绘制“底座”视图

（1）打开“底座”零件图，保留粗实线层、点画线层，关闭其他层，如图 14-42 所示。

（2）选择“窗口”菜单中的“垂直平铺”，用缩放命令调整两个窗口的显示状态。

（3）激活“底座”零件图窗口，选择“底座”主视图，按下鼠标右键将其拖动到装配图窗口中适当位置，即可完成装配图中底座的投影。如图 14-43 所示。

（4）关闭“底座”零件图窗口。

2. 绘制“螺套”视图

（1）打开“螺套”零件图，保留粗实线层、点画线层，关闭其他层，如图 14-44 所示。

（2）选择“窗口”菜单中的“垂直平铺”，用缩放命令调整两个窗口的显示状态。

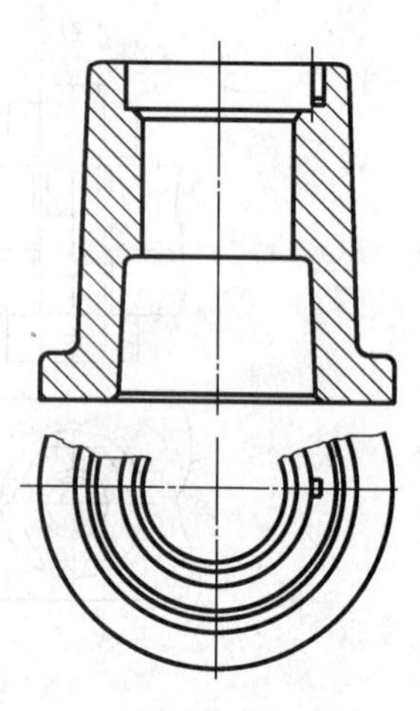

图 14-42 关闭图层后的底座视图

（3）激活“螺套”零件图窗口，选择螺套视图，按下鼠标右键将其拖动到装配图窗口中适当位置，释放右键后，选择窗口中自动弹出的快捷菜单选项“复制到此处”。如图 14-45 所示。

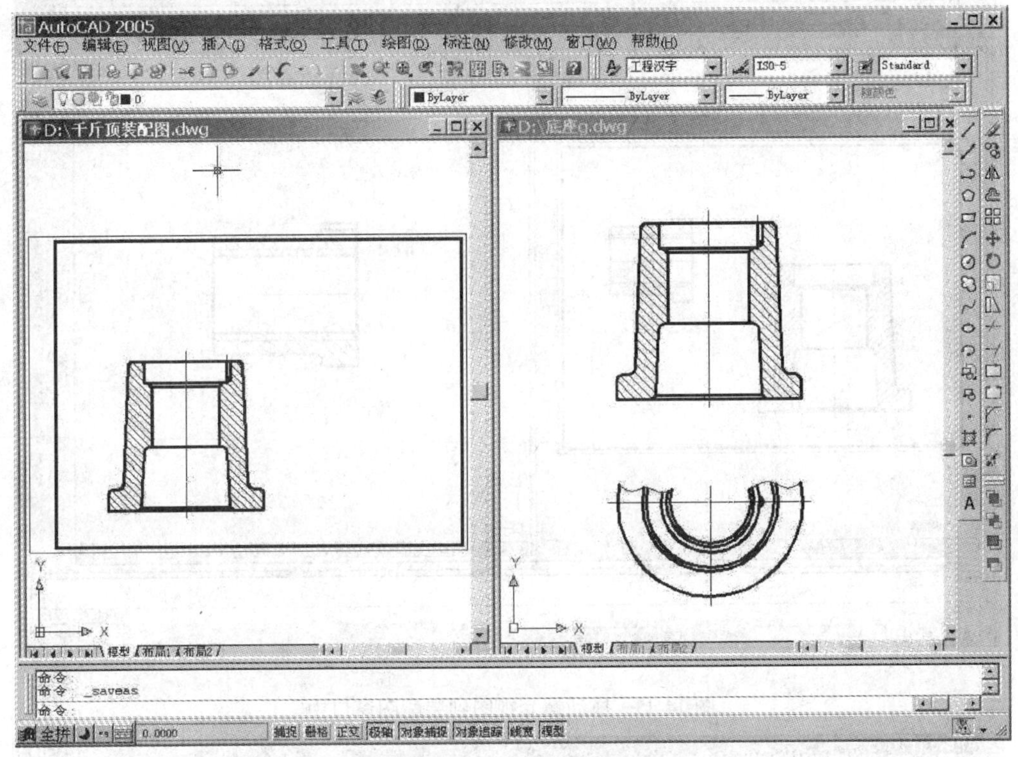

图 14-43　拖动底座主视图到装配图窗口中

(4) 在装配图窗口中编辑修改螺套投影。用 ROTATE 命令将螺套视图旋转 - 90°，删减装配后多余的图线，将编辑好的图形用 MOVE 命令移动到底座的视图上，如图 14-46 所示。

(5) 关闭“螺套”零件图窗口。

下面可按绘制“螺套”视图的操作方法绘制装配图中其他零件的视图。

3. 绘制“螺旋杆”视图

4. 绘制“绞杠”视图

5. 绘制“顶垫”视图

6. 绘制“螺钉 M10 × 12”视图

7. 绘制“螺钉 M8 × 12”视图

8. 绘制剖面线，编辑全图，调整视图位置

注意：绘制千斤顶装配图的过程中，编辑完的各零件视图在用 MOVE 命令移动时，应选择的基点为图 14-47 所示的“×”点。

(三) 标注尺寸

用 DIMSTYLE 命令选择尺寸标注样式“ISO-5”，并将其置为当前。用尺寸标注命令标注尺寸。

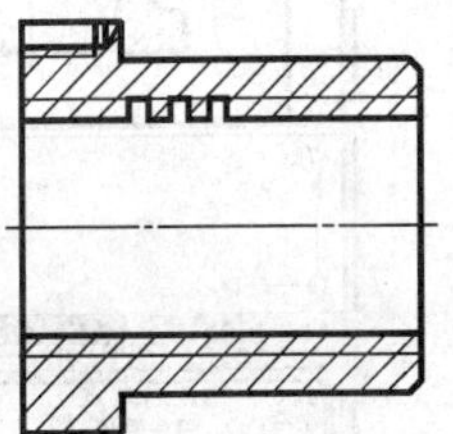

图 14-44　半闭其他图层后的螺套视图

(四) 标注零件序号

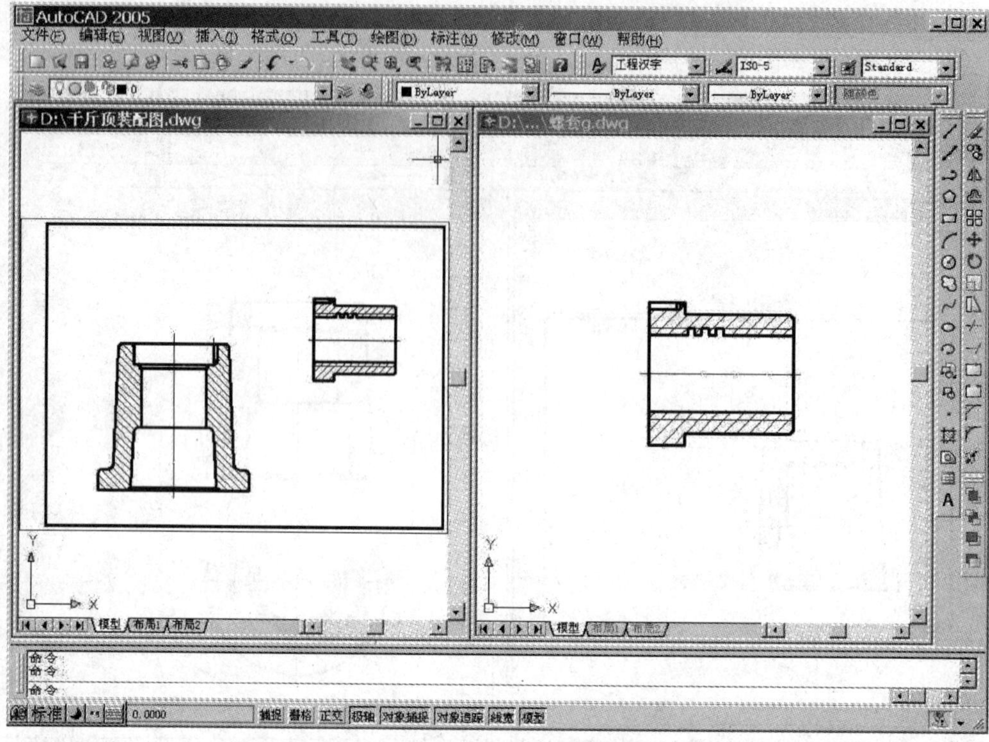

图 14-45　拖动螺套视图到装配图窗口中

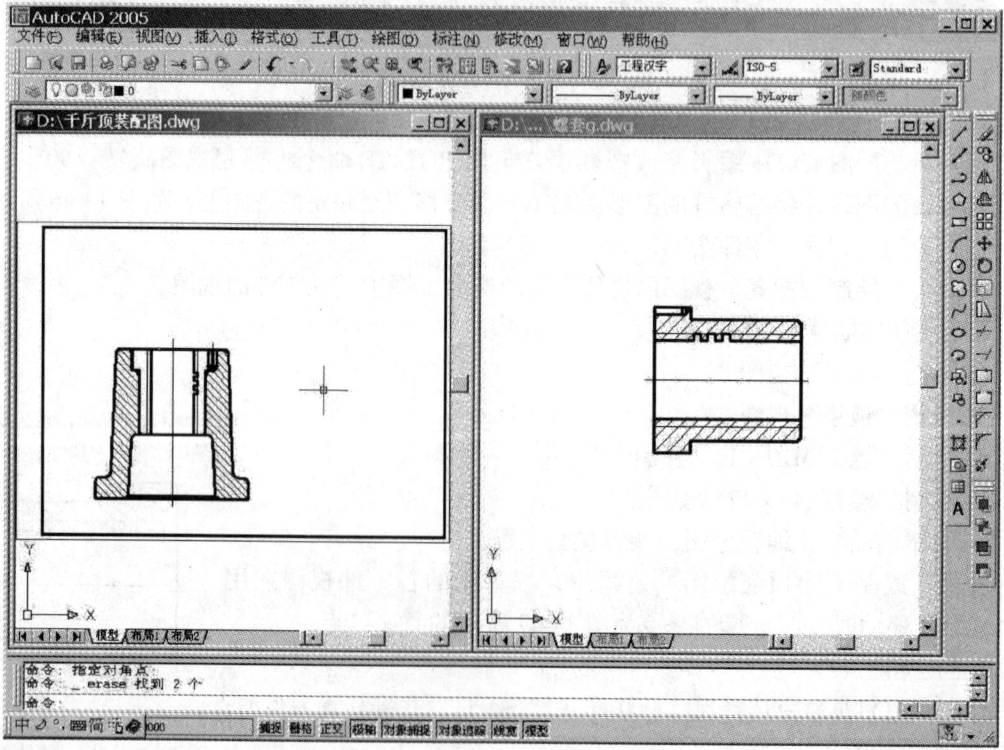

图 14-46　编辑螺套视图并移动到底座视图中

用 DIMSTYLE 命令选择尺寸标注样式“ISO-7”，并将其置为当前。用 QLEADER 命令标注零件序号，标注时需要将引线末端的“箭头”设置成“小点”，其他设置和标注倒角相同。

（五）插入标题栏和明细栏。

用 INSERT 命令插入标题栏块和明细栏块。

通过以上的步骤即可根据零件图绘制装配图。

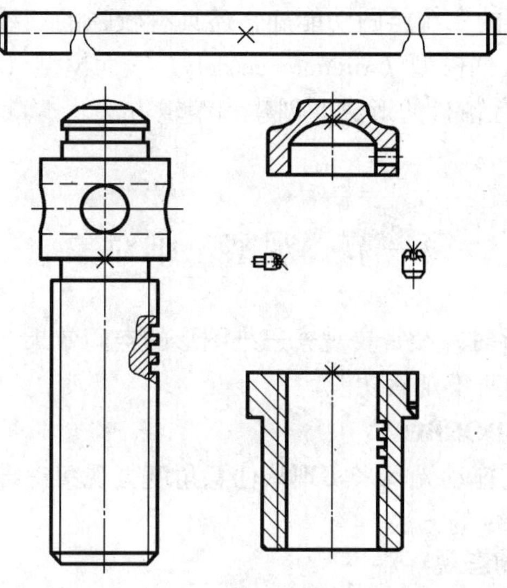

图 14-47　各零件移动时的基点

第十五章　AutoCAD 三维绘图简介

AutoCAD 除了具有强大的二维绘图功能外，还具有较强的三维建模功能。AutoCAD 支持三种三维模型，它们是：线框模型（wireframe model）、表面模型（surface model）和实体模型（solid model），每种模型都有各自的形成、创建和编辑方法。本章将简单介绍三维绘图的基本知识和实体模型的创建方法。

第一节　观察三维对象

在绘制和编辑三维图形时，经常要观察三维图形的空间效果，以便精确地绘制、编辑图形。AutoCAD 提供了丰富的三维观察功能。

一、三维动态观察器 3DORBIT

3DORBIT 命令用于通过拖动光标来实现从任意角度去观察三维实体。

（一）激活 3DORBIT 命令的方法

- 菜单：视图→三维动态观察器
- 工具栏："三维动态观察器"工具栏→"三维动态观察"按钮
- 命令行：3DORBIT

（二）3DORBIT 命令的操作方法

命令：'_ 3dorbit 按 ESC 或 ENTER 键退出，或者单击鼠标右键显示快捷菜单。

激活 3DORBIT 命令后，AutoCAD 将在当前视口中激活三维视图并显示一个转盘，即被四个小圆圈分割成四个象限的一个大圆圈，如图 15-1 所示。在进行三维动态观察时，目标点——转盘的中心点的位置始终保持不变，靠变化视点从不同的角度去观察对象。

在使用三维动态观察器的过程中，当鼠标移动时光标的状态有四种，如图 15-2 所示。

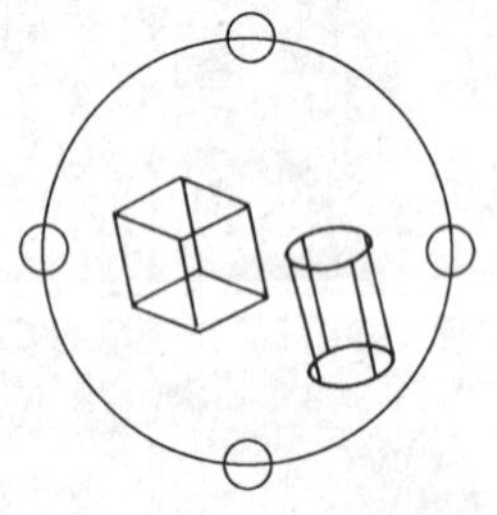

图 15-1　三维动态观察

a)　b)　c)　d)

图 15-2　三维动态观察器中的光标形式
a）球形光标　b）圆形箭头光标
c）水平椭圆光标　d）垂直椭圆光标

（1）球形光标：当光标移动到转盘内部时，显示球形光标。此时水平方向拖动光标，视点将以转盘的垂直中心线为轴转动去观察对象；如果垂直方向拖动光标，视点将以转盘的水平中心线为轴转动去观察对象；如果沿圆周方向拖动光标，视点将以目标点为中心旋转去观察对象。

（2）圆形箭头光标：当光标移动到转盘的外部时，显示圆形光标。此时沿转盘的圆周方向拖动光标，视点将以通过转盘中心且与转盘平面垂直的轴线旋转去观察对象。

(3) 水平椭圆光标：当光标移动到转盘左侧或右侧的小圆中时，显示水平椭圆光标。此时水平方向拖动光标，视点将以转盘的垂直中心线为轴转动去观察对象。

(4) 垂直椭圆光标：当光标移动到转盘上方或下方的小圆中时，显示垂直椭圆光标。此时垂直方向拖动光标，视点将以转盘的水平中心线为轴转动去观察对象。

如果想结束 3DROBIT 命令，可按以下方法操作：

● 按“Enter”键。

● 单击鼠标右键选择“退出”。

● 按“ESC”键。

● 激活其他命令。

二、用标准视点观察三维对象

AutoCAD 不但可以从任意角度观察对象，还可以从标准视点观察到三维图形的六个标准视图和四个标准等轴测图。

● 如图 15-3 所示，在“视图”工具栏中单击某一图标，即可得到想要观察的标准视图。

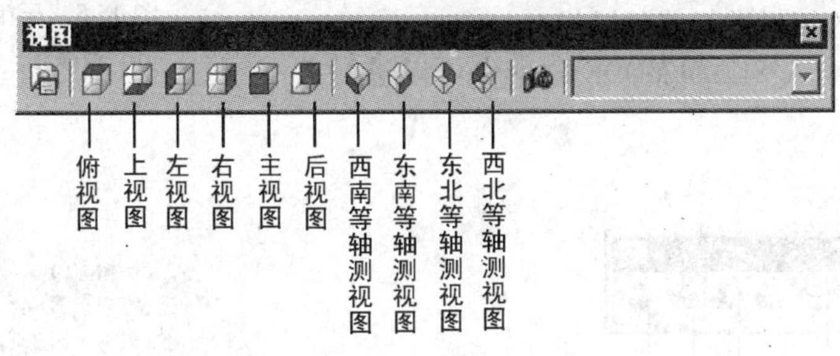

图 15-3　视图工具栏

● 如图 15-4 所示，在菜单“视图”中“三维视图”的级联式菜单中选择相应的选项，即可得到想要观察的标准视图。

三、显示坐标系平面视图命令 PLAN

PLAN 命令提供了一种从三维视图转换成平面视图查看图形的便捷方法。选择的平面视图可以基于当前用户坐标系、以前保存的用户坐标系或世界坐标系。

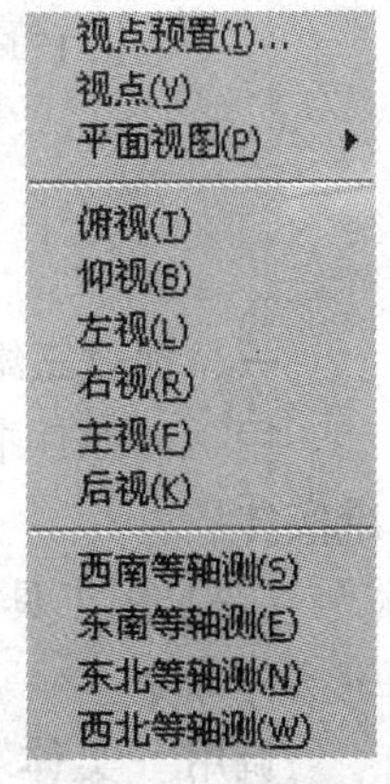

图 15-4　三维视图菜单项

(一) 激活 PLAN 命令的方法

● 菜单：视图→三维视图→平面视图

● 命令行：PLAN

(二) PLAN 命令的操作方法

命令：_ plan

输入选项 [当前 UCS (C) /UCS (U) /世界 (W)] <当前 UCS>：

通常情况下，常用“Enter”响应 PLAN 命令提示，即恢复当前 UCS 平面视图显示。

四、三维实体的消隐和着色

(一) 消隐命令 HIDE

HIDE 命令用于从屏幕上消除三维实体的隐藏线。

1. 激活 HIDE 命令的方法

- 菜单：视图→消隐
- 工具栏："着色"工具栏→"消隐"按钮
- 命令行：HIDE

2.HIDE 命令的操作方法

激活 HIDE 命令后，AutoCAD 会重新生成当前窗口中的全部图形并消除隐藏线。消隐后的图形清晰且立体感增强，如图 15-5 所示。

（二）着色命令 SHADEMODE

SHADEMODE 命令可以为当前视口中的对象提供着色和线框选项。

- 如图 15-6 所示，单击"着色"工具栏中的某个图标按钮，即可完成着色操作。
- 如图 15-7 所示，选择"视图"菜单中的"着色"选项，单击其中的某项进行着色操作。
- 在命令行输入 SHADEMODE 命令也可以进行着色操作。

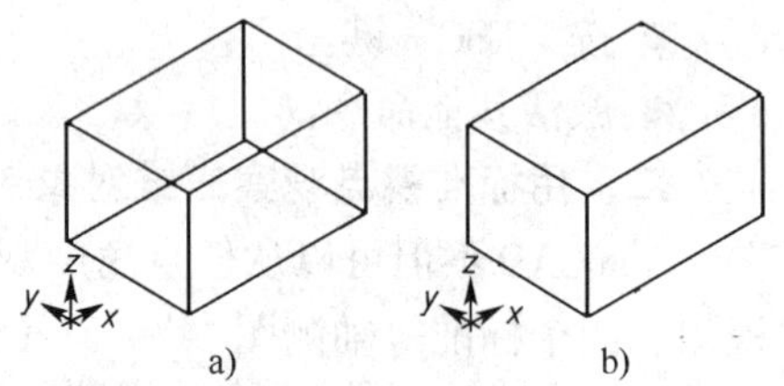

图 15-5 三维实体消隐
a）消隐前 b）消隐后

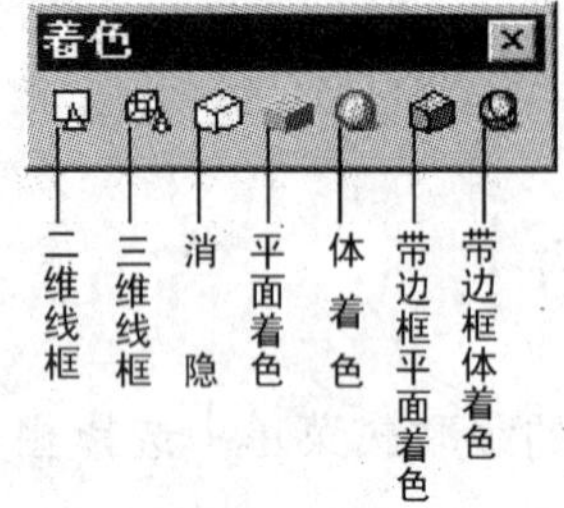

图 15-6 "着色"工具栏

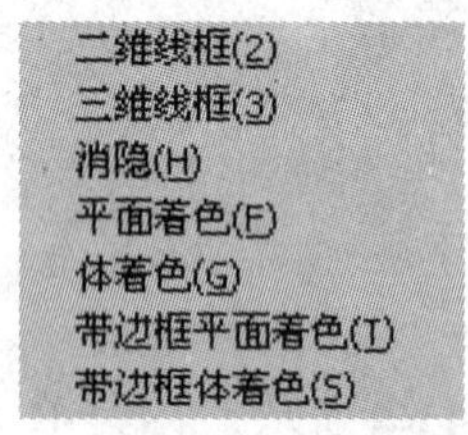

图 15-7 "着色"菜单项

第二节 创建三维实体

一、创建三维实体命令

用 AutoCAD 中创建三维实体命令可以创建长方体、圆柱、圆锥、球、圆环、楔形体等三维实体。

（一）用工具栏中的图标按钮激活创建三维实体命令

调用"实体"工具栏，如图 15-8 所示。通过单击工具栏中的图标按钮激活命令，创建三维基本体。

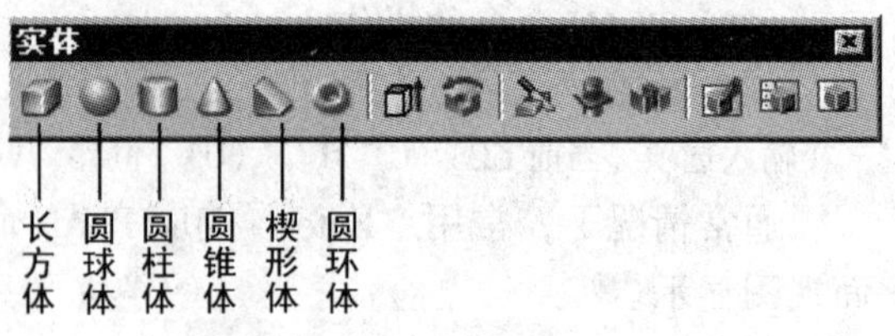

图 15-8 "实体"工具栏

（二）选择菜单选项激活创建三维实体命令

令

选择“绘图”菜单中的“实体”选项，会出现如图 15-9 所示的级联式菜单。通过选择菜单中的创建三维实体命令创建三维基本体。

（三）由命令行输入创建三维实体命令

创建长方体命令——BOX

创建球体命令——SPHERE

创建圆柱体命令——CYLINDER

创建圆锥体命令——CONE

创建楔形体命令——WEDGE

创建圆环体命令——TORUS

二、由二维对象创建三维实体

（一）边界和面域

二维对象必须是一条封闭的多段线或面域，才可以创建成三维实体。所以由二维对象创建三维实体之前，必须对二维对象进行编辑，使其成为一条封闭的多段线或面域。

1. 边界命令 BOUNDARY

BOUNDARY 命令用于从封闭区域创建面域、多段线并保留原对象。

（1）激活 BOUNDARY 命令的方法

- 菜单：绘图→边界
- 命令行：BOUNDARY

（2）BOUNDARY 命令的操作方法

激活 BOUNDARY 命令，会显示如图 15-10 所示的对话框，在“对象类型”下拉列表中选择“多段线”或“面域”，然后单击“拾取点”按钮，出现下面的提示：

选择内部点：　　　　　　//在封闭线框内部拾取一点

选择内部点：　　　　　　//按 Enter 键

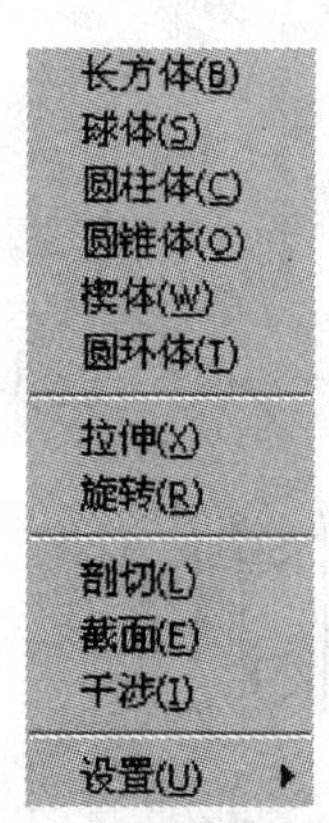

图 15-9 “实体”菜单

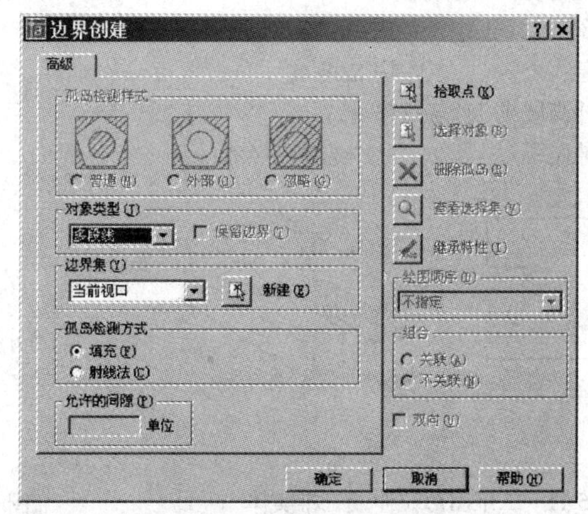

图 15-10 “边界创建”对话框

2. 面域命令 REGION

REGION 命令用于将首尾相接的封闭边界创建成面域并删除原有边界。

（1）激活 REGION 命令的方法

● 菜单：绘图→面域
● 命令行：REGION
（2）REGION 命令的操作方法
命令：_ region
选择对象：　　　　　//选择封闭边界
选择对象：　　　　　//按 Enter 键
（二）拉伸命令 EXTRUDE
EXTRUDE 命令可以通过拉伸（添加厚度）选定的二维单一实体的封闭对象或面域来创建三维实体，可以沿指定路径拉伸对象，也可以指定高度和斜度拉伸对象。
1. 激活 EXTRUDE 命令的方法
● 菜单：绘图→实体→拉伸
● 工具栏："实体" 工具栏→ "拉伸" 按钮
● 命令行：EXTRUDE
2. EXTRUDE 命令的操作方法
（1）将二维图形拉伸成三维实体。如图 15-11 所示。
命令：_ extrude
当前线框密度：ISOLINES = 4
选择对象：　　　　　//选择二维对象
选择对象：　　　　　//按 Enter 键
指定拉伸高度或［路径（P）］：10（或 - 10）
指定拉伸的倾斜角度 <0>：　　　　　//按 Enter 键
（2）将二维图形沿指定路径拉伸成三维实体，如图 15-12 所示。
命令：_ extrude
当前线框密度：ISOLINES = 4
选择对象：　　　　　//选择二维对象
选择对象：　　　　　//按 Enter 键
指定拉伸高度或［路径（P）］：P
选择拉伸路径：　　　　　//选择路径线

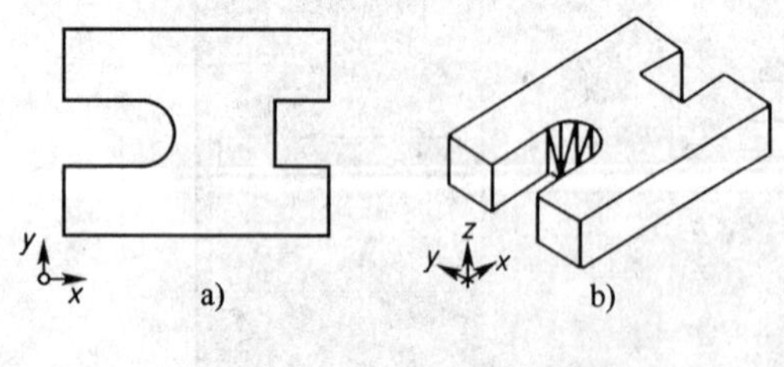

图 15-11　二维图形拉伸成三维实体
a）二维封闭图形　b）三维实体

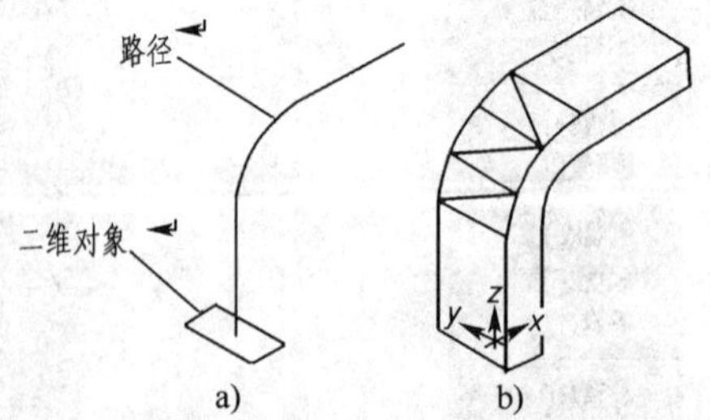

图 15-12　二维图形拉伸成三维实体
a）二维封闭图形和路径　b）三维实体

直线、圆弧、多段线、样条曲线等都可以作为拉伸路径，但路径和拉伸对象不能在同一平面内，且作为路径的曲线曲率不能太大，否则，在对象拉伸过程中有可能产生干涉现象。
（三）旋转命令 REVOLVE

REVOLVE 命令可以将闭合多段线、多边形、圆、椭圆、闭合样条曲线、圆环和面域等二维对象旋转成三维实体，不能将具有相交或自交线段的多段线旋转成三维实体。

1. 激活 REVOLVE 命令的方法

● 菜单：绘图→实体→旋转

● 工具栏："实体"工具栏→"旋转"按钮

● 命令行：REVOLVE

2. REVOLVE 命令的操作方法

图 15-13　二维图形旋转成三维实体
a）二维对象和旋转轴　b）三维实体

将图 15-13a 所示的二维对象绕旋转轴生成三维实体，如图 15-13b 所示。操作如下：

```
命令：_ revolve
当前线框密度：ISOLINES = 4
选择对象：                                        //选择二维对象
选择对象：                                        //按 Enter 键
指定旋转轴的起点或
定义轴依照[对象(O)/X 轴(X)/Y 轴(Y)]：            //指定旋转轴上的一个端点
指定轴端点：                                      //指定旋转轴上的另一端点
指定旋转角度 < 360 > ：                           //按 Enter 键
```

第三节　建立用户坐标系

AutoCAD 默认使用世界坐标系（WCS）绘制图形，但也允许建立自己的坐标系——用户坐标系（UCS）。由二维图形创建三维实体时，要求二维图形必须在 XY 坐标面内绘制，所以在创建复杂三维实体时经常要建立不同的用户坐标系。

一、建立用户坐标系 UCS

UCS 命令用于建立用户坐标系。

（一）激活 UCS 命令的方法

● 菜单：工具→新建 UCS→选择如图 15-14 所示的菜单项

● 工具栏："UCS"工具栏→"UCS"按钮

● 命令行：UCS

（二）UCS 命令的操作方法

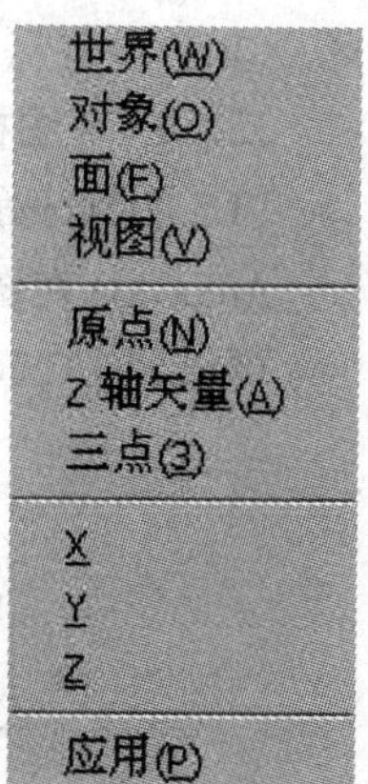

图 15-14　"新建 UCS"菜单项

命令：_ ucs

当前 UCS 名称：* 世界 *

输入选项[新建(N)/移动(M)/正交(G)/上一个(P)/恢复(R)保存(S)/删除(D)/应用(A)/? /世界(W)] < 世界 > :

上面提示中各选项的功能如下：

（1）新建（N）：用"N"响应，会出现下一提示：

指定新 UCS 的原点或[Z 轴(ZA)/三点(3)/对象(OB)/面(F)/视图(V)/X/Y/Z] < 0，0,0 > :

1）指定新 UCS 的原点：用光标指定一点或输入坐标值，AutoCAD 将在当前 UCS 中把指定点作为原点来定义新的 UCS，X、Y、Z 轴的方向保持不变。

2）Z 轴（ZA）：用“ZA”响应提示，可根据原点和 Z 轴上任意一点创建新的 UCS。

3）三点（3）：用“3”响应提示，可以指定三点建立 UCS。指定的第一点为新 UCS 的原点，第二点定义 X 轴的正向，第三点定义 Y 轴的正向（在 X 轴两侧任意指定一点即可）。

4）对象（OB）：用“OB”响应提示，AutoCAD 将根据选择的对象建立新的 UCS。

5）面（F）：用“F”响应提示，可以根据三维实体的表面创建新的 UCS。

6）视图（V）：用“V”响应提示，可以以垂直于观察方向（平行于屏幕）的平面为 *XY* 平面，建立新的坐标系。UCS 原点保持不变。

7）X、Y、Z：用“X”、“Y”、“Z”响应，可以绕指定轴旋转当前 UCS。

（2）移动（M）：用“M”响应提示，可以修改 UCS 的原点位置或指定 UCS 原点在 Z 轴上移动的距离。

（3）正交（G）：用“G”响应，出现下面提示：

输入选项[俯视(T)/仰视(B)/主视(F)/后视(BA)/左视(L)/右视(R)]<俯视>：

在此提示下，可以选择 AutoCAD 提供的六个标准正交 UCS。

（4）上一个（P）：用“P”响应提示，AutoCAD 将自动恢复最近一次使用过的 UCS。AutoCAD 只保存最近使用的 10 个 UCS，即此操作只能连续使用 10 次有效。

（5）恢复（R）：用“R”响应提示，在输入要恢复的 UCS 名称后，AutoCAD 会根据保存时的设置将其置为当前 UCS。还可列出当前图形中定义的全部 UCS 的信息。

（6）保存（S）：用“S”响应提示，可以将当前的 UCS 用指定的名称保存起来。还可列出当前图形中定义的全部 UCS 的信息。

（7）删除（D）：用“D”响应提示，可以从当前图形保存的 UCS 列表中删除指定的 UCS。

（8）应用（A）：用“A”响应提示，可以将当前 UCS 应用到指定视口或所有活动视口。

（9）?：用“?”响应提示，可以列出指定名称的 UCS 信息或当前图形中的全部 UCS 信息。

（10）世界（W）：用“W”响应提示，AutoCAD 将当前 UCS 设置成 WCS。

二、UCS 图标

UCS 图标表示用户坐标系（UCS）各轴的方向和当前 UCS 原点相对于观察方向的位置。

AutoCAD 在图纸空间和模型空间中显示不同的 UCS 图标，如图 15-15 所示。

可以用 UCSICON 命令控制 UCS 图标的可见性、位置和显示样式。

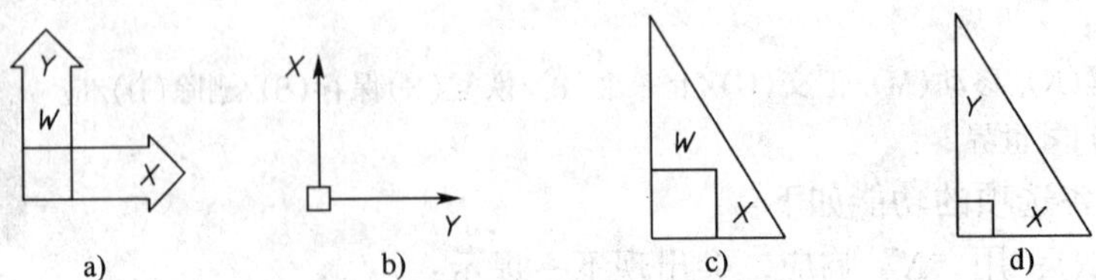

图 15-15 UCS 图标

a）模型空间二维 UCS 图标 b）模型空间三维 UCS 图标

c）图纸空间二维 UCS 图标 d）图纸空间三维 UCS 图标

第四节　创建三维实体综合举例

在 AutoCAD 中创建复杂的三维实体一般要通过简单实体的叠加或挖切获得，因此，在创建三维实体的过程中要进行实体间的布尔运算。

一、实体的布尔运算

（一）并集命令 UNION

UNION 命令用于通过“加”操作合并选定的面域或实体。如图 15-16 和图 15-17 所示。

1. 激活 UNION 命令的方法

- 菜单：修改→实体编辑→并集
- 工具栏：“实体编辑”工具栏→“并集”按钮
- 命令行：UNION

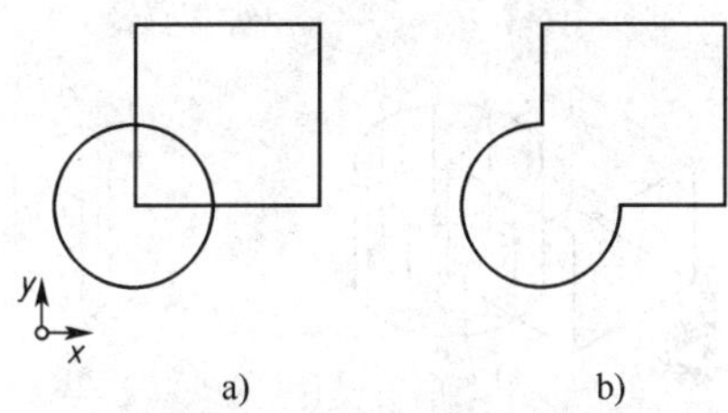

图 15-16　面域的并集运算

a）union 前的两面域　b）union 后成一面域

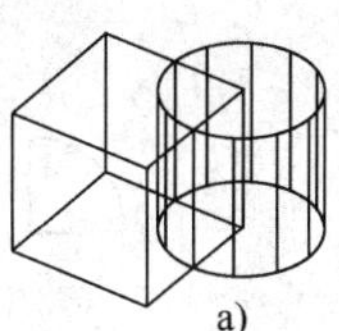

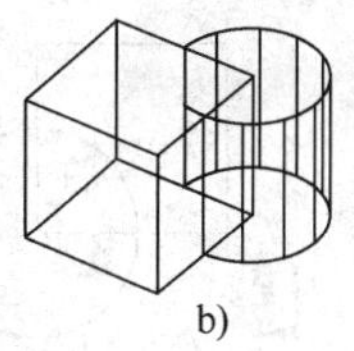

图 15-17　三维实体并集运算

a）union 前的两实体　b）union 后成一实体

2. UNION 命令的操作方法

命令：_ union

选择对象：　　　　　　　//选取要合并的对象

选择对象：　　　　　　　//按 Enter 键

（二）差集命令 SUBTRACT

SUBTRACT 命令用于通过“减”操作合并选定的面域或实体，如图 15-18 和图 15-19 所示。

1. 激活 SUBTRACT 命令的方法

- 菜单：修改→实体编辑→差集
- 工具栏：“实体编辑”工具栏→“差集”按钮
- 命令行：SUBTRACT

2. SUBTRAC 命令的操作方法

命令：_ subtract 选择要从中减去的实体或面域 ...

选择对象：　　　　　　　　//选择面域或实体

选择对象：　　　　　　　　//按 Enter 键

选择要减去的实体或面域 ...

选择对象：　　　　　　　　//选择要减掉的面域或实体

选择对象：　　　　　　　　//按 Enter 键

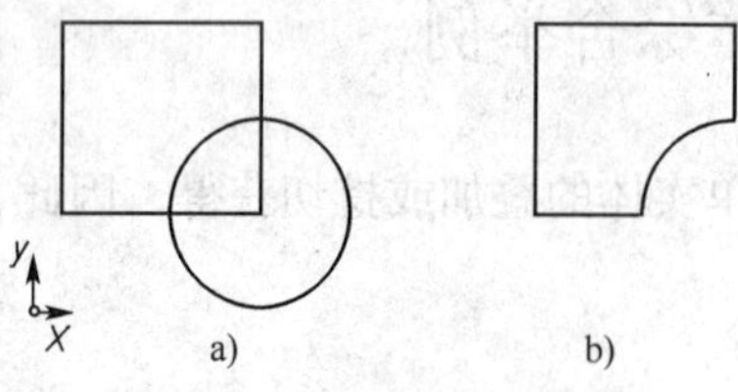

图 15-18　面域的差集运算
a）SUBTRACT 前的两面域
b）SUBTRACT 后成一面域

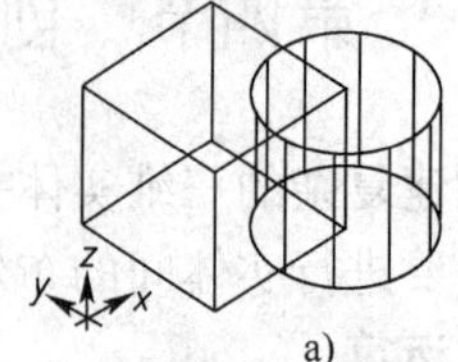

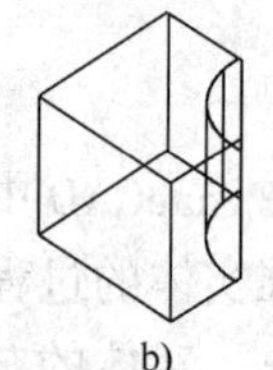

图 15-19　三维实体差集运算
a）SUBTRACT 前的两实体
b）SUBTRACT 后成一实体

（三）交集命令 INTERSECT

INTERSECT 命令用于从两个或多个实体（或面域）的交集创建组合实体（或面域）并删除交集以外的部分，如图 15-20 和 15-21 所示。

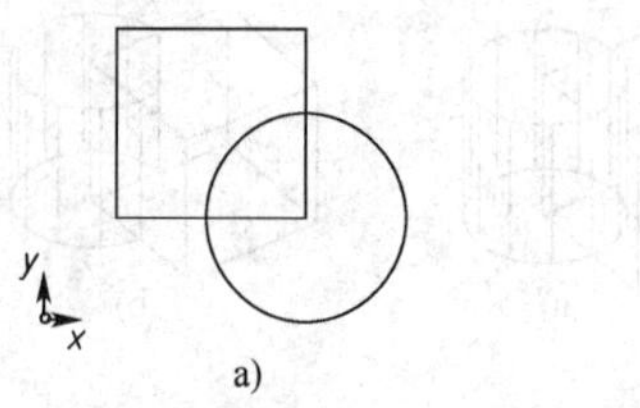

图 15-20　面域的交集运算
a）INTERSECT 前的两面域
b）INTERSECT 后成一面域

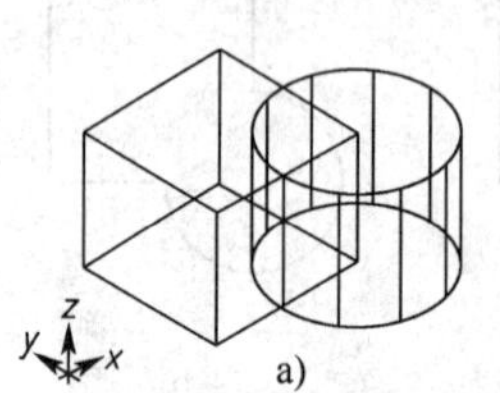

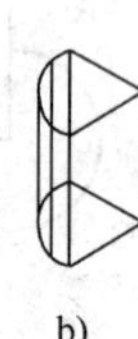

图 15-21　三维实体交集运算
a）INTERSECT 前的两实体
b）INTERSECT 后成一实体

1. 激活 INTERSECT 命令的方法

- 菜单：修改→实体编辑→交集
- 工具栏："实体编辑" 工具栏→ "交集" 按钮
- 命令行：INTERSECT

2. INTERSECT 命令的操作方法

命令：_ intersect
选择对象：　　　　//选择要进行交集计算的面域或实体
选择对象：　　　　//选择要进行交集计算的面域或实体
选择对象：　　　　//按 Enter 键

二、创建三维实体综合应用举例

【例 16-1】　根据图 15-22 所示的视图，创建该形体的三维实体。

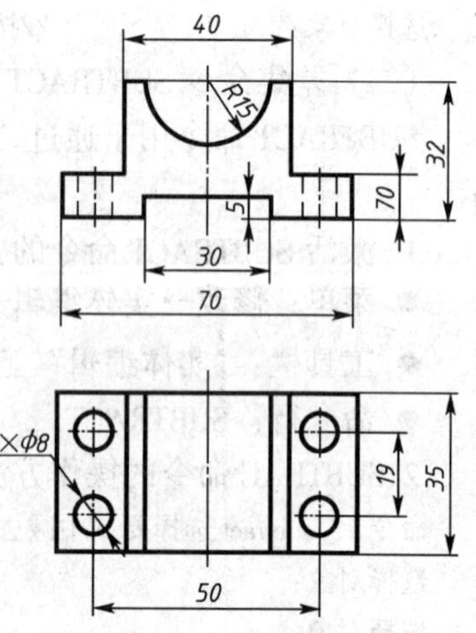

图 15-22　二维视图

创建三维实体的步骤如下：

（1）绘制平面图形，如图 15-23 所示。

(2) 创建面域并进行差集运算，如图 15-23 所示。

● 用 REGION 命令，选择矩形和四个圆创建面域。

● 用 SUBTRACT 命令，从矩形中减去四个圆。

(3) 拉伸创建实体

用 EXTRUDE 命令将二维图形拉伸成三维实体。

(4) 将显示状态变成“西南等轴测图”。

实体显示如图 15-24 所示。

(5) 创建长方体并进行差运算，如图 15-25 所示。

```
命令：_ box
指定长方体的角点或［中心点（CE)］<0，0，0>：20        //在图 15-24 中追踪 P 点的长度棱线方向
指定角点或［立方体（C）/长度（L)］：@30，35
指定高度：5
```

用 SUBTRACT 命令从形体 I 中减去长方体。

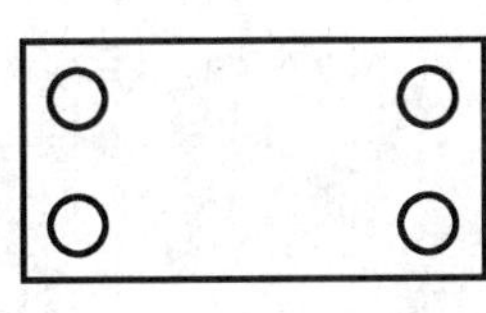

图 15-23 绘制平面图形

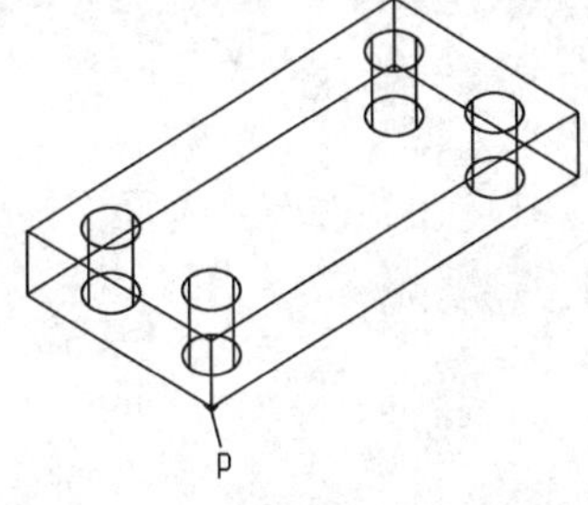

图 15-24 由平面图形拉伸成实体

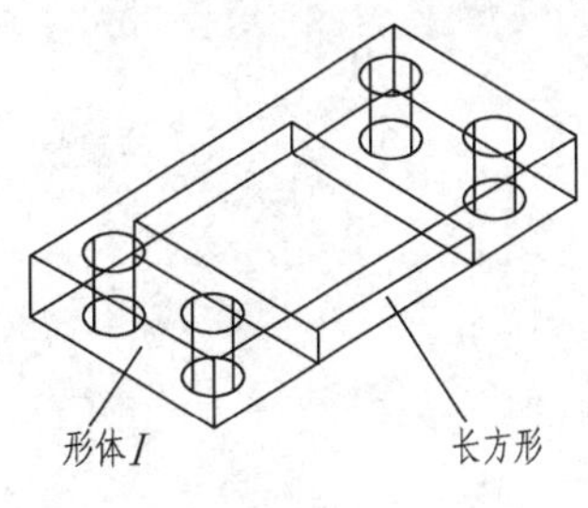

图 15-25 创建长方体进行差运算

(6) 建立用户坐标系。

用 UCS 命令以实体上的 AB 边为 X 轴建立如图 15-26 所示的用户坐标系。

(7) 创建上半部分实体的二维平面图形。

用 PLAN 命令将显示状态转换到 UCS 平面视图，绘制如图 15-27 上方所示的封闭图形，并将其编辑成一条封闭的多段线或创建成面域。

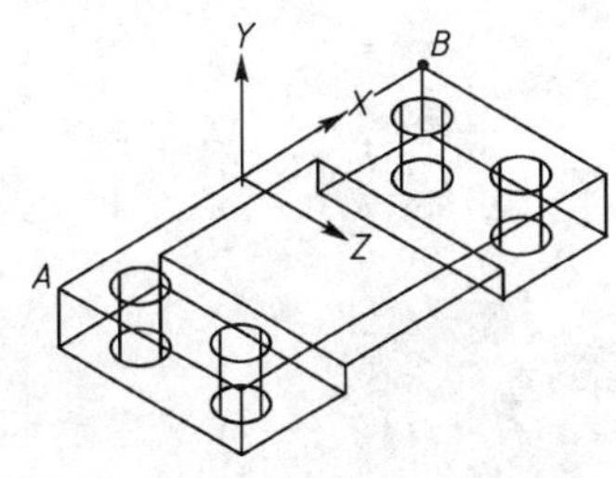

图 15-26 建立用户坐标系

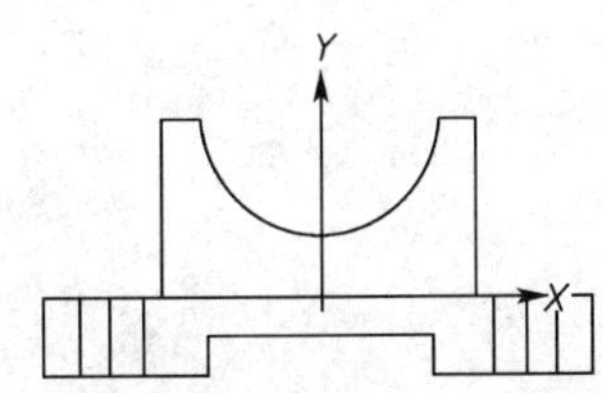

图 15-27 创建上部实体的二维平面图形

(8) 用 EXTRUDE 命令拉伸平面图形。

（9）将显示状态转换成“西南等轴测图”，结果如图 15-28 所示。

（10）用 UNION 命令“并集”，运算并消除隐线，结果如图 15-29 所示。

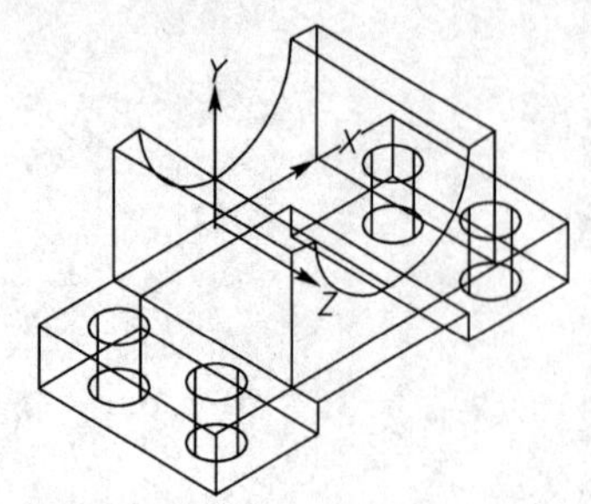

图 15-28　实体的“西南等轴测图”

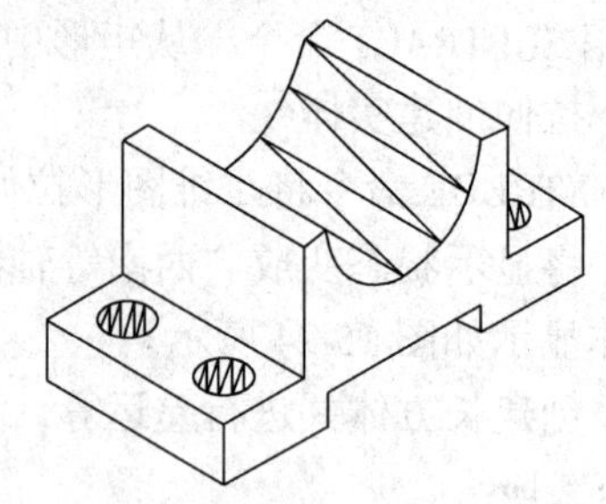

图 15-29　“并集”和消隐后的实体

附　　录

一、螺纹

附表 1　普通螺纹（GB/T 193—2003）

标 记 示 例

粗牙普通螺纹，公称直径 10mm 右旋，中径公差带代号 5g，顶径公差带代号 6g，短旋合长度的外螺纹：

M10—5g6g—S

细牙普通螺纹，公称直径 10mm，螺距 1mm，左旋，中径和顶径公差带代号都是 6H，中等旋合长度的内螺纹：

M10×1LH—6H

（mm）

公称直径 D、d		螺距 P		粗牙小径 D_1、d_1
第一系列	第二系列	粗牙	细牙	
3		0.5	0.35	2.459
	3.5	0.6		2.850
4		0.7	0.5	3.242
	4.5	0.75		3.688
5		0.8		4.134
6		1	0.75，(0.5)	4.917
8		1.25	1，0.75，(0.5)	6.647
10		1.5	1.25，1，0.75，(0.5)	8.376
12		1.75	1.5，1.25，1，(0.75)，(0.5)	10.106
	14	2	1.5，(1.25)，1，(0.75)，(0.5)	11.835
16		2	1.5，1，(0.75)，(0.5)	13.835
	18	2.5	2，1.5，1，(0.75)，(0.5)	15.294
20		2.5		17.294

公称直径 D、d		螺距 P		粗牙小径 D_1、d_1
第一系列	第二系列	粗牙	细牙	
	22	2.5	2，1.5，1，(0.75)，(0.5)	19.294
24		3	2，1.5，1，(0.75)	20.752
	27	3	2，1.5，1，(0.75)	23.752
30		3.5	(3)，2，1.5，1，(0.75)	26.211
	33	3.5	(3)，2，1.5，(1)，(0.75)	29.211
36		4	3，2，1.5，(1)	31.670
	39	4		34.670
42		4.5	(4)，3，2，1.5，(1)	37.129
	45	4.5		40.129
48		5		42.587
	52	5		46.587
56		5.5	4，3，2，1.5，(1)	50.046

注：1. 优先选用第一系列，括号内尺寸尽可能不用。

2. 公称直径 D、d 第三系列未列入。

附表 2　55°非密封管螺纹（GB/T 7307—2001）

标 记 示 例

尺寸代号 $1\frac{1}{2}$ 的左旋 A 级外螺纹：

G1 1/2A—LH

（mm）

螺纹尺寸代号	每 25.4mm 内的牙数	螺距 P	基本直径 大径 d、D	基本直径 小径 d_1、D_1	螺纹尺寸代号	每 25.4mm 内的牙数	螺距 P	基本直径 大径 d、D	基本直径 小径 d_1、D_1
1/8	28	0.907	9.728	8.566	$1\frac{1}{4}$	11	2.309	41.910	38.952
1/4	19	1.337	13.157	11.445	$1\frac{1}{2}$		2.309	47.807	44.845
3/8		1.337	16.662	14.950	$1\frac{3}{4}$		2.309	53.746	50.788
1/2	14	1.814	20.955	18.631	2		2.309	59.614	56.656
5/8		1.814	22.911	20.587	$2\frac{1}{4}$		2.309	65.710	62.752
3/4		1.814	26.441	24.117	$2\frac{1}{2}$		2.309	75.184	72.226
7/8		1.814	30.201	27.877	$2\frac{3}{4}$		2.309	81.534	78.576
1	11	2.309	33.249	30.291	3		2.309	87.884	84.926
$1\frac{1}{8}$		2.309	37.897	34.939	4		2.309	113.030	110.072

附表 3　普通螺纹的螺纹收尾、肩距、退刀槽、倒角（GB/T3—1997）

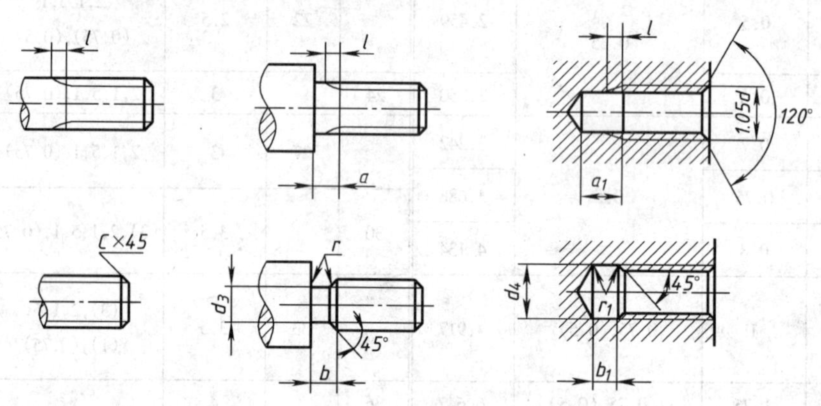

（mm）

螺距 P	粗牙螺纹大径 D、d	外螺纹 螺纹收尾 l（不大于）一般	短的	肩距 a（不大于）一般	长的	短的	退刀槽 b 一般	$r\approx$	d_3	倒角 C	内螺纹 螺纹收尾 l（不大于）一般	短的	肩距 a_1（不小于）一般	长的	退刀槽 b_1 一般	$r_1\approx$	d_4
0.5	3	1.25	0.7	1.5	2	1	1.5	0.5 P	$d-0.8$	0.5	1	1.5	3	4	2	0.5 P	$d+0.3$
0.6	3.5	1.5	0.75	1.8	2.4	1.2	1.5		$d-1$		1.2	1.8	3.2	4.8			
0.7	4	1.75	0.9	2.1	2.8	1.4	2		$d-1.1$	0.6	1.4	2.1	3.5	5.6	3		
0.75	4.5	1.9	1	2.25	3	1.5	2		$d-1.2$		1.5	2.3	3.8	6			
0.8	5	2	1	2.4	3.2	1.6	2		$d-1.3$	0.8	1.6	2.4	4	6.4			

（续）

螺距 P	粗牙螺纹大径 D、d	外螺纹 螺纹收尾 l（不大于）		肩距 a（不大于）			退刀槽			倒角 C	内螺纹 螺纹收尾 l（不大于）		肩距 a_1（不小于）		退刀槽		
		一般	短的	一般	长的	短的	b 一般	$r\approx$	d_3		一般	短的	一般	长的	b_1 一般	$r_1\approx$	d_4
1	6;7	2.5	1.25	3	4	2	2.5	0.5 P	$d-1.6$	1	2	3	5	8	4	0.5 P	$d+0.5$
1.25	8	3.2	1.6	4	5	2.5	3		$d-2$	1.2	2.5	3.8	6	10	5		
1.5	10	3.8	1.9	4.5	6	3	3.5		$d-2.3$	1.5	3	4.5	7	12	6		
1.75	12	4.3	2.2	5.3	7	3.5	4		$d-2.6$	2	3.5	5.2	9	14	7		
2	14;16	5	2.5	6	8	4	5		$d-3$		4	6	10	16	8		
2.5	18;20;22	6.3	3.2	7.5	10	5	6		$d-3.6$	2.5	5	7.5	12	18	10		
3	24;27	7.5	3.8	9	12	6	7		$d-4.4$		6	9	14	22	12		
3.5	30;33	9	4.5	10.5	14	7	8		$d-5$	3	7	10.5	16	24	14		
4	36;39	10	5	12	16	8	9		$d-5.7$		8	12	18	26	16		
4.5	42;45	11	5.5	13.5	18	9	10		$d-6.4$	4	9	13.5	21	29	18		
5	48;52	12.5	6.3	15	20	10	11		$d-7$		10	15	23	32	20		
5.5	56;60	14	7	16.5	22	11	12		$d-7.7$	5	11	16.5	25	35	22		
6	64;68	15	7.5	18	24	12	13		$d-8.3$		12	18	28	38	24		

二、常用标准件

附表 4　六角头螺栓—A 和 B 级（GB/T 5782—2000）

六角头螺栓—全螺纹—A 和 B 级（GB/T 5783—2000）

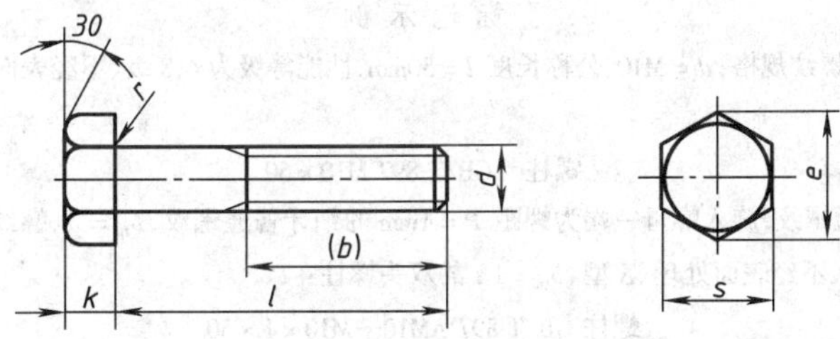

标记示例

螺纹规格 d = M12、公称长度 l = 80mm、性能等级为 8.8 级、表面氧化、A 级的六角螺栓：

螺栓 GB/T 5782　M12×80

（mm）

螺纹规格 d		M3	M4	M5	M6	M8	M10	M12	(M14)	M16	(M18)	M20	(M22)	M24	(M27)	M30	M36
s		5.5	7	8	10	13	16	18	21	24	27	30	34	36	41	46	55
k		2	2.8	3.5	4	5.3	6.4	7.5	8.8	10	11.5	12.5	14	15	17	18.7	22.5
r		0.1	0.2	0.2	0.25	0.4	0.4	0.6	0.6	0.6	0.6	0.8	1	0.8	1	1	1
e	A	6.01	7.66	8.79	11.05	14.38	17.77	20.03	23.36	26.75	30.14	33.53	37.72	39.98	—	—	—
	B	5.88	7.50	8.63	10.89	14.20	17.59	19.85	22.78	26.17	29.56	32.95	37.29	39.55	45.2	50.85	51.11

（续）

螺纹规格 d		M3	M4	M5	M6	M8	M10	M12	(M14)	M16	(M18)	M20	(M22)	M24	(M27)	M30	M36
(b) GB/T 5782	$l \leqslant 125$	12	14	16	18	22	26	30	34	38	42	46	50	54	60	66	—
	$125 < l \leqslant 200$	18	20	22	24	28	32	36	40	44	48	52	56	60	66	72	84
	$l > 200$	31	33	35	37	41	45	49	53	57	61	65	69	73	79	85	97
l 范围（GB/T 5782）		20 ~ 30	25 ~ 40	25 ~ 50	30 ~ 60	40 ~ 80	45 ~ 100	50 ~ 120	60 ~ 140	65 ~ 160	70 ~ 180	80 ~ 200	90 ~ 220	90 ~ 240	100 ~ 260	110 ~ 300	140 ~ 360
l 范围（GB/T 5783）		6 ~ 30	8 ~ 40	10 ~ 50	12 ~ 60	16 ~ 80	20 ~ 100	25 ~ 120	30 ~ 140	30 ~ 150	35 ~ 150	40 ~ 150	45 ~ 150	50 ~ 150	55 ~ 200	60 ~ 200	70 ~ 200
l 系列		6,8,10,12,16,20,25,30,35,40,45,50,55,60,65,70,80,90,100,110,120,130,140,150,160,180,200,220,240,260,280,300,320,340,360,380,400,420,440,460,480,500															

附表 5 双头螺柱

$b_m = 1d$（GB/T 897—1988） $b_m = 1.25d$（GB/T 898—1988）

$b_m = 1.5d$（GB/T 899—1988） $b_m = 2d$（GB/T 900—1988）

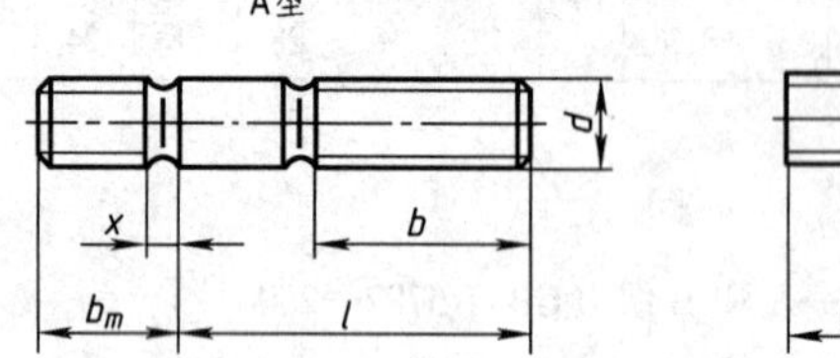

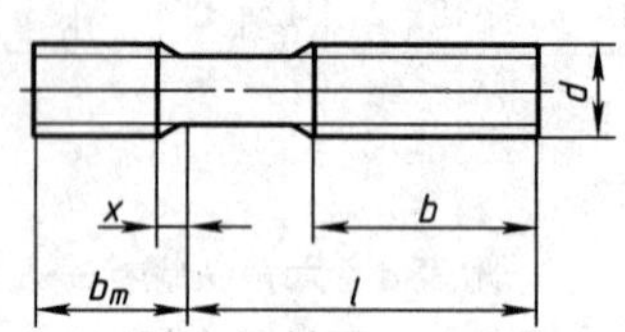

标 记 示 例

两端均为粗牙普通螺纹、螺纹规格：d = M10、公称长度 l = 50mm、性能等级为 4.8 级、不经表面处理、$b_m = 1d$、B 型的双头螺柱：

螺柱 GB/T 897 M10 × 50

旋入机件一端为粗牙普通螺纹，旋入螺母一端为螺距 P = 1mm 的细牙普通螺纹，$b_m = d$、螺纹规格 d = M10、公称长度 l = 50mm，性能等级为 4.8 级、不经表面处理、A 型、$b_m = 1d$ 的双头螺柱：

螺柱 GB/T 897 AM10—M10 × 1 × 50

（mm）

螺纹规格 d	b_m				l/b
	GB/T 897—1988	GB/T 898—1988	GB/T 899—1988	GB/T 900—1988	
M5	5	6	8	10	$\frac{16 \sim 20}{10}$、$\frac{25 \sim 50}{16}$
M6	6	8	10	12	$\frac{20}{10}$、$\frac{25 \sim 30}{14}$、$\frac{35 \sim 70}{18}$
M8	8	10	12	16	$\frac{20}{12}$、$\frac{25 \sim 30}{16}$、$\frac{35 \sim 90}{22}$

（续）

螺纹规格 d	b_m				l/b
	GB/T 897—1988	GB/T 898—1988	GB/T 899—1988	GB/T 900—1988	
M10	10	12	15	20	$\frac{25}{14}$、$\frac{30\sim35}{16}$、$\frac{40\sim120}{26}$、$\frac{130}{32}$
M12	12	15	18	24	$\frac{25\sim30}{16}$、$\frac{35\sim40}{20}$、$\frac{45\sim120}{30}$、$\frac{130\sim180}{36}$
M16	16	20	24	32	$\frac{30\sim35}{20}$、$\frac{40\sim55}{30}$、$\frac{60\sim120}{38}$、$\frac{130\sim200}{44}$
M20	20	25	30	40	$\frac{35\sim40}{25}$、$\frac{45\sim60}{35}$、$\frac{70\sim120}{46}$、$\frac{130\sim200}{52}$
M24	24	30	36	48	$\frac{45\sim50}{30}$、$\frac{60\sim75}{45}$、$\frac{80\sim120}{54}$、$\frac{130\sim200}{60}$
M30	30	38	45	60	$\frac{60\sim65}{40}$、$\frac{70\sim90}{50}$、$\frac{95\sim120}{66}$、$\frac{130\sim200}{72}$、$\frac{210\sim250}{85}$
M36	36	45	54	72	$\frac{65\sim75}{45}$、$\frac{80\sim110}{60}$、$\frac{120}{78}$、$\frac{130\sim200}{84}$、$\frac{210\sim300}{97}$
l 系列	16、20、25、30、35、40、45、50、(55)、60、(65)、70、(75)、80、(85)、90、(95)、100、110、120、130、140、150、160、170、180、190、200、210、220、230、240、250、260、280、300				

附表 6　开 槽 螺 钉

开槽圆柱头螺钉（GB/T 65—2000）、开槽沉头螺钉（GB/T 68—2000）、开槽盘头螺钉（GB/T 67—2000）

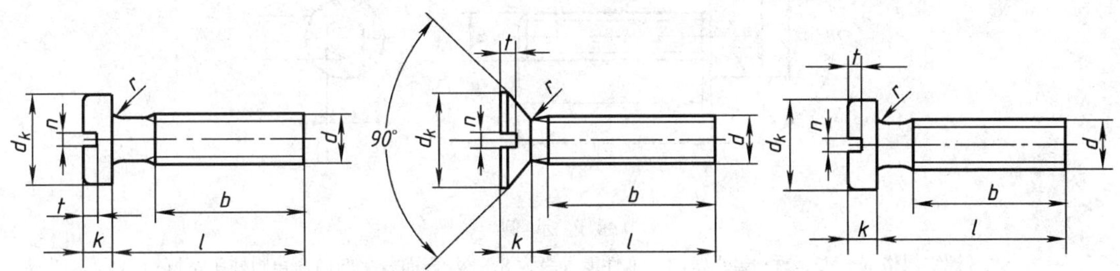

标 记 示 例

螺纹规格 d = M5、公称长度 l = 20mm、性能等级为 4.8 级、不经表面处理的开槽圆柱头螺钉：

螺钉　GB/T 65 M5 × 20

(mm)

螺纹规格 d		M1.6	M2	M2.5	M3	M4	M5	M6	M8	M10
GB/T 65—2000	d_k					7	8.5	10	13	16
	k					2.6	3.3	3.9	5	6
	t min					1.1	1.3	1.6	2	2.4
	r min					0.2	0.2	0.25	0.4	0.4
	l					5 ~ 40	6 ~ 50	8 ~ 60	10 ~ 80	12 ~ 80
	全螺纹时最大长度					40	40	40	40	40

（续）

螺纹规格 d		M1.6	M2	M2.5	M3	M4	M5	M6	M8	M10
GB/T 67—2000	d_k	3.2	4	5	5.6	8	9.5	12	16	23
	k	1	1.3	1.5	1.8	2.4	3	3.6	4.8	6
	t min	0.35	0.5	0.6	0.7	1	1.2	1.4	1.9	2.4
	r min	0.1	0.1	0.1	0.1	0.2	0.2	0.25	0.4	0.4
	l	2 ~ 16	2.5 ~ 20	3 ~ 25	4 ~ 30	5 ~ 40	6 ~ 50	8 ~ 60	10 ~ 80	12 ~ 80
	全螺纹时最大长度	30	30	30	30	40	40	40	40	40
GB/T 68—2000	d_k	3	3.8	4.7	5.5	8.4	9.3	11.3	15.8	18.3
	k	1	1.2	1.5	1.65	2.7	2.7	3.3	4.65	5
	t min	0.32	0.4	0.5	0.6	1	1.1	1.2	1.8	2
	r max	0.4	0.5	0.6	0.8	1	1.3	1.5	2	2.5
	l	2.5 ~ 16	3 ~ 20	4 ~ 25	5 ~ 30	6 ~ 40	8 ~ 50	8 ~ 60	10 ~ 80	12 ~ 80
	全螺纹时最大长度	30	30	30	30	45	45	45	45	45
n		0.4	0.5	0.6	0.8	1.2	1.2	1.6	2	2.5
b		25				38				
l 系列		2、2.5、3、4、5、6、8、10、12、(14)、16、20、25、30、35、40、45、50、(55)、60、(65)、70、(75)、80								

附表 7 内六角圆柱头螺钉（GB/T 70.1—2000）

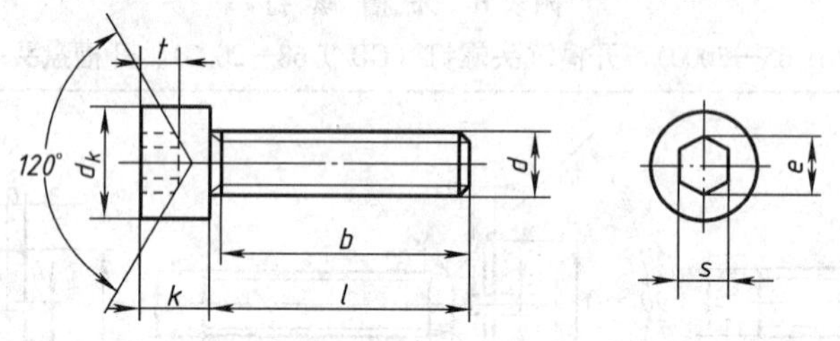

标 记 示 例

螺纹规格 d = M5、公称长度 l = 20mm、性能等级为 8.8 级、表面氧化的内六角圆柱头螺钉：

螺钉 GB/T 70.1 M5 × 20

（mm）

螺纹规格 d	M2.5	M3	M4	M5	M6	M8	M10	M12	(M14)	M16	M20	M24	M30	M36
d_k max	4.5	5.5	7	8.5	10	13	16	18	21	24	30	36	45	54
k max	2.5	3	4	5	6	8	10	12	14	16	20	24	30	36
t min	1.1	1.3	2	2.5	3	4	5	6	7	8	10	12	15.5	19
r	0.1		0.2		0.25	0.4		0.6			0.8		1	
s	2	2.5	3	4	5	6	8	10	12	14	17	19	22	27
e	2.3	2.87	3.44	4.58	5.72	6.86	9.15	11.43	13.72	16	19.44	21.73	25.15	30.85
b(参考)	17	18	20	22	24	28	32	36	40	44	52	60	72	84
l 系列	2.5,3,4,5,6,8,10,12,16,20,25,30,35,40,45,50,55,60,65,70,80,90,100,110,120,130,140,150,160,180,200													

注：1. b 不包括螺尾。

2. M3 ~ M20 为商品规格，其他为通用规格。

附表 8 开槽紧定螺钉

锥端（GB/T 71—1985）、平端（GB/T 73—1985）、长圆柱端（GB/T 75—1985）

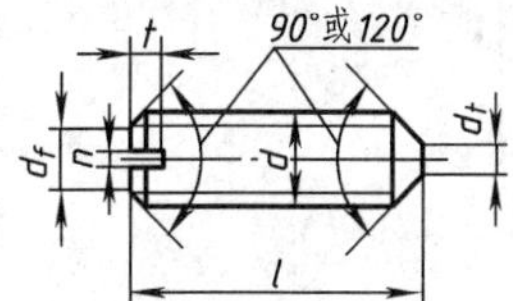

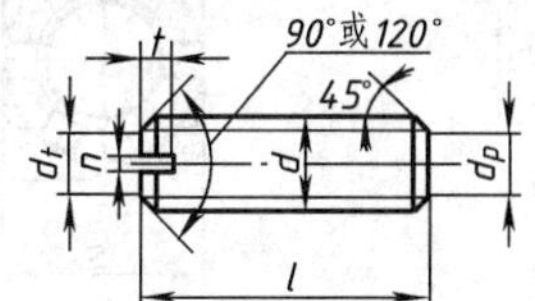

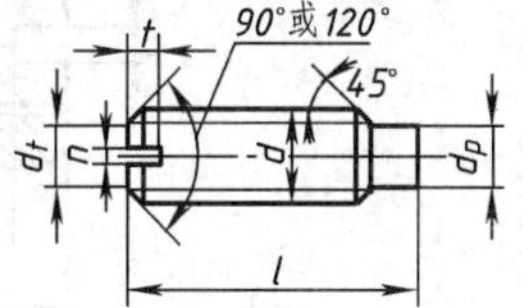

标 记 示 例

螺纹规格 d = M5、公称长度 l = 12mm、性能等级为 14H 级、表面氧化的开槽锥端紧定螺钉：

螺钉 GB/T 71 M5×12

（mm）

螺纹规格 d	M2	M2.5	M3	M4	M5	M6	M8	M10	M12
d_f	螺纹小径								
d_t	0.2	0.25	0.3	0.4	0.5	1.5	2	2.5	3
d_p	1	1.5	2	2.5	3.5	4	5.5	7	8.5
n	0.25	0.4	0.4	0.6	0.8	1	1.2	1.6	2
t	0.84	0.95	1.05	1.42	1.63	2	2.5	3	3.6
z	1.25	1.5	1.75	2.25	2.75	3.25	4.3	5.3	6.3
l 系列	2,2.5,3,4,5,6,8,10,12(14),16,20,25,30,35,40,45,50,(55),60								

附表 9 1 型六角螺母—C 级（GB/T 41—2000）、1 型六角螺母（GB/T 6170—2000）、六角薄螺母（GB/T 6172.1—2000）

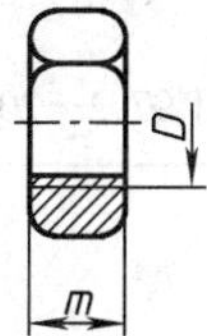

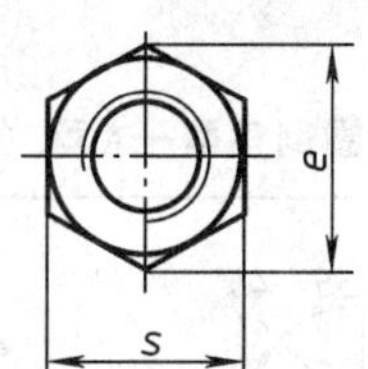

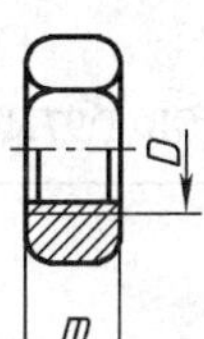

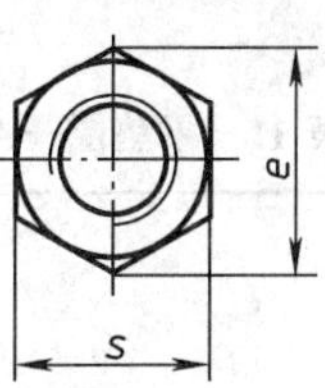

标 记 示 例

螺纹规格 D = M12、性能等级为 5 级、不经表面处理、C 级的 1 型六角螺母：

螺钉 GB/T 41 M12

（mm）

螺纹规格 D		M3	M4	M5	M6	M8	M10	M12	(M14)	M16	(M18)	M20	(M22)	M24	(M27)	M30	M36	M42	M48
e min	GB/T 41	—	—	8.63	10.89	14.20	17.59	19.85	22.78	26.17	29.56	32.95	37.29	39.55	45.2	50.85	60.79	71.3	82.6
	GB/T 6170	6.01	7.66	8.79	11.05	14.38	17.77	20.03	23.36	26.75	29.56	32.95	37.29	39.55	45.2	50.85	60.75	71.3	82.6
	GB/T 6172.1	6.01	7.66	8.79	11.05	14.38	17.77	20.03	23.36	26.75	29.56	32.95	37.29	39.55	45.2	50.85	60.79	71.3	82.6
s		5.5	7	8	10	13	16	18	21	24	27	30	34	36	41	46	55	65	75
m max	GB/T 6170	2.4	3.2	4.7	5.2	6.8	8.4	10.8	12.8	14.8	15.8	18	19.4	21.5	23.8	25.6	31	34	38
	GB/T 6172.1	1.8	2.2	2.7	3.2	4	5	6	7	8	9	10	11	12	13.5	15	18	21	24
	GB/T 41	—	—	5.6	6.4	7.9	9.5	12.2	13.9	15.9	16.9	19	20.2	22.3	24.7	26.4	31.5	34.9	38.9

注：1. 不带括号的为优先系列。

2. A 级用于 $D \leqslant 16$ 的螺母；B 级用于 $D > 16$ 的螺母。

附表10　1型六角开槽螺母—A和B级（GB/T 6178—1986）

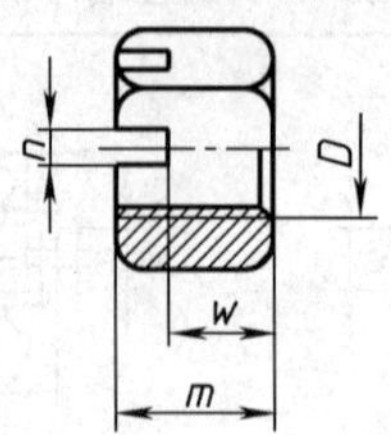

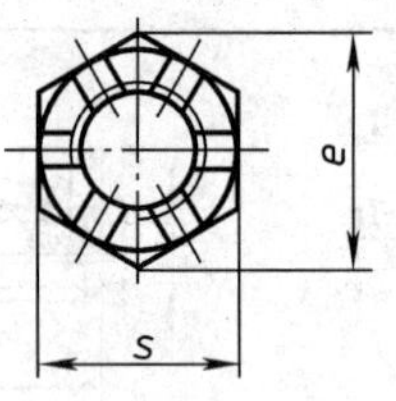

标记示例

螺纹规格 D = M5、性能等级为8级、不经表面处理、A级的1型六角开槽螺母：

螺母　GB/T 6178 M5

（mm）

螺纹规格 D	M4	M5	M6	M8	M10	M12	（M14）	M16	M20	M24	M30
e	7.7	8.8	11	14	17.8	20	23	26.8	33	39.6	50.9
m	6	6.7	7.7	9.8	12.4	15.8	17.8	20.8	24	29.5	34.6
n	1.2	1.4	2	2.5	2.8	3.5	3.5	4.5	4.5	5.5	7
s	7	8	10	13	16	18	21	24	30	36	46
w	3.2	4.7	5.2	6.8	8.4	10.8	12.8	14.8	18	21.5	25.6
开口销	1×10	1.2×12	1.6×14	2×16	2.5×20	3.2×22	3.2×25	4×28	4×36	5×40	6.3×50

注：1. 尽可能不采用括号内的规格。

2. A级用于 $D \leqslant 16$ 的螺母；B级用于 $D > 16$ 的螺母。

附表11　平垫圈—A级（GB/T 97.1—2002）、平垫圈倒角型—A型（GB/T 97.2—2002）

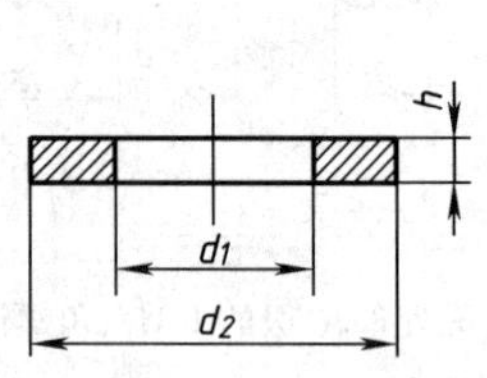

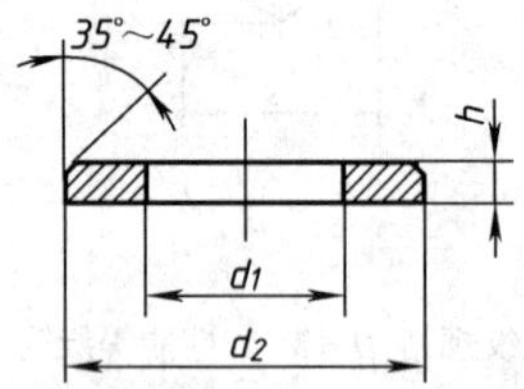

标记示例

标准系列，公称尺寸 d = 8mm，由钢制造的硬度等级为200HV级，不经表面处理、产品等级为A级的平垫圈：

垫圈　GB/T 97.1　8

（mm）

规格(螺纹直径)	2	2.5	3	4	5	6	8	10	12	14	16	20	24	30
内径 d_1	2.2	2.7	3.2	4.3	5.3	6.4	8.4	10.5	13	15	17	21	25	31
内径 d_2	5	6	7	9	10	12	16	20	24	28	30	37	44	56
厚度 h	0.3	0.5	0.5	0.8	1	1.6	1.6	2	2.5	2.5	3	3	4	4

附表 12 标准型弹簧垫圈（GB/T 93—1987）轻型弹簧垫圈（GB/T 859—1987）

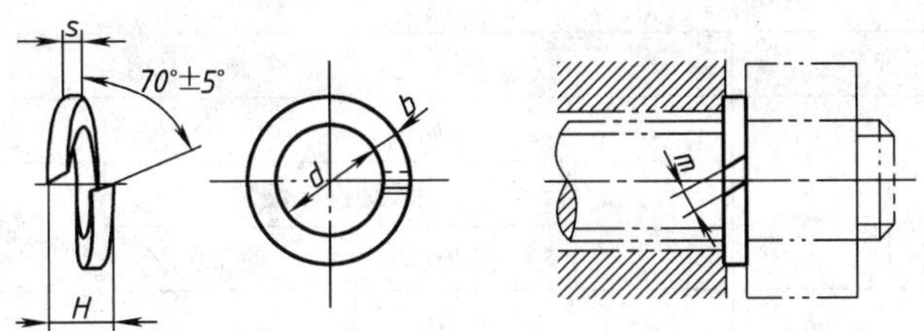

标 记 示 例

公称直径 16mm，材料为 65Mn、表面氧化的标准型弹簧垫圈：

垫圈 GB/T 93 16

(mm)

规格(螺纹直径)		2	2.5	3	4	5	6	8	10	12	16	20	24	30	36	42	48
d		2.1	2.6	3.1	4.1	5.1	6.2	8.2	10.2	12.3	16.3	20.5	24.5	30.5	36.6	42.6	49
H	GB/T 93—1987	1.2	1.6	2	2.4	3.2	4	5	6	7	8	10	12	13	14	16	18
	GB/T 859—1987	1	1.2	1.6	1.6	2	2.4	3.2	4	5	6.4	8	9.6	12			
S(*b*)	GB/T 93—1987	0.6	0.8	1	1.2	1.6	2	2.5	3	3.5	4	5	6	6.5	7	8	9
S	GB/T 859—1987	0.5	0.6	0.8	0.8	1	1.2	1.6	2	2.5	3.2	4	4.8	6			
m⩽	GB/T 93—1987	0.4		0.5	0.6	0.8	1	1.2	1.5	1.7	2	2.5	3	3.2	3.5	4	4.5
	GB/T 859—1987	0.3		0.4		0.5	0.6	0.8	1	1.2	1.6	2	2.4	3			
b	GB/T 859—1987	0.8		1	1.2		1.6	2	2.5	3.5	4.5	5.5	6.5	8			

附表 13 键和键槽的断面尺寸（GB/T 1095—2003）普通平键的型式尺寸（GB/T 1096—2003）

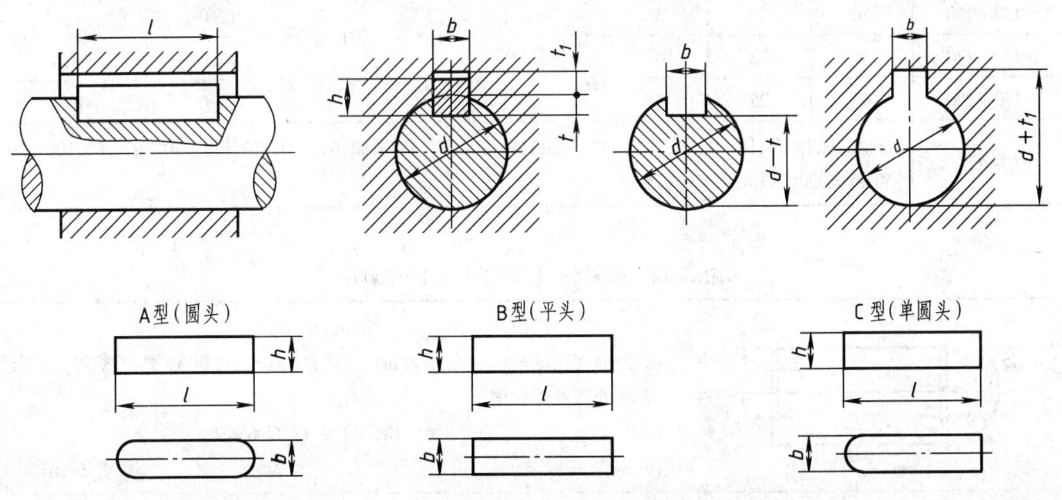

标 记 示 例

圆头普通平键(A)型 $b = 16$mm、$h = 10$mm、$L = 100$mm

键 16×100 GB/T 1096—1979

（续）

（mm）

轴径	键		键槽				
			宽度			深度	
d	b	h	b	一般键连接偏差		轴 t	毂 t_1
				轴 N9	毂 JS9		
自 6～8	2	2	2	-0.004 -0.029	±0.0125	1.2	1
>8～10	3	3	3			1.8	1.4
>10～12	4	4	4	0 -0.030	±0.018	2.5	1.8
>12～17	5	5	5			3.0	2.3
>17～22	6	6	6			3.5	2.8
>22～30	8	7	8	0 -0.036	±0.018	4.0	3.3
>30～38	10	8	10			5.0	3.3
>38～44	12	8	12	0 -0.043	±0.0215	5.0	3.3
>44～50	14	9	14			5.5	3.8
>50～58	16	10	16			6.0	4.3
>58～65	18	11	18			7.0	4.4
>65～75	20	12	20	0 -0.052	±0.026	7.5	4.9
>75～85	22	14	22			9.0	5.4
>85～95	25	14	25			9.0	5.4
>95～110	28	16	28			10.0	6.4
>110～130	32	18	32			11.0	7.4
>130～150	36	20	36	0 -0.062	±0.031	12.0	8.4
>150～170	40	22	40			13.0	9.4
>170～200	45	25	45			15.0	10.4
l 系列	6、8、10、12、16、18、20、22、25、28、32、36、40、45、50、56、63、70、80、90、100、110、125、140、160、180、200、220、250、280、320、360、400、450						

附表 14　圆柱销（GB/T 119.1—2000）

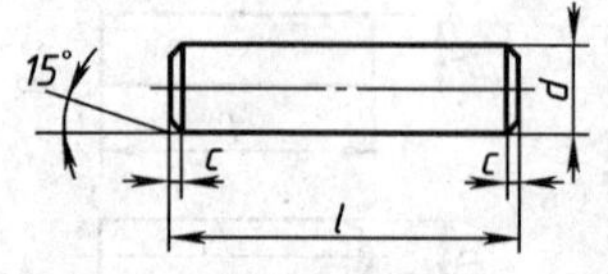

标 记 示 例

公称直径 d = 8mm、公差为 m6、长度 l = 30mm、材料 35 钢、不经淬火、不经表面处理的圆柱销：

销　GB/T 119.1　8m6×30

（mm）

d	1	1.2	1.5	2	2.5	3	4	5	6	8	10	12
$a\approx$	0.12	0.16	0.20	0.25	0.30	0.40	0.50	0.63	0.80	1.0	1.2	1.6
$c\approx$	0.20	0.25	0.30	0.35	0.40	0.50	0.63	0.80	1.2	1.6	2	2.5
l 系列	2,3,4,5,6,8,10,12,14,16,18,20,22,24,26,28,30,32,35,40,45,50,55,60,65,70,75,80,85,90,95,100,120,140											

附表 15　圆锥销（GB/T 117—2000）

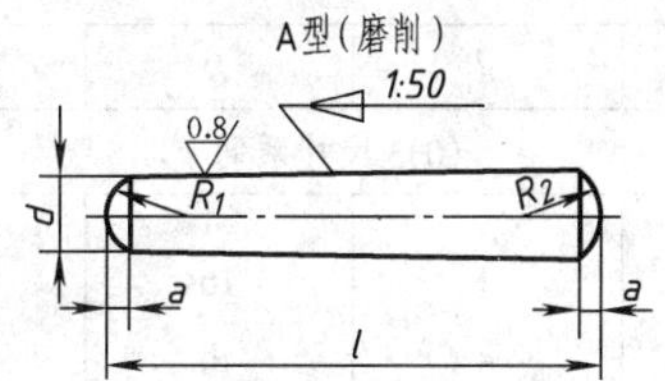

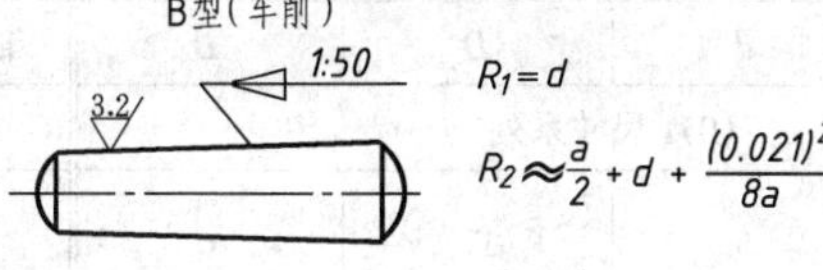

标 记 示 例

公称直径 $d=10$mm、长度 $l=60$m、材料 35 钢、热处理硬度 28～38HRC、表面氧化处理的 A 型圆锥销：

销　GB/T 117　10×60

(mm)

d	1	1.2	1.5	2	2.5	3	4	5	6	8	10	12
$a\approx$	0.12	0.16	0.2	0.25	0.3	0.4	0.5	0.63	0.8	1	1.2	1.6
l 系列	2,3,4,5,6,8,10,12,14,16,18,20,22,24,26,28,30,32,35,40,45,50,55,60,65,70,75,80,85,90,95,100,120,140,160,180											

附表 16　开口销（GB/T 91—2000）

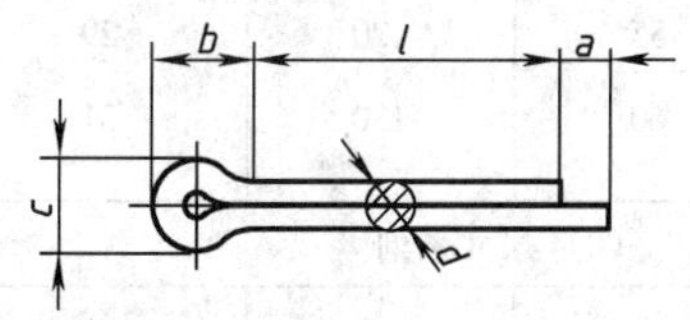

标 记 示 例

公称直径 $d=5$mm、长度 $l=50$mm、材料为 Q215 或 Q235，不经表面处理的开口销：

销　GB/T 91　5×50

(mm)

d		1	1.2	1.6	2	2.5	3.2	4	5	6.3	8	10	13
c	max	1.8	2	2.8	3.6	4.6	5.8	7.4	9.2	11.8	15	19	24.8
	min	1.6	1.7	2.4	3.2	4	5.1	6.5	8	10.3	13.1	16.6	21.7
$b\approx$		3	3	3.2	4	5	6.4	8	10	12.6	16	20	36
a	max	1.6	2.5				3.2	4				6.3	
l 系列		4,5,6,8,10,12,14,16,18,20,22,24,25,28,32,36,40,45,50,56,63,71,80,90,110,112,125,140,160,180,200,224,250											

附表 17　深沟球轴承（GB/T 276—1994）

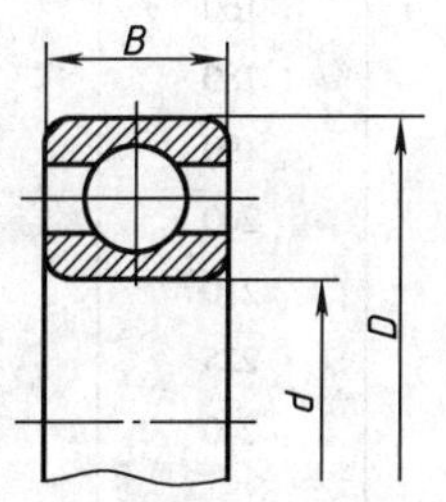

标 记 示 例

60000 型

滚动轴承　6012 GB/T 276—1994

（续）

（mm）

轴承代号	*d*	*D*	*B*
(0)1 尺寸系列			
606	6	17	6
607	7	19	6
608	8	22	7
609	9	24	7
6000	10	26	8
6001	12	28	8
6002	15	32	9
6003	17	35	10
6004	20	42	12
6005	25	47	12
6006	30	55	13
6007	35	62	14
6008	40	68	15
6009	45	75	16
6010	50	80	16
6011	55	90	18
6012	60	95	18

轴承代号	*d*	*D*	*B*
(0)2 尺寸系列			
623	3	10	4
624	4	13	5
625	5	16	5
626	6	19	6
627	7	22	7
628	8	24	8
629	9	26	8
6200	10	30	9
6201	12	32	10
6202	15	35	11
6203	17	40	12
6204	20	47	14
6205	25	52	15
6206	30	62	16
6207	35	72	17
6208	40	80	18
6209	45	85	19
6210	50	90	20
6211	55	100	21
6212	60	110	22

轴承代号	*d*	*D*	*B*
(0)3 尺寸系列			
634	4	16	5
635	5	19	6
6300	10	35	11
6301	12	37	12
6302	15	42	13
6303	17	47	14
6304	20	52	15
6305	25	62	17
6306	30	72	19
6307	35	80	21
6308	40	90	23
6309	45	100	25
6310	50	110	27
6311	55	120	29
6312	60	130	31

轴承代号	*d*	*D*	*B*
(0)4 尺寸系列			
6403	17	62	17
6404	20	72	19
6405	25	80	21
6406	30	90	23
6407	35	100	25
6408	40	110	27
6409	45	120	29
6410	50	130	31
6411	55	140	33
6412	60	150	35
6413	65	160	37
6414	70	180	42
6415	75	190	45
6416	80	200	48
6417	85	210	52
6418	90	225	54
6419	95	240	55

附表 18　圆锥滚子轴承（GB/T 297—1994）

标 记 示 例

30000 型

滚动轴承　30204 GB/T 297—1994

（mm）

轴承代号	d	D	T	B	C	E	a	轴承代号	d	D	T	B	C	E	a
02 尺寸系列								22 尺寸系列							
30204	20	47	15.25	14	12	37.3	11.2								
30205	25	52	16.25	15	13	41.1	12.6	32206	30	62	21.25	20	17	48.9	15.4
30206	30	62	17.25	16	14	49.9	13.8	32207	35	72	24.25	23	19	57	17.6
30207	35	72	18.25	17	15	58.8	15.3	32208	40	80	24.75	23	19	64.7	19
30208	40	80	19.75	18	16	65.7	16.9	32209	45	85	24.75	23	19	69.6	20
30209	45	85	20.75	19	16	70.4	18.6	32210	50	90	24.75	23	19	74.2	21
30210	50	90	21.75	20	17	75	20	32211	55	100	26.75	25	21	82.8	22.5
30211	55	100	22.75	21	18	84.1	21	32212	60	110	29.75	28	24	90.2	24.9
30212	60	110	23.75	22	19	91.8	22.4	32213	65	120	32.75	31	27	99.4	27.2
30213	65	120	24.75	23	20	101.9	24	32214	70	125	33.25	31	27	103.7	28.6
30214	70	125	26.25	24	21	105.7	25.9	32215	75	130	33.25	31	27	108.9	30.2
30215	75	130	27.25	25	22	110.4	27.4	32216	80	140	35.25	33	28	117.4	31.3
30216	80	140	28.25	26	22	119.1	28	32217	85	150	38.5	36	30	124.9	34
30217	85	150	30.5	28	24	126.6	29.9	32218	90	160	42.5	40	34	132.6	36.7
30218	90	160	32.5	30	26	134.9	32.4	32219	95	170	45.5	43	37	140.2	39
30219	95	170	34.5	32	27	143.3	35.1	32220	100	180	49	46	39	148.1	41.8
30220	100	180	37	34	29	151.3	36.5								
03 尺寸系列								23 尺寸系列							
30304	20	52	16.25	15	13	41.3	11	32304	20	52	22.25	21	18	39.5	13.4
30305	25	62	18.25	17	15	50.6	13	32305	25	62	25.25	24	20	48.6	15.5
30306	30	72	20.75	19	16	58.2	15	32306	30	72	28.75	27	23	55.7	18.8
30307	35	80	22.75	21	18	65.7	17	32307	35	80	32.75	31	25	62.8	20.5
30308	40	90	25.25	23	20	72.7	19.5	32308	40	90	35.25	33	27	69.2	23.4
30309	45	100	27.25	25	22	81.7	21.5	32309	45	100	38.25	36	30	78.3	25.6
30310	50	110	29.25	27	23	90.6	23	32310	50	110	42.25	40	33	86.2	28
30311	55	120	31.5	29	25	99.1	25	32311	55	120	45.5	43	35	94.3	30.6
30312	60	130	33.5	31	26	107.7	26.5	32312	60	130	48.5	46	37	102.9	32
30313	65	140	36	33	28	116.8	29	32313	65	140	51	48	39	111.7	34
30314	70	150	38	35	30	125.2	30.6	32314	70	150	54	51	42	119.7	36.5
30315	75	160	40	37	31	134	32	32315	75	160	58	55	45	127.8	39
30316	80	170	42.5	39	33	143.1	34	32316	80	170	61.5	58	48	136.5	42
30317	85	180	44.5	41	34	150.4	36	32317	85	180	63.5	60	49	144.2	43.6
30318	90	190	46.5	43	36	159	37.5	32318	90	190	67.5	64	53	151.7	46
30319	95	200	49.5	45	38	165.8	40	32319	95	200	71.5	67	55	160.3	49
30320	100	215	51.5	47	39	178.5	42	32320	100	215	77.5	73	60	171.6	53

附表 19　单向平底推力球轴承（GB/T 301—1995）

50000 型

标 记 示 例

滚动轴承　51214 GB/T 301—1995

（mm）

轴承代号	d	d_1	D	T
11 尺寸系列				
51100	10	11	24	9
51101	12	13	26	9
51102	15	16	28	9
51103	17	18	30	9
51104	20	21	35	10
51105	25	26	42	11
51106	30	32	47	11
51107	35	37	52	12
51108	40	42	60	13
51109	45	47	65	14
51110	50	52	70	14
51111	55	57	78	16
51112	60	82	85	17
51113	65	65	90	18
51114	70	72	95	18
51115	75	77	100	19
51116	80	82	105	19
51117	85	87	110	19
51118	90	92	120	22
51120	100	102	135	25
12 尺寸系列				
51200	10	12	26	11
51201	12	14	28	11
51202	15	17	32	12
51203	17	19	35	12
51204	20	22	40	14
51205	25	27	47	15
51206	30	32	52	16
51207	35	37	62	18
51208	40	42	68	19
51209	45	47	73	20
51210	50	52	78	22
51211	55	57	90	25
51212	60	62	95	26
51213	65	67	100	27
51214	70	72	105	27
51215	75	77	110	27
51216	80	82	115	28
51217	85	88	125	31
51218	90	93	135	35
51219	100	103	150	38
13 尺寸系列				
51304	20	22	47	18
51305	25	27	52	18
51306	30	32	60	21
51307	35	37	68	24
51308	40	42	78	26
51309	45	47	85	28
51310	50	52	95	31
51311	55	57	105	35
51312	60	62	110	35
51313	65	67	115	36
51314	70	72	125	40
51315	75	77	135	44
51316	80	82	140	44
51317	85	88	150	49
14 尺寸系列				
51405	25	27	60	24
51406	30	32	70	28
51407	35	37	80	32
51408	40	42	90	36
51409	45	47	100	39
51410	50	52	110	43
51411	55	57	120	48
51412	60	62	130	51
51413	65	68	140	56
51414	70	73	150	60
51415	75	78	160	65
51416	80	83	170	68
51417	85	88	180	72

三、极限与配合

附表 20　优先配合中轴的极限偏差（GB/T 1801—1999）　　(μm)

基本尺寸/mm		公差带												
		c	d	f	g	h				k	n	p	s	u
大于	至	11	9	7	6	6	7	9	11	6	6	6	6	6
—	3	-60 -120	-20 -45	-6 -16	-2 -8	0 -6	0 -10	0 -25	0 -60	+6 0	+10 +4	+12 +6	+20 +14	+24 +18
3	6	-70 -145	-30 -60	-10 -22	-4 -12	0 -8	0 -12	0 -30	0 -75	+9 +1	+16 +8	+20 +12	+27 +19	+31 +23
6	10	-80 -170	-40 -76	-13 -28	-5 -14	0 -9	0 -15	0 -36	0 -90	+10 +1	+19 +10	+24 +15	+32 +23	+37 +28
10	14	-95 -205	-50 -93	-16 -34	-6 -17	0 -11	0 -18	0 -43	0 -110	+12 +1	+23 +12	+29 +18	+39 +28	+44 +33
14	18													
18	24	-110 -240	-65 -117	-20 -41	-7 -20	0 -13	0 -21	0 -52	0 -130	+15 +2	+28 +15	+35 +22	+48 +35	+54 +41
24	30													+61 +48
30	40	-120 -280	-80 -142	-25 -50	-9 -25	0 -16	0 -25	0 -62	0 -160	+18 +2	+33 +17	+42 +26	+59 +43	+76 +60
40	50	-130 -290												+86 +70
50	65	-140 -330	-100 -174	-30 -60	-10 -29	0 -19	0 -30	0 -74	0 -190	+21 +2	+39 +20	+51 +32	+72 +53	+106 +87
65	80	-150 -340											+78 +59	+121 +102
80	100	-170 -390	-120 -207	-36 -71	-12 -34	0 -22	0 -35	0 -87	0 -220	+25 +3	+45 +23	+59 +37	+93 +71	+146 +124
100	120	-180 -400											+101 +79	+166 +144
120	140	-200 -450	-145 -245	-43 -83	-14 -39	0 -25	0 -40	0 -100	0 -250	+28 +3	+52 +27	+68 +43	+117 +92	+195 +170
140	160	-210 -460											+125 +100	+215 +190
160	180	-230 -480											+133 +108	+235 +210
180	200	-240 -530	-170 -285	-50 -96	-15 -44	0 -29	0 -46	0 -115	0 -290	+33 +4	+60 +31	+79 +50	+151 +122	+265 +236
200	225	-260 -550											+159 +130	+287 +258
225	250	-280 -570											+169 +140	+313 +284
250	280	-300 -620	-190 -320	-56 -108	-17 -49	0 -32	0 -52	0 -130	0 -320	+36 +4	+66 +34	+88 +56	+190 +158	+347 +315
280	315	-330 -650											+202 +170	+382 +350
315	355	-360 -720	-210 -350	-62 -119	-18 -54	0 -36	0 -57	0 -140	0 -360	+40 +4	+73 +37	+98 +62	+226 +190	+426 +390
355	400	-400 -760											+244 +208	+471 +435
400	450	-440 -840	-230 -385	-68 -131	-20 -60	0 -40	0 -63	0 -155	0 -400	+45 +5	+80 +40	+108 +68	+272 +232	+530 +490
450	500	-480 -880											+292 +252	+580 +540

附表 21　优先配合中孔的极限偏差（GB/T 1801—1999）　（μm）

基本尺寸/mm		公差带												
		C	D	F	G	H				K	N	P	S	U
大于	至	11	9	8	7	7	8	9	11	7	7	7	7	7
—	3	+120 +60	+45 +20	+20 +6	+12 +2	+10 0	+14 0	+25 0	+60 0	0 −10	−4 −14	−6 −16	−14 −24	−18 −28
3	6	+145 +70	+60 +30	+28 +10	+16 +4	+12 0	+18 0	+30 0	+75 0	+3 −9	−4 −16	−8 −20	−15 −27	−19 −31
6	10	+170 +80	+76 +40	+35 +13	+20 +5	+15 0	+22 0	+36 0	+90 0	+5 −10	−4 −19	−9 −24	−17 −32	−22 −37
10	14	+205 +95	+93 +50	+43 +16	+24 +6	+18 0	+27 0	+43 0	+110 0	+6 −12	−5 −23	−11 −29	−21 −39	−26 −44
14	18													
18	24	+240 +110	+117 +65	+53 +20	+28 +7	+21 0	+33 0	+52 0	+130 0	+6 −15	−7 −28	−14 −35	−27 −48	−33 −54
24	30													−40 −61
30	40	+280 +120	+142 +80	+64 +25	+34 +9	+25 0	+39 0	+62 0	+160 0	+7 −18	−8 −33	−17 −42	−34 −59	−51 −76
40	50	+290 +130												−61 −86
50	65	+330 +140	+174 +100	+76 +30	+40 +10	+30 0	+46 0	+74 0	+190 0	+9 −21	−9 −39	−21 −51	−42 −72	−76 −106
65	80	+340 +150											−48 −78	−91 −121
80	100	+390 +170	+207 +120	+90 +36	+47 +12	+35 0	+54 0	+87 0	+220 0	+10 −25	−10 −45	−24 −59	−58 −93	−111 −146
100	120	+400 +180											−66 −101	−131 −166
120	140	+450 +200	+245 +145	+106 +43	+54 +14	+40 0	+63 0	+100 0	+250 0	+12 −28	−12 −52	−28 −68	−77 −117	−155 −195
140	160	+460 +210											−85 −125	−175 −215
160	180	+480 +230											−93 −133	−195 −235
180	200	+530 +240	+285 +170	+122 +50	+61 +15	+46 0	+72 0	+115 0	+290 0	+13 −33	−14 −60	−33 −79	−105 −151	−219 −265
200	225	+550 +260											−113 −159	−241 −287
225	250	+570 +280											−123 −169	−267 −313
250	280	+620 +300	+320 +190	+137 +56	+69 +17	+52 0	+81 0	+130 0	+320 0	+16 −36	−14 −66	−36 −88	−138 −190	−295 −347
280	315	+650 +330											−150 −202	−330 −382
315	355	+720 +360	+350 +210	+151 +62	+75 +18	+57 0	+89 0	+140 0	+360 0	+17 −40	−16 −73	−41 −98	−169 −226	−369 −426
355	400	+760 +400											−187 −244	−414 −471
400	450	+840 +440	+385 +230	+165 +68	+83 +20	+63 0	+97 0	+155 0	+400 0	+18 −45	−17 −80	−45 −108	−209 −272	−467 −530
450	500	+880 +480											−229 −292	−517 −580

四、常用金属材料与非金属材料

附表 22　金属材料

<table>
<tr><th>标　准</th><th>名称</th><th colspan="2">牌　号</th><th>应 用 举 例</th><th>说　明</th></tr>
<tr><td rowspan="9">GB/T
700—1988</td><td rowspan="9">碳素
结构钢</td><td rowspan="2">Q215</td><td>A级</td><td rowspan="2">金属结构件、拉杆、套圈、铆钉、螺栓、短轴、心轴、凸轮(载荷不大的)、垫圈、渗碳零件及焊接件</td><td rowspan="9">“Q”为碳素结构钢屈服点“屈”字的汉语拼音首位字母,后面数字表示屈服点数值。如 Q235 表示碳素结构钢屈服点为 235N/mm^2
新旧牌号对照:
Q215—A2
Q235—A3
Q275—A5</td></tr>
<tr><td>B级</td></tr>
<tr><td rowspan="4">Q235</td><td>A级</td><td rowspan="4">金属结构件,心部强度要求不高的渗碳或氰化零件,吊钩、拉杆、套圈、汽缸、齿轮、螺栓、螺母、连杆、轮轴、楔、盖及焊接件</td></tr>
<tr><td>B级</td></tr>
<tr><td>C级</td></tr>
<tr><td>D级</td></tr>
<tr><td colspan="2" rowspan="3">Q275</td><td rowspan="3">轴、轴销、刹车杆、螺母、螺栓、垫圈、连杆、齿轮以及其他强度较高的零件</td></tr>
<tr></tr>
<tr></tr>
<tr><td rowspan="7">GB/T
699—1999</td><td rowspan="7">优质
碳素
结构钢</td><td colspan="2">10F
10</td><td>用作拉杆、卡头、垫圈、铆钉及用作焊接零件</td><td rowspan="7">牌号的两位数字表示平均碳的质量分数,45 号钢即表示碳的质量分数为 0.45%
碳的质量分数≤0.25%的碳钢属低碳钢(渗碳钢)
碳的质量分数在(0.25～0.6)%之间的碳钢属中碳钢(调质钢)
碳的质量分数大于 0.6%的碳钢属高碳钢
沸腾钢在牌号后加符号“F”
锰的质量分数较高的钢,须加注化学元素符号“Mn”</td></tr>
<tr><td colspan="2">15F
15</td><td>用于受力不大和韧性较高的零件、渗碳零件及紧固件(如螺栓、螺钉)、法兰盘和化工贮器</td></tr>
<tr><td colspan="2">35</td><td>用于制造曲轴、转轴、轴销、杠杆连杆、螺栓、螺母、垫圈、飞轮(多在正火、调质下使用)</td></tr>
<tr><td colspan="2">45</td><td>用作要求综合机械性能高的各种零件,通常经正火或调质处理后使用。用于制造轴、齿轮、齿条、链轮、螺栓、螺母、销钉、键、拉杆等</td></tr>
<tr><td colspan="2">65</td><td>用于制造弹簧、弹簧垫圈、凸轮、轧辊等</td></tr>
<tr><td colspan="2">15Mn</td><td>制作心部机械性能要求较高且须渗碳的零件</td></tr>
<tr><td colspan="2">65Mn</td><td>用作要求耐磨性高的圆盘、衬板、齿轮、花键轴、弹簧等</td></tr>
<tr><td rowspan="3">GB/T
3077—1999</td><td rowspan="3">合金
结构钢</td><td colspan="2">30Mn2</td><td>起重机行车轴、变速箱齿轮、冷镦螺栓及较大截面的调质零件</td><td rowspan="3">钢中加入一定量的合金元素,提高了钢的力学性能和耐磨性,也提高了钢的淬透性,保证金属在较大截面上获得高的力学性能</td></tr>
<tr><td colspan="2">20Cr</td><td>用于要求心部强度较高、承受磨损、尺寸较大的渗碳零件,如齿轮、齿轮轴、蜗杆、凸轮、活塞销等,也用于速度较大、受中等冲击的调质零件</td></tr>
<tr><td colspan="2">40Cr</td><td>用于受变载、中速、中载、强烈磨损而无很大冲击的重要零件,如重要的齿轮、轴、曲轴、连杆、螺栓、螺母等</td></tr>
</table>

（续）

标　准	名称	牌　号	应 用 举 例	说　明
GB/T 3077—1999	合金结构钢	35SiMn	可代替40Cr用于中小型轴类、齿轮等零件及430℃以下的重要紧固件等	钢中加入一定量的合金元素，提高了钢的力学性能和耐磨性，也提高了钢的淬透性，保证金属在较大截面上获得高的力学性能
		20CrMnTi	强度韧性均高，可代替镍铬钢用于承受高速、中等或重负荷以及冲击、磨损等重要零件，如渗碳齿轮、凸轮等	
GB/T 5613—1995	铸钢	ZG230—450	轧机机架、铁道车辆摇枕、侧梁、铁铮台、机座、箱体、锤轮、450°以下的管路附件等	“ZG”为铸钢汉语拼音的首位字母，后而数字表示屈服点和抗拉强度。如ZG230—450表示屈服点230N/mm^2、抗拉强度450N/mm^2
		ZG310—570	联轴器、齿轮、汽缸、轴、机架、齿圈等	
GB/T 9439—1988	灰铸铁	HT150	用于小负荷和对耐磨性无特殊要求的零件，如端盖、外罩、手轮、一般机床底座、床身及其复杂零件，滑台、工作台和低压管件等	“HT”为灰铁的汉语拼音的首位字母，后面的数字表示抗拉强度。如HT200表示抗拉强度为200N/mm^{2}的灰铸铁
		HT200	用于中等负荷和对耐磨性有一定要求的零件，如机床床身、立柱、飞轮、汽缸、泵体、轴承座、活塞、齿轮箱、阀体等	
		HT250	用于中等负荷和对耐磨性有一定要求的零件，如阀壳、油缸、汽缸、联轴器、机体、齿轮、齿轮箱外壳、飞轮、衬套、凸轮、轴承座、活塞等	
		HT300	用于受力大的齿轮、床身导轨、车床卡盘、剪床床身、压力机的床身、凸轮、高压油缸、液压泵和滑阀壳体、冲模模体等	
GB/T 1176—1987	5-5-5锡青铜	ZCuSn5Pb5Zn5	耐磨性和耐蚀性均好，易加工，铸造性和气密性较好。用于较高负荷、中等滑动速度下工作的耐磨、耐腐蚀零件，如轴瓦、衬套、缸套、油塞、离合器、蜗轮等	“Z”为铸造汉语拼音的首位字母，各化学元素后面的数字表示该元素含量的百分数，如ZCuA110Fe3表示含A1(8.5～11)%，Fe(2～4)%，其余为Cu的铸造铝青铜
	10-3铝青铜	ZCuA110Fe3	力学性能高，耐磨性、耐蚀性、抗氧化性好，可焊接性好，不易钎焊，大型铸件自700℃空冷可防止变脆。可用于制造强度高、耐磨、耐蚀的零件，如蜗轮、轴承、衬套、管嘴、耐热管配件等	
	25-6-3-3铝黄铜	ZCuZn25A16Fe3Mn3	有很高的力学性能，铸造性良好，耐蚀性较好，有应力腐蚀开裂倾向，可以焊接。适用于高强耐磨零件，如桥梁支承板、螺母、螺杆、耐磨板、滑块和蜗轮等	

（续）

标　准	名称	牌号	应用举例	说　明
GB/T 1176—1987	58-2-2 锰黄铜	ZCu38 Mn2Pb2	有较高的力学性能和耐蚀性，耐磨性较好，切削性良好。可用于一般用途的构件、船舶仪表等使用的外型简单的铸件，如套筒、衬套、轴瓦、滑块等	“Z”为铸造汉语拼音的首位字母，各化学元素后面的数字表示该元素含量的百分数，如ZCuAl10Fe3 表示含 Al（8.5～11）%，Fe（2～4）%，其余为 Cu 的铸造铝青铜
GB/T 1173—1995	铸造铝合金	ZL102 ZL202	耐磨性中上等，用于制造负荷不大的薄壁零件	ZL102 表示含硅（10～13）%、余量为铝的铝硅合金；ZL202 表示含铜（9～11）%、余量为铝的铝铜合金
GB/T 3190—1996	硬铝	LY12	焊接性能好，适于制作中等强度的零件	LY12 表示含铜（3.8～4.9）%、镁（1.2～1.8）%、锰（0.3～0.9）%、余量为铝的硬铝
	工业纯铝	L2	适于制作贮槽、塔、热交换器、防止污染及深冷设备等	L2 表示含杂质≤0.4%的工业纯铝

附表 23　非金属材料

标准	名称	牌号	说　明	应用举例
GB/T 539—1995	耐油石棉橡胶板		有厚度（0.4～3.0）mm 的十种规格	供航空发动机用的煤油、润滑油及冷气系统结合处的密封衬垫材料
GB/T 5574—1994	耐酸碱橡胶板	2707 2807 2709	较高硬度 中等硬度	具有耐酸碱性能，在温度（-30～+60）℃的 20%浓度的酸碱液体中工作，用作冲制密封性能较好的垫圈
	耐油橡胶板	3707 3807 3709 3809	较高硬度	可在一定温度的机油、变压器油、汽油等介质中工作，适用冲制各种形状的垫圈
	耐热橡胶板	4708 4808 4710	较高硬度 中等硬度	可在（-30～+100）℃、且压力不大的条件下于热空气、蒸汽介质中工作，用作冲制各种垫圈和隔热垫板

五、零件倒圆与倒角（根据 GB/T 6403.4—1986）

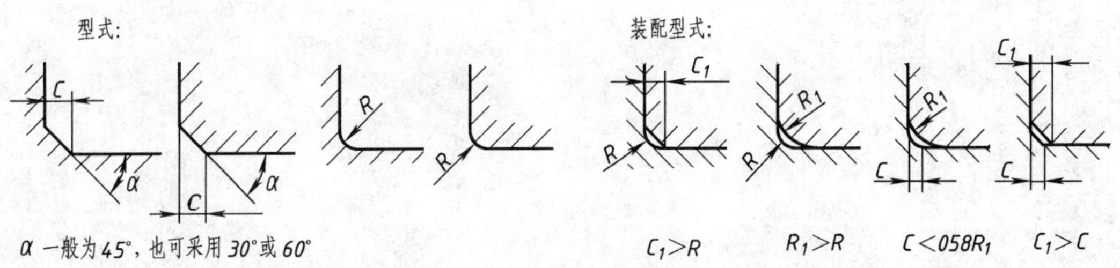

附表 24　零件倒圆与倒角尺寸　（mm）

d、D	~3	>3~6	>6~10	>10~18	>18~30	>30~50	>50~80	>80~120	>120~180	>180~250
C、R	0.2	0.4	0.6	0.8	1.0	1.6	2.0	2.5	3.0	4.0

d、D	>250~320	>320~400	>400~500	>500~630	>630~800	>800~1000	>1000~1250	>1250~1600
C、R	5.0	6.0	8.0	10	12	16	20	25

六、砂轮越程槽（根据 GB/T 6403.5—1986）

磨外圆

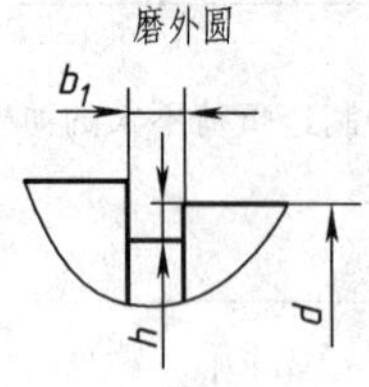

磨内圆

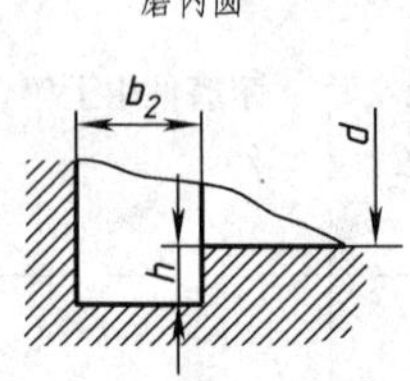

附表 25　砂轮越程槽尺寸　（mm）

d	~10			>10~50		>50~100		>100	
b_1	0.6	1.0	1.6	2.0	3.0	4.0	5.0	8.0	10
b_2	2.0	3.0		4.0		5.0		8.0	10
h	0.1	0.2		0.3	0.4		0.6	0.8	1.2

参 考 文 献

1 刘小年主编．机械制图．第 2 版．北京：机械工业出版社，1999

2 刘小年，刘庆国主编．工程制图．北京：高等教育出版社，2004

3 中华人民共和国国家标准《技术制图与机械制图》汇编．北京：中国标准出版社，2004

4 李富根主编．AutoCAD2004 基础与实例教程．北京：北京希望电子出版社，2003

5 孙江宏主编．AutoCAD 入门与实例应用教程．北京：中国铁道出版社，2002.12